北京理工大学"双一流"建设精品出版工程

Principles of Fuel Cells
燃料电池原理

［加］李献国（Xianguo Li）　著

韩　恺　王克亮　孙柏刚　王永真　译

北京理工大学出版社
BEIJING INSTITUTE OF TECHNOLOGY PRESS

CRC Press
Taylor & Francis Group

版权专有　侵权必究

图书在版编目（ＣＩＰ）数据

燃料电池原理 /（加）李献国著；韩恺等译. －－ 北
京：北京理工大学出版社，2022.11
书名原文：Principles of Fuel Cells
ISBN 978 - 7 - 5763 - 1897 - 5

Ⅰ．①燃… Ⅱ．①李… ②韩… Ⅲ．①燃料电池
Ⅳ．①TM911.4

中国版本图书馆 CIP 数据核字（2022）第 230320 号

Principles of Fuel Cells, 1st edition

By Xianguo Li / 987 - 1 - 5916 - 9022 - 1

Copyright © 2006 by Taylor & Francis Group, LLC

Authorized translation from the English language edition published by CRC Press, a member of the Taylor & Francis Group, LLC. All Rights Reserved.

Beijing Institute of Technology Press Co., Ltd. is authorized to publish and distribute exclusively the Chinese (Simplified Characters) language edition. This edition is authorized for sale throughout Mainland of China. No part of the publication may be reproduced or distributed by any means, or stored in a database or retrieval system, without the prior written permission of the publisher.

Copies of this book sold without a Taylor & Francis sticker on the cover are unauthorized and illegal.

本书原版由 Taylor & Francis 出版集团旗下，CRC 出版公司出版，并经其授权翻译出版。版权所有，侵权必究。

本书中文简体翻译版授权由北京理工大学出版社独家出版并限在中国大陆地区销售。未经出版者书面许可，不得以任何方式复制或发行本书的任何部分。

本书封面贴有 Taylor & Francis 公司防伪标签，无标签者不得销售。

北京市版权局著作权合同登记号 图字 01 - 2022 - 3802

出版发行 / 北京理工大学出版社有限责任公司

社　　址 / 北京市海淀区中关村南大街 5 号

邮　　编 / 100081

电　　话 /（010）68914775（总编室）
　　　　　（010）82562903（教材售后服务热线）
　　　　　（010）68944723（其他图书服务热线）

网　　址 / http://www.bitpress.com.cn

经　　销 / 全国各地新华书店

印　　刷 / 三河市华骏印务包装有限公司

开　　本 / 710 毫米 × 1000 毫米　1/16

印　　张 / 31.25　　　　　　　　　　　　　　　责任编辑 / 多海鹏

字　　数 / 541 千字　　　　　　　　　　　　　文案编辑 / 魏　笑

版　　次 / 2022 年 11 月第 1 版　2022 年 11 月第 1 次印刷　　责任校对 / 周瑞红

定　　价 / 153.00 元　　　　　　　　　　　　　责任印制 / 李志强

图书出现印装质量问题，请拨打售后服务热线，本社负责调换

能源（或热力学上的有用能，㶲）消耗已成为现代人类日常必须考虑的问题，并且随着生活质量的改善，发展中国家的工业化以及世界人口急剧增加。目前，燃烧化石燃料可以满足全球大部分能源需求。自工业革命以来，化石能源已成为现代人生活必不可少的组成部分。长期以来，人们已经认识到过多的化石能源消耗会对环境造成严重的影响，并导致全球所有生命形式的健康风险以及气候变化的危害增加。同时，化石能源储备的减少也加剧了国际局势的紧张，改变了各国国家安全，并助长了高通货膨胀。燃料电池技术有能够满足我们现代生活巨大能源需求的潜力，并减轻化石能源消耗的不利影响。

随着许多科学研究人员进入燃料电池领域，燃料电池技术正以越来越快的速度发展。燃料电池的研究在机械、化学、电气工程、环境科学与工程、材料科学与工程的学生中越来越受欢迎，许多机构都开设了燃料电池的课程。对燃料电池的文字介绍的需求推动了本书的写作，而在过去十年在维多利亚大学和滑铁卢大学我开设这样一门课程的教学经验奠定了本书的基础。

虽然本书主要受众是机械工程专业高年级的本科生和研究生一年级的硕士生，但化学和电气工程、环境科学及工程以及材料科学及工程的学生仍可以发现本书是适用的，本书提供了许多例子和习题来帮助学生理解书中所提及的知识点。同时，本书对工程师和其他专业人员也将是一个有用的参考。

本书正文分为 10 章。前四章是了解燃料电池必不可少的第一课。其中，第 1 章主要介绍燃料电池的基础知识，包括燃料电池的工作原理，燃料电池的分类（或命名规范），从燃料电池组成到燃料电池系统，以及燃料电池的历史。第 2 章主要介绍燃料电池热力学的内容，涵盖了燃料电池的基本热力学性能，即可逆电池电势（差），以及诸如电池温度、压力、反应物浓度和利用等对电池运行工况的影响。同时还详细计算了燃料电池化学能与电能的能量转换效率。第 3 章简要概述燃料电池发生的电化学反应，涵盖电化学动力学和相关的燃料电池电压（能量）损失机制（称为活化过电势（或极化））等。还涉及电极表面附近的双电层、燃料电池电极中的反应机理以及电催化作用。第 4 章主要介绍燃料电池的传输现象。还涉及带电物质（离子）通过电解质的传输现象，基于不同介质中的传质过程，引入两种其他燃料电池电压损失机理，即浓度和欧姆过电势（或极化）。

在前四章介绍了燃料电池基础知识之后，第 5 章至第 10 章重点介绍六种主要类型的燃料电池：碱性燃料电池（AFC）、磷酸燃料电池（PAFC）、质子交换膜燃料电池（PEMFC）、熔融碳酸盐燃料电池（MCFC）、固体氧化物燃料电池（SOFC）和直接甲醇燃料电池（DMFC）。其中，对于每种类型的燃料电池，分别描述以下内容：主要优点和缺点，以及主要技术障碍；工作原理；典型的组件和配置，以及典型的电堆和系统设计；使用的材料和组装方法；各种操作和设计参数对性能的影响。最后，简要概述每种类型燃料电池未来的研发方向。这 6 章主要介绍与燃料电池实践和最新发展有关的内容。因此，希望实践中的工程师也可以从本书所介绍的内容中受益，同时学生可以对实际中的燃料电池技术有所了解。

我想感谢我所有的学生，尤其是我的研究生和研究助理，他们对本书的学习和对文书写作做出了很大的贡献。在深夜、周末、节假日和假期的漫长时间里，我使用各类软件输入文字和绘制插图，这是一次非常有趣的学习经历。当挫败感加剧时，成功往往临近！我的妻子多年来一直在嘲笑我为本书"费劲"这么长时间，而她已经为我们的儿子兰迪和女儿詹妮弗操劳了太多次。因此最重要的是，我衷心感谢妻子和孩子们，因为他们在本书撰写过程中一直保持耐心、理解、鼓励和支持，并感谢他们多年来分享我的幸福、失望、悲伤和喜悦。人生美妙啊！

李献国

加拿大安大略省滑铁卢

目　录
CONTENTS

第 1 章

绪　　论

1.1　简介

　　燃料电池是一种环保的、能够实现能源转换的发电设备，是最有希望成为零排放的能源候选之一。因此，燃料电池也往往被认为是未来先进能源技术之一。事实上，燃料电池是人类已知的、最古老的能量转换设备之一，尽管其开发技术和实际应用远远落后汽轮机、内燃机等热机。自工业革命以来，燃烧化石燃料的热机越来越重要，目前已成为现代社会中不可或缺的组成部分。

　　由于 SO_x、NO_x、CO 和颗粒等污染物的排放，主要依赖化石燃料燃烧获得能源已导致严重的局部空气污染，这严重威胁了地球上数以百万计人类的健康。化石燃料燃烧大幅增加大气中 CO_2 的浓度，从而加剧全球变暖，威胁人类的文明和生存。污染物排放量大幅减少的需求，推动了对更清洁、更高效能源技术，以及替代能源和载体（主要和次要燃料）的研究与开发。人类除了对健康和环境的关注外，地球上有限化石燃料储量的持续枯竭要求使用新的能源转换和发电技术，该技术比传统热机具有更高的能源效率，且污染物排放量很少甚至没有，兼容使用可再生能源，促进可持续发展。燃料电池已被认为是满足能源安全、经济增长和环境可持续发展最有前途和潜力的能源技术之一。

　　因此，本章首先介绍学习、研究、开发和部署燃料电池的起因，通过提出一系列问题来描述燃料电池基本概念和思想。这些问题包括：什么是燃料电池，它是如何工作的？为什么将燃料电池技术视为未来先进的能源技术？通过解决以上问题，了解构成燃料电池运行的基础物理概念和电化学机制，燃料电池正在解决的工业和环境问题，以及未来可持续发展、环境友好型能源系统的重要性。再具体介绍具有各种组件、用于发电的典型燃料电池系统。然后介绍燃料电池的分类和概述，简要介绍燃料电池历史发展，并阐述燃料电池作为未来新兴能源技术的原因。最后，本章给出本书的范围、大纲，以及写作目标。

1.2 燃料电池发展动机

如前所述，使用基于化石燃料燃烧的热机进行常规发电会排放大量污染物，这些污染物的排放也极大地加剧了人类和其他动植物赖以生存环境的退化。事实上，人们已经提出并实现了多种替代发电的方法，例如利用水力、风能、潮汐能、太阳能、生物能、地热能等来发电。使用这些可再生能源可以相对容易地发电并用于公用事业，但是可再生能源受到季节性和不规则波动的影响，在获取能源方面受到限制。此外，这些可再生能源和相关的发电技术直接用于运输应用上仍然是不可能的，目前运输应用造成了大量污染物的排放。

可再生能源间歇性发电有利于将能量存储并用于电力供应。尽管可以将电池、超级电容器和飞轮用作能量存储设备，但尚未证明它们是理想的选择，尤其是对运输应用而言[1-5]。对环境无害且最有希望实现的选择是使用可再生能源，例如太阳能及水力发电产生的氢作为能量载体，并采用燃料电池作为移动应用实现清洁、高效的能量转换和发电手段。图1.1所示为每消耗一单位能源，各种燃料产生的二氧化碳排放量。由图1.1可以看出，氢气与预期的一样，根本不会产生二氧化碳，并且与热机的燃烧相反，氢气在燃料电池中用于发电是最有效的。使用氢气的优点在于，其由水产生且副产物仅有氧气。当产生电力时，氢气与空气中氧气重新结合又生成水。图1.1还可以看出由于分子结构中碳氢比最高，甲烷在烃类燃料中二氧化碳排放量最低。注

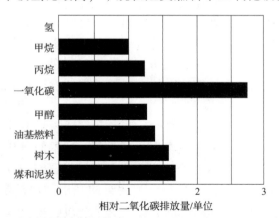

图1.1 不同燃料产生单位能量伴随的二氧化碳排放量（注意，由于木材在生长阶段会吸收 CO_2，因此通常将木材视为 CO_2 中性燃料。）

意，在本比较中，甲醇二氧化碳排放量比丙烷略高，其二氧化碳排放量仅比甲烷二氧化碳排放量高。甲烷和甲醇均可直接或间接用于燃料电池发电，并且两者都可以由化石燃料或生物质能源产生。可再生能源似乎是唯一可行的途径，因为化石燃料已被视为实现未来可持续发展的不可行选择。因此，未来可持续能源系统将包括燃料电池，电池能源来自可再生的氢、甲烷和甲醇，燃料电池能够在需要电力的地区和时间发电。

为了更高的实际效率，燃料电池还可以由化石燃料和生物质衍生的材料发电，从而减少污染物的排放。使用化石燃料的燃料电池可以认为是将燃料电池引入市场的一种临时方法，而不会对未来可持续能源系统缺乏所需分配燃料的基础设施产生重大障碍。生物质燃料包括来自城市的固体废物、污水污泥、林业残留物、垃圾填埋场和油田火炬气（甲烷）。燃料电池可有效利用甲烷发电，而不是直接排放到大气中。在世界上可以找到数十万个垃圾填埋场，这些填埋场可以进行经济利用，而小型无人值守燃料电池发电厂可以使填埋场排放的气体成为非常有用的能源。来自农业和动物废弃的生物燃料是燃料电池的一种有潜力的能源。如果使用适当的方法，则可以在整个二氧化碳排放过程中获取生物燃料。

此外，能源需求的很大一部分是电力。目前，电力几乎完全由燃烧化石燃料的大型发电厂生产，然后通过高压输电线的网络进行长距离分配。尽管这些大型发电厂由于其规模而具有最佳的能源效率，但在长距离传输过程中仍会产生电能损耗。目前，欧洲电网电力损失相当于其发电量的 7% ~ 8%，这一数据在北美则达到 10%。这就造成在最终用户站点进行计费时，降低了总体能效。此外，这些输电网络可能无法始终正常运行，尤其是在最需要用电的时候，可以从 1998 年 1 月魁北克冰暴期间发生的情况得到证明。从逻辑上讲，发电应该分散在需要电力的地方或附近。由于发电的独特性，燃料电池可用于热电联产、就近发电和分布式发电，而无须复杂的长距离传输网络。因此，氢燃料电池可以使能量系统更加分散，并且更有助于保证能量供应系统的安全。

此外，化石燃料的储量非常有限，并且在世界范围内分布不均。后者还可能导致严重的地缘政治风险和地区冲突，威胁世界和平。有限的化石燃料储量正在迅速耗尽，将无法长期以"一切照旧"的方式满足世界能源需求。根据估计[6]，天然气和石油可能仅能再使用半个世纪，而煤炭和核能可能维持不到数百年。由于当今世界许多地方都遇到这种有限供应和巨大需求的状况，因此导致化石燃料的成本迅速提高。廉价的石油时代正在迅速接近终点[7]。相比之下，可再生能源（例如太阳能、风能、地热能、生物质能和潮汐能）可能被认为是永久的。因此，未来的能源发电技术必须与可再生能源兼容，而燃料电池很好地满足了这一要求。

总而言之，燃料电池是一种利用氢气作为燃料按需产生电力的能量转换技术。因此，燃料电池不是一次能源，也不与可再生能源发电技术竞争。相反，它们彼此互补，并且燃料电池与可持续发展的可再生能源和载体兼容。在合适的时间进行适当地开发后，燃料电池将成为未来可持续能源链的组成部分。

1.3 燃料电池基础

本节介绍了燃料电池的基本概念、思想、操作原理、优缺点与实际应用，指出了燃料电池学习、研究和开发所需的多种学科知识，概述了典型燃料电池的分析和模拟。第一个问题如下。

1.3.1 什么是燃料电池

一个简单但通用的定义可以充分回答这个问题：燃料电池是一种电化学装置，可将反应物（燃料和氧化剂）的化学能直接转化为电能。简而言之，我们可以将燃料电池定义为用于发电的能量转换装置，类似电池或热机。

与电池的比较：通常，电池是指一次电池，二次电池在本质上与一次电池的功能相同，只是其某些反应物可以通过使用外部电源进行再生（或充电）。因此，电池由内置于内部的反应物组成。换句话说，在电池内部储存反应物（燃料和氧化剂），电池除了作为能量转换装置之外，还通常被称为机载储能。电池的组成如图 1.2 所示。

我们将电池的特性总结如下：电池实际上是一种能量储存设备，可利用的最大能量首先取决于电池本身内部储存的化学反应物数量（即在制造过程中）；当化学反应物全部耗尽时，电池将停止产生电能。因此，原则上，电池的寿命非常有限。由于一开始燃料和氧化剂一起储存在电池内部，即使没有连接到外部负载，内部也发生缓慢的电化学反应，并伴随电池组件的腐蚀。在没有外部负载的情况下，可用能量的这种缓慢"泄漏"也

图 1.2　电池的组成
示意（虚线框内）

会影响电池的使用寿命及电池的能量储存时间，因此限制了电池作为能量储存设备的用途。另外，电池的电极不仅参与产生电能的电化学反应，还在该过程中被消耗。因此，电池中的电极在能量转换过程中不稳定。实际上，电池的寿命取决于其电极的寿命。

相比之下，如图 1.3 所示，燃料电池是通过连续供应反应物进行能量转

换的装置。显然，燃料和氧化剂储存在燃料电池的外部，在操作过程中，电化学反应产物从燃料电池中排出。我们在以下陈述中总结了燃料电池的特性：只要提供燃料和氧化剂，燃料电池就可以产生电能输出。因为反应物储存在外部，所以只要还有反应物，燃料电池产生的可用能量就将源源不断。因此，只要提供反应物并连续除去产物，原理上燃料电池的寿命是无限的。然而实际上，组件的退化或故障限制了燃料电池的实际使用寿命。此外，可用能量不会从燃料电池中"泄漏"，因为反应物可以停止通过外部储存器输送到燃料电池中，所以在卸载期间燃料电池的组件不会受到腐蚀。另外，燃料电池的电极在能量转换过程中是稳定的，其促进电化学反应的同时不会被消耗，且保持物理和化学特性。

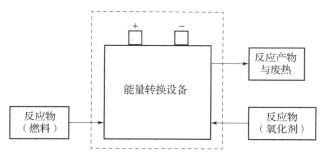

图 1.3 燃料电池的组件示意图（虚线框内）

电池和燃料电池有许多相似之处：它们都是电化学装置（或更常称为电池）；都直接通过燃料和氧化剂的电化学反应产生电能；都有称为电极和电解质的相似组件。需要注意的是，电化学装置产生电力输出是通过发生在内部消耗化学反应物质的电化学反应实现的。这是电解池的"逆向"过程。从严格意义上讲，电池是指一组连接在一起的单个电化学装置，尽管有时会误用它代表单个电池。"电池"一词归于本杰明·富兰克林（Benjamin Franklin），是他首先用电池来指代一组电容器，也称为莱顿（Leyden）瓶。

与热机的比较：如图 1.4 所示，由热机驱动的发电机也可以将反应物的化学能转化为电能。通常化学能首先通过被称为燃烧的放热化学反应转化为热（热能）。然后热能被热机转换为机械能（动能），最后才由热机驱动的发电机将机械能转换为电能。显然，这是一个多步骤的能量转换过程，中间涉及几种能量形式及几种不同设备的转换过程，如图 1.5 所示。此外，转换过程一部分是基于热机的，该热机在低温（T_L）和高温（T_H）热能储存器之间工作。因此，其最大效率受到卡诺循环热效率的限制，这是热力学第二定律的直接结果。

$$\eta_{Carnot} = 1 - \frac{T_L}{T_H} \tag{1.1}$$

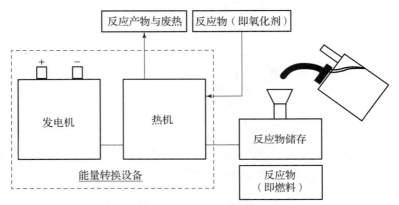

图1.4 作为能量转换装置的热机驱动发电机的组件示意图（虚线框内）

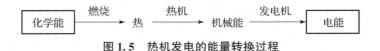

图1.5 热机发电的能量转换过程

在热机中，T_H是通过空气中的氧气与燃料的燃烧而实现的，由于空气中氮气的稀释和吸热性气体的离解反应，T_H受到了极大的限制。后者还造成有害污染物的形成，导致环境恶化。实际应用中也要大幅度减小T_H值至足够低，使构造热机的材料在热机运行期间具有足够的机械强度。因此，热机的能量转换效率非常低，这将在第2章中详细说明。热机驱动发电机组的过程还涉及热机和发电机中的机械部件，部件将发生摩擦损失和磨损，从而进一步降低从化学能到电能的总能量转换效率。另外，为了使所涉及的机械部件平稳运行，需要定期维护。

尽管燃料电池和热机都是外部储存反应物的能量转换装置，但燃料电池在给定温度下恒温运行，并且通过反应物的电化学反应直接产生电能，中间无需涉及任何形式的能量。因此，可以预料燃料电池将比热机具有更高的电能效率。由于燃料电池在运行过程中没有移动的机械部件，因此其可以在无人值守的环境下可靠地工作，不会产生振动和噪声，这是燃料电池的优势。这将导致较低的维护成本，例如在太空探索和远程生产的实际应用中特别有利。

1.3.2 燃料电池如何工作

燃料电池由三个活性组件组成：燃料电极（阳极）、氧化剂电极（阴极）和夹在中间的电解质。图1.6所示为典型的酸性电解质燃料电池的基本工作原理，可以看到气流中氢分子被运送到通常被称为阳极（或燃料电极）的电极，然后在阳极中发生电化学反应，如下所示：

阳极半电池反应 $\qquad H_2 \longrightarrow 2H^+ + 2e^-$ $\qquad\qquad$ (1.2)

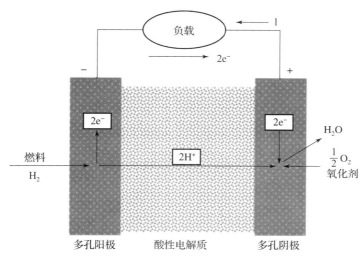

图 1.6　典型的酸性电解质燃料电池基本工作原理

氢（燃料）在阳极（电解质界面）被氧化成氢离子或质子并释放出电子（e⁻）。质子通过（酸性）电解质迁移，而电子被迫通过外部电路传输，它们都到达通常被称为阴极的电极（或氧化剂电极）。在阴极，质子和电子与外部气流提供的氧气反应，生成水。

阴极半电池反应　　　$\dfrac{1}{2}O_2 + 2H^+ + 2e^- \longrightarrow H_2O$　　　　　　（1.3）

通过与 H^+ 和 e^- 的结合，O_2 在阴极被还原成水。电子和质量传递都形成了一个完整的回路。通过外部电路的电子在负载上做功，形成了从燃料电池输出的有用电能。同时，阳极和阴极发生的电化学反应、质子穿过电解质迁移，以及电子在电极和外部电路固体部分中传输，都会产生废热。由此，将式（1.2）和式（1.3）相加可得出电化学总反应为

全电池反应　　　　$H_2 + \dfrac{1}{2}O_2 \longrightarrow H_2O + W + 废热$　　　　（1.4）

式中，W 为燃料电池输出电能。

尽管在不同类型的燃料电池（后文将进行描述）中，半电池反应可能完全不同，但整个电池反应仍与式（1.4）完全相同。

此处，电化学反应副产物是 H_2O 和废热，应将它们从燃料电池反应过程中连续除去，以保持燃料电池恒温运行发电。连续去除 H_2O 和废热导致需要水和废热（热）管理，这可能成为某些类型燃料电池设计和运行的两个关键性问题，通常不易实现。

重要的物理、化学现象： 前述燃料电池的电化学过程完全低估了实际情况。燃料电池多孔电极中的电化学总反应涉及许多物理（质量、动量和能量

的传输）和化学过程，并影响燃料电池的性能。反应物和产物的传输过程在燃料电池多孔电极的性能中起重要作用，而传热和热管理的过程对燃料电池系统也很重要。电化[8]学反应过程中，液体电解质燃料电池多孔电极内发生的物理和化学过程如下：

（1）首先，反应物由多组分气体混合物组成，例如燃料流通常包含氢、水蒸气、CO_2 和少量 CO。而氧化剂物通常含有 O_2、N_2、水蒸气与 CO_2 等。分子反应物（例如 H_2 或 O_2）通过对流机理从反应物中运输到多孔电极表面，主要通过扩散作用穿过多孔电极到达反应气体（电解质界面）；（2）反应物在两相交界面处溶解至液体电解质中；（3）溶解的反应物通过液体电解质扩散，到达电极表面；（4）可能发生电化学反应前可能发生的均相或非均相化学反应，例如电极腐蚀反应，或反应物中的杂质与电解质发生反应；（5）电活性物质（可能是反应物本身，也可能是反应物中的杂质）被吸附到固体电极表面上；（6）吸附的物质可能通过扩散作用迁移至固体电极表面；（7）然后，在被电解质润湿的电极表面上发生电化学反应，也被称为三相界面，从而产生带电荷的物质（或离子和电子）；（8）仍吸附在电极表面的带电物质和其他中性反应产物（例如水），可能由于扩散作用而在表面迁移，这种现象被称为电化学的表面迁移；（9）吸附的反应产物解吸；（10）可能发生某些电化学的均相或非均相化学反应；（11）电化学反应产物（中性物质、离子和电子）主要通过扩散作用从电极表面迁移，离子运动受阳极和阴极之间建立电场的影响，电子运动受电场效应的支配；（12）中性反应产物通过电解质扩散，到达反应气体（电解质界面）；（13）最后，产物将以气体形式从电极和电池中排出。

图 1.7 所示为 H_2 电极三相界面周围发生的物理和化学过程。注意，电化学反应发生在电极三相界面处（即气体反应物、液体电解质和固体电极表面）。通常整个过程中的任何一个反应都会影响燃料电池的性能，这体现了燃料电池复杂的运行过程。因此，人们意识到理解燃料电池中电化学反应和基本发电过程的重要性。第 3 章和第 4 章详细地描述了燃料电池的这些方面。

电极功能与需求：我们不要为燃料电池涉及的复杂过程而不知所措，其细节取决于构成燃料电池的组件。简而言之，燃料电池由两个电极和一个电解质组成。使用电极的目的有三方面：

（1）提供一个易于发生电化学反应的位置（通常称为反应位点）；

（2）提供一条流动路径，用于将反应物供应到反应部位或从反应部位除去副产物（反应物的输送和副产物的除去简称为传质）；

（3）收集电子并提供电子传输的流动路径（电流收集、电子导体和离子绝缘体）。

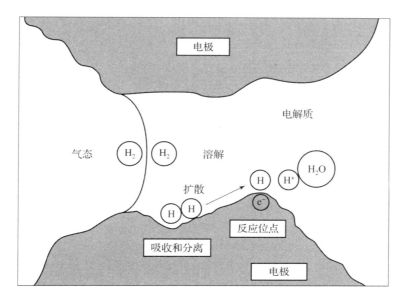

图 1.7　H₂ 电极三相界面周围的物理和化学过程

因此，需要将电极制成多孔形式，便于反应部位和电流收集采用固体，而将空隙区域用于反应物流动和副产物去除。由于电极在恶劣的条件下运行，要求电极在阳极和阴极两侧的还原和氧化环境中保持化学稳定，以及高机械强度以抵抗变形（烧结和蠕变）。在燃料电池技术的早期发展中，通常将贵金属（例如铂）用作电极材料以提供反应位点，但是对于大规模的商业应用而言贵金属过于昂贵。为了提高性能和降低成本，每个多孔电极通常细分为两层：与电解质区域相邻的催化剂层，用于发生电化学反应；用于电流收集和质量传输的支撑层，也被称为气体扩散层。

电解质功能与需求：燃料电池中电解质的有以下三种功能：

（1）离子导体，使离子可以通过电解质从一个电极迁移到另一个电极，从而完成质量传递和电路循环；

（2）电子绝缘体，使电子被迫通过外部电路迁移，从而输出电力。当电子通过电解质泄漏，则会发生电短路，并且无法获得任何输出功率；

（3）分离反应物的屏障（防止反应物从阳极到阴极的交换并混合在一起，反之亦然），以便电化学反应可以按预期进行并受控。否则反应物从阳极或阴极穿过会形成可燃混合物而导致火灾隐患，在严重情况下可能会发生爆炸，更不用说输出功率的损失！

优良的燃料电池电解质必须具有一组理想特性，例如对于反应物的高溶解性和反应物迁移的高扩散系数，以便增加反应部位的反应物浓度。这是因为电池发电的电化学反应速率与反应物浓度成正比。

燃料电池性能：在燃料电池运行过程中，阳极具有较低的电势，阴极具有较高的电势，阴极与阳极之间的电势差通常称为实际电池电势，即 E。如图1.6所示，外部电路中的电流方向是从阴极到阳极，而电解质中则是从阳极到阴极。带正电粒子的运动方向被定义为电流的正方向，因此，它与带负电的电子运动方向相反。

对于在阳极具有式（1.2）所示的氢氧化反应，在阴极具有式（1.3）所示的氧还原反应的燃料电池，当燃料和氧化剂为纯氢与纯氧，并且两者都在25 ℃和1 atm 的标准状态时，燃料电池的最佳电势差为1.229 V。该电势在燃料电池热力学可逆条件下运行时可达到，因此通常将其称为可逆电池电势，这将在第2章中进行详细说明。

事实上，燃料电池总是具有能量损耗，并以电压损失的形式表现。在实际电流密度下，许多不可逆性导致电池电势差 E 降低至0.7～0.8 V，以实现燃料电池最佳性能和实际输出功率——高效率和高功率密度要求之间进行优化（或折中）的结果。这是因为随着从燃料电池中获取更多的电流（即燃料电池输出更多的功率），电势差通常减小。高能量转换效率和高功率密度相互变化的矛盾是燃料电池系统设计和优化中的基本考虑因素。

燃料电池中的电压损失通常被称为过电压或过电势，而导致电压损失的现象称为极化，因此，电池电压随电池电流（或电流密度）变化的曲线图称为极化曲线。图1.8所示为酸性电解质燃料电池的典型极化曲线和电池电压损失。如图1.8所示，最大的电压损失与阴极中的氧还原反应有关，这是由于氧还原反应传质的速度较慢。因此，促进和加速缓慢的阴极还原反应进行

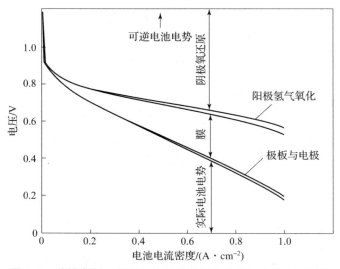

图1.8 酸性电解质燃料电池的典型极化曲线和电池电压损失

仍然是要解决的关键问题之一。相比之下，阳极中的氢氧化反应进行得非常快，至少比阴极的反应速率快几个数量级，因此由氢氧化反应引起的电压损失非常小，在典型燃料电池运行过程中通常可以忽略不计。电压损失还由与质子通过电解质迁移引起的电阻损耗有关，所以寻找"理想"电解质的工作仍在继续。其他一些较小的电压损失发生在电极和其他电池组件中。如前所述，当从电池获取的电流逐渐增加以满足更高的输出功率（即更高的负载）需求时，实际的电池电势比可逆的电池电势低。

极化被分类为活化极化、浓差极化和欧姆极化。它们分别是对电化学反应、对通过电解质与电极的离子转移、通过其他电池组件的电子转移，以及在向电化学反应部位供应反应物时的传质限制所引起的抵抗。燃料电池技术的发展包括致力寻找降低这些极化效应的最佳技术。研究发现[9]实现这一目标的有效方法包括：（1）选择足够活泼的催化剂（通常是贵金属）以促进电化学反应；（2）通过部件和电池的工程设计降低电解质和电极等活性组件的厚度；（3）通过选择适当的材料和机械设计使电阻最小化；（4）提高反应物和离子扩散的速率。

单电池相对低的输出电势（0.7～0.8 V）对燃料电池的开发和实际应用提出了一个重要的工程挑战。由于低电压无法为任何实际的负载供电，因此有必要将许多电池串联在一起以获得所需的系统电压。这种实现系统电压的方式叫作电池堆叠——单个电池之间的电连接技术。在燃料电池早期开发中，每个电池产生的电能都是通过边缘集流来收集的，这种技术会导致高电压损耗。当前，燃料电池两极的布置通过将每个电池分隔开的导电双极板使一个电池的阴极与下一电池的阳极接触。通过在双极板上加工的流道来向每个电池供应燃料和氧化剂。燃料电池堆的设计对燃料电池系统的性能和成本有重大影响，将在很大程度上影响燃料电池在商业应用中是否成功。

1.3.3　燃料电池的优势是什么

由于具有直接单向能量转换的独特操作原理，燃料电池电源系统具有较多优势。燃料电池系统在满负荷和部分负荷情况下具有较高的实际能量转换效率。如前所述，在实际运行过程和设计荷载下，燃料电池的效率要高于热机效率，这将在第 2 章中进行详细探讨。例如在太空探索中，燃料电池以纯氢和氧气运行，化学或电效率超过 70%，燃料电池副产物（水）成为航天员唯一的饮用水来源。

有关能源效率最重要的一点是，在部分负荷下，机械损耗和热损耗增加，导致热机效率降低，由于燃料电池的能量转换效率与电池电压成正比，所以通常燃料电池从满负荷调整到部分负荷的效率是增加的。当负载功率输出减小时，电池电流密度从设计的满负荷降低，电池电势增加。当燃料电池用作汽车的动力源时，该优势特别显著，因为电动车有相当长的时间在部分负荷中，这个时间即使不是电池寿命的绝大部分，也占据很大部分。

燃料电池系统的一个重要优点是污染物的排放极低。由于燃料电池系统的运行不像燃烧过程那样涉及高温环境，因此高温下的分解反应不会形成有害的化学污染物（例如 NO_x、SO_x 与 CO），尽管辅助系统中可能形成微量的化学污染物。

此外，由于燃料电池系统高能效，其每一个单位能量产生的化学物、CO_2 和热排放（或低废热）较少。例如用于热电联产市售燃料电池系统的 PC 25[10]，具有 40% 的化学能（电能效率）和 50% 的热能效率，而化学污染物的排放可忽略不计。与相应的化石燃料发电厂相比，在发电量相同的情况下，CO_2 的排放量减少超过 50%。CO_2 的排放量对环境的废热排放（仅约 10%）仅是常规发电厂排放的一小部分，多余的废热通过冷却水排入河流和湖泊，可能会对当地的水生生物和生态系统造成不利影响。

燃料电池系统的优势包括出色且快速的瞬态负载响应。因为用于发电的燃料电池电化学反应涉及离子、电子和气体分子的传输，并且辅助系统在恒定的压力和温度下运行，所以燃料电池对负载变化的响应时间仅受反应物响应的限制，对于设计合理的燃料电池系统，发电响应时间将非常快。例如低温下燃料电池在使用氢气和空气作为反应物时可以在几毫秒内响应并调整输出功率，包括燃料处理辅助系统。用于公用事业的 MW 极燃料电池系统的响应时间在 1 s 之内（IFC 的 PC 23 需要 0.3～1 s，PC 25 的前身）。已证明的是[11]，燃料电池发电厂满足固定式公用事业应用的负荷跟踪要求。在美国联邦城市驾驶循环测试（Federal Urban Driving Schedule，FUDS）中，为满足乘用车设定不断变化的电力输送要求，以及 20 kW/s 负荷变化率的公交应用。虽然可以更快地做出响应，但满足乘客的舒适度要求仍会限制公交应用的加速速率。此外，无论燃料电池系统是在纯氢环境下运行，还是使用甲醇或天然气重整加工后燃料，都可快速实现响应。

燃料电池系统无机械运动部件（也许反应物辅助设备除外），因此运行安静，无振动或噪声。考虑到低排放和低散热，可以将固定式燃料电池系统安装在需要电力的位置而不会造成干扰。这使得现场、分布式和分散式发电成为可能，而不必完全依赖高压输电网络（或电网）。安静地运行对于拥挤的城市交通也很有应用价值。废热和水作为电化学反应副产物易于回收，使燃料电池系统无须外部供水即可运行，并且易于实现热电联产。热电联产进一步提高了燃料电池系统的整体能效，在不依赖发电厂（几 W 到 MW 大小或更高）的情况下实现高效率。因此，可以针对各种应用实现具有相同的高能转换效率的不同尺寸的燃料电池系统，燃料电池系统是适合于现场、分布式和分散式的理想固定应用。

无须移动部件与电化学性质使燃料电池系统高度可靠，适合无人值守运行模式。高可靠性只需长期的定期维护，降低了运行和维护成本，从而使燃料电池非常适合经济应用，例如分布式发电，特别是发展中国家的农村地区供电及低功率需求的设备。经验表明[1]，第一个商用燃料电池系统已经降低了固定发电站（连续运行）一年维护计划和五年大修期的维护成本。在美国航天器的应用中，太空中燃料电池运行 80 000 h 以上仅发生了一次故障。该故障发生在第二次航天飞机飞行中，由于异物污染阻塞了吸气嘴，从而限制了燃料电池系统副产物水的去除。自从对燃料电池系统进行了纠正性的重新设计之后，在 70 000 h 的运行中没有发生任何故障。现场试验和演示表明，电池堆和燃料处理组件非常可靠，电气和机械辅助组件（如泵/阀门和风扇）是造成大多数故障的原因，其余故障是由传感器和程序等其他原因造成的。

燃料电池系统的其他优势包括模块化设计和制造过程，这一优势可按比例轻松地扩大发电厂的规模。这是因为连接在一起的许多单电池形成一个电池堆，连接在一起的一个或多个电池堆形成燃料电池系统。燃料电池系统中主要电池利用可再生资源或常规化石燃料制造的氢气作为燃料，可以直接或间接使用甲醇或天然气（也可能来自可再生资源）作为燃料。因此，燃料电池系统的燃料能力非常适合未来可持续能源系统的多样化和发展。

1.3.4　我们为什么需要燃料电池

之所以需要燃料电池，是因为燃料电池具有高能转换效率和对环境无害的优点，且有助于缓解并最终消除对有限且快速消耗的化石燃料储备的依赖性，避免健康问题和环境恶化。此外，燃料电池系统灵活，不需要长距离的电力传输网络就可以适应各种不同的应用，例如现场、分布式和分散发电及热电联产。最重要的是，燃料电池与可再生能源和载体兼容，可确保未来能源安全、经济增长和可持续发展。

必须指出的是，燃料电池系统是一种能源转换技术，而不是能源，因此其对可持续发展的贡献取决于许多其他因素——在很大程度上，由于氢在地球上的可用量不大，因此采购燃料的过程非常重要。用于燃料电池系统的燃料的选择和采购或多或少阻碍着燃料电池的开发和部署，并且看来这种问题不会很快被解决。

1.3.5 燃料电池有哪些应用

燃料电池系统可按需产生电力。因此燃料电池可以随时使用电力，以及其他发电方式无法满足特定应用的特定要求等多种情况下使用。燃料电池的最大潜在商业市场是用于公用事业的固定式发电，包括以下几种：

（1）大小为 1~5 kW 的住宅应用。如今燃料电池通过在城市中的任何住宅都可以使用的天然气运行。除发电外，废热还可用于热水或空间供暖。想象每个家庭都由位于住宅内部（例如地下室）连接到电网的燃料电池单元供电。当家庭短时需要更多电力时，可以从电网中取电。住宅内部供电可以将多余的电力出售给电网，这样燃料电池系统将始终以设计的满负荷运行。这样的概念类似连接到互联网的许多个人计算机；

（2）容量 200 kW~1 MW 的现场热电联产电厂。这也许是互联网燃料电池系统近期第一个商业应用；

（3）容量范围为 2~20 MW 的分散（或分布式）发电。预计这将是燃料电池在电力工业中商业化的下一步应用。目前通常是在中央火力发电厂中产生电力，然后通过电网分配电力。将来可能会有一个燃料电池系统为几条街区附近的居民提供电能和热量，而天然气则是燃料电池系统运行的主要燃料，每个房屋的电力连接都可以很容易地埋在地下以避免自然灾害的严重影响，例如 1998 年 1 月在魁北克发生的冰暴事件；

（4）容量 100~300 MW 的基本负荷发电厂，同时使用煤炭或天然气运行。这可能是燃料电池最有利可图的市场之一。目前，仅在美国就有 750 GW 的装机容量。

燃料电池在运输应用中的商业化已来临！燃料电池系统已在城市公交车和乘用车中成功应用。最著名的燃料电池动力公共汽车来自 Ballard Power Systems（巴拉德动力系统），公共汽车在芝加哥和温哥华的街道上行驶三年，乘用车则是戴姆勒/克莱斯勒公司的 Necar 系列燃料电池动力汽车。交通运输是一个巨大的世界市场，6 亿辆汽车在全世界的道路上行驶，而且这一数字还在迅速增长。如今，典型的内燃机驱动汽车效率很低，能效约为 30%，并且污染物排放量很大。这些汽车每天消耗约 60 亿升燃料。现在想象一下，燃料电池汽车的能源效率为 40% 甚至更高，而且零排放。两种能源效率相差 10%，意味着这些车辆在相同的输出功率或行驶距离下，每天可节省 6 亿升燃油。

燃料电池有在太空探索中成功应用的悠久历史。燃料电池在太空中的首次运行是在 1964 年。从那时起至 20 世纪 60 年代后期，在双子星座计划中使用了 1 kW 功率的燃料电池动力装置，这是燃料电池的首次实际应用。从 1966

年到 1978 年，阿波罗太空计划使用 1.4 kW 功率的燃料电池动力装置进行了 18 次飞行。自 1981 年以来，美国航天飞机一直在使用三台 12 kW 功率的燃料电池发电机，在其 95 次航天飞行中共运行 70 500 h。太空应用成了燃料电池的首次常规的实际应用。

由于燃料电池独特的操作和特性，美国军方对燃料电池动力系统表现出巨大而持久的兴趣。例如带有燃料电池推进系统的潜艇运行时将非常安静，噪声与热信号低，在战斗中难以被敌人发现。20 世纪 80 年代初战略防御计划（所谓的"星球大战"计划）的动力来源设想为大型燃料电池发电机。美国陆军在该计划中考虑为士兵提供在野战中使用的燃料电池小型背包。其他潜在的军事应用比比皆是。

尽管过去人们认为燃料电池主要应用于大型发电厂，但现在燃料电池可以用于额定功率较小的应用，例如移动电话、笔记本电脑等。由燃料电池产生的直流电可以直接用于这些应用，不需要进行直流电到交流电或交流电到直流电的转换。由于高效率，无污染物排放和安静运行的优点，燃料电池将在需要电源的情况下找到更多的实际应用。

1.3.6　目标是什么

燃料电池分析、研究与开发及示范的最终目的是为具有上述特性、高性价比、高可靠性及在给定应用中有足够长寿命的燃料电池系统开发提供一种成熟的技术（包括制造）。注意，这里的电池系统必须具有高性价比（即较低的制造成本），以便在市场上具有经济竞争力，燃料电池具备稳定、高质量的电源，从而地降低维护和运行成本，包括与传统热电厂在内的竞争，（替代技术相当的寿命）。最重要的是，开发的燃料电池系统必须具有理想优点的特性，例如运行高能效和环境友好。

本书涵盖了燃料电池的基本内容，以及各种类型燃料电池的实用技术。希望读者在阅读本书后能够完成以下两项任务。

1. 快速粗略地评估现有燃料电池系统的性能（即性能评估）
2. 新型燃料电池系统的快速粗略设计（即性能预测）

本书涵盖的基本理论可以使读者对燃料电池中发生的现象进行一些简化的分析、建模和仿真，从而代替或补充困难、昂贵且耗时的实验工作以节省成本，进行有效的研发活动。

1.3.7　燃料电池分析和研发需要哪些背景

燃料电池技术涉及许多科学和工程的分支和学科，包括但不限于以下方面。

1. 热力学

2. 电化学

3. 化学与化学工程

4. 流体力学

5. 传热传质

6. 材料科学（冶金）和材料工程

7. 高分子科学，尤其是离聚物化学

8. 设计、制造和工程优化

9. 固体力学和机械工程

10. 电磁学和电气工程

因此，燃料电池需要多学科知识进行互动交融。很多时候，一个人可能没有分析背景的能力，因此成功的燃料电池研发计划必须有团队合作和协作。可以说燃料电池是真正的多学科融合学科。

1.3.8 典型的燃料电池分析、建模和仿真是什么样的

对在特定燃料电池系统中发生的特定现象或普遍现象收集进行理论分析、建模和仿真，其目的为理解和阐明造成现象的原因及其对燃料电池性能的影响，以及如何设计燃料电池系统的各个组件以获得所需的效果或避免不利影响。因此，最终目标是对现有燃料电池系统进行性能评估，或者尝试对新设计的各个组件进行性能预测。因为燃料电池系统的电压和从中汲取的电流密度之间的关系构成了燃料电池性能的主要信息，而其他如电池能量转换效率和功率密度等性能指标可以轻松地从此信息中得出。因此，任何燃料电池系统分析和建模的最终目标都是在各种实验和设计条件下计算燃料电池系统的极化曲线。

燃料电池系统极化曲线的计算通常是先从能斯特方程开始，该方程给出可逆（或最佳可能）的电池电势 E_r。然后，根据质量守恒（连续性方程）、物质（包括中性和带电物质）动量和能量的守恒方程，以及质量（包括中性和带电物质）、动量和能量的传输现象方程，计算出电压损失中的活化、欧姆和浓度三种过电势。质量和电流产生的速率影响电化学反应的机理和速率。最后，通过从可逆电池电势中减去过电势来确定实际电池电势。根据电池电压和电流密度，可以轻松地确定输出效率、密度功率和废热产生率（决定了冷却系统的要求）。图 1.9 所示为典型燃料电池分析、建模和仿真的元素。守恒和输运方程的处理得到了各种程度复杂的理论模型。随着计算机科学和数字技术的发展，有以在复杂的几何设计中求解这些方程式。

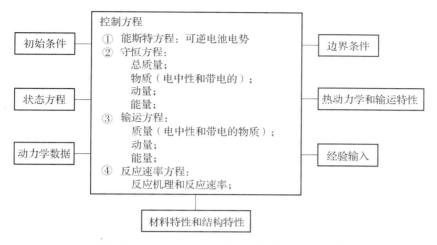

图 1.9　典型燃料电池分析、建模和仿真的元素

1.4　燃料电池分类

取决于所使用的标准，可以根据各种不同的方式对燃料电池进行分类，通常所用标准是根据与燃料电池的运行或构造有关的参数。燃料电池系统涉及很多参数，例如电解质的类型、通过电解质转移的离子类型、反应物的类型（例如主要燃料和氧化剂）、工作温度和压力、直接或间接使用主要燃料，以及一次或再生系统。由于电解质的选择决定了燃料电池的特性，包括工作原理、设计和构造及可用于电池和电池组组成的材料，因此通常习惯由其所用电解质的性质来给燃料电池命名。

1.4.1　按所用电解质分类

按照这种命名分类，燃料电池包含以下电解质：（1）电解质为碱性水溶液（通常为 KOH），则称为碱性燃料电池（Alkaline Fuel Cell，AFC）；（2）电解质为磷酸，则称为磷酸燃料电池（Phosphoric Acid Fuel Cell，PAFC）（已经尝试了其他类型的酸，例如硫酸，并继续寻找具备所有需求特性的"超强酸"）；（3）电解质为一种（固体）质子交换（或质子传导）膜，则称为质子交换膜燃料电池（Proton Exchange Membrane Fuel Cell，PEMFC）。（通常也称为固体聚合物燃料电池（Solid Polymer Fuel Cell，SPFC）、固体聚合物电解质燃料电池（Solid Polymer Ectrolyte Fuel Cell，SPEFC），聚合物电解质燃料电池（Polymer Electrolyte Fuel Cell，PEFC）、聚合物电解质膜燃料电池（Polymer Electrolyte Membrane Fuel，Cell，PEMFC）等）；（4）电解质为熔融碳酸盐，则称为熔融碳酸盐燃料电池（Molten Carbonate Fuel Cell，MCFC）；（5）电解质为固体氧化物导电陶瓷，则称为固体氧化物燃料电池（Solid Oxide Fuel Cell，SOFC）。

1.4.2 按电解质转移的离子类型分类

如前所述，燃料电池还可以通过其他标准进行分类，例如电解质传输的离子类型。这是因为燃料电池中的半电池反应与电解质中带电流的离子类型直接相关，因此对电池的设计、操作和性能产生重大影响。例如离子带正电，则可以称为阳离子交换膜燃料电池（PAFC 和 PEMFC），其中氢离子是通过电解质转移的离子。这些电池也可以称为酸性电解质燃料电池，它们具有以下重要特征：

氧还原动力学或阴极反应缓慢，导致高活化极化，因此需要贵金属作为催化剂，以便为燃料电池的运行提供合理的电催化活性。贵金属的使用增加了燃料电池的制造成本。电化学反应副产物水在阴极（即氧化剂供合侧）形成。由于氧气的扩散系数比氢气小得多，因此它的传输速率受到限制，进而在反应部位的浓度很低。阴极内的水需要去除以平衡其中的水含量，这在设计的运行工况下是可以实现的，但当燃料电池遇到各种变负载工况下可能很难达到，因此，阴极容易水淹，经常发生在燃料电池的实际运行中。水淹大大降低了氧气的质量转移速率，降低了可用于还原反应氧气的浓度，从而导致严重的浓差极化。

显然，这两个问题一直困扰着酸性电解质燃料电池，尽管已经有解决方法，但仍在找更理想的解决方案。

阴离子交换膜燃料电池是指带负电荷离子通过电解质传输，例如碱性燃料电池中的氢氧根离子（OH^-），熔融碳酸盐燃料电池中的碳酸根离子（CO_3^{2-}）和固体氧化物燃料电池中的氧化离子（O^{2-}）。这些电池也可以称为碱性电解质燃料电池。它们具有以下重要特征：

（1）快速的氧还原（阴极）反应快速，导致低活化极化。因此，可以不需要贵金属作为催化剂；（2）产物水在阳极处形成（即氢气供给侧）。由于氢分子小，扩散系数大，因此水的存在不会影响氢气的质量传递。氢气具有高迁移率，水淹导致的浓差极化仍然很小。

因此，如果使用纯 H_2 和 O_2 作为反应物，则在相同的操作条件下，碱性电解质燃料电池的性能优于酸性电解质燃料电池。

1.4.3 按所用反应物质分类

燃料电池可以以其运行的主要燃料和氧化剂命名。氢氧燃料电池指的是将纯氢和氧气用作反应物，而氢气空气燃料电池是将空气而不是氧气用作氧化剂。其他一些燃料电池例如氨气空气燃料电池、碳氢化合物空气燃料电池、肼空气燃料电池、氢氯燃料电池、钇溴燃料电池等。这种类型的燃料电池中最重要的是甲醇燃料电池，一种是通过甲醇重组产生富含氢气的混合物作为燃料，即间接甲醇燃料电池。另一种是直接将甲醇用作燃料，即直接甲醇燃料电池（Direct Methanol Fuel Cell，DMFC）。

1.4.4　按运行温度分类

在高温下运行的燃料电池被称为高温燃料电池，熔融碳酸盐燃料电池（约 650 ℃）和固体氧化物燃料电池（约 1 000 ℃）均属于此类。低温燃料电池包括碱性电解质（60～80 ℃）和质子交换膜（80 ℃）燃料电池。磷酸燃料电池（约 200 ℃）有时也被视为低温燃料电池，但是由于其工作温度明显高于低温燃料电池，因此它更适合被称为中温燃料电池。本书第 6 章有解释此运行温度对于底循环而言不高，但对燃料电池材料选择和延长使用寿命来说也不低，不利于磷酸燃料电池的性能提高和成本降低。

1.4.5　燃料电池分类的其他方法

燃料电池还可以通过与燃料电池系统相关参数一样多的许多其他方法来命名。例如在高于大气压的压力下工作的加压燃料电池。直接甲醇或汽油燃料电池是将甲醇或汽油直接供入燃料电池阳极以进行电化学氧化和发电，同上一小节所述。对于间接甲醇或汽油燃料电池，先通过重整过程将一次燃料（甲醇或汽油）转化为富氢气体，再将二次燃料（氢气）提供给阳极进行氢气电化学氧化以发电。如果同一个电池正向反应产生电能（燃料电池反应），并且在逆向反应中通过电能输入（电解反应）产生与正向反应相同的生成物，则这种电池可以称为再生燃料电池，因为它可以使反应物本身再生。从某种意义上讲，只能用于正向反应的电池可以称为一次燃料电池。通过使用盐酸（或氢溴酸）作为电解质，氢氯（或氢溴）燃料电池也可以用作再生燃料电池。氢氧燃料电池形成的水由于逆向反应效率低且电极结构不稳定而难以用作再生燃料电池。

总之，六种主要类型的燃料电池已经被开发或正在开发以用于实际应用。其中五种燃料电池根据使用的电解质进行分类，包括碱性电解质燃料电池（AFC）、磷酸燃料电池（PAFC）、质子交换膜燃料电池（PEMFC）、熔融碳酸盐燃料电池（MCFC）和固体氧化物燃料电池（SOFC）。直接甲醇燃料电池（DMFC）是根据燃料分类的。表 1.1 总结了六种主要类型燃料电池的运行特性和技术现状。

表 1.1 主要类型燃料电池的运行特性和技术现状

燃料电池类型	运行温度/℃	（当前）预计功率密度/(mW·cm⁻²)	预计额定功率/kW	燃料电池效率/%	预计寿命/h	预计制造成本/($·kW⁻¹)	应用领域
AFC	60~90	（100~200）300	10~100	40~60	>10 000	>200	太空、移动
PAFC	160~220	（200）250	100~500	55	>40 000	3 000	分布式电源
PEMFC	50~80	（350）>600	0.01~1 000	45~60	>40 000	>200	便携、移动、太空、固定式
MCFC	600~700	（100）>200	1 000~100 000	60~65	>40 000	1 000	分布式发电
SOFC	800~1 000	（240）300	100~100 000	55~65	>40 000	1 500	基本负荷发电
DMFC	90	（230）	0.001~100	34	>10 000	>200	便携、移动

注：1 $ ≈6.7 元

1.5 空气成分

在燃料电池的实际及商业应用中，主要是将空气用作氧化剂。大气含有一些水分（水蒸气），从而减少了湿空气中的氧气量。通常在将空气送入燃料电池之前对空气进行适当加湿，在质子交换膜燃料电池中用于加湿电解质，而在高温燃料电池中主要防止重组燃料流形成固体碳。因此，本节将讨论干空气和湿空气。

1.5.1 干空气

干空气是一种气体混合物，其代表性组成为占 20.95% 的氧气、78.09% 的氮气、0.93% 的氩气及少量的其他气体，例如二氧化碳、氖气、氦气、甲烷等。但是，空气中只有氧气才具有电化学活性，而氮气是一种惰性气体，只会稀释混合物。空气的成分可能会因地理位置和天气条件而略有不同。表

1.2 所示为美国国家标准局对干空气成分的标准数据。

表 1.2 干空气的主要成分

气体	体积/ppm	摩尔质量/$(g \cdot mol^{-1})$	摩尔分数	物质的量之比
O_2	209 500	31.999	0.209 5	1
N_2	780 900	28.013	0.780 9	2.727 4
Ar	9 300	39.948	0.009 3	0.044 4
CO_2	300	44.010	0.000 3	0.001 4
空气	1 000 000	28.964	1.000 0	4.773（四舍五入）
注：1 ppm = 0.001‰，1% = 0.01%				

尽管空气中存在许多气体，但它们的浓度过低，无法对燃料电池的运行和性能产生任何明显的影响。唯一的例外可能是二氧化碳，空气中约 300 ppm 的二氧化碳浓度对于碱性燃料电池而言仍然过高，并且会严重降低其性能和使用寿命。除此以外，将空气视为由 21% O_2（准确地说是 20.95%）和 79% N_2（或 79.05%）组成，这也是足够准确的，79% N_2 也称为大气或表观氮，其中含有其他少量气体[12]。因此，空气中 1 mol 氧气有 (1 - 0.209 5)/0.209 5 = 3.773 mol 表观氮，因此是 4.773 mol 空气。

因此，在以下各章中，将假定空气中的 O_2 含量为 21%，N_2 含量为 79%，分子量为 28.964，而在空气中则表示为分子量为 28.160 的大气氮，与氮的分子量略有不同。N_2 的摩尔质量为 28.013，如表 1.2 所示。由于这种差异很小，很好地满足了典型工程精度要求，因此在没有进一步说明的情况下经常会忽略。

1.5.2 湿空气

已知水蒸气—空气的混合湿度比，通常大气（或室内）包含少量水蒸气，则水蒸气的量可以轻松确定。湿度比，也称为绝对湿度或比湿，定义为混合物中水蒸气质量（m_w），与空气质量（m_a）之比。

$$\gamma = \frac{m_w}{m_a} \tag{1.5}$$

因此，湿度比对于快速确定给定空气中存在的水量或加湿所需的水质量非常有用。例如 $\gamma = 0.006$ 表示每 kg 干空气中含有 0.006 kg 水。

对于给定条件，水能以水蒸气形式存在于混合物中的最大量应是 γ 的最大值。当超过 γ_{max} 时，则多余的水将以液态形式存在或以最初的水蒸气形式凝结为液态。当 $\gamma < \gamma_{max}$ 时，混合物中的液态水将蒸发。γ_{max} 的值主要取决于混合物的温度，仅通过给定的 γ 值不能轻易地判断出水汽化或冷凝的趋势。通常使用另一个相关参数，即相对湿度，来表示特定混合物中水的饱和度。

包含水蒸气的混合物的相对湿度 RH 定义为混合物中水蒸气的分压（P_w），在对应的混合物温度（T）下水的饱和压力（$P_{sat}(T)$）之比。

$$RH = \frac{P_w}{P_{sat}(T)} \tag{1.6}$$

因此，如果 $RH < 1$（即 $P_w < P_{sat}(T)$），则液态水蒸发；如果 $RH > 1$（即 $P_w > P_{sat}(T)$），则液态水冷凝。当 $P_w = P_{sat}(T)$ 时，水蒸气的分压等于混合物温度对应的水的饱和压力，该混合物通常被称为饱和的水蒸气或简称为水饱和。因此，水饱和发生在 $RH = 1$ 时，即同时发生两个速率相等的相反过程：水的蒸发与冷凝。100% 相对湿度对应给定混合物的最大湿度 γ_{max}。在两种极端情况下，处于平衡状态的混合物，其相对湿度的数值范围为 $0 \sim 1$，分别对应干燥气体和完全湿润的混合物。

需要指出的是，严格意义上讲混合物中存在的惰性气体的质量大小对水的饱和压力影响很小，以燃料电池常见的运行条件而言，远小于 1%，因此在工程计算（包括燃料电池）中可忽略不计。图 1.10 所示为水饱和压力 P_{sat} 随温度的变化。显然，P_{sat} 是温度 T 的高度非线性函数，并且随着 T 的增加而快速增加。在更高的温度下，这种增速变得越来越快。这种高温下 P_{sat} 的加速升高具有严重的影响，使得 PEM 燃料电池的设计和运行更加复杂，实际上 80 ℃左右全湿润的反应物足以维持膜电解质的完全水饱和。水的饱和压力通常以表格形式列出，其热力学性质可以在任何热力学教科书中找到（参考文

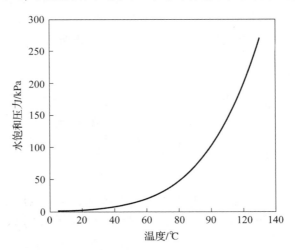

图 1.10 水饱和压力随温度的变化

献［13］）。根据最新信息，还可以表示为封闭形式的方程式[14]。附录一中以表格形式显示了特定温度下水的饱和蒸气压及各种模型的相关方程。反应气体增加湿度的重要性和相关问题需要水饱和压力的知识来加以说明。第 7 章所述，湿度的增加会对大型 PEM 燃料电池堆工作的压力起主要影响作用。

空气中的水蒸气量通常很小，分压低于 1 atm 的水蒸气可以近似为理想气体，当然水蒸气的压力也取决于它的温度。对于典型 PEM 燃料电池运行条件就是这种情况。因此，可以将湿空气中包含水蒸气的混合物视为理想气体的混合物。使用理想的气体状态方程，我们得到

$$\gamma = \frac{W_{\text{w}}P_{\text{w}}}{W_{\text{空气}}P_{\text{空气}}} = 0.662\frac{P_{\text{w}}}{P_{\text{空气}}} \tag{1.7}$$

或者

$$\text{RH} = \frac{\gamma P_{\text{空气}}}{0.662 P_{\text{sat}}(T)} \tag{1.8}$$

式中，W_{w} 和 $W_{\text{空气}}$ 分别是水蒸气和空气的分子量。还要注意，混合物的总压力 P 是水蒸气和空气的分压之和，即

$$P = P_{\text{空气}} + P_{\text{w}} \tag{1.9}$$

从式（1.7）～式（1.9）可以看出，对于特定的空气和水蒸气的混合物（即已知的 P_{w} 和 $P_{\text{空气}}$），只要 $\gamma < \gamma_{\text{max}}$，则无论温度 T 怎么改变，湿度比 γ 是固定的。但是相对湿度不是这种情况，如式（1.6）或式（1.8）所示，由于水饱和度取决于混合物温度，因此相对湿度将随混合物温度而显著变化。特别是当温度降低而混合物总压保持恒定时，如图 1.10（或附录一）所示，当水的饱和压力降低，而水蒸气的分压在此过程中保持恒定，则相对湿度迅速增加。在 RH＝100% 时，也就是当混合物温度 T 与水蒸气分压 P_{w} 对应的饱和温度 $T_{\text{sat}}(P_{\text{w}})$ 相等时，混合物变得饱和。进一步降低混合物温度（即 $T < T_{\text{sat}}(P_{\text{w}})$）都会导致过量的水冷凝成液态，使得剩余的水蒸气保持 RH＝100%。因此，与水蒸气分压相对应的水饱和温度（$T_{\text{sat}}(P_{\text{w}})$），通常被称为露点温度，因为该温度下水蒸气混合物中开始形成液滴（露）。另外，如果混合物温度 T 升高，特定混合物的 RH 迅速降低，而水饱和温度迅速升高，如图 1.10 所示。

本节阐明了 PEM 燃料电池中的两个互相耦合的关键问题：水和热管理。由于燃料电池中的热是由可逆和不可逆的机制而产生的（其详细内容将在下一章中介绍），因此一些冷却系统可用于热管理。但是，如果由于冷却不均匀或热量产生不均匀而在燃料电池结构中发生温度不均匀，则局部气体混合物可能变得不饱和，使得水蒸发，从而导致膜脱水——所谓的局部热点形成，并会在膜上形成干斑。如果局部气体混合物过饱和，则多余的水蒸气将凝结，导致液态水可能充满电极孔区域。水的热量变化导致水蒸发或冷凝涉及大量的热量吸收或释放，这种热量的吸收或释放会影响电池的温度分布，因此需

要调整冷却装置以提高温度分布的均匀性。总而言之，水饱和压力与温度的非线性关系对 PEM 燃料电池的最佳设计和运行提出了重大的技术挑战。

1.6 典型的烃燃料

虽然除直接甲醇燃料电池外几乎所有正在开发的现代燃料电池都以氢为燃料进行发电，但由于目前缺乏廉价氢，所使用的主要燃料必须是烃类燃料，这取决于具体的应用（如电力公用事业）。

如表1.3所示，存在各种不同分子结构的烃族。环烷和芳烃族化合物的碳链具有封闭的环状结构。环烷，也称为环烷烃或环烷类，具有单个 C—C 键。尽管芳烃族或苯族具有六个碳原子构成一个闭环的结构，但每个碳原子与其相邻的两个碳原子都有一个单键和一个双键（—C＝），并且每个碳原子可以有一个附加键连接多个（如一个氢原子一样简单或与结构排列中的任何烃基一样复杂的）侧链。烷烃、烯烃和炔烃族具有开放的碳链结构，并且碳链的两个末端保持未连接。烷烃族的分子完全由单个 C—C 键组成，而烯烃和炔烃族分别由一个 C—C 双键或 C—C 三键组成，其余碳原子以单键连接。烷烃族中最简单的物质是甲烷（CH_4）和乙烷（C_2H_6）。如果烷烃族中的一个氢原子被一个羟基（—OH）取代，则成为常见的醇族，例如甲醇（CH_3OH）取代甲烷（CH_4）；乙醇（C_2H_5OH）对应乙烷（C_2H_6），依此类推。因此，醇可以统称为 ROH，其中 R 是烷烃族中的母体烃基。

表1.3 不同分子结构的烃族[15]

族名	分子式
烷烃	C_nH_{2n+2}
烯烃	C_nH_{2n}
炔烃	C_nH_{2n-2}
环烷烃	C_nH_{2n} 或（CH_2）$_n$
芳香烃	C_nH_{2n-6}
醇	$C_nH_{2n+1}OH$

在实际中经常遇到的碳氢燃料有以下几种：

（1）天然气：主要是甲烷（CH_4）和一些乙烷（C_2H_6），丙烷（C_3H_8），CO_2 和 N_2，能量约为 54 MJ/kg；

（2）汽油：己烷（C_6H_{14}）和癸烷（$C_{10}H_{22}$）之间数百种烃的混合物，能量约为 48 MJ/kg，辛烷（C_8H_{18}）可以作为代表；

（3）柴油：数百种碳氢化合物的混合物，其中以 N – 十六烷（N – 十六烷，$C_{16}H_{34}$）为代表，它可以包含约 1% 的硫，能量约为 44 MJ/kg；

（4）煤：C、H、O、N、S 与各种有机化合物和微量金属的复杂混合物，具体的组成会有不同的变化，能量范围为 15 ~ 35 MJ/kg，两者都取决于煤的类型。

木材：具有典型分子式为 $C_6H_{10}O_5$ 的复杂纤维素，能量取决于木材的类型、水分含量和树脂含量。不含水分和树脂的木材能量约为 21 MJ/kg。

氢作为燃料在燃料电池的发展中占有独特的重要地位，表 1.1 所示的六种典型燃料电池中有五种直接使用氢作为发电燃料。甲醇由于紧凑的结构和易于重组为富氢气体，可能成为未来运输应用的主要燃料。但是，当前用于车辆的主要燃料是汽油。表 1.4 所示为氢、甲醇和汽油的理化性质，比较它们的性质。

表 1.4　氢、甲醇和汽油的理化性质

属性	氢	甲醇	汽油
摩尔质量	2.02	32.04	– 107.0
气体密度[①]/（g·m^{-3}）	84	790	– 4 400
空气中燃烧极限（体积百分比）	4.0 ~ 75.0	6.7 ~ 36.0	1.0 ~ 7.6
氧气中燃烧极限（体积百分比）	4.7 ~ 93.9		
空气中爆炸极限（体积百分比）	18.3 ~ 59.0		1.1 ~ 13.3
空气中最小点火能量/MJ	0.02	~ 0.3	0.24
自燃温度/℃	585	385	228 ~ 501
闪点/℃		11	– 40
空气中火焰温度/℃	2 045		2 197
空气中燃烧速度/（m·s^{-1}）	2.7 ~ 3.2		0.37 ~ 0.43
空气中爆轰速度/（m·s^{-1}）	1 480 ~ 2 150		1 400 ~ 1 700
燃烧低热值/（MJ·kg^{-1}）	120		44.5
燃烧高热值/（MJ·kg^{-1}）	142		48

注意：所有值都是在 1 atm，25 ℃和干燥气体条件下给出的
①为了便于比较，干空气的密度为 1.2 kg/m³

1.7　燃料电池历史简要

　　燃料电池通过物质的电化学反应产生电能，它是一种古老的现象，在自然界中存在的时间比人类历史长得多，甚至比人类文明更久。燃料电池已经以电鳗和其他电鱼（例如地中海品种，鱼雷）的电击器官和肌肉的形式存在于自然界数百万年了，能够产生 300 V 电压[16]！中医针灸利用人体上的重要位置，这些位置被称为"经络"，它们之间也具有电位差。这些系统可以称为生物燃料电池，由于生物反应缓慢，其功率密度非常低，以至于在实际应用中并没有太大的潜力。但是，现代燃料电池技术并不是从鱼类进化而来的，而是人类发明的结果。

　　威廉·罗伯特·格罗夫爵士（William Robert Grove）（1811—1896）于 1839 年证明了燃料电池的原理，并令人信服认为是燃料电池的发明者[17]。然而在格罗夫之前，路易吉·加尔瓦尼（Luigi Galvani）（1737—1798）与亚历山德罗·伏打（Alessandro Volta）（1745—1827）分别由不同金属（原电池）和现在被称为伏打电池相接触产生了电流。电化学开创者汉弗莱·戴维爵士（1778–1829）于 1802 年 1 月 9 日报道了产生电流的简易构造[18]。戴维的电池似乎是将一个电极上的碳与另一电极上硝酸中的氧反应获得能量的。尽管戴维实际上没有成功创造出这种电池——消耗碳（煤）来发电，但他还是能从这类设备中创造成微弱的电击。尽管未能成功发明出消耗如煤炭之类的经济燃料发电的燃料电池，但他仍在电化学方面取得了巨大成就并做出了贡献。

　　但是，这启发了 19 世纪中期和晚期发明家的目标和梦想，他们试图通过一步实现一种能连续工作并同时将有用或经济燃料（例如煤）与空气反应产生的能量直接转化为电能的电池——所谓的直接煤炭燃料电池。这是因为煤炭是 19 世纪大规模使用且唯一的主要燃料。"燃料电池"这个名字最早是在 1889 年由 Mond 和 Langer[19]提出的，他们首次改进了格罗夫的电池，并制造了现代意义上的第一个燃料电池。

　　自格罗夫时代以来，经过巨大的努力，燃料电池取得了重大进展，根据燃料电池普及的程度，投入的精力和花费，人们可以将燃料电池研究与开发的历史发展大致分为以下三个时期（或时代）[20]。

1.7.1　第一次浪潮（1839 年至 19 世纪 90 年代）

　　自 1839 年格罗夫（Grove）发明燃料电池以来，尽管有关燃料电池的工作显得零星又缺乏协调性，但工业用电的诞生和科学家的兴趣推动了燃料电池的发展。在当时由蒸气机驱动的发电厂，化学能转化为电能的系统效率非常低，仅为百分之几。几乎所有的研究工作都集中在开发一种可以直接消耗当时经济和实用燃料，而构成煤炭燃料电池系统，系统目标是实现燃料电池发电厂的高效率，希望在理论上效率至少超过 50%。最终，直接煤炭燃料电池被当时证明是一项无法完成的任务而被放弃。

1.7.2　第二次浪潮（20 世纪 50 年代至 60 年代）

培根的开创性工作和碱性燃料电池系统的成功应用再次开启了大量的燃料电池的研究与开发浪潮。在太空探索中广受宣传和成功的燃料电池应用，尤其是美国双子座和阿波罗计划，导致人们对地面和商用燃料电池动力系统寄予了很高的希望和过分的乐观。许多开发计划都是在公共和私人资金的支持下启动，几乎所有现代的燃料电池都在研究和开发中，包括碱性燃料电池、磷燃料电池、熔融碳酸盐燃料电池、固体氧化物燃料电池、质子交换膜燃料电池、直接碳氢/酒精燃料电池，以及基于氮化合物的燃料电池（例如肼－氨燃料电池）。取决于特定的应用，此时的燃料电池系统特征可以根据电解质的不同分为可移动和不可移动。例如碱性燃料电池具有用于陆地和军用（潜艇）应用的移动电解质，而不可移动电解质则被用于空间计划中的碱性燃料电池及商业应用的 PAFC、MCFC 和 SOFC。然而，尽管燃料电池的开发者坚持不懈，并且部分燃料电池得以幸存下来，但这些发展计划中几乎没有一个能达到最初设定的目标。工业家的希望破灭了，在 20 世纪 60 年代末人们对燃料电池作为潜在的地面动力的期望降低了！

1.7.3　第三次浪潮（20 世纪 80 年代至今）

由于许多原因，人们再次对燃料电池充满希望，这主要归因于对环境和健康的关注。由于化石燃料燃烧造成地方和全球范围的污染排放和自然资源减少，加上公众对核电的关注，以及使用可再生资源进行可持续发展的需要和愿望。世界各地开始大力开发所有类型的燃料电池，包括 AFC、PAFC、MCFC、SOFC 和 PEMFC。由于直接甲醇燃料电池的电化学反应速度慢，因此只有直接甲醇燃料电池在直接烃/酒精燃料电池中存续，但其电池性能较差。除 DMFC 之外，所有其他燃料电池均设计以氢作作为燃料运行，碳基燃料先被重组为富含氢的气体混合物，再输送至燃料电池。目的是为了提高性能（即能量效率、功率密度、可靠性与寿命等），并降低第二次浪潮中燃料电池的投资成本。第三次燃料电池浪潮的显著特征是，对于所有应用，电解质都是不可移动的（或至少是半固定的），并且人们越来越关注 PEMFC、MCFC、SOFC 和 DMFC。

根据俗语"事不过三"，目前有充分的理由感到燃料电池前景的乐观。汲取过去的经验教训，许多相关学科和技术的进步和成熟一直在帮助人们理解燃料电池的各个方面,突破技术壁垒的解决方案或在全人类的努力下将快速实现。实际上,燃料电池在太空项目中的常规实际应用已经持续了20多年,并且商业应用也正在兴起。隧道尽头的光芒亮起,燃料电池的前途一片光明。在参考文献[21]中可以找到有关最近几十年燃料电池历史发展的详细说明。

1.8 典型燃料电池系统

通常,燃料电池动力系统不仅仅涉及燃料电池本身,因为燃料电池需要稳定提供合适的燃料和氧化剂作为连续发电的反应物。用于太空和某些军事应用等特殊电池的氧化剂通常是纯氧,而陆上和商业应用,氧化剂几乎通常是空气。根据燃料电池的类型,燃料和氧化剂都需要满足某些纯度要求,才能够达到燃料电池运行的要求。因此,燃料电池电源系统通常由许多子系统组成,这些子系统用于燃料处理、氧化剂调节、电解质管理、冷却或热管理及反应副产物的去除等。图1.11是典型燃料电池系统的示意。通常,功率调节单元需要将直流电转换为交流电,燃料电池产生直流电,而大多数电气设备都依靠交流电运行。通常燃料电池动力部分产生的废热通过一系列转换器集成到燃料电池系统中,以提高能源效率。某些类型的燃料电池也有可能将废热用作热电联产或循环的热源,以产生更多的电能。热量和热水(有时甚至是蒸气)的热电联产,以及发电系统将燃料电池系统的整体能源效率提高到85%或更高。热量对于如空间和家庭供暖的人类生存环境至关重要。除此之外,热和蒸气在工业生产过程中都是非常重要的介质。

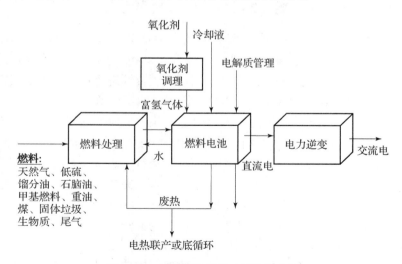

图 1.11 典型燃料电池系统的示意图

由于半导体和集成电路技术的结合，DC/AC 转换器具有相当成熟的技术，其转换能效非常高，对于 MW 级发电厂而言，高达 96% 以上。燃料处理器将一次或便携式燃料（例如天然气、低硫馏分、石油、甲基燃料（主要是甲醇）、重油、煤炭、固体废物与生物质等）转化为 H_2 和 CO。这些二次燃料（H_2 和 CO）在电化学反应电池堆中的活性比一次燃料高得多。尽管燃料处理技术是先进和高效的，但通常它占据碳氢燃料电池发电站规模、质量和成本的三分之一；电化学燃料电池组大约占整体尺寸、质量和成本的三分之一；而与空气供应、热管理、水回收和通风处理机柜以及系统控制和诊断（通常称为发电厂平衡）相关的辅助组件和子系统占其余的三分之一。在燃料电池系统中，最重要的子系统是电化学燃料堆，如果将烃类燃料用作主要燃料，则燃料处理器是第二个主要子系统。因此，我们将在本书的燃料电池功率部分中重点介绍燃料处理和氧化剂调节。

1.9 本书的目的和范围

本书的主要目的是提供从基本原理到最新技术，以及提供连贯而全面的燃料电池系统处理方法，以使该领域的初学者和资深读者都可以学习。各章以足够简单和循序渐进的方式进行描述，因此，那些没有经验且没有接触过燃料电池，但具有基本工科背景的读者也可以阅读和理解本书，而在本领域经验丰富的读者也会发现本书是有用和有参考价值的。因此，希望可以激发一些读者的热情，参与并致力于发展激动人心的燃料电池技术。

本书分为 10 章，第 1 章作为引言，第 2、3、4 章专门讨论构成燃料电池基本框架的关键物理和电化学科学：第 2 章提供了燃料电池最佳性能的化学热力学分析，第 3 章提供了电化学动力学，第 4 章提供了质量（包括带电物质）、动量和能量的传输现象和守恒原理。第 3、4 章重点介绍燃料电池中不可逆的损耗机制，包括活化、欧姆和浓差极化。在第 5~10 章中，将描述正在研究、开发和示范的各类主要燃料电池，包括碱性电解质燃料电池、磷酸燃料电池、质子交换膜燃料电池、燃料处理和直接甲醇燃料电池、熔融碳酸盐燃料电池及固体氧化物燃料电池。燃料电池的基本原理适用于每种类型的燃料电池，以便加深对这些燃料电池工作原理和性能的了解。第 11 章致力于燃料电池系统的设计、集成和优化。

在过去的几十年中，任何有关燃料电池的书都没有对燃料电池发电厂的成本进行具体形式的讨论，无法形成完整的文字报道。实际上，没有几个世纪，也有数十年，高昂的成本一直困扰着燃料电池行业。甚至在今天，发电厂仍须大幅度降低每千瓦几千元甚至更高的成本，以便在市场上具有竞争力。

例如为了使燃料电池在运输领域与内燃机竞争，可能有必要将成本降低到30到50 \$/kW[①]。在固定式发电应用中，先进的燃气轮机联合循环发电系统具有接近60%的能量转换效率，且排放适中，安装成本低于600 \$/kW，并且预计将在美国作为集中发电站来安装大功率发电机，以在未来十年左右的时间内满足大多数新的电力需求[22]。运输和固定发电可能是燃料电池最大的两个应用领域。由此看来燃料电池电源系统在实现广泛的商业应用之前，有许多难以克服的障碍。目前燃料电池的开发是技术驱动而不是市场驱动。虽然，本书的目标始终是专注于燃料电池的基础和技术方面，而不是其经济性，但是会在需要时指出成本问题。

1.10　总结

　　本章描述了有关燃料电池的介绍性内容。从燃料电池的发展动机开始，接着是燃料电池的基本概念、思想和操作原理。将燃料电池与热机两个主要竞争对手进行了比较，简要讨论了电极中发生的重要物理和化学现象，尤其是在三相区域附近，这些现象直接决定了燃料电池中电极和电解质的主要功能和要求。然后通过燃料电池的典型性能曲线，概述了燃料电池的优势和实际应用，指出了燃料电池研究与开发的目标和背景。通过本章应该能够描述燃料电池的各种分类方法、六种主要类型燃料电池的命名以及它们的典型运行特性。燃料电池商业应用始终使用环境空气作为燃料电池反应的氧化剂，详细描述干燥和潮湿空气的成分、空气中水分的各种表示形式及其关系。尽管氢气是几乎所有典型燃料电池（直接甲醇燃料电池除外）的直接燃料，但也应该了解一般的碳氢燃料及其特性。在本章末，我们简要地介绍了燃料电池的历史发展及典型燃料电池系统。使用碳氢燃料作为主要燃料的燃料电池，应该对各种系统组件有所了解。

1.11　习题

1. 列出燃料电池和电池之间的主要异同。
2. 列出燃料电池和热机驱动发电机之间的主要异同。
3. 描述酸性电解质燃料电池的工作原理及主要组件。
4. 讨论燃料电池中电极的功能和要求。
5. 讨论燃料电池中电解质的功能和要求。

---

① 　1 \$/kW = 7.016 2 元/kW。

6. 讨论燃料电池中催化剂的功能和要求。

7. 讨论燃料电池中电极支撑层的功能和要求。

8. 描述燃料电池系统的一般特性。

9. 讨论使燃料电池系统在当今先进的能量转换和发电技术中流行的主要优点。

10. 描述燃料电池的各种分类和类型。

11. 描述当今正在发展中的各种内型燃料电池的工作温度。

12. 对于包含水蒸气的气体混合物，哪些参数可以来表示水量和加湿程度。

13. 简要描述燃料电池的历史。

参 考 文 献

［1］ Chalk, S. G., J. F. Miller, and F. W. Wagner, 2000. Challenges for fuel cells in transportapplications. J. Pow. Sour., 86：40 − 51.

［2］ Smith, W. 2000. The role of fuel cells in energy storage. J. Pow. Sour., 86：74 − 83.

［3］ Maggetto, G. and J. Van Mierlo, 2000. Electric and electric hybrid vehicle technology：A survey. IEE Seminar 2000 on Electric. Hybrid & Fuel Cell Vehicles. London：IEE.

［4］ Vincent, C. A. 2000. Battery systems for electric vehicles. IEE Seminar 2000 on Electric. Hybrid & Fuel Cell Vehicles. London：IEE.

［5］ Mellor, P. H., N. Schofield, and D. Howe, 2000. Flywheel and supercapacitor peak power buffer technologies. IEE Seminar 2000 on Electric. Hybrid & Fuel Cell Vehicles. London：IEE.

［6］ Blomen, L. J. M. J. and M. N. Mugerwa 1993. Fuel Cell Systems. New York：Plenum Press.

［7］ Campbell, C. J. and J. H. Laherrere, 1998. The end of cheap oil. Sci. Am., March 1998, pp. 78 − 83.

［8］ Hirschenhofer, J. H., D. B. Stauffer, and R. R. Engleman, 1994. Fuel Cells：A Handbook（Revision 3）, U. S. Dep. En.

［9］ Schora, F. C. and E. H. Camara, 1991. Fuel Cells：Power for the Future. In Energy and the Environment in the 21st Century, eds. J. W. Tester, D. O. Wood and N. A. Ferrari. Cambridge, MA：MIT Press, pp. 959 − 971.

[10] International Fuel Cells' website: http://www.ifc.com. Accessed in 2002.

[11] King, J. M. and M. J. O' Day, 2000. Applying fuel cell experience to sustainable power products. J. Pow. Sour., 86: 16 – 22.

[12] Heywood, J. B. 1988. Internal Combustion Engine Fundamentals. New York: McGraw Hill.

[13] Cengel, Y. A. and M. A. Boles 2002. Thermodynamics, An Engineering Approach, 4th ed. New York: McGraw Hill.

[14] Wagner, W., J. R. Cooper, A. Dittmann, J. Kijima, H. – J. Kretzschmar, A. Kruse, R. Mares, K. Oguchi, H. Sato, I. Stocker, O. Sifner, Y. Takaishi, I. Tanishita, J. Trubenbach. and Th. Willkommen, 2000. The IAP-WS industrial formulation 1997 for the thermodynamic properties of water and steam. J. Eng. Gas. Turb. Pow. 122: 1 – 184.

[15] Turns, S. R. 2000. An Introduction to Combustion, 2nd ed. New York: McGraw Hill.

[16] Appleby, A. J. and F. R. Foulkes, 2000. Fuel Cell Handbook. New York: Van Nostrand Reinhold.

[17] Grove, W. R. 1839. On Voltaic Series and the Combination of Gases by Platinum. Phil. Mag., 14: 127 – 130.

[18] Davy, H. 1802. An account of a method of constructing simple and compound Galvanic combinations, without the use of metallic substances, by means of charcoal and different fluids. J. Nat. Phil. Chem. Arts, 1: 144 – 145.

[19] Mond, L. and C. Langer, 1889. A new form of gas battery. Proc. R. Soc. London, 46: 296 – 304.

[20] Kivisaari, J. 1995. Fuel Cell Lecture Notes.

[21] Stone, C. and A. E. Morrison, 2002. From Curiosity to Power to Change the World. Sol. State Ionics, 152 – 153: 1 – 13.

[22] Rastler, D. 2000. Challenges for fuel cells as stationary power resource in the evolving energy enterprise. J. Pow. Sour., 86: 34 – 39.

第 2 章

燃料电池热力学

2.1 概述

本章集中讨论燃料电池研究中很重要的几个热力学概念。在燃料电池中，反应物（燃料和氧化剂）反应产生有用的电能输出。本章首先回顾了与反应系统相关的，特别适用于燃料电池分析的几个热力学概念：绝对焓、焓、热值、吉布斯函数、吉布斯函数形成和反应吉布斯函数。其次，本章研究燃料电池可能的最高性能，即通过使用热力学第一和第二定律的可逆电池电势，如温度、压力和反应物浓度等操作条件。然后，借助热力学第一和第二定律提出了能量转换效率问题，研究了燃料电池可能的最大效率；通过比较发现，热机的能效最高，而燃料电池正在与之竞争，并实现商业上的成功运行。最后，讨论燃料电池能效超过 100% 的可能性。考虑由燃料电池和辅助设备组成的燃料电池系统的能量转换效率，并讨论燃料电池运行效率的损失机理。如有必要，会提供示例来说明所涉及的概念和原则。

2.2 热力学概念综述

本节着重于简要回顾热力学中涉及化学反应的一些重要概念和性质，这些概念和性质将在燃料电池系统分析中用到。从绝对焓和生成焓的概念开始，包括标准温度和压力的定义。举例说明平均比热和显热焓变化的计算。然后考虑反应焓、燃烧焓，以及高热值和低热值。本节以对反应的和生成的吉布斯函数的简要讨论结束，强调标准吉布斯函数定义和其他温度下的吉布斯函数定义，后者便于分析高温下发生的化学反应（包括燃料电池中的化学反应），但它在许多热力学文献中不常用或不可用。

2.2.1 绝对焓和生成焓

在涉及化学反应系统的热力学分析中应用绝对焓的概念非常有用。任何状态下的绝对焓可以由系统温度 T 和压力 P 决定，通常被定义为包括化学能和热能的焓。化学能与化学键相关，通常由给定参考状态下的生成焓 h_f 表示，当参考状态由温度 T_{ref} 和压力 P_{ref} 表示时，热能表示为 Δh_s，Δh_s 表示在给定状态和定义的参考状态下的值之间的焓差。因此，对于任何种类的 i，其绝对焓都可以表示为

$$h_I(T,P) = h_{f,i}(T_{ref},P_{ref}) + \Delta h_{s,i}(T,P) \qquad (2.1)$$

式中，通常 $h_{f,i}(T_{ref},P_{ref})$ 是由生成的物质 i 的焓变量来衡量，因此，根据定义的参考状态下的自然状态的元素来命名为生成焓。任何状态都可以定义为参考状态，但使用 25 ℃ 和 1 atm 的状态进行化学热力学制表更为方便和实用，这样的参考状态通常也称为标准参考状态。此外，化学热力学中的惯例是在标准参考状态下，元素在其自然状态下的焓定义为零。因此，元素的生成焓为零。例如氢在 25 ℃ 和 1 atm 状态下以双原子分子（即氢气，H_2，自然状态）存在。因此

$$h_{f,H_2}(T_{ref},P_{ref}) = h_{f,H_2}(T_{ref},P^0) = h_{f,H_2}^0(25\ ℃) = 0$$

式中，上标"0"通常表示在标准参考状态下评估的值。同样，对于氧气和氮气

$$h_{f,O_2}^0(25\ ℃) = 0 \qquad h_{f,N_2}^0(25\ ℃) = 0$$

生成焓可以通过实验室测量或先进的统计热化学方法来确定。在实验室测量中，给定物质 $h_{f,i}^0(25\ ℃)$ 的标准生成焓等于 1 mol 物质在其标准参考状态下由元素形成时吸收或释放的热量，例如

$$C(s) + O_2(g) \longrightarrow CO_2 - 393\ 522\ J/mol$$

式中，负号表示当二氧化碳由固体碳 $C(s)$ 和氧气 $O_2(g)$ 生成时放出热量。许多物质的标准生成焓可在热力学性质表中查询，在附录二中给出了处于标准参考状态下物质的标准生成焓。请注意，标准生成焓通常为负值，这是选择参考状态的结果。

显热焓变化 $\Delta h_{s,i}(T, P)$，可由热力学性质关系或查表确定。对于固体、液体（它们通常被近似为不可压缩物质）及理想气体，显热焓只是温度的函数，使用恒压比热 $C_P(T)$ 计算很方便，如下所示。

$$
\begin{aligned}
\Delta h_{s,i}(T,P) &= h_i(T,P) - h_{f,i}(T_{ref},P_{ref}) \\
&= \Delta h_{s,i}(T) \\
&= \int_{T_{ref}}^{T} C_P(T)\,dT = \overline{C}_P(T - T_{ref})
\end{aligned} \qquad (2.2)
$$

$$\overline{C}_P = \frac{1}{(T - T_{ref})} \int_{T_{ref}}^{T} C_P(T)\,dT \qquad (2.3)$$

式中，$\overline{C}_P$ 表示温度范围内的平均比热。在恒定压力下的比热是热力学性质，与选定的样品，可在附录三查询。基于实验室测量或高级统计热力学，比热

有精确的分析表达式。附录三给出了一些气体在 300 K 下的恒压比热，通过温度的函数，作数据的三次多项式拟合。一般来说，比热 C_P 不会随温度明显变化，并且它可以在合理的温度范围内近似为温度的线性函数：

$$C_P = a + bT$$

$$\overline{C}_P = \frac{1}{T - T_{ref}} \int_{T_{ref}}^{T} C_P(T) \, dT = \frac{1}{T - T_{ref}} \int_{T_{ref}}^{T} (a + bT) \, dT$$

$$= \frac{1}{T - T_{ref}} \left[a(T - T_{ref}) + \frac{b}{2}(T^2 - T_{ref}^2) \right]$$

$$= a + b\left(\frac{T + T_{ref}}{2}\right) = C_P\left(\frac{T + T_{ref}}{2}\right)$$

在这种情况下，平均比热与在平均温度下计算的比热完全相同。这表明，在大多数工程应用中，在典型温度范围内，C_P 是温度的弱函数，平均比热可以用以下三种方法中的任何一种来确定。

1. 根据附录四中给出的数据来评估在平均温度下的 $\overline{C}_P$，或者 $\overline{C}_P \approx C_p$ $[(T + T_{ref})/2]$。

2. 根据附录四中给出的数据作为评估实际温度和参考温度下的平均比热 $\overline{C}_P$，或者 $\overline{C}_P \approx [C_p(T) + C_p(T_{ref})]/2$。

3. 通过对附录五中给出的三阶多项式表达式进行积分来评估。方法 1 和 2 要求已知系统温度 T。如果不知 T，可以用参考温度或预期温度估算比热。一旦知道温度，可以重复计算，直到收敛（迭代）。然而，这种迭代过程通常是不需要的，因为比热对温度的依赖性很弱。这三种方法产生的结果误差通常在百分之几的范围内，对于大多数热力学应用来说是可以接受的。

注意，焓是一个广泛的热力学性质，小写符号 h 代表单位摩尔或单位质量的比焓。对于当前的函数，我们使用小写符号来表示 1 mol 的具体性质，除非另有说明。基于的特定性质的反应体系的热力学分析是最方便的。

示例 2.1　确定在 $T = 25\ ℃$ 和 $T = 1\ 000$ K 之间，压力为 1 atm 时 H_2 的平均比热。计算平均温度、比热的平均值、三阶多项表达式，比较这三种结果。

解答：

在 1 atm $T_{ref} = 25\ ℃(298\ K)$ 到 $T = 1\ 000$ K 的特定条件下，H_2 可被视为一种理想气体。因此，恒压比热只是温度的函数，前面讨论的计算方法可以直接使用。

（1）附录四中给出了 H_2 的恒压比热 $C_p(T)$，作为温度的函数。在平均温度下

$$\overline{T} = \frac{T + T_{ref}}{2} = \frac{298 + 1\ 000}{2} = 649\ (K)$$

根据附录四给出得数据

$$\overline{C}_p = 14.571(\text{kJ}/(\text{kg} \cdot \text{K}))$$

氢气的摩尔质量为

$$W_{H_2} = 2.016(\text{kg/kmol})$$

因此，在恒定压力下，每千摩尔的平均比热为：

$$\overline{C}_p = 14.571 \text{ kJ}/(\text{kg} \cdot \text{K}) \times 2.016 \text{ kg/kmol} = 29.375 \text{ kJ}/(\text{kmol} \cdot \text{K})$$

（2）由附录四，可得到

$$C_P(300 \text{ K}) = 14.307(\text{kJ}/(\text{kg} \cdot \text{K})) \quad C_P(1\,000 \text{ K}) = 14.983(\text{kJ}/(\text{kg} \cdot \text{K}))$$

因此，在 298 K（近似等于 300 K）和 1 000 K 时的平均比热为

$$\overline{C}_P \approx [C_p(300 \text{ K}) + C_p(1\,000 \text{ K})]/2$$

$$= \frac{1}{2}(14.307 + 14.983)\text{kJ}/(\text{kg} \cdot \text{K})$$

$$= 29.524(\text{kJ}/(\text{kmol} \cdot \text{K}))$$

（3）附录五中给出了 H_2 的恒压比热，以三阶多项式的形式表示为温度的函数，表示为

$$C_P(T) = a + bT + cT^2 + dT^3$$

式中，$a = 29.11$；$b = -1.916\text{e}-3$；$c = 4.003\text{e}-6$；$d = -8.704\text{e}-10$。根据定义，平均比热确定为

$$\overline{C}_P = \frac{1}{(T - T_{\text{ref}})} \int_{T_{\text{ref}}}^{T} C_P(T)\,\mathrm{d}T = \frac{1}{(T - T_{\text{ref}})} \int_{T_{\text{ref}}}^{T} (a + bT + cT^2 + dT^3)\,\mathrm{d}T$$

$$= \frac{1}{(T - T_{\text{ref}})}\left[a(T - T_{\text{ref}}) + \frac{b}{2}(T^2 - T_{\text{ref}}^2) + \frac{c}{3}(T^3 - T_{\text{ref}}^3) + \frac{d}{4}(T^4 - T_{\text{ref}}^4)\right]$$

将所有数值代入上述表达式，可得到

$$\overline{C}_p = 29.409(\text{kJ}/(\text{kmol} \cdot \text{K}))$$

（4）方法 3 的结果是足够准确的，可以作为比较的结果。那么方法 1 的误差为

$$\left|\frac{29.375 - 29.409}{29.409}\right| = 0.1\%$$

方法 2 的误差为

$$\left|\frac{29.524 - 29.409}{29.409}\right| = 0.4\%$$

显然，近似但简单的方法 1 和方法 2 产生的结果与方法 3 更精细的计算结果非常一致。这并不奇怪，因为比热是温度的一个非常弱的函数，而不是温度变化或深度的函数。因此，简单方法 1 和方法 2 可以用于所有燃料电池计算，误差完全在工程公差范围内。

评论

1. 在热力学计算中，温度必须处于绝对温度下才能获得正确的结果。

2. 使用查表数据进行计算时，应注意表数值的单位。

3. 如果我们使用 300 K 的比热，而不是前面的三个平均方法，结果将是 28.843 kJ/(kmol·K)，误差约为 2%。这个数量级的误差对于大多数工程应用是可以接受的。

通过对生成焓和平均比热计算显热焓的介绍，我们可以确定燃料电池分析中可能遇到物质的绝对焓。

示例 2.2　在压力为 1 atm、温度分别为 25 ℃、80 ℃、200 ℃、650 ℃、1 000 ℃时，测量氢气、氧气和水的绝对焓。注意，对于 25 ℃ 和 80 ℃ 的测试条件，水为气态或液态形式，计算两种情况下的绝对焓。

解答：

根据附录二，氢气，氧气，液态水和气态水在标准参考状态下（25 ℃ 和 1 atm）的生成焓分别为

$$h_{f,H_2}=0; \quad h_{f,O_2}=0; \quad h_{f,H_2O(l)}=-285\,826(J/mol)$$
$$h_{f,H_2O(l)}=-241\,826(J/mol)$$

因此，现在重点是确定从参考温度 298 K 到给定温度 T 的显热焓变化。

（1）$T=25\ ℃=298\ K$：本示例中，边界温度与参考温度相同，所有物质的显热焓为零，因此绝对焓等于生成焓。

$$h_{f,H_2}=0; \quad h_{f,O_2}=0; \quad h_{f,H_2O(l)}=-285\,826(J/mol)$$
$$h_{f,H_2O(g)}=-241\,826(J/mol)$$

（2）$T=80\ ℃=353\ K$：平均温度为 $(298+353)/2=325.5\ K$，附录九中的 H_2、O_2 和水蒸气的平均比热是在对表数据进行差值并通过使用分子量转换为 1 mol 基准后得出的。

$$\bar{C}_{p,H_2}=14.376\ kJ/(kg·K)×2.016\ kg/kmol=28.964\ kJ/(kmol·K)$$
$$=28.964\ J/(mol·K)$$
$$\bar{C}_{p,O_2}=0.923\ kJ/(kg·K)×31.999\ kg/kmol=29.535\ kJ/(kmol·K)$$
$$=29.535\ J/(mol·K)$$
$$\bar{C}_{p,H_2O(g)}=33.860\ J/(mol·K)$$

对于液态水，参考附录九表示为

$$\bar{C}_{p,H_2O(l)}=4.182\ kJ/(kg·K)×18.015\ kg/kmol$$
$$=75.339\ kJ/(kmol·K)=75.339\ J/(mol·K)$$

因此，对于氢气、氧气、液态水和气态水的绝对焓计算如下。

$$h_{H_2}=h_{f,H_2}+\bar{C}_{p,H_2}(T-T_{ref})=0+28.964×(353-298)=1\,593.0\ J/mol$$
$$h_{O_2}=h_{f,O_2}+\bar{C}_{p,O_2}(T-T_{ref})=0+29.535×(353-298)=1\,624.4\ J/mol$$

$$h_{H_2O(l)} = h_{f,H_2O(l)} + \overline{C}_{p,H_2O(l)}(T - T_{ref}) = -285\ 826 + 75.\ 339 \times (353 - 298)$$
$$= -281\ 628\ \text{J/mol}$$

$$h_{H_2O(g)} = h_{f,H_2O(g)} + \overline{C}_{p,H_2O(g)}(T - T_{ref}) = -241\ 826 + 33.\ 860 \times (353 - 298)$$
$$= -239\ 964\ \text{J/mol}$$

（3）$T = 200\ ℃ = 473\ K$：在一个标准大气压的温度下，水呈气态。平均温度为 $(298 + 473)/2 = 385.5(K)$，根据附录四，氢气、氧气和水蒸气的平均比热计算过程与上述相似。

$$\overline{C}_{p,H_2} = 14.\ 462\ \text{kJ/(kg} \cdot \text{K)} \times 2.\ 016\ \text{kg/kmol} = 29.\ 155\ \text{kJ/(kmol} \cdot \text{K)}$$
$$= 29.\ 155\ \text{J/(mol} \cdot \text{K)}$$

$$\overline{C}_{p,O_2} = 0.\ 937\ \text{kJ/(kg} \cdot \text{K)} \times 31.\ 999\ \text{kg/kmol} = 29.\ 983\ \text{kJ/(kmol} \cdot \text{K)}$$
$$= 29.\ 983\ \text{J/(mol} \cdot \text{K)}$$

$$\overline{C}_{p,H_2O(g)} = 34.\ 343\ (\text{J/(mol} \cdot \text{K)})$$

因此，氢气、氧气和水蒸气的绝对焓为

$$h_{H_2} = h_{f,H_2} + \overline{C}_{p,H_2}(T - T_{ref}) = 0 + 29.\ 155 \times (473 - 298) = 5\ 102.\ 1(\text{J/mol})$$

$$h_{O_2} = h_{f,O_2} + \overline{C}_{p,O_2}(T - T_{ref}) = 0 + 29.\ 983 \times (473 - 298) = 5\ 247.\ 0(\text{J/mol})$$

$$h_{H_2O(g)} = h_{f,H_2O(g)} + \overline{C}_{p,H_2O(g)}(T - T_{ref}) = -241\ 826 + 34.\ 343 \times (473 - 298)$$
$$= -235\ 816(\text{J/mol})$$

（4）$T = 650\ ℃ = 923\ K$：在一个标准大气压的温度下，水呈气态。平均温度为 $(298 + 923)/2 = 610.5(K)$，根据附录四，氢气、氧气和水蒸气的平均比热计算过程与上述相似。

$$\overline{C}_{p,H_2} = 14.\ 551\ \text{kJ/(kg} \cdot \text{K)} \times 2.\ 016\ \text{kg/kmol} = 29.\ 335\ \text{kJ/(kmol} \cdot \text{K)}$$
$$= 29.\ 335\ \text{J/(mol} \cdot \text{K)}$$

$$\overline{C}_{p,O_2} = 1.\ 006\ \text{kJ/(kg} \cdot \text{K)} \times 31.\ 999\ \text{kg/kmol} = 32.\ 191\ \text{kJ/(kmol} \cdot \text{K)}$$
$$= 32.\ 191\ \text{J/(mol} \cdot \text{K)}$$

$$\overline{C}_{p,H_2O(g)} = 36.\ 528\ (\text{J/(mol} \cdot \text{K)})$$

因此，氢气、氧气和气态水的绝对焓计算如下。

$$h_{H_2} = h_{f,H_2} + \overline{C}_{p,H_2}(T - T_{ref}) = 0 + 29.\ 335 \times (923 - 298) = 18\ 334(\text{J/mol})$$

$$h_{O_2} = h_{f,O_2} + \overline{C}_{p,O_2}(T - T_{ref}) = 0 + 32.\ 191 \times (923 - 298) = 20\ 119(\text{J/mol})$$

$$h_{H_2O(g)} = h_{f,H_2O(g)} + \overline{C}_{p,H_2O(g)}(T - T_{ref}) = -241\ 826 + 36.\ 528 \times (923 - 298)$$
$$= -218\ 996\ \text{J/mol}$$

（5）$T = 1\ 000\ ℃ = 1\ 273\ K$：在一个标准大气压的温度下，水呈气态。平均温度为 $(298 + 1\ 273)/2 = 785.5(K)$，根据附录四，氢气、氧气和水蒸气的平均比热计算过程与上述相似。

$$\overline{C}_{p,\mathrm{H}_2} = 14.681\ \mathrm{kJ/(kg \cdot K)} \times 2.016\ \mathrm{kg/kmol} = 29.597\ \mathrm{kJ/(kmol \cdot K)}$$
$$= 29.597\ \mathrm{J/(mol \cdot K)}$$

$$\overline{C}_{p,\mathrm{O}_2} = 1.006\ \mathrm{kJ/(kg \cdot K)} \times 31.999\ \mathrm{kg/kmol} = 33.631\ \mathrm{kJ/(kmol \cdot K)}$$
$$= 33.631\ \mathrm{J/(mol \cdot K)}$$

$$\overline{C}_{p,\mathrm{H}_2\mathrm{O(g)}} = 38.518(\mathrm{J/(mol \cdot K)})$$

因此，氢气、氧气和气态水的绝对焓计算如下。

$$h_{\mathrm{H}_2} = h_{f,\mathrm{H}_2} + \overline{C}_{p,\mathrm{H}_2}(T - T_{\mathrm{ref}}) = 0 + 29.597 \times (1\ 273 - 298) = 28\ 857(\mathrm{J/mol})$$

$$h_{\mathrm{O}_2} = h_{f,\mathrm{O}_2} + \overline{C}_{p,\mathrm{O}_2}(T - T_{\mathrm{ref}}) = 0 + 33.631 \times (1\ 273 - 298) = 32\ 790(\mathrm{J/mol})$$

$$h_{\mathrm{H}_2\mathrm{O(g)}} = h_{f,\mathrm{H}_2\mathrm{O(g)}} + \overline{C}_{p,\mathrm{H}_2\mathrm{O(g)}}(T - T_{\mathrm{ref}}) = -241\ 826 + 38.518 \times (923 - 298)$$
$$= -204\ 271(\mathrm{J/mol})$$

结论

1. 上述计算表明，随着温度的升高，恒定压力下的比热也在增加，但非常缓慢，这证实了早期的说法，即比热是温度的一个非常弱的函数。

2. 比热的增加对 H_2 来说是最小的，它是三个物质中分子最小的，$\mathrm{H}_2\mathrm{O}$ 分子是最大的。

3. 对于像 $\mathrm{H}_2\mathrm{O}$ 这样的化合物，生成焓在绝对焓的数值中占主导地位，而显热焓则相对较小。对于 1 273 K 下的 $\mathrm{H}_2\mathrm{O(g)}$，显热焓只占绝对焓的 18% 左右。

4. 在绝对焓的确定中，几乎所有的努力都花在了显热焓的测定上。因此，设计一种方法最小化甚至消除显热焓计算可能是明智的（在本章后面内容将给出这种计算方法）。

2.2.2　反应焓、燃烧焓和热值

对于化学反应体系，反应焓定义为产物的焓与反应物的焓之差。因此，一旦知道生成混合物和反应混合物的绝对焓，就可以很容易地计算出反应焓。在实验室测量中，可以很容易地确定反应焓为反应过程中释放或吸收的化学反应。化学反应可以在封闭系统反应器中发生，对于反应系统，系统温度最终必须与初始系统相同，如图 2.1 所示。或者在稳流反应器中进行，进入反应器和离开反应器的反应物具有相同的温度和压力，如图 2.2 所示。对于这两种反应器，产物和反应物都必须具有相同的温度和压力，尽管是由混合物组成（如每种物质 i 的摩尔数 n_i 所指定），但反应物和产物的混合物组成必定是不相同的，因为系统内部发生了化学反应。请注意，我们采用了传统的表示法，即系统吸收的热量定义为正值。

根据能量守恒（或热力学第一定律）可以表明，对于图2.1和图2.2所示的两个系统，系统吸收的热量与产物和反应混合物的绝对焓有关，表示如下。

$$q = h_{\mathrm{P}} - h_{\mathrm{R}} = \Delta h_{\mathrm{reaction}} \tag{2.4}$$

式中，下标"P"和"R"分别表示产物和反应物，传热 q 和绝对焓值 h 表示 1 mol 反应物所对应的值，通常用于燃料电池反应或燃烧分析（例如示例 2.3）。如果反应焓为负值，表示反应过程中放热，则这种反应称为放热反应。相反，如果反应焓为正值，表示热量被系统吸收以使反应继续进行，则该反应通常被称为吸热反应。因此，吸热反应需要外部手段来提供反应发生所需的热量。而放热反应通常在反应开始后可以自己提供所需热量，因为反应过程中产生的热量通常可以转移到周围的介质中。如果产生的热量没有传递到系统外，则系统温度将升高；否则，系统温度将降低。较高的温度将提高反应速率，从而产生更多的热量，导致反应过程加速。

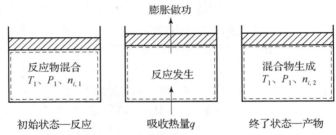

图2.1 用于测定反应焓的封闭系统反应器（虚线代表系统边界）

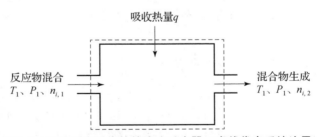

图2.2 用于测定反应焓的稳流反应器（虚线代表系统边界）

如果反应物和产物的反应温度和压力为 25 ℃ 和 1 atm（标准参考状态），产物和反应物之间产生的焓变称为标准反应焓。如果参与反应的反应物之一是燃料，并且反应是放热的，这种反应通常被称为燃烧反应。当燃烧过程完成时，即当燃料（通常是碳氢化合物）与氧化剂（通常是氧气）完全反应，形成稳定的最终产物（通常是二氧化碳和 H_2O），这意味着燃料中所有的碳都转化为稳定的最终产物二氧化碳，燃料中所有的氢都转化为稳定的最终产物

H_2O，这种燃烧反应的焓变称为燃烧焓。显然，燃烧焓取决于燃料和氧化剂的初始状态以及产物的最终状态（因为 H_2O 可以是液体或蒸气形式，具有不同的能量含量或焓值）。

在放热反应中，燃烧焓总是为负。工程应用通常需要正值。因此，热值被定义为标准燃烧焓的绝对值，即在标准参考温度和压力下发生的反应。当产物中的 H_2O 冷凝成液体时，释放出更多的热量，热值更高，因此称为高热值或高位发热量（Higher Heating Value，HHV）。相反，如果产物中的 H_2O 仍以蒸气形式存在，则会产生低热值或低位发热量（Lower Heating Value，LHV）。HHV 和 LHV 之间的差值等于产物中水的冷凝（或蒸发）焓。热值可以用 1 mol 燃料或 1 kg 质量燃料来表示，后者更便于实际使用。例如甲烷（CH_4），温度为 25 ℃和 1 atm。

$$HHV = 55\ 528\,(kJ/kg)$$
$$LHV = 50\ 016\,(kJ/kg)$$

对于甲烷来说，高热值比低热值近似大 11%。

示例 2.3　确定气态氢气和正辛烷与氧气反应，产物为水的高热值和低热值，反应发生在标准参考状态（25 ℃和 1 atm）。

解答：

热值等于反应焓的大小。使用式（2.1）～式（2.4）来确定反应焓。

（1）对于 1 mol 氢气，反应方程可写为

$$H_2(g) + \frac{1}{2}O_2 \longrightarrow H_2O$$

无论产物水是液体还是蒸气，1 mol 燃料的反应焓（即在这种情况下为 H_2）可以表示为

$$\Delta h_{reaction} = h_{H_2O} - \left(h_{H_2} + \frac{1}{2}h_{O_2} \right)$$

因为反应发生在标准参考状态，所以所有反应物的显热焓为零。此外，H_2 和 O_2 的生成焓也为零。因此，我们获得

$$\Delta h_{reaction} = h_{f,H_2O}$$

根据附录二，最终可得到

$$HHV = -\Delta h_{f,H_2O(l)} = 285\ 826\,(J/mol)\,(H_2)$$
$$LHV = -\Delta h_{f,H_2O(g)} = 241\ 826\,(J/mol)\,(H_2)$$

如果产物是液态水，1 mol H_2O 完全与氧气燃烧，就有 285 826 J 能量作为热量释放出来；否则，当产物水处于蒸气状态时，释放的热量为 241 826 J。

（2）对于 1 mol 正辛烷，反应方程为

$$C_8H_{18}(g) + \frac{25}{2}O_2 \longrightarrow 9H_2O + 8CO_2$$

反应焓方程可写为

$$\Delta h_{\text{reaction}} = 9h_{H_2O} + 8h_{CO_2} - \left(h_{C_8H_{18}(g)} + \frac{25}{2}h_{O_2} \right)$$

同样，在标准参考状态下发生的反应所涉及物质的显热焓为零。因此，每种物质的绝对焓等于各自的生成焓。根据附录二，可得

$$\Delta h_{\text{reaction}} = 9 \times (-285\ 826) + 8 \times (-393\ 522) - \left((-208\ 450) + \frac{25}{2} \times 0 \right)$$
$$= -5\ 512\ 160\ (J/mol)\ (产物为液态水)$$

$$\Delta h_{\text{reaction}} = 9 \times (-241\ 826) + 8 \times (-393\ 522) - \left((-208\ 450) + \frac{25}{2} \times 0 \right)$$
$$= -5\ 116\ 160\ (J/mol)\ (产物为水蒸气)$$

$$HHV = -\Delta h_{\text{reaction}} = 5\ 512\ 160\ (J/mol)$$
$$LHV = -\Delta h_{\text{reaction}} = 5\ 116\ 160\ (J/mol)$$

结论

1. 在化学反应系统的分析中，通常以 1 mol 燃料为基础来表示化学反应方程式。

2. 随着燃料分子中碳含量的增加，高热值和低热值之间的差异减小。

3. 示例 2.3 表明，1 mol 热值随着分子中碳含量的增加而增加。这是可以理解的，因为分子大小随着碳含量的增加而增加，更大的分子将会包含更多的能量。但是，在 1 kg 质量的基础上，结果会有所不同。示例 2.3 中，H_2 和正辛烷的高热值为

$$HHV = 141\ 779\ (kJ/kg)$$
$$HHV = 48\ 255\ (kJ/kg)$$

事实上，按 1 kg 质量计算，氢是所有化学燃料中能量含量最高的。有趣的是，在 1 m³ 体积的基础上，氢气具有最低的能量含量（或 1 720 MJ/m³）。在 25 ℃ 和 1 atm 下的较高热值，相当于 0.477 7（kW·h）/L[①]。对于典型的乘用车，油箱约为 0.05 m³，因此它可以包含略少于 24 kW·h 的氢气能量，对于由 50 kW 发动机驱动的紧凑型车辆，其总效率为 40%，持续时间甚至不到 12 min。这个简单的计算让我们能够理解车载储氢相关技术挑战的重要性。

当物质由元素形成时，物质形成的焓实际上是反应焓，当物质形成发生在标准参考状态（25 ℃ 和 1 atm）时，标准的物质形成焓是反应焓。那么在任何温度和压力下化合物质种类 i 的生成焓 $h_{f,i}(T, P)$，可以通过上述用于确定化合物质种类 i 从其元素组成的生成反应的反应焓的程序来确定。

示例 2.4 确定水在压力为 1 atm 和温度分别为 80 ℃、200 ℃、650 ℃、

---

① 1 L = 0.001 m³。

1 000 ℃时的生成焓。注意，在 80 ℃下，水可能为液态，也可能为气态，需考虑两种情况。

解答　生成水的反应可写为

$$H_2(g) + \frac{1}{2}O_2 \longrightarrow H_2O$$

H_2O 在任何温度和压力下的生成焓等于前一个反应的反应焓，可以写为

$$\Delta h_{f,H_2O}(T,P) = h_{H_2O}(T,P) - \left(h_{H_2}(T,P) + \frac{1}{2}h_{O_2}(T,P) \right)$$

$$= h_{f,H_2O}(T_{ref},P_{ref}) + \Delta h_{s,H_2O}(T,P) - \left(\Delta h_{s,H_2}(T,P) + \frac{1}{2}\Delta h_{s,O_2}(T,P) \right)$$

将式（2.1）代入第二个等式，H_2O 和 O_2 的标准生成焓为零（$T_{ref} = 25$ ℃且 $P_{ref} = 1$ atm）。液态水和气态水的标准生成焓见附录二，H_2、O_2 和 H_2O 的绝对焓和显热焓已在示例 2.2 中确定。利用这些绝对焓的结果，我们得到在 1 atm 下，不同温度所对应水的生成焓，结果如下。

（1）当 $T = 80$ ℃ $= 353$ K 时，

$$h_{f,H_2O(1)}(T,P) = -281\ 682 - (1\ 593 + 0.5 \times 1\ 624.4) = -284\ 087(J/mol)$$

$$h_{f,H_2O(g)}(T,P) = -239\ 964 - (1\ 593 + 0.5 \times 1\ 624.4) = -242\ 369(J/mol)$$

（2）当 $T = 200$ ℃ $= 473$ K 时，

$$h_{f,H_2O(g)}(T,P) = -235\ 816 - (5\ 102.1 + 0.5 \times 5\ 247.0) = -243\ 542(J/mol)$$

（3）当 $T = 650$ ℃ $= 923$ K 时，

$$h_{f,H_2O(g)}(T,P) = -218\ 996 - (18\ 334 + 0.5 \times 202\ 119) = -247\ 390(J/mol)$$

（4）当 $T = 1\ 000$ ℃ $= 1\ 273$ K 时，

$$h_{f,H_2O(g)}(T,P) = -204\ 271 - (28\ 857 + 0.5 \times 32\ 790) = -249\ 523(J/mol)$$

结论

1. 显而易见，生成焓的大小随着温度的升高而增加（当生成 1 mol 水时释放出更多的热量），所以反应物 H_2 和 O_2 需要在反应前先被加热到更高的温度，或者反应物在反应前包含更多的能量。

2. 在燃料电池化学反应系统的分析中，一直会遇到热力学性质的评估。燃料电池性能计算需要使用技巧。

类似示例2.4，在任何温度和压力下的生成焓都可以被确定，在附录七中对于 CO、CO_2、H_2、H_2O、N_2O 和 O_2 是可用的。附录七中还列出了作为温度函数的比热、恒压、灵敏度、绝对熵和吉布斯函数。附录七将有助于大大简化热力学分析所需属性值的确定。然而，在使用列表中的数值时必须小心——正如人们可能已经注意到的那样，附录七中对于所有元素，如 H_2 和 O_2 在 1 atm 和任何温度下，生成焓都被定义为 0，而不是前面结合式（2.1）定

义的 25 ℃。这相当于为每个温度下的性能评估选择一个新的参考数据。因此，在分析中使用一致的数据是很重要的，在利用附录七中数据进行属性计算时必须小心。

示例 2.5 根据附录七确定气态水在标准压力和温度为 80 ℃、200 ℃、650 ℃、1 000 ℃时的生成焓。

解答

由于附录七中没有直接列出所需的属性值，因此将使用数据差值。

（1）当 $T = 80\ ℃ = 353\ K$ 时，

$$h_{f, H_2O(g)}(T, P) = -242\ 391\ (J/mol)$$

（2）当 $T = 200\ ℃ = 473\ K$ 时，

$$h_{f, H_2O(g)}(T, P) = -243\ 562\ (J/mol)$$

（3）当 $T = 650\ ℃ = 923\ K$ 时，

$$h_{f, H_2O(g)}(T, P) = -247\ 363\ (J/mol)$$

（4）当 $T = 1\ 000\ ℃ = 1\ 273\ K$ 时，

$$h_{f, H_2O(g)}(T, P) = -249\ 350\ (J/mol)$$

结论

1. 当从附录七中确定属性值时，总是使用数据差值。

2. 附录七中列出的水的特性仅适用气态水。

3. 尽管示例 2.5 中获得的结果与示例 2.4 相比略有不同，但差异非常小，不到 1%。这种微小的差异是由两个示例中的近似计算性质造成的。

4. 显然，从附录七中确定相关属性要容易得多。

2.2.3　反应的吉布斯函数

吉布斯函数是一个热力学性质，对涉及化学反应系统的分析很有用。它被定义为

$$g = h - Ts \tag{2.5}$$

式中，s 是（绝对）熵，表示另一个热力学性质。g 和 s 都可以用 1 mol 或 1 kg 质量来表示，除非另有说明，否则全书使用前者。

与反应焓相似，反应的吉布斯函数定义为当产物和反应物具有相同的温度和压力时，产物和反应物之间吉布斯函数的变化。即

$$\Delta g_{reaction} = g_P - g_R \tag{2.6}$$

当 1 mol 物质由它的元素形成时，产生的吉布斯反应函数称为吉布斯生成函数。如果产物生成发生在标准参考状态下（25 ℃和 1 atm），那么它被称为标准吉布斯生成函数，可从附录二获得。附录七列出了其他温度下的吉布斯生成函数，将在本章其余部分介绍的燃料电池热力学分析中使用。

2.3　可逆电池电势

在燃料电池中，燃料和氧化剂的化学能直接转化为电能，这表现电池电势和电流输出的方向。当燃料电池在热力学可逆条件下运行时，获得最大可能的电能输出和阴极与阳极之间相应的电势差。这种最大可能的电池电势被称为可逆电池电势，是燃料电池的重要参数之一。在本节中，我们应用基本热力学原理推导可逆电池电势。

图 2.3 所示为一个热力学系统模型，用于分析燃料电池的性能。热力学系统模型为燃料电池的控制容积系统，燃料和氧化剂进入系统，产物或副产物排出系统。燃料电池位于热容器内，以保持系统所需的温度。反应物（燃料和氧化剂）和排气被认为具有相同的温度和压力。假设燃料和氧化剂的输入和排气是稳定的，动能和重力势能变化忽略不计。此外，燃料电池系统边界内的平均电化学反应描述如式（2.7）。

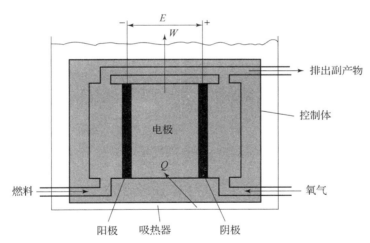

图 2.3　燃料电池系统中的热力学模型

$$燃料(H_2) + 氧化剂(O_2) \longrightarrow \dot{W} + \dot{Q} + 产物 \tag{2.7}$$

式中，$\dot{W}$ 是系统做功的速率，$\dot{Q}$ 是热量从周围的恒温容器传递到系统中的速率，在温度 T 和压力 P 下，恒温热浴可以使燃料电池系统处于热平衡，也可使燃料电池系统不处于热平衡。对于氢氧燃料电池，产物通常是水。热力学第一定律和第二定律分别适用于目前的燃料电池系统。

$$\frac{dE_{C.v.}}{dt} = \left[(\dot{N}h + KE + PE)_F + (\dot{N}h + KE + PE)_{Ox} \right]_{in} -$$

$$\left[(\dot{N}h + KE + PE)_{Ex} \right]_{out} + \dot{Q} - \dot{W} \tag{2.8}$$

系统能量增加 = 通过质量流量带入的能量 – 通过质量流量带出的能量 +
输入能量转化的热能 – 做功消耗的能量

$$\frac{dS_{C.V.}}{dt} = \left[(\dot{N}s)_F + (\dot{N}s)_{Ox} \right]_{in} - \left[(\dot{N}s)_{Ex} \right]_{out} + \frac{\dot{Q}}{T} + \dot{\wp}_s \tag{2.9}$$

系统熵的增加 = 质量流的熵输入 – 质量流的熵输出 +
热传递熵 + 产生熵

式中，$\dot{N}$ 是摩尔速率，h 是 1 mol 的（绝对）焓，s 是摩尔基础上的比熵，$\dot{\wp}_s$ 是由于不可逆熵增的速率。下标 "F" "Ox" 和 "Ex" 分别代表燃料、氧化剂和排气量。"KE" 和 "PE" 表示由质量流带入和带出系统的动能和重力势能。

对于稳定的过程，在控制容积系统内，能量和比熵在数量上没有明显的变化。因此，$dE_{C.V.}/dt = 0$，$dS_{C.V.}/dt = 0$。此外，动能和重力势能的变化在此过程中可以忽略不计，如前所述。因此，式（2.8）和式（2.9）可以简化如下。

$$\dot{N}_F (h_{in} - h_{out}) + \dot{Q} - \dot{W} = 0 \tag{2.10}$$

$$\dot{Q} = -T\dot{\wp}_s - \dot{N}_F T (s_{in} - s_{out}) \tag{2.11}$$

其中

$$h_{in} = \left(h_F + \frac{\dot{N}_{Ox}}{\dot{N}_F} h_{Ox} \right)_{in}; \quad h_{out} = \frac{\dot{N}_{Ex}}{\dot{N}_F} h_{Ex} \tag{2.12}$$

式中，h_{in} 表示反应物流入系统带入的每 1 mol 燃料的焓，h_{out} 表示废气流出系统带出的每 1 mol 燃料的焓。同样的

$$s_{in} = \left(s_F + \frac{\dot{N}_{Ox}}{\dot{N}_F} s_{Ox} \right)_{in}; \quad s_{out} = \frac{\dot{N}_{EX}}{\dot{N}_F} s_{Ex} \tag{2.13}$$

式中，s_{in} 表示反应物输入系统的 1 mol 燃料的熵值，s_{out} 表示含有产物的排出废气带出系统的 1 mol 燃料的熵值。

将式（2.11）第二项代入式（2.10）中，可得

$$\dot{W} = \dot{N}_F (h_{in} - h_{out}) - \dot{N}_F T (s_{in} - s_{out}) - T\dot{\wp}_s \tag{2.14}$$

$$\omega = \frac{\dot{W}}{\dot{N}_F}; \quad q = \frac{\dot{Q}}{\dot{N}_F}; \quad \wp_s = \frac{\dot{\wp}_s}{\dot{N}_F} \tag{2.15}$$

式中，ω、q、$\dot{\wp}_s$ 分别表示 1 mol 燃料所做的功、传递的热量和产生的熵，式（2.11）和式（2.14）则变为

$$q = -T\wp_s - T (s_{in} - s_{out}) = T\Delta s - T\wp_s \tag{2.16}$$

$$\omega = (h_{in} - h_{out}) - T (s_{in} - s_{out}) - T\wp_s \tag{2.17}$$

由于在燃料电池反应中焓和熵被定义为

$$\Delta h = (h_{out} - h_{in}) \quad \Delta s = (s_{out} - s_{in}) \tag{2.18}$$

式（2.17）可表示为

$$\omega = -\Delta h + T\Delta s - T\wp_s = -[(h - T_s)_{out} - (h - T_s)_{in}] - T\wp_s \qquad (2.19)$$

根据吉布斯函数（1 mol 燃料）$g = h - T_s$ 的定义，式（2.17）或式（2.19）也可以表示为

$$\omega = -(g_{out} - g_{in}) - T\wp_s = -\Delta g - T\wp_s \qquad (2.20)$$

根据热力学第二定律，熵可以产生，但永远不会被消灭，我们知道 $\wp_s \geqslant 0$，也知道绝对温度（开尔文）$T > 0$。根据热力学第三定律，当 $\wp_s = 0$ 或在热力学可逆条件下，系统输出最大可能功（即有用能量）。对于有效的燃料电池反应，吉布斯函数的变化通常是负值。因此，从式（2.20）可以清楚地看出，该燃料电池系统的最大可能输出功等于吉布斯函数的减少。即

$$\omega_{max} = -\Delta g \qquad (2.21)$$

对于所有可逆过程，不考虑所涉及的燃料电池的具体类型。事实上，在式（2.20）和式（2.21）的推导中，没有规定关于容积系统控制的细节，因此它们对任何能量转换系统都有效。

对于燃料电池系统，电能输出通常用阴极和阳极之间的电位差来表示，电势是一个单位电荷的电势能，国际单位是 J/C，通常被称为伏特（V）。势能被定义为电荷在电场中从一个位置移动到另一个位置时所做的功，通常指外部电路。对于燃料电池的内部电路，如图 2.3 所示，电动势是恒定的，它也被定义为将正电荷从低电位转移到高电位所做的功。因此，电动势的单位也用 J/C 或 V 表示。从现在开始，我们采用电池电势的术语，而不是电动势，我们用符号来表示电池电势。因为通常电子是带电荷的粒子，我们把燃料电池所做的功表示如下。

$$\omega(J/mol) = E \times (C/mol)$$

或

$$\omega = E \times nN_0 e = E \times nF \qquad (2.22)$$

式中，n 表示消耗的 1 mol 燃料转移的电子摩尔数，N_0 表示阿伏伽德罗常数（6.023×10^{23} 电子数/摩尔电子），e 表示每个电子的电荷数（$= 1.602\ 1 \times 10^{-19}$ 库仑/电子）。由于 $N_0 e = 964\ 87$ C/mol，F 通常被称为法拉第常数，根据式（2.20），电池电势为

$$E = \frac{\omega}{nF} = \frac{-\Delta g - T\wp_s}{nF} \qquad (2.23)$$

因此，最大可能电池电势或可逆电势 E_r 为

$$E_r = -\frac{\Delta g}{nF} \qquad (2.24)$$

根据可逆电池电势，式（2.23）也可以改写为

$$E = E_r - \frac{T\wp_s}{nF} = E_r - \eta \qquad (2.25)$$

其中

$$\eta = \frac{T \wp_s}{nF} \qquad (2.26)$$

由于不可逆性（或熵产生）造成的电池电压损失。显然，电池电势实际可以通过从可逆电池电势中减去电池电压损失来计算。或者，1 mol 燃料消耗的熵产生量可以确定为

$$\wp_s = \frac{nF\eta}{T} = \frac{nF(E_r - E)}{T} \qquad (2.27)$$

因此，一旦电池电势 E 和电池工作温度 T 已知，就可以测量燃料电池反应过程的熵产生量，该熵产生量表示不可逆性的程度（偏离理想可逆条件的程度）。

注意，吉布斯函数是热力学性质，由温度和压力等状态变量决定。因此，这里讨论的燃料电池反应的吉布斯函数的变化。

$$\Delta g = \Delta h - T\Delta s \qquad (2.28)$$

温度、压力和可逆电池电势也是系统函数。温度、压力和反应物浓度等操作条件对可逆电池电位的具体影响将在下一节介绍。如果反应发生在标准参考温度（25 ℃）和 1 atm 压力下，产生的电池电势通常称为标准可逆电池电势。

$$E_r^0(T_{ref}) = -\frac{\Delta g(T_{ref}, P_{ref})}{nF} \qquad (2.29)$$

如果使用纯氢和氧作为反应物生成产物水，那么液体形式产物水的 $E_r^0(25\ ℃) = 1.229\ V$，如果产物水为蒸气形式，则 $E_r^0(25\ ℃) = 1.185\ V$。E_r^0 的差异取决于水蒸发所需的能量。需要指出的是，任何含氢燃料（包括氢本身、碳氢化合物、酒精，还有较小含量的煤）的 Δg 和 Δh 都有两个值，两个值的大小取决于产物水是液态还是气态。因此，当提到可逆电池电势和能量效率时应该区分，这将在第 2.5 节中讨论。示例 2.6 使用以下电池反应，确定当 H_2O 用作燃料，O_2 用作氧化剂时的标准可逆电池电势，分别求产物水为液态和气态时的结果。

$$H_2 + \frac{1}{2}O_2 \longrightarrow H_2O$$

解答

对于标准的可逆电势 E_r^0，燃料电池反应发生在标准温度和压力下，无论产物是液态水还是气态水，对于燃料电池反应的吉布斯方程都可以写为

$$\Delta g = (g_{out} - g_{in}) = (h_{out} - h_{in}) - T(s_{out} - s_{in})$$

式中，h_{out} 和 s_{out} 的具体数值取决于产物 H_2O 是液态还是气态。根据给定的反应方程，我们知道 H_2 是燃料，O_2 是氧化剂，H_2O 是产物，因此

$$\frac{\dot{N}_{OX}}{\dot{N}_F} = \frac{1}{2} \text{mol } O_2/\text{mol 燃料}; \quad \frac{\dot{N}_{EX}}{\dot{N}_F} = 1 \text{ mol } H_2O/\text{mol 燃料}$$

根据式（2.12）和式（2.13），进出口的绝对焓和熵值可写为

$$h_{in} = h_{H_2} + \frac{1 \text{ mol } O_2}{2 \text{ mol 燃料}} h_{O_2}; \quad h_{out} = \frac{1 \text{ mol } H_2O}{1 \text{ mol 燃料}} h_{H_2O}$$

$$s_{in} = s_{H_2} + \frac{1 \text{ mol } O_2}{2\text{mol 燃料}} s_{O_2}; \quad s_{out} = \frac{1 \text{ mol } H_2O}{1 \text{ mol 燃料}} s_{H_2O}$$

我们知道，由于反应发生在标准参考状态，所有参与物质的显热焓为 0；根据定义，在 25 ℃和 1 atm 下，H_2 和 O_2 的生成焓也为 0。因此，所有相关物质的总焓值等于这些物质各自的标准生成焓值。从附录二中，我们查到在标准参考状态下每个物质的生成焓和熵值，如下所示。

$$h_{f,H_2} = 0 (\text{J/mol}); \quad s_{H_2} = 130.68 (\text{J/(mol·K)})$$

$$h_{f,O_2} = 0 (\text{J/mol}); \quad s_{O_2} = 205.14 (\text{J/(mol·K)})$$

$$h_{f,H_2O(l)} = -285\ 826 (\text{J/mol}); \quad s_{H_2O(l)} = 69.92 (\text{J/(mol·K)})$$

$$h_{f,H_2O(g)} = -241 (826 \text{ J/mol}); \quad s_{H_2O(g)} = 188.83 (\text{J/(mol·K)})$$

（1）当产物为液态水时，可得

$$\Delta h = h_{out} - h_{in} = \frac{1 \text{ mol } H_2O}{1 \text{ mol 燃料}} h_{H_2O(l)} - \left(h_{H_2} + \frac{1 \text{ mol } O_2}{2 \text{ mol 燃料}} h_{O_2} \right)$$

$$= \frac{1 \text{ mol } H_2O}{1 \text{ mol 燃料}} h_{H_2O(l)} - \left(h_{f,H_2} + \frac{1 \text{ mol } O_2}{2 \text{ mol 燃料}} h_{f,O_2} \right)$$

$$= -285\ 826 (\text{J/mol})$$

$$\Delta s = s_{out} - s_{in} = \frac{1 \text{ mol } H_2O}{1 \text{ mol 燃料}} s_{H_2O(l)} - \left(s_{H_2} + \frac{1 \text{ mol } O_2}{2 \text{ mol 燃料}} s_{O_2} \right)$$

$$= \frac{1 \text{ mol } H_2O}{1 \text{ mol 燃料}} s_{H_2O(l)} - \left(s_{f,H_2} + \frac{1 \text{ mol } O_2}{2\text{mol 燃料}} s_{f,O_2} \right)$$

$$= -163.25 \text{ J/(mol·K)}$$

当反应温度 $T = 25$ ℃ $= 298$ K，可计算吉布斯函数表达式为

$$\Delta g = \Delta h - T\Delta s = -237\ 177.50 (\text{J/mol})$$

对于目前的反应，每消耗 1 mol H_2，将有 2 mol 电子被传递。

$$n = 2 \text{ mol } e^-/\text{mol 燃料}$$

$$\text{法拉第常数 } F = 96\ 487 \ (\text{C/mol})$$

将所有参数值代入式（2.24）或式（2.29），得到

$$E_r^0 (T_{ref}) = -\frac{\Delta g(T_{ref}, P_{ref})}{nF} = -\frac{-237\ 177.50 \text{ J/mol 燃料}}{2 \text{ mol } e^-/\text{mol 燃料} \times 96\ 487 \text{ C/mol } e^-}$$

$$= 1.299 (\text{J/C}) = 1.299 (\text{V})$$

（2）当产物水为气态时，可得到

$$\Delta h = h_{out} - h_{in} = \frac{1 \text{ mol } H_2O}{1 \text{ mol 燃料}}h_{H_2O(g)} - \left(h_{H_2} + \frac{1 \text{ mol } O_2}{2 \text{ mol 燃料}}h_{O_2}\right)$$

$$= \frac{1 \text{ mol } H_2O}{1 \text{ mol 燃料}}h_{H_2O(g)} - \left(h_{f,H_2} + \frac{1 \text{ mol } O_2}{2 \text{ mol 燃料}}h_{f,O_2}\right)$$

$$= -241\ 826 \text{ J/mol}$$

$$\Delta s = s_{out} - s_{in} = \frac{1 \text{ mol } H_2O}{1 \text{ mol 燃料}}s_{H_2O(g)} - \left(s_{H_2} + \frac{1 \text{ mol } O_2}{2 \text{ mol 燃料}}s_{O_2}\right)$$

$$= \frac{1 \text{ mol } H_2O}{1 \text{ mol 燃料}}s_{H_2O(g)} - \left(s_{f,H_2} + \frac{1 \text{ mol } O_2}{2 \text{ mol 燃料}}s_{f,O_2}\right)$$

$$= -44.42 \ (J/(mol \cdot K))$$

当反应物温度为 $T = 25 \ ℃ = 298 \text{ K}$，可得到

$$\Delta g = \Delta h - T\Delta s = -228\ 588.84 \ (J/mol)$$

将所有参数代入方程中可求得电池电势为

$$E_r^0(T_{ref}) = -\frac{\Delta g(T_{ref}, P_{ref})}{nF} = -\frac{-228\ 588.84 \text{ J/mol 燃料}}{2 \text{ mol } e^-/\text{mol 燃料} \times 96\ 487 \text{ C/mol } e^-}$$

$$= 1.185 \ (J/C) = 1.185 \ (V)$$

结论

示列 2.6 揭示了一些重要的问题，值得探究。

1. 对于燃料电池反应有用的（即在燃料电池中应用的反应潜力），焓、熵和吉布斯函数的变化为负值，即

$$\Delta h < 0; \ \Delta s < 0; \ \Delta g < 0$$

这意味着产物比进入反应物具有更少的能量和更少的微观无序（更少的熵含量）。那么，式（2.16）表示为

$$q = -T\wp_s - T(s_{in} - s_{out}) = T\Delta_s - T\wp_s < 0$$

实际上热量是从燃料电池系统传递到周围，而不是相反，如图 2.3 所示。从燃料电池传递到周围的热量，通常被称为燃料电池中产生的热量或废热，归结于不可逆性和熵的减少。即使在理想的热力学可逆条件下，由于反应物向产物的熵变化，也会产生废热。这是需要记住的重要一点，我们将在稍后讨论燃料电池的能量转换效率时回到这个问题（第 2.5 节）。

2. 由于气体（蒸气）状态比液体状态包含更多的能量和熵，反应产生的焓、熵和吉布斯自由能几乎不变，相应的电池电势更小。当液态水的 $E_r^0 = 1.229 \text{ V}$ 与作为反应产物的气态水的 $E_r^0 = 1.185 \text{ V}$ 进行比较时，这一点显示得很清楚。类似地，可以推断液体燃料比气体燃料产生更小的电池电势。

3. 类似式（2.1）所示的焓，吉布斯函数也可以分解为两部分：代表化学能的生成吉布斯函数；代表热能的显吉布斯函数，即

$$g_i(T,P) = g_{f,i}(T_{ref},P_{ref}) + \Delta g_{s,i}(T,P)$$

在附录二中给出了标准参考状态下的选定物质的生成吉布斯函数，同时给出了除 1 atm 以外的任何温度下的选定物质的生成吉布斯函数。吉布斯函数可以很容易地用来计算可逆电池电势。如下所示。

$$\Delta g = g_{out} - g_{in} = \frac{1\ mol\ H_2O}{1\ mol\ 燃料}g_{H_2O} - \left(g_{H_2} + \frac{1\ mol\ O_2}{2\ mol\ 燃料}g_{O_2}\right)$$

$$= \frac{1\ mol\ H_2O}{1\ mol\ 燃料}g_{H_2O(g)} - \left(g_{f,H_2} + \frac{1\ mol\ O_2}{2\ mol\ 燃料}g_{f,O_2}\right)$$

对于产物为液态水，根据附录二可得到

$$\Delta g = \frac{1\ mol\ H_2O}{1\ mol\ 燃料} \times (-237\ 180\ J/mol\ H_2O) - \left(0 + \frac{1\ mol\ O_2}{2\ mol\ 燃料} \times 0\right)$$

$$= -237\ 108(J/mol)$$

产物为气态水的吉布斯自由能表示为

$$\Delta g = \frac{1\ mol\ H_2O}{1\ mol\ 燃料} \times (-228\ 590\ J/mol\ H_2O) - \left(0 + \frac{1\ mol\ O_2}{2\ mol\ 燃料} \times 0\right)$$

$$= -228\ 590(J/mol)$$

显然，直接用生成的吉布斯函数来确定可逆电池电位要容易得多。

4. 当 H_2 和 O_2 用作反应物时，燃料电池通常被称为氢氧燃料电池。

类似于示例 2.6，标准可逆电池电位 E_r^0 可以为任何其他电化学反应确定。表 2.1 所示为在燃料电池反应产生的电势 E_r^0 及其他相关参数。从表 2.1 中可以看出，为了使反应符合燃料电池的实际应用，E_r^0 应该大约高于 1 V。这是因为如果 E_r^0 远小于 1 V，考虑到实际燃料电池中由于不可逆性而不可避免的电池电压损失，实际电池电势可能变得太小，无法用于实际应用。因此，经验法则是，对于提出的任何燃料和氧化剂，在进行任何进一步的工作之前，先计算 E_r^0，验证是否在 1 V 或更大的数量级。

表 2.1　燃料和氧化剂的标准反应焓和吉布斯函数，
以及相应的标准可逆电池电势和其他相关参数（在 25 ℃和 1 atm 下）

燃料	反应	n	$-\Delta h/$ $(J \cdot mol^{-1})$	$-\Delta g/$ $(J \cdot mol^{-1})$	$E_r^0/$ V	$\eta^b/$ %
氢气	$H_2 + \frac{1}{2}O_2 \longrightarrow H_2O(l)$	2	286.0	237.3	1.299	82.97
	$H_2 + Cl_2 \longrightarrow 2HCl(aq)$	2	335.5	262.5	1.359	78.33
	$H_2 + Br_2 \longrightarrow 2HBr(aq)$	2	242.0	205.7	1.066	85.01

续表

燃料	反应	n	$-\Delta h/$ $(\text{J} \cdot \text{mol}^{-1})$	$-\Delta g/$ $(\text{J} \cdot \text{mol}^{-1})$	$E_r^0/$ V	$\eta^b/$ $\%$
甲烷	$CH_4 + 2O_2 \longrightarrow CO_2 + 2H_2O(l)$	8	890.8	818.4	1.060	91.87
丙烷	$C_3H_8 + 5O_2 \longrightarrow 3CO_2 + 4H_2O(l)$	20	2 221.1	2 109.3	1.093	94.96
癸烷	$C_{10}H_{22} + 15.5O_2 \longrightarrow 10CO_2 + 11H_2O(l)$	66	6 832.9	6 590.5	1.102	96.45
碳						
一氧化碳	$CO + \frac{1}{2}O_2 \longrightarrow CO_2$	2	283.1	257.2	1.333	90.86
碳	$C(s) + \frac{1}{2}O_2 \longrightarrow CO$	2	110.6	137.3	0.712	124.18
	$C(s) + O_2 \longrightarrow CO_2$	4	393.7	394.6	1.020	100.22
甲醇	$CH_3OH(l) + \frac{3}{2}O_2 \longrightarrow CO_2 + 2H_2O(l)$	6	726.6	702.5	1.214	96.68
甲醛	$CH_2O(g) + O_2 \longrightarrow CO_2 + H_2O(l)$	4	561.3	522.0	1.350	93.00
甲酸	$HCOOH + \frac{1}{2}O_2 \longrightarrow CO_2 + H_2O(l)$	2	270.3	285.5	1.480	105.62
氨	$NH_3 + 0.75O_2 \longrightarrow \frac{3}{2}H_2O + \frac{1}{2}N_2$	3	382.8	338.2	1.170	88.36
肼	$N_2H_4 + O_2 \longrightarrow 2H_2O(l) + N_2$	4	622.4	602.4	1.560	96.77
锌	$Zn + \frac{1}{2}O_2 \longrightarrow ZnO$	2	348.1	318.3	1.650	91.43
钠	$Na + \frac{1}{4}H_2O + \frac{1}{4}O_2 \longrightarrow NaOH(aq)$	1	326.8	300.7	3.120	92.00

可逆电池电势的计算可以用更一般的形式表示，以便于计算机编程。对于一般的电化学反应。

$$\underbrace{\sum_{i=1}^{N} v_i' M_i}_{\text{反应物}} \longrightarrow \underbrace{\sum_{i=1}^{N} v_i'' M_i}_{\text{产物}} \qquad (2.30)$$

式中，M_i 是物质 i 的化学式；ν' 和 ν'' 分别是反应物和产物混合物中物质 i 的摩尔数；N 是化学反应体系中的物质总数。以 H_2 和 O_2 反应生成水为例：

$$H_2 + \frac{1}{2}O_2 \longrightarrow H_2O$$

然后，我们可得到

$$M_1 = H_2 \; ; \quad M_2 = O_2 \; ; \quad M_3 = H_2O \; ;$$

$$\nu'_{H_2} = \nu'_F = 1 \; ; \quad \nu'_{O_2} = 0.5 \; ; \quad \nu'_{H_2O} = 0$$

$$\nu''_{H_2} = 1 \; ; \quad \nu''_{O_2} = 0.5 \; ; \quad \nu''_{H_2O} = 0$$

入口和出口的焓和熵分别等于反应物和产物的焓和熵

$$h_{in} = h_R = \frac{1}{\nu'_F} \sum_{i=1}^{N} \nu'_i h_{M_i} \; ; \quad h_{out} = h_P = \frac{1}{\nu'_F} \sum_{i=1}^{N} \nu''_i h_{M_i} \tag{2.31}$$

$$s_{in} = s_R = \frac{1}{\nu'_F} \sum_{i=1}^{N} \nu'_i s_{M_i} \; ; \quad s_{out} = s_P = \frac{1}{\nu'_F} \sum_{i=1}^{N} \nu''_i s_{M_i} \tag{2.32}$$

式（2.30）中的反应的焓和熵变化广义方程可写为

$$\Delta h = h_P - h_R = \frac{1}{\nu'_F} \sum_{i=1}^{N} (\nu''_i - \nu')_i h_{M_i} \; ;$$

$$\Delta s = s_P - s_R = \frac{1}{\nu'_F} \sum_{i=1}^{N} (\nu''_i - \nu')_i s_{M_i} \tag{2.33}$$

改变的吉布斯函数可被定义为

$$\Delta g = \Delta h - T\Delta s \tag{2.34}$$

也可写为

$$\Delta g = g_P - g_R = \frac{1}{\nu'_F} \sum_{i=1}^{N} (\nu''_i - \nu')_i g_{M_i} \; ; \tag{2.35}$$

最后，可根据式（2.24）计算出电池的可逆电势。

2.4　操作条件对电池可逆电势的影响

影响燃料电池性能的最重要的条件是操作温度、压力和反应物浓度。在分析这些影响因素之前，我们需要了解一些的热力学关系。吉布斯函数和焓定义为

$$g = h - Ts \tag{2.36}$$

$$h = u + Pv \tag{2.37}$$

式中，u 表示内能，v 表示比容。将这些方程结合起来，求微分，我们得到

$$dg = du + Pdv + vdP - Tds - sdT \tag{2.38}$$

热力学的另一个基本关系是简单可压缩物质的吉布斯方程，可表示为

$$Tds = du + Pdv = dh - vdP \tag{2.39}$$

将式（2.39）代入式（2.38），可得到

$$dg = vdP - sdT \tag{2.40}$$

因此，在燃料电池分析中我们可以得到两个重要的关系。

$$\left(\frac{\partial g}{\partial T}\right)_P = -s \; ; \quad \left(\frac{\partial g}{\partial P}\right)_T = v \tag{2.41}$$

将式（2.40）和式（2.41）应用于特定燃料电池反应的吉布斯函数变化，例如式（2.30）中给出的广义反应，我们最终得到

$$\left(\frac{\partial g}{\partial T}\right)_P = -\Delta s \tag{2.42}$$

$$\left(\frac{\partial g}{\partial p}\right)_T = \Delta v \tag{2.43}$$

式中，Δs 和 Δv 表示产物和反应物之间熵和比容的相应变化。表明这些关系是在不作任何特定假设（如理想气体近似）的情况下获得的，因此它们对任何化学反应的物质都是有效的。它们被用于分析温度和压力对电池可逆电势的影响。

2.4.1 温度对电池可逆电势的影响

式（2.24）给出的可逆电池电势 E_r 是温度的函数，因为吉布斯函数的变化取决于燃料电池的工作温度和压力。因此

$$E_r(T,P) = -\frac{\Delta g(T,P)}{nF}$$

然后结合式（2.42），电池可逆电势随温度的变化可以表示为

$$\left(\frac{\partial E_r(T,P)}{\partial T}\right)_P = -\frac{1}{nF}\left(\frac{\partial \Delta g(T,P)}{\partial T}\right)_P = \frac{\Delta s(T,P)}{nF} \tag{2.44}$$

显然，可逆电势 E_r 随温度的变化取决于特定燃料电池反应熵的变化，可能出现以下三种情况。

1. 如果 $\Delta s < 0$，以 $H_2 + \frac{1}{2}O_2 \longrightarrow H_2O$ 为例，电池的可逆电势随着工作温度下降而降低。

2. 如果 $\Delta s > 0$，电池的可逆电势随温度的上升而增加，对于碳氧反应，熵值变化了 89 J/K。

3. 如果 $\Delta s = 0$，电池的可逆电势与温度无关，例如甲烷反应。

对于许多电化学反应，熵变是负值。当温度变化不太大时，熵值随着温度的变化几乎是恒定的。那么式（2.44）可以从标准参考温度 $T_{ref} = 25\ ℃$ 积分到任意燃料电池工作温度 T，同时保持压力 P 恒定。

$$E_r(T,P) = E_r(T_{ref},P) + \left(\frac{\Delta s(T_{ref},P)}{nF}\right)(T - T_{ref}) \tag{2.45}$$

或者，我们可以在参考温度 T_{ref} 附近围绕温度 T 扩展泰勒级数中的可逆电池电势表达式为

$$E_r(T,P) = E_r(T_{ref},P) + \left(\frac{\partial E_r(T_{ref},P)}{\partial T}\right)_P(T - T_{ref})$$

根据式（2.44），再次简化得到式（2.45）。

$$H_2 + \frac{1}{2}O_2 \longrightarrow H_2O$$

示例 2.7 对于氢氧反应，在 $P = 1$ atm 时，根据式（2.45）确定可逆电池电势表达式与温度的函数关系。确定在 80 ℃ 和 1 atm 下的可逆电池电势。取 $T_{ref} = 25$ ℃，产物水可以是液体或蒸气。

解答

燃料电池反应在标准参考温度和压力下的熵变和可逆电池电势在示例 2.6 中已经确定，液态和气态熵值分别为

$$\Delta s(25\ ℃, 1\ \text{atm}) = -163.25(\text{J}/(\text{mol} \cdot \text{K}))；E_r = 1.299(\text{V})$$

$$\Delta s(25\ ℃, 1\ \text{atm}) = -44.42(\text{J}/(\text{mol} \cdot \text{K}))；E_r = 1.185(\text{V})$$

对于 1 mol 的燃料氢转移的电子数为 2 mol。

（1）温度为 25 ℃，压力为 1 atm，反应产物为液态水，则

$$\Delta s\left(\frac{(T_{ref}, P)}{nF}\right) = -0.846\ 0 \times 10^{-3}(\text{V/K})$$

因此，表达式可写为

$$E_r(25\ ℃, 1\ \text{atm}) = E_r(25\ ℃, 1\ \text{atm}) + \Delta s\left(\frac{(25\ ℃, 1\ \text{atm})}{nF}\right)(T - T_{ref})$$

或 $E_r(25\ ℃, 1\ \text{atm}) = 1.299 - 0.846\ 0 \times 10^{-3} \times (T - T_{ref})$

因此，当温度每增加 1 ℃ 时，电池的可逆电势减少 0.846 0 mV，当温度为 80 ℃ 时，我们可以得到

$$E_r(80\ ℃, 1\ \text{atm}) = 1.299 - 0.846\ 0 \times 10^{-3} \times (80 - 25)$$
$$= 1.182(\text{V})$$

当温度从 25 ℃ 上升至 80 ℃，电池的可逆电势减少了 3.8%。

（2）温度为 25 ℃，压力为 1 atm，反应产物为气态水，则

$$\Delta s\left(\frac{(T_{ref}, P)}{nF}\right) = -0.230\ 2 \times 10^{-3}(\text{V/K})$$

因此，表达式可写为

$$E_r(T, 1\ \text{atm}) = E_r(25\ ℃, 1\ \text{atm}) + \Delta s\left(\frac{(25\ ℃, 1\ \text{atm})}{nF}\right)(T - T_{ref})$$

或 $E_r(T, 1\ \text{atm}) = 1.185 - 0.230\ 2 \times 10^{-3} \times (T - T_{ref})$

因此，当温度每增加 1 ℃ 时，电池的可逆电势减少 0.230 2 mV，在温度为 80 ℃ 时，我们可以得到

$$E_r(80\ ℃, 1\ \text{atm}) = 1.185 - 0.230\ 2 \times 10^{-3} \times (80 - 25)$$
$$= 1.172(\text{V})$$

当温度从 25 ℃ 上升至 80 ℃，电池的可逆电势减少了 1.1%。

结论

1. 1 ℃和1 K的温差是相同的。

2. 可逆电池电势随温度的下降变化非常小。这是因为对于合理的温度变化（高达几百开尔文）与生成的吉布斯函数相比，合理的吉布斯函数非常小。

3. 对于产物气态水，可逆电池电势的降低小于液态水的可逆电池电势的降低，这是因为在前者的状态下，反应的熵变幅度较小。

必须强调的是，式（2.45）中给出的表达式是近似值。严格地说，在任何温度和压力下的可逆电池电势应该由式（2.24）计算，所涉及的特定燃料电池反应的性质变化来确定。氢氧反应生成气态水遵循了这样的程序，如图2.4 所示。显然，随着温度在大范围内升高，可逆电池电势几乎线性降低。注意，在低温下，作为液体的产物水的可逆电池电势较大，但当温度升高时，它比作为产物的气态水降低得快得多。因此，在略高于 373 K 的温度下，液态水产物的可逆电池电势实际上变得更小。这可能看起来很奇怪，但这是因为在如此高的温度下，反应物氢气和氧气在 1 atm 压力下进料时，必须加压以保证产物水为液态。注意，水的临界温度约为 647 K，超过该温度，水不存在明显的液态，因此液态水的曲线较短，如图 2.4 所示。

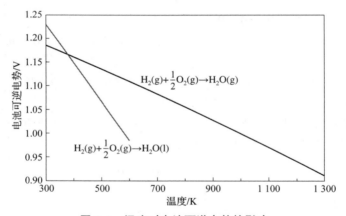

图 2.4　温度对电池可逆电势的影响

如前所述，大多数燃料电池反应的熵变是负值；因此，电池可逆电势随着温度的升高而降低，图 2.4 所示为温度对电池可逆电压的影响。然而，对于一些反应，例如

$$C(s) + \frac{1}{2}O_2(g) \longrightarrow CO(g)$$

在标准参考温度和压力下，熵变是正值，$\Delta s = 89$（J/(mol·K)）。因此，这类反应的可逆电池电势将随着温度的升高而增加。

假设 N_P 和 N_R 分别代表以 1 mol 燃料为基础的气态产物和反应物的摩尔数，$\Delta N = N_P - N_R$ 代表 1 mol 燃料在反应过程中气体种类的摩尔数的变化，作为一个粗略的经验法则，有如下说明。

1. $\Delta s > 0$，$\Delta N > 0$（由于产物中更多的分子导致无序性增加），电池可逆电势随温度升高而增加。

2. $\Delta N < 0$，$\Delta s < 0$（由于产物中分子较少，由于无序性降低），电池可逆电势随温度降低。

3. $\Delta N = 0$，$\Delta s \approx 0$，电池可逆电势与温度无关。

图 2.5 所示为电池可逆电势与温度的关系。例如甲烷与氧气的反应。

$$CH_4(g) + 2O_2(g) \longrightarrow CO(g) + 2H_2O$$

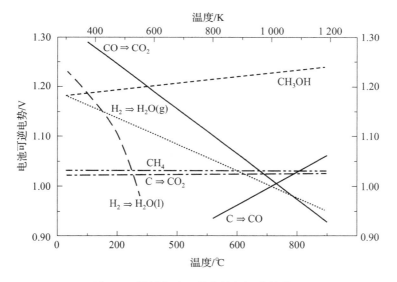

图 2.5 燃料电池可逆电势与温度的关系

固体碳和氧气的反应方程为

$$C(s) + \frac{1}{2}O_2(g) \longrightarrow CO(g)$$

气态物质的摩尔数变化为零，两个反应的电池可逆电势几乎是一条水平线，与温度无关。

2.4.2 压力对电池可逆电势的影响

在保持温度不变的情况下，取式（2.24）关于压力的偏导数，我们得到

$$\left(\frac{\partial E_r}{\partial P} \right)_T = -\frac{1}{nF} \left(\frac{\partial \Delta g}{\partial P} \right)_T = -\frac{\Delta v}{nF} \tag{2.46}$$

其中

$$\Delta v = v_p - v_R \tag{2.47}$$

反应中所有气态物质的体积变化是基于 1 mol 燃料。固体和液体的体积比气体的体积小得多，因此可以忽略不计。v_p 和 v_R 分别是气体产物和反应物的比容（1 mol 燃料）。考虑到所有的反应物和产物都可以视为理想气体，式（2.47）可以表示为

$$\Delta v = v_p - v_R = \frac{N_P RT}{P} - \frac{N_R RT}{P} = \frac{\Delta N RT}{P} \tag{2.48}$$

式中，R 是通用常数，将式（2.46）和式（2.48）结合可得到

$$\left(\frac{\partial E_r}{\partial P} \right)_T = -\frac{\Delta N RT}{nF} \frac{1}{P} \tag{2.49}$$

由式（2.49）可知：

1. 如果 $\Delta N > 0$，则表示产物中气体种类多于反应物，则电池可逆电势将随压力而降低，例如反应 $C(s) + 0.5 O_2(g) \longrightarrow CO(g)$。

2. 2 如果 $\Delta N < 0$，对于许多燃料电池而言，电池可逆电势将随压力而增大。

3. 如果 $\Delta N = 0$，则电池可逆电势不随压力改变。

注意，当压力增加时，可逆电池电势的变量逐渐减小。高压操作会导致机械问题，例如电池组件的机械强度、电池密封问题、腐蚀等。这意味电池可逆电势在高压运行中的性能增益会降低，并且从系统设计角度来看可能并不理想。

现在将式（2.49）从标准参考压力 $P_{ref} = 1$ atm 积分到任意压力 P，同时保持温度不变，得到

$$E_r(T,P) = E_r(T,P_{ref}) + \frac{\Delta N RT}{nF} \ln\left(\frac{P}{P_{ref}} \right) \tag{2.50}$$

式（2.50）表明可逆电池电势的压力依赖性是对数函数，因此随着压力 P 的增加，依赖性变弱。

式（2.50）可以基于式（2.24）和热力学性质的关系容易地导出，而不需上述微分和积分过程。替代推导如下。

$$\Delta g(T,P) = \Delta g(T,P_{ref}) + [\Delta g(T,P) - \Delta g(T,P_{ref})] \tag{2.51}$$

由于 $\Delta g = g_P - g_R = \Delta h - T\Delta s$，并且对于液体，固体和理想气体，焓仅是温度的函数（与压力无关），所以式（2.51）变为

$$[\Delta g(T,P) - \Delta g(T,P_{ref})] = [-T\Delta s(T,P)] - [-T\Delta s(T,P_{ref})]$$
$$= \{-T[s_p(T,P) - s_R(T,P)]\} - \{-T[s_p(T,P_{ref}) - s_R(T,P_{ref})]\}$$
$$= \{-T[s_p(T,P) - s_p(T,P_{ref})]\} - \{-T[s_R(T,P) - s_R(T,P_{ref})]\}$$

$$\tag{2.52}$$

注意，熵与固体和液体的压力无关，可以近似为不可压缩，因此，在从

参考压力 P_{ref} 到任意压力 P 的压力范围内，产物和反应物的熵变可归因于反应物和产物中气体种类，并且产物可以近似为理想气体。回忆理想气体 1 mol 混合物的熵变化可以写成

$$s(T_2, P_2) - s(T_1, P_1) = c_p \ln\left(\frac{T_2}{T_1}\right) - R\ln\left(\frac{P_2}{P_1}\right) \tag{2.53}$$

因为在式（2.52）中，熵是以 1 mol 燃料为基础来表示的，而不是以 1 mol 混合物为基础，参考式（2.30）和式（2.52）的广义电化学反应。

$$\begin{aligned}
\left[\Delta g(T, P) - \Delta g(T, P_{ref})\right] &= N_p\left\{-T\left[-R\ln\left(\frac{P}{P_{ref}}\right)\right]\right\} - N_R\left\{-T\left[-R\ln\left(\frac{P}{P_{ref}}\right)\right]\right\} \\
&= (N_p - N_R)RT\ln\left(\frac{P}{P_{ref}}\right) \\
&= \Delta N R T \ln\left(\frac{P}{P_{ref}}\right)
\end{aligned} \tag{2.54}$$

结合式（2.51）、式（2.52）、式（2.54）、式（2.24），得到式（2.50）。

示例 2.8

$$H_2(g) + \frac{1}{2}O_2(g) \longrightarrow H_2O$$

在 $T = 25$ ℃时，根据式（2.50）确定电池可逆电势表达式为压力的函数。分别确定在 25 ℃、3 atm、5 atm 和 10 atm 时的电池可逆电势。取 $P_{ref} = 1$ atm，水可以是液体或气态。

解答

根据示例 2.6 的结果可得

$$E_r(25\ ℃, 1\ atm) = 1.229(V)\quad 产物水为液态$$
$$E_r(25\ ℃, 1\ atm) = 1.185(V)\quad 产物水为气态$$

（1）对于液态水作为反应产物并且在 $T = 25$ ℃ $= 298$ K 时，$P = 1$ atm：对于给定的反应，气态产物与气态反应物之间的摩尔变化数为

$$\Delta N = 0 - (1 + 0.5) = -1.5\ mol/mol\ 燃料$$

转移的电子数为 $n = 2$ mol e^-/mol 燃料 H_2。因此

$$-\left(\frac{\Delta N R T}{nF}\right) = \frac{-1.5 \times 8.3143 \times 298}{2 \times 96487}$$

$$= 19.26 \times 10^{-3}(V)$$

因此，将数值带入表达式为

$$E_r(25\ ℃, P) = E_r(25\ ℃, 1\ atm) + 19.26 \times 10^{-3}\ln\left(\frac{P}{P_{ref}}\right)$$

$$= 1.299 + 19.26 \times 10^{-3}\ln\left(\frac{P}{P_{ref}}\right)$$

因此，在压力分别为 3 atm、5 atm、10 atm 时，电池的可逆电势为

$$E_r(25\ ℃,3\ atm) = 1.229 + 19.26 \times 10^{-3}\ln(3) = 1.250(V)$$

$$E_r(25\ ℃,5\ atm) = 1.229 + 19.26 \times 10^{-3}\ln(5) = 1.260(V)$$

$$E_r(25\ ℃,10\ atm) = 1.229 + 19.26 \times 10^{-3}\ln(10) = 1.273(V)$$

可以看出，在 10 atm 下电池可逆电势仅比 1 atm 下的相应值高约 3.6%。显然，压力对可逆电池电势的影响是最小的。注意，压力对实际电池电势的影响可能更显著，是因为压力增强了电化学动力学和传质过程。

（2）对于气态水（水蒸气）作为反应产物在 $T = 25\ ℃ = 298\ K$ 时，$P =$ 1 atm。对于给定的反应，气态产物与气态反应物之间的摩尔变化数为

$$\Delta N = 1 - (1 + 0.5) = -0.5\ mol/mol\ 燃料$$

转移的电子数为 $n = 2\ mol\ e^-/mol$ 燃料 H_2。因此

$$-\left(\frac{\Delta NRT}{nF}\right) = \frac{-0.5 \times 8.3143 \times 298}{2 \times 96\ 487}$$

$$= 6.420 \times 10^{-3}(V)$$

因此，将数值带入表达式

$$E_r(25\ ℃,P) = E_r(25\ ℃,1\ atm) + 19.26 \times 10^{-3}\ln\left(\frac{P}{P_{ref}}\right)$$

$$= 1.185 + 6.420 \times 10^{-3}\ln\left(\frac{P}{P_{ref}}\right)$$

因此，在压力分别为 3 atm、5 atm、10 atm 时，电池的可逆电势为

$$E_r(25\ ℃,3\ atm) = 1.185 + 6.420 \times 10^{-3}\ln(3) = 1.192(V)$$

$$E_r(25\ ℃,5\ atm) = 1.185 + 6.420 \times 10^{-3}\ln(5) = 1.195(V)$$

$$E_r(25\ ℃,10\ atm) = 1.185 + 6.420 \times 10^{-3}\ln(10) = 1.200(V)$$

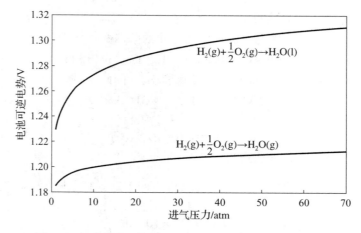

图 2.6　标准状态下反应压力和电池可逆电势的函数关系

显然，产物为气态水的可逆电势与液态水相比，可逆电池电势的变化甚至更小。

结论

1. 需要注意的是，在计算摩尔变化量 ΔN 时，仅计算气态物质，不包括液态和固态物质。参阅式（2.50）的替代推导研究原因。

2. 在高达 10 atm 的压力下，产物为气态水，可逆电池的电势增加不到 15 mV，对于液态水，电池可逆电势的增长约 44 mV。在实际中，增加电池压力以获得较小的电池电势是不明智的，特别是考虑到将反应物加压至高压情况下所需的能量。高压操作可能会使进气体进入电池组件造成电解质腐蚀。尽管较高的压力可以增强反应动力学，降低其他投资成本，例如由于加压而导致的较小储罐，但电池和系统组件需要更高的密封与机械强度。显然，对于特定的燃料电池系统设计，存在最佳工作压力，需确定最佳工作压力。

根据示例 2.6 中的结果，我们可以轻松地计算出各种压力下的压力效应，结果如图 2.7 所示，液体和蒸气水作为产物，可以看出电池可逆电势随压力的增加而增大。在低压区间，可逆电势受压力影响较大，增幅较大；在高压区间，可逆电势受压力影响较小，增幅较为缓慢。而且，反应为液态水的压力效应更大，是由于产物和反应物之间的摩尔数变化较大而产生的系数 ΔN 较大。

需要强调的是，低温下压力对电池可逆电势的影响很小，如示例 2.6 所示。但是，由于压力效应，在高温下这种影响将显著增加，是因为系数 $-\dfrac{\Delta NRT}{nF}$ 与温度成正比。图 2.7 所示为反应 $H_2(g) + \dfrac{1}{2}O_2(g) \longrightarrow H_2O(g)$ 在两个不同温度下电池可逆电势的压力依赖性。

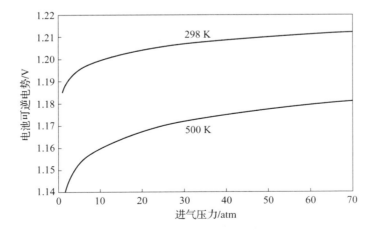

图 2.7　在不同温度下电池可逆电势与反应压力的函数

需要指出的是，对于高温燃料电池，实际电池电势 E 对压力的依赖性紧密遵循等式（2.50）中给出的结果，而对于低温燃料电池，会出现明显的偏差。差异是由于以下事实：在高温下，反应动力学非常快，加压增加了反应物的浓度，直接提高了性能。相反，在低温下，反应动力学很慢，并且较高的反应物浓度不会导致电池电势成比例增加，这与电池内部动力学的速率相关。

2.4.3　浓度对电池可逆电势的影响

严格来说，到目前为止获得的所有关于电池可逆电势的结果对于燃料电池反应的反应物流中的纯燃料和纯氧化剂以及废气中的纯反应产物都是有效的。实际上，由于多种原因，燃料和氧化剂都被许多其他物质稀释。例如在进入质子交换膜燃料电池之前，H_2 作为燃料经常被水蒸气加湿；如果 H_2 是从烃类燃料通过重整过程（蒸气重整或部分氧化重整）获得的，则燃料是 H_2（为 50%~70%）、CO_2、H_2O（g）与 CO 等的混合物。另外，在大多数商业应用中，空气中的氧气通常用作氧化剂，在进入质子交换膜燃料电池之前，氧化剂还需要包含足够的水蒸气，再用于质子交换膜。化学惰性稀释剂的存在会影响燃料电池的性能，包括电池可逆电势，这会降低阳极和阴极反应物中燃料和氧化剂的浓度。本小节中的分析未考虑化学活性物质对电池性能（即 PEM 燃料电池的 CO 中毒）的影响，在后面的章节中将针对特定类型的燃料电池进行描述。

考虑到燃料、氧化剂和废气分别由固体，液体和理想气体的混合物组成。回到燃料电池热力学原理图，第一定律和第二定律分析式（2.9）~式（2.18）的公式仍然有效，所有惰性稀释剂都不参与燃料电池的能量转化反应。但是，应该分别在混合温度和燃料、氧化剂和燃料、氧化剂和废气的反应产物的分压下评估吉布斯函数的变化 Δg。

令 P_i 为温度 T 和总压力 P 的理想气体混合物中组分 i 的分压，则该组分的吉布斯函数根据定义为 $g_i(T, P_i)$，即

$$g_i(T, P_i) = h_i(T) - Ts_i(T, P_i) \tag{2.55}$$

从吉布斯式（2.27）、式（2.39）中，我们可以得到 i 分量为

$$ds_i = \frac{dh_i}{T} - \frac{v}{T}dP = \frac{dh_i}{T} - \frac{R}{P}dP \tag{2.56}$$

式中，理想气体的状态方程 $Pv = nRT$ 已用于获得式（2.56）中的第二个方程。从分压 P_i 到混合物总压 P 的式（2.56）的积分，同时保持温度固定不变。

$$s_i(T, P) - s_i(T, P_i) = -R(\ln P - \ln P_i)$$

$$s_i(T, P_i) = s_i(T, P) - R\left(\ln \frac{P_i}{P}\right) \tag{2.57}$$

将式（2.57）代入到式（2.55）中可得

$$g_i(T,P_i) = g_i(T,P) + RT\ln\left(\frac{P_i}{P}\right) \qquad (2.58)$$

式中，组分 i 在混合物温度 T 和总压 P 下的吉布斯函数为

$$g_i(T,P) = h_i(T) - Ts_i(T,P) \qquad (2.59)$$

式（2.30）给出的广义电化学反应为

$$\underbrace{\sum_{i=1}^{N} v_i' M_i}_{\text{反应物}} \longrightarrow \underbrace{\sum_{i=1}^{N} v_i'' M_i}_{\text{产物}}$$

式中，n 是反应系统中的物质总数，包括固体、液体和气体物质，以及电化学反应和惰性物质。由于固体和液体被视为不可压缩的，压力对吉布斯函数值没有影响。

$$g_i(T,P_i) = g_i(T,P)$$

对不可压缩物质可采用此方程根据式（2.35）式（2.58），广义反应的吉布斯函数变化可以写成

$$\Delta g(T,P_i) = \frac{1}{v_F'} \sum_{i=1}^{N} (v_i'' - v')_i g_i(T,P_i)$$

$$= \frac{1}{v_F'} \sum_{i=1}^{N} (v_i'' - v_i') g_i(T,P) + \frac{1}{v_F'} \sum_{i=1}^{N_g} (v_i'' - v_i') RT\ln\left(\frac{P_i}{P}\right) \qquad (2.60)$$

或

$$\Delta g(T,P_i) = \Delta g(T,P) + RT\ln K$$

式中，$\Delta g(T,P)$ 是在系统温度 T 和压力 P 下燃料，氧化剂和废气流的吉布斯函数变化；类似地，$\Delta g(T,P_i)$ 是在温度 T 和相应的分压 P_i 下燃料，氧化剂和废气流的吉布斯函数变化。

$$K = \prod_{i=1}^{N_g} \left(\frac{P_i}{P}\right)^{(v_i'' - v_i')/v_F'} \qquad (2.61)$$

对于理想气体，压力比可以用摩尔分数表示如下。

$$X_i = \frac{P_i}{P} \qquad (2.62)$$

将式（2.60）代入式（2.24），当惰性稀释剂存在于燃料、氧化剂和废气流中时，我们得到可逆电池电势的表达式为

$$E_r(T,P_i) = E_r(T,P) - \frac{RT}{nF}\ln K \qquad (2.63)$$

这是能斯特方程的一般形式，代表反应物和产物浓度对电池可逆电势的影响。当反应物在给定的工作温度和压力下包含惰性稀释剂时，稀释剂会引起电池可逆电势的电压损失，通常称为能斯特损失，其大小等于式（2.63）

右侧的第二项。

示例 2.9 对于给定的氢氧燃料电池在标准状态下发生如下的电化学反应，已知燃料流中 H_2 的摩尔分数为 0.5，氧化剂流中 O_2 的摩尔分数为 0.21（即空气）。其余物质是化学惰性的。计算反应的可逆电池电势。

$$H_2(g) + \frac{1}{2}O_2(g) \longrightarrow H_2O(l)$$

解答

由于燃料电池在标准温度和压力下运行，$T = 25\ ℃$，$P = 1\ atm$，由于反应物不纯，可逆电池电势可由能斯特方程确定。根据式（2.63），

$$E_r(T, P_i) = E_r(T, P) - \frac{RT}{nF}\ln K$$

给定反应物的摩尔分数分别为

$$X_{H_2} = 0.5\,；\ X_{O_2} = 0.21$$

根据式（2.61）和式（2.62），可以得到

$$K = X_{H_2}^{(0-1)/1} X_{O_2}^{(0-1/2)/1} = X_{H_2}^{-1} X_{O_2}^{-1/2}$$

注意，产物为液态水，因此，不包括在 K 的计算中。示例 2.6 显示了纯氢气和氧气用作反应物时，在标准温度和压力条件下的电池可逆电势为

$$E_r(T, P) = 1.229\,(V)$$

将数值代入可得

$$E_r(T, P_i) = 1.229 - \frac{8.314\,3 \times 298}{2 \times 96\,487} \times \ln(0.5^{-1} \times 0.21^{-1/2})$$
$$= 1.229 - 0.018\,92$$
$$= 1.210\,(V)$$

结论

由于惰性稀释剂的存在，可逆电池电势降低，当考虑到只有 21% O_2 的氧化剂和只有 50% H_2 的燃料组成反应物时，计算得到能斯特损失小于 20 mV，这是一个相当小的值。由于不可逆性（例如缓慢的氧电化学还原反应、缓慢的传质速率以及由于这些惰性稀释剂的存在而导致的传质速率的降低））导致的电压损失要大得多。此外，如果产物处于气态，当在废气流中发现惰性稀释剂时，其效果也将是负的。

2.5　能量转换效率

2.5.1　能量转换效率定义

任何能量转换过程或系统的效率可被定义为

$$\eta = \frac{有效功}{总输入能量} \qquad (2.64)$$

基于此定义，众所周知，按照热力学第一定律则可以实现 100% 的能量转换效率。但是第二定律告诉我们是不可能的，因为许多能量转换系统通过热能产生输出功率，例如蒸气、燃气轮机和内燃机，这都涉及不可逆的能量损失，这些热能转换系统通常称为热机。

另外，也存在具有 100% 或甚至更高效率的热能转换系统。它是制冷系统，例如热泵、空调等。对于这些系统，通常使用其他性能指标，例如性能系数（Coefficient of Performance，COP），而不是效率。此外，这些系统通常是耗电的，而不是发电的。

因此，本书的其余部分侧重介绍发电系统的能量转换效率，特别是燃料电池，以及与热机的效率进行比较。热机是一种广泛使用的、成熟的技术，燃料电池在商业应用中与之进行比较和竞争。本节推导出燃料电池的能量转换效率，即最大可能效率。该效率与卡诺效率相比，卡诺效率是热机的最佳效率。通过证明这些形式的效率是完全相同的，在热力学第二定律规定的相同条件下，它们是最佳效率的不同形式。人们认为超过 100% 的燃料效率是可能的，并将引入与燃料电池发电厂相关的其他效率。本节简要介绍了燃料电池运行中的附加能量损失机理。在此过程中，燃料电池中产生的废热量确定等于燃料电池运行所需的冷却量。

2.5.2　燃料电池的可逆能量转换效率

基于图 2.3 描述的现有燃料电池系统和能量守恒方程式 （2.8），以一个单位摩尔燃料为基础可写为

$$h_{in} - h_{out} + q - w = 0 \qquad (2.65)$$

这表明焓变 $-\Delta h = h_{in} - h_{out}$，提供可用于转换为有用功（表示为输出功）的能量，表示为输出功。与此同时，还会产生废热，代表能量的退化。产生的废热量可由第二定律表达式 （2.9）确定，表示如下。

$$q = T\Delta s - T\wp_s \qquad (2.66)$$

将输出的有用功代入式 （2.65）和式 （2.66）可得到

$$w = -\Delta g - T\wp_s \qquad (2.67)$$

根据式 （2.64），图中描述的燃料电池系统的能量转换效率为

$$\eta = \frac{w}{-\Delta h} = \frac{\Delta g + T\wp_s}{\Delta h} \qquad (2.68)$$

注意，在发电系统（包括燃料电池）中 Δh 和 Δg 为负值，如表 2.1 所示，根据热力学第二定律，1 mol 燃料产生的熵为

$$\wp_s \geq 0 \qquad (2.69)$$

式（2.69）适用于所有可逆过程，而熵始终存在与不可逆过程中。因此，当该过程是可逆的（即$\wp_s = 0$），可得到第二定律所允许的最大可能效率为

$$\eta_r = \frac{w_{max}}{-\Delta h} = \frac{\Delta g(T, P)}{\Delta h(T, P)} \tag{2.70}$$

由于焓和吉布斯函数的变化都取决于系统的温度和压力，所以能量转换效率也是如此。需要指出的是，在上述推导中，没有做出与燃料电池相关的具体假设，唯一的假设是用于发电的能量转换系统对于所涉及的所有过程都是可逆的。式（2.70）对于任何电力生产系统都是有效的，如热机等传统热能转换器，只要该过程是可逆的。因此，它可以被称为第二定律效率，是热力学第二定律所允许的最大可能效率。我们将在后文中证明传统热机的最大可能效率，即众所周知的卡诺效率，实际上是专门应用于传统热力循环的第二定律效率，即式（2.70）。

2.5.3 卡诺效率：热机的可逆能量转换效率

考虑在两个温度热能储存器（Thermal Energy Reservoirs，TER）之间运行的热机，一个处于高温T_L，另一个处于低温T_L，如图2.8所示。热机从高温TER处以热量形式获取能量q_H，该热量的一部分转换为输出功w，其余部分q_L以废热的形式排到低温TER中。将第一定律和第二定律应用于两种温度的热机，可以得到

$$第一定律：w = q_H - q_L \tag{2.71}$$

$$第二定律：\wp_{s,HE} = \frac{q_L}{T_L} - \frac{q_H}{T_H} \tag{2.72}$$

式中，$\wp_{s,HE}$表示通过热机进行能量转换过程中产生的熵量。根据式（2.72），产生的废热量可确定为

$$q_L = \frac{T_L}{T_H} q_H + T_L \wp_{s,HE} \tag{2.73}$$

通过式（2.64）可确定热机的效率为

$$\eta = \frac{w}{q_H} \tag{2.74}$$

将式（2.71）和式（2.73）代入式（2.74），可得到

$$\eta = 1 - \frac{T_L}{T_H} - \frac{T_L}{q_H} \wp_{s,HE} \tag{2.75}$$

热力学第二定律规定，热机内产生的熵永远不会为负。在热力学可逆条件时，熵值可能会为零。因此，如果过程是可逆

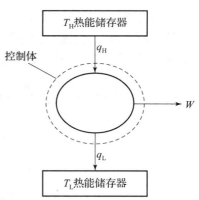

图2.8 在两个温度热能储器之间运行的热机的热力系统模型

的（$\wp_{s,HE} = 0$），则可达到热机的最大可能效率。

$$\eta_{r,HE} = 1 - \frac{T_L}{T_H} \qquad (2.76)$$

这是众所周知的卡诺效率，它给出了所有 $2T$ 热机效率的上限。因为根据热力学第三定律 $T_L < T_H$，低温 T_L 不等于零，而高温 T_H 是有限的，因此第二定律是不可能达到 100% 的效率。对于使用热力发动机（例如蒸气和燃气轮机，内燃机等）产生功率输出的任何能量转换系统，第二定律要求产生熵项一定不能为负。相比之下，第一条定律总是可以实现 100% 效率，该定律仅陈述了能量守恒原理。

2.5.4　卡诺效率和燃料电池效率的等价性

燃料电池的卡诺效率和可逆能量转换效率式（2.70）都是第二定律所允许的最大可能效率，因此，它们可以称为第二定律效率。前者专门用于热力发动机，而后者则用于燃料电池。因此，它们必须以某种方式相关联，因为它们都是第二定律所规定的最大可能效率。在本小节中，我们证明在适当的比较条件下实际上是等效的，只是以不同的形式表示。

假设热机通过用氧化剂与燃料燃烧将高温 TER 保持在 T_H，则两种反应物最初都处于 T_L 温度，如图 2.9 所示。假设燃料和氧化剂与图中用于推导燃料

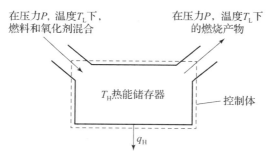

图 2.9　由燃料/氧化剂混合物的燃烧过程维持的高温热能储存的热力学系统模型

电池性能的燃料相同，燃烧过程在相同的系统压力 P 下以受控方式进行，以使燃烧产物在压力 P 和温度 T_L 下离开 TER。忽略动能和引力势能的变化，高温 TER 的第一定律和第二定律变为

$$第一定律: q_H = h_R - h_P = -\Delta h(T_L, P) \qquad (2.77)$$

$$第二定律: \wp_{s,TER} = (s_P - s_R) + \frac{q_H}{T_H} = \Delta s(T_L, P) + \frac{q_H}{T_H} \qquad (2.78)$$

重新排列后，给出了燃烧过程式（2.78）产生的温度阈值

$$T_H = \frac{q_H}{\wp_{s,TER} - \Delta s(T_L, P)} \qquad (2.79)$$

将式（2.77）和式（2.79）代入式（2.75）可得到

$$\eta = \frac{\Delta g(T_L, P)}{\Delta h(T_L, P)} + \frac{T_L}{\Delta h(T_L, P)} (\wp_{s,\text{HE}} + \wp_{s,\text{TER}}) \tag{2.80}$$

式中，$\Delta g(T_L, P) = \Delta h(T_L, P) - T_L \Delta s(T_L, P)$ 是反应产物与反应物之间的吉布斯函数的变化。如果热机和高温 TER 内的所有过程都是可逆的（$\wp_{s,\text{HE}} = 0$ 和 $\wp_{s,\text{TER}} = 0$），则式（2.80）可简化为

$$\eta_r = \frac{\Delta g(T_L, P)}{\Delta h(T_L, P)} \tag{2.81}$$

这与式（2.70）完全相同，为燃料电池导出的效率表达式。注意，为了使燃烧过程在理论上是可逆的（即 $\wp_{s,\text{HE}} = 0$），应该没有产物分解和不完全的燃烧产物或副产物（例如污染物）生成，并且完全燃烧产物应该仅由稳定的化学物质组成，这可以从理想的和完全的化学计量反应中获得。因此，可以说，在燃料氧化剂混合物完全燃烧所允许的最高温度极限下运行的任何可逆热机，其效率与使用相同燃料和氧化剂在低温的相同温度下运行的可逆等温燃料电池的效率相同。即燃料电池和热力发动机的最大可能效率是相同的。

通常燃料电池不受卡诺效率的影响，因此它们的效率更高，一部分正确，一部分不正确。这里"正确"，是因为燃料电池不需要两个温度 TER 即可运行，并且不涉及 T_H 和 T_L。显然，卡诺效率不适用于燃料电池运行，这种说法是可取的，而不是燃料电池不受卡诺效率限制。另外，这里"不正确"，是因为卡诺效率本质上是第二定律效率的一种特定形式，对包括燃料电池和热机在内的任何能量转换系统的性能产生上限。

从前文可以清楚地看出，热机和燃料电池都受到相同的第二定律限制。那么，为什么我们经常听到这样的说法：燃料电池比相应的热机具有更高的能量转换效率？原因可能有以下几个方面。

理论燃烧温度在实践中无法实现。由于完全燃烧的火焰温度通常高于 3 000 K，因此会发生产物分解，形成不完全燃烧产物，例如 CO、NO、C（颗粒）、OH、O、N 等导致较低的 T_H（对于碳氢化合物燃料通常约为 2 200 K）。换句话说，燃烧过程总是不可逆的，从而导致有用能量的下降。也就是说，在实际中完全燃烧是无法实现的。

考虑到材料（冶金），在热机中甚至必须降低 T_H，以使金属部件具有足够的机械强度。例如燃气轮机允许的最高温度约为 1 000 K（在涡轮机叶片良好冷却的情况下）。

实际上，在温度 T_L 处无法实现较低温度 TER 热量的排放，而是在高于周围大气温度的 T_L，例如燃气轮机的 T_L 为 550 K 而不是大约 300 K。参考图 2.9，实际上，热燃烧产物不可能在 T_L 的低温下离开高温 TER，相反更可能

在高温 T_H 下。实际上，在 T_L 的温度下，热燃烧产物是离不开高温热能储存器，相反，在高温 T_H 下更容易发生。因此，实际中最大的效率为

$$\eta_r' = 1 - \frac{T_L'}{T_H'} \approx 1 - \frac{550}{1\ 000} = 45\%$$

其约为理论值 $\eta_r = 1 - T_L/T_H = 1 - 300/3\ 000 = 90\%$ 的一半。考虑到其他相关损失（例如摩擦），热机通常具有低于 40% 能源效率。对于汽车发动机，粗略估算是作为热量释放的燃料的化学能。

三分之一流失到冷却水（冶金要求），三分之一通过废气流流失到环境中，三分之一转化为有用的功输出。

也就是说，实际效率只有 33%，远远低于第二定律所允许的最大可能效率。

另外，燃料电池可以再足够低的温度下等温运行，不会受到材料的限制，并且足够接近大气温度，因此由冷却条件引起的不可逆程度远低于相应的热机。例如质子交换膜燃料电池可以在 $T = 80\ ℃$ 下运行，在该温度下，与 $T = 550\ K$ 的燃气轮机相比，q_L 是在 $T_L = 298\ K$ 下被排放到环境大气中。尽管燃料电池确实存在不可逆性，但其不可逆性的程度往往较低，因此燃料电池比常规热机具有更高的实际效率。图 2.10 显示了不同发电技术的实际能量转换效率作为比例函数的比较[2]，这清楚地说明了燃料电池优于传统热机的性能。因此，关于燃料电池效率的重要观点是有限的，相反，它们没有不完全反应或产物分解，因为工作温度低得多，不受任何热机材料的高温限制，以及与排热过程相关的不可逆性较小。

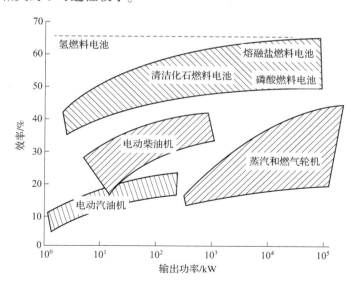

图 2.10　不同技术的实际能量转换效率（基于较低的热值）作为比例函数的比较

应该强调的是，就像任何其他能量转换系统一样，燃料电池永远不可能实现第二定律所允许的最大可能效率，尽管很有可能非常近似实现。燃料电池中不可逆损失的各种机制将在本节后面描述。

2.5.5 燃料电池效率超过 100% 的可能性是真实的还是炒作

如前所述，没有热机可以达到 100% 或更高效率，包括理想卡诺效率。据报道，对于某些特殊的燃料电池反应，理想的燃料电池效率 η_r（根据式 (2.70)）原则上甚至可以超过 100%，即使在实践中无法实现。有时，这也被用作证明燃料电池比竞争性热机具有更高的能源效率的证据。即使在热力学可逆条件下，这也是可以现实的吗？答案是否定的。通过下面的分析，表明这实际上是由于在式 (2.70) 的应用而超出其有效性的范围。

考虑用于燃料电池分析的热力学模型系统，如图 2.3 所示。对于实际的燃料电池，从恒温箱周围到燃料电池系统的热传递量在前面式中给出。在热力学可逆条件下，热传递量变成

$$q = T\Delta s = \Delta h - \Delta g \tag{2.82}$$

对于大多数燃料电池系统，Δs 为负（即 $\Delta s < 0$，就像 Δh 和 Δg 一样），表明热量实际上已从燃料电池传递到周围环境，或热量从燃料电池中损失，而不是相反的方式。因此，

根据式 (2.70) 的第二定律效率

$$\eta_r = \frac{\Delta g}{\Delta h} = \frac{\Delta h - T\Delta s}{\Delta h} = 1 - \frac{T\Delta s}{\Delta h} < 1 \tag{2.83}$$

效率小于 100%，通过常称为效率的参数来理解。然而，对于一些特殊的反应，例如

$$C(s) + \frac{1}{2}O_2(g) \longrightarrow CO(g) \tag{2.84}$$

熵变 Δs 为正。从物理上讲，它表明燃料电池从周围环境吸收热量，并将其与反应物的化学能一起完全转化为电能。在使用等效过程中，较少有用的能量 – 热量形式被完全转换为更多有用形式的电能，而没有生成熵（即可逆条件）。当使用式 (2.70) 进行效率计算时，这种转换过程显然违反了第二定律。因此，当将式 (2.70) 用于这种类型的燃料电池反应的效率计算时，该特定燃料电池反应的第二定律效率大于 100%，即非物理结果。实际上，对于式 (2.84) 中所示的反应，可逆燃料电池的效率在标准温度和压力下，$\eta_r =$ 124%，在 500 ℃ 和 1 atm 时为 163%，1 000 ℃ 和 1 atm 时为 197%。

式 (2.70) 导致超过 100% 能效的物理上不可能的结果的问题根源如下。燃料电池在环境温度下工作，热量来源于大气。在温度需要提高时，必须采用外部手段将温度保持高于大气温度，需要消耗能量。因此，从热浴到燃料

电池系统的热量不再是自由能量输入，而是输入能量损失的一部分，因此必须对燃料电池的效率定义式（2.64）进行相应的修改，以使燃料电池的理想第二定律效率不再超过 100%。因此，我们得出可逆燃料电池效率（如式（2.70））仅适用产物与反应物之间的熵变为负的燃料电池反应，不适用于具有正熵变的反应，例如式（2.84）中给出的反应。

2.5.6　燃料电池实际效率和能量损失机制

从前面的分析中可以明显看出，燃料电池的能量损失是在可逆和不可逆条件下发生的。我们讨论了每种类型的能量损失机制以及燃料电池中能量转换效率的相关表达式。本小节专门讨论热力学分析，详细介绍了可逆损失机理，对不可逆损失机理仅作了简要描述。接下来的两节专门介绍了在热力学不可逆条件下发生的各种过程。

可逆能量损失和可逆能量效率。在可逆条件下燃料电池的能量损失等于传递（或损失）到环境中的热量，如式（2.82）所示。

$$q = T\Delta s = \Delta h - \Delta g$$

因为燃料电池反应的负熵变。导出相关的能量转换效率，称为第二定律效率或可逆能量转换效率，并在式（2.70）或式（2.83）中给出。将式（2.82）与式（2.83）组合为

$$\eta_r = \frac{\Delta g}{\Delta h} = \frac{\Delta g}{\Delta g + T\Delta s} \tag{2.85}$$

将分子和分母除以因子（nF），并利用式（2.24）和式（2.44），将现有的式（2.85）变为

$$\eta_r = \frac{E_r}{E_r - T\left(\dfrac{\partial E_r}{\partial T}\right)_P} \tag{2.86}$$

当熵变化为负时，可逆效率 η_r 小于 100%，可逆电池电势随温度降低；根据式（2.86），可逆效率 η_r 也随温度降低。例如示例 2.7，对于在 1 atm 下形成气态水的 H_2O 和 O_2 反应，则

$$\left(\frac{\partial E_r}{\partial T}\right)_P = -0.230\,2 \times 10^{-3}\,(\mathrm{V/K})$$

可逆效率在 25 ℃ 时约为 95%，在 600 ℃ 时为 88%，在 1 000 ℃ 时为 78%。图 2.11 说明了作为氢和氧反应温度的函数的可逆效率，其中气态水为反应产物。可以看出可逆效率几乎线性下降。对于大多数燃料电池反应来说

$$\left(\frac{\partial E_r}{\partial T}\right)_P = -(0.1 \sim 1.0) \times 10^{-3}\,(\mathrm{V/K})$$

在 25 ℃ 和 1 atm 下，可逆效率通常在 90% 左右。

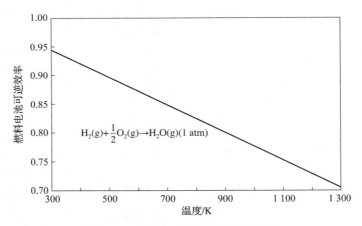

图 2.11 可逆效率与温度的函数关系

但是，如式（2.84）所示，对于碳与氧的反应生成一氧化碳，熵变为正，电池可逆电势随温度升高而增加。因此，根据式（2.86）可逆的效率随着温度的升高而增加。但是，式（2.85）或式（2.86）的效率表达式对于这样的反应方程不适用。

对式（2.70）进行展开，对可逆能量效率等于分子和分母除以因子（nF），利用式（2.24）我们可以得到电池可逆电势为

$$\eta = \frac{E_r}{(-\Delta h/nF)} = \frac{E_r}{E_{tn}} \tag{2.87}$$

其中

$$E_{tn} = -\Delta h/nF \tag{2.88}$$

称为热中性电压（或潜在电压），如果燃料和氧化剂的所有化学能都转化为电能，则燃料电池将具有的电压（即 100% 的能量转化为电能）。例如反应

$$H_2(g) + \frac{1}{2}O_2(g) \longrightarrow H_2O(l)$$

在温度为 25 ℃ 和 1 atm，$E_{tn} = 1.48$ V，对应的可逆效率为 83%，在相同温度和压力下，产物为气态水的反应为

$$H_2(g) + \frac{1}{2}O_2(g) \longrightarrow H_2O(g)$$

$E_{tn} = 1.25$（V），对应的可逆效率为 95%。

从前文我们注意到，对于氢气和氧气反应，电池可逆效率可以相差高达 12%，这取决于产物水是液态还是气态，或者在相同的操作条件下是否使用不同热值进行效率计算。对于大多数含氢的烃类燃料（包括氢本身、烃类、醇类，以及少量的煤），焓和吉布斯函数的变化有两个值，即

对于天然气（甲烷，CH_4）　$\dfrac{低热值}{高热值} = 0.90$

对于典型含有氢气和水的煤　$\dfrac{低热值}{高热值} = 0.95 \sim 0.98$

因此，产生不同的效率值，取决于哪个发热量（$-\Delta h$）用于效率计算。除非另有说明，否则通常在燃料电池分析中使用 HHV。除非另有明确说明，否则本书通篇均使用该约定。

应当强调的是，对于大多数燃料电池反应，可逆效率 η_r 随着燃料电池工作温度的升高而降低。在考虑高温燃料电池，即熔融碳酸盐燃料电池和固体氧化物燃料电池时，该效果很重要。图 2.11 所示为可逆电池效率降低到 70%（基于固体氧化物燃料电池的典型工作温度为 1 000 ℃ 时，氢和氧反应的 LHV 值），而此处讨论的 25 ℃ 时约为 95%。电池可逆效率的显著降低似乎是针对高温燃料电池的。但是，不可逆损耗随着温度升高而急剧降低，从而实际燃料电池的性能（例如实际操作条件下的效率和功率输出）增加。因此，应进一步分析实际操作条件下的效率，而不是理想的可逆条件，这是以下讨论的重点。

不可逆能量损失。

对于燃料电池，可逆电池电势和相应的可逆效率是在热力学可逆条件下获得的，这意味着没有严格的连续反应或电流输出。对于实际应用，当从电池中汲取相当大的电流 I 时，才能获得有用的功（电能），因为电能输出是通过电功率输出实现的，即定义为

$$功率 = EI \text{ 或功率密度} = EJ \tag{2.89}$$

然而，当电流增加时，由于不可逆损失，电池电势和效率都降低了相应的（平衡）可逆值。这些不可逆的损耗是第 3、4 章的主题，在文献中通常被称为极化、过电位或过电压，它们主要来自三个来源：活化极化、欧姆极化和浓差极化。作为电流函数的实际电池电势是这些极化的结果。因此，电池电势对电流输出的曲线图通常称为极化曲线。应该注意的是，电流的大小很大程度上取决于电池的有效面积，因此，更好的表示方法是电流密度 $J(A/cm^2)$ 而不是电流 I 本身，使用 A/cm^2 而不是 A/m^2 作为电流密度的单位，因为平方米太大而不能用于燃料电池分析。

典型的极化曲线如图 2.12 所示，电池电位是电流密度的函数。理想的电池电势电流关系独立于从电池汲取的电流，并且电池电势始终等于可逆电池电势。热中性电压和可逆电池电势之间的差值代表可逆条件下的能量损失（可逆损失）。然而，由于不可逆损耗的三种机制：活化、欧姆和浓差极化，实际电池电势小于可逆电池电势，并且随着所汲取的电流增加而降低。活化极化 η_{act} 是由电化学反应的缓慢速率引起的，为了满足电流所需的速率，一部

分能量损失（或消耗）在提高电化学反应的速率上。欧姆极化 η_{ohm} 是由电池中的电阻引起的，包括电解质中离子流动的离子电阻和电池其余部件中电子流的电子电阻。通常，欧姆极化线性依赖于电池电流。浓差极化 η_{conc} 是由缓慢的质量转移速率引起的，这导致活性反应位点附近反应物的耗尽和阻止反应物到达反应位点的产物的过度积累。当质量传输速率不能满足高电流输出的高需求时，在高电流密度下，它通常变得非常重要，甚至变得令人望而却步。如图 2.12 所示，浓差极化通常是导致电池电势迅速降低至零的原因。对应于零电势的电流（密度）通常称为极限电流（密度），显然，它是由浓度活化作用控制的。由图 2.12 可以清楚地看到，活化极化在电流密度小的情况下发生，而浓差极化在电流密度高的情况下发生。电阻引起的电池电势的线性下降发生在中等电流密度下，实际的燃料电池运行几乎总是位于欧姆极化区域内。

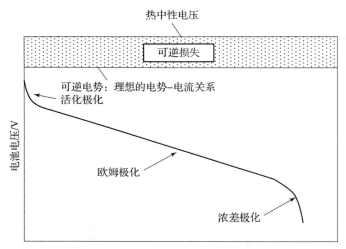

图 2.12　极化曲线

图 2.12 说明即使燃料电池在零电流输出下，实际电池电势也小于理想的电池可逆电势。电池电势的这种微小差异与阴极和阳极之间的化学电势差直接相关。因此，即使在外部负载电流为零的情况下，电子也可以输送到阴极，在阴极形成氧离子，并通过电解质迁移到阳极，在阳极去离子释放电子。释放的电子迁移回阴极，继续这个过程或"交换"。以低速进行的去离子反应产生极小的电流，通常称为交换电流 I_0 或交换电流密度 J_0，并且电池电势降低到可逆电池电势以下。因此，也证明了交换电流中的电子是通过电解质产生而不是通过外部负载迁移的事实，并且 $0.1 \sim 0.2$ V 的电池电势损失由交换过程产生。因此，即使在接近零电流输出的情况下，实际燃料电池的效率也比

可逆电池效率 η_r 低 8%～16%。

交换电流密度 J_0 非常小，阳极的氢气氧化电流密度约为 $10^{-2}\,\mathrm{A/cm^2}$，阴极的 O_2 还原电流密度约为 10^{-5} 倍。相比之下，阴极的 O_2 还原过程缓慢，以至于竞争性阳极反应起着重要的作用，例如阳极氧化、电解、腐蚀电解材料、阳极结构中的有机杂质氧化。所有这些阳极反应都会导致电极腐蚀，从而限制电池寿命，除非采取适当的应对措施。

应当指出的是，当通过外部负载的电流增加到超过某个临界值时，由交换电流引起的电池电势损失将减小。随着外部电流的增加，电池电势降低如图 2.12 所示，交流电流的驱动力减小，交流电流减小，增加外部电流是能量损耗减小的唯一形式。

很明显，实际电池电势 E 低于可逆电池电势 E_r，这种差异是由于上述不可逆损失机制引起的电势损失。因此，

$$E = E_r - (\eta_{act} + \eta_{ohm} + \eta_{conc}) \tag{2.90}$$

根据式（2.27），1 mol 燃料消耗的热量（或废热产生）的不可逆能量损失由式（2.27）、式（2.90）可以容易地获得，因为熵为

$$\wp_s = \frac{nF(E_r - E)}{T} = \frac{nF(\eta_{act} + \eta_{ohm} + \eta_{conc})}{T} \tag{2.91}$$

对于燃料电池的总热损失方程（2.16）可写为

$$q = T\Delta s - T\wp_s = \underbrace{T\Delta s}_{\text{可逆损失}} - \underbrace{nF(\eta_{act} + \eta_{ohm} + \eta_{conc})}_{\text{不可逆损失}} \tag{2.92}$$

由于 $T\Delta s = \Delta h - \Delta g$ 对于大多数燃料电池反应，熵变均为负，因此产生的热量也为负，图 2.3 所示为燃料电池的热量损失分为可逆和不可逆。

根据燃料电池反应吉布斯函数变化的定义，式（2.92）可以写成

$$\frac{q}{nF} = \frac{T\Delta s}{nF} - (\eta_{act} + \eta_{ohm} + \eta_{conc}) = \frac{\Delta h - \Delta g}{nF} - (\eta_{act} + \eta_{ohm} + \eta_{conc}) \tag{2.93}$$

根据平衡电压和可逆电势的定义，式（2.93）可写为

$$\frac{q}{nF} = -E_{tn} + E_r - (\eta_{act} + \eta_{ohm} + \eta_{conc}) \tag{2.94}$$

结合（2.90）、式（2.94）可得到

$$\frac{q}{nF} = -(E_{tn} - E_r) \tag{2.95}$$

因此，由于燃料电池因热量损失能量而产生的等效电池电势损失等于平衡电压与实际电池电势之差

在燃料电池中 1 mol 燃料消耗的和损失率，可以表示为等效功率损失。

$$P_{\text{热损失}} = I\left(\frac{q}{nF}\right) = -I(E_{tn} - E_r) = I\left[\frac{T\Delta s}{nF} - (\eta_{act} + h_{ohm} + \eta_{conc})\right] \tag{2.96}$$

式（2.96）对于确定燃料电池堆的冷却要求很重要。

不同形式的不可逆能量效率

在描述了不可逆的能量损失之后，我们现在可以介绍几种形式的能量效率，这将有助于分析燃料电池的性能。

（1）电压效率。

电压效率被定义为

$$\eta_E = \frac{E}{E_r} \tag{2.97}$$

因为将实际的电池电势 E 与第二定律所允许的最大可能电池电势 E_r 进行比较，所以电压效率实际上是能量效率的一种特定形式，代表了电池运行与理想的热力学可逆条件的偏离程度。如式（2.90）所示，$E < E_r$，因此 $\eta_E < 1$。例如对于在标准参考状态下形成液态水的氧化还原反应，我们知道可逆电池电势等于 1.229 V。如果电池在 0.7 V 的电池电势下运行，则可以将相应的电压效率确定为

$$\eta_E = \frac{E}{E_r} = \frac{0.7}{1.229} = 57\%$$

相同条件下，如果反应产物为气态水，相应的电压效率变为

$$\eta_E = \frac{E}{E_r} = \frac{0.7}{1.185} = 59\%$$

（2）电流效率。

电流效率是衡量一定数量燃料电池反应中消耗燃料产生多少电流的量度，它被定义为

$$\eta_I = \frac{I}{nF\left(\dfrac{dN_F}{dt}\right)} \tag{2.98}$$

式中，dN_F/dt 代表燃料电池中的燃料消耗率（单位为 mol/s）。如果部分反应物参与了非电流产生的副反应（称为寄生反应），例如反应物穿过电解质区域，反应物不完全转化为产物，与电池组件发生反应，则电流效率将低于 100%。对于大多数常用的燃料电池，尤其是在电流输出足够大（在没有前面讨论的交换电流影响的情况下）的运行条件下，电流效率近似为 100%。这是因为对于常用的燃料电池，所有寄生反应都是不存在的，因为已经通过适当的设计消除了。

然而，对于直接甲醇燃料电池，大约 20% 液体甲醇可以穿过质子传导聚合物膜到达阴极侧，这意味着这种电池的电流效率仅约为 80%。类似地，如果聚合物膜太薄，例如 50 μm 或更薄，氢气可能会穿过质子交换膜，这种情况是不可忽略的，这取决于从电池吸取的工作电流密度。另外，如果所用的膜足够厚，氢的交叉是最小的，可以忽略不计，如 Nafion 117 是一种常用于质

子交换膜燃料电池中的膜电极。因此，应该特别注意实际燃料电池的电流效率。

（3）自由能转换效率。

总自由能转换效率定义为可逆效率、电压和电流效率的乘积。

$$\eta_{FC} = \eta_r \times \eta_E \times \eta_I \qquad (2.99)$$

如果当前的效率是 100%，就像设计良好的实际燃料电池的情况一样，将各种效率的定义代入式（2.99）将导致

$$\eta_{FC} = \frac{\Delta g}{\Delta h} \times \frac{E}{E_r} \times 1 = \frac{E_r}{E_{tn}} \times \frac{E}{E_r} \times 1 = \frac{E}{E_{tn}} \qquad (2.100)$$

因此，总的自由能转化效率实际上是燃料电池内发生的能量转化过程的总效率。因为在给定操作下，燃料和氧化剂的热中性电压是固定值。在特定的温度和压力条件下，燃料电池的总能量转换效率与实际电池电势成正比。

$$\eta_{FC} \sim E \qquad (2.101)$$

这是一个非常重要的结果。一旦确定了实际电池电势，燃料电池的能量转换效率也就已知。这是在燃料电池文献中，几乎总是给出电池极化曲线而没有具体显示电池能量效率作为电流的函数的主要原因。此外，式（2.101）表示燃料电池效率将与电池电势获取方式相同，取决于输出电流，即随着电流输出增加而降低。

（4）燃料电池系统效率。

如第 1.2 节所述，燃料电池系统由一个或多个燃料电池堆和许多辅助设备组成，这些设备也有自己的能效 η_{aux}。因此，燃料电池系统的总效率等于燃料电池和所有辅助设备的效率值的乘积。

$$\eta_s = \eta_{FC} \times \eta_{aux} \qquad (2.102)$$

示例 2.10

对于质子交换膜燃料电池，H_2O 和 O_2 通常用作反应物。在 80℃ 的操作温度和 1 atm 的压力下，发生下列电化学反应。

$$H_2(g) + \frac{1}{2}O_2(g) \longrightarrow H_2O(l)$$

设计目标之一通常是使 PEM 燃料电池以 0.7~0.8 V 的电池电压运行。确定上述反应的总燃料电池效率 η_{FC}；上述反应在 80 ℃ 和 3 atm 压力下发生。

解答

根据式（2.100），燃料电池的总效率为

$$\eta_{FC} = \frac{E}{E_{tn}}$$

假设电流效率为 100%，平衡电压计算公式可写为

$$E_{tn} = -\frac{\Delta h}{nF}$$

假设已知给定条件下给定反应的焓变。因此，这里的重点是获取焓的变化

（1）给定反应的焓变化等于液态水在 80 ℃ 和 1 atm 下的生成焓；后者可以从示例 2.4 中在 80 ℃ 和 1 atm 的给定条件下的结果中确定。在示例 2.4 中，液态水的生成焓显示为，在 80 ℃ 和 1 atm 下

$$h_{f,H_2O}(1) = -284\,087(J/(mol \cdot K))$$

因此，对该反应来说，焓变为

$$\Delta h = -284\,087(J/(mol \cdot K))$$

可得到热中性电压为

$$E_{tn} = -\frac{-284\,087}{2 \times 96\,487} = 1.472(V)$$

对于给定的电压 $E = 0.7 \sim 0.8\ V$，燃料电池总效率为

$$\eta_{FC} = \frac{0.7 \sim 0.8}{1.472} = 0.467 \sim 0.543(V)$$

（2）在压力为 3 atm 下，对于液体（作为不可压缩物质）和理想气体（对于 H_2 和 O_2 来说是一个很好的近似），焓与压力无关，给定反应的反应焓也与压力无关。这导致了与 1 atm 压力下相同的反应焓。由于问题中给出了 $0.7 \sim 0.8\ V$ 的实际电池电势，因此本示例中的整体燃料电池效率与压力无关。因此结果与（1）相同。

$$\eta_{FC} = \frac{0.7 \sim 0.8}{1.472} = 0.467 \sim 0.543(V)$$

结论

注意，在相同的工作温度下，由于可逆电池电势的增加和电池电压损耗的减小，因此当工作压力升高时，实际电池电势 E 会增加。在这种情况下，压力会影响整体燃料电池的效率。本示例中的压力独立性是由于当工作压力改变时（或者工作电池电势 E 不随压力而变化），给定并固定了电池电势 E。实际上，在相同的电池电压下，随着工作压力的增加，从电池汲取的电流会增加即使电池电压和效率保持相同，也可以提高输出功率。

2.5.7 燃料电池运行中的效率损失：化学计量比、利用率和能斯特损失

在运行的燃料电池中，反应物成分沿着电极表面上方的流动路径在燃料电池的入口和出口之间变化，这是因为消耗了反应物以产生电流输出，并且此过程也形成了产物。反应物组分的变化会导致电池电势的额外损失，超

过上一节中所述的那些损失。该电势损失是由于以下事实引起的：对于阳极和阴极出口处的各种反应物成分，电池电势 E 调整为能斯特方程式（2.63）给出的最低电极电势。这是因为电极通常由良好的电子导体制成，因此它们是等电位表面。电池电势 E 不得超过能斯特方程式设置的局部最小值。额外的电池电势损失通常也称为能斯特损失，该损失等于基于入口和出口反应物组成确定的入口和出口能斯特电势之差。当反应物同时流动时，由于电池中反应物的消耗而导致的额外电池电势损失为能斯特损失。

$$\eta_N = \frac{RT}{nF}\ln K_{out} - \frac{RT}{nF}\ln K_{in} = \frac{RT}{nF}\ln\frac{K_{out}}{K_{in}} \tag{2.103}$$

式中，K_{in} 和 K_{out} 是在电池入口和出口气体成分处评估的分压平衡常数。

在燃料和氧化剂都在同一方向（并流）的燃料电池的情况下，最小能斯特势能在出口处产生。当反应物为逆流、错流或更复杂的布置时，由于反应物的消耗，很难确定最小电位的位置。阳极和阴极的适当流道设计可以使能斯特损失最小化。

式（2.103）还表示了如果所有反应物都在电池内电化学反应中被消耗，导致电池出口的反应物浓度为零，则能斯特损失将非常大，接近无穷大。为了将能斯特损失降低到实际燃料电池运行的可接受水平，几乎总是以超过所需电流产生所需化学计量的量供应反应物。供给燃料电池的反应物的实际量通常用参数表示为化学计量。

$$\begin{aligned} S_t &= \frac{燃料电池中供给反应物的摩尔流量}{燃料电池中消耗的反应物摩尔流量} \\[2mm] &= \frac{\dot{N}_{in}}{\dot{N}_{consumed}} \end{aligned} \tag{2.104}$$

例如对于质子交换膜燃料电池，典型的化学计量比为

$$S_t = (1.1 \sim 1.2)\,氢气$$

$$S_t = 2\,氧气(纯氧或空气)$$

因此，化学计量学实际上代表了输送到燃料电池的反应物的实际流速，或者对于给定数量的反应物供应，在燃料电池中消耗多少反应物以产生电流。通常至少存在两种用于燃料电池的反应物，一种作为燃料，另一种作为氧化剂，所以可以为任何一种反应物定义化学计量。对于熔融碳酸盐燃料电池，氧化剂流中有两种反应物，即 CO_2 和 O_2，通常针对不足的物质定义氧化剂的化学计量。

可替代地，反应物流速可以用称为利用率 U_t 的参数来表示。

$$U_t = \frac{燃料电池中消耗的反应物摩尔流量}{燃料电池中供给反应物的摩尔流量}$$

(2.105)

$$= \frac{\dot{N}_{consumed}}{\dot{N}_{in}} = \frac{1}{S_t}$$

显然，化学计量和利用率是成反比的。虽然这两个参数都在实践中使用，但化学计量比在文献中更频繁地用于质子交换膜燃料电池，并且通常用于中温与高温燃料电池（磷酸燃料电池、熔融盐燃料电池和固体氧化物燃料电池）。

对于适当设计的常用燃料电池，通常不会发生反应物从电池中溢出或泄漏，因此，电池内消耗的反应物速率等于进入和离开电池的摩尔流速之差。因为燃料电池反应有两种反应物：燃料和氧化剂，所以可以分别为燃料和氧化剂定义化学计量比参数（或利用率）。例如燃料的化学计量可以表示为

$$S_{t,F} = \frac{\dot{N}_{in}}{\dot{N}_{consumed}} = \frac{\dot{N}_{F,in}}{\dot{N}_{F,rmin} - \dot{N}_{F,out}} = \frac{1}{U_{t,F}}$$

(2.106)

氧化剂的化学计量或利用率可以类似地写出。

反应物利用率对可逆电池电位的影响如图2.13所示，电池出口处反应物组成（摩尔分数）是利用率的函数，如表2.2所示。可以看出，电池出口处的反应物组成降低，因此当利用率增加时，电池可逆电势也降低。当利用率超过约90%时，下降速度很快。在实际的燃料电池操作中，100%利用率（或单位化学计量）将导致反应物浓度在电池出口处消失，能斯特损耗占主导地位，电池电势降至零——这当然是不希望的情况，需要避免。因此，典型的操作要求燃料利用率为80%~90%，氧化剂利用率约为50%，以平衡能斯特损失和与反应物供应相关的寄生损失。

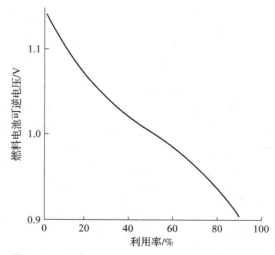

图2.13　反应物领用率和可逆电势的函数关系图

表 2.2　出口反应物与利用率函数（熔融碳酸盐燃料电池温度为 650 ℃，1 atm）

反应物	利用率/%				
	0	25	50	75	90
阳极组分					
氢气	0.645	0.410	0.216	0.089	0.033
二氧化碳	0.064	0.139	0.262	0.375	0.436
一氧化碳	0.130	0.078	0.063	0.033	0.013
水	0.161	0.378	0.458	0.502	0.519
阴极组分					
二氧化碳	0.600	0.581	0.545	0.461	0.316
氧气	0.300	0.290	0.273	0.231	0.158

如式（2.103）所示，由于电池中反应物耗尽导致的额外能斯特损耗与电池工作温度成正比，例如氢氧燃料电池，从反应池入口到出口的反应气体成分变化会导致在接近室温（25 ℃）的情况下产生 60 mV 的电池电势损失，在 1 200 ℃时会导致 300 mV 的损失。因此，当电池工作温度升高时，由电池内反应气体组成变化引起的额外能斯特损失会变得更大，并且可能成为高温燃料电池的严重损失机制。图 2.14 所示为在 1 atm 时氢气和氧气反应形成气态水产物时在电池入口和出口处的可逆电池电势与温度的关系，确定了氧气利用率为 50%，氢气利用率为 85%、90% 和 95%，以及氢气和氧气利用率为 95% 的出口能斯特电势（即在电池出口处的可逆电池电势）。可以清楚地看到，当利用率或温度增加时，出口能斯特电压会降低。

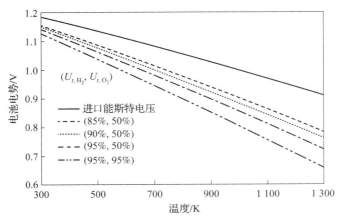

图 2.14　进出口能斯特电压与温度、利用率的关系

如果使用纯氢气作为燃料，则可以将阳极室设计为供氢气的死腔，如图2.15所示。类似地，如果使用纯氧作为氧化剂，则阴极可以使用封闭腔室。然而，反应气体中的惰性杂质将积累在阳极室和阴极室中，必须定期或连续地除去，以保持良好的燃料电池性能。为此可以进行定期清扫或连续放气，但这会导致少量的燃料损失，因此利用率不到100%。

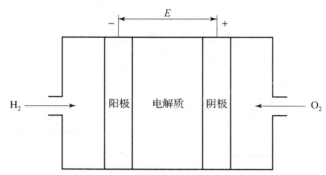

图2.15 使用纯氢和纯氧作为反应物时，燃料电池反应物供应腔室设计示意图

从前面的讨论中可以明显看出，对反应物的100%利用率实际上是不明智的设计。实际上电池内燃料的利用率永远不会达到100%，因此确定电池内能量转换效率和电池电势时必须考虑利用率。或未用于其他用途（例如为燃料预处理提供热量），则总能量转换效率必须等于式（2.99）中给出的总燃料电池效率乘以利用率，考虑到并非所有燃料被用于转化电能。

示例2.11

确定下述反应进口和出口的能斯特电压

在25 ℃，1 000 K和1 atm的作用下，作氧气利用率的函数。假设燃料纯H_2、O_2是在给定的温度和压力下，从空气中供应的氧气、H_2的利用率为零，且在氧化剂侧形成了反应产物水。

$$H_2 + \frac{1}{2}O_2 \longrightarrow H_2O(g)$$

解答

进口和出口能斯特电势是分别基于电池入口和出口处的反应物组成计算的可逆电池电势，因此，可以根据能斯特方程计算得出。具体来说，由于O_2浓度的变化而导致的可逆电池电势在电池入口处。

$$E_{r,\text{in}} = E_r(T, P_{O_2,\text{in}}) = E_r(T, P) - \frac{RT}{nF}\ln X_{O_2,\text{in}}^{-1/2}$$

在电池入口，燃料是纯H_2，氧化剂浓度等于空气中O_2的浓度，因此我们有反应物的摩尔分数，在电池进口

$$X_{H_2,in} = 1; \quad X_{O_2,in} = 0.21; \quad X_{O_2,in} = 0.21;$$

$$P_{O_2,in} + P_{N_2,in} = P_{in} = 1 \text{ atm}$$

由之前示例计算得到，氢氧燃料电池在标准状态下的反应，电池可逆电势为

$$E_r(25 \text{ ℃}, 1 \text{ atm}) = 1.185(\text{V})$$

在 1 000 k 和 1 atm 下，从附录七可查阅得到

$$E_r(1\ 000 \text{ k}, 1 \text{ atm}) = -\frac{-192\ 652}{2 \times 96\ 487} = 0.998\ 3(\text{V})$$

当进口温度为 298 k、1 000 k，压力为 1 atm 时，能斯特电势分别为

$$E_{r,in}(298 \text{ k}, 1 \text{ atm}) = 1.185 - \frac{8.314\ 3 \times 298}{2 \times 96\ 487}\ln 0.21^{-1/2} = 1.175(\text{V})$$

$$E_{r,in}(1\ 000 \text{ k}, 1 \text{ atm}) = 0.998\ 3 - \frac{8.314\ 3 \times 1\ 000}{2 \times 96\ 487}\ln 0.21^{-1/2} = 0.967(\text{V})$$

在电池出口，由于零利用率，燃料保持纯 H_2，而对于氧化剂，O_2 的分压变为 $(1-U_{t,O_2})P_{O_2}$，包括电池内的 O_2 消耗，$H_2O(g)$ 的分压为 $2U_{t,O_2}$、P_{O_2}，因为电池中每消耗 1 mol O_2 就形成 2 mol $H_2O(g)$。N_2 的分压保持与入口值 $0.79P_{in}$ 相同，因为它是惰性物质，不参与电池反应。因此，我们得到了电池出口处反应物的摩尔分数。

$$X_{H_2,out} = 1;$$

$$X_{O_2,in} = \frac{(1-U_{t,O_2})\ P_{O_2,in}}{(1-U_{t,O_2})\ P_{O_2,in} + 2U_{t,O_2}P_{O_2,in} + 0.79P_{in}}$$

$$P_{O_2,out} + P_{N_2,out} + P_{H_2O,out} = P_{in} = P_{out} = 1 \text{ atm}$$

式中，$P_{O_2,in} = X_{O_2,in}$，$P_{in} = 0.21$，$P_{N_2,in} = X_{N_2,in}$，$P_{in} = 0.79P_{in}$，简化上述表达式为

$$X_{O_2,in} = \frac{(1-U_{t,O_2})0.21}{1 + 2U_{t,O_2}}$$

能斯特电势写为

$$E_{r,in} = E_r(T, P_{O_2,in}) = E_r(T, P) - \frac{RT}{nF}\ln X_{O_2,in}^{-1/2}$$

$$= \frac{RT}{nF}\ln\left[\frac{1 + 0.21U_{t,O_2}}{0.21(1-U_{t,O_2})}\right]^{1/2}$$

$$E_{r,in}(298 \text{ k}, 1 \text{ atm}) = 1.185 - \frac{8.314\ 3 \times 298}{2 \times 96\ 487}\ln\left[\frac{1 + 0.21U_{t,O_2}}{0.21(1-U_{t,O_2})}\right]^{1/2}$$

$$E_{r,in}(1\ 000 \text{ k}, 1 \text{ atm}) = 0.998\ 3 - \frac{8.314\ 3 \times 1\ 000}{2 \times 96\ 487}\ln\left[\frac{1 + 0.21U_{t,O_2}}{0.21(1-U_{t,O_2})}\right]^{1/2}$$

因此，可以计算出两个指定温度氧气利用情况下出口处的能斯特电势。结果如图2.16所示。显然，能斯特电势几乎都不会受到影响，直到氧气利用率超过90%，非常接近100%时，然后突然下降。如式（2.63）所示，在高温下能斯特损失更为显著。

结论

1. 通常可以通过向反应池提供过高反应物量来达到零利用率。根据式（2.105），如果反应物流入量远远大于燃料电池反应产生电能所需的流入量，即 N_{in} 大于 $N_{consumed}$ 已消耗，则对应的利用率将变得非常小，因此反应物浓度可能会降低。假定从电池入口到出口恒定，电池中反应物的消耗量较小，可以忽略不计。

2. 尽管能斯特电势随温度降低，但是实际电池电势 E 可能随温度升高，因为当温度升高时，电池不可逆电势损失可能会大大降低。具体将下一章中介绍。

3. 随着反应物利用率的增加，实际的电池电位下降将比能斯特电位快得多，因为电池电位损失将快速增加，从而导致活化和浓差极化的增加，这是由于传质阻力较高和反应位点处反应物浓度较低造成的。

4. 在本示例中，从电池入口到电池出口的总压力损失被忽略。实际上，压力损失将由于反应物流动和电池内反应物消耗相关的摩擦和微小损失机制而产生。

2.6　总结

本章首先致力于讨论理想化可逆条件下的燃料电池性能（电池电势和能量转换效率）的分析。电池可逆电势和可逆电池效率的确定在很大程度上取决于对热力学性质的评估。通常需要从列表数据或分析属性关系中对热力学性质进行评估。重要的性质包括绝对焓，反应焓，热值，吉布斯函数，生成吉布斯函数，反应吉布斯函数，反应熵变等。必须熟练掌握性能评估，它是分析燃料电池的基本技能之一。然后详细介绍了燃料电池效率与卡诺效率的比较，并从严格效率的定义和热力学第二定律中排除了燃料电池效率超过100%的可能性。可逆和不可逆能量损失机制产生了燃料电池中的废热，并且定义了各种形式的效率。最后，由反应物消耗引起的能斯特势能损失考虑实际燃料电池，并概述了与反应物利用有关的问题。通过本章的学习，能够计算出给定燃料电池反应的电池可逆电势和效率，以及与实际燃料电池所需的冷却量相等的热量。熟悉各种能量损失机制，包括能斯特损失。

2.7　习题

1. 描述绝对焓、生成焓和显焓的概念。描述理想气体对温度和压力的影响。

2. 绝对焓和生成焓有什么区别，你认为有条件使两者变得一样吗？这些条件是什么，为什么？

3. 描述吉布斯函数、生成吉布斯函数、反应吉布斯函数的概念。

4. 反应焓和热值是多少，为什么普通燃料有两个热值？哪个值更合适，为什么？

5. 式（2.9）表示了与热量传递能量相关的熵流，但与功的能量转移相关的熵流不包括在式（2.9）中，为什么？

6. 描述燃料电池熵产生与电池电位损失之间的关系。说明当不产生熵时是否会发生电池电势损失。

7. 为什么燃料电池中的熵产生总是会导致电池电势的损失？是否会出现电池电位损失不会导致熵产生的情况？

8. 描述燃料电池产生废热与燃料电池电位损失和熵的关系。为什么它们彼此相关？

9. 解释温度、压力和反应物浓度对电池可逆电势的影响。产物的浓度会影响可逆电势吗？为什么？

10. 为什么某些燃料电池反应的可逆电池效率低于 100%，而其他反应可能等于甚至超过 100%？为什么我们可以制造和运行效率超过 100% 的燃料电池？

11. 概述燃料电池和热机的可逆（第二定律）效率，以及两者等效的条件。是否有可能同时构建燃料电池和热机以可逆效率运行，为什么？

12. 为什么普遍认为燃料电池比热机性能更好？

13. 燃料电池中产生余热的意义是什么，余热会导致燃料电池的运行或设计出问题吗？为什么？

14. 概述能斯特损失。进口和出口能斯特电势分别为多少？

15. 为什么燃料电池实际燃料利用率不能达到 100%？在实践中如何实现零利用率运营。

16. 描述如何通过设计和操作策略最小化能斯特损失，这些策略对于实用的燃料电池如何现实。

17. 计算在 25 ℃ 和 1 atm 下发生的下列反应的电池可逆电位 E 和第二定律效率 η_r。

（1）　$H_2 + \dfrac{1}{2}O_2 \longrightarrow H_2O(l)$

（2）　$H_2 + \dfrac{1}{2}O_2 \longrightarrow H_2O(g)$

（3）　$CH_4 + 2O_2 \longrightarrow CO_2 + 2H_2O(l)$

（4）　$C_3H_8 + 5O_2 \longrightarrow 3CO_2 + 4H_2O(l)$

（5）　$NH_3 + \dfrac{3}{4}O_2 \longrightarrow H_2O(l)$

（6）　$C(s) + \dfrac{1}{2}O_2 \longrightarrow CO$

（7）　$C(s) + O_2 \longrightarrow CO_2$

（8）　$CH_3OH(g) + \dfrac{3}{2}O_2 \longrightarrow CO_2 + 2H_2O(l)$

（9）　$CH_3OH(l) + \dfrac{3}{2}O_2 \longrightarrow CO_2 + 2H_2O(l)$

（10）　$CO + \dfrac{1}{2}O_2 \longrightarrow CO_2$

18. 在 1 atm，600 K 和 1 000 K 的温度下，分别计算下列反应的电池可逆电位 E 和第二定律效率 η_r。

（1）　$H_2 + \dfrac{1}{2}O_2 \longrightarrow H_2O(g)$

（2）　$CH_4 + 2O_2 \longrightarrow CO_2 + 2H_2O(g)$

（3）　$C(s) + \dfrac{1}{2}O_2 \longrightarrow CO$

（4）　$C(s) + O_2 \longrightarrow CO_2$

（5）　$CO + \dfrac{1}{2}O_2 \longrightarrow CO_2$

19. 对习题 18 中列出的反应重复计算，压力为 5 atm 和 10 atm，温度为 600 K 和 1 000 K。

20. 计算在 25 ℃ 和 1 atm 下发生下列反应的电池可逆电位 E 和第二定律效率 η_r。

$$N_2 + 3H_2 \longrightarrow 2NH_3(g)$$

21. 与空气含有 79% N_2（按体积计）与 21% O_2 相比，如果使用 N_2 作为氧化剂，N_2 浓度几乎是氧气浓度的四倍。较高的反应物浓度可以减少能斯特损失和浓差极化。此外，反应产物氨（NH_3）可用作农业和其他应用的肥料。计算在 25 ℃ 和 1 atm 总压力下反应的电池可逆电位 E 和第二定律效率 η_r。判断这样的燃料电池反应是否实用。解释结论。下述反应中的问号（?）是在化学计量上平衡这种反应所需的未知空气量。

$$3H_2 + ?空气(0.79N_2 + 0.21O_2) \longrightarrow 2NH_3(g) + 0.21?O_2$$

22. 确定在 80 ℃，1 atm 和 3 atm 压力下，以下反应的入口和出口能斯特势以及相关的能斯特损失。假设纯 H_2 和 O_2，反应产物水在氧化剂侧形成。以 H_2 和 O_2 利用率作为两个独立坐标，将问题公式化并以 3D 图形形式呈现结果。

$$H_2 + \frac{1}{2}O_2 \longrightarrow H_2O(g)$$

23. 如果氧化剂是空气中的 O_2 而不是纯 O_2，重新计算习题 22 中的结果。

24. 如果氧化剂是空气中的 O_2，并且燃料和氧化剂流在电池入口处都被水蒸气完全饱和，则重新计算习题 22 中的结果。

25. 根据氢氧燃料电池在标准温度和压力（1 atm 和 25 ℃）下的反应。如果电池在 $E = 0.7$ V 的电池电压下运行，确定电池中消耗的 1 mol 燃料（1）完成的电气工作量；（2）熵产生量；（3）电池电位损失量；（4）余热产生量。

$$H_2 + \frac{1}{2}O_2 \longrightarrow H_2O(1)$$

26. 如果氢氧反应发生在 80 ℃和 1 atm 压力下，重新计算习题 25。

27. 如果反应发生可逆不是在 $E = 0.7$ V 的电池电位下，则重复计算习题 25，条件为

（1）25 ℃和 1 atm；

（2）80 ℃和 1 atm；

（3）80 ℃和 3 atm。

28. 考虑氢氧燃料电池在标准温度和压力（1 atm 和 25 ℃）下的反应。

$$H_2 + \frac{1}{2}O_2 \longrightarrow H_2O(1)$$

如果电池在 $E = 0.7$ V 的电池电压和 $I = 1$ A 的电流下以 10 ml/min 的燃料流量运行，并且测量表明由于密封问题有 2.3 ml/min 的燃料泄漏，然后确定

（1）可逆电池效率；

（2）电池电压效率；

（3）电池电流效率；

（4）整体自由能转换效率。

参 考 文 献

[1] Barendrecht, E. 1993. Electrochemistry of Fuel Cells. In Fuel Cell Systems,

eds. L. J. M. J. Blomen and M. N. Mugerwa. New York: Plenum Press.

[2] Kordesch, K. and G. Simader 1996. Fuel Cells and Their Applications. New York: VCH.

[3] Appleby, A. J. and F. R. Foulkes 1989. Fuel Cell Handbook. New York: Van Nostrand Reinhold. 108 Chapter 2: Thermodynamics of Fuel Cells.

[4] Appleby, A. J. 1993. Characteristics of Fuel Cell Systems. In Fuel Cell Systems, eds. L. J. M. J. Blomen, and M. N. Mugerwa. New York: Plenum Press.

[5] Hirschenhofer, J. H., D. B. Stauffer and R. R. Engleman 1994. Fuel Cells-A Handbbok (Rev. 3). U. S. Department of Energy.

[6] Black, W. Z. and J. G. Hartley, 1991. Thermodynamics, 2nd ed. New York: HarperCollins Publishers.

[7] Cengel, Y. A. 1997. Introduction to Thermodynamics and Heat Transfer. New York: McGraw – Hill.

[8] Reynolds, W. C. and Perkins, H. C. 1977. Engineering Thermodynamics. New York: McGraw – Hill.

[9] Turns, S. R. 2000. An Introduction to Combustion, 2nd Ed. New York: McGraw – Hill.

第 3 章
燃料电池电化学

3.1 绪言

在第 2 章中，热力学分析告诉我们，特定反应物是否会在不需要外界帮助的情况下反应生成产物，即给定的反应对于燃料电池应用的可行性。如果可行的话，可以计算在热力学可逆条件下阴极和阳极之间的电池电位差 E_r，以及相应的电池能量转换效率 η，即给定燃料电池反应的理想最佳性能。然而，燃料电池的热力学分析不能提供以下重要信息：

（1）产生电流和功率的电化学反应有多快。众所周知，对于某些燃料电池应用，特别是对于移动（运输）应用，单位体积或单位质量燃料电池的功率密度是一个极其重要的性能指标；

（2）反应物形成产物的实际反应途径。根据电极反应机理预测和分析电池中与电流/功率产生相关的反应速率；

（3）在电化学反应的实际（不可逆）条件下，而不是理想的可逆条件下，发生了多少能量损失。在给定的条件下，如何使能量损失最小化。

这些问题在电化学动力学这一专门领域内处理，研究电化学反应基本速率。显然，了解发生在阳极和阴极的潜在电化学反应过程对于燃料电池的研究至关重要。

在许多类型的燃料电池中，特别是低温燃料电池，电化学反应速率控制着电池的发电速率，是电池电压（能量）损失的主要因素。因此，电池性能与每个电极的反应过程密切相关。虽然在过去的几十年里取得了很大的进展，非常有限。尽管我们对燃料电池的理解已经从第一性原理，到结合传输现象和电化学过程的完整解决方案，但基于详细的反应动力学，来预测一个具有复杂流场的燃料电池的实际性能仍然是不可能的。虽然现有的基础知识在开展燃料电池的各种复杂分析时受限，但已经能为燃料电池的设计和性能提供服务。

本章回顾了电化学动力学基本概念，更详细地讨论了三种极化类型中的一种，即活化极化。同时将其他两种极化类型（浓度和欧姆）的讨论推迟到下一章，极化与物质的种类、离子、电子的传输有关。本章将描述燃料电池中电极反应的机理以及与燃料电池中经常发生的非均相催化反应相关的电催化反应。

3.2　电极电位和电池极化

燃料电池通常由三个主要部件组成，如图3.1所示，它们是阳极（或负极或燃料）、阴极（或正极或氧化剂）、电解液。

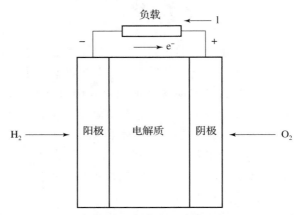

图3.1　燃料电池组成示意图

注意，每个电极的薄催化剂层被视为电极本身的一部分（否则可认为电极具有基底，或常称为气体扩散层，以及发生电化学反应的催化剂层）。对于氢氧燃料电池，酸性电解质燃料电池的整个半电池反应为

$$阳极：H_2 \longrightarrow 2H^+ + 2e^- \tag{3.1}$$

$$阴极：\frac{1}{2}O_2 + 2H^+ + 2e^- \longrightarrow H_2O \tag{3.2}$$

在碱性电解质燃料电池中，整个半电池反应为

$$阳极：H_2 + 2OH^- \longrightarrow 2H_2O + 2e^- \tag{3.3}$$

$$阴极：\frac{1}{2}O_2 + H_2O + 2e^- \longrightarrow 2OH^- \tag{3.4}$$

总结阳极和阴极的半电池反应，得到了整体的单电池反应结果为

$$H_2 + \frac{1}{2}O_2 \longrightarrow H_2O \tag{3.5}$$

用于酸性和碱性电解质燃料电池。

对于燃料电池，电池的输出电压等于阴极和阳极之间的电位差。然而，由于电位的绝对零点未知，单电极电位无法测量。两个电极之间的电位差是重要的，可以使用任意的参考电位来测定电极电位，以便研究每个电极上的电化学动力学。这与许多热力学性质（如能量、焓等）的测定非常相似，其中定义了参考数据，如第 2 章中定义的标准参考状态。在电化学研究中，通常将参比电位定义为经历可逆反应氢电极的电位（以避免因不可逆程度而未知和可变的过电位）。

$$\frac{1}{2}H_2 \longrightarrow H^+ + e^- \tag{3.6}$$

参比电极通常被称为参比氢电极（Reference Hydrogen Electrode，RHE），其他单电极电位是相对于参比氢电极的电位来测量的。电流是在另一个电路中测量的，即在相关的实验电极和合适的对电极之间。注意，与 RHE 相关的参考电位（即参考能量基准）与在标准参考状态下定义的能量基准不一致，且在为单个电极反应进行能量平衡时必须注意。

$\phi_{a,r}$ 和 $\phi_{c,r}$ 分别表示可逆条件下的阳极电位和阴极电位，ϕ_a 和 ϕ_c 是燃料电池实际工作条件下阳极和阴极各自的电位，则可逆和实际电池电位（阴极和阳极之间的差值）可以写

$$E_r = \phi_{c,r} - \phi_{a,r} \tag{3.7}$$

$$E = \phi_c - \phi_a \tag{3.8}$$

根据式（2.25），总电池过电位可确定为

$$\eta = E_r - E = (\phi_{c,r} - \phi_{a,r}) - (\phi_c - \phi_a) = (\phi_a - \phi_{a,r}) - (\phi_c - \phi_{c,r})$$

或者

$$\eta = \eta_a - \eta_c \tag{3.9}$$

其中，

$$\eta_a = \phi_a - \phi_{a,r} > 0 \tag{3.10}$$

$$\eta_c = \phi_c - \phi_{c,r} < 0 \tag{3.11}$$

η_a、η_b 分别是阳极和阴极过电位。需要强调的是，对于燃料电池，阳极过电位为正，阴极过电位为负，这源于电化学的惯例，通常将电极过电位定义为实际电极电位和可逆电极电位之差。

因此，实际电池电位可根据可逆电池电位和过电位知识确定，如下所示。

$$E = E_r - \eta_a + \eta_c = E_r - \sum |\eta_i| \tag{3.12}$$

式中，$\sum |\eta_i|$ 表示工作电池的总过电位。式（3.12）表示实际电池电位是可逆电池电位和工作电池中产生的过电位之差。这是很容易理解的，因为可逆电池电位代表了最佳理想电池性能，而过电位代表了由于不可逆性造成的能量损失。图 3.2 所示为参考氢电极测量的各种电极电位。

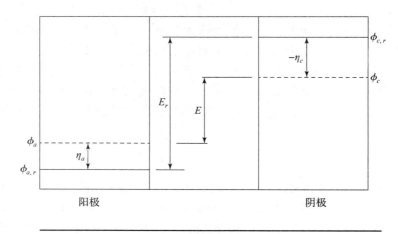

参比氢电极电位

电势的绝对零点（未知）

图 3.2　参考氢电极测量的各种电极电位示意图（电解液电位未显示）

　　根据讨论，以下条件适用于在 25 ℃ 和 1 atm 下运行的氢氧燃料电池，半电池反应如式（3.1）和式（3.2）所示。也就是说，在酸性电解质燃料电池中

可逆条件	不可逆条件
$E_r = 1.229$ V	$E_r < 1.229$ V
$\phi_{a,r} = 0.000$ V	$\phi_{a,r} > 0.000$ V
$\phi_{c,r} = 1.229$ V	$\phi_c < 1.229$ V

　　另外，如果半电池反应如式（3.3）和式（3.4）所示，即对于碱性电解质燃料电池，相同的氢氧电池的电极电位变为

可逆条件	不可逆条件
$E_r = 1.229$ V	$E_r < 1.229$ V
$\phi_{a,r} = -0.828$ V	$\phi_{a,r} > -0.828$ V
$\phi_{c,r} = 0.401$ V	$\phi_c < 0.401$ V

如第 2 章所述，当电池在热力学可逆条件下运行时，可获得最大电池电位（或电动势）E_{max}，而在实际情况下，这是在电池没有电流（即开路）时获得的。因此，在理想情况下

$$E_{max} = E_r = E_{oc} \qquad (3.13)$$

式中，可逆电池电位 E_r 可根据上一章给出的分析从理论上确定，而开路电池电位 E_{oc} 可通过实验测量。实际上，由于第 2 章中解释的实际不可逆性（由于后面将解释的交换电流），开路电池电位总是略小于可逆电池电位。与 E_r 的偏离程度取决于其他电极活动，如电极腐蚀反应。

为了让电池以电功率的形式提供有用的电能输出，必须从电池中提取电流 I（或电流密度 J）。相关的功率输出或功率密度如下。

$$功率 = EI \text{ 或功率密度} = EJ \qquad (3.14)$$

随着电流的增加，不可逆程度增大，过电位增加。因此，由于不可逆过程引起电池电位损失，实际电池电位变小，低于可逆电池电位。在工作条件下，电池的可逆电位与被测电位之差通常称为过电位或过电压。产生过电位的过程，本质上大多是物理或化学的过程，通常被称为极化。因此，实际电池电位和电流关系曲线通常被称为电池极化曲线，如图 3.3 所示。

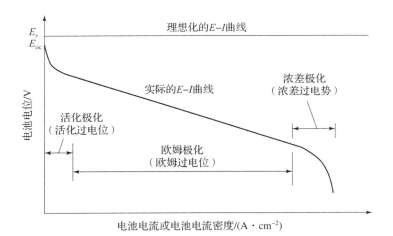

图 3.3　电池极化曲线

过电位可根据主导的现象进行分类。对于燃料电池，根据电化学反应阻抗，电子和离子在电池组件中传输阻抗，以及传质限制阻抗，通常分为三种类型：活化、欧姆和浓度过电位（极化）。这种分类可能并不符合实际，因为这些现象可能同时发生，分开可能不合理。例如在燃料电池性能的分析和模拟中，活化和浓度过电位可能相互关联，因此可以将它们视为一个单独的整体，而不是分开。总的来说，分类仍然有助于对电池内发生的物理和化学过

程的各种影响进行定性和定量检查。图3.4所示为分别使用纯氧和空气作为氧化剂时，电池电位和功率密度变化的示意图。如第2章所述，电池的能量转换效率与电池的实际电位成正比，因此电池电位也代表了电池的能量效率。如图3.4所示，电池功率密度随电流密度几乎呈线性增加，直至达到浓差极化状态，电池电位迅速降低，功率密度也随之降低。因此，功率密度通常在达到浓差极化时出现一个峰值。活化极化将在本章后面介绍，而其他两种形式的极化将在第4章讨论。

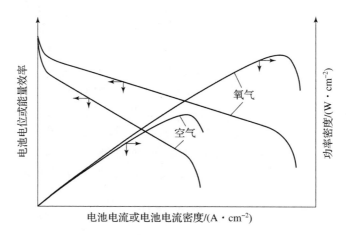

图3.4　氢氧和氢空气燃料电池的电池电位
（或电池能量转换效率）和功率密度随电流密度变化的示意图

3.3　电化学动力学的基本概念

在描述燃料电池活化极化前，先回顾了一些基本动力学概念，以便介绍本节内容。本节对整体反应和基元反应，多相催化反应的反应速率表达式，系列反应过程中的限速反应步骤或速率决定步骤，以及反应中间物的稳态近似作了简要说明。

3.3.1　整体和基元反应

通常式（3.1）~式（3.4）中给出的反应分别称为发生在阳极和阴极的全域或整体反应机理，也称为整体半电池反应。式（3.5）是整个电池反应的整体或全局反应机理。半电池反应在燃料电池反应中很容易识别，因为电子和离子（带电物质）作为反应物或产物。然而，这并不意味着实际半电池反应遵循式（3.1）~式（3.4）中的简单的一步反应过程。实际反应可以通过许多连续或同时进行的反应步骤，这个过程通常被称为涉及许多中间物质的基元反应。例如式（3.1）中的阳极整体反应。已知以下基元反应是重要的：

$$H_2 \longrightarrow H_{ad} + H_{ad} \quad \text{塔菲尔反应} \tag{3.15}$$

$$H_{ad} \longrightarrow H^+ + e^- \quad \text{福尔默反应} \tag{3.16}$$

式（3.15）是一个化学解离吸附过程，通常被称为塔菲尔反应，式（3.16）代表电荷转移反应，以福尔默命名。

在酸性电解质存在下分子氢氧化反应的部分机制中，式（3.15）表明 H_2 不会直接产生方程（3.1）所示质子（H^+）和电子（e^-）。相反，它首先吸附在电极表面，然后分解成两个氢原子，仍然吸附在电极上，用"ad"表示。吸附的氢原子是分子氢氧化过程中的中间物质，它在电荷转移反应（式（3.16））之前形成，实际上是产生质子和电子——阳极反应的最终产物。总结式（3.15）和式（3.16）消去反应中间体物质 H_{ad} 时，可获得整体反应方程式（3.1）。通常，反应机理表示整体反应所必需的一系列基元反应。因此可以说，在酸性电解质存在下，阳极氢氧化的机理包括解离化学吸附过程，以及式（3.15）和式（3.16）表示的电荷转移反应。实际上，氢氧化的基元反应不仅仅是塔菲尔 – 福尔默反应，本章稍后将介绍它们。一个反应机理通常包含许多基元反应，从几个步骤到几百个步骤不等。然而，确定给定整体反应所需的最小基元反应的数量是很重要的，目前仍有待研究。所需的最小基元反应的数量可能随特定工作条件而变化，例如温度、压力、反应物组成和电极电位等。

实际上，许多平行或顺序发生的基元反应，涉及许多中间物质和步骤，可能是一个特定整体反应的基础。在酸性和碱性电解质中，分子氢氧化和分子氧还原的简单半电池反应，如式（3.1）~式（3.4）所示，可以通过更复杂的途径进行，例如涉及分子氧还原反应的两个电子或四个电子的反应步骤。通常反应机理指描述整体反应所必需的一系列基元反应。另外，一组不同的基元反应也能够合理地描述一个特定整体反应，这就增加了此类研究的复杂性和不确定性，因为很难测量反应中间物质并找出实际反应路径。因此，确定反应机理，即基元反应，也不是一件容易的事，目前仍然是一个具有前景的研究领域。

3.3.2 反应速率

在燃料电池中，电化学反应发生在电极电解质界面。其中，反应物用于反应。对于这种非均相反应，反应速率 ω''，通常用单位时间内单位电极表面积的摩尔变化量或 $mol/(m^2 \cdot sec)$ 表示。实验测量表明，对于一个基元反应，反应速率与反应物浓度的乘积成正比，该乘积等于反应相关的化学计量系数。

这种说法常被称为质量守恒定律。

考虑一个基本的电化学反应，一般写为

$$\sum_{i=1}^{N} v'_i M_i \stackrel{k}{\longrightarrow} \sum_{i=1}^{N} v''_i M_i \tag{3.17}$$

根据质量守恒定律，物质 i 的反应速率（产率）可以表示为

$$\omega''_i = (v''_i - v'_i) k \prod_{i=1}^{N} [M_i]^{v'_i} \tag{3.18}$$

式中，M_i 表示化学物质的摩尔浓度，单位为 mol/m^3；物质 i 的摩尔浓度通常也用 C_i 表示，或

$$C_i = [M_i] = \frac{p_i}{RT} \tag{3.19}$$

式（3.19）只适用于理想气体。指数 v' 对于 $[M_i]$ 称为相对于物质 i 的反应级数，给定反应的总反应级数为

$$v = \sum_{i=1}^{N} v'_i \tag{3.20}$$

常数 k 通常被称为反应速率常数，但它只在给定的反应条件下保持不变。而在现实中，k 与温度、电极过电位、用于促进反应的催化剂的种类、所用电解质的类型（例如电解质是酸还是碱、酸或碱溶液的浓度等）有很强的函数关系。

式（3.18）中多相反应速率通常用产生的电流表示，因为电流更方便实验测量。根据法拉第电化学反应定律，单位电极表面积上产生的电流，或文献中常用的燃料电池电流密度，可以写为

$$J = -nF\omega''_F = -(v''_F - v'_F) k \prod_{i=1}^{N} [M_i]^{v'_i} \tag{3.21}$$

式中，k 是修正的反应速率常数，n 是 1 mol 燃料消耗转移的摩尔电子数，F 是法拉第常数。

对于基元反应，反应级数总是整数。而对于整体反应，它们可能不是整数，因为整体反应是同时或按顺序发生的许多基元反应的概括表示。因此，对于整体反应，通过对电流密度实验数据的测量进行曲线拟合来确定反应速率常数和反应级数。这种研究电化学反应的整体方法对于解决只需要反应整体特征的实际问题是有用的。然而，它并不代表燃料电池中实际反应发生的情况，缺乏对反应过程细节的了解可能会限制我们优化燃料电池设计和性能。实际上，一个反应可以同时向前和向后进行，如式（3.15）和式（3.16）中的塔菲尔 – 福尔默反应所示。例如塔菲尔反应实际上包括以下两个同时发生的基元反应。

$$H_2 \longrightarrow H_{ad} + H_{ad} \tag{3.22}$$

$$H_{ad} + H_{ad} \longrightarrow H_2 \tag{3.23}$$

式（3.22）表明分子氢被消耗，而在式（3.23）中分子氢被产生。这两个反应按惯例组合成一个表达式，如式（3.15）所示。每个反应的反应速率可以分别写出，净反应速率可以通过将式（3.22）和式（3.23）结合在一起得到。

类似地，对于一般的基元反应，如式（3.17）所示，进行了逆向反应，它通常被写为

$$\sum_{i=1}^{N} v'_i M_i \underset{k_b}{\overset{k_f}{\rightleftharpoons}} \sum_{i=1}^{N} v''_i M_i \tag{3.24}$$

式中，k_f 和 k_b 分别是正向和逆向反应的反应速率常数。正向反应的反应速率 $\omega''_{i,f}$，与式（3.18）中给出的相同，k 由 k_f 代替。逆向反应的反应速率可以类似地写为

$$\omega''_{i,b} = (v''_i - v'_i) k_b \prod_{i=1}^{N} [M_i]^{v''_i} \tag{3.25}$$

对于逆向反应，式（3.24）的右边代表反应物，左边代表产物。

物质 i 的净反应速率表示为

$$\omega''_i = \omega''_{i,f} + \omega''_{i,b} = (v''_i - v'_i) \left[k_f \prod_{i=1}^{N} [M_i]^{v'_i} - k_b \prod_{i=1}^{N} [M_i]^{v''_i} \right] \tag{3.26}$$

在平衡条件下，正向反应和逆向反应的反应速率相同，因此净反应速率消失，$\omega''_i = 0$。则由式（3.26）可得出

$$\frac{k_f}{k_b} = \prod_{i=1}^{N} [M_i]^{(v''_i - v'_i)} \equiv K_c(T, P) \tag{3.27}$$

式中，K_c 是浓度平衡常数，通常是温度和压力的函数，它与分压的平衡常数有关，因为理想气体的 $P_i = C_i RT$

$$k_P = \prod_{i=1}^{N} \left[\frac{P_i}{P_0} \right]^{(v''_i - v'_i)} = \left(\frac{RT}{P_0} \right)^{\sum_{i=1}^{N} (v''_i - v'_i)} \prod_{i=1}^{N} C_i^{(v''_i - v'_i)} \tag{3.28}$$

分压平衡常数仅为温度的函数，可由反应吉布斯函数式（3.24）确定 $\Delta g (T, P_0)$，如下所示：

$$K_P(T) = \exp\left(-\frac{\Delta g(T, P_0)}{RT} \right) \tag{3.29}$$

式中，$P_0 = 1$ atm 是参考压力。当气体反应物和气体产物的摩尔数相同时，式（3.28）表示为

$$K_c = K_p \tag{3.30}$$

因此，K_c 仅是温度的函数。一般来说，根据式（3.27）～式（3.29），可以由正向反应速率常数和平衡常数的知识来确定逆向反应速率常数。

3.3.3 表面覆盖

如前所述，多相半电池反应发生在电极表面，因此在发生电化学反应之前，必须将反应物吸附在电极表面。换言之，电极表面被吸附物覆盖，吸附是不需要完全的（即电极表面不需要完全被吸附物质覆盖），并且除反应物之外的各种物质也可以吸附在电极表面上。众所周知，不同的吸附物和空位（未覆盖的电极表面）对电极反应速率有很大的影响。吸附和解吸的重要性由被吸附物电极表面覆盖度来表示，通常被称为表面覆盖度 θ_i，θ_i 作为反应速率方程中的一个附加参数。

物质 i 的表面覆盖率可定义为电极表面被吸附物质 i 覆盖的部分。

$$\theta_i = \frac{C_{i,\text{ad}}}{\sum_j (C_{j,\text{ad}})_s} \qquad (3.31)$$

式中，"ad"表示吸附在电极表面上的物质 i（或 j），"s"表示浓度，$C_{j,\text{ad}}$ 处于电极表面的饱和状态，不一定是在被各种吸附物完全覆盖所有表面的情况下。例如式（3.1）中所示的半电池反应，在酸性电解质存在下，金属电极表面（例如铂）上的分子氢氧化可能通过塔菲尔 - 福尔默机制发生，如式（3.15）和式（3.16）所示。然而，为了正确地写出反应速率，塔菲尔 - 福尔默反应可以更形象地表示为

$$\text{H}_2 + 2\text{M} \underset{k_{1,b}}{\overset{k_{1,f}}{\rightleftharpoons}} 2(\text{H}-\text{M}) \qquad （塔菲尔反应） \qquad (3.32)$$

$$\text{H}-\text{M} \underset{k_{2,b}}{\overset{k_{2,f}}{\rightleftharpoons}} \text{H}^+ + \text{e}^- + \text{M} \qquad （福尔默反应） \qquad (3.33)$$

式中，M 是金属吸附位点。根据式（3.31），由 θ_H 测量 C_{H_ad}。因此，式（3.33）为反应速率的表达式，式（3.26）通常写为

$$\omega''_{\text{H}_\text{ad}} = -k_{2,f}\theta_\text{H} + k_{2,b}C_\text{H} + C_{\text{e}^-}(1-\theta_\text{H}) \qquad (3.34)$$

式中，$(1-\theta_\text{H})$ 表示未被氢吸附 H_ad 覆盖的金属表面，用于考虑塔菲尔 - 福尔默反应。此外，$\text{d}\theta/\text{d}t \sim \omega''_{\text{H}_\text{ad}}$ 根据式（3.34）可以简写为 $\text{d}\theta/\text{d}t$ 反应速率常数。

现在我们开始发现燃料电池中多相电化学反应和均相单相化学反应的反应速率表达式之间的差异。注意，对于发生在金属电极液态电解质界面上的反应，可将电子浓度视为常数，然后代入反应速率常数，这在燃料电池文献中是常见的。

3.3.4 限速反应步骤或速率决定步骤

如前所述，在电极反应中，有许多基元反应同时发生或按顺序发生，或按复杂的串并联顺序发生，有些反应进行得快，有些反应进行得慢。除了氢阳极

反应的塔菲尔 – 福尔默反应外，还可能发生以下重要的反应。

$$H_{2,ad} \rightleftharpoons H_{ad} + H^+ + e^- \text{（海洛夫斯基反应）} \tag{3.35}$$

$$\left.\begin{array}{l} H_{2,ad} \rightleftharpoons H_{2,ad}^+ + e^- \\ H_{2,ad}^+ \rightleftharpoons H_{ad} + H^+ \end{array}\right\} \text{（海洛夫斯基机制）} \tag{3.36}$$

注意，Horiuti 机制可被视为海洛夫斯基反应的特例，$H_{2,ad}^+$ 是假定的中间体。因此，除了福尔默反应外，海洛夫斯基反应和 Horiuti 机理代表了氢电极上发生的其他电化学过程。这些额外的机制可以替代塔菲尔反应从 $H_{2,ad}$ 生成 H_{ad}，从而为解释实验观察提供了额外的自由度。

通常在各种条件下确定给定电极反应的复杂机理是一项困难的任务，因此在计算电极反应速率时经常使用总反应速率决定步骤。速率决定步骤可定义为确定整体反应速率的反应步骤。这个概念既适用于连续反应，也适用于平行反应或两种反应的组合。此外，许多电化学反应是通过一个连续的机制进行的，很少有电化学反应是通过平行路径机制进行的。换言之，可以认为整个反应的速率主要由许多基元反应步骤影响或决定，称为速率决定步骤。这种概念大大简化了对整个电极反应速率的分析和计算，尽管在描述复杂电极反应时过于简单，但在燃料电池系统中得到了广泛的应用。众所周知，决定电化学能量转换功率和效率的最重要因素是速率决定步骤的反应速率，尽管其他因素也可能很重要，例如反应物的吸附性质和吸附在电极上的物质的分子间作用力。

一般认为在酸性电解质燃料电池阳极上分子氢氧化的速率决定电荷转移反应或福尔默反应步骤，如式（3.33）所示。然而，对于大多数碳氢燃料（如甲醇），反应过程受到燃料分子在电极表面缓慢吸附过程的限制。电极速率的缓慢导致电极处的高能量损失，通常决定了特定燃料在燃料电池中用于直接能量转换的可行性。

3.3.5　反应中间物的稳态近似法

在许多电极反应中，使用单一步骤（速率决定步骤）来确定反应速率过于简单，可能需要使用多个步骤反应机制来更好地表示反应过程。如第 3.2 节所述，氢阳极反应是一个多步骤的反应，包括塔菲尔 – 福尔默反应、海洛夫斯基反应和 Horiuti 机制。在酸性电解质中，阳极催化剂铂的一氧化碳中毒需要同时考虑一氧化碳和氢气在阳极上的反应。

在多步骤反应机制中，可能会形成一些高活性中间物质，这些物质的寿命很短，浓度很低，而反应体系中其他物质的寿命可能较长，浓度较高。对这样一个反应过程的分析可以通过书写反应速率表达式来处理。对于每一个涉及的物质，由于求解反应过程中寿命最短的中间组分所需的时间步长很小，通常很难得到组分浓度和总反应速率的数值。因此，对这些反应体系的分析有时可以通过对高活性中间物质应用稳态近似（或假设）而大大简化。在物理上，反应过程中中间物质在反应开始时迅速产生，其浓度迅速接近稳态值。这是因为在达到稳态值后，中间物质一产生就会被迅速消耗，也就是说，在中间物质浓度最初迅速增加后，生成速率就等于其消耗速率。当产生中间物质的反应速率很慢时，消耗中间物质的反应时很快，导致中间物质浓度很低，就会出现上述情况。电极反应的一个很好的例子是反应物（如甲醇或其他碳氢化合物燃料）在阳极上缓慢地进行化学吸附，再快速地进行电荷转移反应，这将在本章后面介绍。示例 3.1 描述了近似的原理和应用，以及近似带来的巨大简化。

示例 3.1 将以下反应作为氢在酸性电解质燃料电池中的阳极反应机理。

$$H_2 + 2M \underset{k_{1,b}}{\overset{k_{1,f}}{\rightleftharpoons}} H-M + H-M \qquad （塔菲尔反应）$$

$$H_2 + M \underset{k_{2,b}}{\overset{k_{2,f}}{\rightleftharpoons}} H-M + H^+ + e^- \qquad （海洛夫斯基反应）$$

$$H-M \underset{k_{3,b}}{\overset{k_{3,f}}{\rightleftharpoons}} M + H^+ + e^- \qquad （福尔默机制）$$

假设正向和逆向反应都是可能的，每个反应都有相应的反应速率常数 k_i。进一步假设反应发生在金属电极液态电解质界面。利用稳态近似推导出上述反应产生电流密度的表达式，即 H_2 分压和产物 H^+ 浓度。

解答

由于表面覆盖，θ_H 表示被吸附氢原子浓度，$H-M$ 将用于反应速率表达式中，而不是其浓度。对于现有的金属电极液态电解质体系，反应中心处的电子浓度可视为常数，因此可将其纳入反应速率常数项。那么电流密度的产生与法拉第电化学定律产生的电子（或质子）速率有关，或

$$J = nF\omega''_{e^-}$$

式中，$n=1$，由海洛夫斯基和福尔默反应产生电子的速率为

$$\omega''_{e'} = k_{2,f}P_{H_2}(1-\theta_H) - k_{2,b}C_{H^+}\theta_H + k_{3,f}\theta_H - k_{3,b}C_{H^+}(1-\theta_H)$$

注意，前面的速率方程中使用了氢气的分压，而不是通常的浓度，因为氢气可遵循理想气体行为，并且分压比浓度本身更容易测量。浓度和分压之差被包含到反应速率常数项中。在上述表达式中，表面覆盖率 θ_H 是一个未知量，因此如果不先确定此参数，就无法确定产生的电流密度。然而，吸附的氢原子 $H-M$ 是反应物 H_2 与产物 H^+ 和 e^- 之间的中间产物，根据给出的塔菲尔和海洛夫斯基反应，$M-H$ 的净生成速率为

$$\frac{d\theta_H}{dt} = 2k_{1,f}P_{H_2}(1-\theta_H)^2 - 2k_{1,b}\theta_H^2 + k_{2,f}P_{H_2}(1-\theta_H) - k_{2,b}C_{H^+}\theta_H - k_{3,f}\theta_H +$$
$$k_{3,b}C_{H^+}(1-\theta_H)$$

在短暂的初始瞬态后，吸附氢原子 H-M 的浓度迅速增加到一个小而稳定的值，$\mathrm{d}\theta_H/\mathrm{d}t$ 很快降为零，或者前面等式的右边很快接近零。因此，在稳态近似下，我们得到

$$\frac{\mathrm{d}\theta_H}{\mathrm{d}t} = 0 = 2k_{1,f}P_{H_2}(1-\theta_H)^2 - 2k_{1,b}\theta_H^2 + k_{2,f}P_{H_2}(1-\theta_H) - k_{2,b}C_{H^+}\theta_H - k_{3,f}\theta_H + k_{3,b}C_{H^+}(1-\theta_H)$$

前面的方程是一个二次代数方程，可以求解 θ_H。然后将表达式替换为 θ_H 在电子产生速率的方程，尽管方程式冗长而复杂，但可以得到由先前反应产生的电流密度的表达式。

结论

1. 即使是最简单的电极反应（即氢阳极反应），在采用稳态近似方法进行简化后，反应速率表达式仍然非常复杂，因此我们无法在本示例中写出其精确表达式，这就意味着燃料电池反应过程分析的复杂性。然而，上述方程式能够解释几乎所有与氢阳极反应有关的实验观察现象。对于特定的条件，可以得到更简单的结果。例如如果反应遵循海洛夫斯基-福尔默机制，则产生的表面覆盖率和电流密度都可以表示为

$$\theta_H = \frac{k_{2,f}P_{H_2} + k_{3,b}C_{H^+}}{k_{2,f}P_{H_2} + k_{2,b}C_{H^+} + k_{3,b}C_{H^+} + k_{3,f}}$$

$$J = 2F\frac{k_{2,f}k_{3,f}P_{H_2} - k_{2,b}k_{3,b}C_{H^+}^2}{k_{2,f}P_{H_2} + k_{2,b}C_{H^+} + k_{3,b}C_{H^+} + k_{3,f}}$$

进一步的简化是可能的，如果相关的逆向反应在适当的条件下可以忽略不计（即足够大的过电位来驱动反应向前进行），那么我们可以得到

$$\theta_H = \frac{k_{2,f}P_{H_2}}{k_{2,f}P_{H_2} + k_{3,f}}$$

$$J = 2F\frac{k_{2,f}k_{3,f}P_{H_2}}{k_{2,f}P_{H_2} + k_{3,f}} = 2Fk_{3,f}\theta_H$$

结果表明，当逆向反应可以忽略时，海洛夫斯基-福尔默机制等同于福尔默反应作为速率决定步骤，这一条件适用于大多数实际运行的燃料电池。

但有一个例外是当福尔默反应比海洛夫斯基反应进行得快得多时，因为 H_2 的分压很小，所以

$$k_{2,f}P_{H_2} \ll k_{3,f}$$

那么 $\theta \ll 1$ 电流密度降低到

$$J = 2Fk_{2,f}PH_2$$

电流密度的表达式现在与式（3.1）所示的整体反应一致，如果整体反应

可视为反应速率常数等于 $k_{2,f}$ 的基元反应。在这种情况下，海洛夫斯基反应可以作为阳极上氢氧化的速率决定步骤。

可以确定速率决定步骤（例如福尔默反应）的化学计量数，这是电化学中的一个重要参数，定义如下：如果 n 个电子在速率决定步骤中转移，而 n 个电子在整个电化学反应中转移，则

$$vn = N$$

式中，n 是化学计量数。因此，对于福尔默反应，$n = 2$。对于阴极氧的还原，通常 $n = 4$，但在速率决定步骤中形成过氧化氢作为反应中间体时，$n = 2$ 可能发生。化学计量数可以用来帮助解释速率定律。

2. 尽管反应中间物质的稳态近似等于中间物质浓度的一个常数，并且可能不随时间变化。在实际中，如果反应条件发生变化，则可能发生这种变化，但是这种变化会非常快，以达到与变化条件相一致的新稳态值，并且重新调整过程与初始瞬态非常相似。因此，仍然可以基于稳态近似来确定新稳态值。

3. 人们可能已经认识到，稳态近似的效果有效地减少了一阶微分方程的数量，控制了反应系统中存在的物质（包括反应物、产物和所有中间物质）的浓度，对于一个特定的反应机理，需要解决这个问题。对于本示例，反应中只存在一个反应中间物质，因此只有一个微分方程简化为代数方程，这通常易于解析，导致最终解也可解析表示。

3.4　电荷转移反应的活化极化

电极反应的活化过电位源于电化学反应和与反应物分子或原子在电极表面吸附有关的物理反应化学过程中的阻抗，它与速率决定过程的活化能直接相关。如前所述，决定速率的步骤是速率最慢的反应，在同一电极上同时或依次发生的所有其他反应的速率将取决于反应决定反应速率的反应。注意，可能不止由一个反应速率确定，这里不讨论这一步骤，因为这不太常见。当反应条件（例如温度和电极过电位）改变时，确定反应速率也可能从一个反应变为另一个反应，因此速率确定步骤对于给定的整体反应不是不变的。

简单的电子转移反应由速率决定反应步骤表示为

$$R \Longleftrightarrow O + ne^- \tag{3.37}$$

假设 R 氧化为 O 和 O 还原为 R 同时发生在电极表面，氧化和还原的反应同时发生。与正向反应有关的电流（或电流密度）表示为 I_f（或 J_f），与逆向反应有关的电流（或电流密度）表示为 I_b（或 J_b），即

$$J_f = k_f C_R \tag{3.38}$$

$$J_b = k_b C_O \tag{3.39}$$

需要指出的是，J_f 与 R 氧化成 O 有关，因而通常被称为阳极电流密度，因为阳极被定义为氧化场所。类似地，J_b 通常被称为阴极电流密度。然而，这里继续使用正向和反向电流密度，以避免与燃料电池阳极和阴极发生的实际反应混淆。

电极上净电流密度通常定义为正向和反向电流密度之差，即

$$J = J_f - J_b = k_f C_R - k_b C_O \tag{3.40}$$

为了便于进一步分析，我们在下面几节中重点讨论可逆和不可逆条件下电流密度的产生。

3.4.1 可逆条件下的电荷转移反应

根据过渡态理论，对式（3.37）中给出的反应，无论是正向反应还是逆向反应，都存在一个要克服的能垒，才能使反应顺利进行。吉布斯函数（自由能）随反应坐标变化如图 3.5 所示。反应坐标表示反应完成的程度，活化络合物（活化中间体）是位于能量顶端的反应中间物质。因此，活化的络合物可以向前生成产物，也可以向后生成反应物。为了使反应物生成产物，或者相反，必须克服能量势垒。保证能量势垒的大小分别等于活化络合物和反应物 R 或产物 O 之间的吉布斯函数变化，分别称为正向反应和逆向反应的吉布斯活化函数。它们为

$$\Delta g_{f,r} = g_{AC} - g_{R,r} \tag{3.41}$$

$$g_{b,r} = g_{AC} - g_{O,r} \tag{3.42}$$

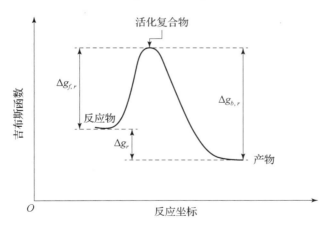

图 3.5　可逆条件下基本电化学反应的吉布斯函数随反应坐标变化的示意图

正向反应和逆向反应的吉布斯活化函数之差等于整个反应的吉布斯活化函数变化量。

$$\Delta g_r = \Delta g_{f,r} - \Delta g_{b,r} = g_{O,r} - g_{R,r} \tag{3.43}$$

式中，下标 R、O 和 AC 分别表示反应物 R、产物 O 和活化络合物 AC；下标 r 表示可逆条件下的参数。如图 3.5 所示，正向反应的吉布斯函变为负，因此，正向反应代表燃料电池（或电池）反应，逆向反应代表电解反应。

式（3.38）和式（3.39）分别给出了与正向和逆向反应相关的电流密度（即反应速率）。图 3.5 所示为反应过程中吉布斯函变，在可逆（平衡）条件下，根据过渡态理论，反应速率常数可表示为

$$k_f = B_f T \exp\left(-\frac{\Delta g_{f,r}}{RT} \right) \tag{3.44}$$

$$k_f = B_b T \exp\left(-\frac{\Delta g_{b,r}}{RT} \right) \tag{3.45}$$

式中，B 是指前因子，$\Delta g_{f,r}$ 是式（3.37）中给出的电荷转移反应的氧化（或电离）反应活化的摩尔吉布斯函数，类似地 $\Delta g_{b,r}$ 是还原反应（或离子放电）活化的摩尔吉布斯函数。一般来说，反应速率常数的依赖性主要是由指数项引起的，而指数项的线性依赖性相对较弱，因此可以忽略，由此得到的表达式类似均相化学反应速率常数的经验阿伦尼乌斯方程。

当反应是可逆的，实际意味着外部电路是断开的，没有净电流从电极被汲取。原则上，相同数量的带电粒子（离子或电子）穿过金属电极和液体电解质之间的界面，从而使相同数量的反应物 R 被氧化，产物 O 被还原。在这种情况下，正向和逆向反应以完全相同的速率发生。

$$J_f = J_b = J_0 \tag{3.46}$$

$$J_0 = B_f C_R T \exp\left(-\frac{\Delta g_{f,r}}{RT} \right) = B_b C_O T \exp\left(-\frac{\Delta g_{b,r}}{RT} \right) \tag{3.47}$$

式中，J_0 是交换电流密度（A/cm^2），它是在平衡电极电位 φ_r 下电子转移活性的数量，也代表了电化学反应的容易程度。交换电流密度的数值可以改变大约 20 个数量级，如从 10^{-18} A/cm^2 金属表面的析氧反应到 10^2 A/cm^2 某些金属沉积反应。对于燃料电池应用中重要的电极反应，H_2 电极反应可从铂电极上交换电流密度约 10^{-3} A/cm^2 到汞电极上约 10^{-12} A/cm^2；O_2 电极反应从铂电极交换电流密度为 10^{-10} A/cm^2，在铜电极上为 10^{-8} A/cm^2。对于酸性电解质燃料电池，铂几乎都是作为催化剂使用，而氢氧化和氧还原反应的交换电流密度相差约 7 个数量级，因此氧还原过程比氢氧化反应慢得多，产生的电压损失也大得多。事实上，对于中低温燃料电池，阴极氧还原反应引起的电压损失是全部电压损失的最大来源之一。因此，人们在改善阴极氧还原反应的反应过程上付出了更多的努力。

交换电流密度的一些典型值见表 3.1 ~ 表 3.3。表 3.1 所示为酸性溶液中某些金属上氢电极反应的交换电流密度 J_0。

表 3.1　25 ℃下 H_2SO_4 中某些金属上氢电极反应的交换电流密度

金属	H_2SO_4 的当量浓度	交换电流密度/（A·cm^{-2}）
Pt	0.5	1×10^{-3}
Rh	0.5	6×10^{-4}
Ir	1.0	2×10^{-4}
Pd	1.0	1×10^{-3}
Au	2.0	4×10^{-6}
Ni	0.5	6×10^{-6}
Nb	1.0	4×10^{-7}
W	0.5	4×10^{-7}
Cd	0.5	3×10^{-7}
Mn	0.1	2×10^{-11}
Pb	0.5	1×10^{-11}
Hg	0.25	5×10^{-12}
Ti	2.0	8×10^{-13}

表 3.2　25 ℃下某些金属上氧电极反应的交换电流密度 J_0

金属	J_0（0.1 NHClO$_4$）（pH ~1）/（A·cm^{-2}）	J_0（0.1 NHClO$_4$）（pH ~1）/（A·cm^{-2}）
Pt	1×10^{-10}	1×10^{-10}
Pd	4×10^{-11}	1×10^{-11}
Rh	2×10^{-12}	3×10^{-13}
Ir	4×10^{-13}	3×10^{-14}
Au	2×10^{-12}	4×10^{-15}
Ag		1×10^{-8}
Ru		5×10^{-10}
Ni		6×10^{-11}
Fe		1×10^{-8}
Cu		4×10^{-10}
Re		1×10^{-11}

表 3.3　80 ℃下 1 N[①]H_2SO_4 中乙烯在某些金属上氧化的交换电流密度 J_0

金属	$J_0/(\text{A} \cdot \text{cm}^{-2})$
Pt	1×10^{-10}
Pd	1×10^{-10}
Rh	5×10^{-11}
Ir	8×10^{-11}
Au	2×10^{-10}
Ru	5×10^{-11}

结果表明，J_0 的变化幅度达 9 个数量级，贵金属电极的 J_0 值最大，其他过渡金属的 J_0 值居中，汞电极的 J_0 值最低。表 3.2 提供了一些金属电极上氧溶解反应的交换电流密度，表明 J_0 从 Ru 到 Au 变化了大约七个数量级。贵金属不会产生最高的交换电流密度，与表 3.1 所示的氢反应相反。

表 3.3 给出了在酸性电解液中乙烯氧化为二氧化碳的交换电流密度。显然，与表 3.1 所示的氢氧化相比，即使在 80 ℃的高温下，贵金属表面 J_0 也始终很小。乙烯的这种相当低电化学反应活性代表了所有有机电氧化，如甲醇。因此，这种相当小的反应速率限制了在实际应用中可接受的能量转换效率下可实现的功率密度。

根据式（3.38）~ 式（3.40）和式（3.43），由式（3.47）可以得出

$$\frac{C_O}{C_R} = \frac{k_f}{k_b} = \frac{B_f \exp\left(-\dfrac{\Delta g_{f,r}}{RT}\right)}{B_b \exp\left(-\dfrac{\Delta g_{b,r}}{RT}\right)} = \left(\frac{B_f}{B_b}\right)\exp\left(-\frac{\Delta g_r}{RT}\right) \tag{3.48}$$

对于式（3.37）的浓度平衡常数，定义如下

$$K_c = \frac{C_O}{C_R} \tag{3.49}$$

对于式（3.37），进一步得到 $K_c = K_P$，即分压的平衡常数，如果指前因子的比率为 1，或

$$\frac{B_f}{B_b} \approx 1$$

得到浓度平衡常数的常见表达式为

$$K_c = \frac{k_f}{k_b} = \exp\left(-\frac{\Delta g_r}{RT}\right) \tag{3.50}$$

---

① 1 N = 1 mol/L。

这表明正向、逆向反应速率常数之比等于浓度平衡常数，可以由反应的吉布斯函数和反应发生的温度来确定。

另外，也代表了给定反应的能量势垒活化络合物的吉布斯活化函数与反应物和产物的吉布斯函数有关。因此，以下关系可能成立。

$$\Delta g_{f,r} = c + a_f \Delta g_r \qquad (3.51)$$

$$\Delta g_{b,r} = c - a_b \Delta g_r \qquad (3.52)$$

式中，a_f 和 a_b 是与吉布斯函变有关的常数系数，c 是常数。负号表示逆向反应的吉布斯函数为正，如图 3.5 所示，反应的吉布斯函数为负。

在电化学中，对于给定的电极反应，电极的可逆（或平衡）电位被定义为当反应的净电流为零时，金属电极和电解质溶液之间的电位差。与式（2.24）中的可逆电池电位类似，可逆电极电位 ϕ_r 就是式（3.37）中给出的电极反应发生可逆时的电位，定义如下。

$$\phi_r = -\frac{\Delta g_r}{nF} \qquad (3.53)$$

式中，反应的吉布斯函数由式（3.43）给出，电极电位 ϕ_r 与第 3.2 节中给出的参考氢电极所测得的电极电位一致，这是因为物质的吉布斯函数，无论是否带电，都是在电化学中相对于参比氢电极测量的。另外，如果将式（3.37）中的还原态 R 视为在电解质本体区，则可逆电极电位 ϕ_r 在式（3.53）中的定义也可解释为平衡时金属电极和电解液之间的电位差。

现在将式（3.53）分别与式（3.51）和式（3.52）相结合得

$$\Delta g_{f,r} = c - a_f nF \phi_r \qquad (3.54)$$

$$\Delta g_{b,r} = c + a_b nF \phi_r \qquad (3.55)$$

将式（3.53）~式（3.55）代入式（3.43），得出两个系数的以下关系式。

$$-a_f - a_b = -1$$

或

$$a_b = 1 - a_f \qquad (3.56)$$

因此，式（3.44）和式（3.45）中给出的反应速率常数可以写为

$$k_f = B_f T \exp\left(-\frac{c}{RT}\right)\exp\left(\frac{a_f nF \phi_r}{RT}\right) \qquad (3.57)$$

$$k_b = B_b T \exp\left(-\frac{c}{RT}\right)\exp\left(-\frac{(1-a_f)nF \phi_r}{RT}\right) \qquad (3.58)$$

式（3.47）中给出的交换电流密度也可以表示为

$$J_0 = B_f C_R T \exp\left(-\frac{c}{RT}\right)\exp\left(\frac{a_f nF \phi_r}{RT}\right)$$

$$= B_b C_O T \exp\left(-\frac{c}{RT}\right)\exp\left(-\frac{(1-a_f)nF \phi_r}{RT}\right) \qquad (3.59)$$

强调可逆电极电位 ϕ_r 出现在式（3.59）中的电解液电位差，也可视为金属电极的平衡电位差。

由式（3.59）可得如下可逆电极电位。

$$\phi_r = \frac{RT}{nF}\ln\left(\frac{B_b}{B_f}\right) + \frac{RT}{nF}\ln\left(\frac{C_O}{C_R}\right) \tag{3.60}$$

式（3.60）也可以在热力学基础上通过考虑可逆条件下的式（3.37）得到，也可以是式（3.37）能斯特方程的具体形式。式（3.60）中 $\frac{RT}{nF}\ln\left(\frac{B_b}{B_f}\right)$ 表示反应物和产物浓度未稀释时的可逆电极电位，$\frac{RT}{nF}\ln\left(\frac{C_O}{C_R}\right)$ 表示浓度偏离未稀释值的影响（在实验测量中，实际可取 1 mol/L）。验证由式（3.60）确定的可逆电极电位与式（3.53）中给出的定义是相同的。

可以指出，对于交换电流密度为 $J_0 < 10^{-7}$ A/cm^2 的任何电极反应，该电极的平衡（或可逆）条件（即可逆电极电位 ϕ_r），由于电极材料中存在的杂质可能产生更高的交换电流密度值（即更快的电化学反应），因此可以为反应建立（如上所述）。因此，观察到的电极电位是由于杂质在电极上的反应引起的。因此，由于 O$_2$ 还原反应缓慢，实际测量的开路电压（为 0.1~0.2 V）小于氢氧燃料电池的可逆电池电位。

3.4.2　不可逆条件下的电荷转移反应

当电极反应产生净电流时，式（3.37）中所示的电极反应不再可逆（或变得不可逆），并且存在电子转移的不平衡（即正向和逆向反应以不同的速率发生）。不平衡的程度由进入电解液（伴随阴极的还原）或进入电极（伴随阳极的氧化）的净电子流来表示。如式（3.40）所示，流向电极的净电流取决于电极电位与其平衡值 ϕ_r 的差异程度，该电极电位差在式（3.10）和式（3.11）中定义为过电位，即

$$\eta = \phi - \phi_r \tag{3.61}$$

因此，本节的目的是建立产生的净电流和电极过电位之间的关系。

不同于可逆值 ϕ_r，如果反应物和产物之间存在电位差 ϕ，正逆向反应不平衡，产生净电流，反应物 R 和产物 O 的吉布斯函数也不同于它们各自的可逆值，因为它们之间过电位的影响，如图 3.6 所示。从物理上讲，我们知道，产生的过电位可能通过提高反应物的能级来促进正向反应，同时通过降低产物的能级来阻碍逆向反应。总的来说，正反作用的过电位效应是不同的，即正反作用的过电位分布不均匀。例如 α 用来提高反应物的吉布斯函数，$1-\alpha$ 是关于减少反应物的吉布斯函数，如图 3.6 所示。

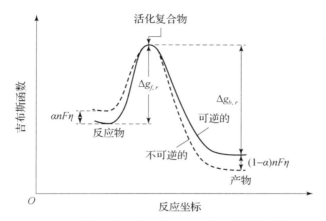

图 3.6　电极过电位对反应物和产物吉布斯函数的影响，以及在净电流不可逆条件下的基本电化学反应随反应坐标的变化

在第 2 章中，展示了吉布斯函数的变化 Δg 对应一个电位差 E，两者之间存在以下关系。

$$\Delta g = -nFE$$

如式（2.24）中给出的可逆电池电位差。类似地，吉布斯函变对应一个过电位 η 可以表示为 $-nF\eta$。正向和逆向反应的实际吉布斯活化函变成

$$\Delta g_f = \Delta g_{f,r} - \alpha nF\eta \tag{3.62}$$

$$\Delta g_b = \Delta g_{b,r} + (1-\alpha)nF\eta \tag{3.63}$$

与式（3.44）和式（3.45）中可逆条件下的反应速率常数类似，不可逆条件下的反应速率常数可表示为

$$k_f = B_f T\exp\left(-\frac{\Delta g_f}{RT}\right) \tag{3.64}$$

$$k_b = B_b T\exp\left(-\frac{\Delta g_b}{RT}\right) \tag{3.65}$$

考虑到式（3.62）～式（3.65），与正向和逆向反应相关的电流密度变为

$$
\begin{aligned}
J_f &= k_f C_R = B_f C_R T\exp\left(-\frac{\Delta g_{f,r} - \alpha nF\eta}{RT}\right)\\
&= B_f C_R T\exp\left(-\frac{\Delta g_{f,r}}{RT}\right)\exp\left(\frac{\alpha nF\eta}{RT}\right)
\end{aligned} \tag{3.66}
$$

$$
\begin{aligned}
J_b &= k_b C_O = B_b C_O T\exp\left(-\frac{\Delta g_{b,r} + (1-\alpha)nF\eta}{RT}\right)\\
&= B_b C_O T\exp\left(-\frac{\Delta g_{b,r}}{RT}\right)\exp\left(-\frac{(1-\alpha)nF\eta}{RT}\right)
\end{aligned} \tag{3.67}
$$

考虑到式（3.47）中给出的交换电流密度，式（3.66）和式（3.67）变为

$$J_f = J_0 \exp\left(\frac{\alpha n F \eta}{RT}\right) \tag{3.68}$$

$$J_b = J_0 \exp\left(-\frac{(1-\alpha)nF\eta}{RT}\right) \tag{3.69}$$

显然，电极过电位增强了正向反应，阻碍了逆向反应。由电极过电位产生的净电流密度则变为式（3.40）。

$$J = J_f - J_b = J_0\left\{\exp\left(\frac{\alpha nF\eta}{RT}\right) - \exp\left(-\frac{(1-\alpha)nF\eta}{RT}\right)\right\} \tag{3.70}$$

它被称为巴特勒－福尔默方程，表示产生的净电流密度和活化过电位 η 之间的一般关系。式中参数 α 称为传递系数（或对称因子），理论上其数值介于 0 和 1 之间，即

$$0 < \alpha < 1 \tag{3.71}$$

实验上经常发现传递系数在 0.5 附近。表 3.4 给出了一些阳极反应的传递系数的测量值。

表 3.4　一些阳极反应的传递系数的实验测定值 α

反应	电极	传递系数
$Fe^{2+} \longrightarrow Fe^{3+} + e^-$	Pt	0.58
$Ce^{3+} \longrightarrow Ce^{4+} + e^-$	Pt	0.75
$T_i^{3+} \longrightarrow T_i^{4+} + e^-$	Hg	0.42
$H_2 \longrightarrow 2H^+ + 2e^-$	Hg	0.50
$H_2 \longrightarrow 2H^+ + 2e^-$	Ni	0.58
$Ag \longrightarrow Ag^+ + e^-$	Ag	0.55

式（3.70）中所示的巴特勒－福尔默方程可以用不同但简单的方法得到。与式（3.57）和式（3.58）类似，电极电位根据式（3.61）写为

$$\phi = \eta + \phi_r$$

$$
\begin{aligned}
k_f &= B_f T \exp\left(-\frac{c}{RT}\right)\exp\left(\frac{a_f nF\phi}{RT}\right) \\
&= B_f T \exp\left(-\frac{c}{RT}\right)\exp\left(\frac{a_f nF(\eta + \phi_r)}{RT}\right) \\
&= B_f T \exp\left(-\frac{c}{RT}\right)\exp\left(\frac{a_f nF\phi_r}{RT}\right)\exp\left(\frac{a_f nF\eta}{RT}\right)
\end{aligned} \tag{3.72}
$$

同样地，

$$k_b = B_b T \exp\left(-\frac{c}{RT} \right) \exp\left(-\frac{(1-a_f)nF\phi_r}{RT} \right) \exp\left(-\frac{(1-a_f)nF\eta}{RT} \right) \quad (3.73)$$

根据式（3.59），净电流密度变为

$$J = J_f - J_b = k_f C_R - k_b C_O$$

$$= J_0 \left\{ \exp\left(\frac{a_f nF\eta}{RT} \right) - \exp\left(-\frac{(1-a_f)nF\eta}{RT} \right) \right\} \quad (3.74)$$

如果系数 a_f 等于传递系数 α，则与式（3.70）相同

注意，巴特勒－福尔默方程也可以写成

$$J = J_0 \left\{ \exp\left(\frac{\alpha_a nF\eta}{RT} \right) - \exp\left(-\frac{\alpha_c nF\eta}{RT} \right) \right\} \quad (3.75)$$

式中，α_a 是阳极转移系数；α_c 是阴极转移系数。则

$$\alpha_a + \alpha_c = 1 \quad (3.76)$$

回想一下在燃料电池反应中，

$$\eta > 0，J > 0 \text{ 代表阳极氧化反应}$$

$$\eta < 0，J < 0 \text{ 代表阴极还原反应}$$

图 3.7 所示为电流密度与电极过电位 η 的关系，当温度 25 ℃，传递系数 $\alpha = 0.5$，电子转移数 $n = 2$ 时，电流密度的对数与电极过电位几乎呈直线关系。当过电位值很小时，线性关系会发生偏差，且在过电位非常大的情况下，电流密度非常大，有限的传质速率将无法为当前生产提供所需的反应物质。因此，传质速率的限制将导致电流的过电位在非常大的电流值下偏离线性关系，如图 3.7 中虚线所示。然而，发生偏差的准确过电位值和偏差程度将取决于给定电池设计的传质特性，而传质特性又取决于许多因素，包括反应物流动条件、流道、电极设计等。第 4 章将介绍与物质传输限制有关的过电位。

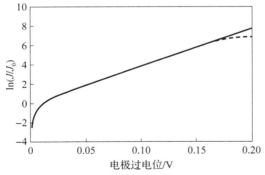

图 3.7 根据巴特勒－福尔默方程，在温度 $T = 25$ ℃的条件下，电流密度与电极过电位的函数关系，传递系数 $\alpha = 0.5$，电子转移数 $n = 2$

从前面的描述可以清楚地看出，对于给定的电极结构、电解液和反应物，交换电流密度的测量方法如下：测量和绘制所测量的 $\ln(J)$ 和 η；然后从曲线

的线性部分进行线性外推在纵坐标处的截距表示交换电流密度 $\ln(J_0)$ 的对数。这是测量交换电流密度的正常做法。

对于式 (3.70) 中导出巴特勒 – 福尔默方程式，可考虑两种特殊情况。

（1）当电极过电位很小时，指数为

$$\frac{\alpha nF\eta}{RT} < 0.1 \text{ 和 } \frac{(1-\alpha)nF\eta}{RT} < 0.1 \tag{3.77}$$

巴特勒 – 福尔默方程中指数函数可以根据以下关系展开为泰勒级数。

$$\exp(x) \approx 1 + x$$

巴特勒 – 福尔默方程可以简化为

$$\begin{aligned} J &= J_0\left\{\left(1 + \frac{\alpha nF\eta}{RT}\right) - \left[1 - \frac{(1-\alpha)nF\eta}{RT}\right]\right\} \\ &= J_0\left(\frac{nF\eta}{RT}\right) \end{aligned} \tag{3.78}$$

因此，当过电位足够小时，电流密度与电极过电位呈线性关系。为了满足式 (3.77)，对于在室温中发生的反应，电极过电位必须小于 0.003 V，因为当 $\alpha = 0.5$，$n = 2$，则 η 约为 39 V^{-1}，且与温度有很强的依赖性。

（2）当电极过电位大时，指数为

$$\frac{\alpha nF\eta}{RT} > 1.2 \text{ 和 } \frac{(1-\alpha)nF\eta}{RT} > 1.2 \tag{3.79}$$

在室温中的电极反应 $\eta > 0.05$ V，逆向反应与正向反应之比可以忽略，因为巴特勒 – 福尔默方程中的第二项至少比第一项小一个数量级。

$$J = J_0\exp\left(\frac{\alpha nF\eta}{RT}\right) \tag{3.80}$$

或者

$$\eta = \frac{RT}{\alpha nF}\ln\left(\frac{J}{J_0}\right) \tag{3.81}$$

这就是著名的塔菲尔方程，电化学中的基本关系之一，首次根据经验建立于 1905 年。

塔菲尔方程通常采用以下形式。

$$\eta = a\log(bJ) \tag{3.82}$$

式中，a 和 b 是常数，通常由一组特定的实验数据确定。与式 (3.81) 相比，可以明显看出

$$a = \frac{2.303RT}{\alpha nF} \text{ 和 } b = \frac{1}{J_0} \tag{3.83}$$

因此，传递系数 α 交换电流密度 J_0 可由特定条件下特定电极反应的实验测量值确定。表 3.5 所示为许多电极反应的塔菲尔斜率 a 和交换电流密度，表 3.6 所示为塔菲尔斜率 α，以及在不同电解质溶液中不同电极上析氢反应的

交换电流密度 J_0。表 3.5 和表 3.6 都是在室温下测得的数据。

表 3.5　室温下各种电极反应的塔菲尔斜率 a 和交换电流密度 J_0 的值

电极	电解质	反应	a/V	$J_0/(mA \cdot cm^{-2})$
Cu	1 mol/L $CuSO_4$(aq)	铜沉积	-0.051	2×10^{-2}
Ni	1 mol/L $NiSO_4$(aq)	镍沉积	-0.051	2×10^{-6}
Pt	0.05 mol/L H_2SO_4(aq)	析氧	-0.044	2×10^{-7}
Pt	1 mol/L NaN_3(aq)	析氮	-0.026	1×10^{-73}
Hg	0.1 mol/L KOH(aq)	析氢	-0.093	4×10^{-12}
Ag	7 mol/L HCl(aq)	析氢	-0.090	1.3×10^{-3}
Pd	0.5 mol/L H_2SO_4(aq)	析氢	-0.080	1

表 3.6　室温下不同电解质溶液中不同电极析氢反应的塔菲尔斜率 a 和交换电流密度 J_0 的值

电极	电解质	浓度/$(mol \cdot L^{-1})$	$-\log J_0/(A \cdot cm^{-2})$	a/V
Pt	HCl	0.5	2.6	0.028
Pd	H_2SO_4	0.5	3.0	0.080
Cu	HCl	0.1	6.0	0.117
Cu	NaOH	0.15	6.0	0.117
Ag	HCl	1.0	4.0	0.130[①]
Ag	HCl	1.0	5.0	0.060[②]
Au	HCl	0.1	5.0	0.097[①]
Au	HCl	0.1	6.0	0.071[②]
Cd	H_2SO_4	0.85	12.0	0.120
Hg	HCl	1.0	12.0	0.119
Hg	LiOH	0.1	12.0	0.102
Al	H_2SO_4	1.0	10.0	0.100
Sn	HCl	1.0	8.0	0.140
Pb	HCl	1.0	13.0	0.119
Pb	H_2SO_4	10	13.0	0.119

电极	电解质	浓度/$(mol \cdot L^{-1})$	$-\log J_0/(A \cdot cm^{-2})$	a/V
Mo	HCl	0.1	6.0	0.104[①]
Mo	NaOH	0.1	7.0	0.116[①]
Mo	HCl	0.1	7.0	0.080[①]
Mo	NaOH	0.1	7.0	0.087[②]
W	HCl	5.0	5.0	0.110
Fe	HCl	1.0	6.0	0.130
Fe	NaOH	0.1	6.0	0.120
Ni	HCl	1.0	5.0	0.109
Ni	NaOH	0.1	5.0	0.101

①高电流密度，$J = 0.01 \sim 0.1$ A/cm²
②低电流密度，$J = 0.01$ A/cm²

需要强调的是，塔菲尔斜率 a 取决于所涉及的反应机理，而交换电流密度，如式（3.47）或式（3.59）所示，是反应物浓度和温度的函数。事实上，它是温度的强函数。对于小于 10^{-7} A/cm² 的交换电流密度，由于电极杂质的反应，可能出现混合电极电位。因此，在这种情况下应注意测量和数据分析。

示例 3.2 对于浸入 0.5 M H_2SO_4 电解质溶液中的铂电极表面的氢反应，假设发生以下福尔默反应。

$$H - M \Longleftrightarrow M + H^+ + e^- \quad （福尔默反应） \tag{3.84}$$

通过计算转移系数，确定与正向和逆向反应相关的电流密度，以及在 25 ℃温度下，电极过电位分别为 0.01 V、0.02 V、0.05 V、0.1 V 和 0.2 V 时的净电流密度 $\alpha = 0.5$。

解答

从表 3.1 中我们发现给定条件下的交换电流密度为

$$J_0 = 1 \times 10^{-3} \text{ A/cm}^2 \tag{3.85}$$

对于福尔默反应，转移的电子数为 $n = 1$，因此，

$$\frac{\alpha n F}{RT} = \frac{(1 - \alpha)nF}{RT} = \frac{0.5 \times 1 \times 96\ 487}{8.314\ 3 \times 298} = 19.471 \frac{1}{V} \tag{3.86}$$

因为该问题地传递系数 $\alpha = 0.5$，得到巴特勒 – 福尔默方程式（3.70）。

$$J = J_0 [\exp(19.471\eta) - \exp(-19.471\eta)]$$

$$= 1 \times 10^{-3} [\exp(19.471\eta - \exp(-19.471\eta)] \quad （A/cm^2）$$

净电流密度与正向和逆向反应相关的电流密度分别为

$$J_f = J_0 [\exp(19.471\eta)]$$
$$= 1 \times 10^{-3} [\exp(19.471\eta)] \ (\text{A/cm}^2)$$
$$J_b = J_0 [\exp(-19.471\eta)]$$
$$= 1 \times 10^{-3} [\exp(-19.471\eta)] \ (\text{A/cm}^2)$$

因此，可以计算出给定条件下，给定电极过电位的正向、逆向反应的电流密度以及净电流密度的数值。为简便起见，最终结果如下。

电流密度 ($\times 10^{-3}$)/ ($\text{A} \cdot \text{cm}^{-2}$)	电极过电位/V				
	0.01	0.02	0.05	0.1	0.2
J_f	1.215 0	1.476 1	2.647 3	7.008 3	49.117
J_b	0.823 1	0.677 4	0.377 7	0.142 7	0.020 36
J	0.391 9	0.798 7	2.270	6.866	49.10

结论

1. 正向反应的电流密度迅速增大，逆向反应的电流密度则迅速减小，因此随着电极过电位的增大，净电流密度显著增大。

2. 已知在酸性电解质燃料电池中，H_2SO_4 电解质存在时，铂电极上的氢氧化反应速率最快。即使如此，产生的电流密度仍然很小，如本例所示。在电极电位为 200 mV 时，产生的电流密度仅为 0.049 1 A/cm^2 左右。因此，对于实际燃料电池，需要采取措施增加电流密度，从而在阳极过电位尽可能小的情况下输出功率。注意，在氢氧燃料电池中，200 mV 阳极过电位是一个非常大的值。

3. 电极过电位与净电流密度之间的关系可以用图形表示。由于氢氧化通常发生在燃料电池阳极上，因此由于对阳极中电化学反应的电阻而产生的相应电极过电位通常被称为阳极活化过电位，如本示例中所示。对于燃料电池的性能来说，通常将过电位表示为产生净电流密度的函数。因此，本示例中的阳极活化过电位与净电流密度之间的关系可用图 3.8 所示的图形表示。从图 3.8 中可以看出，过电位和电流密度之间的关系在低电流密度值下几乎是线性的，在高电流密度下是指数的，正如前面分析的两个极端情况。而对于电流密度的中间值，这种关系更为复杂，用双曲正弦函数来描述，即

$$J = 2 \times 10^{-3} \sinh(19.471\eta) \ (\text{A/cm}^2)$$

示例 3.3　对于浸入 0.05 mol/L H_2SO_4 电解质溶液中的铂电极表面上的氧还原反应，发生以下整体反应。

$$H_2O \Longrightarrow O^2 + 4H^+ + 4e^- \tag{3.87}$$

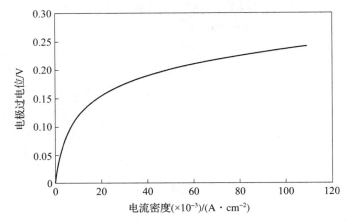

图 3.8   阳极活化过电位与示例 3.2 中给出的条件下产生的净电流密度的函数关系

实际反应机理可能涉及四个电子或两个电子的反应途径，这将在本章后面内容中介绍。测定与正向和逆向反应相关的电流密度，以及电极过电位分别为 −0.01 V、−0.02 V、−0.05 V、−0.1 V 和 −0.2 V 时净电流密度。假设反应发生在 25 ℃，传递系数为 $\alpha = 0.5$。

解答

表 3.5 表明给定条件下的交换电流密度为

$$J_0 = 2 \times 10^{-7} \quad (\mathrm{mA/cm}^2)$$

以及塔菲尔斜率为

$$\alpha = 0.044 \quad (\mathrm{V})$$

注意，表 3.5 中的负号来自塔菲尔方程或式（3.82）中的过电位正值的约定。而在使用巴特勒－福尔默方程时，阳极的过电位为正，阴极的过电位为负。

根据给定的参数值和式（3.83），我们从塔菲尔斜率得到

$$\frac{\alpha nF}{RT} = \frac{(1-\alpha)nF}{RT} = \frac{2.303}{0.044} = 52.34 \frac{1}{V}$$

假设在高过电位或低过电位下反应机理相同，导致所有过电位值的指数和交换电流密度相同（注意，这种假设可能不成立，事实上，对于氧还原反应通常不能成立）。对于本问题，巴特勒－福尔默方程式（3.70）可以写成

$$J = J_0 \left[\exp(52.34\eta) - \exp(-52.34\eta) \right]$$
$$= 2 \times 10^{-7} \left[\exp(52.34\eta) - \exp(-52.34\eta) \right] \quad (\mathrm{mA/cm}^2)$$

式中，J 表示净电流密度。因此，与正向和逆向反应相关的电流密度可分别写成

$$J_f = J_0 \left[\exp(52.34\eta) \right]$$
$$= 2 \times 10^{-7} \left[\exp(52.34\eta) \right] \quad (\mathrm{mA/cm}^2)$$

$$J_b = J_0 \left[\exp(-52.34\eta) \right]$$
$$= 2 \times 10^{-7} \left[\exp(-52.34\eta) \right] \ (\mathrm{mA/cm^2})$$

在本示例中，对于给定条件下所述的电极过电位值，可以计算正向和逆向反应的电流密度以及净电流密度。为简洁起见，最终结果计算如下。

电流密度（$\times 10^{-3}$）/ ($\mathrm{A \cdot cm^{-2}}$)	电极过电位 η（V）				
	-0.01	-0.02	-0.05	-0.1	-0.2
J_f	1.185 0	0.702 1	0.146 0	0.010 66	5.685×10^{-5}
J_b	3.375 5	5.697 0	27.839	375.08	7.034×10^4
J	$-2.190\ 5$	$-4.994\ 9$	-27.243	-375.07	-7.034×10^4

结论

1. 如上述结果所示，正向反应电流密度迅速减小，逆向反应电流密度迅速增大。此外，正向反应的电流密度小于逆向反应的电流密度，因此净电流密度为负，表明净反应为逆向。也就是说，H_2O 是在特定条件下形成的反应产物，就像燃料电池中的阴极反应一样。随着电极过电位的增大，净电流密度显著减小。

2. 由于当前阴极反应的净电流密度始终为负，在燃料电池中，阴极反应可能会发生。

$$O_2 + 4H^+ + 4e^- \rightleftharpoons H_2O$$

对于上述反应，正向反应比逆向反应快，因此与反应相关的净电流密度为正，同时电位为正。应该强调的是，根据定义电极过电位的大小代表电压（或能量）损失，与这里讨论的正负号无关。

3. 示例 3.2 中，阴极中的氧还原反应要慢得多。相应地，在相同的电极过电位下，阴极反应产生的净电流密度要小得多。或者，对于在运行中的燃料电池中产生的相同净电流密度，阳极的氢氧化反应的电极过电位比阴极的氧还原反应小得多。阴极的过电位大得多，说明阴极反应过程对燃料电池的性能有很大的限制，因此，通常是人们关注的焦点。

4. 氧还原反应发生在燃料电池的阴极处，并且由于阴极中电化学反应电阻而产生相应电极过电位通常被称为阴极活化过电位，如本例中所示。阴极活化过电位可视为净电流密度的函数，如图 3.9 所示。为了便于比较，示例 3.2 确定的阳极活化过电位也显示在图 3.9 中。为了在同一个图中显示这两个结果，阴极过电位对应的电流密度增加了 1 000 倍。很明显，阴极活化过电位大于阳极活化过电位，这代表了燃料电池中活化过电位的相对大小。

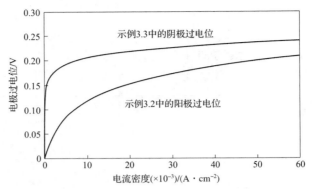

**图 3.9   在实例 3.3 中给出的条件下，阴极过电位与
氧还原反应产生的净电流密度的函数关系**

在示例 3.2 中氢氧化阳极过电位也用于比较。注意，为了清晰地比较，与阴极过电位相对应的电流密度增加了 1 000 倍。

5. 在计算燃料电池性能数据时，有时会绘制阳极和阴极电极电位，ϕ_a 和 ϕ_c 根据式（3.10）和式（3.11）中定义相应的电极过电位的关系。也就是说，阳极和阴极的电位分别为

$$\phi_a = \phi_{a,r} + \eta_a = \eta_a$$

$$\phi_c = \phi_{c,r} + \eta_c = 1.229\text{V} - |\eta_c|$$

这是因为在第 3.2 节给出的标准温度和压力下，酸性电解质氢氧燃料电池阳极可逆电位为 0，阴极可逆电位为 1.229 V。如果我们使用由示例 3.2 确定的阳极过电位和由示例 3.3 确定的阴极过电位，则阳极和阴极过电位如图 3.10 所示。其中与阴极过电位相对应的电流密度增加了 1 000 倍。显然，阴极和阳极之间的电位差代表电池电位，如式（3.8）所示。注意，在运行的燃料电池中，也会出现其他的过电位模式，这些模式还没有包括在图 3.10 中。

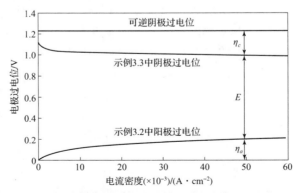

**图 3.10   电极电位和电池电位差作为净电流密度的生成函（对应示例 3.2 和 3.3 中
所述的条件。注意，电流密度为清楚可见，对应的阴极过电位已增加了 1 000 倍）**

3.4.3　净电流密度和熵的产生

在第 2 章中，我们发现电池内所有不可逆过程产生的电池总过电位与电池内总熵的产生有关，如式（2.26）所示。类似地，熵产生可以分别对应阳极和阴极活化过电位来定义。具体而言，与阳极活化过电位相对应的阳极熵产生被定义为

$$\wp_{s,a} = \frac{nF\eta_a}{T} \tag{3.88}$$

阴极熵产生为

$$\wp_{s,c} = \frac{nF|\eta_c|}{T} = -\frac{nF\eta_c}{T} \tag{3.89}$$

式（3.89）中使用了阴极过电位的绝对值，因为熵产生必须在热力学第二定律要求下总是为正值，而阴极过电位通常表示为负值。在阳极和阴极中产生的净电流密度可以由式（3.70）中给出的巴特勒 - 福尔默方程写为

$$J_a = J_{0,a}\{\exp(\alpha\wp_{s,a}^*) - \exp[-(1-\alpha)\wp_{s,a}^*]\} \tag{3.90}$$

$$J_c = J_{0,c}\{\exp(-\alpha\wp_{s,c}^*) - \exp[+(1-\alpha)\wp_{s,c}^*]\} \tag{3.91}$$

式中，阳极和阴极中的无量纲熵产生由通用气体常数归一化，如下所示。

$$\wp_{s,a}^* = \frac{\wp_{s,a}}{R} \qquad \wp_{s,c}^* = \frac{\wp_{s,c}}{R} \tag{3.92}$$

因为对于大多数燃料电池反应，传递系数 α 约为 0.5，式（3.90）和式（3.91）可以简写为

$$J_a = 2J_{0,a}\sinh(0.5\wp_{s,a}^*) \tag{3.93}$$

$$J_c = -2J_{0,c}\sinh(0.5\wp_{s,c}^*) \tag{3.94}$$

上述关系表明，净电流密度的产生与熵产生量有关。可以理解为熵产生表示不可逆性或偏离热力学平衡条件的程度。燃料电池反应的净电流密度也表示偏离热力学平衡的程度，在这个平衡下，正向和逆向反应以相同的速率进行，产生的净电流密度为零。因此，式（3.90）和式（3.91）或式（3.93）和式（3.94）中巴特勒 - 福尔默方程式将电化学反应与热力学分析联系起来。

从分析和讨论中可以清楚地看出，实际燃料电池高电流密度（高输出功率密度）运行的节能方法是增加交换电流密度，因为熵产生代表有效能量的退化。通常提高电池工作温度是提高交换电流密度最有效的方法，因为电流密度具有很强的温度依赖性。然而，对于开发中的各种类型燃料电池，电池可操作或可耐受的最高温度都有限制。因此，人们还探索了其他提高交换电流密度的措施。一些常用的技术是寻找更有效的催化剂或电解质或它们的组合来促进非均相电化学反应，这些技术在进一步的重大研究中遇到了相当大

的困难。由于交换电流密度也是反应物浓度的函数，在不增加熵产生的情况下，增加反应位点处反应物浓度也能有效地增加电流密度。可以通过增加操作压力、使用纯化的反应物（原始氢或氧），以及通过应用具有高反应物溶解度的电解质等来实现。由于各种实际限制，目前减少传质阻力的方法对于各种类型的燃料电池都是最可行的，包括改进双极板、电极背衬和催化剂层上的气体流场设计。

3.4.4　电极粗糙度系数和反应比表面积

如前所述，特别是在示例 3.2 和示例 3.3 中，即使在显著的电极过电位下，产生的电流密度也很小。这是因为电极反应的交换电流密度非常小。因此，电极的设计和制造往往是多孔的。多孔（或空隙）区域允许反应物质量转移到反应位点。但更重要的是增加同一几何（或平板）反应电极表面积，以便在不增加熵产生的情况下，使几何电极表面测量的电流密度显著增强。反应电极表面积的大小通常用粗糙度系数来测量，定义为

$$\text{粗糙度系数} = \frac{\text{实际反应表面积}}{\text{（平板）电极几何面积}} = a \tag{3.95}$$

镀铂可达到约 2 000 的粗糙度系数。在实际燃料电池中，通常可以找到大约 600 或更大的典型值。

实际多孔电极的反应表面积往往难以确定。因此，燃料电池的电流密度几乎总是根据电极的几何面积来定义的，而不是实际反应表面积。也就是说，对于燃料电池来说

$$\text{电流密度 } J_{FC} = \frac{\text{电流 } I}{\text{电极几何面积}} \tag{3.96}$$

通常交换电流密度是根据实际无功表面积进行测量的。因此，通常燃料电池的电流密度可以表示为

$$\text{电流密度 } J_{FC} = \frac{\text{电流 } I}{\text{实际反应表面积}} \times \frac{\text{实际反应表面积}}{\text{电极几何面积}}$$

式中，$\dfrac{\text{实际反应表面积}}{\text{电极几何面积}}$ 是式（3.95）定义的粗糙度系数，$\dfrac{\text{电流 } I}{\text{实际反应表面积}}$ 是第 3.4.2 节式（3.70）给出的电流密度。因此，用于燃料电池分析的电流密度表达式变得非常有用。

$$J_{FC} = aJ_0 \left\{ \exp\left(\frac{\alpha nF\eta}{RT}\right) - \exp\left(-\frac{(1-\alpha)nF\eta}{RT}\right) \right\} \quad (\text{A/cm}^2) \tag{3.97}$$

从式（3.97）可以清楚地看出，如果与具有光滑平板表面的电极相比，燃料电池中的电流密度可以等于电极粗糙度系数的因子，而不会降低电池电位或增加熵产生。在实践中，由于大的电池压缩力对孔隙区域的压碎，导致

一些活性表面积不可被反应物接近，或者由于催化剂颗粒团聚合生成大尺寸的颗粒，导致在燃料电池运行中，粗糙度因子可能会降低。受到压缩力的电极烧结（塑性变形）也可能限制反应物向反应位点的传质。所有这些因素都会降低电池的长期性能，限制电池寿命。

对于实际燃料电池，粗糙度系数可能不是衡量电极结构设计有效性的最佳方法。这是因为质量转移到反应位点是一个非常缓慢的过程，加上在电极结构的多孔体积内快速的电化学反应，常常导致只有一小部分电极结构可被反应物接近。因此，有时单位体积电极结构的反应表面积变得很重要，可以定义为

$$反应表面积密度 = \frac{实际反应表面积}{电极体积} = A_v \tag{3.98}$$

式中，A_v 也称为反应比表面积，单位为 m^2/m^3。体积电流密度 J'_{FC} 的定义如下。

$$体积电流密度\ J'_{FC} = \frac{电流\ I}{电极体积} = \frac{电流\ I}{实际反应表面积} \times \frac{实际反应表面积}{电极体积} = J \times A_v$$

代入式（3.70）后得到

$$J'_{FC} = A_v J_0 \left\{ \exp\left(\frac{\alpha n F \eta}{RT} \right) - \exp\left(-\frac{(1-\alpha)nF\eta}{RT} \right) \right\} \tag{3.99}$$

这种体积电流密度在分析和模拟电极和电池中发生的电化学反应过程中非常有用。

根据定义，电极粗糙度系数和反应比表面积以下式相互关联

$$A_v = \frac{a}{\delta} \tag{3.100}$$

式中，δ 表示电极活性部分的厚度，即催化剂层的厚度。

3.4.5　巴特勒 – 福尔默方程的最终表达式

如第 3.4.1 节所述和式（3.47）所示，交换电流密度直接取决于反应物浓度 C_R。可以简单地写为

$$J_0 = k C_R \tag{3.101}$$

对于实际燃料电池，反应物在反应位点的浓度受许多设计和操作参数的影响，而且很可能是未知的。而交换电流密度作为电化学中的一个基本参数，通常是在特定条件下（如工作温度 T）根据已知的反应物浓度进行测量。因此，我们将得到特定条件下交换电流密度为

$$J_{0,\text{ref}} = k C_{R,\text{ref}} \tag{3.102}$$

因为 k 是一个比例常数，所以它可以作为

$$k = \frac{J_{0,\text{ref}}}{C_{R,\text{ref}}} \tag{3.103}$$

交换电流密度式（3.101）变为

$$J_0 = J_{0,\mathrm{ref}} \frac{C_R}{C_{R,\mathrm{ref}}} \qquad (3.104)$$

一般来说，反应机理很难确定，所涉及的反应步骤往往是几个或多个基元反应的总体。对于这种整体反应，交换电流密度应该写为

$$J_0 = J_{0,\mathrm{ref}} \left(\frac{C_R}{C_{R,\mathrm{ref}}} \right)^{\gamma} \qquad (3.105)$$

式中，γ 是反应物 R 的反应级数。如果有多个物质参与电荷转移反应，则交换电流密度表达式中应包括每个物质的浓度。因此，通常用燃料电池分析和模拟的广义巴特勒 – 福尔默方程变得非常重要。

$$J_{FC} = a J_{0,\mathrm{ref}} \left(\frac{C_R}{C_{R,\mathrm{ref}}} \right)^{\gamma} \left\{ \exp\left(\frac{\alpha n F \eta}{RT} \right) - \exp\left[-\frac{(1-\alpha) n F \eta}{RT} \right] \right\} \qquad (3.106)$$

电流密度根据电极的几何表面积而定，表示如下。

$$J'_{FC} = A_v J_{0,\mathrm{ref}} \left(\frac{C_R}{C_{R,\mathrm{ref}}} \right)^{\gamma} \left\{ \exp\left(\frac{\alpha n F \eta}{RT} \right) - \exp\left[-\frac{(1-\alpha) n F \eta}{RT} \right] \right\} \qquad (3.107)$$

活性电极单位体积下的电流密度根据定义表示为

$$\wp_s^* = \frac{n F |\eta|}{RT} = \pm \frac{n F \eta}{RT} \qquad (3.108)$$

式中，将正号和负号加到阳极反应和阴极反应的巴特勒 – 福尔默方程式（3.106）和式（3.107）中，得

$$J_{FC} = a J_{0,\mathrm{ref}} \left(\frac{C_R}{C_{R,\mathrm{ref}}} \right)^{\gamma} \left\{ \exp(\pm \alpha \wp_s^*) - \exp\left[\mp (1-\alpha) \wp_s^* \right] \right\} \qquad (3.109)$$

$$J'_{FC} = A_v J_{0,\mathrm{ref}} \left(\frac{C_R}{C_{R,\mathrm{ref}}} \right)^{\gamma} \left\{ \exp(\pm \alpha \wp_s^*) - \exp\left[\mp (1-\alpha) \wp_s^* \right] \right\} \qquad (3.110)$$

3.5 表面化学吸附的活化极化

在氢（H_2）氧化和氧（O_2）还原过程中，电子转移的过程决定反应速率，如上一节所述，电极上的活化极化可能是电极反应中，反应物在电极电催化表面吸附速率被限制（通常称为反应位点）。表面吸附反应（或表面化学吸附）作为决定反应速率更适合碳氢燃料的氧化，而不是氢，即甲醇的直接电氧化。

因为电子转移反应（电离）对于电流产生是必不可少的，尽管反应物的表面吸附可能被限制，但连续反应过程被认为发生在电极表面。

1. 反应物在电极表面反应位点的吸附及其逆向反应（即反应物从反应位点的解吸）是同时发生的。这一反应被认为发生得非常慢，因此它确定反应

的速率。

2. 在反应位点吸附的反应物进行电离（或电子转移反应）。这一反应被认为发生得非常快，因此可以忽略逆向反应，即离子的释放。

反应位点的两种反应可以表示如下。

$$F(g) + M \underset{k_{1,b}}{\overset{k_{1,f}}{\rightleftharpoons}} F_{ad} \tag{3.111}$$

$$F_{ad} \xrightarrow{k_2} F^{(+n)} + ne^- \tag{3.112}$$

如果 θ 表示在任何特定时间被反应物 F_{ad} 覆盖的电极表面反应位点的百分比，那么形成 F_{ad} 的反应速率可以表示为

$$\frac{d\theta}{dt} = k_{1,f}P_F(1-\theta) - k_{1,b}\theta - k_2\theta \tag{3.113}$$

根据式（3.112）的电荷转移反应，电流密度的产生为

$$J = F\omega''_{e^-} = nFk_2\theta \tag{3.114}$$

式中，P_F 表示气态物质的分压，F 表示 $F(g)$ 时的浓度，k_2 表示式（3.112）中给出的电荷转移反应的反应速率常数，并与吉布斯函变有关，如式（3.64）所示。另外，式（3.111）的吸附和解吸的反应速率常数 $k_{1,f}$、$k_{1,b}$ 可以作为常数或取决于吉布斯函变，类似前文描述的电荷转移反应，从而导致不同复杂性的不同结果。我们将在接下来的两个小节中考虑这两种情况。

3.5.1　表面化学吸附反应的兰格谬尔模型

假设反应速率 $k_{1,f}$、$k_{1,b}$ 是常数，与表面覆盖率 θ 无关。这相当于假设在吸附和解吸过程中，所有表面位置都具有相同的活性，而与表面覆盖率 θ 无关，并且被吸收的物质可以覆盖表面直到形成完整的单分子层或单层，之后就不可能再吸附。

将 $k_{1,f}$、$k_{1,b}$ 作为常数，通过调用反应中间体的稳态近似，或 $d\theta/dt = 0$，可以获得表面覆盖率。由式（3.113）得出

$$\theta = \frac{k_{1,f}P_F}{k_{1,f}P_F + k_{1,b} + k_2} \tag{3.115}$$

将 θ 代入式（3.114），电流密度变为

$$J = \frac{nFk_2k_{1,f}P_F}{k_{1,f}P_F + k_{1,b} + k_2} \tag{3.116}$$

为了确定产生上述电流密度所需的电极过电位 η，可以写出反应速率常数 k_2，类似电荷转移反应式（3.64）和式（3.62）。

$$k_2 = BT\exp\left(\frac{\alpha nF\eta}{RT}\right) = \frac{J_0}{nF}\exp\left(\frac{\alpha nF\eta}{RT}\right) \tag{3.117}$$

式中，$BT = J_0/(nF)$ 表示指前因子，为常数；J_0 表示当表面覆盖率 $\theta = 1$ 时的交换电流密度。

将式（3.117）代入式（3.116）求解 η 得到

$$\eta = \frac{RT}{\alpha nF} \ln \left[\frac{J(k_{1,f}P_F + k_{1,b})nF}{(nFk_{1,f}P_F - J)J_0} \right] \tag{3.118}$$

式（3.118）清楚地表明，当极限电流密度达到

$$J_L = nFk_{1,f}P_F \tag{3.119}$$

电极过电位 $\eta \to \infty$，这意味着实际电池电位降低至零。因此，该临界电流密度代表电池工作的上限值，超过该值，电池将不再工作，通常称为极限电流密度。式（3.119）表明，当表面覆盖率 θ 由于电极过电位过大驱动电子快速转移反应而降低到零时，达到极限电流密度。因此，一旦反应物 F 被吸附在表面位点上，它就立即被式（3.112）中的电子转移反应消耗掉，而发生的解吸反应可以忽略不计。

将式（3.118）和式（3.119）合并得到

$$\eta = \frac{RT}{\alpha nF} \ln \left[\frac{J}{J_0} \frac{J_L + k_{1,b}nF}{(J_L - J)} \right] \tag{3.120}$$

一般来说，

$$\frac{J_L + k_{1,b}nF}{(J_L - J)} > 1$$

式（3.120）表明，当与式（3.81）的塔菲尔等式（对于电子转移受控过程获得）相比较时，电流密度 J 增加，作为决定反应速率的吸附过程的过电位 η，将比作为决定反应速率的电子转移增加得更快。应该指出的是，对于许多电极反应，兰格谬尔模型对 $k_{1,f}$ 和 $k_{1,b}$ 恒定性的简单假设是不充分的，在实践中需要更复杂的模型来正确描述电极反应。将在下一小节简要描述这样的模型。

3.5.2 表面化学吸附反应的特姆金模型

与上一小节中描述的电子转移反应类似，吸附和解吸过程的反应速率常数可能与相应过程的吉布斯函变有关，即

$$k_{1,f} = B_f T \exp \left(-\frac{\Delta g_{ad}}{RT} \right) \tag{3.121}$$

$$k_{1,b} = B_b T \exp \left(-\frac{\Delta g_{de}}{RT} \right) \tag{3.122}$$

当 B_s 是常数指前因子时，Δg_{ad} 和 Δg_{de} 分别表示与吸附和解吸反应相关的吉布斯函变。如果 Δg_{ad} 和 Δg_{de} 为常数，那么式（3.121）和式（3.122）本质上简化为兰格谬尔模型。然而，随着物质被吸附，被吸附的物质覆盖表面的

百分比增加，相关的吉布斯函变也增加，使得物质吸附的连续过程变得更加困难。对于这种情况，最简单的是假设相关的吉布斯函变线性取决于表面覆盖率 θ，或者

$$\Delta g_{ad} = a_{ad} + b_{ad}\theta \tag{3.123}$$

$$\Delta g_{de} = a_{de} + b_{de}(1 - \theta) \tag{3.124}$$

式中，吸附过程的吉布斯函变对应 $\theta = 0$，解吸过程的吉布斯函变对应 $\theta = 1$，$a's$ 和 $b's$ 是常数，与表面覆盖率 θ 无关。

将式（3.123）和式（3.124）分别代入式（3.121）和式（3.122）得到

$$k_{1,f} = B_f T \exp\left(-\frac{a_{ad} + b_{bd}\theta}{RT}\right) \tag{3.125}$$

$$k_{1,b} = B_b T \exp\left(-\frac{a_{de} + b_{de}(1 - \theta)}{RT}\right) \tag{3.126}$$

将式（3.125）和式（3.126）代入式（3.113），表面覆盖率 θ 可以通过调用稳态近似来确定。合并式（3.114）和式（3.117），电极过电位 η 可以作为产生的电流密度的函数获得。由于 θ 取决于 $k_{1,f}$ 和 $k_{1,b}$，η 不能以解析的封闭形式表示为 J 的函数。

然而，当表面覆盖率非常高（$\theta \to 1$）或非常低（$\theta \to 0$）时，这些结果可以简化为前面描述的兰格谬尔模型的结果。已经发现的特姆金模型适用于聚合物电解质膜燃料电池中一氧化碳的吸附和解吸。

3.6　电池电位分布和双电层

考虑式（3.1）和式（3.2）中给出的半电池反应酸性电解质燃料电池，质子（H^+）在阳极产生，并通过电解质迁移到阴极形成电路。于是一个问题出现了：如果没有外部手段，带正电的质子如何从低电位的阳极转移到高电位的阴极？

答案可能很复杂。简单来说，如图 3.11 所示，参考阳极电极表面附近的电解质中发生的情况。因为阳极的电位较低，所以带正电荷的离子往往会在电极表面堆积。在电极表面和正离子之间建立等效电容器，电场在大约离子半径数量级（非常小，通常在纳米范围内）的距离上非常强。

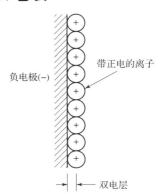

图 3.11　靠近负极（阳极）表面的双电层的简化视图

因此在如此小的距离上电位大幅增加。这个小距离通常被称为双电层，双电层的确切结构仍在积极研究中。类似地，在具有较高电位的阴极附近，带负

电的离子倾向于在其表面上聚集，在很小的距离上电位相应地急剧下降，这也称为（电）双层。最终的结果是在电解质中，当质子从阳极迁移到阴极时，它确实从较高的电位转移到较低的电位，如图 3.12 所示。电解质区域的相应电位降遵循传统的欧姆定律，将在下一章中进行详细的描述。

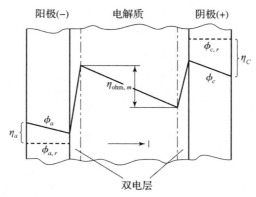

图 3.12　整个电池的电位分布示意图（实线为实际电位分布，虚线为可逆电极电位，阳极过电位、阴极过电位和电解质中的欧姆过电位）

　　整个电池的实际电位分布如图 3.12 所示。图 3.12 中标明了各种过电位。尽管双电层内部和周围的确切电位分布仍在积极研究中，但可以说双电层的功能是使离子通过电解质转移以完成电路就足够了。从某种意义上说，忽略双电层计算从阳极到阴极的电位下降是非常方便的。整个电池电位降低代表通过电池总电压的损失，包括阳极和阴极活化过电位，以及通过电极背衬层和电解质区域的欧姆过电位。图 3.13 所示为忽略双层时相应的电位分布。

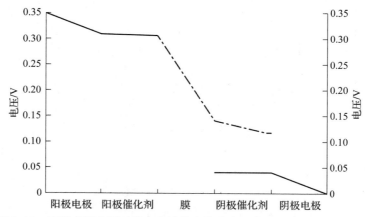

图 3.13　不考虑双电层时整个电池的电位分布，电池总电位降为 0.35 V

3.7　燃料电池中的电极机制

本节概述了氢氧燃料电池中涉及的主要基元反应，它们具有重大的实际意义，除了直接甲醇燃料电池外，几乎所有现代燃料电池都采用 H_2 和 O_2 作为反应物。本节阐述了氢氧化反应阳极机理和氧还原反应阴极机理。注意，电极机制中涉及的基元反应不仅取决于反应物的温度、压力和浓度，更重要的是取决于电极表面的类型，例如电解质（即酸或碱），电极表面与本体电解质之间的电位差。由于所涉及的复杂性，一组不同的基元反应可能能够解释相同的实验观察结果，并且认为发生在电极表面的复杂电极机制也可能改变。随着时间的推移，新的观察结果的可用性和新的见解得到发展而改进。对于电极机理的详细讨论，读者应查阅原始文献、综述和更高级的文本，重点放在电化学动力学上。

此外，本节仅考虑氢气和氧气反应物从气相供应到电极进行反应，不考虑在电极上原位生成氢气和氧气作为反应物供给机制的情况，我们将讨论限制在电极上使用的碱性或酸性电解质。

3.7.1　阳极过程

分子氢氧化成氢离子的过程比阴极中的氧还原反应更容易理解，这种相对容易理解是因为阳极电极电位非常低，且在氢氧化过程中几乎保持不变（缓慢变化）。

根据实验观察，通常认为阳极中发生的过程主要包括以下步骤。

1. 将分子氢输送到电极表面（即反应位点）。该步骤包括电化学反应之前的许多物理和化学过程，通常将分子氢从阳极电极结构外部的气相供应输送到液体电解质表面通过电极结构。将分子氢溶解到液体电解质中，再通过电解质扩散到电极表面，最终在电极表面吸附。第 4 章将对与传输相关的现象进行更详细的描述。这一步骤可以简明地表示如下。

$$H_2 \longrightarrow H_{2,dis} \longrightarrow H_{2,ad} \tag{3.127}$$

式中，$H_{2,dis}$ 表示液体电解质中溶解的 H_2；$H_{2,ad}$ 表示吸附在电极表面的 H_2。

2. 吸附在电极表面的氢分子的水合和电离。这是产生电子（即电流）的电化学反应步骤。如前所述，在一般的基元反应中，最有可能发生以下两种反应机制。

（1）被吸附的分子氢离解后与被吸附的原子氢发生水合和电离，即所谓的塔菲尔 – 福尔默反应机理，表示如下。

$$H_{2,ad} \longrightarrow 2H_{ad}（塔菲尔反应） \tag{3.128}$$

如果电解液是碱性的，则

$$H_{ad} + OH^- \longrightarrow H_2O + e^- （碱性）\tag{3.129}$$

如果电解液是酸性的，则

$$H_{ad} + H_2O \longrightarrow H_3O^+ + e^- （酸性）\tag{3.130}$$

（2）水合和电离同时发生，这就是所谓的海洛夫斯基 – 福尔默或 Horiuti – 福尔默机制。

在碱性电解质条件下，则

$$H_{2,ad} + OH^- \longrightarrow H_{ad} \cdot H_2O + e^- \longrightarrow H_{ad} + H_2O + e^- （碱性）\tag{3.131}$$

$$H_{ad} + OH^- \longrightarrow H_2O + e^- （碱性）\tag{3.132}$$

在酸性电解质条件下，则

$$H_{2,ad} + H_2O \longrightarrow H_{ad} \cdot H_3O^+ + e^- \longrightarrow H_{ad} + H_3O^+ + e^- （酸性）\tag{3.133}$$

$$H_{ad} + H_2O \longrightarrow H_3O^+ + e^- （酸性）\tag{3.134}$$

3. 从电极表面去除反应产物（H_3O^+ 或 H_2O 及 e^-），从而再生反应位点，包括产物在电极表面的解吸和产物从表面转移到电解液中。在酸性电解质燃料电池中，产物 H_3O^+ 通过酸性电解质输送到阴极完成电路，而在碱性电解质燃料电池中，部分 H_2O 被从电池中去除，部分转移到阴极进行 OH^- 离子再生。产生的电子通过阳极电极和外部电路传输到阴极，构成电池反应输出的电能。

注意，步骤 2 中描述的实际反应路径取决于电极的种类和表面结构及电极操作条件，例如温度、电流消耗和电极电位等。

3.7.2 阴极过程

分子氧在阴极电极上的还原反应过程比第 3.7.1 节中描述的阳极电极上氢氧化过程复杂得多。复杂性来自高阴极电极电位、氧还原反应过程中电极电位的显著变化，以及在阴极电极上同时发生许多平行和连续反应机制的可能性。

从过去的研究和实验观察来看，可以明显看出过氧化氢是氧还原过程中最重要的反应中间体[3,7]，它还确定了在水电解质存在下氧还原反应中的两条总反应途径。在阴极电极发生的电化学反应中，确定的总途径是四个电子和过氧化物途径，其中氧还原的总过程包括以下主要步骤。

1. 将分子氧输送到阴极电极表面。该步骤涉及电化学反应前的许多物理和化学过程，通常包括将分子氧通过多孔电极结构从阴极电极结构外部的气相供应输送到液体电解质表面，将分子氧溶解到液体电解质中，溶解氧通过电解质电极表面扩散，最终吸附在电极表面，即

$$O_2 \longrightarrow O_{2,dis} \longrightarrow O_{2,ad}\tag{3.135}$$

式中，$O_{2,dis}$ 表示液体电解质中溶解的 O_2；$O_{2,ad}$ 表示吸附在电极表面的 O_2。如

下一章所述，由于氧分子尺寸大得多，分子氧向电极表面的传输比阳极上分子氢的传输过程要困难得多，因此要慢得多。

可以指出，H_2O（或 H^+）和电子都是参与氧还原反应的反应物。H_2O（或 H^+）通过电解液从阳极传输，电子通过外部电路从阳极传输。因此，向阴极反应位点输送 H_2O（或 H^+）和电子与输送氧气本身一样重要。

2. 在水电解质存在下还原电极表面吸附的分子氧。这是电化学反应的步骤，与阳极产生的电子结合并通过外部电路传输。反应只发生在电解液覆盖的电极表面，通常称为三相界面。尽管阳极中可能发生的基元反应的数量大于氢氧化过程，但阴极氧还原反应的机理可能涉及以下两个整体途径。

（1）四电子途径。在这个机制中，氧还原的总反应是

$$O_2 + 2H_2O + 4e^- \longrightarrow 4OH^- \quad \phi_r = 0.401(\mathrm{V}) \tag{3.136}$$

在碱性溶液中，

$$O_2 + 4H^+ + 4e^- \longrightarrow 2H_2O \quad \phi_r = 1.229(\mathrm{V}) \tag{3.137}$$

在酸性溶液中 ϕ_r 表示可逆电位，反应相对于参比氢电极产生。

（2）过氧化物途径。对于这一途径，以下反应发生在碱性溶液中。

$$O_2 + H_2O + 2e^- \longrightarrow HO_2^- + OH^- \quad \phi_r = -0.065(\mathrm{V}) \tag{3.138}$$

$$HO_2^- + H_2O + 2e^- \longrightarrow 3OH^- \quad \phi_r = 0.867(\mathrm{V}) \tag{3.139}$$

$$HO_2^- \longrightarrow OH^- + \frac{1}{2}O_2 \quad 分解反应 \tag{3.140}$$

$$M - HO_2^- \longrightarrow OH^- + M - O \quad 中间反应 \tag{3.141}$$

而在酸性溶液中发生下列反应。

$$O_2 + 2H^+ + 2e^- \longrightarrow H_2O_2 \quad \phi_r = 0.67(\mathrm{V}) \tag{3.142}$$

$$H_2O_2 + 2H^+ + 2e^- \longrightarrow 2H_2O \quad \phi_r = 1.77(\mathrm{V}) \tag{3.143}$$

$$H_2O_2 \longrightarrow H_2O + \frac{1}{2}O_2 \quad 分解反应 \tag{3.144}$$

$$M - H_2O_2 \longrightarrow H_2O + M - O \quad 中间反应 \tag{3.145}$$

反应中间体，即化学吸附的氧，可以通过分解反应析出的分子氧，可以通过这两种反应机制再次还原。

$$2M - O \longrightarrow 2M + O_2 \tag{3.146}$$

3. 从电极表面去除反应产物（OH^- 或 H_2O），以再生反应位点并持续还原分子氧。这对于低温酸性电解质燃料电池尤其重要，因为产物水（H_2O）是在阴极形成的，并且是液态的。多孔电极结构中的液态水积聚可能阻碍分子氧向反应位点的传输，严重阻碍步骤 1 中所述的过程，反应位点的缺氧将降低电池性能。这种现象常被称为电极注水。

对于碱性和酸性电解液，步骤 2 中描述的氧电还原整体机制如图 3.14 和

图 3.15 所示。直接四电子反应机理可能涉及许多吸附过氧化物为反应中间体的基元反应步骤。然而，过氧化物不解吸，并存在于电解质溶液中。另外，步骤 2 中（2）所示的过氧化物机理涉及电解质溶液中存在的过氧化物物质。

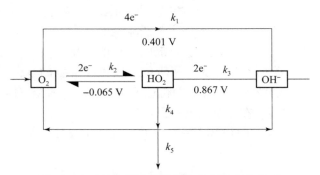

图 3.14　碱性电解液中阴极氧还原的整体机理

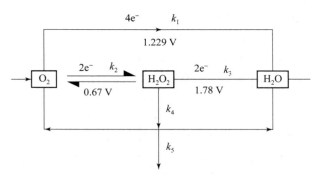

图 3.15　酸性电解质中阴极氧还原的整体机理

注意，氧还原机理非常复杂，涉及许多平行和连续的基元反应，还取决于所涉及的电解质和电极。表 3.7 总结了氧还原的反应途径，表 3.7 所示为各种还原反应机制的复杂性和可能性。读者可以参考当前的研究成果，了解这一重要领域的最新进展。

表 3.7　阴极氧还原反应的反应途径综述

反应	酸	基础
1. 氧化路径		
（1）$O_2 + 2M \longrightarrow 2MO$	—	—
（2）$MO + MH_2O \longrightarrow MOH$	—	—
（3）$MOH + H^+ + e \longrightarrow M + H_2O$	Au	—

反应	酸	基础
2. 电化学氧化路径		
（1）$O_2 + 2M \longrightarrow 2MO$	—	—
（2）$MO + MH_2O + H^+ e \longrightarrow MOH + M + H_2O$	Au	—
（3）$MOH + H^+ + e \longrightarrow M + H_2O$	—	—
3. 过氧化氢路径		
（1）$O_2 + M + MH_2O \longrightarrow MOH + MO_2H$	—	—
（2）$MOH_2 + MO_2H \longrightarrow MOH + MH_2O_2$	Pt	Pt
（3）$M + MH_2O_2 \longrightarrow 2MOH$	—	—
（4）$MOH + H^+ + e \longrightarrow M + H_2O$	Au	—
4. 金属过氧化物路径		
（1）$O_2 + M + MH_2O \longrightarrow MHO_2 + MOH$	—	—
（2）$M + MH_2O \longrightarrow MO + MOH$	Pt	Pt
（3）$MO + MH_2O \longrightarrow 2MOH$	—	—
（4）$MOH + H^+ + e \longrightarrow M + H_2O$	Au	—
5. 电化学金属过氧化物路径		
（1）$O_2 + M + MH_2O \longrightarrow MOH + MHO_2$	—	—
（2）$MHO_2 + H^+ + e \longrightarrow MO + H_2O$	—	—
（3）$MO + MH_2O \longrightarrow 2MOH$	—	—
（4）$MOH + H^+ + e \longrightarrow M + H_2O$	Pt	—
6. 灰碱路径		
（1）$M + O_2 + 2e \longrightarrow MO_2^{-2}$	Au	—
（2）$M + MO_2^{-2} + 2H_2O \longrightarrow 2MH_2O_2^-$	Pt	Pt
（3）$MH_2O_2^- \longrightarrow MOH + OH^-$	—	—
（4）$MOH + e \longrightarrow M + OH^-$	—	—
7. Conway 和 Bourgault 反应路径		
（1）$M + MH_2O + O_2 \longrightarrow MHO_2 + MOH$	—	—
（2）$MHO_2 \longrightarrow MOH + MO$	Pt	Pt
（3）$MO + H^+ + e \longrightarrow MOH$	—	—
（4）$MOH + H^+ + e \longrightarrow M + H_2O$	Pt	—

反应	酸	基础
8. 替代 Conway 和 Bourgault 反应路径		
（1） $M + MH_2O + O_2 \longrightarrow MOH + MHO_2$	—	—
（2） $MHO_2 + H^+ + e \longrightarrow MO + H_2O$	—	—
（3） $MO + H^+ + e \longrightarrow MOH$	—	—
（4） $MOH + H^+ + e \longrightarrow MO + H_2O$	—	—
9. Riddiford 路径		
（1） $O_2 + MH_2O + H^+ + e \longrightarrow MHO_2 + H_2O$	Au	—
（2） $MHO_2 + H^+ + e \longrightarrow MO + H_2O$	—	—
（3） $MO + MH_2O \longrightarrow 2MOH$	—	—
（4） $MOH + H^+ + e \longrightarrow M + H_2O$	—	—
10. Krasilshchikov 路径（镍电极）		
（1） $O_2 + 2M \longrightarrow 2MO$	—	—
（2） $MO + e \longrightarrow MO^-$	—	—
（3） $MO^- + H^+ \longrightarrow MOH$	—	—
（4） $MOH + H^+ + e \longrightarrow M + H_2O$	—	—
11. Wade 和 Hackerman 路径		
（1） $O_2 + 2e + 2M + MH_2O \longrightarrow 2MOH^- + MO$	—	—
（2） $MO + MH_2O + 2e \longrightarrow 2MOH^-$	—	—
12. （1） $O_2 + H^+ + e + M \longrightarrow MO_2H$	Au	—
（2） $MO_2H + H^+ + e \longrightarrow MO + H_2O$	—	—
（3） $MO + H^+ + e \longrightarrow MOH$	—	—
（4） $MOH + H^+ + e \longrightarrow M + H_2O$	—	—
13. （1） $M + O_2 \longrightarrow 2MO$		
（2） $MO + H_2O \longrightarrow MO - H - OH$	—	—
（3） $MO - H - OH + e \longrightarrow MO - H - OH^-$	—	—
（4） $MO - H - OH^- + H^+ \longrightarrow MOH + H_2O$	—	—
（5） $MOH + H^+ + e \longrightarrow M + H_2O$	—	—

反应	酸	基础
14.（1）$O_2 + H^+ + e + M \longrightarrow MHO_2$	Au	—
（2）$MHO_2 + e \longrightarrow MO + OH^-$	—	—
（3）$MO + H_2O \longrightarrow MO-H-OH$	—	—
（4）$MO-H-OH + e \longrightarrow MO-H-OH^-$	—	—
（5）$MO-H-OH^- \longrightarrow MOH + OH-$	—	—
（6）$MOH + H^+ + e \longrightarrow M + H_2O$	—	—
15. Hoare 路径		
（1）$O_2(aq) \longrightarrow MO_2$	—	—
（2）$MO_2 + e \longrightarrow MO_2^-$	—	—
（3）$MO_2^- + H^2 \longrightarrow MHO_2$	—	—
（4）$MHO_2^- + e \longrightarrow MHO_2^-$	—	Pt、Au
（5）$MHO_2^- + H^+ \longrightarrow MH_2O_2$	—	—
（6）$2H_2O_2 \xrightarrow{\text{（催化剂）}} 2H_2O + O_2$（吸附）	—	—
16. Ives 引述		
（1）$M + O_2 + e \longrightarrow MO_2^-$	—	—
（2）$MO_2^- + H^+ \longrightarrow MO_2H$	—	—
（3）$MO_2H + e \longrightarrow MO_2H^-$	—	Pt、Au
（4）$MO_2H^- + H^+ \longrightarrow MH_2O_2$	—	—
（5）$MH_2O_2 + e \longrightarrow MOH + OH^-$	—	—
（6）$MOH + e \longrightarrow M + OH^-$	—	—

3.8　电催化

　　电催化是指一种物质在整个反应过程中，在不改变其物理和化学性质的情况下，促进或加速电极反应。这种物质通常被称为电催化剂或简单催化剂。催化剂用于提高特定反应速率和选择，并在反应过程中循环再生，以便可以反复连续使用使反应加速。在燃料电池中，催化剂通常是电极表面的一部分，或者电极表面具有催化活性。

　　注意，催化剂的催化性能是反应速率的提高和特定反应的选择性（或选择性），也受电解质种类的影响，如 3.7 节所述的碱性或酸性溶液。催化作用发生在被电解质润湿的催化剂表面（或在催化剂电解质界面）。因此，电催化可以被认为是一种特殊类型的多相催化，反应物和产物在反应过程中吸附在催化剂表面。被吸附的反应物，通过与催化剂表面的相互作用被激活，迅速而有选择性地转化为产物并吸附。吸附产物在解吸步骤中离开催化剂表面，清洁表面使反应物继续吸附，从而进行下一个反应循环。反应物吸附和产物解吸过程分别对应 3.7.2 节中描述的阳极和阴极电极上发生的步骤 1 和步骤 3。

图 3.16 所示为电催化剂对反应速率增强和有利特定反应的选择性的影响，类似图 3.6。催化剂通过在反应位点提供一个表面来吸附和解离反应物，从而降低了吉布斯活化函数，由此吸附的反应物更容易反应形成产物。产物和反应物的吉布斯函数之差就是反应的吉布斯函数 Δg_r，且不因催化剂的存在而改变。也就是说，催化剂不改变反应物和产物的吉布斯函数，而是降低了特定反应的吉布斯活化函数，从而提高了反应速率和反应选择性。显然，催化剂仅促进热力学上有利的反应，不能使不利的反应发生。

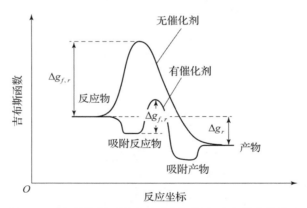

图 3.16　电催化剂对特定反应选择性和速率增强的影响

电化学反应催化发生在催化剂表面与电解液的界面处，反应速率取决于催化剂表面电解液的电位差，以及催化剂的种类和表面形貌。表 3.1 清楚地显示了催化剂材料的影响，其中交换电流密度（衡量氢电极反应动力学活性的一种方法）从汞电极到铂电极的变化高达 10 个数量级。

催化剂的催化效果与吸附焓有关，即 Δh_{ad}，催化剂表面的反应物如图 3.17 所示。这种曲线通常被称为火山曲线。较小的 Δh_{ad} 表明吸附动力学非常缓慢，吸附过程中速率决定步骤，限制了整个反应速率。较大的 Δh_{ad} 会影响解吸过程，从而限制整个反应。因此，中间值 Δh_{ad} 将显示良好的催化效果，如图 3.17 所示的铂系金属。

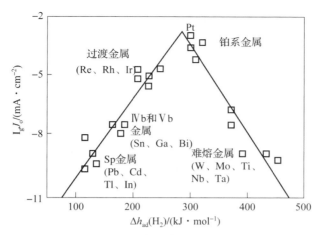

图 3.17　以氢（H$_2$）交换电流密度 J_0 形式作为各种催化剂上氢吸附焓的函数的 Volcano 曲线

催化剂的选择可用上一节所述的氧还原反应机理来说明。例如四电子反应途径似乎有利于贵金属电催化剂（铂、钯、银）和金属氧化物（如钙钛矿、焦绿石）。另外，在石墨、碳、金、汞、大多数氧化物覆盖的金属（如 Ni 和 Co）、大多数过渡金属氧化物（如 NiO）的催化剂中，过氧化氢占主导地位。

常规过渡元素是很好的电催化剂候选元素，尤其是 Fe、Co、Ni 和铂金属系列（Ru、Rh、Pd、Os、Ir 和 Pt），铂金属系列的六种元素彼此非常相似。这些元素的特征是具有未被电子填满的电子能级内部 d 能级，并且未填充的轨道容易与吸附物质形成键，即所谓的 d 特征。因此，这些元素是良好的吸附物质。最有名的电催化剂可能是铂系金属，尤其是铂，通常称为贵金属。

低温燃料电池需要电催化剂以实现阳极和阴极快速反应（即合理的功率输出）。对于氢氧燃料电池，铂或其合金通常用作阳极和阴极反应的催化剂，无论电解质是酸还是碱。此外，镍和银有时被用作碱性电解质中阴极氧还原反应的有效催化剂。然而，铂很容易被微量的一氧化碳和硫化合物所毒化，从而失去催化作用。另外，非贵金属催化剂对这些杂质的耐受性更强。一般来说，高温运行往往能减轻毒化的影响，电池运行温度可能受其他原因限制，特别是特定类型的燃料电池。

通常催化剂的高催化活性通过单位质量催化剂中高催化剂表面积来实现，也可以通过减小粉末催化剂的粒径来实现。通常催化剂的粒径在亚微米到纳米的范围内。为了保持足够的催化剂层孔隙率以使催化剂表面保持被电解质润湿且反应物可接触，通常电催化剂至少两种组分。沉积在高表面积载体（通常称为载体）上的细粒径活性催化剂，通常这种催化剂被称为负载型催化剂。催化剂载体是多孔的，具有显著的孔道体积和容量，以保持稳定且分散良好的细颗粒。通常活性炭用作低温燃料电池的载体。第三种组分称为促进剂，用于增加催化剂的活性或稳定性，例如低温燃料电池中的聚四氟乙烯（PTFE）具有黏合和疏水性，这是为了防止液体电解质淹没电极结构或去除水以防止水淹现象。

3.9　总结

本章重点介绍发生在电极表面的电化学反应动力学，与燃料电池中的电极反应直接相关。本章首先定义了电极的电位及实际运行的燃料电池中发生的各种极化，然后介绍燃料电池中遇到的多相电化学反应相关的各种基本概念，例如整体和基元反应、反应速率、表面覆盖率、决定速率的反应步骤、反应中间体的稳态近似等。这是为描述与电荷转移反应相关的活化极化作为速率决定反应步骤，在可逆条件下分析引出交换电流密度的概念。不可逆反应引出了电荷转移反应速率的巴特勒－福尔默方程，这是在燃料电池研究中要记住的重要关系式。塔菲尔方程为巴特勒－福尔默方程在相对较大活化过电位下的一种特殊形式。由电荷转移作用产生的净电流密度与熵的产生直接相关。熵是热力学不可逆性的一种度量。巴特勒－福尔默方程是针对平板电极表面导出的，将其转换为实际燃料电池中催化剂层多孔性质的形式。燃料电池催化剂层中体积电流密度的产生速率为巴特勒－福尔默方程引入了浓度依赖性和反应级数。兰格谬尔和特姆金动力学简要描述了作为速率决定反应步骤的表面化学吸附反应的活化极化。电荷转移反应可以看作是电极反应产生电流的一步机制，而表面化学吸附反应是产生电流的三步机制。3.6 节简要描述了电位在整个燃料电池中的分布，这引出了双电层的概念，本书主要介绍作为离子通过电解质传输的驱动机制。3.7 节概述了燃料电池中阳极和阴极电极反应过程的机理，举例说明了在电极表面存在碱性或酸性电解质的情况下，阳极的氢氧化和阴极的氧还原反应。阴极氧还原的复杂反应主要以四电子或二电子途径为主要机理进行讨论。最后，加速多相电极反应的电催化概念在 3.8 节中有所涉及，引入了一个典型的伏安曲线作为确定燃料电池中特定催化剂有效性的方法。由于本章中描述的交换电流密度值较小，燃料电池中对有效催化剂的需求变得明显。希望读者通过本章能够理解燃料电池文献中经常遇到的电化学动力学的基本概念和术语。

3.10　习题

1. 概述电极电位和过电位的定义。

2. 简述电池电压的不可逆损失有哪些形式。

3. 讨论表面覆盖的概念及其用法。

4. 什么是活化极化，解释活化极化的原因。

5. 决定电极反应速率的步骤是什么？

6. 简述反应中间体稳态近似的概念，及其有效性和实践中的局限性。

7. 简述电化学反应的法拉第定律。

8. 简述电极反应的各种表现形式，并指出哪种形式更适合书写反应速率表达式。

9. 列出巴特勒－福尔默方程成立的所有条件，并考虑可逆和不可逆转移电荷反应过程，逐步推导方程。简述阳极和阴极的活化过电位电流密度关系。

10. 什么是塔菲尔方程，什么是塔菲尔斜率，简述塔菲尔方程的有效条件。

11. 列出在燃料电池中使用多孔电极的一些重要原因。

12. 简述表面化学吸附反应、兰格谬尔和特姆金动力学。

13. 按照本章介绍的推导，使用特姆金动力学来建立控制活化过电位与电流密度函数的方程。

14. 简述浓差极化产生的原因。

15. 绘制整个电池的电位分布。

16. 电解液中的双电层是什么。

17. 简述阳极氢氧化反应的主要反应步骤。

18. 简述阴极氧还原反应的主要反应步骤。在酸性和碱性水性电解质存在下，氧还原反应的四电子和二电子机制是什么。

19. 什么是电催化和电催化剂，简述 Volcano 曲线。

参 考 文 献

［1］Bockris, J. O'M. and S. Srinivasan. 1969. Fuel Cells: Their Electrochemistry. New York: McGraw – Hill.

［2］McDougall, A. 1976. Fuel Cells. London: MacMillan.

［3］Kordesch, K. and G. Simader. 1996. Fuel Cells and their Applications. New York: VCH.

［4］Liebhafsky, H. A. and E. J. Cairns. 1968. Fuel Cells and Fuel Batteries. New York: Wiley.

［5］Baschuk, J. J. and X. Li 2003. Int. J. En. Res., 27: 1095 – 1116.

[6] Hum, B. and X. Li. 2004. J. Appl. Electrochem. , 34: 205 – 215.

[7] Blomen, L. J. M. J and M. N. Mugerwa 1993. Fuel Cell Systems. New York: Plenum Press.

[8] Gnanamuthu, D. S. and J. V. Petrocelli 1967. J. Electrochem. Soc. , 114: 1036.

[9] Somorjai, G. A. 1994. Introduction to Surface Chemistry and Catalysis. New York: Wiley.

[10] Kivisari, J. 1995. Fuel Cell lecture notes.

第4章
燃料电池传输现象

4.1 绪言

在燃料电池工作过程中，质量、热量、动量和电的传输同时发生，这些传输速率会对燃料电池性能产生显著影响，甚至是主要的影响因素。正如第3章所述，虽然燃料电池的电能产生于电极电化学反应，但前提是要将反应物供应至电化学反应位点且去除反应产物，方能保证连续稳定地发电。同时，还需要带走发电和传输过程中产生的电能和废热。因此，传输过程与电化学反应对燃料电池性能方面同等重要。通过增加电流密度可以增加输出功率，而电流密度可以通过增加电极电化学反应速率来实现，因此要求反应物供应和产物去除的速率满足电极反应速率不断增加的需求。然而，持续增加电流密度将接近极限（或最大）电流密度，无法进一步增加输出功率，例如极化曲线中的浓差极化区域。

与质量、热量、动量和电的传输相关的现象非常复杂且相互关联，涉及多组分、多相和多维传输过程。因此，我们以尽可能简单的方式呈现这些现象，同时保留所涉及的基本物理特性。本章的目的是介绍质量、热量、动量和电的传输过程、基本速率定律，以及其对电池性能的影响。然而，由于多组分和多相传输过程的局限性和复杂性，仍无法描述质量、物质、动量、能量以及电荷守恒方面的控制方程。本章针对电化学反应传输过程的相似性和差异性进行了研究，并说明其对电池性能的影响。

通过本章对燃料电池传输过程的研究，可以对燃料电池有更好和更完整的理解，并且可获得有利燃料电池计算运行和设计参数的方程式。

4.2 多组分混合物的基本定义

多组分混合物体积为 V，由 n 种物质组成。这种混合物中物质 i 的浓度可通过以下方法来描述。

摩尔浓度 C_i 定义为

$$C_i = \frac{n_i}{V} \tag{4.1}$$

或者单位体积物质 i 的摩尔数，单位为 $\mathrm{mol/m^3}$。

质量浓度 ρ_i 定义为

$$\rho_i = \frac{m_i}{V} \tag{4.2}$$

或者单位体积物质 i 的质量，单位为 $\mathrm{kg/m^3}$。通常称为物质 i 的组分密度，则

$$\rho_i = C_i W_i \tag{4.3}$$

式中，W_i 是物质 i 的相对分子质量。

摩尔分数 X_i 定义为

$$X_i = \frac{n_i}{n} = \frac{C_i}{C} \tag{4.4}$$

式（4.4）表示摩尔数 n_i 物质 i 占混合物中所有物质的总摩尔数 $n = \sum_{i=1}^{N} n_i$ 的比值；同理，$C = \sum_{i=1}^{N} C_i$ 是混合物中所有物质的总摩尔浓度。

质量分数 Y_i 定义为

$$Y_i = \frac{m_i}{m} = \frac{\rho_i}{\rho} \tag{4.5}$$

式（4.5）表示质量 m_i 物质 i 占混合物中所有物质的总质量 $m = \sum_{i=1}^{N} m_i$ 的比值。同理，$\rho = \sum_{i=1}^{N} \rho_i$ 是混合物中所有物质的总质量浓度（或密度）。

根据这些定义，下列等式对混合物有效，即

$$\sum_{i=1}^{N} X_i = 1 \text{ 和 } \sum_{i=1}^{N} Y_i = 1 \tag{4.6}$$

混合物的相对分子质量可以表示为

$$W_{\mathrm{mix}} = \sum_{i=1}^{N} X_i W_i = \left[\sum_{i=1}^{N} \frac{Y_i}{W_i} \right]^{-1} \tag{4.7}$$

质量分数与摩尔分数的关系如下：

$$Y_i = X_i \left(\frac{W_i}{W_{\mathrm{mix}}} \right); \quad X_i = Y_i \left(\frac{W_{\mathrm{mix}}}{W_i} \right) \tag{4.8}$$

4.2.1 平均速度和扩散速度

ν_i 表示物质 i 相对于静止坐标的绝对速度，混合物中的每个物质可能具有

不同的绝对速度，可以根据质量平均和摩尔平均两种方式来定义混合物中所有物质的平均速度。

质量平均速度 ν 定义为

$$\nu = \frac{\sum\limits_{i=1}^{N} \rho_i \nu_i}{\sum\limits_{i=1}^{N} \rho_i} = \sum_{i=1}^{N} Y_i \nu_i \tag{4.9}$$

摩尔平均速度 ν^* 定义为

$$\nu^* = \frac{\sum\limits_{i=1}^{N} C_i \nu_i}{\sum\limits_{i=1}^{N} C_i} = \sum_{i=1}^{N} X_i v_i \tag{4.10}$$

显然，质量平均速度 ν 是以混合物中物质的量比为加权的平均值，而摩尔平均速度 ν^* 则是以混合物中物质的摩尔数比为加权的平均值。一般来说，ν 在流体力学中是按惯例使用的。需要注意的是除非混合物中所有物质的相对分子质量相同，否则 ν 和 ν^* 不相等。

物质扩散是物质相对于混合物整体平均运动的相对运动。由于混合物的平均运动可以用质量平均速度 ν 或摩尔平均速度 ν^* 表示，那么混合物中物质 i 的扩散速度也可以定义为

质量扩散速度

$$V_i = \nu_i - \nu \tag{4.11}$$

摩尔扩散速度

$$V_i^* = \nu_i - \nu^* \tag{4.12}$$

物质 i 相对于静止坐标的运动用 ν 或者 ν^* 表示，相对于流体的局部平均运动的相对运动用 V_i 或者 V_i^* 表示。前者（平均运动）通常被称为对流或整体运动，而后者被称为扩散。

4.2.2 传质速率

传质速率或混合物中物质 i 的转移速率，通常用单位时间内沿垂直于表面方向转移的单位表面积质量（或摩尔）流量来表示。因此，物质 i 相对于静止坐标的总质量和摩尔通量为

总质量通量 $\qquad \dot{m}_i'' = \rho_i \nu_i \quad \text{kg/(s·m}^2) \tag{4.13}$

总摩尔通量 $\qquad \dot{N}_i'' = C_i \nu_i \quad \text{mol/(s·m}^2) \tag{4.14}$

同理，物质 i 相对于局部平均流体运动的质量和摩尔通量，称为扩散质量（或摩尔）通量，定义为

扩散质量通量 $\qquad \dot{m}_{i,d}'' = \rho_i \nu_i \quad \text{kg/(s·m}^2) \tag{4.15}$

扩散摩尔通量 $\qquad \dot{N}''_{i,d} = C_i \nu^*_i \quad \text{mol/} (\text{s} \cdot \text{m}^2)$ (4.16)

由整体运动引起的质量和摩尔通量可以类似地定义如下。

对流质量通量 $\qquad \dot{m}''_{i,b} = \rho_i \nu \quad \text{kg/} (\text{s} \cdot \text{m}^2)$ (4.17)

对流摩尔通量 $\qquad \dot{N}''_{i,b} = C_i \nu^* \quad \text{mol/} (\text{s} \cdot \text{m}^2)$ (4.18)

根据式（4.11）和式（4.12）中定义的扩散速度，总质量通量和摩尔通量为

$$\dot{m}''_i = \rho_i (\nu + V_i) = \rho_i \nu + \rho_i V_i = \dot{m}''_{i,b} + \dot{m}''_{i,d}$$ (4.19)

$$\dot{N}''_i = C_i (\nu^* + V^*_i) = C_i \nu^* + C_i V^*_i = \dot{N}''_{i,b} + \dot{N}''_{i,d}$$ (4.20)

显然，总传质速率 $\dot{m}''_i$ 或者 $\dot{N}''_i$ 是由流体整体运动所携带的质量以及物质相对整体运动的相对运动决定，或者简单来说是由对流和扩散效应决定的。流体的整体运动可以由流体连续性和牛顿第二定律决定，通常称为质量和动量守恒方程，如流体力学中所述。因此，在下一节将描述扩散传质。

混合物（即混合物中所有物质）的总传质速率通常定义为

总质量通量 $\qquad \dot{m}'' = \sum_{i=1}^{N} \dot{m}''_i$ (4.21)

总摩尔通量 $\qquad \dot{N}'' = \sum_{i=1}^{N} \dot{N}''_i$ (4.22)

根据式（4.9）和式（4.10）的平均速度，结合式（4.13）和式（4.14）则

总质量通量 $\qquad \dot{m}'' = \rho \nu$ (4.23)

总摩尔通量 $\qquad \dot{N}'' = C \nu^*$ (4.24)

另外，$\dot{m}''_{i,d}$、V_i 和 ν 的定义如下。

$$\dot{m}''_{i,d} = \rho_i V_i = \rho_i (\nu_i - \nu) = \rho_i \nu_i - \frac{\rho_i}{\rho} \sum_{j=1}^{N} \rho_j \nu_j$$

根据 $\dot{m}''_i$ 和 Y_i 的定义，可将上式简化为

$$\dot{m}''_{i,d} = \dot{m}''_i - Y_i \sum_{j=1}^{N} \dot{m}''_j$$ (4.25)

式中，$\dot{m}''_i$ 表示物质 i 的总质量通量，$Y_i \sum_{j=1}^{N} \dot{m}''_j$ 表示流体整体运动携带物质 i 的质量通量 $\dot{m}''_{i,b}$。同理，推导出摩尔通量为

$$\dot{N}''_{i,d} = \dot{N}''_i - X_i \sum_{j=1}^{N} \dot{N}''_j$$ (4.26)

示例 4.1 由氢气和水蒸气组成的混合物中各组分摩尔分数分别为 $X_{H_2} = 0.80$ 和 $X_{H_2O} = 0.20$。如果氢气和水蒸气的运度方向相同，当 $\nu_{H_2} = 2 \text{ m/s}$ 和 $\nu_{H_2O} = 1 \text{ m/s}$，计算以下内容。

（1）质量平均速度和摩尔平均速度。

（2）混合物的质量扩散速度和摩尔扩散速度。

（3）混合物在 1 atm 压力和 80 ℃时的总质量通量和总摩尔通量。

（4）混合物在 1 atm 压力和 80 ℃时的扩散质量通量和扩散摩尔通量。

（5）计算（4）中总质量通量和总摩尔能量。

解答

（1）根据给定的条件和式（4.10），摩尔平均速度计算如下。

$$\nu^* = X_{H_2}\nu_{H_2} + X_{H_2O}\nu_{H_2O} = 0.80 \times 2 + 0.20 \times 1 = 1.8 \, (m/s)$$

为确定质量平均速度，首先需要确定氢气和水蒸气的质量分数。因为氢和水的相对分子质量是已知的。

$$W_{H_2} \approx 2 \, (kg/kmol) \qquad W_{H_2O} \approx 18 \, (kg/kmol)$$

根据式（4.7），氢气水蒸气混合物的相对分子质量为

$$W_{mix} = X_{H_2}W_{H_2} + X_{H_2O}W_{H_2O} = 0.80 \times 2 + 0.20 \times 18 = 5.2 \, (kg/kmol)$$

由式（4.8），得到氢气和水蒸气的质量分数为

$$Y_{H_2} = X_{H_2}\left(\frac{W_{H_2}}{W_{mix}}\right) = 0.80 \times \left(\frac{2}{5.2}\right) = 0.307\,7$$

$$Y_{H_2O} = X_{H_2O}\left(\frac{W_{H_2O}}{W_{mix}}\right) = 0.20 \times \left(\frac{18}{5.2}\right) = 0.692\,3$$

根据式（4.9），质量平均速度变为

$$V = Y_{H_2}V_{H_2} + Y_{H_2O}V_{H_2O} = 0.307\,7 \times 2 + 0.692\,3 \times 1 = 1.307\,7 \, (m/s)$$

从前面的计算中可以明显看出，摩尔平均速度不等于质量平均速度，但是当所涉及的物质相对分子质量彼此接近时，摩尔平均速度和质量平均速度的差异将减小。

（2）根据式（4.11）和式（4.12）中给出的定义，根据混合物的质量平均速度和摩尔平均运动，氢气的质量扩散速度和摩尔扩散速度分别为

$$V_{H_2} = \nu_{H_2} - \nu = 2 - 1.307\,7 = 0.692\,3 \, (m/s)$$

$$V_{H_2}^* = \nu_{H_2} - \nu^* = 2 - 1.8 = 0.2 \, (m/s)$$

水蒸气的质量扩散速度和摩尔扩散速度分别为

$$V_{H_2O} = \nu_{H_2O} - \nu = 1 - 1.307\,7 = -0.307\,7 \, (m/s)$$

$$V_{H_2O}^* = \nu_{H_2O} - \nu^* = 1 - 1.8 = -0.8 \, (m/s)$$

（3）对于混合物中总质量密度的计算可通过假设混合物遵循理想气体行为，即

$$\rho = \frac{PW_{mix}}{RT} = \frac{101\,325 \times 5.2}{8\,314 \times (80 + 273)} = 0.179\,5 \, (kg/m^3)$$

通过式（4.5）得出氢气和水蒸气的分密度为

$$\rho_{H_2} = Y_{H_2}\rho = 0.307\,7 \times 0.179\,5 = 0.055\,23 \, (kg/m^3)$$

$$\rho_{H_2O} = Y_{H_2O}\rho = 0.692\ 3 \times 0.179\ 5 = 0.124\ 3\,(kg/m^3)$$

混合物总摩尔浓度由式（4.3）可得

$$C = \frac{\rho}{W_{mix}} = \frac{0.179\ 5}{5.2} = 34.52\,(mol/m^3)$$

氢气和水蒸气的摩尔浓度分别为

$$C_{H_2} = X_{H_2}C = 0.80 \times 34.52 = 27.62\,(mol/m^3)$$

$$C_{H_2O} = X_{H_2O}C = 0.20 \times 34.52 = 6.904\,(mol/m^3)$$

氢气总质量通量和总摩尔通量由式（4.13）和式（4.14）得

$$\dot{m}''_{H_2} = \rho_{H_2}\nu_{H_2} = 0.055\ 23 \times 2 = 0.110\ 5\,(kg/(s \cdot m^2))$$

$$\dot{N}''_{H_2} = C_{H_2}\nu_{H_2} = 27.62 \times 2 = 55.24\,(mol/(s \cdot m^2))$$

水蒸气的总质量通量和总摩尔通量分别为

$$\dot{m}''_{H_2O} = \rho_{H_2O}\nu_{H_2O} = 0.124\ 3 \times 1 = 0.124\ 3\,(kg/(s \cdot m^2))$$

$$\dot{N}''_{H_2O} = C_{H_2O}\nu_{H_2O} = 6.904 \times 1 = 6.904\,(mol/(s \cdot m^2))$$

（4）根据式（4.15）和式（4.16）得到扩散通量为

$$\dot{m}''_{H_2,d} = \rho_{H_2}V_{H_2} = 0.055\ 23 \times 0.692\ 3 = 0.038\ 24\,(kg/(s \cdot m^2))$$

$$\dot{N}''_{H_2,d} = C_{H_2}V^*_{H_2} = 27.62 \times 0.2 = 5.524\,(mol/(s \cdot m^2))$$

$$\dot{m}''_{H_2O,d} = \rho_{H_2O}V_{H_2O} = 0.124\ 3 \times (-0.307\ 7) = -0.038\ 25\,(kg/(s \cdot m^2))$$

$$\dot{N}''_{H_2O,d} = C_{H_2O}V^*_{H_2O} = 6.904 \times (-0.8) = -5.523\,(mol/(s \cdot m^2))$$

（5）氢气和水蒸气的总质量通量和总摩尔通量为

$$\dot{m}''_{H_2,d} + \dot{m}''_{H_2O,d} = -0.000\ 01\ kg/(s \cdot m^2) \approx 0\,(在精度范围内)$$

$$\dot{N}''_{H_2,d} + \dot{N}''_{H_2O,d} = 0.001\ mol/(s \cdot m^2) \approx 0\,(在精度范围内)$$

结论

1. 从式（4.3）中可以清楚地看出，总质量通量与总摩尔通量相差一个因子，该因子等于所涉及物质的相对分子质量，即

$$\dot{m}''_i = \dot{N}''_i W_i$$

然而，由于整体运动和扩散，上述关系不适用于通量计算，因为当涉及物质的量或摩尔数时，平均速度和扩散速度不同。示例4.1中的结果证实了这一点。

2. 本示例表明，混合物中物质的所有扩散通量相加起来等于零。事实上，从式（4.11）、式（4.12）、式（4.15）和式（4.16）中，可得

$$\sum_{i=1}^{N} \dot{m}''_{i,d} = \sum_{i=1}^{N} \rho_i V_i = \sum_{i=1}^{N} \rho_i(\nu_i - \nu) = \sum_{i=1}^{N} \rho_i\nu_i - \sum_{i=1}^{N} \rho_i\nu = 0$$

$$\sum_{i=1}^{N} \dot{N}''_{i,d} = \sum_{i=1}^{N} C_i V^*_i = \sum_{i=1}^{N} C_i(\nu_i - \nu^*) = \sum_{i=1}^{N} C_i\nu_i - \sum_{i=1}^{N} C_i\nu^* = 0$$

根据式（4.9）和式（4.10），这是可以理解的，因为物质扩散是物根据

流体整体运动的局部平均运动。

4.3　菲克扩散定律

考虑由两种物质组成的非反应混合物：物质 i 和物质 j。物质 i 通过物质 j 扩散的质量转移率遵循现象方程如下：

$$\dot{m}''_{i,d} = -\rho D_{ij} \nabla Y_i \tag{4.27}$$

这就是菲克扩散定律，用质量通量来表示。式（4.27）表明，扩散质量通量由质量浓度梯度产生，负号表示浓度降低的方向。因此，物质扩散导致物质 i 从高浓度区域向低浓度区域传输，类似通过热传导向低温方向传递热量。比例常数 D_{ij} 称为二元质量扩散率，或物质 i 相对于物质 j 的扩散系数。它是二元混合物的一个性质，单位为 m^2/s。附录十中给出了一些二元扩散系数的值。

结合式（4.15）和式（4.27），得到

$$Y_i V_i = -D_{ij} \nabla Y_i \tag{4.28}$$

式中，V_i 为物质 i 的扩散速度，可以在质量分数已知的情况下确定。

因此，物质 i 相对于静止坐标的总质量通量由式（4.19）得到

$$\dot{m}''_i = \rho_i \nu - \rho D_{ij} \nabla Y_i \tag{4.29}$$

式（4.29）表明，物质 i 相对静止坐标的总质量通量由两部分决定。一部分是由混合物相对静止坐标的整体运动所携带的物质 i 的质量，另一部分是由浓度梯度引起的物质扩散。考虑式（4.5）和式（4.23），式（4.29）也可以写为

$$\dot{m}''_i = Y_i \dot{m}'' - \rho D_{ij} \nabla Y_i \tag{4.30}$$

式中，

$$\dot{m}'' = \dot{m}''_i + \dot{m}''_j$$

即表示二元混合物的总质量通量。

在多数情况下，用摩尔通量更方便表达上述各种方程式。因此，菲克扩散定律写为

$$\dot{N}_{i,d} = -C D_{ij} \nabla X_i \tag{4.31}$$

或者

$$X_i V_i^* = -D_{ij} \nabla X_i \tag{4.32}$$

物质 i 相对静止坐标的总摩尔通量为

$$\dot{N}''_i = C_i \nu^* - C D_{ij} \nabla X_i \tag{4.33}$$

$$\dot{N}''_i = X_i \dot{N}'' - C D_{ij} \nabla X_i \tag{4.34}$$

示例 4.2　对于由特定物质 i 和 j 组成的二元混合物，证明二元质量扩散

率 D_{ij} 与下标指数对称，即

$$D_{ij} = D_{ji}$$

解答

根据式（4.27），物质 i 和 j 的扩散质量通量分别为

$$\dot{m}''_{i,d} = -\rho D_{ij} \nabla Y_i$$

$$\dot{m}''_{j,d} = -\rho D_{ji} \nabla Y_j$$

因为总扩散通量为零，即

$$\dot{m}''_{i,d} + \dot{m}''_{j,d} = 0$$

可得

$$D_{ij} \nabla Y_i + D_{ji} \nabla Y_j = 0$$

对于仅由物质 i 和 j 组成的二元混合物，式（4.6）可得

$$Y_i + Y_j = 1 \text{ 或 } Y_j = 1 - Y_i$$

然后

$$D_{ij} \nabla Y_i + D_{ji}(-\nabla Y_i) = 0$$

即

$$D_{ij} = D_{ji}$$

结论

二元质量扩散率的对称性 $D_{ij} = D_{ji}$，仅对二元混合物有效，对两种以上物质的多组分混合物无效。事实上，菲克扩散定律只对二元混合物严格有效，更复杂的定律将在本章后面介绍，该定律适用于多组分混合物中的扩散。

4.4 质量、能量和动量传递的相似性

在一定条件下，可以得出质量、热能（或通常称为热量）和动量之间的相似性，本节将描述这些传输现象之间的相似性。众所周知，热扩散或热传导遵循以下现象方程。

$$\dot{q}''_d = -k \nabla T \tag{4.35}$$

式中，$\dot{q}''_d$ 为热通量，表示单位时间内沿温度梯度方向的单位面积导热量，单位为 $J/(s \cdot m^2)$ 或 W/m^2；T 表示温度，单位为 K；比例常数 k 与导热介质特性相关，通常称为热导率，单位为 $W/(m \cdot K)$。式（4.35）表明，导热速率与温度梯度成正比，导热方向是沿温度降低的方向，或从高温区到低温区。该表达式被称为傅里叶传导定律。

相比物质和热能的扩散，动量的扩散通常更加复杂。动量扩散可以发生在流体流动和横流的方向上，牛顿流体可以线性依赖于速度梯度，非牛顿流体可以非线性依赖于速度梯度。常见的流体，如水、空气、氢气、氧气、氮

气、一氧化碳和二氧化碳都是牛顿流体。对于牛顿流体，动量通量 $\dot{M}''_d$ 中的动量扩散遵循现象方程如下：

$$\dot{M}''_d = -\mu\left[\nabla\nu + (\nabla\nu)^T\right] \tag{4.36}$$

式中，上标 "T" 表示速度梯度 $\nabla\nu$ 的转置，动量扩散的驱动力是速度梯度（矢量），而质量和热量扩散的驱动力是浓度和温度的梯度（标量）。比例常数 μ 是流体的一种性质，单位为 kg/(m·s)，被称为剪切黏度系数，简称黏度。因为动量的单位为 kg·m/s，所以动量通量的单位，或单位时间单位表面积产生的扩散动量传输速率则为

$$\frac{\text{kg}\cdot\text{m}}{\text{s}}/(\text{s}\cdot\text{m}^2) = \frac{\text{N}}{\text{m}^2}$$

也就是说，动量通量 $\dot{M}''_d$ 相当于作用在单位面积上的力或应力。因此，$\dot{M}''_d$ 通常用 τ 表示，τ 表示由速度梯度或动量传递引起的剪应力和法向应力。式（4.36）被称为牛顿黏性定律。

通过考虑以下情况可以获得通过扩散的质量、动量和能量传输之间更接近的相似性：二元混合物的流动在 x 方向上是平滑和有序的（层流），物质 i 的速度、温度和浓度在横流 y 方向上变化，在流向 x 方向上的变化可以忽略不计，即

$$Y_i = Y_i(y), T = T(y), v_x = v_x(y), v_y \approx 0$$

这种流动情况出现在，例如固体表面（壁）上的流动。质量、动量和能量在横流 y 方向上传输的扩散通量变为

对于常数 ρ 菲克定律　　　$\dot{m}''_{i,d,y} = -D_{ij}\dfrac{\partial}{\partial y}(\rho Y_i)$　　　　(4.37)

对于常数 C 菲克定律　　　或 $\dot{N}''_{i,d,y} = -D_{ij}\dfrac{\partial}{\partial y}(C X_i)$　　　　(4.38)

对于常数 ρ 牛顿定律　　　$\dot{M}''_{d,y}(=\tau_{xy}) = -v\dfrac{\partial}{\partial y}(\rho v_x)$　　　　(4.39)

对于常数 ρC_p 傅里叶定律　$\dot{q}''_y = -\alpha\dfrac{\partial}{\partial y}(\rho C_p T)$　　　　(4.40)

式中，$v = \mu/\rho$ 表示运动黏度，单位为 m²/s；$\alpha = k/(\rho C_p)$ 表示热扩散率，单位为 m²/s，两者都是混合物的属性。恒压热容 C_p 单位为 J/(kg·K)，表示在单位质量温度变化的基础上，将混合物的特性表示为混合物的热容量。

将在后面内容中介绍由于燃料电池的设计和运行中扩散而引起的横流传输现象的重要性，特别是与电极表面电流密度的不均匀分布有关。

4.4.1　低密度下传输系数

质量、动量和能量的传递系数 D_{ij}、v 和 α（或 ρD_{ij}、μ 和 k）是输送混合

物的性质，因此它们是混合物的状态函数。对于低密度的气体混合物（理想气体），动力学理论表明

$$\{\rho D_{ij}, \mu, k\} \sim T^{1/2} \tag{4.41}$$

或

$$\{D_{ij}, v, \alpha\} \sim \frac{T^{2/3}}{Pd^2} \tag{4.42}$$

式中，d 为分子直径。

实验结果表明低密度气体混合物的传递系数对温度依赖性更强。

$$\{\rho D_{ij}, \mu, k\} \sim T^n; \ 0.5 \leqslant n \leqslant 1 \tag{4.43}$$

$$\{D_{ij}, v, \alpha\} \sim \frac{T^m}{Pd^2}; \ 1.5 \leqslant m \leqslant 2 \tag{4.44}$$

显然，这些传输系数 D_{ij}、v 和 α 对温度和压力具有相同的依赖性，并且与分子直径的平方成反比。在相同条件下氢的分子尺寸最小，因此，氢的扩散系数最大，大于氧的扩散系数。传输系数显著差异影响阳极供氢和阴极供氧（或空气）的性能，将在第 5 章进行介绍。

4.4.2 传输系数比例

本节描述了质量、动量和能量的扩散传输之间的相似性及其相应的传输系数。为了衡量它们的相对重要性和影响，通常根据它们的比率来定义各种无量纲参数。例如，普朗特数定义为

$$Pr \equiv \frac{v}{\alpha} \sim \frac{动量传输速率}{能量传输速率} \tag{4.45}$$

路易斯数定义为

$$Le_{ij} \equiv \frac{\alpha}{D_{ij}} \sim \frac{能量传输速率}{质量传输速率} \tag{4.46}$$

施密特数定义为

$$Sc_{ij} \equiv \frac{v}{D_{ij}} \sim \frac{动量传输速率}{质量传输速率} \tag{4.47}$$

显然，这三个无量纲数由下式联系起来。

$$Sc_{ij} \equiv Pr \times Le_{ij} \tag{4.48}$$

对于许多气体，这些无量纲数往往非常接近 1（根据动力学理论的预测），略小于 1，但这个事实在燃料电池分析中还没有被探索过。对于多组分混合物，可以基于二元扩散系数 D_{ij} 给混合物中每对物质 i 和 j 定义 Le_{ij} 和 Sc_{ij}。因此，在特定分析中出现的无量纲参数的实际数量取决于混合物中物质的数量。

4.5　壁面流动传输现象

在燃料电池及许多其他实际应用中，研究流体在固体表面流动时发生的传输现象非常重要，因为它们对流体流动的泵送功率要求和热（质）量传递装置的整体性能具有主导影响。本节将介绍流体与壁面之间的动量、能量和物质的传递。

4.5.1　速度边界层：动量传输

壁面传输现象与边界层概念有关。例如对于平板上的流动，如图 4.1 所示，与壁面接触的流体微粒决定了壁面的速度，即黏性流体的无滑移边界条件（$\mu \neq 0$）。通常，在相对壁面的惯性坐标系中，壁面被认为是静止的（$v_s = 0$），如图 4.1 所示。壁面处流体微粒零速度阻碍相邻层中流体的运动，这将减慢下一层中流体的运动速度，依此类推。这种阻滞效应随着离壁距离的增加而减弱，在距离 $y = \delta$ 时，阻滞效应可以忽略不计，流体速度接近自由流速度 v_∞。壁面附近流体运动受阻滞导致流体速度变化，或引起 y 方向动量通量的变化，如式（4.36）或其简化形式（4.39）所示。这种动量通量导致作用在平行于流体速度（横向）的流体上的剪应力 τ，如图 4.1 所示，剪应力可由式（4.39）估算。

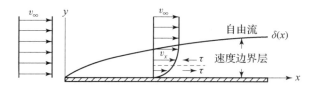

图 4.1　平板上速度边界层的发展过程

显然，壁面上的流体流动分为两个不同区域：速度变化快且靠近壁面的薄膜区（$\tau \neq 0$）和速度变化可以忽略且远离壁面的区域（$\tau = 0$）。靠近壁面的薄膜区通常称为速度边界层，其厚度 δ 通常被定义为到壁面的距离（$v_x = 0.99 v_\infty$ 或壁面速度 v_s 不为零时，$v_x - v_s = 0.99 (v_\infty - v_s)$ 的位置）。黏度的影响在速度边界层内占主导地位，而在边界层外由于离开壁面的距离增加，黏度的影响可忽略不计。随着流体向下游流动（x 越大），黏度（或壁面）的影响深入自由流，速度边界层变得更厚且 δ 随着 x 的增加而增加。

速度边界层内部动量扩散引起流体作用在壁面上的切应力 τ_s，根据牛顿第三定律和式（4.39），壁面切应力由式（4.49）确定。

$$\tau_s = \mu \frac{\partial u}{\partial y}\bigg|_{y=0} \tag{4.49}$$

对外部的流动是无量纲形式

$$C_f \equiv \frac{\tau_s}{\frac{1}{2}\rho v_\infty^2} \tag{4.50}$$

式中，C_f 表示局部摩擦系数，随着 x 的增加而减小，主要是因为速度边界层的厚度增加。对于给定的几何形状，C_f 取决于一个无量纲参数，称为雷诺数。

$$Re \equiv \frac{\rho v_\infty x}{\mu} \tag{4.51}$$

表示黏度效应的相对重要性。因此有

$$C_f = f_1(Re) \tag{4.52}$$

注意，上述雷诺数的定义通常适用外部流动，例如这里讨论的平板上的流动，流动方向上的位置 x 代表所考虑位置的长度尺度。对于管道内的流动（内部流动），长度尺度通常选择为流动通道的代表性横截面尺寸，例如圆形管道的直径。对于非圆形管道内的流动，水力直径是最常用的长度尺度，定义为

$$D_h \equiv \frac{4 \times 横截面面积}{湿润周长} \tag{4.53}$$

式中，湿润周长表示给定横截面上受剪切应力 τ_s 作用的所有固体表面。有时，有效层流直径可用于非圆形管道，使得任何内部流动的函数相关性（式（4.52））与圆形管道内的流动相同。

4.5.2 热边界层：能量传输

当流体与壁面存在速度差则会形成速度边界层，类似的，当流体和壁面存在温差时便会形成热边界层。如图 4.2 所示，考虑温度为 T_∞ 的流体流过温度为 T_s 的等温平板。与壁面接触的流体粒子很快达到局部热平衡，温度与壁温保持一致（温度的连续性）。这些粒子通过热量（热能）的传递影响相邻层中流体的温度。这样的过程一直持续到离壁面足够远（$y = \delta_t$），此时，壁面效应可忽略不计，流体温度不再沿 y 方向变化并接近自由流温度。同理，流体中的热场分为两个区域：靠近壁面的薄膜层称为热边界层，其温度从壁面温度 T_s 到自由流温度 T_∞（$\dot{q}_y'' \neq 0$）；热边界层外温度变化可忽略的区域（$\dot{q}_y'' \approx 0$）。y 方向热通量 $\dot{q}_y''$ 可由式（4.40）确定。热边界层的厚度 δ_t，通常被定义为 $T - T_s = 0.99(T_\infty - T_s)$ 处与壁面的距离。当流体向下游流动时，热量传输（正向流动）的效果是从整个流动中释放出大量的热量，因此 δ_t 随 x 的增加而增加。

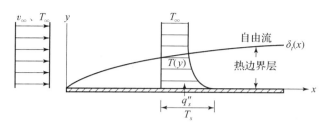

图 4.2　等温平板上热边界层的发展过程

y 方向上热边界层上方的热传递效应（$\dot{q}''_y$）是自由流和壁面之间的热传递，这通常由牛顿冷却定律确定。

$$\dot{q}''_s = h_H(T_s - T_\infty) \tag{4.54}$$

式中，h_H 表示对流传热系数，单位为 W/（m² · K）。需要强调的是，h_H 不是流体的特性，而是取决于热边界层中的流动条件、壁面几何形状和所涉及的流体类型。通常，由于热边界层的增长，h_H 在流动方向上减小。结合式（4.40），有

$$h_H = \frac{-k \left.\dfrac{\partial T}{\partial y}\right|_{y=0}}{T_s - T_\infty} \tag{4.55}$$

无量纲对流传热系数通常定义为

$$Nu \equiv \frac{h_H x}{k} \tag{4.56}$$

式中，Nu 表示努赛尔数，由于热边界层的增长 Nu 可能随 x 的增加而增加，尽管 h_H 将随 x 的增加而减少。对于给定的几何形状，可以确定

$$Nu = f_2(Re, Pr) \tag{4.57}$$

也就是说，Nu 是雷诺数和普朗特数的函数。

4.5.3　浓度边界层：物质传输

当流过壁面的流体中某种物质的浓度不同于壁面上的浓度时，在壁面附近就会形成浓度边界层，这种情况几乎总是发生在速度边界层和热边界层附近。如图 4.3 所示，化学物质 i 和 j 的混合物在平板上流动，物质 i 的浓度在自由流中为 $C_{i,\infty}$，在壁面处为 $C_{i,s}$。同理，壁面上流体的浓度分布分为两个区域：靠近壁面的薄膜层称为浓度边界层，物质 i 的浓度从 $C_{i,s}$ 到 $C_{i,\infty}$（$\dot{N}''_{i,d,y} \neq 0$）；可忽略浓度变化的浓度边界层之外区域（$\dot{N}''_{i,d,y} \cong 0$）。

y 方向的质量通量 $\dot{m}''_{i,d,y} \neq 0$ 可由式（4.37）决定。浓度边界层的厚度 δ_c 定义为 $C_i - C_{i,s} = 0.99(C_{i,\infty} - C_{i,s})$ 处与壁面的距离。随着流体向下游移动，物质传输的影响会进一步渗透到自由流中，因此 δ_c 随 x 的增加而增加。

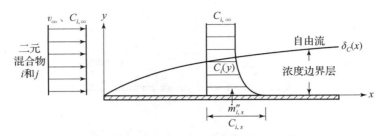

图4.3 平板上浓度边界层的发展过程

物质 i 在自由流和壁面之间的传质速率通常类似式（4.54），表示为

$$\dot{N}''_{i,s} = h_m(C_{i,s} - C_{i,\infty}) \tag{4.58}$$

式（4.58）为摩尔通量，或

$$\dot{m}''_{i,s} = h_m(\rho_{i,s} - \rho_{i,\infty}) \tag{4.59}$$

式（4.59）为质量通量，其中 h_m 表示对流传质系数，单位为 m/s。与 h_H 相似，h_m 不是流体混合物的性质，而是浓度边界层、整体几何形状和流体混合物中流动条件的函数。考虑式（4.37），根据是否使用摩尔或质量通量表达式，有

$$h_m = -\frac{D_{ij}\dfrac{\partial C_i}{\partial y}\Big|_{y=0}}{C_{i,s} - C_{i,\infty}} = -\frac{D_{ij}\dfrac{\partial \rho_i}{\partial y}\Big|_{y=0}}{\rho_{i,s} - \rho_{i,\infty}} \tag{4.60}$$

通常无量纲对流传质系数定义为

$$Sh \equiv \frac{h_m x}{D_{ij}} \tag{4.61}$$

也就是通常所说的舍伍德数。对于给定的几何形状，Sh 取决于由雷诺数确定的流动状态，以及分别由 Sc 表示的速度边界层和浓度边界层中动量扩散和质量扩散的相对有效性，或者

$$Sh \equiv f_3(Re, Sc) \tag{4.62}$$

随着浓度边界层的发展，Sh 可能会随 x 的增加而增加（或 h_m 可能减少），对于 δ_c 保持恒定的流动情况 Sh 可能是不变的。

4.5.4 边界层相似

边界层厚度： 如前所述，雷诺数代表黏度效应。在较小的 Re 值下，黏性效应（类似相邻流体层之间的摩擦效应）占主导地位，并且可以足够快地扩散（或消散）流场中产生的任何扰动，从而防止扰动被放大。这种扰动可能会将平滑、有序和分层的流体运动（层流）变为波动、随机的运动（湍流）。因此，可能存在临界雷诺数 Re_c。在 $Re < Re_c$ 时，层流得以保持。如果 $Re > Re_c$ 由于扰动的放大，层流将被破坏，并且流动可能变为湍流。对于燃料电池中

遇到的大多数流体流动，层流占主导地位。

对于层流边界层，扩散输送在横流（y）方向占主导地位，即

$$\frac{\delta}{\delta_t} \cong Pr^n \tag{4.63}$$

普朗特数表示动量和热量通过扩散在各自的速度边界层和热边界层中的相对有效性。同理

$$\frac{\delta}{\delta_c} \cong Sc^n \tag{4.64}$$

$$\frac{\delta_t}{\delta_c} \cong Le^n \tag{4.65}$$

式中，$n = 1/3$ 适用于大多数常见流体的流动情况。对于大多数气体，Pr、Sc 和 Le 非常接近 1，因此 $\delta \cong \delta_t \cong \delta_c$。对于湍流，边界层的发展主要受湍流中随机波动的影响，而不是受分子扩散的影响。因此，速度边界层、热边界层和浓度边界层的厚度对于湍流来说大致相同，或者

$$\delta \cong \delta_t \cong \delta_c \tag{4.66}$$

显然，一旦已知速度边界层厚度 δ，热边界层厚度 δ_t 和浓度边界层厚度 δ_c 就可以确定。例如对于平板上的流动（平流层），1908 年 Blasius 得出[2,3]

$$\frac{\delta}{x} \approx \frac{5.0}{Re^{1/2}} \tag{4.67}$$

对于垂直于平板的轴对称流（滞流层）[4]，

$$\delta \approx 2.0 \sqrt{\frac{v}{B}} \tag{4.68}$$

式中，v 表示运动黏度；B 表示正的常数，与接近表面的流速成正比，与表面的特征长度成反比，单位为 1/s。显然，在这种情况下，边界层厚度是一个常数，与沿表面的具体位置无关，但随朝向表面的流速增加而减小。滞流层是由于平衡壁面效应向外黏滞扩散和流向壁面产生的对流效应建立起来的。滞流对于燃料电池性能传质效应的基础研究非常重要，这种流动通常是由于电极旋转所引起的，或者在电化学中称为旋转圆盘电极。滞流层的意义在于表面上的任意位置，其边界层厚度都是相同的，从而在电极表面的任意位置产生均匀的质量流量，因为质量在边界层上的传输是通过扩散进行的。此外，比较式（4.67）和式（4.68），垂直于平板的流动（滞流）的边界层厚度比平行于平板的流动的边界层厚度约薄 2.5 倍。因此，滞流提供了更高的质量传递速率，使电极极限电流密度更高。

雷诺相似：速度、温度和浓度边界层发展的相似性表明，这些边界层的重要参数与动量（剪切应力）、热量和质量（在壁上）的传递速率相关。事实上，可以看出[5]

$$C_f\left(\frac{Re}{2}\right) = NuPr^{-1/3} = ShSc^{-1/3} \tag{4.69}$$

当动量与热量传递之间的比拟为 $0.6 < Pr < 60$（第一等式），$0.6 < Sc < 3\,000$（第二等式），动量与质量传递之间的比拟才有效。式（4.69）被称为改进的雷诺比拟，它提供了一种确定壁面动量、热量和物质传递速率的方法。

然而，式（4.69）仅限适用于下列流动条件：首先，边界层近似必须有效；其次，主流方向（x）的压力变化必须非常小（可忽略）。第二个条件对于层流特别重要，而对于湍流可以放宽限制条件。特别是当 $Pr = Sc = 1$ 时，式（4.69）简化为

$$C_f\left(\frac{Re}{2}\right) = Nu = Sh$$

这就是众所周知的雷诺比拟。

对于平板上的稳定层流，布拉修斯方法[2]产生的局部摩擦系数为

$$C_f = 0.664Re^{-1/2} \tag{4.70}$$

最后，从修正的雷诺比拟方程（式（4.69）），平板上对流传热和传质的努赛尔数和舍伍德数可以立即得到

$$Nu \equiv \frac{h_H x}{k} = 0.332Re^{1/2}Pr^{1/3} \quad Pr \geqslant 0.6 \tag{4.71}$$

$$Sh \equiv \frac{h_m x}{D_{ij}} = 0.332Re^{1/2}Sc^{1/3} \quad Sc \geqslant 0.6 \tag{4.72}$$

注意，式（4.70）是针对恒定的壁面速度（通常取 0）获得的，因此式（4.71）和式（4.72）分别适用于恒定的壁面温度 T_s 和恒定的壁面浓度 $C_{i,s}$。如果板表面的条件是均匀的热通量而不是均匀的温度，表明是稳定层流[6]

$$Nu \equiv \frac{h_H x}{k} = 0.453Re^{1/2}Pr^{1/3} \quad Pr \geqslant 0.6 \tag{4.73}$$

因此，努赛尔数比方程（式（4.71））中所示的恒定表面温度的情况大约 36%。使用修正的雷诺相似性，质量传递的舍伍德数可以很容易得到

$$Sh \equiv \frac{h_m x}{D_{ij}} = 0.453Re^{1/2}Sc^{1/3} \quad Sc \geqslant 0.6 \tag{4.74}$$

恒定表面质量通量的舍伍德数比方程（式（4.72））中恒定表面浓度的舍伍德数大 36%。不同表面条件的差异可能对燃料电池的运行有着重要影响，将在下一节中进行介绍。需要指出的是，式（4.70）~式（4.74）中的热物理性质应在所谓的薄膜条件下评估，即体积气相和表面处的平均值。

由式（4.57）和式（4.62），可以发现热量和质量传递之间有明显关系。这些公式表明，假设已知给定流动下的对流传热系数 Nu，那么对于相同的流动，对流传质的相关系数可以用对流传质系数中的 Sh 和 Sc 代替对流传热系数

中的 Nu 和 Pr 来获得，反之亦然。这种热量和质量传输类比将非常有用，因为 Nu 广泛适用于各种各样的流动，而 Sh 的关联相对有限。后续将用这个类比来确定燃料电池环境中的传质速率。

应当注意的是，前文所述用于边界层流的动量、热量和物质的跨流传输之间的类比仅在壁面传质速率 $\dot{m}''_{i,s}$ 非常小时才有效，以至于壁面传质不会明显改变边界层流场（动量传递）。如果 $\dot{m}''_{i,s} > 0$，质量从表面转移到表面上方的气流中，这种气流通常被称为壁吹。如果 $\dot{m}''_{i,s} < 0$，质量从气流转移到壁面，通常被称为壁面抽吸。壁面抽吸使边界层变薄，从而提高输送速度；而壁吹使边界层变厚，降低了输送速度。此外，强吹风效应可以将气流吹离表面，边界层流动概念被打破。在本章中的讨论仅限于弱壁吹吸的情况，以便简化接下来两节中提出的分析。对于强有力的吹壁（吸壁）效果，读者可以参考相关参考文献[1,3,4]。

4.6 浓差极化 η_{conc}

前文对质量传输进行了相关介绍和讨论，现在将注意力转向燃料电池中的浓差极化。浓差极化是导致不可逆电压（能量）损失的三种极化形式之一。活化极化在第 3 章中有所描述，欧姆极化在本章中也会有所描述。

在第 3 章推导活化过电位的过程中，反应物在反应位点的浓度被视为常数，与电池电流密度（或电极上的电化学反应速率）无关。事实上，沿质量输运方向形成了浓度梯度。当电流从电池中流出时，反应位点的反应物浓度总是低于反应物整体区域的反应物浓度。由于质量传输的限制，反应位点较低的反应物浓度会导致输出电池电压相应的损失，这种电压损失通常被称为浓差过电位。

随着电池电流的增加，为了满足增加输出电流要求，电极处电化学反应速率也需要增加。因此，这些反应导致电极处反应物迅速被消耗掉。但是有限的传质速率对反应位点附近反应物的可用性施加了上限。当反应物浓度在反应位点降低至零时，所有输送进来的反应物被产生电流输出的电极反应完全消耗掉，从而达到电池的最大输出电流。传质速率决定了电池（在电极上）能量转换为反应物供给量，而有限的传质速率无法支撑电池电流输出的进一步增加。电池的最大电流密度被称为极限电流密度。在极限电流密度下，可用的（可逆的）电池电势完全消失，主要是浓差过电位，因此电池输出电势降低至零。显然，极限电流密度 J_L 主要受反应物的最大传输速率影响，它表示电池运行的允许范围，因此了解极限电流密度 J_L 具有重要的实际意义。

浓差过电位是由许多阻碍物质运输的过程引起的。对于第 3.7 节中描述的阳极和阴极电极过程，尤其是与式（3.127）和式（3.135）相关的过程，主要的影响过程有以下几种：

1. 从流动通道中气相至多孔电极的对流传质；
2. 电极孔内气相的缓慢扩散；
3. 反应物和产物在电解液中的溶解；
4. 反应物和产物通过电解质向（从）电化学反应位点缓慢扩散。

通常，电解质中反应物低溶解度和反应物通过电解质的缓慢扩散是浓差过电位的主要原因 η_{conc}。通常 η_{conc} 在高电流密度下占比较大，在燃料电池的极化曲线中是常见的，因为需要高传质速率来满足高电流密度发电的需求。

另外，浓差过电位也可能是由电极结构中产物的过度积累引起的，这阻碍了反应物到达反应位点。这种现象在低温氢氧燃料电池中尤其严重，因为反应产物是液态水。这种现象通常被称为电极水淹，导致质子交换膜燃料电池性能严重退化。

向电化学反应位点供应各种物质，包括流动通道中提供给电池的反应物和来自电解质主体的带电物质（离子），后者也与电力的输送有关。下文将按照经典方法和工程方法来分析浓差过电位，为学科的现代综合方法奠定了基础。

4.6.1 反应物供应输运：经典方法

如图 4.4 电极所示，电极支撑层比催化剂层厚得多（至少一个数量级）。假设以一定浓度 C_0 将反应物供应到流道，反应物通过对流传质系数 h_m 从对流通道传输到电极表面，并主要通过扩散穿过支撑层。如果将支撑层和催化剂层之间界面处的反应物浓度表示为 C_1，则稳态下的传质速率根据式（4.58）得到

$$\dot{N} = \dot{N}''A = Ah_m(C_0 - C_s) \qquad (4.75)$$

式（4.75）表示电极表面的对流传质。式中，A 为电极表面积；C_s 是电极表面的反应物浓度。根据菲克定律，通过电极支撑层的扩散传输可以写为

$$\dot{N} = \dot{N}''A = AD^{eff}\frac{C_s - C_1}{L} \qquad (4.76)$$

式中，L 是电极支撑层的厚度。将式（4.75）和式（4.76）结合得到

$$\dot{N} = \frac{C_0 - C_1}{\sum R_m} \qquad (4.77)$$

其中，

$$\sum R_m = \frac{1}{h_m A} + \frac{L}{D^{eff}A} \qquad (4.78)$$

式（4.78）表示将反应物输送到反应位点的总阻力，$1/(h_m A)$ 表示对流传质阻力；$L/(D^{eff}A)$ 表示通过电极支撑层的扩散传质阻力。注意，式（4.78）定

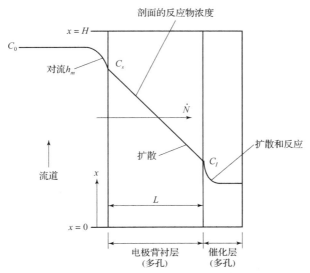

图 4.4　反应物输送到反应物位置的典型过程

义了通过多孔电极支撑层扩散的有效扩散系数 D_{eff}，因此它不仅取决于整体扩散系数 D，还取决于电极的孔结构。假设电极的孔径与孔隙率（或空隙率）ϕ 一致，当支撑层没有水淹或液体电解质溢出时，可以写为

$$D^{eff} = D\phi^{3/2} \tag{4.79}$$

式中，校正系数 $\phi^{3/2}$ 是基于经验的，称为布鲁格曼校正，整体扩散系数 D 是温度、压力和反应物分子大小的函数，如式（4.44）所示。

法拉第电化学反应定律提供了产生电流和反应物传输速率之间的联系，如下所示。

$$\frac{J}{nF} = \frac{\dot{N}}{A} \tag{4.80}$$

式中，J 是电流密度；F 是法拉第常数；n 是消耗 1 mol 反应物转移的摩尔电子数。对于对于氢气，$n = 2$，对于氧气，$n = 4$。将式（4.77）代入式（4.80）得出产生电流和反应物浓度之间的关系为

$$J = nF \left(\frac{1}{h_m} + \frac{L}{D^{eff}} \right)^{-1} (C_0 - C_I) \tag{4.81}$$

式（4.81）表示在电极中产生的电流密度与浓度差 $C_0 - C_I$ 成正比，并且 J 随着 C_0（电极附近流道中反应物浓度）的增加而增加。对于给定电极和操作条件，C_0 是固定的，那么 J 随着 C_I 的降低而增加。然而，支撑催化剂层界面处的最小浓度 $C_I = 0$，最大可能电流密度或极限电流密度变为

$$J_L = nF \left(\frac{1}{h_m} + \frac{L}{D^{eff}} \right)^{-1} C_0 \tag{4.82}$$

对于 $C_I = 0$ 的条件，从物理上讲，意味着所提供的所有反应物都将在支撑体与催化剂界面处被电化学反应完全消耗。有限的反应物传输速率无法支撑电极电流的进一步增加，此时已经达到电流密度的极限条件。

从式（4.82）和式（4.79）可以看出，极限电流密度受工作条件（如温度 T、压力 P 和电极水淹）、设计条件（如接触角 ϕ、电极支撑层厚度 L）和流动通道中反应剂的流动状态等影响，进而影响传质系数 h_m。因此满足工作条件、设计条件、流动条件，可以得到

$$J_L = f$$

虽然 J_L 很难准确预测，但实验测量要容易得多。

将式（4.81）和式（4.82）合并得到

$$\frac{J}{J_L} = 1 - \frac{C_I}{C_0} \tag{4.83}$$

那么支撑或催化剂层界面处的浓度可以获得

$$\frac{C_0}{C_I} = \frac{J_L}{J_L - J} \tag{4.84}$$

式（4.84）表示，对于给定的燃料电池，如果在相同操作和流动条件下可以测量 J 和 J_L，则 C_I 可以很容易确定。

现在回想一下第 2 章中导出的能斯特方程。

$$\dot{E}_r(T, P_i) = E_r(T, P) - \frac{RT}{nF} \ln \prod_{i=1}^{N} \left(\frac{P_i}{P} \right)^{(v_i'' - v_i')/v_F'} \tag{4.85}$$

用每种反应物分压表示可逆电池电势。式（4.85）是通过理想气体混合物推导的，$\frac{RT}{nF} \ln \prod_{i=1}^{N} \left(\frac{P_i}{P} \right)^{(v_i'' - v_i')/v_F'}$ 表示能斯特损失，是由于混合物中反应物浓度降低所导致的。因为对于理想气体混合物

$$\frac{P_i}{P} = \frac{C_i}{C}$$

所以，其能斯特损失可以用反应物浓度来表示。

考虑到图 4.4 中工作电极浓度的变化，假设电极（平面电极）中所有电化学反应都发生在浓度为 C_I 的支撑或催化剂层界面处。此外，所有与表面反应相关的过程对电压损失的影响都可以忽略不计，如反应物质在表面的吸附和解吸，表面扩散作用，包括第 3 章描述的电荷转移反应，反应产物在反应表面的解吸以及解吸产物在表面的转移等。在这些假设下，提供给电极反应位点的浓度为 C_I 而不是 C_0，浓度降低引起的电压损失等于能斯特损失，因此，浓差过电位可写为

$$\eta_{\text{conc}} = \frac{RT}{nF} \ln \prod_{i=1}^{N} \left(\frac{C_I}{C_0} \right)^{(v_i'' - v_i')/v_F'} = \frac{RT}{nF} \ln \prod_{i=1}^{N} \left(\frac{C_0}{C_I} \right)^{(v_i' - v_i'')/v_F'} \tag{4.86}$$

代入式（4.84）得出

$$\eta_{\text{conc}} = \frac{RT}{nF}\ln\prod_{i=1}^{N}\left(\frac{J_L}{J_L - J}\right)^{(v_i' - v_i'')/v_i'} \tag{4.87}$$

尽管在燃料电池运行时不容易测量反应位点处反应物浓度，但如果式（4.87）成立，则所得的过电位相对容易确定。由于极限电流密度是操作、设计和反应物流动条件的函数，浓差过电位也受这些条件影响。燃料电池研究、开发与示范的一个重要目标便是确定这些条件的最佳组合，以产生最佳的电极（电池）性能。

注意，如果反应物在反应位点被完全消耗，则

$$v_i'' = 0$$

此外，对于作为影响 η_{conc} 唯一的因素，式（4.87）可简化为

$$\eta_{\text{conc}} = \frac{RT}{nF}\ln\left(\frac{J_L}{J_L - J}\right) \tag{4.88}$$

式（4.88）是燃料电池文献中常见的表达。

应该注意的是，式（4.87）或式（4.88）是在两个主要假设下导出的。在高电流密度下，特别是对于阴极侧（反应狭窄区域），第一个假设是合理的。然而，在低电流密度下，反应发生在整个催化剂层，第一个假设将不成立。第二个假设实质上意味着表面反应速率比反应物传输速率快得多，因此反应物缓慢传输过程成为电极物理化学速率的限制因素（仅适用于高电流密度工况）。显然，这两个假设仅适用于高电流密度条件，在这种情况下，质量传输速率成为决定因素。因此，在估算 η_{conc} 时应注意使用式（4.87）或式（4.88），它们对大多数电池极化曲线无效。

4.6.2　主相反应物供应：工程方法

在前面小节中，能斯特电压损失的经典分析表明电极表面电流密度分布是均匀的，这一结论仅在电流密度远小于极限电流密度 J_L 时才有效。当 $J \geqslant 0.5J_L$ 时，电流密度分布不再均匀，而是沿电极上方反应物流动方向减小。这一现象显然与前一小节描述的经典分析中的两个假设相冲突。因此，严格来说，经典分析对运行中的燃料电池是无效的，本小节概述了更有效的分析，称之为工程方法或工程类型的分析，将使用对流传质工程相关性来分析。

如图 4.4 所示，考虑一个平行于平板电极的半无限体反应物流。按照惯例，x 坐标是沿电极表面的，指向整体反应物流动的方向（在图中显示为向上）。电极取为扁平电极，在流动方向 x 上高度为 H，在横向上宽度为 L。对于小的电流密度（$J \leqslant 0.5J_L$），电极表面的均匀电流密度更接近实际情况。电极表面处的对流传质速率由式（4.58）表示为

$$\dot{N}_s'' = h_m (C_{i,\infty} - C_{i,s}) \tag{4.89}$$

式中，$C_{i,s}$ 和 $C_{i,\infty}$ 分别表示电极表面和主体反应物中反应物的浓度。从物理角度来看，$C_{i,s} > C_{i,\infty}$ 且传质方向 $\dot{N}_{i,s}''$ 是从主体反应物到电极表面。这与第 4.5.3 节中描述的情况相反，其中 $C_{i,s} > C_{i,\infty}$ 且传质方向是从表面进入流道。因此，式（4.89）和式（4.58）的区别在于已知通过扩散的传质方向是从高浓度区域到低浓度区域。

将式（4.74）中的传质系数 h_m 代入，并考虑法拉第定律式（4.80），浓度差可写为

$$C_{i,\infty} - C_{i,s}(x) = 2.21 \frac{Jx}{nFD_{i,j}} Re^{-1/2} Sc^{-1/3} \quad Sc \geqslant 0.6 \tag{4.90}$$

显然，浓度差作为 $x^{1/2}$ 的函数而增加，因此对于面积为 $A = LH$ 的矩形电极，从入口（$x = 0$）到出口（$x = H$）的平均浓度差可以由下式确定。

$$\begin{aligned}
\overline{C_{i,\infty} - C_{i,s}(x)} &\equiv \frac{1}{A} \int_0^A (C_{i,\infty} - C_{i,s}) \, \mathrm{d}A \\
&= \frac{1}{wH} \int_0^H (C_{i,\infty} - C_{i,s})(L \mathrm{d}x) \\
&= \frac{1}{H} \int_0^H (C_{i,\infty} - C_{i,s}) \mathrm{d}x
\end{aligned} \tag{4.91}$$

从式（4.90）可得到相应平均浓度差为

$$\overline{C_{i,\infty} - C_{i,s}(x)} = \frac{2}{3} (C_{i,\infty} - C_{i,s}) \big|_{x=H} \tag{4.92}$$

即电极表面平均浓度差等于出口处浓度差的三分之二（$x = H$）。

另外，当电流密度较大（$J > 0.5J_L$）时，相比于低电流密度下 J 等于常数的假设条件，$C_{i,s}$ 等于常数的假设是更好的表面条件。对于 $C_{i,s}$ 等于常数的边界条件，式（4.72）为反应物稳定层流提供了电极表面的对流传质系数，这在燃料电池运行条件下几乎总是有效的。代入式（4.89）并结合式（4.80），得到电流密度分布的表达式为

$$J(x) = 0.332 \frac{nFD_{i,j}}{x} (C_{i,\infty} - C_{i,s}) Re^{1/2} Sc^{1/3} \quad Sc \geqslant 0.6 \tag{4.93}$$

如式（4.93）所示，对于较大的 J 值（如 $J \to J_L$），电流密度随 $x^{1/2}$ 的函数而减小。

整个电极表面平均电流密度可以表示为

$$\bar{J} \equiv \frac{1}{A} \int_0^A J \mathrm{d}A = \frac{1}{LH} \int_0^H J(x)(L \mathrm{d}x) = \frac{1}{H} \int_0^H J(x) \mathrm{d}x \tag{4.94}$$

或者

$$\bar{J} = 2 J(x) \big|_{x=H} = 0.664 \frac{nFD_{i,j}}{H}(C_{i,\infty} - C_{i,s}) Re_H^{1/2} Sc^{1/3} \quad Sc \geqslant 0.6 \quad (4.95)$$

式中，$Re_H = \rho v_\infty H / \mu$。也就是说，这种情况下的平均电流密度是出口处电流密度的两倍（$x = H$）。由于对流传质的阻力，极限电流密度可以定义为对应 $C_{i,s} = 0$ 的电流密度，从式（4.93），我们得到

$$J_L(x) = 0.332 \frac{nFD_{i,j}}{x} C_{i,\infty} Re_H^{1/2} Sc^{1/3} \quad Sc \geqslant 0.6 \quad (4.96)$$

类似地，根据式（4.94）来评估平均极限电流密度为

$$\bar{J}_L = 2 J_L(x) \big|_{x=H} = 0.664 \frac{nFD_{i,j}}{H} C_{i,\infty} Re_H^{1/2} Sc^{1/3} \quad Sc \geqslant 0.6 \quad (4.97)$$

这里的极限电流密度是由电极表面的对流传质限制所导致的。由于多孔电极的传质限制，可以类推出极限电流密度。但是后者更复杂，这是由于电极的多孔性和液态水的水淹，而这种现象在低温燃料电池中总是发生。因此，稍后将在单独的小节中进行介绍。

示例 4.3　氢在 25 ℃ 和 1 atm 水蒸气饱和条件下，氢 – 水蒸气混合物以 $v_\infty = 0.3(\text{m/s})$ 的速度流过阳极。阳极为矩形，且流动方向的长度为 $H = 25(\text{cm})$。

1. 确定由于对流传质限制而导致的极限电流密度分布 $J_L(x)$ 和相应的平均值 $\bar{J}_L$。

2. 如果 $J = 0.5$（A/cm^2），确定电极表面氢浓度分布 $C_{\text{H}_2,s}(x)$ 和表面平均氢浓度 $\bar{C}_{\text{H}_2,s}$。

在给定条件下，氢气 – 水蒸气二元扩散率可以取 $D_{\text{H}_2 - \text{H}_2\text{O}(\text{g})} = 0.807 \times 10^{-4}$（$\text{m}^2/\text{s}$）。

解答

假设氢气 – 水蒸气混合物的运行类似理想气体混合物。根据附录一，水在 25 ℃ 时的饱和压力为

$$P_{\text{sat}}(25 \text{ ℃}) = 3.169(\text{kPa})$$

确定混合物中水蒸气的摩尔分数为

$$X_{\text{H}_2\text{O}(\text{g})} = \frac{P_{\text{sat}}(25 \text{ ℃})}{P} = \frac{3.169 \times 10^3}{101\,325} = 0.031\,3$$

混合物中氢的摩尔分数为

$$X_{\text{H}_2} = 1 - X_{\text{H}_2\text{O}(\text{g})} = 0.968\,7$$

混合物中的总浓度为

$$C = \frac{P}{RT} = \frac{101\,325}{8.314 \times (273 + 25)} = 40.90(\text{mol/m}^3)$$

因此，远离电极表面的整体气相中氢浓度为

$$C_{H_2,\infty} = X_{H_2} C = 0.968\ 7 \times 40.90 = 39.62 (\text{mol/m}^3)$$

如前所述，由于水蒸气浓度非常小，$x_{H_2O(g)} = 0.031\ 3$，混合物的热物理性质可近似为氢气的性质。从附录中可知在 300 K 和 1 atm 下有

$$\rho_\infty = 0.080\ 78 (\text{kg/m}^3), \mu = 89.6 \times 10^{-7} (\text{N} \cdot \text{s/m}^2), v = 111 \times 10^{-6} (\text{m}^2/\text{s})$$

计算

$$Sc = \frac{v}{D_{H_2-H_2O(g)}} = \frac{111 \times 10^{-6}}{0.807 \times 10^{-4}} = 1.375$$

$$Re = \frac{v_\infty x}{v} = \frac{0.3x}{111 \times 10^{-6}} = 2\ 703x$$

$$Re_H = \frac{v_\infty H}{v} = \frac{0.3 \times 0.25}{111 \times 10^{-6}} = 675.7$$

（1）由于氢 $n = 2$，式（4.96）变为

$$J_L(x) = 0.332 \frac{nFD_{H_2-H_2O(g)}}{x} C_{H_2,\infty} Re_H^{1/2} Sc^{1/3}$$

$$= 0.332 \times \frac{2 \times 96\ 487 \times 0.807 \times 10^{-4}}{x} \times 39.62 \times (2\ 703x)^{1/2} \times 1.375^{1/3}$$

或者

$$J_L(x) = 11\ 840 x^{-1/2} (\text{A/m}^2)$$

因此，在 $x = H = 0.25$（m）处，$J_L = 23\ 680\ \text{A/m}^2 = 2.368\ \text{A/cm}^2$。

根据式（4.97），平均极限电流密度为

$$\overline{J_L} = 2J_L(x)\big|_{x=H} = 2 \times 11\ 840 \times 0.25^{-1/2} = 47\ 360\ \text{A/m}^2 = 4.736\ \text{A/cm}^2$$

（2）对于 $J = 0.5\ \text{A/cm}^2 < 0.5J_L$，氢的表面浓度由式（4.90）确定为

$$C_{H_2,s(x)} = C_{H_2,\infty} - 2.21 \frac{Jx}{nFD_{H_2-H_2O(g)}} Re^{-1/2} Sc^{-1/3}$$

$$= 39.62 - 2.21 \frac{0.5 \times 10^4 x}{2 \times 96\ 487 \times 0.807 \times 10^{-4}} \times (2\ 703x)^{-1/2} \times 1.375^{-1/3}$$

$$= 39.62 - 12.27 x^{1/2} (\text{mol/m}^3)$$

因此，$C_{H_2,s}(H = 0.25\ \text{m}) = 33.49 (\text{mol/m}^3)$。

类似式（4.91），可以计算电极表面的平均氢浓度

$$\overline{C}_{H_2,s} = \frac{1}{H} \int_0^H C_{H_2,s}(x) \mathrm{d}x$$

$$= 39.62 - 12.27 \times \frac{2}{3} H^{1/2}; \quad H = 0.25(\text{m})$$

$$= 39.62 - 12.27 \times \frac{2}{3} \times 0.25^{1/2}$$

$$= 35.53 (\text{mol/m}^3)$$

结论

1. 极限电流密度 J_L 值非常大，表明只要提供适当的强制对流，整体气相中的传质速率足够快，电极电流密度几乎不受限制。然而，多孔电极内的传质可能是限制最大电流密度的主要因素。

2. 电极表面氢浓度仅略小于整体气相的浓度值。此外，尽管电极电流密度是可观的（$J = 0.5\ \text{A/cm}^2$），但 $C_{\text{H}_2,s}$ 从 $x=0$ 到 $x=H$ 稍微降低。

3. 读者应在同一张图上画出 $J_L(x)$ 和 $\bar{J}_L$，以便直观地观察电流密度的变化和大小。同样，绘制的 $C_{\text{H}_2,s}$ 和 $\bar{C}_{\text{H}_2,s}$ 也应在同一个图中。

4. 本示例是估算强制对流的方法，确保电极能够实现最佳性能。事实上，最佳燃料电池性能可以确定为与反应物流相关的泵送功率（功率损失）和电池（性能增益）输出功率（电流密度）之间的平衡。

5. 请注意，在本示例中，为了简便，以合理的近似方式评估了整体气相中的热物理性质，而不是在薄膜条件下。

4.6.3　平行通道中反应物供应：工程方法

在实际工作条件下，由于每个电池的电压仅为 $0.7 \sim 0.8\ \text{V}$，因此，通常将许多单电池堆积起来使用，以增加输出电压和功率密度。但是，必须减小反应物供应室（通常称为反应物供应流动通道）的间距，以实现燃料电池堆尺寸和重量的最小化。流动通道 b 间距通常为毫米或更小的数量级。边界层从入口通道的每个表面开始生长，并在下游一定距离处快速合并。对于燃料电池中常见的层流来说，这一距离通常在 $1\ \text{cm}$ 或更小的数量级。因此，这种短入口长度可能被忽略，且整体流动可能会被认为是充分发展的。反应物转移到电极表面进行电极反应，然而另一个通道表面质量是不可渗透的。这种情况相当于一个表面隔热，另一个表面与通道中的流体进行热传递。对于这样一个传热问题，稳定层流的努赛尔数为[6]

$$Nu \equiv \frac{h_H D_h}{k} = \begin{cases} 5.39\text{；适用于均匀表面热流，} q''_s \text{ 为常数} \\ 4.86\text{；适用于均匀表面温度，} T_s \text{ 为常数} \end{cases} \quad (4.98)$$

通过改进的雷诺定律，利用传热分析类推可得到电极表面上的传质系数为

$$Sh \equiv \frac{h_m D_h}{D} = \begin{cases} 5.39\text{；适用于均匀表面质量流量，} \dot{N}''_s \text{ 为常数} \\ 4.86\text{；适用于均匀表面浓度，} C_s \text{ 为常数} \end{cases} \quad (4.99)$$

其中，间距 b 的通道流的水力直径为

$$D_h \approx 2b \quad (4.100)$$

因为流道深度 W 比流道间距 b 大得多。

相反，由于摩擦黏性效应造成的动量损失发生在流道两个壁面上。对于

这种内部流动，动量损失用压力损失来表示，定义为

$$\Delta P = f \frac{H}{D_h} \frac{\rho v_m^2}{2} \tag{4.101}$$

式中，f 表示摩擦系数（无量纲参数）；v_m 表示通道中的平均流速，在通道横截面上取平均值。根据式（4.50）摩擦系数的定义，得到

$$C_f = \frac{f}{4} \tag{4.102}$$

对于通道中的稳定层流，摩擦系数为 4

$$f = \frac{96}{Re}; \quad Re = \frac{\rho v_m D_h}{\mu} \tag{4.103}$$

显然，代表动量变化（这种情况下实际上是压力损失）的摩擦系数以及传热和传质系数是恒定的，是管道内充分发展流动的特征。发展流比上面给出的充分发展流具有更大的传热和传质系数值，并且发展流总是在充分发展流建立之前出现的。因此，式（4.99）将保守估算传质速率。注意，如果 $Re \leq$ 2 000 时，通道内存在稳定层流。

类似式（4.89），计算电极表面的对流传质速率为

$$\dot{N}''_{i,s} = h_m (C_{i,m} - C_{i,s}) \tag{4.104}$$

式中，$C_{i,m}$ 表示流道中反应物 i 的平均浓度，在通道横截面上取平均值且由于反应物转移到电极中，通常其沿流动方向（x）减小。

沿流动方向的平均浓度 $C_{i,m}(x)$ 由物质守恒定律决定。如图 4.5 所示，反应物 i 和惰性物质的混合物以总摩尔流量 $C_m v_m A_c$ 在位置 x（整体平均运动的总摩尔流量）处向下移动。其中 A_c 表示通道横截面积。

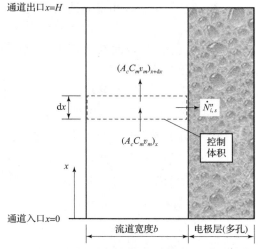

图 4.5　通道流动控制体积以及电极表面传质

将质量守恒原理应用于微分控制体积，得到

$$(A_c C_m v_m)_x - (A_c C_m v_m)_{x+dx} - \dot{N}''_{i,s} W dx = 0$$

$(A_c C_m v_m)_{x+dx}$ 在泰勒级数中，保持一阶项不变，结果为

$$\frac{\mathrm{d}}{\mathrm{d}x}(A_c C_m v_m) = - \dot{N}''_{i,s} W$$

式中，W 是电极表面宽度（$W \gg b$），传质通量 $\dot{N}''_{i,s}$ 对应的面积为 $A_c = Wb$。对于稳定通道流动，v_m = 常数。那么式（4.105）变成通道中总浓度变化。

$$\frac{\mathrm{d}C_m}{\mathrm{d}x} = - \frac{\dot{N}''_{i,s}}{b v_m}$$

因为混合物由反应物 i 和浓度保持不变的惰性物质组成，所以最终得到

$$\frac{\mathrm{d}C_{i,m}}{\mathrm{d}x} = - \frac{\dot{N}''_{i,s}}{b v_m} \qquad (4.105)$$

现在考虑电极小电流密度情况下 $J < 0.5 J_L$，电极表面更好的边界条件近似为 J = 常数。根据法拉第电化学定律 $J/(nF) = \dot{N}''_{i,s}$，得到 $\dot{N}''_{i,s}$ = 常数。式（4.105）从 $x = 0$ 处开始积分

$$C_{i,m}(x) = C_{i,m,\mathrm{in}} - \frac{J/(nF)}{b v_m} x \qquad (4.106)$$

式中，下标 "in" 表示流动通道入口处的量。因此，反应物平均浓度沿通道线性降低。此外，式（4.104）表明浓度差（$C_{i,m} - C_{i,s}$）保持不变，意味着表面浓度 $C_{i,s}$ 与 $C_{i,m}$ 一样线性下降，因为完全充分发展流 h_m 为常数。然而，通道入口附近由于边界层较薄，h_m 较大，且 $C_{i,s}$ 在通道入口附近区域的增加较慢，因此（$C_{i,m} - C_{i,s}$）较小。

由于线性分布，平均浓度 $C_{i,s}$ 与平均浓度差（$C_{i,m} - C_{i,s}$）等于各自入口值和出口值的算术平均值。

另外，当电流密度较大时，例如 $J > 0.5 J_L$，电极表面条件近似为 $C_{i,s}$ = 常数。定义 $\Delta C = C_{i,m} - C_{i,s}$，借助式（4.104）、式（4.105）可以写为

$$\frac{\mathrm{d}(\Delta C)}{\mathrm{d}x} = - \frac{h_m}{b v_m}(\Delta C)$$

分离变量并沿流动方向从通道入口到通道中 x 位置进行积分得到

$$\int_{\Delta C_{\mathrm{in}}}^{\Delta C} \frac{\mathrm{d}(\Delta C)}{\Delta C} = - \frac{h_m}{b v_m} \int_0^x \mathrm{d}x$$

或者

$$\frac{\Delta C}{\Delta C_{\mathrm{in}}} \equiv \frac{C_{i,m}(x) - C_{i,s}}{(C_{i,m} - C_{i,s})_{\mathrm{in}}} = \exp\left(- \frac{h_m x}{b v_m} \right) \qquad (4.107)$$

这一结果表明，反应物平均浓度沿通道的距离呈指数下降。结合式（4.106）中的结果，得到平均浓度变化过程：当电流密度向极限电流密度

（$J \rightarrow 0.5 J_L$）靠近时，$C_{i,m}$ 从低电流密度下的线性下降变为指数衰减。在通道出口处 $x = H$，式（4.107）变为

$$\frac{\Delta C_{out}}{\Delta C_{in}} \equiv \frac{C_{i,m,out} - C_{i,s}}{C_{i,m,in} - C_{i,s}} = \exp\left(-\frac{h_m H}{b v_m}\right) \tag{4.108}$$

式中，下标"out"表示通道出口处的量。

尽管电极表面上总传质量 $\dot{N}_{i,s}$ 因平均反应物浓度的指数衰减而变复杂，但可推导出简单表达式。将整个通道作为控制体积，根据物质守恒定律可以得到

$$\begin{aligned} \dot{N}_{i,s} &= (Wb) v_m (C_{i,m,in} - C_{i,m,out}) \\ &= (Wb) v_m \left[(C_{i,m} - C_{i,s})_{in} - (C_{i,m} - C_{i,s})_{out} \right] \\ &= W(b v_m)(\Delta C_{in} - \Delta C_{out}) \end{aligned}$$

用式（4.108）中 $b v_m$ 代替，得到

$$\dot{N}_{i,s} = A h_m \Delta C_{lm}; \quad \Delta C_{i,s} = \text{常数} \tag{4.109}$$

式中，$A = WH$ 是传质对应的电极表面积，ΔC_{lm} 是通道和电极表面浓度的对数平均差值，定义为

$$\Delta C_{lm} = \frac{\Delta C_{in} - \Delta C_{out}}{\ln\left(\dfrac{\Delta C_{in}}{\Delta C_{out}}\right)} \tag{4.110}$$

式中，$\Delta C_{in} = C_{i,m,in} - C_{i,s}$，$\Delta C_{out} = C_{i,m,out} - C_{i,s}$。$\Delta C_{lm}$ 表示整个通道长度上浓度差的平均值，平均浓度差的这种对数性质源于通道中浓度衰减的指数性质。如果浓度差 ΔC 沿整个通道保持不变，可以认为 $\Delta C_{lm} = \Delta C_{in} = \Delta C_{out}$。因此，对于恒定表面通量和恒定表面浓度边界条件，式（4.109）可以看作是整个电极表面上的总传质速率的一般表达式。

将式（4.107）代入式（4.104），得到对应传质速率的局部电流密度

$$J(x) \equiv n F h_m (C_{i,m} - C_{i,s})_{in} \exp\left(-\frac{h_m x}{b v_m}\right) \tag{4.111}$$

同样，整个电极表面平均电流密度为

$$\overline{J} \equiv n F h_m \Delta C_{lm} \tag{4.112}$$

当 $C_{i,s} \rightarrow 0$ 时，电流接近极限电流密度，因此

$$J_L(x) \equiv n F h_m C_{i,m,in} \exp\left(-\frac{h_m x}{b v_m}\right) \tag{4.113}$$

$$\overline{J_L} \equiv n F h_m \left[\frac{C_{i,m,in} - C_{i,m,out}}{\ln\left(\dfrac{C_{i,m,in}}{C_{i,m,out}}\right)} \right] \tag{4.114}$$

因此，电流密度 $J(x)$ 和极限电流密度 $J_L(x)$ 都沿通道长度方向呈指数下

降，且各自平均值 $\overline{J}$ 和 $\overline{J_L}$ 可由对数平均浓度差获得。

示例 4.4　考虑由不渗透壁和平整电极表面以间隔 $b = 2$（mm）的距离组成的通道流。在 25 ℃ 和 1 atm 下将空气输送到 $H = 30$（cm）的阴极电极，气流平行于通道壁，速度稳定在 $v_m = 3$（m/s）。考虑对流传质 $J_L(x)$ 和相应平均值 $\overline{J_L}$ 的限制，确定极限电流密度分布。

解答

首先，假设空气由 21% 氧气和 79% 氮气组成，在给定温度和压力下近似为理想气体，这些假设是切合实际的。

在 $T = 25$ ℃ $= 298$ K 和 1 atm 压力下，热物理性质为

$$\rho = 1.161\ 4(\text{kg/m}^3)，\mu = 184.6 \times 10^{-7}(\text{N} \cdot \text{s/m}^2)，\upsilon = 15.89 \times 10^{-6}(\text{m}^2/\text{s})$$

$$k = 26.3 \times 10^{-3}\ \text{W}/(\text{m} \cdot \text{K})，D_{O_2-N_2} = 0.18 \times 10^{-4}(\text{m}^2/\text{s})（\text{在}\ T = 273\ \text{K}\ \text{时}）$$

在 $T = 25$ ℃ $= 298$ K 和 1 atm 压力下的二元扩散系数为

$$D_{O_2-N_2}(298\ \text{K}) = D_{O_2-N_2}(273\ \text{K})\left(\frac{298\ \text{K}}{273\ \text{K}}\right)^{3/2} \approx 0.21 \times 10^{-4}(\text{m}^2/\text{s})$$

通道流的水力直径 $D_h = 2b$。因此，雷诺数为

$$Re \equiv \frac{\rho v_m D_h}{\mu} = \frac{v_m D_h}{\upsilon} = \frac{3 \times 2 \times 2 \times 10^{-3}}{15.89 \times 10^{-6}} = 755.2 < 2\ 000$$

因此，该流动为层流。假设流动充分发展，由式（4.99）可得对流传质系数，用于确定 $C_{O_2,s} = 0$ 时的极限电流密度（即 $C_s =$ 常数）。

$$h_m = Sh \frac{D_{O_2-N_2}}{D_h} = 4.86 \times \frac{0.21 \times 10^{-4}}{2 \times 2 \times 10^{-3}} = 0.025\ 52(\text{m/s})$$

由于空气中氧气的摩尔分数 $X_{O_2} = 0.21$，因此通道进口处氧气浓度为

$$C_{O_2,m,\text{in}} = X_{O_2}\left(\frac{P}{RT}\right) = 0.21 \times \frac{101\ 325}{8.314 \times 298} = 8.588(\text{mol/m}^3)$$

根据式（4.113）中氧气传输速率得到极限电流密度 J_L

$$J_L(x) = (nF)h_m C_{O_2,m,\text{in}}\exp\left(-\frac{h_m x}{b v_m}\right)$$

$$= (4 \times 96\ 487)\frac{C}{\text{mol}\ O_2} \times 0.025\ 52 \times 8.588\ \frac{\text{mol}\ O_2}{\text{m}^3} \times \exp\left(-\frac{0.025\ 52 x}{2 \times 10^{-3} \times 3}\right)$$

$$= 8.459 \times 10^4 \exp(-4.253x)(\text{A/m}^2)$$

或者 $J_L(x) = 8.459\exp(-0.042\ 53x)(\text{A/cm}^2)$

因此，流道进口（$x = 0$）处 $J_L = 8.459$（A/cm²），流道出口（$x = H = 30$ cm）处 $J_L = 2.362$（A/cm²）。

为计算式（4.114）中平均极限电流密度 $\overline{J_L}$，需要确定流道出口的平均氧气浓度，根据式（4.108）以及 $C_{O_2,s} = 0$ 得到

$$C_{i,m,\text{out}} = C_{i,m,\text{in}} \exp\left(-\frac{h_m H}{bv_m}\right)$$

$$= 8.588 \times \exp\left(-\frac{0.025\,52 \times 0.3}{2 \times 10^{-3} \times 3}\right)$$

$$= 2.397\,(\text{mol/m}^3)$$

然后，

$$\overline{J_L} = (nF)h_m \left[\frac{C_{O_2,m,\text{in}} - C_{O_2,m,\text{out}}}{\ln\left(\dfrac{C_{O_2,m,\text{in}}}{C_{O_2,m,\text{out}}}\right)}\right]$$

$$= (4 \times 96\,487)\,\text{C/mol O}_2 \times 0.025\,52 \times \left[\frac{(8.588 - 2.397)\,\text{mol O}_2/m^3}{\ln\left(\dfrac{8.588}{2.397}\right)}\right]$$

$$= 4.778 \times 10^4\,\text{A/m}^2 = 4.778\,\text{A/cm}^2$$

事实上，$\overline{J_L}$ 可以通过 $J_L(x)$ 的积分得到相同的结果，因为已知 $J_L(x)$。

$$\overline{J_L} = \frac{1}{H}\int_0^H J_L(x)\,\mathrm{d}x$$

结论

1. 计算得到 $0 \leqslant x \leqslant 0.3$ m 的流道极限电流密度 $J_L(x)$、平均值 $\overline{J_L}$ 以及氧气平均浓度，如图 4.6 所示。显然反应物氧气浓度下降导致 $J_L(x)$ 下降。实际流道设计的一个重要目标是使电极表面上的平均反应物浓度在给定入口条件下尽可能高。

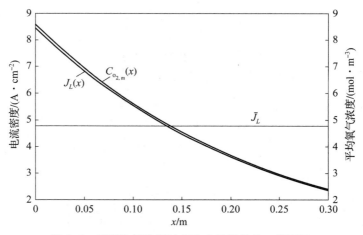

图 4.6 反应物气体通过多孔电极扩散的一维表示

2. 可以证实，随着体积流速 v_m 的增加，$J_L(x)$ 和 $C_{O_2,m}(x)$ 在沿通道长度方向上减小更慢。尤其当 $v_m \to \infty$ 时，J_L 和 $C_{O_2,m}$ 都将近似等于各自的入口值。

但是随着 v_m 增加，与阴极空气流量相关的压力损失迅速增加，并且压缩空气所需的寄生功率损失要求 v_m 尽可能低。在实际燃料电池中流道横截面通常较小，反应气体流动产生的压力损失是一个重要问题。

3. 当气相对流传质阻力成为限制电流密度的决定性因素时，可得到极限电流密度 $J_L(x)$。实际上，在 25 ℃空气中运行的单电池不太可能高于 1 A/cm^2，意味着电极结构和电解质中的反应过程可能对电池性能施加更严重的限制。因此，本示例计算的主要目的有两个方面：（1）只有强制对流才能获得良好的燃料电池性能；（2）只要适度使用强制对流，通道中的空气流动就不是限制电流密度（或燃料电池性能）的因素。因此，本示例计算的实际意义在于提供了一种估算强制对流量的方法，以确保通道流动不会成为限制电池电流密度和电池性能的主要因素。

4. 对流传质系数较高的入口长度可以通过以下方式估算。

$$H_{\text{entrance}} \approx 0.05 ReScD_h = 0.05 Re\left(\frac{v}{D_{O_2-N_2}}\right)D_h$$

$$= 0.05 \times 755.2 \times \frac{15.89 \times 10^{-6}}{0.21 \times 10^{-4}} \times (2 \times 2 \times 10^{-3}) = 0.114(\text{m})$$

或者

$$\frac{H_{\text{entrance}}}{H} \approx 38\%$$

因此，入口长度不可忽略，实际传质速率和极限电流密度将高于本示例中计算的值。当忽略入口效应时，对于保持燃料电池良好性能所需的强制对流的估计是保守的。然而对于实际燃料电池来说，流动通道长度远远超过本示例中给出的 30 cm，通常在几米到几十米之间（质子交换膜燃料电池），因此，入口效应会是最小的。

5. 注意在本示例的计算中，热物理性质已近似为反应混合物在通道入口处的热物理性质，而不是平均热物理性质（即入口和出口值的算术平均值）——即考虑了气体成分沿通道长度的变化。另外，传质速率对传输过程的影响也被忽略了，可以对其修正。

在这一节结束之前，需要指出与流经管道的反应物流动相关的压力损失 ΔP 可以从式（4.101）和式（4.103）中确定，而克服这种压力损失所需的功率（泵送功率）为

$$\dot{P} = \Delta P \cdot \dot{Q} \tag{4.115}$$

式中，$\dot{Q}$ 为流道中的体积流量。泵送功率是燃料电池系统能量损失的一种形式，由于它通常由燃料电池产生的功率提供，因此它是实际燃料电池系统中的寄生能量损失。对于层流，压力损失（泵送功率）随通道流速和通道间距

b 的增加而增加。在实际中，可以通过平衡燃料电池性能和泵送功率来实现优化设计。

示例 4.5　假设电极宽度 $W = H = 30$（cm），确定示例 4.4 中通道流动的压力损失和相应的泵送功率。

解答

从示例 4.4 中得到热物理性质和雷诺数，由式（4.101）和式（4.102）可知

$$
\begin{aligned}
\Delta P &= f \frac{H}{D_h} \frac{\rho v_m^2}{2} = \frac{96}{Re} \frac{H}{2b} \frac{\rho v_m^2}{2} \\
&= \frac{96}{755.2} \times \frac{0.3}{2 \times 2 \times 10^{-3}} \times \frac{1.1614 \times 3^2}{2} \\
&= 49.83\,(\text{Pa})
\end{aligned}
$$

所需泵送功率为

$$
\begin{aligned}
\dot{P} &= \Delta P \cdot \dot{Q} = \Delta P \cdot (bW) v_m \\
&= 49.83 \times (2 \times 10^{-3} \times 0.3) \times 3 \\
&= 0.08969\,(\text{W})
\end{aligned}
$$

结论

对于本示例来说，泵送功率似乎很小，这是因为在大气压力、大气温度以及相对较大的通道间距条件下模拟了阴极流动。如果将通道间隔减小到 $b/2 = 1$（mm），而将流速增加到 $2v_m = 6$（m/s），通过通道的总流量保持不变，则可以证明 $J_L(x)$ 和 $\overline{J_L}$ 保持不变，而压力损失（泵送功率）却增加 8 倍。通常情况下，空气流动的泵送功率可以达到燃料电池堆产生功率的 30% 以上。

4.6.4　多孔电极中反应物供应：工程方法

本章前面内容介绍只要采用适当的设计，流道中反应物相流动过程不会明显限制燃料电池性能。在本小节中，将对反应物通过电极多孔结构的传输进行类似分析，以确定该过程是否会限制电池性能。

供应燃料电池的反应物通常在平行于电极表面的流道中流动，扩散是反应物穿过多孔电极结构的多相流质量传输的主要机制，如图 4.7 所示。因为重点研究的是扩散过程对燃料电池性能的影响（如何限制电流密度），所以忽略了电极表面对流传质的阻力，使得电极表面处反应物浓度 $C_{i,1}$ 与流动通道中的下一个平均浓度 $C_{i,m}(x)$ 相同，如前一小节所述。进一步假设电极孔隙部分区域被液态水（或液体电解质）淹没，这在低温氢氧燃料电池中是可能发生的。在目前一维分析的情况下，水淹层的厚度表示为 L_l，并且整个电极支撑层的厚度为 L。

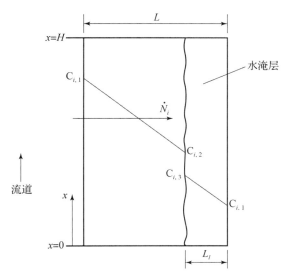

图 4.7　反应气体扩散通过部分被液态水（或液体电解质）
淹没的多孔电极的一维表示

利用气体和液体中反应物的菲克扩散定律，得到稳态扩散过程为

$$\dot{N}_i'' = D_{i-g}^{\text{eff}} \frac{C_{i,m} - C_{i,2}}{L_g} \qquad (4.116)$$

和

$$\dot{N}_i'' = D_{i-l}^{\text{eff}} \frac{C_{i,3} - C_{i,l}}{L_l} \qquad (4.117)$$

式中，D_{i-g}^{eff} 和 D_{i-l}^{eff} 表示经孔隙率效应校正后的有效扩散系数，如式（4.79）所示，并且 $L_g = L - L_l$。

当燃料电池环境中遇到典型条件时，反应气体仅微溶于液态水。因此可以使用亨利定律将液体中的反应物浓度 $C_{i,3}$ 与气体中的浓度 $C_{i,2}$ 关联起来。在液气界面得到

$$C_{i,3} = \frac{RT}{H_i} C_{i,2} = \frac{P_{i,2}}{H_i} \qquad (4.118)$$

式中，H_i 表示反应气体溶解于液态水的亨利常数，取决于溶解的温度，而压力影响通常忽略，因为燃料电池环境中通常是低压。表 4.1 所示为液态水中氧和氢分别在不同压力下溶解的亨利常数[7]，适用于质子交换膜燃料电池的完全水合钠离子膜中氧溶解的亨利常数可由式（4.119）确定[8]。

$$H_{O_2 - m} = 0.101\ 3 \exp\left(14.1 - \frac{666}{T}\right) \qquad (4.119)$$

式中，温度 T 的单位为 K，$H_{O_2 - m}$ 的单位为 Pa·m³/mol 或者 J/mol。

表 4.1　不同压力下氢气与氧气在液态水中溶解的亨利常数[7]

$T(K)$	$H_{O_2}/[\text{mol} \cdot (\text{m}^3 \cdot \text{Pa})^{-1}]$	$H_{H_2}/[\text{mol} \cdot (\text{m}^3 \cdot \text{Pa})^{-1}]$
273	459 00	104 000
280	54 900	111 000
290	68 500	120 000
300	82 600	129 000
310	93 400	138 000
320	103 000	143 000
323	106 000	144 000
333	115 000	143 000
343	123 000	142 000
353	128 000	142 000
363	132 000	142 000

结合式（4.116）~式（4.118），得到通过多孔电极结构的摩尔通量为

$$\dot{N}''_i = \frac{\dfrac{RT}{H_i}C_{i,m} - C_{i,l}}{\dfrac{RT}{H_i}\dfrac{(1-L_l)L}{D^{\text{eff}}_{i-g}} + \dfrac{L_l L}{D^{\text{eff}}_{i-l}}} \qquad (4.120)$$

因此，该摩尔通量下的电流密度为

$$J(x) = nF\dot{N}''_i = \frac{nF\left(\dfrac{RT}{H_i}C_{i,m} - C_{i,l}\right)}{\dfrac{RT}{H_i}\dfrac{(1-L_l)L}{D^{\text{eff}}_{i-g}} + \dfrac{L_l L}{D^{\text{eff}}_{l-e}}} \qquad (4.121)$$

式中，$L_l = (l_e A)/(LA)$ 表示被液态水淹没的电极结构比例。分母中的两项分别表示电极的非水淹区和水淹区的传质阻力。结果表明，一旦发生水淹，反应物传输速率可以将整个电极视为水淹，并校正未水淹区域的传质阻力来计算得到相应的电流密度。

在高电流密度下（即 $J \to J_L$），反应物浓度 $C_{i,l} \to 0$。因此，极限电流密度为

$$J_L(x) = \frac{nF\left(\dfrac{RT}{H_i}C_{i,m}\right)}{\dfrac{RT}{H_i}\dfrac{(1-L_l)L}{D^{\text{eff}}_{i-g}} + \dfrac{L_l L}{D^{\text{eff}}_{i-l}}} \qquad (4.122)$$

根据类似的推导，很容易得到未水淹电极的电流密度为

$$J(x) = \frac{nF(C_{i,m} - C_{i,I})}{\dfrac{L}{D_{i-g}^{\text{eff}}}} \tag{4.123}$$

和

$$J_L(x) = \frac{nFC_{i,m}}{\dfrac{L}{D_{i-g}^{\text{eff}}}} \tag{4.124}$$

比较水淹和未水淹情况，结果显示水淹显著降低了反应物浓度，从而降低了电流密度 J 和极限电流密度 J_L。这意味着实际燃料电池应该避免水淹。

示例 4.6　在 25 ℃下阴极工作，其电极厚度为 230 μm，并且孔隙率 $\phi = 40\%$。流道的间距 b 和长度 H 以及流道中的流速 v_m 与示例 4.4 中的相同。根据阴极空气传输确定以下条件的最大电流密度 （1） 阴极未被液态水淹没；（2） 1% 电极被液态水淹没。

解答

空气在给定条件下视为理想气体，由 21% 氧气和 79% 氮气 （mol） 组成。从示例 4.4 中，$O_2 - N_2$ 的整体扩散系数为

$$D_{O_2 - N_2} \approx 0.21 \times 10^{-4}(\text{m}^2/\text{s})(T = 298 \text{ K}, P = 1 \text{ atm})$$

附录十给出了氧气在液态水中的体积扩散系数，如下。

$$D_{O_2 - l} \approx 0.24 \times 10^{-8}(\text{m}^2/\text{s})(T = 298 \text{ K}, P = 1 \text{ atm})$$

根据布鲁格曼型校正，通过多孔电极结构扩散的有效扩散系数如下。

$$D_{O_2 - N_2}^{\text{eff}} \approx D_{O_2 - N_2}\phi^{3/2} = 0.21 \times 10^{-4} \times 0.4^{3/2} = 0.531\,3 \times 10^{-5}(\text{m}^2/\text{s})$$

$$D_{O_2 - l}^{\text{eff}} \approx D_{O_2 - l}\phi^{3/2} = 0.24 \times 10^{-8} \times 0.4^{3/2} = 0.607\,2 \times 10^{-9}(\text{m}^2/\text{s})$$

在大电流密度 （$J \to J_L$） 下，可通过以下方法估算流道中的平均氧气浓度。

$$C_{O_2, m}(x) = C_{O_2, m, \text{in}}\exp\left(-\frac{h_m x}{bv_m}\right)$$

其中，$b = 2 \times 10^{-3}(\text{m})$，$v_m = 3(\text{m/s})$，$h_m = 0.025\,52(\text{m/s})$，可得

$$C_{O_2, m}(x) = 8.588\exp(-4.253x)\text{mol/m}^3(x \text{ 单位为 m})$$

（1） 未水淹阴极的极限电流密度 J_L 为

$$J_L(x) = \frac{nFD_{O_2 - N_2}^{\text{eff}}C_{i,m}(x)}{L}$$

$$= \frac{(4 \times 96\,487) \times 0.531\,3 \times 10^{-5} \times 8.588\exp(-4.253x)}{230 \times 10^{-6}}$$

$$= 7.657 \times 10^4\exp(-4.253x)(\text{A/m}^2)$$

因此，在流道入口（$x=0$）处 $J_L=7.657(\text{A/cm}^2)$；在流道出口（$x=H=0.3\text{ m}$）处 $J_L=2.138(\text{A/cm}^2)$。整个阴极表面平均极限电流密度为

$$\overline{J_L} = \frac{1}{H}\int_0^H J_L(x)\,\mathrm{d}x = \frac{7.657\times10^4}{-4.253H}[\exp(-4.253H)-1]$$

$$= \frac{7.657\times10^4}{4.253\times0.3}[1-\exp(-4.253\times0.3)]$$

$$= 4.326\times10^4\text{ A/m}^2 = 4.326\text{ A/cm}^2$$

（2）从表4.1中可知，在 $T=298$ K 以及差值得到氧气在液态水中溶解的亨利常数为

$$H_{O_2} = 79\,780\,(\text{J/mol})$$

那么阴极水淹程度 1% 的极限电流密度 $J_L(x)$ 为

$$J_L(x) = \frac{nF\left(\dfrac{RT}{H_{O_2}}C_{O_2,m}\right)}{\dfrac{RT}{H_{O_2}}\dfrac{(1-L_l)L}{D_{O_2-N_2}^{\text{eff}}} + \dfrac{L_lL}{D_{i-l}^{\text{eff}}}}$$

$$= \frac{(4\times96\,487)\times\dfrac{8.314\times298}{79\,780}\times8.588\exp(-4.253x)}{\dfrac{8.314\times298}{79\,780}\times\dfrac{(1-0.1)\times230\times10^{-6}}{0.5313\times10^{-5}} + \dfrac{0.1\times230\times10^{-6}}{0.607\,2\times10^{-9}}}$$

$$= \frac{1.029\times10^5\exp(-4.253x)}{1.210+37\,880}$$

$$= 2.716\exp(-4.253x)\,(\text{A/m}^2)$$

因此，

$$J_L = 2.716\text{ A/m}^2 = 2.716\times10^{-4}\text{ A/cm}^2\,(x=0\text{ 处})$$

以及

$$J_L = 0.785\,3\text{ A/m}^2 = 0.785\,3\times10^{-4}\text{ A/cm}^2\,(x=H=0.3\text{ m 处})$$

相应的平均极限电流密度为

$$\overline{J_L} = 1.534\text{ A/m}^2 = 1.534\times10^{-4}\text{ A/cm}^2$$

结论

1. 阴极未水淹对应的极限电流密度非常大，表明通过未水淹阴极的传质并没有对实际燃料电池造成重大限制。

2. 然而，即使是极少量水淹也会严重影响液相传质，从而影响电池性能。注意，实际电极包含小孔和大孔，并且由于毛细管效应小孔容易被液态水淹没，而大孔将保持开放以进行气相传输。因此，局部水淹中传质发生在三维多相流中。然而，水淹电极一维模型展示了水淹阻碍反应物供应并限制燃料电池性能。

3. 结合示例4.4，表明在流道中的对流传质与通过未水淹电极的传质相

当，因此在确定燃料电池性能时不可以忽略流道中的对流传质过程。

4.7　电传输：欧姆极化 η_{ohm}

燃料电池中的电流通过电子迁移传输给固体电池组件，并通过离子迁移（带电物质）流经电解质。欧姆极化是由电池组件中的电阻引起的，包括：1. 电解质中离子传输的阻力（离子电阻）；2. 催化层中电子和离子迁移的阻力（离子电阻和电子电阻）；3. 电极支撑层或气体扩散层中电子迁移的阻力（电子电阻）；4. 通过界面接触和终端连接的电子传输的阻力（电子电阻）。

电池组件中电子的迁移和电解质中离子的传输通常用欧姆定律表示，因此欧姆极化可以确定为

$$\eta_{\text{ohm}} = IR \tag{4.125}$$

式中，总电池电阻 R 表示电子电阻、离子电阻和接触电阻之和。因此，η_{ohm} 通常也称为电阻极化、欧姆（或电阻）损耗等。对于实际燃料电池，η_{ohm} 主要由电解质中的离子电阻引起。

在燃料电池文献中，经常避免使用包含电解质的电池组件电阻，而使用电导 L 来代替。电导为电阻 R 的倒数。

$$L = \frac{1}{R} \tag{4.126}$$

电阻 R 取决于材料特性以及导体几何形状，表示如下。

$$R = \rho \frac{\delta}{A} \tag{4.127}$$

式中，δ 表示导电路径的长度；A 表示垂直于导电路径的导体横截面积，并且在式（4.127）中假设电场是均匀的。比电阻（或电阻率）ρ 是一种材料性质，表示材料传输电子的能力，其单位为 $\Omega \cdot m$。在燃料电池文献中有时也使用面积比电阻，定义为 AR，单位为 $\Omega \cdot m^2$。因此，从式（4.127）可得

$$AR = \rho \delta \tag{4.128}$$

同理，可以定义比电导（或电导率）κ。

$$\kappa = \frac{1}{\rho} \tag{4.129}$$

电导率是一种材料属性，单位为 $(\Omega \cdot m)^{-1}$ 或者 S/m，其中 S 表示西门子。面积比电导率有时也被使用，被定义为 L/A，从式（4.126）、式（4.127）和式（4.129）可得

$$\frac{L}{A} = \frac{\kappa}{\delta} \tag{4.130}$$

那么式（4.127）可以表示为

$$R = \frac{\delta}{\kappa A} \tag{4.131}$$

电传输阻力的表达式与热传导阻力和扩散传质阻力的表达式非常相似。因此,可以把电池欧姆过电位(主要由电解质离子电阻引起)写为

$$\eta = IR = (JA)\left(\frac{\delta}{\kappa A}\right)$$

或简化为

$$\eta = \frac{J\delta}{\kappa} \tag{4.132}$$

式中,A 表示电池有效面积;δ 表示电解质层的厚度。显然,可以通过使用更薄电解质层(即减少电极分离)和更高离子电导率的电解质来降低欧姆过电位。同样,使用更高电导率的电极可以降低电池的欧姆过电位。但是,较薄的电极不一定产生较小的电池过电位,而是最佳厚度的电极产生的电池过电位最小,从而平衡电传输、反应位点反应物供应以及反应位点产物去除,所有这些是通过适当的多孔电极结构来完成的。此外,这种微妙的平衡取决于电池的工作条件、流道设计和电极结构,这些都可以通过电池的组装过程来改变。将在后面的章节中进一步讨论这个问题。

表 4.2 所示为一些典型电解质的电导率值[9]。

表 4.2　一些典型电解质的电导率值[9]

电解质	温度/℃	浓度/$(mol \cdot L^{-1})$	电导/$(S \cdot cm^{-1})$
水 – 硫酸	18	5	1.35
		10	1.41
		30	0.190
水 – 氢氧化钠	18	5	0.345
		10	0.205
		15	0.110
水 – 氢氧化钾	18	5	0.528
		10	0.393
水 – 氢氧化钠	50	5	0.670
		10	0.575
		15	0.440
	100	5	1.24
		10	1.41
		15	1.33

续表

电解质	温度/℃	浓度/(mol·L^{-1})	电导/(S·cm^{-1})
水－磷酸	18	6	0.625
		11	0.151
氯化钠（熔融）	750	—	3.40
碳酸钠（熔融）	850	—	2.92
氯化钾（熔融）	900	—	2.76

示例 4.7　对于电解液循环（所谓的移动电解质 AFCs）的碱性燃料电池，在电池工作温度下的电解质电导率为 0.4 S/cm，氢气和空气在反应位点的工作电流密度为 200 mA/cm^2。电解质厚度约为 2 mm，这是液体电解质流动所需的最小通道宽度，不会由于壁上的黏性阻力而产生过大的泵送功率。试确定由碱性电解质引起的欧姆过电位。

解答

电解质的电导率如下所示。

$$\kappa = 0.4(S/cm) = 0.4 \times 10^2(S/m) = 40(S/m)$$

工作电流密度为

$$J = 200(mA/cm^2) = 200 \times 10^{-3} A/(10^{-4}m^2) = 2\,000(A/m^2)$$

电解质层厚度为

$$\delta \approx 2(mm) = 2 \times 10^{-3}(m)$$

因此电解质引起的欧姆过电位为

$$\eta_{ohm} = \frac{\delta}{\kappa}J \approx \frac{2 \times 10^{-3}}{40} \times 2\,000 = 0.1(V)$$

结论

1. 因为大多数碱性燃料电池的电势小于 1 V，所以 0.1 V 欧姆过电位是降低可移动电解质碱性燃料电池性能的重要因素。注意，κ、J 和 δ 参数值在碱性燃料电池中的代表性。

2. 大多数燃料电池工作在欧姆极化区域，欧姆过电位与电流密度（$\eta_{ohm} \sim J$）成正比，因此 η_{ohm} 实际上是电池功率密度、电池电势和电池能量转换效率的限制因素。

3. 由于上述原因，已经开发了具有固定电解质的碱性燃料电池，并且通过毛细管效应将液体碱性溶液固定在薄的多孔基质结构中。对于这种技术，电解质层可以薄 0.1 ~ 0.2 mm。因此可以很容易确定

$$\eta_{ohm} = 0.005 \sim 0.01(V)$$

工作电流密度为 200 mA/cm^2。η_{ohm}值很小，可以忽略不计。实际上固定电解质设计允许更薄的电解质层，电流密度更高，而 η_{ohm}仍可以忽略不计，从而提高输出功率密度，这对实际应用很重要。

4. 对于质子交换膜燃料电池，传导质子的固体聚合物膜作为电解质（固定的），电解质厚度可以薄至 50 μm，并且相应的工作电池电流密度高达 700 ~ 800 mA/cm^2，甚至更高，同时具有可接受的欧姆过电位。这是相比其他类型燃料电池，质子交换膜燃料电池具有较高功率密度的原因。

4.8　电解质中质量传输与电传输

电解质中的传质分析与前面章节中描述的反应物向电极传递非常相似。唯一的区别在于，电解质中的传质是由可移动的离子物质在阳极和阴极之间建立的电场中运动（离子的迁移）所引发的。在本节中，将介绍有和无离子迁移效应的两种情况。

4.8.1　仅通过离子扩散传质

考虑正在电极表面放电的可移动离子物质 i 的情况。在电解质中（足够远离电极表面，或者在浓度边界层的外部），可移动离子物质 i 浓度表示为 $C_{i,\infty}$，而在电极表面表示为 $C_{i,s}$。因此，离子物质的传输过程是由浓度差（扩散机制）引起的，如图 4.8 所示，图 4.8 中坐标 x 指向远离电极表面并进入整体电解质的方向。

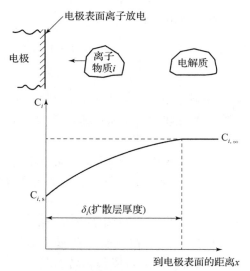

图 4.8　电极上放电的离子物质的浓度分布，其传输由扩散机制建立

根据菲克定律与已知的摩尔通量，离子物质 i 向电极表面的扩散速率为

$$\dot{N}''_i = - D_i \frac{\mathrm{d}C_i}{\mathrm{d}x} \qquad (4.133)$$

式中，D_i 表示离子物质 i 相对于电解质溶液的扩散系数，取决于溶质种类、溶质分子大小、电解质溶液黏度 μ 以及电解质溶液温度 T。室温下，普通水溶液典型电解质 D_i 约为 10^{-9} $\mathrm{m^2/s}$，比气体介质中相应的扩散系数小得多。一般来说，扩散系数 D_i 可以通过降低电解质黏度 μ 和提高溶液温度 T 来增大。

式（4.133）中给出的离子传输速率的电流密度为

$$J_i = n_i F \dot{N}''_i = - n_i F D_i \frac{\mathrm{d}C_i}{\mathrm{d}x} \cong n_i F D_i \frac{C_{i,\infty} - C_{i,s}}{\delta_i} \qquad (4.134)$$

式中，n_i 表示离子 i 的电荷数；δ_i 表示邻近电极表面的扩散层的厚度。对于未搅拌（初始静止）溶液，δ_i 的典型值约为 300 μm，对于剧烈搅拌（强对流）的溶液，δ_i 的典型值可降至 1 μm。

极限电流密度对应离子在电极表面传输的最大速率，发生在电极表面离子浓度为 0 时，或 $C_{i,s} = 0$，则

$$J_{L,i} = n_i F D_i \frac{C_{i,\infty}}{\delta_{L,i}} \qquad (4.135)$$

式中，$\delta_{L,i}$ 表示极限电流密度下的扩散层厚度。假设扩散层厚度几乎不变（不一定是真的，参见本节末尾的注释），那么 $\delta_i \cong \delta_{L,i}$。合并式（4.134）与式（4.135）得到

$$\frac{C_{i,\infty}}{C_{i,s}} \cong \frac{J_{L,i}}{J_{L,i} - J_i} \qquad (4.136)$$

因此，在电极表面上放电的离子浓度 $C_{i,s}$ 小于远离电极表面由外部提供燃料电池运行所需的整体电解质浓度 $C_{i,\infty}$。扩散层浓度的降低是由于传质速率有限，转化为电压损失 η_{conc}。

假设电极上的所有其他过程都是可逆的，由于电极表面离子浓度降低而引起的电压损失可以由前面所述的能斯特方程估算出来。

$$\eta_{\mathrm{conc}} \cong \frac{RT}{n_i F} \ln \left(\frac{J_{L,i}}{J_{L,i} - J_i} \right)^{(v''_i - v'_i)/v'_F} \qquad (4.137)$$

必须指出，这里介绍的扩散层也被称为能斯特扩散层。这是为了纪念能斯特在 1904 年做出的贡献，当时液体在固体表面上的流动的机制尚未被理解。根据大约二十年后引入的边界层概念（本章前面已描述），能斯特扩散层在现实中并不存在。尽管这种分析在常规电化学中受欢迎，但使用需谨慎。

4.8.2 仅通过离子迁移传质

电解质包含带正电荷和负电荷的离子，除此之外还有其他中性物质，如

含水电解质溶液中的水。如图4.9所示，这些离子在微观水平上不断地随机热运动。然而，它们开始在电场方向上加速，并跨电解质层建立了外部电场。离子通过电解质的加速受到黏性阻力，离子间相互作用产生电场力的阻碍。最终，驱动电力与阻力平衡，并且离子在电解质中的迁移速度达到恒定值，称为离子的末速度。可以猜测离子物质 i 末速度 v_i 与驱动电力成正比，这是由于外部电场中离子的电荷而引起的（阻力是被动的，且与驱动力相反）。因此得到

$$v_i = -u_i(n_iF)\frac{d\phi}{dx}, \text{ m/s} \quad (4.138)$$

式中，离子 i 的电荷数 n_i 表示 1 mol 离子的摩尔电子等效电荷数；F 表示法拉第常数（96 487 C/mol）；n_iF 表示 1 mol 离子的电荷量。用电势 ϕ 在 x 方向上的梯度来表示电场，如图4.9所示。比如因子 u_i 称为离子 i 的迁移率，单位为 $\text{m}^2 \cdot \text{mol}/(\text{J} \cdot \text{s})$。式（4.138）中负号反映了正电荷离子（$n_i > 0$）向电势 ϕ 递减的方向移动，负电荷离子（$n_i < 0$）向电势较高的方向移动。

在电场效应的作用下，由末速度 v_i 引起的离子 i 的摩尔通量为

$$\dot{N}_i'' = C_iv_i = -C_iu_in_iF\frac{d\phi}{dx}, \text{ mol}/(\text{m}^2 \cdot \text{s})$$
$$(4.139)$$

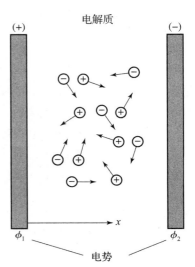

图4.9 电解质中离子运动示意图

电流密度 J_i 是由离子 i 迁移产生的，如下所示。

$$J_i = (n_iF)\dot{N}_i'' = n_iFC_iv_i, \text{A/m}^2 \quad (4.140)$$

式中，C_i 表示离子 i 摩尔浓度；C_iv_i 表示离子 i 摩尔通量（在电场强度 $d\phi/dx$ 下以末速度 v_i 迁移），单位为 $\text{mol}/(\text{m}^2 \cdot \text{s})$。代入式（4.138）、式（4.140）变为

$$J_i = -u_i(n_iF)^2C_i\frac{d\phi}{dx}, \text{ A/m}^2 \quad (4.141)$$

电流密度和电势梯度之间的系数方程（4.141）称为离子 i 的电导率。

$$\kappa_i = u_i(n_iF)^2C_i \quad (4.142)$$

式中，电导率 κ_i 表示离子 i 在电解质中传输性质，单位为 $(\Omega \cdot \text{m})^{-1}$ 或 S/m。式（4.141）表示为

$$J_i = -\kappa_i\frac{d\phi}{dx} \quad (4.143)$$

这只是欧姆定律的一种表达，指出了离子 i 迁移产生的电流密度与电场强度 $\mathrm{d}\phi/\mathrm{d}x$ 成正比，比例常数等于电解质中离子 i 的电导率。应该注意的是，当浓度 C_i 在整个电解质中均匀分布时，该方程是有效的，否则如 4.8.3 节所述，该方程不合理。

电解质中所有离子迁移产生的总电流密度 J 等于每种离子迁移贡献的总和，或者

$$J = \sum_i J_i = -\left(\sum_i \kappa_i\right)\frac{\mathrm{d}\phi}{\mathrm{d}x} \tag{4.144}$$

因此电解质电导率可以表示为

$$\kappa = \sum_i \kappa_i \tag{4.145}$$

欧姆定律适用于电解质中所有离子迁移产生的总电流密度。同样，只有当电解质中所有浓度都是均匀的，不存在离子扩散传输时，该定律才有效。

虽然电解质中各离子的迁移对电解质携带的总电流密度有贡献，但贡献并不相等。为了量化相对贡献程度，离子 i 的迁移数被定义为给定离子 i 携带的总电流密度的分数，或者

$$t_i = \frac{J_i}{J} \tag{4.146}$$

将式（4.143）和式（4.144）代入式（4.146），得到

$$t_i = \frac{\kappa_i}{\sum_i \kappa_i} = \frac{\kappa_i}{\kappa} \tag{4.147}$$

因为 κ_i 和 κ 都是传输性质，t_i 也是电解质和离子的传输性质，可以由式（4.147）确定。迁移数一旦确定，在燃料电池中就可以确定每个离子所携带的电流密度的分数，即 $J_i = t_i J$ 是由离子物质 i 的迁移所贡献的电流密度。

将这个表达式代入式（4.144）中的第一个等式，得到

$$\sum_i t_i = 1 \tag{4.148}$$

这对所有电解质类型都有效。

现在将式（4.144）和式（4.145）组合，并在电解质层厚度上对 $\mathrm{d}\phi/\mathrm{d}x$ 积分，得到离子在电解质层中通过迁移传输的欧姆过电位为

$$\eta_{\mathrm{ohm}} = \phi_1 - \phi_2 = \int_0^\delta \frac{J}{\kappa}\mathrm{d}x = \frac{J\delta}{\kappa} \tag{4.149}$$

这种关系与式（4.132）相同，只有当电解质中的浓度相同时才有效。

4.8.3　通过离子扩散与迁移传质

在电解质中离子迁移导致质量传输，这是由于离子在外电场的影响下运

动（称为迁移）。离子迁移导致在一个区域的离子积累和在另一个区域的离子耗尽，从而建立浓度梯度。由于浓度梯度驱动的扩散机制导致传质发生。因此，在任意燃料电池中，电解质可能同时发生质量扩散和离子迁移两种传质情况。

根据式（4.133）中扩散和式（4.139）中离子迁移共同引起的传质速率，得到扩散和离子迁移共同作用下离子 i 的总摩尔通量为

$$\dot{N}_i'' = - D_i \frac{dC_i}{dx} - C_i u_i n_i F \frac{d\phi}{dx} \tag{4.150}$$

由离子 i 传输产生的电流密度为 $J_i = (n_i F) \dot{N}_i''$，或者

$$J_i = - (n_i F) D_i \frac{dC_i}{dx} - C_i u_i (n_i F)^2 \frac{d\phi}{dx} \tag{4.151}$$

当燃料电池达到稳定状态时，所有电流都由参与电极反应的离子传输携带。对于电解质中存在的其他离子，由于电场效应（迁移）而产生的通量被这些离子运动引起的电荷浓度梯度（扩散）和非电荷转移抵消。

注意，系数 D_i 和离子迁移率 u_i 都是离子 i 在电解质溶液中的传输性质，可能是相互关联的，将在后面内容对这种情况进行说明。

考虑无净电流（$J=0$）流过电解质的情况，即由浓度梯度引起的离子扩散和电场中离子迁移引起的电流达到相同数量级（方向相反）。因此达到了热力学平衡，并且在电解质 x 处具有局部电势 ϕ 电场的影响下，电荷数为 n_i 的离子 i 浓度（或数密度）由热力学玻尔兹曼分布给出。

$$C_i = C_{i,\infty} \exp\left(- \frac{n_i F \phi}{RT} \right) \tag{4.152}$$

式中，$C_{i,\infty}$ 是离子 i 浓度（$\phi=0$）。

假设 $J=0$，并对（4.151）从 $C_i = C_{i,\infty}$（$\phi=0$ 处）到 C_i（ϕ 处）积分，得到

$$C_i = C_{i,\infty} \exp\left(- \frac{u_i n_i F \phi}{D_i} \right) \tag{4.153}$$

将式（4.152）与式（4.153）比较得到

$$u_i = \frac{D_i}{RT} \tag{4.154}$$

为了纪念能斯特（1888 年）和爱因斯坦（1905 年）的贡献，前面的表达式被称为能斯特 – 爱因斯坦关系式。该式涉及电解质中离子扩散和迁移的传输过程，并为质量扩散和电导提供了重要的联系。将式（4.154）分别代入式（4.142）和式（4.145），得到离子 i 和电解质的电导率为

$$\kappa_i = \frac{(n_i F)^2 C_i D_i}{RT} \tag{4.155}$$

$$\kappa = \frac{F^2}{RT} \sum_i n_i^2 C_i D_i \qquad (4.156)$$

应该指出的是，尽管能斯特 – 爱因斯坦关系式是在 $J = 0$ 时推导出的，但是通过电解质的总电流没有消失，能斯特 – 爱因斯坦关系式也是有效的。这是因为 u_i 和 D_i 都具有离子 i 在电解质中的（传输）特性。

考虑到式（4.142）和式（4.154），式（4.151）可以改写为

$$-\frac{d\phi}{dx} = \frac{J_i}{\kappa_i} + \frac{RT}{n_i F C_i} \frac{dC_i}{dx}$$

从 $x = 0$、$\phi = \phi_1$ 与 $C_i = C_{i,s}$ 的电极表面到 $\phi = \phi_2$ 与 $C_i = C_{i,\infty}$ 的远离电极表面对上式积分，得到

$$\phi_1 - \phi_2 = \int_0^x \frac{J_i}{\kappa_i} dx + \frac{RT}{n_i F} \ln\left(\frac{C_{i,\infty}}{C_{i,s}}\right) \qquad (4.157)$$

因为对燃料电池中的大多数电解质来说，单个离子携带电流，例如碱性燃料电池的 OH^- 和酸性电解质燃料电池的 H^+。式（4.157）中 $\int_0^x \frac{J_i}{\kappa_i} dx$ 表示欧姆过电位，$\frac{RT}{n_i F} \ln\left(\frac{C_{i,\infty}}{C_{i,s}}\right)$ 表示浓差过电位。注意，κ_i 取决于时刻变化的浓度 C_i，因此电导率 κ_i 必须包含在积分项中。

从电极到电解质的电位下降可认为是由欧姆过电位 η_{ohm} 和浓差过电位 η_{conc} 造成的。众所周知，η_{ohm} 与电流成正比。一旦电流中断（相当于开路，或电极、电池没有电流流出），η_{ohm} 立即消失。测量通电时的总电势差 $\phi_1 - \phi_2$，且浓差过电位 η_{conc} 是在电流中断后，扩散或对流改变浓度分布之前所测量的值。可以确定欧姆过电位为

$$\eta_{ohm} = (\phi_1 - \phi_2) - \eta_{conc} \qquad (4.158)$$

注意，在外部电流中断后，电解质中局部电流密度可能不会消失。在使用电流中断法测量欧姆过电位时，应当小心。

4.9 传输现象对电池性能和电池布置（电池堆）的影响

如第 2 章所述，电池性能可以由电池电势变化来表示，该变化是电池中电流密度的函数，通常称为电池极化曲线。实际电池电势可以通过可逆电池电势减去所有形式的电压下降来确定。因此，有

$$E = E_r - \eta_{act} - \eta_{ohm} - \eta_{conc} \qquad (4.159)$$

活化过电位可以细分为与阳极和阴极反应相关的过电位。当从电池输出合适的电流密度时，可以用塔菲尔方程计算活化过电位，如第 3 章所述。用

本章前面提出的欧姆和浓度过电位的形式代替，可以把实际电池电势写为

$$E = a_1 \ln\left(\frac{J}{J_L}\right) + a_2 J - a_3 \ln\left(\frac{J_L - J}{J_L}\right) + a_4 \qquad (4.160)$$

式中，a_1 表示塔菲尔斜率；a_2 基本等效表示所有电池组件（包括电解质、电极、电池连接和表面接触）的电池电导率；a_3 与 RT/F 呈正比关系；a_4 与 E_r 相关（但不等于）。虽然这些不同的系数 a_i 可通过对所涉及的过电位来确定（如本章前面所介绍的），但是对于给定电池最好通过实验来确定，以解决制造过程和电极微观结构的相关可变性所导致的电池性能的可变性。

工作电池的电势通常为 $0.7 \sim 0.8$ V，单个电池的功率有限，对实际应用来说太小。因此，将许多单电池连接（或电池堆）在一起组成燃料电池堆。尽管许多电池堆配置可行，但给本节讨论的传输过程相关的过电位带来了限制和技术难题，使电池堆成为燃料电池商业化驱动中的重大技术挑战之一。将在下文中简要说明电池堆选择以及相关的传输问题。

如图 4.10 所示，单电池之间的电连接可以并联或串联。并联提供了来自电池组的低压输出，却提供了高电流输出，因为总电流是每个电池中产生电流的总和。这种高电流会在电池组组件之间的表面触点处造成非常大的欧姆电压损失。因此，通常避免并联，除非应用于小电流或小功率场景。

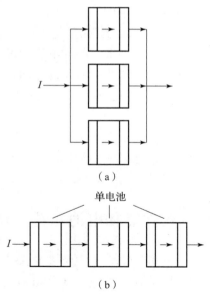

图 4.10 电池连接（电池堆）配置（箭头代表电流方向）

(a) 并联；(b) 串联

串联可以有两种典型的排列方式：单极设计和双极设计，如图 4.11 所示。在单极设计中一个燃料流为两个相邻的电池提供燃料，一个氧化剂流为

两个相邻的电池提供氧化剂。这种排列方式简化了反应物流通道的设计。然而，单级设计迫使每个电池中产生的电流收集于电极边缘。根据式（4.131），由于电极非常薄（<1 mm），而其他电极尺寸（在电流方向上）至少在厘米或更大数量级，欧姆电阻往往非常大。因此，尽管在早期燃料电池堆设计中使用了电流边缘收集，但是在近期燃料电池堆开发中通常避免电流边缘收集，主要是由于欧姆电压损失过大。

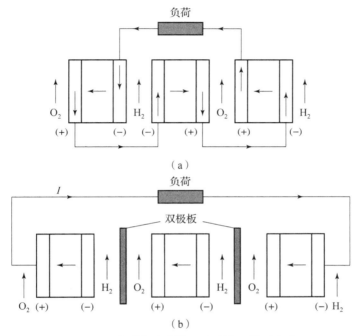

图 4.11　串联电池连接（电池堆）排列方式

（a）单极排列，每个电池产生电流沿边缘收集；（b）双极排列，双极板收集电流

双极排列设计使电流垂直于电极表面流动，而不是像在单极设计中那样沿电极表面流动，因此电流流动路径非常短，而可用于电流流动的横截面积非常大。根据式（4.131）可知，这种情况下的欧姆电压损失比较小，双极设计在燃料电池堆技术中更受青睐。然而，这种电流的双极板收集导致反应流道的复杂设计和反应物的复杂流动。并且双极板为了获得良好的电池堆性能必须同时实现几个功能：双极板必须作为集电器；反应物必须输送到电极表面；电池反应产物（即水）必须除去；必须保持电池/电池组的完整性。双极板的功能可能相互矛盾，所以双极板的优化设计是实际燃料电池的重大技术挑战之一。

双极板的典型结构如图 4.12 所示。反应物沿双极板流道方向流动，因此反应物在电极表面上分布。另外，相邻流道间的场所是用于从一个电池流到下一个电池的电流通道。因此，宽流道有利于反应物在电极表面上的分布和反应产物的去除，且宽场所有利于电子流动以及电池和整个电堆的机械完整性。通常，图4.12（c）所示的相同电池单元重复形成一个电池组。电池组末端的板仅在其表面一侧具有流动通道。

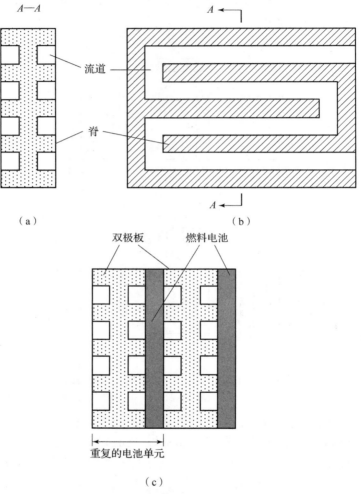

图 4.12 双极板的典型结构

（a）横截面图；（b）正面视图；（c）电池堆中的电池单元

从电池组中电池的重复单元来看，很明显由于对流和扩散传质，反应物浓度沿流动通道设计的流动方向降低并进入电极。因此浓度场是三维分布的，电场是由于双极板表面上形成的流道而产生，催化剂层电化学反应不均匀，以及反应物浓度和温度的三维分布。而式（4.159）或式（4.160）中给出极化曲线中电池性能是基于一维浓度和电场假设的结果。因此，电池性能的精确预测需要基于求解三维分布中控制反应物流动、物质浓度、温度和电场传输现象的守恒方程，结合电池内电化学反应过程—文献中已经尝试这样的综合方法。然而，它不包括在本书中。读者不妨参考其他参考资料，以进一步讨论和描述传输现象及其对燃料电池性能的影响。

4.10　总结

本章主要目的是描述质量、动量、能量和电传输现象及对实际燃料电池性能和设计的影响。本章首先对多组分混合物进行了各种描述，根据扩散和对流机理研究其传输速率。扩散传输与速度、温度和浓度梯度引发的动量、热能和物质扩散有关，速度、温度和浓度边界层的概念被用于描述固体表面（即电极表面）附近的动量、热能和物质的传输。然后用无量纲参数，如普朗特数、刘易斯数和施密特数来检验这些传输过程的相似性和差异性。动量、热能和物质的对流传输速率分别用无量纲摩擦系数、努赛尔数和舍伍德数来表示。最后，从浓度和欧姆极化以及在特定条件下迫使反应物或电解质流动所需的泵送功率所产生的寄生负载角度，研究了传输过程对燃料电池性能的影响。本章阐明了某个传输过程在限制燃料电池性能方面起主导作用的方法，描述了传输现象对燃料电池性能和燃料电池堆设计的影响。

4.11　习题

1. 空气由 79% 氮气和 21% 氧气组成，假设对于某一流动情况，氮气和氧气速度方向相同，速度分别为 $v_{N_2} = 1$ m/s 和 $v_{O_2} = 2$ m/s，试确定以下内容。

（1）质量平均速度和摩尔平均速度；

（2）氮气、氧气质量扩散速度与摩尔扩散速度；

（3）氮气、氧气总质量通量与总摩尔通量（混合物在 80 ℃ 与 1 atm 条件下）；

（4）氮气、氧气扩散质量通量与扩散摩尔通量（混合物在 80 ℃ 与 1 atm 条件下）；

（5）计算（4）中扩散质量通量和扩散摩尔通量的总和。

2. 式（4.26）表明物质 i 扩散摩尔通量为

$$\dot{N}''_{i,d} = -CX_iY_j(V_j - V_i)$$

仅由物质 i 和 j 组成的二元混合物。式中，C 表示混合物总浓度；X_i 和 X_j 分别表示物质 i 和 j 的摩尔分数；V_i 和 V_j 表示式（4.11）中质量扩散速度。

3. 假设燃料由氢气组成，在 80 ℃、1 atm、水蒸气完全饱和的条件下。

燃料以 $v_\infty = 1(\text{m/s})$ 的速度平行流过阳极电极表面。假设阳极是矩形,沿流动方向长度 $H = 10(\text{cm})$,试确定以下内容。

(1) 对应流传质速率的极限电流密度分布 $J_L(x)$ 及其平均值 $\bar{J}_L$;

(2) 电流密度为 $J = 0.5(\text{A/cm}^2)$,确定电极表面氢浓度 $C_{\text{H}_2,s}(x)$ 以及平均值 $\bar{C}_{\text{H}_2,s}$。

4. 假设燃料在 80 ℃ 和 3 atm 的条件下,重复完成习题3。

5. 考虑空气流过矩形阴极 – 电极表面,速度 $v_\infty = 3(\text{m/s})$,沿流动方向电极长度 $H = 10(\text{cm})$。确定以下气流温度和压力条件下的极限电流密度 $J_L(x)$ 分布(对应于电极表面对流传质的限制),及其平均值 $\bar{J}_L$。

(1) $T = 25\,℃$、$P = 1\,\text{atm}$;

(2) $T = 25\,℃$、$P = 3\,\text{atm}$;

(3) $T = 80\,℃$、$P = 1\,\text{atm}$;

(4) $T = 80\,℃$、$P = 3\,\text{atm}$。

试陈述从这些计算中可能得出的任何观察结果或结论。

6. 假设流体流过阳极电极,并且氢气完全加湿,重复完成习题5。

7. 假设电极表面为正方形(即电极宽度和高度相同,$W = H$),估计习题5中给出条件所需的泵送功率,观察电极性能和泵送功率的变化趋势。

8. 假设电极表面为正方形,估算习题6中给出条件所需的泵送功率,观察电极性能和泵送功率的变化趋势。

9. 假设流经厚度为 200 μm、孔隙率为 40% 的阳极电极,且氢气完全加湿。阳极流道间距 $b = 1(\text{mm})$,且长度 $H = 10(\text{cm})$。氢气平均流速 $v_m = 1(\text{m/s})$ (25 ℃、1 atm)。试确定下列条件下氢气传质通过阳极电极时可达到的最大电流密度。

(1) 阳极未被液态水淹没;

(2) 1%电极被液态水淹没。

10. 25 ℃ 的空气以平均速度 $v_m = 5(\text{m/s})$ 流过阴极。阴极电极厚度为 200 μm、孔隙率为 40%。靠近电极表面的流道在流动方向上的间距 $b = 1(\text{mm})$,且长度 $H = 10(\text{cm})$。在下列情况下,试确定通过多孔阴极电极氧传质限制条件下的极限电流密度。

(1) 阴极没有被液态水淹没;

(2) 0.1%阴极被液态水淹没;

(3) 0.1%阴极被完全水合 Nafion 膜淹没。

11. 对于下列电解质,在 18 ℃ 和 500 mA/cm^2 条件下,试确定由通过电解质的离子迁移引起的欧姆过电位。

（1）10 mol/L 硫酸溶液（溶剂为水）；

（2）10 mol/L 氢氧化钠溶液（溶剂为水）；

（3）10 mol/L 氢氧化钾溶液（溶剂为水）；

（4）10 mol/L 磷酸溶液（溶剂为水）。

参 考 文 献

［1］ Bird，R. B. ，W. E. Stewart and E. N. Lightfoot. 2000. Transport Phenomena - 2. New York：Wiley.

［2］ Blasius，H. and Z. Math. 1908. Phys. ，56：1.

［3］ Schlichting，H. 1979. Boundary Layer Theory - 7. New York：McGraw - Hill.

［4］ White，F. M. 1991. Viscous Fluid Flows - 2. New York：McGraw - Hill.

［5］ Incropera，F. P. and D. P. DeWitt. 2002. Fundamentals of Heat and Mass Transfer - 5. Wiley.

［6］ Kays，W. M. and M. E. Crawford. 1980. Convective Heat and Mass Transfer. New York：McGraw - Hill.

［7］ Spalding，D. B. 1963. Convective Mass Transfer. New York：McGraw - Hill.

［8］ Bernard，D. and M. V erbrugge. 1992. J. Electrochem. Soc. ，139（9）：2477 - 2491.

［9］ McDougall，A. 1976. Fuel Cells. London：MacMillan.

［10］ Liebhafsky，H. A. and E. J. Cairns. 1968. Fuel Cells and Fuel Batteries. New York：Wiley.

［11］ Newman，J. S. 1991. Electrochemical Systems - 2. Englewood Cliffs，NJ：Prentice Hall.

第 5 章
碱性燃料电池

5.1 绪言

碱性燃料电池是最早被研究和开发用于实际应用的燃料电池。事实上，AFCs 是第一个也是一种唯一成功实现常规应用的电池类型，主要用于太空探索，如美国航天飞机任务。基于其优秀的太空应用，世界上（尤其是欧洲）开启了大量的燃料电池研发计划，将碱性燃料电池从太空应用拓展到地面商业应用，然而二氧化碳综合征终止了大部分碱性燃料电池研发计划，目前的科学研究和试验发展也较少。

碱性燃料电池具有吸引力是因为所有正在开发的燃料电池中，使用纯氢和氧作为反应物时的性能是最好的。图 5.1 所示为几种酸性和碱性电解质中的氧还原反应。结果表明，在 70 ℃工作温度 30%氢氧化钾电解液中，氧还原的活化极化最小，而 96%磷酸作为电解液电压损失要大得多，即使在 165 ℃工作温度下也要高得多。例如美国航天飞机项目中使用的碱性燃料电池装置低温运行（<100 ℃）时，能源转换效率高达60%，而高温下可达70%以上。

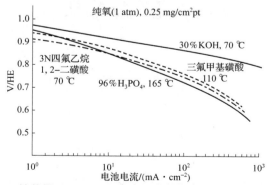

图 5.1 铂载量 0. 25 mg/cm² 电极在酸性和碱性电解质溶液中的氧还原反应（1 atm 纯氧）比较[2]

从热力学而言，碱性燃料电池的主要优点是可以使用更广泛的催化剂，例如非贵金属催化剂镍，它比目前正在研发的其他低温酸性电解质燃料电池所需的贵金属便宜。然而实际应用中，为了保证良好的性能和较长的寿命，低温及高温高性能碱性燃料电池都会使用大量的贵金属催化剂。在美国航天飞机燃料电池中，阳极由 10 mg/cm² 80% 铂和 20% 钯组成，阴极由 20 mg/cm² 90% 金和 10% 铂的混合物组成。单片电池在 0.86 V、470 mA/cm² 的氢氧条件下运行，需要 74 mg/kW 贵金属催化剂。Elenco 公司研发的氢气 – 空气碱性燃料电池作为公共汽车动力源，其阴极和阳极使用 0.7 mg/cm² 总铂载量即可满足燃料电池的需求。在 100 mA/cm² 的情况下，单片电池的性能为 0.7 V，铂的需求量为 10 mg/kW。

虽然二氧化碳综合征导致人们对碱性燃料电池的兴趣下降，但如果实现了氢经济，将有望实现它的回归，上述的这两个优点使得碱性燃料电池相对于其他类型燃料电池更具优势。因此本章专门讨论碱性燃料电池，它在太空探索方面的成功应用具有历史意义，同时也推动了燃料电池的研究发展。

碱性燃料电池的主要缺点是碱性电解质（即氢氧化钾和氢氧化钠）极易与二氧化碳发生反应，即使是大气中 300 ~ 350 ppm 二氧化碳也不能忽略。因此，目前碱性燃料电池仅限于使用纯氢和纯氧的特殊应用，例如美国阿波罗太空计划和航天飞机轨道飞行器。对于地面商业应用，必须使用空气作为氧化剂，纯氢或重整烃作为燃料，使用重整烃时需要从反应物中去除二氧化碳，这会极大地降低系统效率和输出功率密度（基于体积和质量），并增加成本。

当前碱性燃料电池的工作温度较低，大型发电厂的总体效率低于高温燃料电池系统。如果能以合理的价格获得纯氢，碱性燃料电池系统可能适用于小型移动应用，其实际应用包括运输、远程站点、军事和太空应用等，例如相比商业应用不需要考虑成本的潜艇和航天飞机。

5.2　碱性燃料电池发展现状

燃料电池的概念是在 19 世纪通过电解水中的氢气/氧气的转换中提出的。1932 年—1955 年，Bacon 才研发出真正的碱性燃料电池，使用氢气和氧气作为反应物，采用 45% 氢氧化钾电解质溶液，在温度为 200 ~ 240 ℃，压力为 40 ~ 55 atm 的条件下运行。高压可以防止电解液沸腾，阳极是具有双重孔隙率的烧结镍（电解质侧的最大孔径为 16 μm，气体侧的最大孔径为 30 μm），阴极是锂化的氧化镍。1959 年，Bacon 研发出了功率为 5 kW 碱性燃料电池系统。

美国联合技术公司（UTC）、联合碳化物公司等从 20 世纪 50 年代末到 60

年代初进行了许多碱性燃料电池的研发项目。20 世纪 60 年代，UTC 开发的碱性燃料电池应用在阿波罗航天任务中，包括三个功率为 1.42 kW 碱性燃料电池模块，该模块用纯氢和氧以及浓缩电解质（85% 氢氧化钾）。这种浓缩电解质可以保证电池在较低压力（4.2 bar）下运行，而不会让电解质在 260 ℃ 下沸腾，电解质在被动加热和除水的情况下不能移动。每个燃料电池模块直径约 5 cm，高约 112 cm，重约 110 kg，单片电池在 150 mA/cm² 下的运行工况为 0.85 V。碱性燃料电池电力装置的设计寿命为 500 h，后来经过改进，单片电池可以在 0.8 V、400 mA/cm² 条件下工作，阳极为多孔镍，阴极为掺锂氧化镍，用经过二氧化碳洗涤后的空气作为氧化剂。

20 世纪 70 年代至今，碱性燃料电池一直应用于航天飞机轨道飞行器。它包括三个功率为 12 kW 的碱性燃料电池电源模块，每个模块单片电池以 0.85 V、470 mA/cm² 条件下运行，功率密度约为 4 kW/m³，工作压力为 4～4.4 bar，电池温度约为 80 ℃，设计寿命为 2 000 h。每个燃料电池模块宽为 38 cm，高为 147 cm，长为 101 cm，重为 91 kg，输出功率为 12 kW，总输出电压为 27.5 V。电解质是固定在石棉基质中 35%～45% 氢氧化钾，阳极为 10 mg/cm² 镀银镍网（80% Pt，20% Pd），阴极为 20 mg/cm² 镀银镍网（90% Au，10% Pt）。UTC 轻质碱性电池功率密度也达到了 21 kW/m³ 和 4.2 kW/kg。

20 世纪 80 年代，UTC 为战略防御计划（SDI，又称星球大战计划）研发先进的碱性电池，目标是在兆瓦级电堆中功率达到 27 kW/kg。

在欧洲，西门子（德国）和 CGE/IFP（法国）在 20 世纪 60 年代到 70 年代研发了功率为几千瓦的军用碱性燃料电池装置，Alsthom/Occidental 和瑞典皇家理工学院（Royal Institute of Technology）也在追求低成本的碱性燃料电池能源系统。20 世纪 70 年代初至 90 年代中期，Elenco（比利时）研发并销售了用于移动应用的小尺寸模块（几千瓦至 10 千瓦），其技术后来转让给了 Zevco，并由 Zevco 延续！

5.3 基本原理

典型碱性燃料电池的组成和功能以及反应动力学已在第 3 章中进行了描述。如前所述，碱性燃料电池中的电解质是水溶液，可以通过电解质隔室移动（循环）或固定在电解质隔室中。移动电解质的电池结构示意图及其工作原理如图 5.2 所示。氢氧化发生在阳极，氢和氢氧根离子结合产生水和电子，电子通过外部电路迁移，输出有效电能。一部分生成的水被转移到阴极，在此处氧还原形成氢氧根离子，氢氧根离子被输送到阳极进行氢氧化反应，从而使电流流过电解质，因此形成了完整的电路。

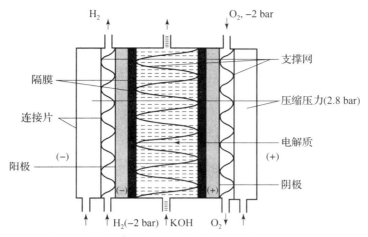

图 5.2　带有移动电解质和支撑的气体扩散电极的碱性燃料电池示意图

对于移动式和固定式电解质碱性燃料电池，总体电化学反应为

$$H_2 + 2OH^- \longrightarrow 2H_2O + 2e^- \tag{5.1}$$

在阳极电极处

$$\frac{1}{2}O_2 + H_2O + 2e^- \longrightarrow 2OH^- \tag{5.2}$$

在阴极电极处

$$H_2 + \frac{1}{2}O_2 \longrightarrow H_2O + 电能 + 热量 \tag{5.3}$$

因此，为了保持稳定运行，必须不断地去除反应副产物（水和热）。从系统的角度而言，水管理和热管理对碱性燃料电池高效运行至关重要。如果电池工作温度低于水的饱和温度（例如在大气条件下为 100 ℃），会形成液态水，可能会导致电解液稀释和电极水淹；如果工作温度高于其饱和温度，会产生水蒸气，从液体电解质中出来的水蒸气可能带走一些电解质，会加速电解质的消耗，从而影响电池寿命。现在的碱性燃料电池通常在 60 ~ 80 ℃、一或几个大气压下运行。由于碱性燃料电池中不能存在二氧化碳，必须用纯氢气和氧气作为反应物，因此限制了其应用。

氢氧化钾（KOH）是所有碱性氢氧化物中导电性最好的，常被用作电解质。氢氧根离子是电解质中的导电物质。在阴、阳极浓度梯度的作用下，电池阳极产生的水会通过电解质部分迁移到阴极，水从阳极（约 2/3）和阴极（约 1/3）排出，因此，电解质混合不严格（或搅拌），电解质浓度将因位置而异。电解液循环提供了一种电解液管理方法，但它会带来包括更高的欧姆极化、额外的泵送和管网等诸多不良影响，都会导致电池性能下降。

5.4 电池结构组成

5.4.1 电解质

最常见的碱性电解质是氢氧化钾水溶液，其标准浓度为 6~8 mol/L，所用的氢氧化钾必须足够纯净，不能含有杂质，否则会导致催化剂中毒。

在电池运行期间，电解质可以以流动或不流动的形式排列在电池中。在 Elenco 和 Siemens 的设计中，移动式电解质将反应副产物水和废热带出电池，除去水和热量的电解质随后循环回到电池，这种布置也称为循环电解质。电池中的电解质室流道宽度通常都比较大，为 2~3 mm，能够最大限度地减小流动阻力，从而减小所需的泵送功率。如此大的电解液层厚度会导致很大的欧姆极化值，因此，在移动式电解质设计中，电解质电阻通常是碱性燃料电池性能的一个控制因素。

国际金融公司（IFC）采用美国航天飞机项目的固定式电解质设计，电解质被固定石棉基质中，电解质储液板充当电解质缓冲液，此时电解质层可以薄至 0.05 mm，相应的欧姆极化会非常小，同时也减小了电解质循环的泵送功率，因此，该设计具有较高的电池性能和能量转换效率。然而，这种设计对反应物纯度的要求很高，因为固定电解质不能去除副产物和再生电解质。

通常使用的电解质为 30%（或 6 mol/L）氢氧化钾水溶液。当电池在 60~80 ℃低温下运行时，可产生最佳的离子电导率值。水中高浓度氢氧化钾具有极低的蒸气压，在高压高温的太空应用中会使用熔融氢氧化钾（质量分数为 80% 或 14.3 mol/L 氢氧化钾），虽然高温高压需要高成本的材料，但是可以提高电池的能量转换效率和功率密度。

表 5.1[3] 和图 5.3 所示为 25 ℃氢氧化钾浓度对电池可逆电位的影响[4]。可见，提高氢氧化钾浓度对电池性能有利，然而在水中使用极高浓度的氢氧化钾是不实际的。如式（5.2）所示，阴极水的消耗导致电池中氢氧化钾浓度的不均匀性，同时阴极水的消耗有可能导致电解质溶液固化并堵塞电极孔隙区域，严重阻碍反应物的传输。

表 5.1　氢氧化钾浓度对标况下运行的氢氧燃料电池电势的影响[3]

氢氧化钾浓度/($mol \cdot kg^{-1}$)	E_r^0/V
0.18	1.229
1.8	1.230

续表

氢氧化钾浓度/(mol·kg^{-1})	E_r^0/V
3.6	1.232
5.4	1.235
7.2	1.243
8.9	1.251

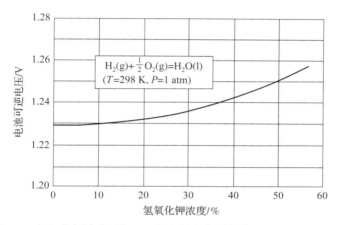

图 5.3　氢氧化钾浓度对标况下运行的氢氧燃料电池可逆电势的影响

　　氢氧化钠（NaOH）曾被作为氢氧化钾电解质的替代物，但是氢氧化钠电解质的性能相比氢氧化钾较差。例如氢氧化钾电导率比氢氧化钠大，且随温度升高的速度更快；氢氧化钠对二氧化碳更敏感，反应形成碳酸氢钠，碳酸氢钠在高浓度（保证足够高的电导率）氢氧化钠溶液中溶解性差，会堵塞甚至损坏电极系统，阻碍电池电化学反应物供应，降低电池性能和寿命。

5.4.2　基质

　　固定式电解质碱性燃料电池，液态电解质溶液通过毛细作用保持在石棉基质中（例如美国航天飞机轨道飞行器中使用的碱性燃料电池）。多孔基质的孔径小于阳极和阴极电极的孔径。但是，石棉对健康有害，在一些国家已被禁止使用，需要寻找替代材料。

5.4.3　电极和催化剂

　　在过去的 50 年中，人们为正确选择、设计和制造碱性燃料电池的电极和催化剂进行了大量的研究和开发。电极的类型和制造与所用催化剂的种类有关。

碱性燃料电池的优点之一是它既可以使用贵金属也可以使用非贵金属催化剂。贵金属催化剂包括铂或铂合金。每个电极的催化剂负载量已从约 10 mg Pt/cm^2 降低到 0.5 mg Pt/cm^2，最低可降至 0.25 mg Pt/cm^2。贵金属通常以粉末形式用作催化剂，沉积在碳载体上，或作为镍基底金属电极的一部分制造。

最常用的非贵金属催化剂包括用于阳极的镍粉末（镍约 120 mg/cm^2，以及少量钛和铝用于控制烧结）和用于阴极的银基粉末，例如碳载体上的银（典型负载为 1.5~2 mg Ag/cm^2）。

电极可以是疏水的或亲水的。疏水电极是碳基聚四氟乙烯（PTFE），只能被液体电解质部分润湿；亲水电极通常由金属材料制成，如镍和镍基合金。电极通常由几层组成，每层具有不同的孔隙率，以便控制液体电解质、气体燃料和氧化剂的流动。通常，具有各种孔隙率的电极各层是将粉末混合在一起，经过压制或压延成片、沉积，喷涂技术和高温烧结等工艺制成的，以确保良好的机械稳定性。

5.4.4　电堆

碱性燃料电池既可以采用西门子设计的双极结构，也可以采用 Elenco（Zevco）使用的具有边缘集流功能的单极电极。美国航天飞机项目中使用的燃料电池动力装置采用国际燃料电池公司（International Fuel Cells）生产的双极和边缘集流的组合装置。

5.4.5　系统

电堆是燃料电池系统的核心。除了电堆，碱性燃料电池系统还包括冷却、副产物清除以及燃料和氧化剂供应子系统。冷却子系统可消除碱性燃料电池的多余热量。当电解液循环时，多余的热量被电解液外部热交换器带走。对于固定式电解质设计，热管理可以通过冷却液循环或使空气流通电堆来实现，例如循环燃料和（或）氧化剂流（如阿波罗太空计划中使用的碱性燃料电池单元），或使用带有绝缘液体循环的冷却板（如美国航天飞机飞行中使用的碱性燃料电池单元）。

反应产物水可以采用前文讨论的除热技术从电堆去除。例如循环式电解质可以将水带出堆栈，然后在 Elenco（Zevco）使用的外部蒸发器中消除水。循环燃料流（氢气）也可以将水带走，然后在外部冷凝器中除去水。图 5.4 所示为高温碱性燃料电池反应气体流的除水量与电池工作电流密度的函数关系。

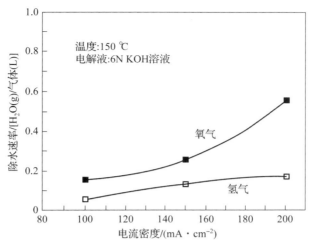

图 5.4　高温碱性燃料电池反应气体流的除水量与电池工作电流密度的函数关系[4]
（$T = 150$ ℃；H_2 循环和 O_2 循环；氢氧化钾浓度：16 N）

因为碱性燃料电池的燃料和氧化剂流中不能存在二氧化碳，所以反应物供应子系统在很大程度上取决于所选反应物的类型。如果将纯氢用作燃料，将纯氧用作氧化剂，这是最理想的碱性燃料电池。其他类型的反应必须将燃料流和氧化剂流中的二氧化碳去除低至 10 ppm，对二氧化碳的严格要求是碱性燃料电池地面商业化应用的最大障碍。

另外，来自燃料电池堆的直流电可能需要调节，或者在连接电负载之前转换为交流电，且还需要一个控制子系统来协调各个系统组件的操作。

5.5　材料与制造

对于碱性燃料电池，最重要的部件是电极和催化剂，材料的选择决定了所采用的设计和制造技术。虽然贵金属和非贵金属都可以用作碱性燃料电池的催化剂，但如前所述，通常将非贵金属用于高温碱性燃料电池，贵金属用于超低温碱性燃料电池（<100℃）。这是因为贵金属需要额外的电催化活性，将活化过电位保持在低温操作可接受的水平。许多金属（如铂、钯、镍和银）以及一些金属化合物和合金，具有足够高的电催化活性，可以作为燃料电池催化剂，由这些材料构成的电极也不需要单独的催化剂层。有关碱性燃料电池电极开发的更多详细信息，请见本章参考文献 [5]~[8]。

5.5.1　雷尼金属电极

雷尼金属是高度多孔的（在给定质量下表面积很大），并且非常活泼，因此非常适合作为电极材料。它们是由活性金属（例如镍或银）与惰性金属（通常是铝）混合而制成。这种分散性良好的金属混合物不是真正的合金，在强碱中溶解去除非活性金属铝，导致剩下活性金属形成多孔结构——多孔电极的良好结构。用这种方法可以制备雷尼镍电极，用无水氢氧化钾溶液处理可以去除铝。用氢气处理后的电极活性很高，干燥后暴露在空气中会自燃，因此制作完成后，必须储存在水中。因此，阳极通常使用雷尼镍电极，阴极使用雷尼银电极。

雷尼镍因其低成本和高活性而成为碱性燃料电池的催化材料。这种电极的性能主要取决于电极的结构，可以通过掺杂几种过渡金属，如钛、铁、钼和铬来改善电极的性能。例如由钛掺杂的雷尼镍制成的氢电极可以将欧姆极化至少降低 2.4 倍；当铬浓度超过 0.2% 时，掺杂铬可以显著降低总极化，并且欧姆极化可以降低 4 倍。掺杂铬的雷尼镍电极比掺杂钛的雷尼镍电极的活性更高，而且可以在很大的掺杂剂含量范围内提供高活性。但是，如果铬含量超过 1%，所得合金粉末在氢氧化钾溶液中会过度溶解。

5.5.2　钯电极

钯的独特性质使其成为氢电极的有利材料。氢可以通过其晶格结构扩散，事实上，氢是唯一可以扩散穿过它的气体。因此，由钯制成的氢电极可以接受氢气流中存在杂质，因为只有氢可以扩散通过到达三相边界进行反应，钯电极阻止所有杂质到达活性位点。但是，通过钯扩散后，反应位点的氢浓度会降低从而导致电极性能降低，建议使用薄钯膜作为电极。实际上，为了使电极具有更好的机械强度，可以用钯－银合金作为中间的基底，将每个表面上的钯黑的精细层制成薄膜，这种膜也可以用于氢气净化。

钯电极对氢氧化反应具有高电催化活性，还可以抵抗液体电解质对其孔隙区域的淹没。但是，这种电极无法用于商业燃料电池，因为钯的成本高，且穿过薄电极后氢浓度降低会导致电极性能降低。

5.5.3　碳基电极

多孔碳电极因低成本而具有吸引力，其使用的碳通常是无空气环境中高温处理合适的煤制造而成。这种碳本身对碱性电解质中的氧还原反应具有催化活性，但实际上，添加少量活性金属可以显著增强其活性。另外，碳对氢氧化反应没有活性，需要铂和钯等活性金属作为催化剂。多孔碳结构很容易被液体电解质充满，因此在电极结构中需要疏水性材料，通常是聚四氟乙烯。聚四氟乙烯还充当将多孔结构保持在一起的黏合剂，有时可以用碳纤维增加电极的强度和导电性。碳电极可采用湿法或干法制备，如图 5.5 所示。

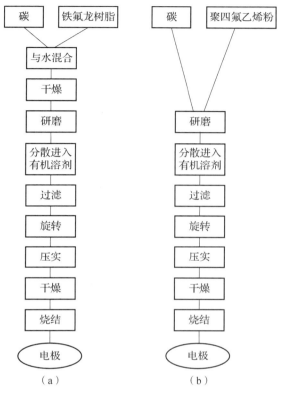

图 5.5　用于制备碳电极的流程图

(a) 湿法；(b) 干法

为了进一步提高机械强度和导电性，可以将与聚四氟乙烯混合的高孔隙率碳卷到所需电极形状的金属网上，金属网通常也用作集电器，由于金属网的高导电性，在欧姆损耗可接受的情况下，可以边缘收集电流。

还应注意的是，由于氮气稀释和氧气扩散系数小（或氧气传输速率小），当阴极气体从纯氧变为空气时，碳电极性能会大大降低。空气中的二氧化碳会对阴极电极的性能和寿命产生显著的不利影响，必须从空气中除去二氧化碳。

5.5.4　双金属催化剂

如前所述，碳基电极要求阳极和阴极都使用活性金属催化剂。同样，对于在低温下运行的固定式电解质碱性燃料电池，雷尼镍电极不能提供足够的催化活性，必须使用贵金属（如铂）。如第 3 章所述，铂是氧气中低温氧化广泛使用的催化剂。随着时间的推移，铂催化剂会发生腐蚀和结块，会导致反应物表面积的减小、电极性能的降低，最终限制电池的寿命。因此，通常使用双金属催化剂，将铂与过渡金属（例如钛，铬等）结合作为碱性燃料电池中氧还原的催化剂使用，其催化活性增强、化学性能稳定，具有广阔的前景。与诸如铂/钯合金的贵重双金属催化剂相比，它们的成本具有吸引力。

5.6 性能

图 5.6 所示为碱性燃料电池在 80 ℃ 和 1 atm 工作条件下的典型性能。电解质是 6 – M 氢氧化钾溶液，阳极是掺杂有钛的雷尼镍，阴极是雷尼银。图 5.6 中显示了阳极和阴极的极化特性，阳极过电势小于对应的阴极过电势，但它在高电流密度下约占总极化的 20%，表明阳极过电势的降低在碱性燃料电池中仍然很重要。如前三章所述，碱性燃料电池的性能受工作温度、压力、反应物浓度和利用率等因素的影响。反应物流中的杂质也可能对电池性能产生不利影响，这将在下文中简要介绍。

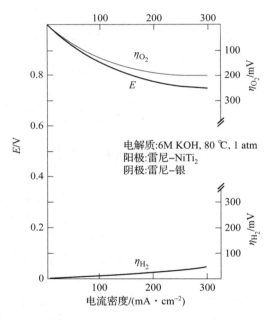

图 5.6   碱性燃料电池在 80 ℃ 和 1 atm 工作条件下的典型性能

5.6.1   温度的影响

在第 2 章中已表明当氢氧燃料电池的电池工作温度升高时，电池开路电压实际上会降低，但降低幅度仅为 0.85 mV/℃。随着电池工作温度的升高，电化学反应更容易进行，因此由电化学过电势 η_{act} 引起极化降低。同时，电解质（氢氧化钾）的电导率迅速增加，使得欧姆损耗随温度升高而降低。氢和氧的扩散系数都随着温度的升高而增加，因此质量传输速率也随之增加。当电池温度增加时，电池实际电势 E 增加。在低温（$<60\,℃$）时增加是非常显著的，高达 $4\,mV/℃$。但是随着温度的升高增量逐渐减小，温度超过 $80\,℃$ 时增量很小。因此，最先进的碱性燃料电池系统运行温度设计为 $60\sim80\,℃$。图 5.7 所示的实验结果中可以清楚地推断出以上结论。

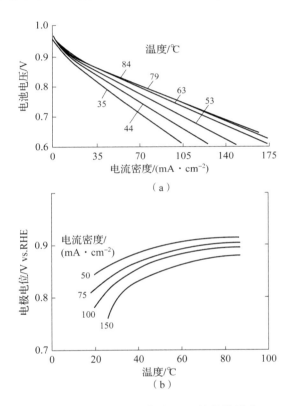

图 5.7 电池工作温度对 AFC 性能的影响

（a）电池活性面积 $289\,cm^2$，碳基 Pd 阳极和 Pt 阴极以及 50% KOH 电解质的极化曲线[9]；

（b）阴极 $0.5\,mg\,Pt/cm^2$，$12-N$ KOH 电解质和碳基多孔电极中还原 O_2（空气）的阴极电位[10]

空气作为氧化剂，在 $1\,atm$ 的操作压力下，文献［3］表明：对于 $6-7\,N$ 氢氧化钾浓度的电解质，最佳操作温度为 $70\sim80\,℃$；对于 $8-9\,N$ 氢氧化钾浓度，最佳操作温度为 $90\,℃$。输出功率密度在室温下是 $70\,℃$ 时的一半，且在 $50\sim60\,℃$ 几乎线性增加。

太空应用中工作温度更高，例如阿波罗航天飞行使用的温度是基于历史上的培根电池，工作温度为 $200\,℃$，但为了防止电解液沸腾，工作压力必须至少为 $4\,bar$。

电池性能之外的其他影响也需要考虑。例如高温碱性燃料电池可以使用较便宜的催化剂，但它比低温碱性燃料电池更容易腐蚀和催化剂重结晶。高温碱性燃料电池需要时间进行冷启动，低温的可以在几分钟内完成启动。

5.6.2 压力的影响

如第 2 章所述，可逆（开路）电池电位 E 随工作压力对数增加，如下所示：

$$\Delta E_r = -\frac{(2.3\Delta N)RT}{2F}\log\left(\frac{P_2}{P_1}\right) \tag{5.4}$$

式中，ΔE_r 表示操作压力从 P_1 增加到 P_2 导致的可逆电池电势增加量，对于液态和气态的反应产物水，ΔN 分别为 -1.5 和 -0.5。ΔE_r 也与电池温度有关，电池温度为 60 ℃时，压力增加十倍，ΔE_r 大约为 50 mV。随着压力增加，E_r 的增加变得越来越不明显。

随着电池工作压力的增加，反应物的浓度增加，参与电化学反应的反应物增加，电化学动力学和传质过程的增强使得实际电势比式（5.4）预测的要大得多。所有氢–氧燃料电池都是如此，因此，高于大气压的工作压力是有利的。

从热力学和电化学的角度来言，将工作压力提高到远高于大气压力，电池性能改善很小，但是更高的压力需要更高的机械强度，从而使重量的增加过多，就会导致新的问题。反应压力增加的一个主要问题是，反应物流之间以及反应物和电解质之间的压力差必须始终保持在给定的限度内，这由电极的性质及其组成、孔隙率等决定。否则，反应物可能会在电解质中起泡，或者液体电解质可能会泄漏到反应物流中，从而导致火灾和安全问题。在启动和停止过程中，这种细微的压力控制和平衡是很困难的，并且必须使用昂贵的传感器和控制机构，使得成本非常昂贵[11]。如果工作温度高于 100 ℃，则需要更高的压力来防止电解液沸腾。在太空应用中，200 ℃时纯氢作为燃料的压力高达 50 atm。

必须强调的是，操作条件的选择（如温度和压力）与电池结构材料的选择（包括氢氧化钾电解液的浓度、电极和催化剂等）直接相关，因此对于确定的电池结构，相应的最佳操作条件也是确定的。

5.6.3 反应气浓度与利用率的影响

在第 2 章中证明了对于给定的操作温度和压力，电池可逆电势 E_r 随反应物的浓度或分压的增加而增加，随产物的浓度降低而减少。如果总压力被所涉及的相关物质的分压所代替，则对成分的这种依赖关系可以类似用式

（5.4）来表达。由于不可逆损失的减少，实际电池电势的增加远远大于 E_r 的增加，这与前面小节中讨论的总压力变化的情况类似。图 5.8 所示为氧化剂和燃料浓度对阴极和阳极各自性能的影响。如前所述，电势损失主要发生在阴极，但阳极的损失仍然很大，尤其是在氧化剂和燃料浓度较低的情况下。

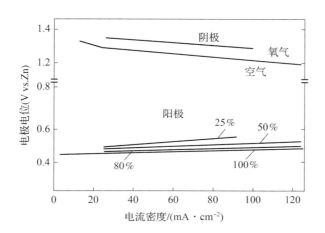

图 5.8 氧和氢浓度对阳极和阴极性能的影响[12]。贵金属负载量为 0.5 ~ 2.0 mg/cm² 碳基多孔电极，9 – N 氢氧化钾电解液，温度 55 ℃~ 60 ℃

以纯氧作为氧化剂开发和优化的 AFC 堆在空气上工作不能令人满意，因为多孔电极不能处理大量的惰性气体（氮气），而开发的空气堆可以使用纯氧或任何形式的富氧空气，性能得到提高。

如第 2 章所述，为了获得较好的燃料电池性能，反应物的供应几乎总是超过当前输出所需的量。对于氢 – 空气燃料电池，阴极侧通常使用计量比为 2.5 的空气流量，过量的空气可以用于去除产物水。对于氢 – 氧燃料电池，氢侧除水可以通过氢化学计量比在 4 ~ 6 的范围内来实现。

5.6.4 杂质的影响

碱性燃料电池的主要缺点（也可能是唯一的缺点）是重整燃料和氧化剂中存在二氧化碳，导致其性能急剧下降。因此，为了防止氢氧化物（OH^-）变成碳酸盐（CO_3^-），必须从燃料流和氧化剂流两者中除去低至 10 ppm 或更少的二氧化碳。

二氧化碳的负面影响来自它与氢氧根的反应，如下：

$$CO_2 + 2OH^- \longrightarrow CO_3^- + H_2O \qquad (5.5)$$

碳酸盐 CO_3^- 的形成会产生以下效应：降低 OH^- 浓度并干扰电化学动力

学；增加电解质黏度，降低扩散系数并限制电流输出（即增加浓差极化）；在多孔电极的底部引起碳酸盐的沉淀，阻止反应物到达反应位置；降低氧在电解质中的溶解度；降低电解质的导电性导致欧姆极化增加。二氧化碳对阴极性能的影响如图 5.9 所示。无论是在无二氧化碳的空气还是含二氧化碳的空气中性能都明显下降。但是对于含二氧化碳的空气，性能下降得更快。

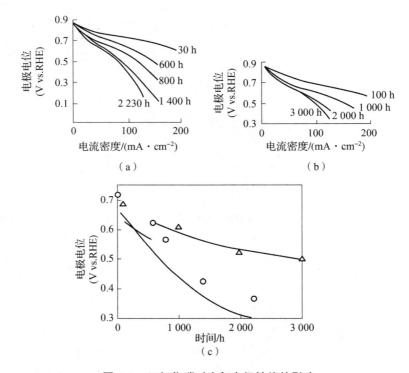

图 5.9　二氧化碳对空气电极性能的影响

（碳基负载 0.2 mg Pt/cm², 6 – N KOH 电解液、50 ℃）

（a）含二氧化碳的空气，32 mA/cm² 运行；（b）不含二氧化碳的空气，32 mA/cm² 运行；

（c）含二氧化碳的空气（○）和不含二氧化碳的空气（△），100 mA/cm² 运行

较高浓度的氢氧化钾对氧电极在含二氧化碳空气中的工作寿命不利。但在较高温度下对电极是有益的，因为它增加了电解液中 CO_3^- 的溶解度。

二氧化硫（SO_2）和硫化氢（H_2S）也会对催化产生不利影响，必须从燃料和氧化剂流中去除。尽管还可能导致其他不同的效果，但也必须避免其他杂质。例如某些氯工厂的氢气中存在汞（Hg）可能导致阳极的累积效应，使降解过程不可逆且持续加剧。

氢气中的一氧化碳含量会略微降低功率水平，但随着时间的推移它将保

持稳定，并且这种降低是可逆的。当使用氢和氧时，它们通常在闭环中循环，此时，必须进行定期吹扫，以避免惰性气体和杂质堆积在电堆中。

5.6.5　碱性燃料电池的寿命

目前，氢气 – 氧气和氢气 – 空气碱性燃料电池可以稳定运行至少 5 000 小时，并且性能衰减率为 20 μV/h。例如西门子的电池组已运行了 8 000 多小时；美国航天飞机燃料电池平均每个累积工作了约 2 000 小时。

对于电厂（公用事业）应用，要求至少 40 000 小时的使用寿命并且具有可接受的性能衰减。对于运输应用，需要多个 5 000 甚至 10 000 小时的燃料电池堆。显然，在这两方面应用还需要做很多工作。高质量或大尺寸（或较低体积/质量功率密度）的碱性燃料电池运输应用与传统的基于热机的发电厂相比，该系统太昂贵。

5.6.6　实例数据

西门子（Siemens）：6 ~ 7 kW，加压氢气 – 空气碱性燃料电池系统，85 kg。系统比质量约 12 kg/kW，电堆比质量约 7 ± 1kg/kW。电池在 420 mA/cm² 和 0.78 V 条件下工作。

Elenco（Zevco）：氢气 – 氧气系统在大气条件下运行。在 110 mA/cm² 时比重约为 12 kg/kW。在 200 mA/cm² 和 0.88 V 工作条件下可能达到 6.5 kg/kW，在 400 mA/cm² 和 0.78 V 条件下可能达到 3.5 kg/kW。

特殊目的：美国太空防御项目，只需要几分钟的极短操作时间，采用了 0.15 ~ 0.25 kg/kW 碱性电池的性能指标。

5.7　二氧化碳去除方法

二氧化碳的有害影响是碱性燃料电池地面商业应用的主要瓶颈，因此从反应物流中去除二氧化碳的技术很重要。从反应气体混合物中去除二氧化碳的方法很多。液体吸附塔可用于去除高浓度二氧化碳，将含有 15% 氢氧化钾和 10% 硼酸胺的液体溶液喷入含有二氧化碳的气流中，一次过塔可将二氧化碳浓度从 25% 降低至约 0.5%，三次连续过塔可以将二氧化碳降低至约 100 ppm。如果随后用乙醇胺进行热再生吸附（式（5.6）所示），二氧化碳浓度可以进一步降低到 50 ppm 以下：

$$2RNH_2 + CO_2 \underset{115\,℃}{\overset{27\,℃}{\rightleftharpoons}} RNHONHR + H_2O \tag{5.6}$$

在物理吸附方面，使用二甲醚聚乙二醇的 selexol 工艺一次可降低二氧化碳浓度达 250 倍。这种技术也被称为变压吸附，其中吸附发生在高压下（约 100 psi①），再生发生在低压下。

对于固体床，随着温度变化一次通过分子筛可将 CO_2 浓度降低至约 1 ppm。硅橡胶膜也可用于从气体混合物中分离二氧化碳。电化学过程也可以用于去除二氧化碳（例如在 0.1 V 和 600 mA/cm^2 下运行的氢泵）。

5.8 未来研发展望

未来碱性燃料电池的商业应用可能在很大程度上依赖于经济发展、高效和紧凑的二氧化碳去除装置的设计。电池组件的过度老化对于电池寿命至关重要，可以改进电池材料的加工和制造方法，开发能够抵抗燃料电池中对氧化还原环境有害影响的新材料。新型电池组件新材料应该在重量、尺寸和成本方面具有优势，导电塑料是潜在的替代品。

如果碳氢化合物被用作主要燃料，燃料重整器的经济性和效率以及碳氢化合物形成过程的需求也是进一步研发的重要方向。如果不使用纯氢，同时空气作为氧化剂，则需要研究电解质循环和再生技术。从成本角度看，需要做大量的工作来为阳极和阴极寻找合适的非贵金属催化剂，特别是过渡金属氧化物，以及如何使热解"大循环"的能量转换效率达到 60%。

高性能碱性燃料电池需要设计和制造高通过性多孔电极，实现在合理的电池电压和能量效率以及高输出功率密度（kW/kg 量级）的情况下，达到 A/cm^2 量级的高电流密度。

5.9 总结

在本章中，我们简要介绍了碱性燃料电池及其优缺点，指出如果纯氢和氧用作反应物，碱性燃料电池在所有燃料电池中性能最佳。了解了碱性燃料电池的发展状况以及半电池和全电池反应等工作原理，描述了电池组件及其几何结构，以及所用的典型材料和制造工艺。概述了碱性燃料电池的性能以及各种影响参数，如工作温度、压力、反应物浓度、利用率和电流密度等。特别强调了二氧化碳中毒对碱性燃料电池商业化的阻碍。本章最后简要讨论了碱性燃料电池的二氧化碳去除方法和其他技术问题。

---

① 1 psi = 0.068 9 bar。

5.10　习题

1. 简述碱性燃料电池的优缺点和应用领域。

2. 描述半电池和全电池反应等操作原理，以及预计用于碱性燃料电池的主要燃料。

3. 简要讨论典型（或目标）操作条件，如电池电压、电池电流密度、温度、压力、燃料和氧化剂利用率及化学 – 电能转换效率等。

4. 描述操作条件对电池性能的影响。

5. 描述电池和电池组的几何结构、用于电池制造的典型材料、厚度以及电池组件的其他尺寸。

6. 描述碱性燃料电池系统的组成，如冷却（热管理）、产品移除、电解质管理、燃料处理、控制等。

7. 描述影响碱性燃料电池短期和长期性能的因素。

8. 描述碱性燃料电池商业化需要克服的关键技术障碍、可能的解决方案及其利弊。

参 考 文 献

［1］ Appleby，A. J. 1986. Energy，12：13.

［2］ Appleby，A. J. and F. R. Foulkes，1988. Fuel Cell Handbook. New York：Van Nostrand Reinhold.

［3］ Blomen，L. J. M. J. and M. N. Mugerwa. 1993. Fuel Cell Systems. New York：Plenum Press.

［4］ Kivisari，J. 1995. Fuel Cell lecture notes.

［5］ Kenjo，T. 1985. J. Electrochem. Soc.，132：383 – 386.

［6］ Tomida，T. and I. Nakabayashi. 1989. J. Electrochem. Soc.，136：3296 – 3298.

［7］ Stashewski，D. 1992. Intl. J. Hydrogen Energy. August：643 – 649.

［8］ Kiros，Y. 1996. J. Electrochem. Soc.，143：2154 – 2157.

［9］ McBreen，J.，G. Kissel，K. V. Kordesch，F. Kulesa，E. J. Taylor，E. Gannon and S. Srinivasan. 1980. Proc. of the 15th Intersociety Energy Conversion Engineering Conf.，2，New York：AIAA.

［10］ Tomantschger，K.，F. McClusky，L. Oporto，A. Reid and K. Kordesch.

1986. J. Pow. Sour. , 18：317.

[11] Warshay, M. , P. R. Prokopius, M. Le and G. Voecks. 1996. NASA fuel cell upgrade program for the space shuttle orbiter. Proc. of the Intersociety Energy Conversion Engineering Conf. , 1：1717 - 1723.

[12] Clark, M. B. , W. G. Darland and K. V. Kordesch. 1965. Electro - Chem. Tech. , 3：166.

[13] Kordesch, K. , J. Gsellmann and B. Kraetschmer. 1983. In Power Sources 9, ed. J. Thompson. New York：Academic Press.

第 6 章
磷酸燃料电池

6.1 绪言

磷酸燃料电池是最先进的燃料电池类型，经过近 30 年发展，商业化 PAFC 单元已经可以使用，一般规格为 200 kW，技术成熟，因此，PAFC 被称为第一代燃料电池技术。与主要用于空间应用的碱性燃料电池不同，PAFC 最初的目标是用于地面商业应用，其中含二氧化碳的空气作为氧化剂，碳氢化合物（特别是天然气）作为主要燃料。氢仍然是燃料电池运行的燃料，它是通过碳氢燃料的重整产生的。

PAFC 是由二氧化碳综合征引起的折中结果。尽管碱性燃料电池已经在空间探索中取得了常规应用，使用的是纯氢和纯氧，且阴极和阳极气体中不能有二氧化碳存在（正如前一章所讨论的，二氧化碳浓度必须低于 10 ppm）。对于地面商业应用，燃料电池必须使用空气作为氧化剂，重整烃气体作为燃料，因为廉价的纯氢是无法获得的，而碳氢化合物转化是氢最便宜的来源，尽管其混合形式中含有大量的二氧化碳（多达 20%）和一些一氧化碳（通常在 1% 到 2% 之间）。与式（5.5）中所示的碱性电解质不同，酸性电解质不与重整后的燃料气体和气流中的二氧化碳发生反应。20 世纪 60 年代，酸性电解质在燃料电池应用中受到追捧，磷酸燃料电池被认为是技术上可接受酸性电解质的唯一选择，特别是对于小千瓦的商业单元。

尽管 PAFC 对反应物气体中几乎任何浓度的二氧化碳都有耐受能力，但它却不能耐受一氧化碳的存在，正如第 3 章中所述，一氧化碳会使酸性电解质燃料电池所需的铂催化剂中毒。此外，当使用相同纯氢和纯氧作为反应物时（如图 5.1 所示），即使在更高的温度下操作，PAFC 的性能也比相应的 AFC 差。PAFC 的性能低主要是由于在阴极氧气反应速率慢。因此，使用磷酸电解质的 PAFC 通常在较高的温度下工作（接近 200 ℃），以更好地耐受燃料气体中的一氧化碳，获得更好的电化学反应性能和较小的内阻。然而，碳氢化合物的重整，如甲烷（天然气），发生在较高的温度，通常超过500 ℃。PAFC在 200 ℃左右的余热只能用于燃料和空气的预热，吸热重整反应的额外加热和能量必须来自新的燃料燃烧，这对整个 PAFC 系统的效率产生了不利影响，基于 HHV，PAFC 系统的效率被限制在 40%~45%。PAFC 存在高温、低温燃料电池的问题，没有任何一种燃料电池的优点。

尽管最初认为，在低温燃料电池中，PAFCS 是唯一表现出可耐受重整碳氢化合物燃料的燃料电池，并因此在短期内具有广泛的适用性。最新进展表明，聚合物电解质膜燃料电池对 PAFC 的选择提出了质疑，但 PAFC 仍然被用作固定应用，包括现场热电联产、分散发电、公交车和叉车的车辆发电机等运输应用，以及主要用于军事应用的小容量运输系统。用于现场热电联产最先进的 PAFC 机组的化学 - 电能效率为 40%，热能效率为 50%，综合效率达到前所未有的 90%。

6.2　基本原理和操作步骤

磷酸燃料电池只是酸性电解质燃料电池的一种，因此，其基本的电池结构以及半电池和全电池的整体反应已经在第 1.3.2 节和第 3.2 节中描述过了。顾名思义，PAFC 使用磷酸（H_3PO_4）作为电解质。磷酸通常是高度浓缩的形式（95% 或更高，以焦磷酸的形式，或 $H_2P_2O_7$），具有高于 0.6 S/cm 高离子电导率。电解质通常通过毛细管作用固定在多孔碳化硅（SiC）基体中。纯氢或富氢气体可以用作燃料，而氧化剂通常选择空气。如前所述，由于酸性电解质能够耐受反应物气体流中存在的二氧化碳，有机燃料如碳氢化合物（典型的天然气或甲烷）和醇（主要是甲醇或乙醇）重整所产生的氢气经常被用作阳极反应物。

碳氢化合物的水蒸气重整在原理上非常类似，可以用天然气（主要是甲烷）的水蒸气重整加以说明。

$$CH_4 + H_2O \longrightarrow 3H_2 + CO \tag{6.1}$$

式（6.1）反应吸热，通常发生在负载催化剂（如镍）上，以加速反应速率。如上所述，在水蒸气重整过程中产生的一氧化碳会严重毒害贵金属催化剂。因此，在碳氢燃料的水蒸气重整后以及富氢重整气体混合物供应到磷酸燃料电池之前，这两个过程进行是必要的。去除一氧化碳通常通过负载型催化剂（如 Fe - Cr 或 Cu - Zn）在高温下通过水煤气转换反应实现。

$$CO + H_2O \longrightarrow CO_2 + H_2 \tag{6.2}$$

因此，一氧化碳通过与水反应生成二氧化碳而浓度降低，而二氧化碳只是 PAFC 的惰性稀释剂。通常，在重整过程中提供多余的水，以便使重整过程中的一部分一氧化碳在一氧化碳脱除阶段之前转化为二氧化碳。尽管如此，为了将一氧化碳浓度降低到 PAFC 操作可接受的水平，水气转换反应需要在不同的温度下分两个阶段进行。因此，燃料处理的总体反应可以写为

$$CH_4 + 2H_2O \longrightarrow 4H_2 + CO_2 \qquad (6.3)$$

这是式（6.1）和式（6.2）结合的结果。显然，碳氢燃料的处理涉及多个步骤，实践操作中，在不同的设备，不同的温度，甚至可能不同的压力下进行。

磷酸燃料电池通常在 170 ℃~210 ℃ 和 1~8 atm 下运行，水和废热等是电化学反应发生在电池（阴极一侧）的副产品，他们需要被去除，以确保燃料电池连续稳定运行。在 PAFC 中，去除水相对容易，因为产物水在典型的工作温度下是以蒸气形式存在的，可以通过过量的氧化剂排出电池。在热管理中，各种冷却系统用于废热去除，装置中的废热是由气体或液体冷却剂的对流蒸发实现冷却。

示例 6.1　烃类燃料蒸气重整反应通常是吸热的，因此需要加热产生氢气。计算式（6.1）、式（6.2）和式（6.3）在 25 ℃ 和 1 atm 下的反应焓，确定天然气重整过程所需的加热量。

解答

反应焓可由式（2.4）计算为

$$\Delta h_{\text{reaction}} = h_P - h_R$$

因为反应是在标准温度和压强下进行的，所以每种物质的显焓都消失了，式（6.1）的标准生成焓在附录二中给出。

$$\begin{aligned}
\Delta h_{\text{reaction}} &= 3h_{f,H_2} + h_{f,CO} - \left[h_{f,CH_4} + h_{f,H_2O(g)} \right] \\
&= 3 \times 0 + (-110\ 530) - \left[(-74\ 850) + (-241\ 826) \right] \\
&= +206\ 100(\text{J/mol}) = +206.1(\text{kJ/mol})
\end{aligned}$$

式中，数字前的正号表示需要向系统中加入热量以保证反应在给定温度和压强下进行，或者反应是吸热的。同样，我们可以确定式（6.2）和式（6.3）

$$\begin{aligned}
\Delta h_{\text{reaction}} &= h_{f,CO_2} + h_{f,H_2} - \left[h_{f,CO} + h_{f,H_2O(g)} \right] \\
&= (-393\ 522) + 0 - \left[(-110\ 530) + (-241\ 826) \right] \\
&= -41\ 170(\text{J/mol}) = -41.17(\text{kJ/mol})
\end{aligned}$$

$$\begin{aligned}
\Delta h_{\text{reaction}} &= 4h_{f,H_2} + h_{f,CO_2} - \left[h_{f,CH_4} + 2 \times h_{f,H_2O(g)} \right] \\
&= 4 \times 0 + (-393\ 522) - \left[(-74\ 850) + 2 \times (-241\ 826) \right] \\
&= +165\ 000(\text{J/mol}) = +165.0(\text{kJ/mol})
\end{aligned}$$

因此，水气转换反应是放热的，反应放出的热量为 41.17 kJ/mol。而甲烷的整体蒸气转化是吸热的，1 mol 甲烷转化需要 165.0 kJ 热量。

结论

1. 式(6.1)~式(6.3)也可以写成下列形式,其反应焓为

$$CH_4 + H_2O(g) \longrightarrow 3H_2 + CO + 206.1(kJ/mol)$$

$$CO + H_2O(g) \longrightarrow CO_2 + H_2 - 41.17(kJ/mol)$$

$$CH_4 + 2H_2O(g) \longrightarrow 4H_2 + CO_2 + 165.0(kJ/mol)$$

2. 甲烷的蒸气重整是高度吸热的,由于使用了大量的热交换器,反应的供热设计常常使整个燃料电池动力系统的设计复杂化。因此,热集成和系统优化成为重要问题。

3. 虽然甲烷的整体水蒸气重整是吸热的,但水气转换反应是放热的,因此通过该反应去除一氧化碳最好在较低的温度下进行,至少低于重整反应发生的温度。

示例 6.2 甲烷的蒸气重整反应如下。

$$CH_4 + 2H_2O(g) \longrightarrow 4H_2 + CO_2$$

使反应物混合物中的水(蒸气)与甲烷的摩尔比为2。考虑水煤气转换反应和不完全重整过程,确定重整产物混合物的平衡组成。假设重整反应发生在不同的温度(即约 1 000 K)和 1 atm。

解答

要确定重整产物混合物的平衡成分,我们首先需要确定产物混合物中存在什么物质。显然,如果重整反应完全发生,CO_2 是存在的,因为他们是最终产物。实际上,重整反应和其他任何反应一样,由于热力学的限制,是不完全的,因此混合物中留有一些 CH_4 和 H_2O。此外,CO 的存在是因为它是重整过程中形成的中间产物。

固体碳颗粒的形成是碳氢燃料重整过程中真实存在的,也是以碳氢化合物为主要燃料的燃料电池系统中最关键的问题之一。这是因为碳颗粒可以使促进重整过程的催化剂失活,甚至可能堵塞重整装置,导致氢气产量减少。当蒸气/碳比远小于化学计量值时,就开始形成碳。蒸气/碳(S/C)比定义为重整反应前反应混合物中蒸气与碳的量的摩尔比。例如当 S/C 比小于 1.5 时,碳开始形成。在实际蒸气重整过程中,为避免产生碳,S/C 通常为 2~3。对于 S/C = 2 的情况,应避免使用固体碳。固体碳颗粒的形成在第 8 章中将进行更详细地讨论。

因此,本示例的重整产物混合物可以考虑包括以下几种。

$$H_2 、 CO_2 、 CO 、 H_2O 和 CH_4$$

重整反应可以表示为

$$CH_4 + 2H_2O(g) \longrightarrow n_1H_2 + n_2CO_2 + n_3CO + n_4H2O + n_5CH_4$$

式中,n_i 表示 i 的摩尔数,$i = 1$、2、3、4、5 分别对应 H_2、CO_2、CO、H_2O

和 CH_4。

为了求解这 5 个未知的 n_i，必须建立 5 个独立的方程。其中三种可以根据原子守恒建立。

$$C : n_2 + n_3 + n_5 = 1$$
$$H : 2n_1 + 2n_4 + 4n_5 = 4 + 4$$
$$O : 2n_2 + n_3 + n_4 = 2$$

水气转换反应和甲烷重整反应的平衡可得到以下两个方程。

$$CO + H_2O(g) \rightleftharpoons CO_2 + H_2$$
$$CH_4 + H_2O(g) \rightleftharpoons 3H_2 + CO$$

相应的分压平衡常数写为

$$K_{P,1} = \frac{P_{CO_2} P_{H_2}}{P_{CO} P_{H_2O}}$$

$$K_{P,2} = \frac{(P_{H_2}/P_{ref})^3 (P_{CO}/P_{ref})}{(P_{CH_4}/P_{ref})(P_{H_2O}/P_{ref})} = \frac{P_{H_2}^3 P_{CO}}{P_{CH_4} P_{H_2O}} \frac{1}{P_{ref}^2}$$

假设气体混合物是理想气体，得到

$$Pi = \frac{n_i}{n_T} P_T$$

式中，$n_T = n_1 + n_2 + n_3 + n_4 + n_5$ 表示为重整产物混合物的总摩尔数；P_T 表示混合物的总压强。代入分压的表达式，我们得到平衡常数如下。

$$K_{P,1} = \frac{n_1 n_2}{n_3 n_4}$$

$$K_{P,2} = \frac{n_1^3 n_3}{n_4 n_5} \frac{P_T^2}{(n_T P_{ref})^2}$$

式中，$P_{ref} = 1$ atm 表示参考压力；$K_{P,1}$ 和 $K_{P,2}$ 表示在给定 P_{ref} 下温度的函数，通常被制成表格或相关给出。例如它们的值可以从附录 C 中得到，如表 6.1 所示。

表 6.1　给定 P_{ref} 下 $K_{P,1}$ 和 $K_{P,2}$ 值

温度/K	$K_{P,1}$	$K_{P,2}$
500	138.3	8.684×10^{-11}
1 000	1.443	26.64

对于甲烷蒸气重整吸热反应，平衡常数 $K_{P,2}$ 随温度迅速增加，使反应产物 H_2 和 CO 也随温度迅速增加。另外，放热水煤气转换反应平衡常数 $K_{P,1}$ 随着温度的降低而降低，使得反应产物 CO_2 和 H_2 也降低，而 CO 的密度随着反

应物的增加而增加。因此，可以预计 CO 密度随着温度的升高而升高，而 H_2 密度随着温度的升高而达到峰值。将上述五个方程用 Newton – Raphson 法同时求解，结果如图 6.1 所示。

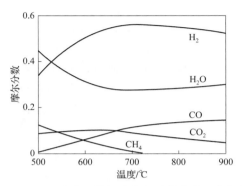

图 6.1　1atm 下 S/C 比为 2 的甲烷蒸气重整产物混合气的平衡组成

结论

1. 根据勒夏特列原理，对于任何处于平衡状态的反应，一旦压力和温度等条件发生变化，其成分也会随之变化，从而使变化的影响最小化。因此，K_{PS} 随温度的变化，温度升高的影响如前所述。由于压强的增加，意味着反应向生成更少反应混合物总摩尔数的方向移动。对于式（6.1）所示的甲烷蒸气重整，较低的压力有利于生成更多的 H_2，从而生成更多的 CO，而水气转换反应则不受压力变化的影响。这通常导致重整产物混合物中 CO 密度过高而不能直接用于燃料电池。因此，有必要对燃料流进行进一步处理，以去除过量的 CO。

2. 根据勒夏特列原理，由于反应的放热性质，在较低温度下去除 CO 比重整温度更好，如图 6.1 所示。实践中，为了连续降低 CO 密度，可以在连续较低的温度下进行多级 CO 脱除。

3. 从图 6.1 可以看出，甲烷的蒸气重整温度至少应在 650 ℃ ~ 700℃，才能产生更多的氢气，但实际上，产氢速率也取决于所使用催化剂的催化效果（即反应动力学）。

6.3　电池的组成和配置

燃料电池的基本结构是电解质（磷酸）通过毛细管作用包含在多孔碳化硅（SiC）基体中，从而固定在 PAFC 电池结构中，并夹在两个电极——阳极和阴极之间。图 6.2 所示为磷酸燃料电池单元的结构图。如图 4.11 所示，可以将多个磷酸燃料电池单元堆叠，形成一个 PAFC 电堆。请注意，图 4.11 中所示的双极板在 PAFCS 中也称为分隔板。单个 PAFC 中三相区放大图如图 6.3

所示，图中清楚地显示了催化剂层和电解质基体的结构。液体电解质渗透到催化剂层中，在阳极和阴极两侧与反应物气体平衡，从而在每层催化剂中形成三相区。在第 1 章图 1.7 中已经描述了在三相区发生的物理和化学过程。特别是半电池电化学反应发生在催化剂表面的三相区，催化剂表面必须有反应物气体（阳极是氢，阴极是氧），必须被液体电解质润湿。因此，必须通过适当设计电极背衬层和催化剂层，以及电解质的微观结构来组织催化剂表面（或反应位点）反应物的供应和反应产物的去除。适当的电解质渗透到催化剂层并润湿催化剂表面的基质。这种结构设计必须根据相应的操作条件进行优化，因为阳极和阴极气流的压力可以改变电解质对催化剂层的渗透。

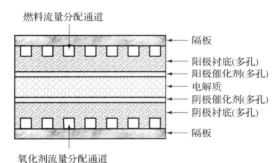

图 6.2　磷酸燃料电池单元示意图（注意，燃料和氧化剂的流量分配通道是在电极衬底上制造的（或所谓的肋状衬底设计），也可以使用流道上的隔板（或所谓的肋式隔板设计））

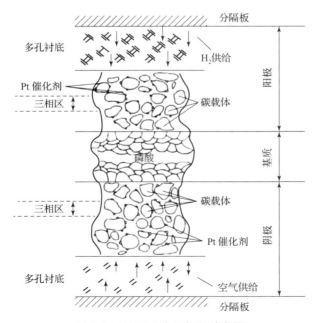

图 6.3　PAFCS 中三相区放大图

6.3.1 电解质

如前所述，在所有类型的酸中选择磷酸作为燃料电池的电解质，因为需要耐受反应气体流中存在的二氧化碳，特别是由重整产生的富氢阳极燃料流。磷酸作为电解质与其他酸相比具有以下优点。

1. 具备对任何数量的二氧化碳的耐受能力；

2. 具备对一氧化碳有合理的耐受性，在 200 ℃ 电池工作温度下可达 1% ~ 2%；

3. 低蒸气压，导致电解液蒸发损失率低，长时间运行不需要补充电解液；

4. 高氧溶解度，阴极反应快，因为阴极激活极化是第 1 章中讨论的酸性电解质燃料电池最大的单一能量损失机制之一；

5. 在相对较高的温度下，离子电导率相当好（一般在 200 ℃ 时，>0.6 S/cm），没有电子电导率；

6. 在 200 ℃ 左右的高温下腐蚀速率相对较低；

7. 接触角大（$>90°$），催化剂表面有良好的润湿性，这是形成三相区所需要的条件。

磷酸是一种无色、黏稠、吸湿的液体。在温度低于 150 ℃ 时，氧还原动力学非常缓慢，因为磷酸分子和（或）该酸的阴离子吸附抑制了氧在催化剂表面的吸附作用，这是 3.7.2 节所述的氧还原反应中必要的中间步骤。在 150 ℃ 以上，磷酸以焦磷酸（$H_4P_2O_7$）的聚合态为主，呈强电离态，可能由于该酸的阴离子（$H_3P_2O_7$）粒径较大，负离子吸附最小，氧还原反应进行较快。

一般来说，PAFCS 使用 100% 磷酸（H_3PO_4）。它含有 72.43% 磷酸酐（P_2O_5），在 20 ℃ 时密度为 1.863 g/mL。随着 P_2O_5 含量的降低，其密度增大。100% 磷酸凝固温度较高（42 ℃），其凝固导致体积增大，破坏多孔电极和基体结构，降低电池性能，缩短电池寿命。因此，即使在卸载情况下，PAFC 堆栈的温度也必须保持在高于凝固温度，通常是 45 ℃ 以上，而这在实际应用中是不可取的。

磷酸凝固的温度在很大程度上取决于 H_3PO_4 的浓度，如表 6.2 和图 6.4 所示。显然，浓度为 100% 左右（重量）的浓磷酸凝固温度最高，随着 H_3PO_4 浓度的降低，凝固温度迅速下降。一般采用低浓度，以避免酸从工厂输送到现场的过程中电解质结冰，然后用强磷酸浓缩后进入管组运行。堆栈一旦运行，即使在卸载情况下，也必须持续保持温度（$T \geqslant 45$ ℃）。因此，管组必须配备适当的加热装置。

表 6.2　磷酸凝固（冻结）温度与浓度的关系

H₃PO₄ 浓度/重量百分比	凝固温度/℃
100	42.4
91.6	29.3
85	21
75	− 20
62.5	− 85

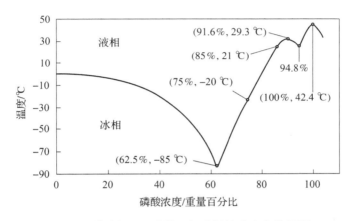

图 6.4　磷酸凝固（冻结）温度随浓度变化的相图

尽管 H₃PO₄ 的蒸气压很低，但在高温电池操作条件下，由于蒸发造成的酸损失在长时间操作（4~5 年）中变得非常显著。酸损失率随反应气体流速和输出电流密度增大而增大。此外，高电流密度会产生大量水蒸气，以小液滴的形式夹带（或带走）酸。由于磷酸在运行过程中会流失，因此需要一个补酸系统。或者在整个操作过程中，应该在电池内储存足够的 H₃PO₄。

在 170~210 ℃工作温度范围内，高浓度磷酸 H₃PO₄ 分解成 H₄P₂O₇（焦磷酸）。

$$2H_3PO_4 \longrightarrow H_4P_2O_7 + H_2O \qquad (6.4)$$

由于酸的解离，使得燃料电池反应的催化效果降低。在这方面，氟化磺酸（如三氟甲烷磺酸（CF₃SO₃H））要好得多，即使在低温下也是如此。然而，氟磺酸在温度高于 110 ℃时失水，随着温度的进一步升高以电导率降低（<0.1 S/cm）的水合物形式存在。

其他酸（如硫酸、高氯酸和氢氟酸）不适合作为燃料电池应用的酸性电解质。这是因为硫酸在阳极工作电位下是不稳定的，在阳极硫酸会被还原成亚硫酸，在某种程度上甚至会被还原成 H_2S 或 S。高氯酸是一种强氧化剂，可以导致燃料爆炸。此外，硫酸和高氯酸都有较高的蒸气压，在温度超过100 ℃时失水。因此，这两种酸无法与磷酸竞争，特别是对于运行在 150 ℃ 以上的燃料电池，150 ℃ 是使电催化剂一氧化碳中毒所需的最低温度。

盐酸和氢溴酸是再生 $H_2 - Cl_2$ 和 $H_2 - Br_2$ 燃料电池的理想电解质。氯和溴电极反应比氧电极反应快得多（交换电流密度约为 10^{-3} A/cm^2，而光滑电极表面 O_2 交换电流密度为 10^{-9} A/cm^2）。此外，表面化学性质没有复杂的变化（例如氧化物的形成），正逆反应不需要不同的电催化剂。再生型 $H_2 - Cl_2$ 和 $H_2 - Br_2$ 燃料电池在效率和功率密度方面表现优异。主要难题是在高腐蚀性环境中寻找稳定的材料作为燃料电池组件，从而使燃料电池具有足够长的寿命。

由于三氟甲烷磺酸（TFMSA）具有较高的离子导电性、良好的热稳定性，较氢氟酸具有较高的氧溶解度和较低的酸性阴离子在电极表面的吸附度，因此也研究了适合作为燃料电池电解质的氟化硫酸。后者的性质导致铂表面的氧还原动力学比其他水溶液快一个数量级，其良好的阴极性能如图 5.1 所示。产生此种现象的原因是特氟隆的高润湿性导致电极泛水，以及在小于（等于）100 ℃操作温度下的酸浓度管理（即产品水稀释和去除）。

为了克服 TFMSA 遇到的问题，但仍然保留氟化酸（所谓的超级酸）吸引力的特点，已经研制出了分子量更高的类似酸，用于 100 ℃ 以上的燃料电池，并具有两个或两个以上的酸基团，如二磺酸。除氟磺酸外，氟羧酸、磷酸和锑酸以及氟二砜酰亚胺酸，也已作为可能的燃料电池电解质进行了研究，但是所有寻找磷酸替代品的尝试都没有成功。在发展固体聚合物电解质燃料电池方面仍取得了显著的进展。使用全氟磺酸聚合物电解质，根据燃料电池基于所使用电解液的类型分类，这种类型的燃料电池通常被称为聚合物电解质膜（PEM）燃料电池。第 7 章将介绍 PEM 燃料电池。

6.3.2　基质

电解质基质的目的是将磷酸作为电池结构的一个组成部分，并防止反应物气体交叉进入相反的电极室。电解质基质具备离子导电性，但不导电（绝缘）。如前所述，磷酸包含在细碳化硅（SiC）粉末与少量的聚四氟乙烯聚结合而成的所谓基质结构中。电解质基质是多孔的，并通过毛细管作用保存酸。基质应尽可能薄以减少内阻，通常厚度为 0.1 ~ 0.2 mm。基质在高温电池运行条件下还应具有较高的导热系数以保证废热散逸，以及足够的化学稳定性和机械强度。

碳化硅基质结构除了机械强度外，均可满足上述要求，因为它们最多只能承受约十分之一的阳极和阴极流之间的大气压力差，所以即使在瞬态启动和关闭操作的情况下，也必须控制压差。

6.3.3　电极和催化剂

电极由催化剂层和在其上机械支撑薄催化剂层的衬底组成，如图 6.3 所示。在适当的压力平衡下，催化剂层内建立了三相区，电化学反应在三相区发生。

催化剂：催化剂层的关键成分是碳载体、高度分散的铂催化剂和疏水剂，如聚四氟乙烯。催化剂层的厚度约为 0.1 mm 或更小。由于聚四氟乙烯的疏水性被优化以控制电解液的润湿性和气体扩散，即防止电极酸淹。为防止反应气体过度渗透，电极与基质的相邻层应具有高毛细管作用（小孔径）。对于阴极氧还原反应，疏水剂含量对电极活性的影响如图 6.5 所示。通常最佳的聚四氟乙烯含量为 20%~30%。

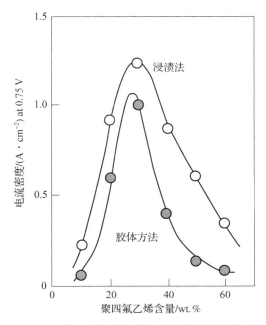

图 6.5　PTFE 疏水剂含量对阴极氧还原反应活性的影响

高比表面积形式的铂合金是目前首选的催化剂材料，其催化活性取决于催化剂的种类、微晶大小和比表面积。微晶尺寸越小，比表面积越大，催化剂活性越高。铂的微晶大小为 2 nm，比表面积大于 100 m^2/g，如表 6.3 所示。典型的铂负极负载约为 0.1 mg/cm^2，阴极负载约为 0.5 mg/cm^2。

表 6.3 铂催化剂的典型粒径和表面积

颗粒大小/nm	表面 Pt 原子/%	BET 表面积/($m^2 \cdot g^{-1}$)
0.8	90	200
1.8	67	130
5.0	25	50

为了使催化剂层具有较高的导电性，从而减少电极中的欧姆损耗，优选碳作为支撑材料。碳载体的主要作用是分散铂催化剂，在电极上为气体扩散提供无数的微孔，增加催化剂层的导电性。目前常用的碳载体有两种：乙炔黑和炉黑。两者都经过热处理以获得高导电性、耐蚀性和比表面积。铂负载在碳上，或 Pt/C，由 PTFE 结合形成催化剂层。

电极基板：它是靠近催化剂层的一种增强材料，允许电子和反应物气体的流动，也通常称为气体扩散层（GDL）。在 PAFCS 的工作温度下，100% 磷酸具有很强的腐蚀性，石墨化碳材料通常以碳纸或碳布的形式使用。基质的孔隙率通常为 60%~65%，孔径为 20~40 μm。对于棱形衬底设计，衬底的厚度为 1~1.8 mm，每个电极包含 0.6~1.0 mm 棱形厚度。然而，对于棱纹分离器设计，电极衬底层可以薄得多，大约为 200 μm。

6.3.4 电堆

PAFC 以双极结构排列，每个单元之间有分隔板。典型的设计是肋状分离器或肋状衬底。肋状分离器设计，在分离器上做肋状或流道，供反应物供气；而肋状衬底设计是在电极的衬底层上制造肋或流道。肋状基材设计通常用于大型堆叠，以更好和更均匀地将气体扩散到活性反应位点。此外，还可以使用多孔衬底来储存磷酸，以便在设计寿命期间电池中具有足够的电解质。

其他配置也被提出，如集成电极衬底。基本上，它是由两个电极中间夹有隔板组成的，这三个组件被制作成一个单一结构，以获得更好的导电性和导热性，并便于堆栈组件的组装。

隔板（或双极板）：其作用是防止富氢阳极气体与电池结构中的空气混合，并将两个相邻电极电连接。一般采用薄玻璃碳板（或玻璃碳、聚合物碳）作为隔板，为了降低电阻和热阻，应尽量薄。然而，隔板需要承受阳极和阴极气体之间的压力差，特别是由于氢扩散可能产生的交叉反应气体，所以它的厚度受到所承受的机械强度的限制。由于隔板平坦用于其两个表面，所以肋状衬底设计的厚度通常小于 1 mm。然而，对于棱纹分离器设计，隔板要厚得多，通常在 6~8 mm 之间，以容纳在其表面上的流道，石墨板经常用于这一目的。

天然气供应结构（导管）：用于均匀地向每个电池供应反应物气体，以使堆栈中的每个电池获得相同的最佳性能。由于氢气和二氧化碳的密度差异，这对于富氢重整燃料气体流尤其重要。一个大堆栈的上部有富氢的趋势，如果发生这种情况，建议将该堆分成几个较小的堆块，以便通过每个歧管均匀地向较小的堆块供气。

常用的反应器设计结构有两种：内部管汇和外部管汇，如图 6.6 所示。前者是以孔的形式穿过堆栈本身，后者歧管箱通常附着在堆栈的侧面。对于内部歧管，阳极和阴极气体流动可以很容易地安排在共流、逆流、横流或任何其他复杂的流动管理中；而外部歧管只允许阳极和阴极气体流的横流布置设计。

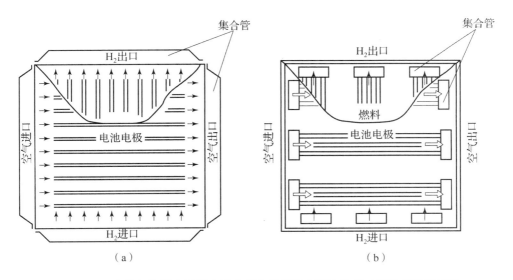

图 6.6 反应物气体供应到反应器内每个单元的内部和外部歧管的反应器设计

（a）外部管汇；（b）内部管汇

6.3.5 系统

除了燃料电池堆，PAFC 系统包括产品水去除系统、热管理冷却子系统、燃料和氧化剂供应和处理/调节子系统、逆变器和控制子系统。

由于 PAFCS 的工作温度在 190～210 ℃之间，在适当的电极结构下，阴极的产品水可以很容易地去除。在 PAFCS 的工作温度下，水可以通过多孔电极以蒸气的形式自然蒸发，并通过工作气流带走。虽然在操作温度下，水的蒸气压高于酸的蒸气压，但有些酸不可避免地夹杂在水蒸气中，特别是在高温下，所以酸必须补充。因此，与其他低温燃料电池如碱性燃料电池和质子交换膜燃料电池相比，PAFCS 的去除水管理更加容易。

需要注意的是，当 $T \leqslant 190\ ℃$ 时，产物水会溶解在电解液中，稀释酸性电解液，使其体积增大，从而使电极的孔被淹没。当 $T \geqslant 210\ ℃$ 时，磷酸开始分解，腐蚀加剧，甚至石墨元件也会被腐蚀。

冷却方法：与其他类型燃料电池一样，PAFCS 需要冷却，以消散堆栈内产生的废热。一般来说，可以采用三种不同的冷却技术：空气冷却、介质液体冷却（合成油冷却）和水冷却。

水冷却：因制冷量大、运行效率高、与系统部件兼容而广受欢迎，其性能优于其他两种方法，并且适合于大流道和热电联产。这种冷却方法有以下两种可能的变化。

1. 通过相变进行蒸发 – 对流冷却：由于汽化焓很大，可以产生几乎均匀的电池温度分布，从而提高燃料电池的性能。此外，冷却所需的水量要少得多，从而降低泵送功率（寄生负载）。

2. 对于无相变的对流冷却（单相对流）：冷却水通常是由冷却泵加压循环，使 PAFC 栈冷却流道进口和出口之间的温差高于蒸发达到对流冷却，但冷却效果仍低于其他两种技术，这主要是由于水具有更高的热容。

图 6.7 所示对比了有相变和没有相变时冷却水沿冷却流道的升温情况。显然，在没有相变的情况下，电池的冷却可能会出现显著的温度差异，特别是大的电池活跃区域，这可能会对电池性能产生显著的负面影响。当然，使用较高的流速可以降低冷却水沿冷却流道的温差，但这会增加冷却水循环所需的泵送功率。

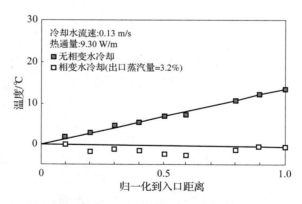

图 6.7　有相变和没有相变时栈内冷却水沿冷却流道的升温情况对比

PAFCS 水冷却通常是通过一个单独的冷却板周期性地放置在堆栈中（每几个活性电池）进行冷却。图 6.8 所示为夹在 PAFC 堆两个冷却板之间的五个活性电池的温度分布。正如预期的那样，由于每个单元电池单独产生热量，整个单元电池的温度呈抛物线分布，中间单元电池单个的温度达到峰值。当 PAFC 的局部温度超过最高工作温度 210 ℃时，PAFC 栈内的温度变化可能会变得过大，如果这种跨单元电池单个温度升高与前面描述的单元电池温度升高结合在一起，将严重降低单元电池性能和寿命。跨单元电池温度变化可以通过在每一个活性电池之间放置冷却板来减小，但冷却板数量增加导致堆栈体积和重量增加，同时增加堆栈中冷却流路径长度，导致冷却泵功率增加。显然，优化设计可以通过考虑使用更少冷却板以获得更高的电池性能，实现均匀的温度分布和高功率密度的电池性能。需要指出的是，每一种类型的燃料电池都存在单元电池间的温度变化，它们是所有燃料电池堆设计考虑的重要因素。

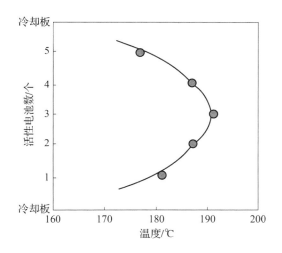

图 6.8　沿流道和夹在两块冷却板之间的五个活性电池的温度分布

需要提到的是，自来水不能用作 PAFC 冷却水，因为冷却水应该是高质量的，至少类似现代火力发电厂的锅炉给水，以避免冷却流道的腐蚀和减少冷却板在高压力和温度条件工作。因此，水处理（或净化）系统是必要的，这也增加了成本和维护费用。综上所述，水冷却是最有效的，但需要水净化和复杂的冷却水系统设计。

空气冷却：所有冷却方法中最简单的一种，但由于空气的热容量较低，热量排出率较低，因此效率较低。这就需要大量的空气用于冷却，从而为空气循环提供很大的动力。如果冷却空气也通过阴极流道，这将在阴极产生过高的气流速率，并需要非常大的阴极流道，将会带走更多的电解液蒸气，从而缩短电池寿命或电解液的补充间隔。同时，需要一个单独的带有冷却流道的冷却板。在实践中，小流道通常首选空气冷却。

介质液体冷却：使用单相电介质液体以对流方式去除废热。它的冷却性能和系统复杂性介于空气冷却和水冷却之间，通常用于相对较小的中型机组，如车辆、现场发电和其他紧凑性的特殊应用。但是，冷却液流动通道必须密封，以防冷却液泄漏，从而造成事故。因此，通常在冷却板内嵌入一根冷却管（由特氟龙制成）进行介质液体冷却，而不是像其他两种冷却方式那样在冷却板上加工流道。

氧化剂供给：与碱性燃料电池一样，PAFC 在没有净化的空气中工作。空气在增压系统中被一个由电机或涡轮驱动的压缩机压缩到 3 ~ 8 atm（燃料也是如此）。在常压系统中，空气由鼓风机供应。不仅在燃料电池堆中需要空气，在转化过程中也需要，通常空气作为燃烧阳极废气的氧化剂，为转化提供热量。在进入燃料电池堆之前，空气应该被调节到合适的温度和压力，这样就可以在优化的燃料电池动力系统中通过一系列的热交换器。

燃料供应和调节：酸性电解质燃料电池的一个优点是，它的性能不会像碱性燃料电池那样因为燃料气体中的二氧化碳而降低性能。PAFC 对燃料流中含有的一氧化碳痕迹也相对不敏感。因此，PAFC 可以在重整烃燃料上运行，而无需重整气流的显著净化。

天然气（主要是甲烷）、液化石油气（丙烷和丁烷的混合物）、甲醇（CH_3OH）和石脑油（平均为 C_6H_{14}）目前是 PAFC 的主要燃料。由于这些初级燃料需要在进入燃料电池堆之前转化成富氢气体，因此燃料供应系统也被称为燃料调节（或处理）系统。

一般来说，燃料处理系统包括脱硫、蒸气转化和转移过程。因为大多数碳氢化合物燃料，特别是天然气，含有少量的硫，可使蒸气转化和燃料电池反应的催化剂中毒，必须在重整阶段之前将燃料流中的硫移除。脱硫通常是在 200 ~ 400 ℃，通过 Co – Mo（或 Ni – Mo）和 ZnO 催化剂通过以下化学反应实现。

$$R - SH + H_2 \longrightarrow R - H + H_2S \tag{6.5}$$

$$H_2S + ZnO \longrightarrow ZnS + H_2O \tag{6.6}$$

式中，R 表示碳氢燃料。

一般来说，碳氢重整生成富氢燃料气的技术有三种：蒸气重整、部分氧化重整和自热重整。通常，蒸气重整是低碳燃料的首选，如天然气。如例 6.2 所示，镍催化剂在 750 ℃ ~ 850 ℃ 左右发生高效的蒸气重整过程，为了避免固体颗粒碳的形成，采用了高蒸气 – 碳比，从 2 ~ 4 不等。但在重整过程中可能会产生超过 10% 一氧化碳。

由于 PAFC 可以耐受燃料流中不超过约 1% 一氧化碳的浓度，通常可以实施两阶段一氧化碳变换反应以将一氧化碳浓度降低到可接受的水平。一氧化碳还原是通过式（6.2）所示水煤气转换反应实现的。高温一氧化碳在 320 ℃~480 ℃ 范围内发生转化，低温一氧化碳在 180 ℃~280 ℃ 范围内发生转化。这是因为一氧化碳的热平衡浓度随着温度的降低而降低，如例 6.1 和例 6.2 所述。然而，尽管 Fe – Cr 和 Cu – Zn 等催化剂几乎总是加速转化反应，但温度越高反应速度越快。在燃料电池动力系统中，一氧化碳还原反应的两个阶段显著增加了燃料电池动力系统的尺寸和重量。

为了匹配燃料电池运行所需的压力，脱硫、重整和一氧化碳转换过程的压力可从 1 atm 到约 10 atm；然而，这些过程的相应温度差异很大。因此，必须采用一系列热交换器进行适当的温度控制，并优化流动路径，以利用各种过程的余热。因此，实际 PAFC 电池在流量管理、传感/监测和控制方面可能会非常复杂。以天然气为主要燃料的 PAFC 电力系统如图 6.9 所示。显然，燃料处理占据了整个系统布局的重要部分。根据经验，燃料处理可以占到整个燃料电池系统总尺寸（重量）和成本的三分之一以上。另外值得一提的是图 6.9 中的流道热管理，用来循环通过燃料电池流道和蒸气分离器冷却剂，以清除进入流道的冷却剂水蒸气。在冷却回路内部还装有一个辅助锅炉，它需要提供必要的加热，以避免电解液在卸载条件下凝固，如第 6.3.1 所述。

电源调节：用于调节来自燃料电池堆的电力输出，以匹配电力负载的变化。通常，负载功率随电流的变化而变化，而电压保持不变。根据需要直流电源还是交流电源，DC/DC 或 DC/AC 逆变器可以用于将燃料电池堆产生的直流电源转换为合适的电源形式。逆变器的效率非常高，通常在 90% 以上。

传感/监测和控制：由于所涉及的响应时间显著不同，密切的传感/监测和控制对于燃料电池动力系统的正确运行和有效管理是必不可少的。一些组件的响应非常快，几乎是瞬间的，如燃料电池和逆变器（通常在毫秒内按顺序响应）；还有一些非常缓慢，如重整器（通常在几十秒内按顺序响应）。适当和精确的监测和控制尤其重要，特别是在启动和关闭过程中，因为瞬态效应会导致进入燃料电池的反应气流中的压力波动，造成反应物气体流入燃料电池，同时压力激增可能影响适当的电解液润湿催化剂层（形成三相区），反应物气体甚至可能穿透液体电解质层。正如第 6.3.2 节所讨论的，阳极和阴极流之间的压差必须限制在大气压力的十分之一内。为了减少瞬态影响，启动过程可能需要几个小时，才能逐渐运行整个电力系统。同样，正常的关闭过程可能需要几个小时，但是，在紧急情况下需要立即关闭（在一秒钟内）。因此，对燃料电池动力系统进行适当的传感/监测和控制是必要的。

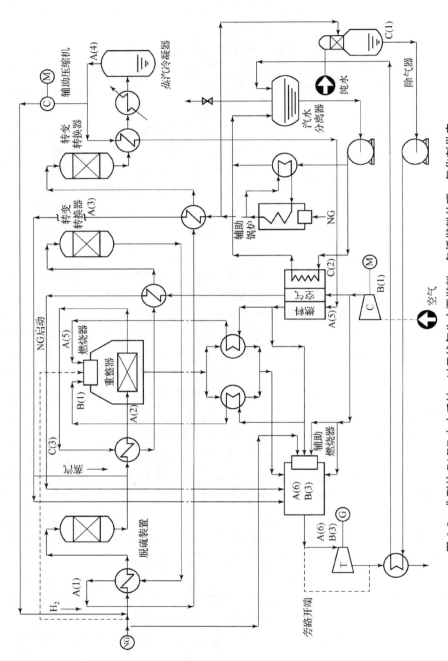

图6.9 典型的 PAFC 电力系统，以天然气为主要燃料，包括燃料处理、氧化剂供应、堆热管理和许多热交换器，用于各个过程的综合温度控制

6.4　材料及制造

对于 PAFCS，电极衬底层或气体扩散层由碳纸或碳布制成，如第 5.5.3 节所述，其制作方法与碱性燃料电池的碳基电极基本相同。因为 PAFC 属于酸性电解质燃料电池，如第 3.8 节所述，所以使用的催化剂通常是附着在碳颗粒上的铂或铂合金（通常称为铂黑）。通常阳极和阴极电极使用相同的催化剂，典型的催化剂负载约为每电极 0.5 mg/cm^2，但阳极的能量可以低一些（例如 0.1 mg/cm^2）。分离器（或双极板）采用石墨材料，带有加工过的气流通道，用于反应物气体在活性电池区域的分布。基本上，电池和堆栈组件的材料和制造技术已经用于聚合物电解质膜燃料电池（PEM），PEM 燃料电池使用酸性电解质，目前主要应用在 PEM 燃料电池领域。因此，将在下一章中详细介绍 PEM 燃料电池。

6.5　性能

对 PAFC 性能的讨论是在典型运行条件下进行的，简要说明如下。

工作温度：在实际中，电池温度随燃料和空气流动方向变化，很大程度上受冷却子系统的设计和运行影响，如冷却通道配置和冷却液流动条件。然而，电池的平均温度在 180~210 ℃。最高温度受到电池组件的腐蚀的限制，因此电池寿命也受到限制。另外，操作温度的下限取决于对重整燃料气体中一氧化碳浓度的合理耐受和 PAFCS 的低内阻的需要。一般来说，工作温度越高，PAFCS 的能量转换效率越高。因此，尽可能保持电池温度均匀是非常重要的。

工作压力：反应物气体的压力也会随流动方向发生变化。这是因为摩擦效应、反应物消耗电化学反应的能量转换、伴随产物水蒸气的形成，造成了压力损失。因此，工作压力通常是指在阳极和阴极进口的压力。对于 PAFCS，压力范围一般为一个到几个大气压（最大约 8 atm）。一般来说，小容量的 PAFC 在 1 atm 压力下运行，而大容量的发电装置使用更高的压力。操作压力提高能够使能量转换效率提高，但带来了其他问题，如需要更复杂的密封系统，更大更重的电池组件，以获得足够的机械强度，这将导致燃料电池装置比较笨重。

燃料利用系数：PAFC 电池的燃料通常是经过蒸气重整后的天然气，重整后的燃料气含有约 78% H$_2$、20% CO$_2$，以及少量的其他物质，如 CH$_4$、CO、硫化合物、氮化合物等。在重整过程之后，混合物中还保留了一些水蒸气。

通常需要净化重整气流，将其他物质浓度降低到可接受的范围。一般的做法是使氢气的利用率在 70% ~ 85%，即电解槽中消耗阳极燃料气中 70% ~ 85% 氢气用于发电。通常将阳极废气中的剩余氢气燃烧，以提供天然气吸热进行蒸气重整所需的热量。

氧化剂利用系数：在电化学反应中，通常向阴极输送空气。空气中氧气浓度按摩尔质量（或按体积，因为空气可以近似为理想气体）约为 21%。PAFCS 中典型氧化剂利用率为 50% ~ 60%，这意味着电池在发电时消耗了空气中 50% ~ 60% 氧气。

电池电位和电流密度：对于 PAFCS，电池电位超过 0.8 V 会加速电极腐蚀，导致电池寿命缩短。因此，PAFC 通常在 0.6 ~ 0.7 V 电压和 150 ~ 350 mA/cm^2 电流密度下工作。堆栈功率密度可高约 0.25 W/cm^2，但对于单个电池或小型堆栈，其功率密度可达 0.3 W/cm^2 以上。

电池效率：如第 2 章所述，由下式可以计算出电池（或栈）的自由能转换效率。

$$\eta = -\frac{nFE}{\Delta h}$$

式中，Δh 表示燃料热值的负值。当产物水以液体形式存在时，氢的高热值（HHV）为 285 kJ/molH$_2$，如果产物水处于蒸气状态（注意，HHV 和 LHV 测量反应发生在 25 ℃ 和 1 atm），低热值为 242 kJ/mol H$_2$。因此，由上式我们可以得到

$$\eta = 0.675E(\text{HHV}) \tag{6.7}$$
$$\eta = 0.799E(\text{LHV}) \tag{6.8}$$

式中，电池电势 E 的单位为 V（或 J/C）。因此，燃料电池的效率只与电池的潜力成正比，而电池性能的提高是实现燃料电池装置效率的关键。对于 $E =$ 0.6 ~ 0.7 V 典型工作电压，基于 HHV PAFC 栈的效率 $\eta = 40\% ~ 47\%$，而基于氢燃料 LHV 的效率 $\eta = 48\% ~ 56\%$。

需要强调的是，当进入燃料电池的所有氢燃料在电池内全部消耗完，或者燃料流被再循环以完全消耗完氢时，这种效率关系是有效的。如果燃料流不循环使用，燃料利用率小于 100%（即部分燃料未被利用），则当前效率 $\eta = 0.1$，或者通过乘以燃料利用系数来修正效率表达式，燃料电池的效率降低，因为并不是所有进入电池的燃料都用于发电。

6.5.1 温度的影响

温度对电池性能的影响可以分为两部分：对电池可逆电势 E_r 和各种形式过电势的影响，或对实际电池电势 E 的影响。如第 2 章所述，氢氧燃料电池

可逆电势 E_r 随温度升高而降低，即在 1 atm 和 25 ℃条件下，H_2/O_2 和产物水在水蒸气状态时，E_r 的降幅仅为 0.27 mV/℃。

$$\left(\frac{\partial E_r}{\partial T}\right)_p = \frac{\Delta s}{nF} \sim -0.27 \text{ mV/℃}$$

然而，正如在第 3 章中讨论的，较高的电池工作温度对电池性能产生有利的影响，因为较高的反应速率和较低的电池电阻，可增强传质和降低电压损失。铂催化剂上氧还原动力学随电池温度的升高而提高。然而，在纯氢的情况下，阳极从 140 ℃升至 180 ℃并没有显著的性能改善，但在一氧化碳存在的情况下，温度升高会导致性能的显著改善，这将在第 6.5.4 节中讨论。

因此，电池的实际电势通常随操作温度的升高而增大，电池电势增益 ΔE_T 随操作温度升高的经验公式可以写为

$$\Delta E_T = K_T(T - T_1)(\text{mV}) \tag{6.9}$$

式中，T_1 表示典型 PAFC 运行温度范围内的参考温度。温度系数 K_T 取决于运行条件，如电流密度 J、压力和流道运行时间等。它也可能取决于所涉及的 PAFCS 的尺寸、设计和制造工艺。据报道，在相对较高的操作压力（3～4 atm）和开始阶段（新堆栈），$K_T = 1.15$ mV/℃。当 $J = 100$ mA/cm² 时，$K_T = 1.05$ mV/℃。也引用了室温下 $K_T = 0.8$ mV/℃。其他测量结果表明，K_T 为 0.55～0.75 mV/℃。

虽然操作温度对阳极氢氧化反应的影响很小，但在阳极催化剂中毒方面操作温度的影响是重要的。

如图 6.10 所示，温度越高，由于 CO 吸附量降低，阳极对 CO 中毒的耐受能力增强。H_2S 中毒也有类似的趋势，模拟煤气也能观察到强烈的温度效应。假设煤气中同时含有 CO 和 H_2S 气体，$T < 200$ ℃时，电池电位明显下降。从图 6.10 中也可以看出污染物的作用不是相加的，说明 CO 和 H_2S 之间存在相互作用。

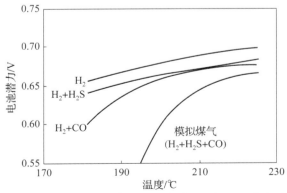

图 6.10　在电流密度为 200 mA/cm² 时，温度对 CO 和 H_2S 中毒耐受能力的影响
（氧化剂：空气；燃料：H_2、H_2 +200 ppm H_2S、H_2 +CO、模拟煤气）

综上所述，较高的操作温度提高了电池性能，但也增加了催化剂烧结、元件腐蚀、电解液降解、蒸发和浓度的变化，所有这些都会对堆栈的寿命产生负面影响。因此，允许最高工作温度峰值为 220 ℃，连续工作温度为 210 ℃。因此，每个电池内温度均匀分布是提高电池性能和寿命的重要因素。这需要电池内有效的冷却、加热和水管理。

6.5.2　压力效应

压力对电池性能的影响也可以分为两部分：对电池可逆电势 E_r 的影响和对不可逆电势 E 的影响。可逆电势 E_r 随电池操作压力呈对数增长，如式（5.4）所示。在 $T = 190$ ℃ $= 463$ K 时，我们得到

$$\Delta E_r = 23 (\text{mV}), \ \log\left(\frac{P_2}{P_1}\right) \tag{6.10}$$

显然，10 倍的操作压力只带来了 23 mV 可逆电池电位的改善。

然而，较高的操作压力会增加电化学反应，特别是在阴极，增加了 O_2 含量（因此降低了扩散极化）和水的分压（即含水量）。较高的水分压降低了酸性电解质浓度，增加了离子导电性，导致较高的交换电流密度，从而降低了欧姆损耗。据报道，当 PAFC 电池（100% H_3PO_4，169 ℃）的压力从 1 增加到 4.4 atm 时，酸浓度下降到 97%，小型六电池堆（350 cm^2 电极面积）的电阻下降约 0.001 Ω。因此，较高的电池操作压力提高了 PAFCS 的性能，并且由于阴极电化学反应的显著改善，在较高的电流密度下，这种提高变得更加显著。

根据经验相关性通常表示如下。

$$\Delta E_P = K_P \log\left(\frac{P_2}{P_1}\right) \tag{6.11}$$

式中，ΔE_P 表示不同电池操作压力 P_1 和 P_2 时的电池电位差。可逆电池电势系数 K_P 往往远大于先前 23 mV/dec 的值，文献中已有 $K_P = 146$、142 和 125 mV/dec 的报道。

需要指出的是，电池的电势取决于许多因素，例如电池结构、催化剂负载的种类和数量、电流密度、反应物气体的利用因素，以及其他因素（如杂质、纯氢占重整燃料的比例或氧占空气的比例等）。因此，这些只是理论性的，实际应用需要特定制造商为特定的电池和堆栈开发相关性。

6.5.3　反应物气体浓度和利用的影响

纯氢和纯氧通常不能用作商业用途，天然气、甲烷、液化石油气等化石燃料的转化气和空气分别用作燃料和氧化气体。只有在特殊情况下，例如在

氯碱工业中，纯氢才可以作为副产品。一般来说，增加反应物气体的利用或降低反应物气体的入口浓度会导致电池性能下降，因为浓差极化和能态损耗会增加。这些效应与反应物气体的分压有关，并将在后文中加以考虑。

燃料：用作 PAFCS 的氢通常来自多种初级燃料的转化，如甲烷（如天然气）、石油产品（如石脑油）、煤液体（如甲醇）或煤气。除氢气外，在转化过程中还会产生一氧化碳和二氧化碳，和一些未反应的碳氢化合物。经过蒸气重整和转化反应后，重整后的燃料气体中含有少量的一氧化碳，仍会引起 PAFCS 的阳极中毒。二氧化碳和未反应的碳氢化合物（如 CH_4）在电化学上具有惰性，可作为稀释剂。由于阳极反应几乎是可逆的，与第 5 章描述的碱性燃料电池相比，燃料组分和氢的利用一般不会对电池性能产生很大的影响。

电池性能随氢气分压的变化受燃料浓度和利用率的影响如下所示。

$$\Delta E_{H_2} = (55 \sim 77) \log \left(\frac{[\bar{P}_{H_2}]_2}{[\bar{P}_{H_2}]_1} \right) \quad (mV) \qquad (6.12)$$

式中，$\bar{P}_{H_2}$ 表示阳极流中氢气的平均分压，ΔE_{H_2} 表示从一个氢气分压到另一个氢气分压电池电位变化。注意，当阳极上的总压相同，氢气分压不同时，这种相关性是有效的。

由这一相关性可以估计，如果用重整气（80% H_2 和 20% CO_2）代替纯氢作为燃料，实际电势将降低约 10 mV。同样，在燃料流中存在 10% 二氧化碳可以造成大约 2 mV 电压损失。因此，预估低浓度稀释剂不会对电极性能产生重大影响。然而，对于在 100 mA/cm² 情况下约为 3 mV 阳极总极化，这种影响是显著的。

也有报道称，纯氢为燃料时，215 mA/cm² 电池电势 E 在氢利用率高达 90% 时几乎保持不变，然后在更高的利用率时急剧下降。

氧化剂：氧化剂的组分和利用率影响阴极性能。按体积（或摩尔）计算，含有约 21% O_2 和 79% N_2 的空气，通常是 PAFCS 氧化剂选择。使用空气代替纯氧会使电极电位恒定时电流密度降低约三分之一。阴极极化随氧利用率的增加而增加。由于氧化剂组分和利用率的变化而引起的电压损失可以用下式表示。

$$\Delta E_{O_2} = K_{O_2} \log \left(\frac{[\bar{P}_{O_2}]_2}{[\bar{P}_{O_2}]_1} \right) \quad (mV) \qquad (6.13)$$

式中，ΔE_{O_2} 表示 $\bar{P}_{O_2}$ 和 $\bar{P}_{O_2}$ 两电池平均氧分压之间的电池电位变化；K_{O_2} 系数可取 103 mV/dec。

那么可以估计，如果使用空气代替纯氧作为氧化剂，电池电压降低了84 mV。当纯氧和空气运行时，电池电压相差很大，比纯氢转化为重整气体的阳极燃料气体大得多。也就是说，由于反应物气体浓度和利用率，主要电压损失发生在阴极。

如果在较小浓度范围内使 K_{O_2} 系数有效，则在实际燃料电池运行中往往可以获得更准确的相关性。例如提出了以下两个值。

$$K_{O_2} = 148(mV)，当 0.04 \leqslant \left(\frac{[\bar{P}_{O_2}]_2}{[\bar{P}_{O_2}]_1}\right) \leqslant 0.20 \qquad (6.14)$$

$$K_{O_2} = 96(mV)，当 0.20 \leqslant \left(\frac{[\bar{P}_{O_2}]_2}{[\bar{P}_{O_2}]_1}\right) \leqslant 1.00 \qquad (6.15)$$

式（6.14）一般表示使用空气作为氧化剂（低氧浓度）的燃料电池，而式（6.15）则表示使用富氧氧化剂（高氧浓度）的燃料电池。

可以指出，如式（6.12）~ 式（6.15）所示，氢和氧分压的影响是对数的。这种函数依赖性类似于式（2.20）中给出的对电池可逆电位 E_r 的影响。如果电池中不使用纯氢和纯氧，可逆电池电位 E_r 根据式（2.20）减小，这种减少通常被称为能斯特损失。然而由于增加的浓差极化和有限的电流密度，额外的电压损失将会发生，因为惰性气体组分的阻碍对反应物的运输产生影响。式（6.12）~ 式（6.15）中给出的相关性包括这两种损失。

低利用率，特别是氧气利用率，将产生高性能。然而，还导致燃料利用率低和氧化剂流量过大。后者不仅会导致过多的寄生功率损失，还会导致大量的电解质损失，所以需要优化反应物的利用率。最合适的燃料和氧化剂利用率分别为85%和50%。

6.5.4 杂质的作用

如前所述，重整气由大约80% H_2 和20% CO_2 以及其他杂质组成。PAF-CS 可接受的典型重整气体成分是78% H_2、20% CO_2、小于1% CO、小于1 $ppmH_2S$、Cl、NH_3 等。PAFC 重整气中允许的杂质最高含量见表6.4。

如前所述，对于PAFCS而言，CO_2 对电池性能没有影响，只是影响了混合气中氢分压变化所造成的能斯特损失。然而，尽管其他杂质进入 PAFCS 的浓度相对于稀释剂，在反应物气体浓度中占比很低，但它们以各种方式对电池性能产生显著影响。一些杂质，如硫化合物，来自进入燃料处理器（或重整器）的燃料气体，并与重整燃料一起被带入燃料电池，而其他杂质，如CO，在燃料处理器中产生。

表 6.4 PAFCs 重整气中杂质允许的最高含量

杂质	最高含量
CO_2	稀释的
CH_4	稀释的
N_2	稀释的
H_2O	10% ~ 20%
CO	在 175 ℃时，<1% 在 190 ℃时，<1.5% 在 200 ℃时，<2%
H_2S，COS	<100 ppm
C_2^+	<100 ppm
CI^-	<1 ppm
NH_3	<1 ppm
金属离子(Fe、Cu 等)	无（0）

一氧化碳的影响：富氢燃料中一氧化碳的存在对铂催化剂阳极性能有显著影响，因为 CO 中毒对铂催化剂电催化活性有影响。随着电池工作温度的降低，阳极性能明显下降。CO 中毒引起的电池电压损失可能与温度有关。

$$\Delta E_{CO} = K_{CO}(T) \left[(CO)_2 - (CO)_1 \right] \tag{6.16}$$

式中，一氧化碳浓度（CO）表示为燃料气体中 CO 含量的百分比，$K_{CO}(T)$ 是一个常数，与 CO 浓度无关，但与电池工作温度有很强的函数关系。在 $T = 218$ ℃时，$K_{CO}(T)$ 为 -1.30 mV/%，在 $T = 163$ ℃时，$K_{CO}(T)$ 为 -11.1 mV/%。显然，CO 容限也取决于铂催化剂的负载量。因此，$K_{CO}(T)$ 的其他值也有记录。

由式（6.16）可知，电池性能损失与燃气中 CO 含量成正比，可以估计，在一定 CO 含量变化下，163 ℃时 ΔE_{CO} 约为 218 ℃时的 8.5 倍。因此，电池温度决定 CO 含量允许水平，如表 6.4 所示。当 $T \geqslant 190$ ℃时，燃料气流中 CO 含量为 1% 是可以接受的，不会对电池性能产生明显的不利影响。这种电池 CO 浓度优于其他低温燃料电池。对于碱性和质子交换膜燃料电池，由于其工作温度较低（通常 $\leqslant 80$ ℃），CO 浓度必须限制在低于几个 ppm 的水平。

低温酸性电解质燃料电池由于使用铂作为催化剂，一氧化碳中毒是常见的。由于 PEM 燃料电池的工作温度比 PAFCS 低得多，因此 CO 中毒对 PEM 燃料电池来说变得更加严重和严格。因此，在第 7 章 PEM 燃料电池的研究中，我们将介绍 CO 中毒的机理。可以这样说,由于 CO 中毒造成的电池电压损失是可逆的,可以通过提高电池工作温度来抵消。

硫化物的影响: 商用天然气中含有少量用于检测泄漏的硫。煤气化炉的阳极气体可能含有 100~200 ppm 总硫,这取决于所使用的煤的质量。硫化氢(H_2S)和羰基硫化物(COS)是 PAFC 电厂燃料处理器和煤气炉产生的燃料气体中的杂质。

在运行的 PAFC 中,铂阳极可以耐受的 H_2S 浓度水平为 < 50 ppm(H_2 + COS)或 < 20 ppm(H_2S),而不会对电池性能造成破坏性损失。当燃料气体中含有超过 50 ppm H_2S 时,电池就会迅速失效。因此,初始燃料在进入转化炉前通常要经过脱硫。如图 6.10 所示,CO 和 H_2S 同时存在会加剧中毒效果。与 CO 中毒效应类似,H_2S 中毒造成的性能损失是可逆的,且随着电池工作温度的升高而降低。

当 H_2S 吸附在铂表面并阻塞氢氧化的活性位点时,就会发生 H_2S 中毒,其方式与 CO 中毒非常相似。

6.5.5 内阻效应

电池电势因电解质中离子流动和电极、集电极和界面中的电子传导较低而降低。对于组装不当的电池,界面接触电阻可能很大。当电池压缩力增加到适当水平时,它会减小并接近于零。由于内阻引起的电池电位损失可能与适当组装的电池有关,则

$$\Delta E_{IR} = -0.20\ J(mV) \tag{6.17}$$

式中,电流密度 J 的单位为 mA/cm^2。这种潜在的损失主要是由通过磷酸电解质的质子迁移阻力引起的。

6.5.6 电池运行时间的影响

增加电池寿命是燃料电池研究和开发活动的主要领域之一。PAFCS 的目标是在一个标准实用程序应用期间,或大约 40 000 h 操作时间(为 4~5 年)保持单元堆栈的性能。随着时间的推移,PAFCS 的性能随操作时间的延长而逐渐下降。典型的 PAFC 随时间的退化可以表示为

$$\Delta E_{时间} = -3\ mV/1\ 000\ h \tag{6.18}$$

关于 PAFC 寿命和性能衰减的更多细节将在下一节中给出。

6.6 性能衰减和寿命

燃料电池的寿命通常定义为在额定输出电流下电池输出电压(或电势)

降低至初始电压 10% 后的运行时间。

$$\left| \frac{E_{\text{final}} - E_{\text{initial}}}{E_{\text{initial}}} \right| = 10\% \qquad (6.19)$$

式中，E_{initial} 为初始电压，是 PAFC 电池试运行约 100 h 后电池的输出电压，这是 PAFC 电池达到稳态初始条件所需要的条件。PAFCS 的寿命估计约为 40 000 h（接近 5 年）。也就是说，预计电池性能运行 40 000 h 后，在相同电流密度（200 mA/cm^2）下，从初始阶段约 0.7V @ 200 mA/cm^2 衰减到约 0.63 V。

电池寿命很大程度上取决于操作条件，如操作压力和温度、电池电压和负载变化（如启动、关闭等或负载循环）。PAFC 性能下降主要是由于铂催化剂颗粒烧结、碳载体腐蚀、电极电解液注入和电池结构中电解液耗竭造成。

6.6.1　铂颗粒的烧结

铂颗粒有在碳载体表面迁移的趋势，并结合（团聚）成更大尺寸的颗粒，从而降低活性表面积和电池性能。烧结速率与时间的对数成正比，主要取决于电池的操作温度。在 150 ℃ 以上时，铂颗粒开始发生表面迁移，温度更高时，以微晶聚结为主。

6.6.2　碳载体的腐蚀

碳载体腐蚀最终会导致碳载体大颗粒分解为孤立的碳小颗粒，从而中断了电子连续迁移（或电流收集）的路径，使孤立的碳载体小颗粒上的铂催化剂颗粒失去活性。这相当于丢失了铂颗粒，也加速了由于孔径增大而使液体电解质对碳表面的润湿。这两种现象降低了催化剂的活性面积，阻止了气体向催化剂层扩散。

碳载体腐蚀速率取决于电池电势、工作温度和所使用碳的类型（例如是选择乙炔黑还是炉黑）。较高的电位和温度有助于快速腐蚀，因此电池电势不能超过 0.8 V。这意味着当温度高于 180 ℃ 时，电池不应处于开路状态。当水蒸气分压（或水蒸气浓度）在 100 mmHg 以上时，碳的腐蚀明显增强。因此，对多孔碳进行热处理（2 700 ℃ 石墨化），同时保持较高的比表面积（200 m^2/g 以上）是延长电池寿命的必要条件。

实验结果表明，在温度为 180 ℃，电势为 1.0 V 时，其腐蚀速率是温度 180 ℃ 以下、电流密度为 100 mA/cm^2 时的 8 倍。由于阴极中存在水蒸气，所以阴极的腐蚀通常比阳极更严重。因此，在卸载或堆栈关闭时，电池电压应保持在 0.8 V 以下，通过氮气净化电极或短路堆栈。在启动过程中也应该采用类似的过程来延长 PAFC 栈的寿命。

6.6.3 电极水淹

如前所述，这主要是由于电极疏水性衰减和碳载体逐渐腐蚀引起的。疏水电极通常是在碳载铂粉中加入适量的防水材料（通常为 PTFE 粉末）制成，具有足够的疏水特性，但随着时间的推移电极逐渐退化。

6.6.4 电解质耗竭

电解质耗竭主要是由电解质蒸发和电极腐蚀造成的。尽管磷酸电解质的蒸气压很低，但仍然会蒸发，电解质蒸气被燃料和氧化剂流从电池结构中带出。因此，蒸发速率取决于燃料和氧化剂流的速度，过高的反应物流将加速蒸发。蒸发是所有液体电解质燃料电池的共同问题，只有通过降低电解质蒸气压和减慢负极室反应物流动才能降低蒸发。

电极腐蚀是由于电解质在腐蚀过程中的参与和消耗，也由于小孔径孔体积增加，使得通过毛细管效应吸收液体电解质而造成的电解质损失。因此，如前一节所讨论的，电极腐蚀不可避免地导致电极水淹。显然，如果蒸发是电解质耗竭的原因，通过补充电解液来恢复可能相对容易。然而，电极腐蚀往往会造成永久性的损伤。

6.7 未来研发

在过去（20 世纪 70 年代末至 20 世纪 80 年代初），大多数 PAFC 研发活动都在美国。之后，研发活动转移到日本，所有主要的示范项目都在那里。阻止 PAFC 商业化的主要问题是高成本，以及缺乏令人信服的 PAFC 电力系统可靠性和高电池寿命的论证。

未来的研发重点

1. 通过部件和系统优化集成以及改进性能（包括燃料处理器和堆栈的平衡）来降低成本。这是因为在 PAFC 电力系统中，PAFC 栈可能只占不到三分之一（事实上，低至四分之一）的系统总成本和质量（或体积），而燃料处理器和平衡装置占剩下的三分之二（每个大约占三分之一）。

2. 可靠性和高电池寿命，包括燃料处理器和平衡装置。经验表明，PAFC 电力系统中断往往是由于平衡设备中部件故障，如泵、鼓风机等。

3. 性能改善。输出更高的电池电势（即更高的能量转换效率），但电池电势限制在不超过 0.8 V。因此，提高电流密度应该是重点，这就需要改善阴极氧还原反应。

4. 更好的催化剂。提供更便宜更有效的催化剂。

5. 进一步改进电极，这需要更好地理解传输过程和电化学反应。多年来，这是电极设计和制造的一门艺术。近期，数学建模与实验测量将有助于理解和获得更好的电极性能。

6. 更好的酸作为电解质。如第 6.3.1 节所讨论的，已经进行了大量工作。最好的酸可能是氟磺酸，如"液体电解质"、TFMSA（CF_3SO_3H）或 TFEDSA（$(CF_2SO_3H)_2$），如图 6.11 所示。显然，即使在较低的操作温度下，氟磺酸的性能也可以得到显著改善。然而，这已经不是 PAFC 了！我们必须从头再来，与其他类型的燃料电池作比较，例如质子交换膜燃料电池，这是下一章的主题。

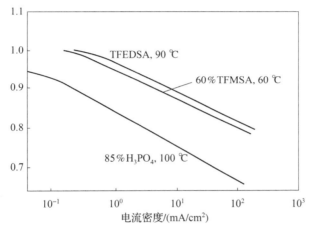

图 6.11 氧气分别在 1 atm、100 ℃下 85％ H_3PO_4，90 ℃四氟乙烷二磺酸（TFEDSA），60 ℃ 60％三氟甲烷磺酸（TFMSA）中，氧还原反应性能比较（该电极是商用低负载铂电极（0.3 mg/cm² 铂在 Vulcan XC－72，Prototech，Inc.）改编自参考文献 10）

至今，有迹象表明在商业上 PAFCS 几乎没有可行性。第二代 PAFCS 的性能是目前的两倍，可以为小型固定发电厂开辟道路，如现场热电联产应用。

6.8 总结

本章重点介绍了磷酸燃料电池，阐述了磷酸燃料电池的各种优缺点以及典型应用前景。本章概述了 PAFC 的基本原理和工作原理，描述了整体半电池和全电池反应，以及与天然气蒸气重整和水煤气转换反应相关的各种问题。本章概述了在一定温度和压力下重整燃料流中平衡成分的计算，给出了单电池、堆栈和系统的各个组成部分，以及它们的几何形状和所使用的典型材料。本章介绍了温度、压力、反应物浓度和利用率、杂质、电池电流密度、电池老化等操作参数对 PAFC 性能的影响。本章概述了一氧化碳中毒的重要性，其他杂质（如含硫化合物）的负面影响，以及 PAFC 对各种杂质的耐受限度。本章讨论了 PAFC 的长期性能衰减以及影响其寿命的各种因素。最后对该类型燃料电池需要解决的各种技术问题作了简要的阐述。

6.9　习题

1. 简述磷酸燃料电池的优点和缺点及应用领域。

2. 描述半电池、全电池反应的工作原理，以及用于磷酸燃料电池的主要燃料。

3. 简要讨论典型（或目标）运行条件，如电池电压、电池电流密度、温度、压力、燃料和氧化剂的利用、化学能量到电能的转换效率等。

4. 描述运行条件对电池性能的影响。

5. 描述电池和堆栈的几何结构，典型材料，以及电池组件的厚度和其他尺寸。

6. 描述磷酸燃料电池系统的组分，如冷却（热管理）、产物去除、电解液管理、燃料处理、控制等。

7. 描述影响磷酸燃料电池寿命的因素。

8. 描述磷酸燃料电池商业化需要克服的关键技术障碍、可能的解决方案及其优缺点。

9. 根据以下甲醇的蒸气重整反应

$$CH_3OH + H_2O \longrightarrow 3H_2 + CO_2$$

确定重整反应所需的热量，计算上述反应在标准温度和压力（25 ℃和 1 atm）下的反应焓。

10. 假设有甲醇/蒸气比为 1 的原始反应物混合物，只考虑水气交换反应，一氧化碳是混合产物中除氢气和二氧化碳外唯一的其他产物，确定这样一个反应的平衡组成。在温度范围为 100 ℃～500 ℃，压力为 1 atm 的情况下，生成图 6.1 所示的结果。

参 考 文 献

［1］Hiramoto, J. and R. Anahara. 1982. Fuji Electric. J., 9：555.

［2］Mellor's Comprehensive Treatise on Inorganic and Theoretical Chemistry, 8（3）：669.

［3］ Kivisari, J. 1995. Fuel Cell Lecture Notes.

［4］ Anahara, R. 1993. Research, development and demonstration of phosphoric acid fuel cell systems. In Fuel Cell Systems, eds. L. J. M. J. Blomen and M. N. Mugerwa. New York: Plenum Press.

［5］ Hirota, T., Y. Yamazaki and Y. Yamakawa, 1981. Fuji Electric. J., 61 (2): 133 − 187.

［6］ Song, C. C. and X. Ma, 2004. Desulfurization processes for petroleum refining, Inter. J. Gr. En. 1 (2). 298 Chapter 6: Phosphoric Acid Fuel Cells (PAFCs)

［7］ Jalan, V., J. Poirier, M. Desai and B. Morrisean, 1990. Development of CO and H2S tolerant PAFC anode catalysts Proc. Second Annual Fuel Cell Contractors Review Meeting.

［8］ Benjamin, T. G., E. H. Camara, and L. G. Marianowski, 1980. Handbook of Fuel Cell Performance. Institute of Gas Technology for the United States Department of Energy under Contract No. EC − 77 − C − 03 − 1545, 40.

［9］ Chin, D. T. and P. D. Howard, 1986. J. Electrochem. Soc., 133: 2447.

［10］ Appleby, A. J. and F. R. Foulkes, 1988. Fuel Cell Handbook. New York: Van Nostrand Reinhold.

第 7 章
质子交换膜燃料电池

7.1　绪言

　　质子交换膜燃料电池（PEMFC），又称离子交换膜燃料电池、固体聚合物燃料电池、聚合物电解质燃料电池等。在过去的十年中，质子交换膜燃料电池逐渐成为最有前途的候选能源，其作为交通、固定热电联产和便携式应用的零排放电源，从研究、开发和试验发展到了实际应用层面，从几瓦的小型家庭电子设备，如手机、个人电脑，几千瓦中型住宅热电联产（电力、热或热水）到大约几万瓦的大型电动乘用车和几十万瓦城市公交巴士等。近年来，随着质子交换膜燃料电池技术的显著进步，质子交换膜燃料电池在城市型公交和客车成功应用，质子交换膜燃料电池成为人们关注的焦点。目前，质子交换膜燃料电池（PEMFC）在世界范围内正处于高度发展阶段，商业化的曙光初现。

　　质子交换膜燃料电池使用的电解质是一种融合在固体聚合物中的质子交换膜。与液体电解质相比，固体电解质具有许多优点，其结构简单紧凑，设计和制造较为简单。电池内不存在流动的腐蚀性液体电解质，对电池组件的腐蚀极小，延长了电池寿命。固体电解质可以制成非常薄的薄片，厚度为 $200\ \mu m$ 或更薄（$50\ \mu m$），降低了电池内阻。通常液体电解质中离子迁移的阻抗占整个电池电阻比重极大，超过 95% 甚至更高。由于燃料电池工作在极化曲线中的欧姆极化主导区域，因此获得了高效率和高功率密度。固体膜可以作为支撑电极工作的主要结构组件，使质子交换膜燃料电池承受在阳极室和阴极室之间的高压差和反应物气体供应线路中的高压波动。据报道，PEMFC 恒流压差超过 5 MPa[1]。因此，PEMFC 可不使用昂贵精密的传感器和控制单元。这种独特的特性，加上固体电解质对取向不敏感，使 PEMFC 系统成为车辆应用的理想选择。膜的稳定性和寿命限制了燃料电池的工作温度，通常要低于 100 ℃。低温工作确保了快速的功率输出，使 PEMFC 系统容易快速启动，非常适合频繁起停工作的车辆应用。相比之下，带有碳氢化合物重整装置的磷酸燃料电池系统需要长达两个小时的加热才能达到 200 ℃工作温度，这是车辆应用上的重大障碍。因为膜电解质有磺酸基团附着在聚合物主链上，所以它本质上是酸。如前面章节所述，磺酸电解质具有较快的氧化还原动力学，是适用于燃料电池应用酸性电解质中性能最好的电解质之一。作为一种酸性电解质燃料电池，PEMFC 能够承受燃料和氧化剂中二氧化碳，从而能够与烃类燃料和空气一起工作。其他优点与使用固体膜电解质类似，例如电解液酸性浓度在制造膜时是固定的，不受工作过程产生水和电解液蒸发的影响。因此，在工作过程中不需要对电解液进行维护，且不需要任何净化就可以得到饮用水。电解液不需要维护对空间应用特别重要，NASA 正在研究在国际空间站中应用 PEMFC 替代现有的碱性燃料电池的可能性[1]。

另外，工作温度较低导致电堆产生少量废热，难以与燃料重整处理器进行热集成以提高工作效率。酸性电解质和低工作温度要求使用贵金属铂作为电催化剂，而铂易被一氧化碳中毒影响。实际一氧化碳总是以百分之几的占比存在于重整燃料流中。对于质子交换膜燃料电池来说，一氧化碳中毒程度比工作温度 200 ℃左右的磷酸燃料电池严重得多。因此，必须将燃料中的一氧化碳去除至低于百万分之几的水平，以避免性能大幅下降。第 7.6 节重点介绍了一氧化碳中毒的机理及现有的解决方法。铂催化剂的使用是 PEMFC 成本高的重要原因，尽管催化剂成本已经大大降低到可接受的水平，在单电池实验室测试中成本估计为 5 \$/kW[①]，但低载量催化剂电池保证长期的高性能仍然需要试验，特别是大型电池堆。

PEMFC 设计和运行的重要问题包括水热管理、双极板设计（材料选择、制造技术和流场布局），以及操作条件（电池温度、压力、流速、燃料种类等）。尽管在所有车辆应用中空气都作为氧化剂，但是否应该使用液态甲醇（船上蒸汽重整）或氢燃料（以加压气体、液化氢或金属氢化物的形式）作为主要燃料存在一些争论。目前有可能实现的是，住宅联产和工业热电联产应用天然气作为主要燃料，小型便携式系统燃料选择液体甲醇。

质子交换膜只有在充分加湿时，质子的电导率才能满足要求。膜干燥时电阻增大，同时增加了欧姆极化和焦耳热。局部加热导致膜内水分进一步蒸发，加速了局部干燥，导致电池性能恶化，加速自身破坏。高温下膜是不稳定的，局部热点也限制了膜电解质寿命，进而导致电池寿命也随之减少。然而，过量的水浸没质子交换膜孔隙，导致水淹现象，严重降低了反应物供给到反应位置的速率，大大降低了电池性能。实际上，在 PEMFC 中，传质限

---

① 1 \$ =6.704 7 元。

制主要是由阴极水淹引起的。因此，对膜适当的加湿而不引起水淹，通常称为水管理，是质子交换膜燃料电池的主要技术挑战之一。显然，水的蒸发或凝结导致水管理与热管理密切相关。这两个技术挑战是 PEMFC 运行和设计中的关键问题。在本章后面内容，将详细介绍膜加湿的原理及水、热管理系统。

以质子交换膜为电解质的燃料电池可以追溯到 Haber 及其同事所研究的氢氧燃料电池可逆电势[3]。但是，通用电气公司（GE）[4,5,6]在 20 世纪 50 年代首次开发出现代质子交换膜燃料电池，进而推动了燃料电池在 1962—1967 年美国双子座太空任务中的首次实际应用。当时主要的技术困难和问题持续存在，包括空间微重力条件下的水管理、功率密度限制（$<50\ mW/cm^2$）、铂高负载量（高达 28 mg Pt/cm^2）导致成本较高，由于使用聚苯乙烯磺酸盐膜电解质，燃料电池在运行条件下不够稳定，寿命有限。1966 年杜邦推出了更稳定的磺化聚四氟乙烯电解质（商标为 Nafion），他将 Nafion 膜作为质子交换膜，这被称为 PEMFC 发展的重大突破。尽管 NASA 航天飞机燃料电池技术项目（1972—1974）是基于 Nafion 膜的，但其他仍然存在的技术困难最终使碱性燃料电池成为 NASA 后续空间计划（阿波罗任务和国际空间站）的选择。截至 20 世纪 80 年代初，通用电气公司停止了 PEMFC 系统进一步商业化开发。

20 世纪 80 年代中后期，人们对质子交换膜燃料电池（PEMFC）技术的兴趣和研究重新兴起，Ballard 电力系统（Ballard Power Systems）公司和洛斯阿拉莫斯国家实验室（Los Alamos National Laboratory）取得了重大进展和成就。在 20 世纪 90 年代，用于地面应用的质子交换膜燃料电池研发活动有了爆炸式增长，推动了近十年来技术的显著进步，例如车辆应用方面参数 PEMFC 堆功率密度从 1989 年 0.1 kW/L 增加到 2000 年 1 月 1.31 kW/L（Ballard 电力系统公司的 Mark900）。Ballard 于 1995 年宣布设计使用 Mark700 电池组的超级汽车燃料电池，质量功率密度为 1 kW/kg，体积功率密度约为 0.7 kW/L。Mark 900 燃料电池系统额定功率为 75 kW，电池组占大约一半的空间，质量比 Mark 700 系统轻约 30%。图 7.1 所示为从 1991 年到 1997 年 Ballard 电力系统公司 PEMFC 电池组。到目前为止，最先进的燃料电池组是 Ballard 于 2001 年 10 月宣布将用于车辆运输的 Mark902 第四代燃料电池组。它实现了更高的输出功率，可根据特定需求和应用在 10~300 kW 内进行调控。典型电池组用于乘用车功率为 85 kW，公交功率为 300 kW。如图 7.2 所示，Mark 900 系列单电池功率密度远远超过 2.2 kW/L。

图 7.1　随功率密度增加提供 50 kW 所需的 Ballard PEM 燃料电池组数量[8]（从左上角开始顺时针方向：Mk300（1991）、Mk500（1993）、Mk700（1995）和 Mk800（1997））

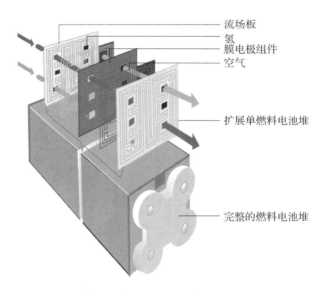

流场板
氢
膜电极组件
空气
扩展单燃料电池堆
完整的燃料电池堆

图 7.2　典型单电池结构（两个流场板之间插入一个膜电极组件）质子交换膜燃料电池组

　　除此之外的重大进步是铂催化剂担载量，每个电池（包括阳极和阴极）8 mg/cm² 担载量降至远低于 1 mg/cm²（甚至一些单电池测试显示只有 0.04 mg/cm² 超低担载量）。已经开发出具有先进流场通道的双极板改进和设计方案，同时还使用了更便宜的材料和批量生产能力，将在第 7.3.3 节中介绍。随着技术进步，PEMFC 成本大幅降低推动 PEMFC 技术商业化。关于质子交换膜燃料电池在过去几十年中发展的详细介绍可参考文献资料[9]。

7.2 基本原理与工作过程

质子交换膜燃料电池组如图 7.3 所示，它由许多单元串联形成。每个电池之间有一层由固体聚合物膜组成的电解质，被夹在两个含有铂催化剂的碳电极中间。通常两个电极和膜电解质通过螺栓或气动压力机械装置压紧形成一个整体，称为膜电极组件（MEA）。质子交换膜需要完全湿润后才能在燃料电池中作为电解质正常运行，为防止膜因蒸发而脱水，燃料和氧化剂通常在100% 相对湿度下完全湿润，将在第 7.4.3 节中介绍。

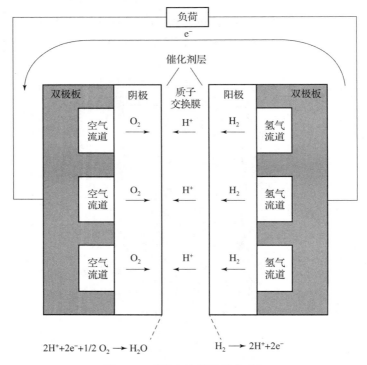

图 7.3　质子交换膜燃料电池组

加湿的阳极和阴极气体通过电池组中双极板上的流量分配通道供应到每个电极。因此，双极板通常也被称为流场板（或流量分布板）。通道中流动的气流与电极背衬层表面发生对流传质。在 PEMFC 正常工作条件下，气流在多孔支撑层中传输主要是沿电池厚度方向（横向）分子扩散，而发生在流动通道到多孔背衬层的对流传输，其流动方向是平行流动通道的（纵向）。

由于电解质本质上是固定在固体聚合物基质结构中的磺酸，所以发生在阳极和阴极催化层中的电化学反应与磷酸燃料电池中的电化学反应相同。在阳极催化层，氢氧反应的发生伴随着质子和电子的产生。

$$阳极半反应 \quad H_2 \longrightarrow 2H^+ + 2e^- \tag{7.1}$$

质子在两个电极附近的双电层作用下通过质子交换膜从阳极侧传输至阴极侧，因此，质子迁移受电场效应、膜未完全湿润或局部干燥时导致的质子浓度梯度，以及阳极和阴极进料气流压力差形成的对流运动的影响。质子以氢离子（H^+）形式通过电解质膜从阳极侧迁移至阴极，每个质子拖拽 1~5 个水分子，这种现象称为电拖曳效应。这通常会导致膜阳极侧水分子减少，并增加膜阴极侧水浓度，特别是在高电流密度工作时。这一现象会导致阳极侧膜干燥，阴极侧水过量积累出现水淹现象，如式（7.2）所示，水在阴极催化剂层形成，由于水含量梯度的存在，一些水会扩散到阳极侧。阳极侧较低的水含量会导致膜上形成局部热点，产生较高的活化极化和内阻（通常超过 95% 内阻是膜电阻），并在膜上形成裂纹。因此，PEMFC 性能和寿命都会相应降低。

另外，由于膜电解质对电子运动阻力非常大，对质子运动阻力较小，使电子被迫通过外部电路传输，同时对负载做功。在阴极催化层，通道中氧化剂提供氧分子与来自阳极催化层的质子和电子结合，形成产物水。

$$阴极半反应 \quad \frac{1}{2}O_2 + 2H^+ + 2e^- \longrightarrow H_2O \tag{7.2}$$

将式（7.1）和式（7.2）中两个半电池反应过程相加获得整个电池反应为

$$总反应 \quad H_2 + \frac{1}{2}O_2 \longrightarrow H_2O + 废热 + 电能 \tag{7.3}$$

在质子交换膜燃料电池（PEMFC）工作条件下，反应产物水在阴极催化层的膜 – 催化剂界面形成，通常以液体形式存在，渗入支撑电极的多孔结构中，水的去除和控制成为 PEMFC 面临的主要问题之一。存储在反应物氢气和氧气中的化学能无法完全转化为有用的电能，因此产生废热，如第 2 章所述的可逆和不可逆机制。因此，水和废热是伴随电力生产的两种反应副产物，需要对它们进行适当的管理，从而使 PEMFC 电池组和系统性能达到最佳工作状态。由于水蒸发或凝结会导致大量吸热或放热（取决于局部热力学条件），一旦电池和电池组冷却不充分便会导致局部热点（在 100 ℃ 以上）的形成，进而在膜上形成局部热点。水管理和热管理系统是密切相关的，它们是质子交换膜燃料电池系统设计和正常运行的两个关键问题，影响电池组的可靠性和寿命。图 7.4 所示为基于模型预测的阴极催化剂层水淹对电池性能的影响[10]。很明显，由于整个阴极催化剂层水淹，电池性能显著降低。如图 7.4 所示，当阴极电极支撑层多孔区域发生少量水淹（0.1%~1%）时，电池性能下降甚至更加显著。当水淹发生时极限电流密度显著降低，氧气传质限制造成浓差极化，如第 4.6.4 节所述。在保证膜充分湿润的同时防止水淹，需要仔细考虑电池动态运行过程中水的生成、去除和转移。这是一项极具挑战性的任务，大部分质子交换膜燃料电池设计复杂性都与此有关。

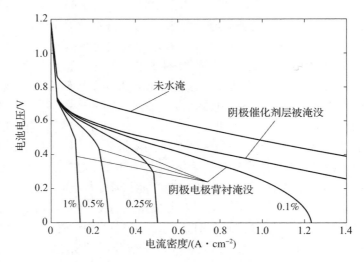

图7.4 阴极催化层和阴极电极层中水对电池性能的影响（基于模型预测[10]，曲线上的数字表示电极中被液态水淹没的空隙的百分比）

图7.5所示为电解质膜中水传输的各种机制。如前所述，由于电化学反应阴极催化剂层生成水，且水可以被加湿的反应气体（外部水）带入电池。水跨膜传输是由于电拖曳和扩散机制等作用导致的，扩散机制与浓度梯度和压力梯度所造成的水渗透力有关。由于电渗透拖曳效应引起水通量与质子电流（即质子从阳极向阴极侧的传输）相关，可表示为

$$J_{w,\mathrm{drag}} = \xi(\lambda)J_{\mathrm{H}^+} = \frac{J\xi(\lambda)}{n_{\mathrm{H}^+}F}, \ \ \mathrm{mol}/(\mathrm{m}^2 \cdot \mathrm{s}) \tag{7.4}$$

式中，J是电池电流密度（A/m^2），$n_{\mathrm{H}^+}=1$是质子电荷数，F是法拉第常数，$\xi(\lambda)$是无量纲参数，为电渗透阻抗系数，取决于膜湿润程度，λ定义为膜中每个离子交换位点的水分子数之比，或表示为

$$\lambda = \frac{膜中水分子的总数}{膜中离子交换位点的总数} = \frac{N(\mathrm{H_2O})}{N(\mathrm{SO_3H})} \tag{7.5}$$

水的电渗通量方向是从阳极侧到阴极侧，因此在电池正常运行时，阳极侧倾向变干燥，水倾向积聚在阴极侧，同时阴极侧还会生成水。过量的水在阴极中积聚，可能引起阴极水淹。

浓度梯度引起的扩散水通量是一个矢量，可以写成

$$J_{w,\mathrm{diff}} = -D(\lambda)\nabla c_w, \ \ \mathrm{mol}/(\mathrm{m}^2 \cdot \mathrm{s}) \tag{7.6}$$

式中，$D(\lambda)$是λ膜湿润时水在膜中的扩散系数（m^2/s），c_w是局部水浓度

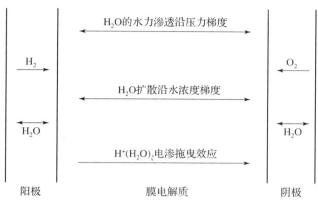

图 7.5　质子交换膜燃料电池中水传输的各种方式

（mol/m^3），∇ 是矢量梯度算子（$1/m$）。式（7.6）右侧负号表示扩散通量沿浓度递减的方向。通常情况下，阴极侧水浓度较高，而阳极侧水浓度较低，因此该扩散通量倾向为阴极侧水积累提供一些补偿（尽管不能完全缓解）。

由于压力梯度，与水渗透压相关通量为

$$J_{w,hyd} = -c_w \frac{\kappa_{hyd}(\lambda)}{\mu} \nabla P, \, mol/(m^2 \cdot s) \tag{7.7}$$

式中，$\kappa_{hyd}(\lambda)$ 是膜的液压渗透率（m^2），是膜中孔隙直径平方的近似平均值，也是膜的湿润函数，μ 是液态水的动力黏度（$kg/(m \cdot s)$）。水通量 $J_{w,hyd}$ 的方向是压力 P 减小的方向，式（7.7）中用负号表示。为了提供额外手段来减少阴极侧的水，可以对电池进行压差处理，例如供给的氧化剂气体压力比阳极燃料气体高。因此，扩散水通量和水压力通量的主导方向可以与渗透通量的主导方向相反。膜内水浓度分布，即膜的湿润程度，是在给定电池运行条件下，膜内三种水分传输机制的平衡结果。实际上，在考虑和实施产物水去除和工艺水添加策略以维持膜湿润时，必须考虑膜中水的传输。产物水通常会通过阴极侧流经双极板通道的氧化剂流来去除。因此，合理设计分流通道（或双极板）对水的去除和提高电流密度是至关重要的，将在第 7.3.2 节和第 7.4.3 节对此进行专门讨论。为避免阴极局部热点形成（由于在靠近电池入口的膜阴极侧的对流蒸发），燃料在进入电池之前通常需要加湿，对于大型电池，加湿处理是必要的。

通常，质子交换膜是在 80 ℃ 和约 8 atm 压力范围内工作的。虽然需要根据特定设计和操作条件不断评估最佳工作压力，但大型 PEMFC 电池组的最佳工作压力通常是在 3 atm 左右。PEM 燃料电池可以使用纯氢或碳氢化合物重整燃料气体与纯氧或空气发生反应。反应物供应流速通常以化学计量表达，表示反应物实际供给与电力输出所需理想化学计量的比率，如第 2 章所述。

当纯氢和空气用于电池运行时，氢的化学计量比通常在 1.1 ~ 1.2，氧的化学计量比大约为 2，电池的性能最佳。由于空气中氧气占比仅有 21%，因此所需气流量变得非常高，几乎是电池反应纯氧所需气流量的 10 倍。大量的气流需要大功率的增压和水加湿，并且空气压缩占据了电池组输出功率大部分的寄生功耗。因此，小型 PEMFC 系统通常在大气条件下运行，只有大型系统才需要加压以获得更高的功率密度和能源效率。为了保证足够高的能量转换效率，工作电池电压通常设置超过 0.6 V。另外，为了具有足够高的功率密度，电池工作电压通常被限制在 0.7 V 以下。因此，电池工作电压通常在 0.6 ~ 0.7 V，所有的技术改进都是为了增加工作电流密度。高输出功率对于交通运输应用尤其重要，它意味着较少的材料量用于制造所需的劳动力，进而降低了发电系统成本。在目前的技术水平下，纯氢和空气运行时的工作电流密度为 $300 \sim 500 \ mA/cm^2$，纯氢和氧气运行时的工作电流密度超过 $1 \ A/cm^2$。

如式（7.1）和式（7.2）所述，质子交换膜燃料电池整体电化学反应包括阳极催化剂层分子氢氧化成质子和阴极催化剂层分子氧还原成水两个过程。由于反应环境低温，这两种反应都需要活性催化剂位点来破坏双原子气态反应物分子中的分子键。因此，它们都是发生在催化剂表面的多相电催化反应。如第 3 章所述，在低温条件下，质子交换膜燃料电池氢氧化反应（HOR）比相应的氧还原反应（ORR）高几个数量级，这使 PEMFC 阴极极化更高。

与其他低温燃料电池一样，由于阴极氧还原反应（ORR）动力学迟缓，与阴极氧还原反应（ORR）阻力相关的能量损失是 PEMFC 能量损失中最大的部分。由于膜电解质在酸性和低温下操作，铂或铂合金是促进和加速反应过程已知的"最佳"催化剂。从式（7.2）可以清楚地看出，为了使 ORR 稳定进行，在阴极催化剂层中的反应位置需要三个基本元素，即

1. 氧气分子。
2. 质子。
3. 电子。

从式（7.1）可以看出，这三个元素对于稳定氢氧化反应是必不可少的，因为作为反应产物的质子和电子需要转移，以避免产物的积累效应。

因此，膜电解质必须穿透催化层包围催化剂表面，以便为质子传输提供通道。催化剂导电颗粒必须一直连续到电极支撑层以提供电子迁移手段，并且必须为催化层提供足够的孔隙度以便氧气转移到活性中心。良好的质子传输需要催化剂层中膜的高负载，这将增加氧分子通过覆盖在催化剂表面膜的厚度。因此，通过表面膜层的高氧气传输速率最大限度减少了氧气到达活性部位的传质阻力。然而，膜电解质需要具有低反应气体渗透性，以便将反应气体从混合气中分离出来，但过低的反应气体（氧气）渗透性会产生过高的

氧气透过催化剂表面膜层的阻力。低电子传输电阻决定了催化剂颗粒的高连通性，这将减少一些催化剂表面积，避免表面发生反应；催化剂层的高孔隙率为氧气传递提供了充足的空间，但这减少了固体催化剂颗粒的可用空间。显然，催化剂层的结构和组成会明显影响 PEMFC 性能。事实上，在实验室测试中，如果催化剂层没有制备正确，将不会产生电能。因此，应优化催化剂层结构和组成，以实现最佳的电池性能。

在 Pt/Nafion 界面的氧化还原反应中，决定反应速率的是电子 – 电荷转移反应。对于 Pt/Nafion 界面的氢氧化反应，有三种速率决定反应步骤：

1. 吸附氢原子的电氧化（电荷转移反应）。
2. 氢分子在铂催化剂上解离化学吸附，形成吸附的氢原子。
3. 向铂/膜界面输送有限的 H_2。

幸运的是，由于氢具有更高的扩散系数和非常高的电化学反应速率，在 PEMFC 工作条件下，相关的极化非常小，通常可忽略不计。例外情况是膜阳极侧脱水或燃料流含有一氧化碳等污染物时，这两个问题分别在第 7.4 节和第 7.6 节进行介绍。就电池极化而言，典型的 PEMFC 性能如图 7.6 所示，并细分了各种电压损失机制。

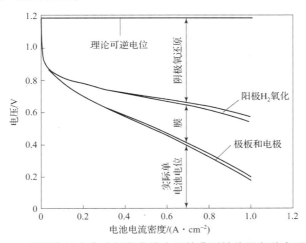

图 7.6　PEM 燃料电池在电池极化曲线方面的典型性能及各种电压损失机制

7.3　组成和结构设计

本节描述了单个质子交换膜燃料电池、质子交换膜燃料电池组和质子交换膜燃料电池系统的典型部件和几何结构（或设计）。详细的材料和相关的制造工艺将在下一节介绍，其中重要的组件设计在本节中会简要提到。

7.3.1 单个质子交换膜燃料电池

图 7.7（a）所示为实验室测试常用的单个质子交换膜燃料电池，图 7.7（b）所示为电池组件的相应说明。常用单电池通常由膜电解质、两个催化电极、两个聚四氟乙烯膜和两个端板组成。催化电极上有一层薄的多孔催化剂层（厚度为 5 ~ 50 μm），覆盖在气体扩散支撑层（一般厚度为 100 ~ 300 μm），膜电解质厚度一般为 50 ~ 175 μm。将两个电极热压在膜上，并将催化剂层黏结在膜上，制备出膜电极组件（MEA）。催化剂层宏观上可以认为是均匀的，由分散的催化剂颗粒及其周围膜电解质组成，如图 7.8 所示。图 7.9 所示为膜电解质包围的较大碳载体支撑的铂催化剂颗粒理想结构的放大视图。这种催化剂通常被称为碳载铂，其缩写为 Pt/C。许多这样的结构组成了催化剂层。

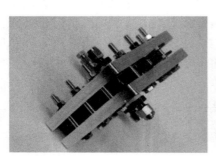
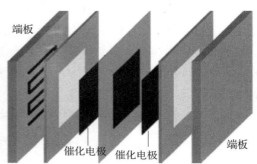

（a）

（b）

图 7.7　用于实验室测试的单个 PEM 燃料电池

（a）单体电池片；（b）不包括集电板的典型组件的示意图

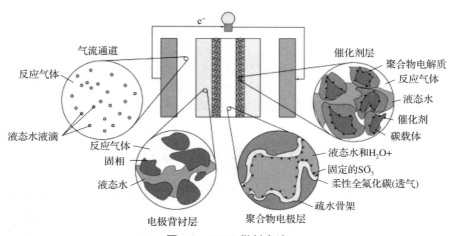

图 7.8　PEM 燃料电池

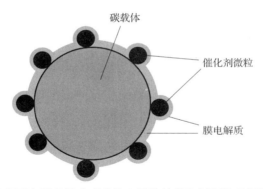

图 7.9　由膜电解质包围的较大碳载体支撑的铂催化剂颗粒理想结构的放大视图

电化学反应发生在催化剂颗粒与膜的界面（被膜覆盖的催化剂颗粒表面）。固体催化剂颗粒必须连接在碳载体表面以允许电子传输。因此，并不是所有催化剂颗粒表面都可以作为反应中心。为了实现质子迁移，催化剂颗粒周围的膜相必须与电解质区域的膜相连接。催化层中的空隙区与电极背衬层中的空隙相连，用于反应物供应和产物水去除。固体催化剂颗粒、膜和空隙区域（通常以孔隙率为单位）的结构和数量对电池性能起重要影响，同时它们在电子传输、质子传输、反应物供应和产物去除等方面对 PEM 燃料电池的可靠性至关重要。

膜电极的一种制备方法是将催化剂层直接附着在电解质膜上。膜电极组件（MEA）是夹在两个薄催化剂层之间的电解质膜，有时也称质子交换膜。电极只包含气体扩散（或背衬）层。无论使用哪种制造方法，催化剂层和多孔电极背衬层都通过聚四氟乙烯（PTFE）进行防水处理，聚四氟乙烯具有疏水性和拒水性。因此，使用 PTFE 易于去除水，避免电极多孔结构水淹。催化剂层和多孔电极背衬层中 PTFE 含量和分布通过水淹现象显著影响 PEM 电池性能。

如图 7.3 所示，无论是先将催化剂层施加到电极背衬层上还是先施加到膜上，单个质子交换膜燃料电池性能都是相同的。在实验室测试中，单个电池通常被夹在电池两侧的两个端板上。阳极板具有电流收集器的功能，并将反应气体沿电极表面分布。反应气体分布是通过在板上加工各种流场（或流量分配通道）来实现的。组装的单个电池横断面如图 7.3 所示，其三维结构如图 7.7 所示。图 7.7 所示为聚四氟乙烯膜作为膜外围的有效密封件，防止反应物气体泄漏穿过电池并流出，使反应物气体被限制在电池活动区域内，在图 7.7 中显示为膜中心的黑色区域。

在燃料电池组中，单电池重复排列形成一个电池组，可以有许多不同的配置，图 7.10 所示为两种典型的设计类型。图 7.10（a）所示的设计与本节前面描述的相同，即流动分布通道位于阳极和阴极板上，类似图 7.7。图 7.10（b）所示为多孔电极背衬层有供反应物流体流动的通道，反应物可以在多孔层的间隙内流动。因此，该设计的优点是反应物在整个电极表面活性区域的分布更均匀，从而产生更好的电池性能。在这种设计中，由于通道制造的需要，电极背衬层变得更厚，但电池组中分隔电池的两块极板可以非常薄。图 7.10 所示为典型 PEM 燃料电池组中存在的基本重复单元，该结构缺少的散热组件，将在下一节进行介绍。

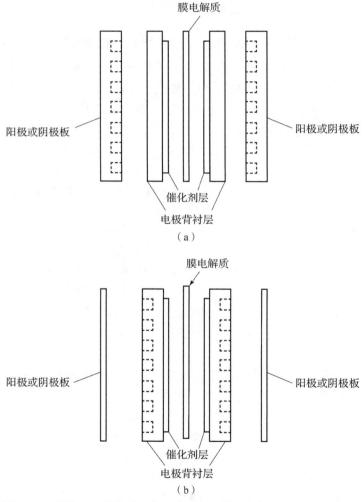

图 7.10　两种用于组成质子交换膜燃料电池组的电池单元的基本设计

（a）在阳极和阴极板上建立流动通道；（b）在电极支撑层上建立流动通道，以便反应物容易进入催化剂层，从而使反应物在电池活性区域上更均匀地分布

7.3.2　质子交换膜燃料电池组

图 7.3 所示为燃料电池组中 PEM 燃料电池单元的剖视图。许多电池单元串联形成一个完整的电池组，电池单元被双极板分开，如图 7.2 所示。尽管有部分 PEM 电池组为管状等特殊结构，但绝大多数 PEM 电池组为平面结构。在本节中，主要介绍占主导地位的平面结构。

在一个典型的 PEM 燃料电池组中，膜电极组件被压紧在两个双极板主要表面上，并与导电板保持良好的电接触。这些双极板要在 MEA 所面向的表面上至少雕刻或铣削一个流道（或通道）。因此，这些板也被称为流体流场板。流道将燃料直接分配到阳极，并将氧化剂分配到阴极。双极板的功能包括充当 MEA 电流的集流器，为 MEA 提供机械支撑，为燃料和氧化剂分配到阳极和阴极提供流道，有效地去除 MEA 中形成的产物水。流道的优化设计是将反应物气体尽可能均匀有效地利用所有电极的反应面积，使反应物气流带走产物水避免电极水淹。通常双极板选用高电导率和足够机械强度的材料，以实现其作为薄电池的集流和机械支撑功能。一旦选择了材料，双极板的设计就变成复杂的流道设计，以优化反应物供应和水的去除。流道的配置对 PEMFC 电池组的正常运行及性能至关重要，这是因为 MEA 厚度小于 1 mm，而双极板厚度可以达到 6 ~ 8 mm。可以认为，在过去十年左右的时间里，实际电池组的显著改进主要归功于双极板复杂流场设计的改进，这一主题将在第 7.3.3 节进一步讨论。

为了满足输出功率的要求，通常电池单元串联组成燃料电池组，在较小的电池组尺寸要求中也可能会将电池单元进行并联。在串联电池组中，双极板一侧作为一个 PEMFC 的阳极板，PEMFC 的另一侧作为相邻 PEMFC 的阴极板。因此，双极板还充当了防止反应物混合的分离器，它不渗透氢和氧，在氧化和还原环境中具有良好的稳定性和耐腐蚀性能。石墨对反应物的渗透性不是很强，因此，一般采用较厚的石墨极板。

在 MEAs 和双极板中发生的电化学和物理过程将部分能量转化为热，如果不适当去除，会升高电池平均温度，并使电池温度分布不均。这两者都对电池性能和寿命不利。通常情况下，PEMFC 电池组能量转换效率约为 50%，这意味着每产生 1 W 电能，产生的废热几乎为 1∶1。因此，需要通过冷却技术来进行热管理。在实践中，所采用的冷却技术很大程度上取决于输出功率。通常，对于固定热电联产或交通运输工具来说，当燃料电池组功率达到几千瓦至数百千瓦以上时，液态水冷却是电池组有效的冷却方式，避免温度过高和温度分布不均的现象。冷却水在单个电池中特定的流动通道进行流动，冷却单元可以放置在每一个电池或每一个活化电池中。一些典型的冷却单元排列方式如图 7.11 所示。

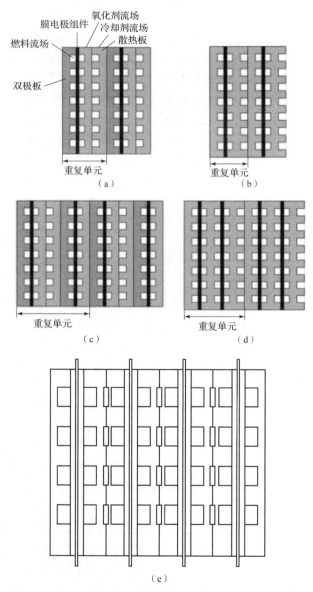

图 7.11　典型燃料电池组冷却单元排列方式

（a）每个单电池配置一个冷却单元（冷却单元独立）；（b）每个单电池配置一个冷却单元（冷却单元与氧化剂单元集成）；（c）每两个单电池配置一个冷却单元（冷却单元独立）；（d）每两个单电池配置一个冷却单元（冷却单元与氧化剂单元集成）；（e）冷却单元在燃料流场和氧化剂流场之间对称放置

图 7.11 所示为电池单元组成的燃料电池组的侧视图。如图 7.11（a）所示，每个膜电极组件由三个带流道的极板组成，三个极板分别为燃料和氧化剂流道的阳极板和阴极板，以及一个冷却剂流道的冷却极板。在这个设计中，每个单电池都安装了冷却板，冷却板夹在一个单电池的阳极和另一个单电池的阴极之间。显然，流道只建立在流体板不渗透的一侧，从这个意义上说，电池组中不存在真正发挥传统双极板作用的板，传统双极板在其主要表面设有反应流道。对于图 7.11（b）所示的构型，每个 MEA 使用两个板，其中一个板仅在一个表面上有流道，而其他板在其两侧都有流道。冷却剂在通道中面朝着远离 MEA 的方向流动，所以这个板块的几何形状与传统的双极板块相似，但它的功能却截然不同。与图 7.11（a）所示的第一种结构相比，第二种结构只有两块极板，少了一块极板和一个接触面。因此，它便于电池组的制作和组装，电阻也较低，可以提升电池组的性能。图 7.11（c）和图 7.11（d）中所示的结构基本与图 7.11（a）和图 7.11（b）中所示的结构相同，唯一的区别是两个单电池配置一个冷却单元，而不是一个单电池配置一个冷却单元。由于在电池组结构中占比相当大的冷却单元数量减少，电池组性能提高，尤其是电池组功率密度。另外，图 7.11（e）所示为位于阴极和阳极流场板背面通道形成的对称冷却流场[12]，与仅位于其中一个流场板上的情况相反，如图 7.11（b）所示。

将在 7.3.3 中叙述，质子交换膜需要充分湿润以保持高电导率，通常是在燃料和氧化剂进入电池单元之前对其进行加湿来实现的。气流加湿可以通过在水容器底部放置多孔板引入气流来实现（气体鼓泡技术），或将蒸气注入气流中，向气流中喷洒液态水等。这些技术各有各的问题和局限性：例如气体鼓泡过程可能会导致电极多孔结构不稳定，并导致液态水淹没电极，这是由于液态水在高速气流中停留时间短，水蒸发速度慢造成的，应特别注意反应物供应歧管的尺寸和配置；液态水喷雾需要额外的热能用于水的蒸发，否则入口气体温度可能低于电池工作温度，导致电池单元和电池组结构中温度分布不均匀。此外，气体流量很高也可能导致水淹，蒸气注入需要外部蒸气发生器，并为水的蒸发提供热量。喷水和蒸气注入都属于主动控制的范畴，可精确控制加温程度。在运行过程中，主动控制是非常重要的，因为在加湿过程中，产品的防水性会降低。另外，在高电流密度（或高负载）工况下，电池内部会形成大量的液态水，阴极流道可以促进水的去除并避免阴极水淹。然而，这两种技术在操作过程中都需要精确和动态的控制，增加了电池开发工作的复杂性和难度。

此外，第 1 章中所描述的气体最大含水量与气体温度呈指数关系表明气体（空气）的吸水能力随温度变化而显著变化，在低工作压力下该变化更为明显。在一些实验结果中，阳极流在略高于电池工作温度下加湿，为阳极侧提供额外的水，以避免阳极侧由于电拖曳效应而导致膜脱水造成膜干燥。但由于需要专门的加热源供给高温加湿机组，因此实际中难以应用。另外，气流温度明显低于燃料电池工作温度，造成湿度不足，当气流进入工作单元时，就会导致膜干燥。因此，应当尽可能使进入电池组气体的压力和温度接近电池组的工作温度和压力。满足上述要求的一种被动加湿技术将在下文进行介绍。

如图 7.12 所示，燃料和氧化剂通过水蒸气交换膜一侧流动而被加湿，而去离子水在膜另一侧流动，水透过交换膜为气体加湿。任何吸收并允许水传输的质子交换膜（如Nafion 等全氟磺酸膜）都可以用作膜增湿材料，其他商业上可用的水交换膜也是合适的加湿材料。去离子水用于防止电池中水蒸气交换膜和质子传导膜被杂质离子污染。同理，去离子水可用于电池冷却，所以在同一个电池组内用冷却水加湿反应物更为便利。这是因为冷却水在冷却电池组中的电池之后，到达电池工作温度的峰值，在它离开电

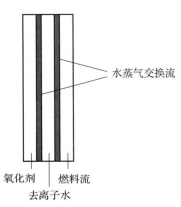

水蒸气交换流

氧化剂　燃料流
去离子水

图 7.12　电池组加湿单元示意图

池组之前通过循环加湿，冷却水具有足够的热量用于反应物加湿的水蒸发，同时还可以将反应物气流加热到电池工作温度。因此，电池组内部的加湿策略可以达到两种目的。这种无源设计不需要外部传感和控制单元，具有适应工作条件变化的优点。例如当电池组输出功率随负载要求改变时，反应物流速也相应改变。对流换热和传质系数也会随流速变化，调整水蒸发速率和传递到反应物流的热量。图 7.13 所示为添加了加湿装置的质子交换膜燃料电池组。显然，这种电池组由一个用于发电的活性组件和一个包含许多加湿单元确保反应物流饱和的加湿组件组成。图 7.14 所示为燃料流和氧化剂流及冷却水的电池组内流体流动路径。在一些其他电池组布局中，也有其他加湿装置[13]。

对于 PEM 燃料电池组，反应物供应和排气歧管通常建在电池组内，称为内部歧管设计。因此，该电池组包含用于将燃料流和氧化剂流导向阳极和阴极流场通道的歧管，以及用于排出未反应燃料和氧化剂废气流的排气歧管和出口端口。冷却和加湿水流歧管也建在电池组内。因此，电池组包括另一组歧管和入口端口，用于将冷却液（主要是去离子水，其他将在后面介绍）分配到电池组内建造的内部冷却通道以吸收电池组内产生的热量，还包括将冷

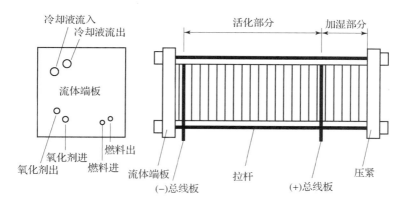

图 7.13　PEM 燃料电池组加湿布置

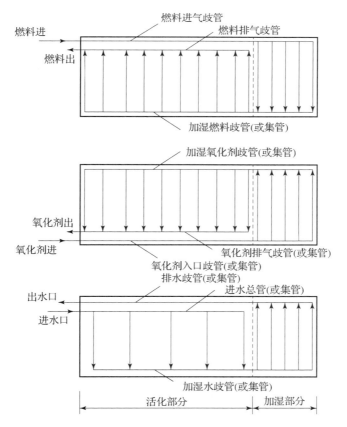

图 7.14　燃料电池组燃料和氧化剂及冷却和加湿水的流动路径
(对应图 7.13 燃料电池组)

却液排出的出口端口。冷却通道的设计基本上与反应物分布流场的通道相同。然而，冷却液流动方向和冷却通道布局在电堆的冷却、产物水的去除，以及电池内部或整个电池温度变化等方面都是极其重要的，可以影响膜饱和度和密封方法，进而影响电池寿命。这些问题会在后面进行介绍。电池组出入口端口的进排气歧管可以放置在电池组的同一端（如图 7.13 所示），也可以放置在相反的一端和电池组的中部或任何位置组合（如图 7.15 所示）。质子交换膜燃料电池组完整三维视图如图 7.16 所示。

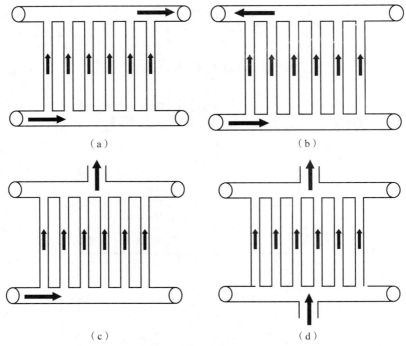

图 7.15 电池组中进气口和出气口各种可能位置
(a) 平行（或 Z 形）；(b) 反向（或 U 形配置）；(c) 混合（或左旋构形）；
(d) 居中（或工字形）

需要注意的是，前面对质子交换膜燃料电池组的描述仅仅是一种典型的结构，根据实际情况，燃料电池组的结构可以做出适当调整。例如 Vander-borgh 和 Hedstrom[14]公开了一种具有电池组内加湿、温度控制和产物水去除的燃料电池组。它是通过将加湿、冷却和除水单元放置在电池组外部来实现的，这些单元都与动力单元建立在同一平面上。还提出了反应气体在电池组外加湿方法，需要在外部添加一个独立装置，用于将水注入反应气体流（例如 Fleck 和 Hornburg[15]）。

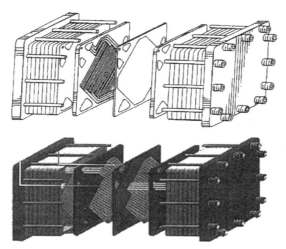

图 7.16　质子交换膜燃料电池组三维视图

歧管结构及电池组入口和出口位置均显著影响电池组性能，尤其是电池单元之间的性能。图 7.17 所示为电池组歧管结构对一个 5 kW 功率电池组性能的影响，该电池组由 50 个电池单元组成，使用纯氢气和空气，功率密度为 0.6 A/cm²，基于电池组模型研究所建立的表格图形[16]。图 7.17（a）所示为电池组中 50 个电池单元的电压。显然，电池电压由前段位置向电池组中间逐渐降低，然后再次升高，直到恢复到 Z 形结构的前段电池的性能，如图 7.15 所示，而对于 U 形结构，电池电压单调降低。很明显，U 形结构中单元间的电压差异是最大的。由于当电池组中的每个电池单元具有相同电压（均匀的电池电压分布）时获得最佳电池组性能，所以可以通过定义电池组内电池单元电压变化来量化电池组性能，根据电池电压，以电池电压 E 为依据：

$$s = \frac{|E_{\max} - E_{\min}|}{E_{\max}} \tag{7.8}$$

对于图 7.17（a）所示的结果，Z 形 $s \approx 9\%$，U 形 $s \approx 18\%$，几乎是两倍的关系。如图 7.17（b）所示，电池间氧化剂（空气）流动分布不均匀是造成电池间显著变化的原因，是由流体力学引起的。

进一步分析表明，通过将阳极和阴极板上流道的横截面积相比较，歧管结构的影响与歧管横截面积的大小有关。电池组各单元之间的不均匀性随着歧管横截面积 A_m 的增大而减小，并且可以减小至零，即当 A_m 变得大于临界值 $A_{m,c}$ 时，电池单元之间的性能是一致的。此外，当使用纯氢和纯氧作为反应物时，这个临界值变得非常小（小于实际的典型尺寸）。在这种情况下，对于所选择的任何合理大小的歧管，单元间的差异将完全消失。然而，当使用空气或重整富氢气体混合物作为反应物时，该临界值在实际尺寸范围内。因此，当使用空气或重整燃料时，为纯氢和氧气操作而设计的电池组通常不能正常

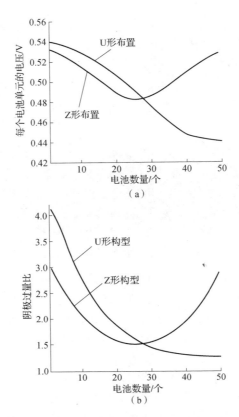

图 7.17 电池组歧管结构对 5 kW 功率电池组性能的影响

（该电池组由 50 节电池组成，工作在 0.6 A/cm² 的纯氢和空气中）

（a）每个电池单元的电压；（b）以阴极流化学计量比表示的通向每个单元的空气流量[16]

工作。此外，当阳极和阴极中流道尺寸增加时，临界歧管尺寸 $A_{m,c}$ 也会增加，使电池组设计需要考虑得更精细。需要强调的是，这些结果并不一定表明 Z 形流道配置总是比图 7.15 所示的其他配置产生更好的性能，这要视情况而定。这取决于极板上歧管和流道的流动状况和相对尺寸。事实上，在特定操作和设计条件下，图 7.15 所示的每种配置都可以为电池组中电池单元产生更均匀和更好的性能。

7.3.3 极板上流体流道设计

尽管燃料电池技术发展迅速，但在 PEMFC 广泛商业应用之前，仍需大幅降低成本和改善电池性能[2]。人们意识到[17]：（1）气体流道和双极板会影响 PEMFC 性能（即能效和功率密度），包括低成本轻质结构材料的开发、优化设计和制造方法；（2）传输阻力最小化是改进燃料电池性能最有希望的方向，在很大程度上取决于反应气体流场的设计，仅通过适当的流场分布就可以增加 50% 输出功率密度[18,19]。尽管已经进行了大量的研发工作，但对气体流场和双极板的时效性设计和优化仍然是 PEM 燃料电池降低成本和提高性能的重要手段之一。

对于运行中的燃料电池，膜电极组件（厚度小于 1 mm）夹在两块不透明流体导电板之间，这两块导电板分别称为阳极板和阴极板。这些板作为集流器，为多孔薄电极提供结构支撑，为相应电极供应反应物，并去除产物水。当在阳极板和阴极板上形成反应物气流通道时，这些板通常也称为集流板。在电池组中，集流板一侧是阳极板，另一侧是相邻 PEMFC 的阴极板。在这种布置中，集流板也称为双极板。气体流动通道横截面通常是矩形的，通道宽度和深度在 1～2 mm，双极板厚度几乎比 MEA 厚一个数量级。燃料电池组冷却液通常是水，在电池组内部通道（或冷却层）中流动，吸收产生的热量。冷却层沿电池组周期性间隔放置，通常是隔几个燃料电池。因此，电池组内每个 MEA 燃料电池产生的热量通过对流传递到反应物流，并通过固体堆组件传导到达冷却层中的冷却剂。

质子交换膜必须完全湿润才具有足够的导电性。但是质子交换膜的湿润程度是无法直接测量的，当质子交换膜水淹时，其无法进行离子传输。燃料电池质子交换膜含水量受水汽蒸发影响，这是由于电化学反应和电流传输（即焦耳加热）产生的热量，以及通过膜的质子迁移将水分子从阳极拖到阴极（电拖曳）。阴极反应形成液态水，同时这也是阴极侧会积累过量液态水的原因。由于浓度梯度，一些过量的水通过扩散回到阳极，但这并不足以防止膜在高电流工作条件下产生膜干。燃料电池必须在水的去除和供应，以及反应物气体平衡的条件下工作，因此氢和氧气都需要在进入燃料电池之前被加湿。水管理和热管理对电池性能变得至关重要，且系统需要动态控制以匹配燃料电池变化的运行状态。由于这些限制，质子交换膜燃料电池工作温度通常低于 120 ℃，一般为 80 ℃。目前聚合物电解质由全氟磺酸膜制成，如杜邦公司的 Nafion。

正如这里所描述的，水在阴极侧积累，并以液体形式排到氧化剂气流中。过多的液态水在多孔阴极侧的积累干扰了氧气进入阴极活性部位。一旦阴极流道中液态水排出不充分，便会导致阴极侧氧化剂气流分布不均匀，显著降低燃料电池性能。另外，过度脱水会引起膜脱水，导致质子迁移阻力增加，脱水膜的电阻更高，焦耳热效应更大，导致形成局部热点。这种自加速现象也会降低电池性能，可能导致膜干开裂，造成反应物直接接触使电池寿命减少。

因此，反应物气体流场的设计必须允许气态和液态水流动，同时保持足够的电子传导性。但是在实验室测试中，大面积流场（>500 cm²）的水热管理问题并没有在小面积流场中出现（5 cm²）。典型的问题是液态水的积累会抑制燃料的传输。因此，需要解决的一个重要任务是流场最佳流动的几何形状。为了获得更高的燃料电池性能，必须保持足够高的反应物浓度，同时防止水淹或脱水。同样重要的是热量分布，其会通过影响水和物质的传输，以及电极电化学反应的速率对燃料电池性能产生很大影响。因此，适当的热控制和水管理可以确保燃料电池获得稳定的高性能。

通过提出各种流场通道布局来解决水热管理经常相互冲突的问题，且对已经提出的各种设计进行相互结合[20]。双极板早期工作侧重于减少电阻和提高机械强度，如 Pollegri 和 Spaziance[21]，以及 Balko 和 Lawrance 所研究的[22]。关于气体流场的几何形状，也有各种不同的设计，可以是针状、直线或者弯曲流道的组合。Reiser、Sawyer[23] 和 Reiser 展示的针状流场示例[24]如图 7.18 所示。流场网络是由许多按规则排列的单元组成，这些单元可以是任何形状，实践中最常用的是立方形和圆形单元。通常，阴极板和阳极板都有一排规则的立方形或圆形单元从板上突出，反应气体通过突起单元形成的中间凹槽流过极板。因此，实际流体是在串联和并联流动路径中流动的，突起单元的设计造成较低的反应物压降。然而，当反应物流经极板时，往往会沿流场阻力最小的路径流动，从而产生窜流，形成滞留区，使反应物

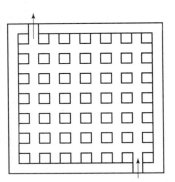

图 7.18　歧管布置及进气口和出气口在电池组中的各种位置

分布不均匀，除水能力不足，导致燃料电池性能较差。此外，由于反应物在小的流道中流动速度非常缓慢，在每个拐角处可能会出现相对稳定的回流区，反应物流动的雷诺数很小，特别是对于氢气来说，其雷诺数可能在几十到几百。在稳定的回流区，反应物浓度可能会被耗尽，从而降低电池单元和电池组性能。对于具有某些几何形状的流场来说，这些问题可能会变得特别严重。

Pollegri 和 Spaziance[21] 提出了直线流场设计，通用电气和汉密尔顿标准 LANL No. 9 - X53 - D6272 - 1（1984）进一步证明这一设计的有效性。在本设计中，双极板有多个独立平行流动通道，它们连接到与平板边缘平行的气体入口和排气收集装置。图 7.19（a）所示为流场板的示意图，其流道横截面形状如图 7.19（b）所示。图 7.19（c）、图 7.19（d）和图 7.19（e）所示为图 7.19（a）基本流道配置的变形。当使用空气作为氧化剂时，阴极气流分布和电池水管理长时间运行后，电池会出现低电压和不稳定的电压。当燃料电池连续运行时，阴极侧形成的水聚集在与阴极相邻的流动通道中导致通道变湿，因此水倾向附着在通道底部和侧面，并倾向于聚合形成更大的水滴。需

要一个随着液滴大小和数量增加的力，才能使液滴通过流道流出电池单元。由于平行通道中水滴的数量和大小不同，因此反应物气体会优先流过阻力最小的通道。因此，水滴往往聚集在很少或没有气体通过的通道中，停滞区倾向于在整个板块的不同区域形成。电池性能较差的原因是阴极侧排水不足和气流分布不均匀。这个问题类似于前面讨论过的针形流场中出现的问题。

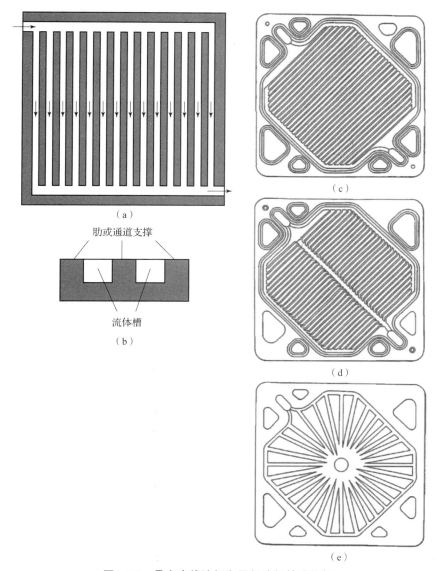

图7.19　具有直线流场和平行流场的流场板

（a）具有平行流场的流场板；（b）流道横截面；（c）蛇形流场；（d）叶形流场；（e）扇形流场

这种设计存在的问题还有双极板中的直线和平行通道往往相对较短，且没有方向变化。反应气体沿这些通道的压降非常小，而与双极板垂直的分配歧管和管道系统的压降则相对较大。这种不充分的压力损失分布会导致反应物气体在不同单元之间的流动不均匀，通常靠近进气管入口的几个单元的流量要比进气管末端的单元流量大，如图 7.17 所示。一种可能的解决方案是在这些平行流动通道的入口和出口处，人为设置一些限制以增加通道压降，从而改善电池单元之间的流动分布。虽然这符合设计和制造要求，但是会造成成本增加。另外，当阳极板和阴极板上的流动通道平行排列时，燃料流和氧化剂流的顺流和逆流布置可能会导致电池单元上承载的压力分布不均匀。由于重叠区域定义的接触面积取决于肋宽度、肋表面光滑度、肋精确位置、肋边缘加工和装配对准（板对板）等制造公差。肋接触面积变化会导致局部应力和相关电池应变的变化。最小的局部应力对于保持最小的电（以及热）接触电阻是必要的。而显著高局部应力可能会导致电池组件损坏和失效。为了确保均匀的压缩载荷，有必要使电池上平行和垂直接触面积均匀分布（即横流和顺流布置）。

为了解决上述问题，Spurrier[25] 和 Granata 等人[26]设计了一种穿过板表面的蛇形气流场，如图 7.20 所示。通常通道是线性的，且彼此平行布置，但倾斜于板的边缘，并且间隔狭槽允许反应气体以交错方式跨通道流动，这形成了沿通道横向于纵向气流的多个微型蛇形流动路径。因此，相邻通道通过间隔槽相互连接。阳极板和阴极板上的流道以相反的方向倾斜，避免同向流动，并实现了交叉流动和接近同向流动的效果。因此，这种设计可以改善通过燃料电池电极表面的反应物流分布，并在电池单元上产生均匀分布的电池组压缩载荷。实际上，这种设计可能会导致反应物高压力损失，且由于间隔狭槽所造成的跨通道流动，可能会形成停滞区域，如图 7.20（b）所示。

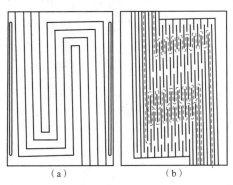

（a）　　　　　　　　　（b）

图 7.20　两种流场通道结构可以改善电池表面反应物气体分布和电池组压缩载荷的变化[25]

（a）传统蛇形流场；（b）改进蛇形流场（间隔狭槽）

为了解决电池单元中水去除不足而导致的水淹问题，Watkins 等人[18]建议使用连续流体流动通道，该通道通常遵循蛇形路径，如图 7.21 所示。这种单一蛇形流场迫使反应物流过相应电极的整个活性区域，消除了停滞流动区域。然而，这种通道布局导致相对较长的反应物流动路径，产生了相当大的压降和浓度梯度。此外，使用单一通道来收集电极反应产生的所有液态水可能会导致单一蛇形管水淹，特别是在高电流密度下。因此，对于更高电流密度操作条件，特别是当空气用作氧化剂或气流场板非常大时，Watkins 等人[19]指出，可以使用几个连续独立流动通道来限制压降，从而实现空气加压寄生功率最小化（空气加压的寄生功率最高达电池组输出功率的 30% 以上）。如图 7.22 所示，这种设计确保了通道中气流能够充分去除水，且不会由于水的积聚而在阴极表面形成停滞区域。Watkins 等人[19]研究指出，相同实验条件下，使用这种新型流场板，电池输出功率可以增加近 50%。虽然这种多个蛇形流场设计相对于单蛇形设计降低了反应物压降，但由于每个蛇形通道相对较长的流动路径，使反应物压降保持在相对较高水平，因此对于每个电池，反应物浓度从流动入口区域到出口区域变化显著。

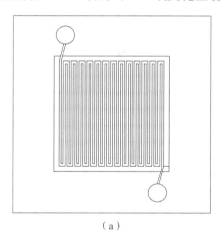
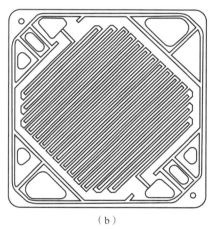

（a）　　　　　　　　　　　　　（b）

图 7.21　由蛇形流道组成整个活性区域流场结构[18,27]

（a）蛇形流场 1；（b）蛇形流场 2

尽管流经分布场的压力损失增加了氢气再循环的困难程度，但实际上它们有助于以蒸气形式去除产物水。假设理想气体，总反应气体压力 $P_T = P_{vap} + P_{gas}$，其中 P_{vap} 和 P_{gas} 分别表示反应气体流中水蒸气和反应气体的分压。水蒸气和反应物（氢气或氧气）的摩尔流速关系如下。

$$\frac{\dot{N}_{vap}}{\dot{N}_{gas}} = \frac{P_{vap}}{P_{gas}} = \frac{P_{vap}}{P_T - P_{vap}} \tag{7.9}$$

因此，如果保持相对湿度，流动通道总压损失将增加反应物气流可携带

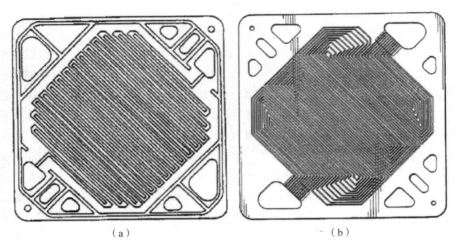

图 7.22　双极板的平行流道中带有多个垂直流道的流畅配置[19]

(a) 平行流道 + 垂直流道 1；(b) 平行流道 + 垂直流道 2

水蒸气量。事实上，阳极流动通道中有足够的压力损失甚至可以从阴极侧吸水，并通过阳极流动去除多余水，因此在大电流操作条件下燃料电池性能可以得到显著改善，如 Voss 等人[28,29]所证明的方法，通过氧化剂和燃料来增强水的去除。式（7.9）表明，增加水蒸气分压可以提高反应物气流脱水能力，水蒸气压力受限于气流温度的饱和压力。因此，在阴极气流饱和后，液态水会淹没蛇形通道和电极。如果反应气体温度沿燃料电池入口到出口的流动方向增加，气流吸收水的能力也会相应增加。Fletcher 等人[30]描述了一种堆布置方式，其中冷却剂流基本上平行于反应物气流，可使每个冷却层最冷区域与相邻反应层入口区域重合，在该入口区域，气流具有最低温度和水含量，且每个冷却层最高温度区域与相邻反应气流最高温度和水含量的出口区域重合。因此，沿冷却路径温度会升高，可用于提高阴极流温度，增强阴极流吸收和去除产物水的能力。然而，这会造成整个电池温度分布不均匀。

　　由于电池压降较大，空气压缩需要较大寄生功率，造成活性电池区域上反应物分布显著不均匀（与前面所示的蛇形流道结构相关），Cavalca 等人[31]提出了一种气体流场板设计，该设计能够在整个回流区域内均匀分布反应物，使反应物具有较高的平均浓度，同时保持低反应物气流压降，避免停滞区域的形成。如图 7.23 所示，流场由多个对称的流扇区组成，分别连接到供气和排气歧管。流场被分成几个部分，且每个部分包含多个平行流动通道，这些流动通道被进一步细分成几组串联通道，且每组流动通道以平行流动关系布置。这种设计图结合了前面提到的楔形、直形和蛇形设计的优点。

图 7. 23　多组平行流道串联而成的扇形的流场构形[31]
（它是直流道和平行流道设计与蛇形流道结构的结合）

通常双极板由树脂浸渍的刚性石墨制成，这种气流分布通道具有多种缺点。首先，板必须足够厚，以制造凹凸不平的流道。但是过厚的双极板会增加燃料电池组质量和体积，并降低功率密度。其次，反应物必须通过整个电极才能到达催化层，如果极板太厚，则可能无法到达整个催化层。最后，石墨板原材料成本昂贵，而且由于工具磨损和加工时间过长，在石墨板上制造小截面流道是困难和昂贵的，这些都是导致双极板成为 PEMFC 电池组中最昂贵部件之一的原因。因此，Wilkinson 等人[32]公开了一种轻量化 MEA 设计，该设计在电极材料中包含了气体流场。这种双极板没有任何流动通道，可以用更便宜材料和更少制造成本制造出更薄、更轻的双极板，提高电池组功率密度。由于反应物流经多孔电极本身的通道，使反应物到达催化层的距离缩短。这有利于反应物进入催化层，提高燃料电池的性能。此外，多孔电极流动通道相对容易制造，从而降低电池组成本。

由于在刚性石墨板上制造气体流场的传统方法存在困难，Washington 和 Wilkinson[27]等人[33]分别提出了用于 PEMFC 的层压板和压花流场板。然而，在这些板制造过程中出现其他困难，导致板仍然很厚。层压板包含额外接触电阻，会降低燃料电池性能。此外，电池组组装过程中正确对准电池和极板组件各层的操作也是非常耗时的。

Chow 等人提出了一种双极板设计，将反应气体流场和冷却流场设计在同一双极板上，如图 7.24 所示。气体流场直接接触相邻的 MEA 电化学活性区域，而冷却流场围绕气体流场。这种集成反应物和冷却剂的流场双极板设计取消了电池组中单独的冷却层，显著提高了电池组功率密度。基于同样设计理论，Ernst 和 Mittleman[35]设计了一种流场板组件，该组件被划分为多个子流动板，如图 7.25 所示。每个副板与同一个板组装的其他副板形成绝缘，并刻有邻近 MEA 电化学活性区域的反应物流场。冷却流场可以位于每个气体流基板之间或周围。然而，这些设计不能在整个燃料电池表面保持均匀的温度分布。

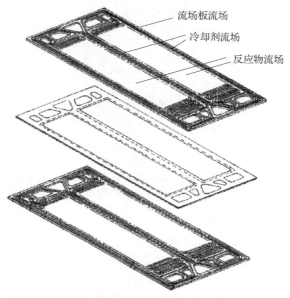

图 7.24　反应气体流场和冷却流场均设计并建立在同一双极板表面上[34]

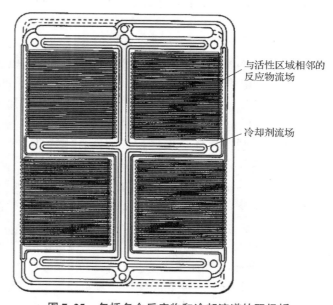

图 7.25　包括多个反应物和冷却流道的双极板

传统双极板通常由石墨制成，这种材料重量轻，耐腐蚀，可以在 PEMFC 环境中导电。然而，石墨是相当脆的，难以进行机械加工，与金属相比具有较低的电导率和导热性能。石墨也是多孔结构的，几乎不可能制造出质量轻、体积小、内阻低的燃料电池组双极板。因此，有人提议用钛、铬、不锈钢、铌等金属制造双极板[36,37]。图 7.26 所示为几种可能的反应物和冷却流场配置。板材包括焊接在一起的耐蚀薄金属板，在板材之间提供冷却流场，并在板材两个外表面上提供反应物气体流场。这种双极板设计消除了单独冷却板的需要，减少了电池组结构材料的使用量，并减轻了电池组质量和体积。

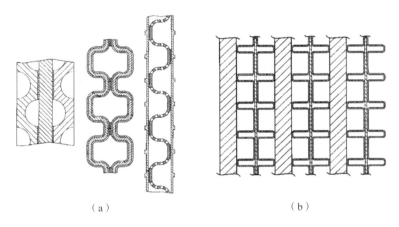

（a）　　　　　　　　　　　　　　（b）

图 7.26　由金属薄片制成的几个可能的反应物和冷却流场配置的横断面视图
（a）来自 Neuzler[36]；（b）来自 Vitale[37]

在所有这些流场设计中，流道都是在双极板和多孔背衬层上制造的，它们提供了电池组入口歧管到出口歧管的连续流道，也提供了反应物到达电极活性区域的桥梁。如图 7.27 所示，在这种结构中，主要反应物流向平行于电极表面方向，而电化学反应和发电所需流向催化层的反应物主要是通过电脱附层分子扩散来实现的。分子扩散不仅是一个缓慢过程，而且很容易导致多孔区域上出现较大的浓度梯度和传质限制现象。这不仅不利于电池运行，而且很难去除多孔区域存在的液态水。由于气流速度小，流道尺寸小，流道中典型流动是层流，进一步加大这种不利影响。因此，人们探索了交叉形流场，提供垂直于电极表面的对流速度，改善多孔电解质中的传质和对流流动，增强去除水的能力。交叉指状流场如图 7.28 所示，由建立在配流板上的闭端流道组成。从电池组入口歧管到出口歧管的流道不是连续的，因此反应物流在压力下被迫通过多孔电解封层，到达连接电池组出口歧管的流道，从而提高催化剂层对流速度和支撑层本身的对流速度。这种流场设计可以有效提高电极结构中去除水的能力，防止水淹现象并提高电流密度。然而，反应物气体流动，特别是氧化剂流会产生较大压力损失。空气压缩所需的寄生功率可能会限制这种流场设计应用，使其只适用于较小电池组尺寸。

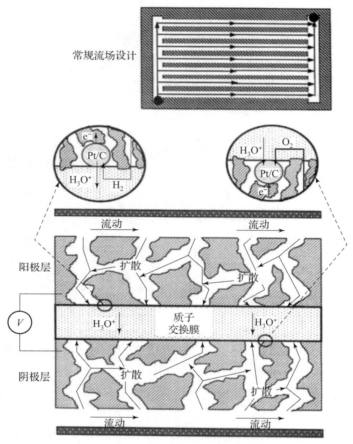

图7.27 传统流动结构中主要的流动方式示意图

（平行于电极表面方向的对流和分子在电极背衬层上的扩散[38]）

从前面的讨论和描述可以清楚地看出，业界为开发一种具有商业可行性PEMFC系统所做的努力已经获得了许多专利。目前，燃料电池设计者正在不断寻找改进反应物气体流场和双极板设计的方案，以降低成本和优化性能（即在降低体积和质量的基础上提高效率和功率密度）。气体流场和双极板设计的优化仍然是实际PEM燃料电池组技术开发的一个重要焦点，如图7.29所示，Oko、Kralick[39]和Nelson[40]展示了最新的进展之一。大多数流场设计似乎仍然是设计几个平行蛇形通道的各种可能性布局。

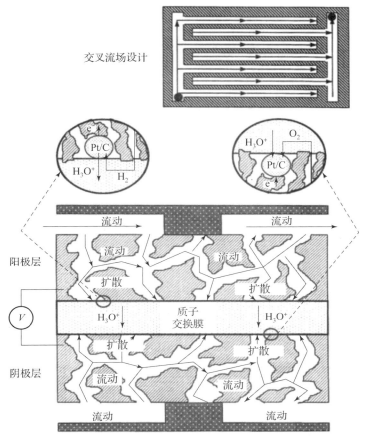

图 7. 28　通过多孔电极支撑层的流场配置和对流的示意图[38]

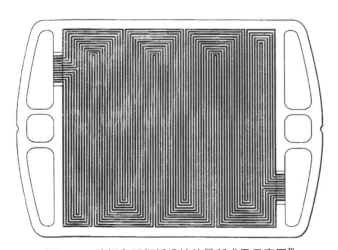

图 7. 29　流场和双极板设计的最新成果示意图[39]

需要指出的是，上述复杂反应物流场构形的阐述是为了解决反应物在电池表面均匀分布和产物水去除问题，这是 PEM 燃料电池组设计和运行中两个关键问题。另一个关键问题是电池组热管理主要通过规律性的冷却板布置来完成。冷却流场的设计和配置与本节中描述的反应物流场基本相同，图 7.30 所示为冷却流场设计的一个最新案例。相比反应物流动，可以通过多种方式布置冷却流。例如在与氧化剂流并行流动中，氧化剂流逐渐被冷却剂加热，沿流动方向吸收热量。随着氧气温度的升高，反应速度加快，更多的水可以以蒸气形式被氧化剂流除去，补偿了氧化剂沿流动方向产生消耗的影响，进一步提升燃料电池性能。另外，最好将冷却剂和燃料流保持逆流排列，以便燃料流沿其流动方向逐渐冷却。这将逐渐降低水饱和压力，从而保持燃料气流的高相对湿度，防止膜阳极侧脱水。尽管这种方法由于电拖曳导致水从阳极侧迁移至阴极侧。其他方法是在电池密封胶外围附近的冷却槽中引入相对低温的冷却剂，以防密封胶过热。过热的密封胶会显著降低其寿命，而密封胶破裂基本上意味着电池单元或电池组寿命的结束。因此，这种布置提高了整个电池单元或电池组的可靠性和寿命。

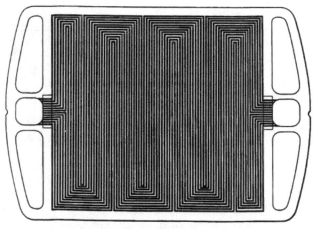

图 7.30　冷却流场设计示意图[39]

7.3.4　质子交换膜燃料电池系统

质子交换膜燃料电池系统通常含有一个或多个质子交换膜燃料电池组，用于产生直流电。多个电池组可采用串并联方式连接。当电流相对较低时，串联能够提供较高的电压输出，降低电池组内外及所有电连接之间的欧姆损耗。然而，如果任一电池单元或电池组部件发生故障，串联连接可能导致整个系统故障，导致维护增加，很大可能限制整个系统的可靠性和寿命。另外，如果所有电池都并联，那么任何一个电池堆发生故障，系统仍可以提供部分电力，从而提供响应时间，避免潜在事故甚至灾难性事件发生。但电池组之间并联会使得系统产生相对较高的电流，增加欧姆损耗。电池系统设计必须基于系统特定的总功率、电压和电流要求，以及电源系统和耗电设备及其控制和监测设备在内的整个集成系统的要求来完成。

　　除了电池组，PEM 燃料电池系统还包括燃料和氧化剂供应和调节子系统、热管理和水管理、控制和监测子系统，以及可能存在的 DC/AC 逆变器（取决于需要直流或交流电源）。图 7.31 所示为质子交换膜燃料电池系统原理图。值得注意的是，如果使用多个电池组组成燃料电池系统，那么通过电池组的反应物和冷却剂也可以通过电池组之间的管道串并联。串联流动管道导致每一个电池组以连续的低压力和低反应浓度运行，这是由于流体在连续的堆结构中流过时产生压力损失和反应物消耗。因此，每个电池组可能不会达到设计功率，且反应物供应压力还需要进一步提高，导致与反应物增压相关的寄生功率增大。对于串联方式，反应物流速较低，空气（氧化剂）供应会产生问题，典型工业压缩机或鼓风机仅能提供低压高流速气体。因此，需要为燃料电池设计专门的空气压缩机，这就增加了燃料电池成本。另外，压缩机所需的总流量要高得多，平行流道布置降低了通过电池组的压力损失，显然得益于标准压缩装置的使用。然而，这种串联方式会导致电池组之间流动不均匀，类似图 7.17。可能需要进一步关注大流量的加湿，特别是电池组外的加湿设计。因此，需要针对特定燃料电池系统和流量管网配置进行选择，所有电池组之间串并连的组合可能是有益的。

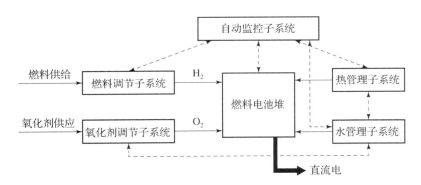

图 7.31　质子交换膜燃料电池系统原理图

　　氢气调节系统：如果使用纯氢燃料，唯一需要考虑的是湿度控制和温度控制（将燃料加热到电池组运行温度），因为存储的纯氢温度通常低于电池组温度。由于水饱和压力（或相对湿度）对温度依赖的敏感性，加热和加湿过程是在一个同步过程中实现的。图 7.32 所示为实际燃料电池系统氢气供应回路。需要注意的是，如果采用电池组内加湿，则可以在增加温度的同时取消外部加湿装置，大大简化了系统设计和控制，也减小了外部散热器的尺寸，外部散热器需要将冷却剂吸收的废热排出，如后文热管理所述。控制进入燃料电池氢气的湿度和温度是比较复杂的。氢废气通常通过再循环回到燃料电池组。

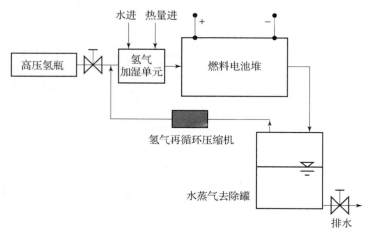

图 7.32　用于质子交换膜燃料电池系统的氢气供应回路

另外，使用天然气或甲醇作为主要燃料，应用于固定住宅或交通工具时，则必须先将它们转化为富含氢气的混合气体，然后再将其送入到燃料电池组进行发电。转化过程通常是在燃料重整装置中吸收热蒸气重整形成氢气，燃料废气通常不会再循环回到燃料电池组，以避免二氧化碳和杂质（特别是一氧化碳）在燃料流中积累。相反，燃料废气会在催化燃烧器中燃烧，为提供重整过程所需的热量，各种重整过程的细节将在第 6 章和第 8 章介绍。需要注意的是，如果以天然气为主要燃料，重整前需要有一个脱硫阶段。重整后，混合气体含有浓度较高的氢气（70% ~ 75%），少量二氧化碳（25%），少量一氧化碳。由于电解质膜是酸性的，一氧化碳大大降低了所用金属催化剂的电化学活性。必须将富氢气体混合物中的一氧化碳杂质降低到百万分之几的水平，这带来了重大技术挑战。一氧化碳中毒问题和缓解方法将在本章后面详细描述，在此需要说明的是通常在重整器之后会进行两个阶段一氧化碳去除，一个阶段在较高温度进行，一个阶段在较低温度进行。需要加热和冷却含氢气体混合物，且需要系统集成方法来获得最佳能量效率。粗略地说，由重整器和一氧化碳去除装置组成的燃料调节子系统占整个质子交换膜燃料电池系统质量、体积和成本的三分之一；三分之一是质子交换膜燃料电池组，最后三分之一是由其他配件构成。非燃料电池组在燃料电池动力系统尺寸、质量和成本中约占三分之二。据报道，一些设计中，燃料电池成本占比低至24%。因此，通过改进非燃料电池组可以获得显著的技术进步。

　　由于重整过程和重整气体混合物的净化较为困难，所以在碳氢化合物燃料加工和富氢气体混合物转化上花费了大量功夫，因此，大多数 PEM 燃料电池开发项目通常使用纯氢作为燃料。第 6 章和第 8 章提供了更多关于碳氢燃料重整和净化过程的内容。

　　氧化剂供应系统：使用纯氧作为氧化剂，氧化剂供应系统较为简单，例如应用于太空中。氧气通常是单一流向的，而不是在运行过程中循环，且氧气需要适当的压力调节，将高压储罐中的氧气引入电池组，同时进行温度控制和适当地加湿。对于地面应用来说，必须使用空气作为氧化剂而不是纯氧。这就需要将空气压缩到电池组工作压力，空气压缩可能消耗电池组高达 30% 的电力，这是系统中最高的寄生功率损失。此外，压缩后的空气温度通常远高于电池组工作温度，需要通过热交换器来冷却气流并捕获热量应用于其他方面，如加热燃料流以提高系统能效。显然，热力学分析对整合系统中各个部件，以及优化系统能量的数量和利用是有价值的。图 7.33 所示为空气循环系统的构造。需要注意的是，气流排气压力仍高于大气压，涡轮机可用来将气流扩散到大气中，这样得到的功率可以用来辅助驱动空压机，但不足以独自驱动空压机。建议在电池组排气中燃烧部分燃料，以提高其能量，使燃气轮机有足够功率驱动压缩机，而不需要从电池组获得额外电力，这将简化系统控制系统。

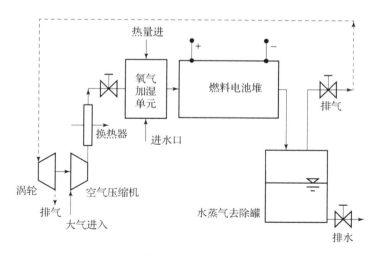

图 7.33　用于质子交换膜燃料电池系统的空气循环系统构造

　　由于空气中大约只有 21% 氧气，加上氧化还原反应较为缓慢，阴极浓差极化和活化极化都是需要注意的。为了提高电池和电池组性能，已经尝试了增加气流中氧气浓度。可以使用变压吸附技术，但是尺寸、质量和成本的增加往往是得不偿失的。膜净化也被尝试用来富集空气流获得高纯度氧气。然而，它会引起膜过多的压力损失，且与电池组运行所需的氧气供应速率相比，净化速率较低。此外，研究表明，当氧化剂空气流中氧浓度高于40%时，电池性能得到改善。当氧气浓度在40%以上时，电池组性能不会得到更大的提升。在一个设计良好的系统中，用纯氧替代空气可以将功率输出提高约30%，值得注意的是，为燃料电池堆设计纯氧可以很好地提升性能，但反过来却很难实现。

热管理系统：通常，质子交换膜燃料电池平均电压在 $0.6 \sim 0.7$ V。燃料纯氢与氧反应生成水，如果产物水为液态（HHV），热中性电池电压 $E_{tn} = 1.48$ V，或者产物为气态（LHV），热中性电池电压则为 1.25 V。因此，化学能转化为电能的转换效率（基于LHV）为

$$\eta = \frac{E}{E_{tn}} = 48\% \sim 56\% \tag{7.10}$$

剩余的化学能被转化为热量，即燃料电池产生的废热。因此，废热的产生量与电池组的电力输出大致相同。为了稳定运行，应该连续排出电池废热，才能有效优化系统性能，减少燃料电池温度分布不均匀。这是因为等温电池具有最佳的燃料电池性能，如第 2 章所述。

根据电堆的大小（输出功率）和具体应用，从质子交换膜燃料电池堆中去除废热可以通过多种方式实现，包括使用冷却流道，将整个电堆连接到冷却器或将传热表面（翅片）固定到电池组的外表面[24]。冷却循环对于商业应用最实用，任何气体或液体都可以作为冷却剂，其中空气和水是两种常见的冷却剂。原则上，蒸发冷却是实现等温电池运行条件的最佳方式[41,42]。质子交换膜燃料电池堆在低于水正常沸点的温度下运行。例如通常用于冷却电子设备的液体沸点范围从 30 ℃到远高于100 ℃，这取决于具体的液体类型。因此，它们可用于冷却质子交换膜燃料电池堆。然而，这些冷却液的热容量比水小，它们在化学上是氟碳或氯碳。在这种情况下，需要研究它们与电解质膜的相容性。冷却液可能是导致全球变暖的臭氧消耗剂。最重要的是，使用冷却液作为冷却剂需要在电池组周围有两个液体循环回路，因为水既可以为反应物增湿，也作为反应副产物从电池组中去除。因此，通常小型电池组通过自然对流或强制对流空气进行冷却，大电池堆通过循环水冷却，循环水与电堆水管理集成在一起。水冷通常也用于热电联产系统，如住宅和工业系统。下面先描述电池组的冷却负荷（即电池组内产生热量的速率），再描述不同电池组尺寸的冷却模式。

冷却装置：在第 2 章中，已经导出了电池单元发热率作为电池运行条件、电流密度和电压损失的函数。可以很方便地计算实际电池运行过程中余热的

产生量。对于电堆设计，用电堆额定功率 P_s 和代表电堆中能量转换效率的平均电池电压 E 来表示电池组发热率更为有用，这也是电堆设计中最重要的两个参数。由可逆和不可逆机制引起的电池电压损失可以写成 $(E_{tn} - E)$，并且电堆由 m 个电池单元组成，电堆产热率为

$$Q_s = mJA(E_{tn} - E) \tag{7.11}$$

式中，Q_s 表示产热率（W）；J 表示电流密度（A/cm^2）；A 表示电极活性面积（cm^2）。由于电堆输出功率为 $P_s = mJAE$，产热率也可以表示为

$$Q_s = P_s \left(\frac{E_{tn}}{E} - 1 \right) = P_s \frac{(1 - \eta)}{\eta} \tag{7.12}$$

式中，电堆能量转换效率 η 在式（7.10）中给出。

自然风冷： 考虑通过电堆外表面的空气自然对流和热辐射的组合来实现电堆冷却。那么冷却率 Q_c 为

$$Q_c = hA_o(T_o - T_\infty) \tag{7.13}$$

式中，h 为综合考虑空气自然对流和辐射影响的等效换热系数，A_o 为电堆外表面积，T_o 和 T_∞ 分别为电堆外表面温度和环境温度。P_s''' 为电堆体积功率密度（W/m^3），电堆的体积为

$$V_s = \frac{P_s}{P_s'''} \tag{7.14}$$

典型电池组横截面为方形，边长由 a 表示，堆叠长度为 $2a$。电堆体积为 $V_s = 2a^3$，包括两端和四个侧面的电堆的外表面积变为 $a_o = 2a^2 + 4(a \times 2a) = 10a^2$。考虑式（7.14），有

$$A_o = 10 \left[\frac{1}{2} \left(\frac{P_s}{P_s'''} \right) \right]^{2/3} \tag{7.15}$$

结合式（7.14）和式（7.15），得到电堆外表面的稳态温度为

$$T_o = T_\infty + \frac{(2P_s''')^{2/3}}{10h} \left(\frac{E_{tn}}{E} - 1 \right) P_s^{1/3} \tag{7.16}$$

式（7.16）表明，电堆表面温度随电池组额定功率增加而增加。对于额定功率较低的小电堆，电池平均电压 E 在 0.6 ~ 0.7 V 是一个合理的设计目标。产物水通常全部以蒸气形式蒸发，因此 $E_{tn} = 1.25$ V，功率密度 $P_s''' = 100 \times 10^3$ W/m^3 是一个合理的假设。空气自然对流换热系数为 5 ~ 10 W/(m^2·℃)，热辐射换热系数与空气自然对流换热系数大致相同。因此，采用 $h = 10$ W/(m^2·℃) 作为自然对流换热系数和辐射换热系数组合是合理的。图 7.34 所示为在空气环境温度为 25 ℃情况下，根据式（7.16）计算的电堆表面温度与电堆额定功率的关系。显然，当电堆额定功率较低时，电堆外表面温度先上升很快，然后上升缓慢。在电池平均电压分别为 0.6 V 和

0.7 V，电堆额定功率分别约为 4 W 和 10 W 时，其温度约 80 ℃。由于电堆内部产生热量，所以温度略高，因为对于额定功率几瓦的电堆而言，电堆体积相当小。因此，采用自然空气对流和辐射方式足以冷却电堆，无须任何特殊设计的冷却机制。

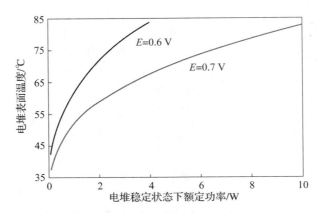

图 7.34 **根据式（7.16）计算电堆外表面温度作为电堆稳定状态下额定功率的函数，用于表征电堆外表面的热损失**

对于在大气环境中运行的 PEM 燃料电堆，电堆中的电池可以布置为翅片形式，仿照紧凑型热交换设计。Fletcher 等人公开了这种情况的一个范例[43]。电池不是通过双极板连接的，而是与集流器串联连接，并且电池在其两个主要表面上不发生物理接触。取而代之的是，活动单元格之间等间距隔开。间距是为了让环境中空气通过自然对流流动，这是由水蒸发形成的水蒸气驱动的，这是因为水分子摩尔质量[8]比干燥空气小。最佳间距取决于电池单元大小，尤其是竖直方向的尺寸。原则上，当相邻电池表面上形成的边界层不相遇时，传热传质效果更好，最佳间距为 2 ~ 10 mm。这种情况下，每个电池基本上都是热隔离的，并由自然气流单独冷却，在较小程度上由热辐射冷却，除了两个边缘电池之外，每个电池在这种温度下都比其他电池冷。然而，这样的设计导致电池功率密度非常低，且实际应用非常有限。

阴极气流强制风冷： 对于几瓦以上 PEM 燃料电堆，也可以利用阴极内气流进行冷却，有时甚至可以采用过量的空气流量来达到冷却目的，只要产物水蒸发能在电堆气流出口保持 100% 相对湿度。否则，膜电解质脱水，电堆不能正常运行。在这种情况下，需要同时考虑冷却和水管理。

考虑给定额定功率 P 电堆所需的空气量。根据法拉第电化学定律，每个电池单元耗氧率（单位为 mol/s）可以表示为时间的函数如下。

$$\dot{N}_{O_2} = \frac{I}{n_{O_2}F} = \frac{JA}{n_{O_2}F} \quad (\text{mol/s}) \tag{7.17}$$

式中，n_{O_2} 为 1 mol 氧消耗转移的电子摩尔数，对于式（7.2）中阴极氧还原反应，$n_{O_2} = 4$；$F = 96\,487$（C/mol），电子在反应中转移。对于由 m 个电池单元组成的电堆，电堆耗氧率为

$$\dot{N}_{O_2} = \frac{mI}{n_{O_2}F} = \frac{mJA}{n_{O_2}F} = \frac{P_s}{n_{O_2}FE} \quad (\text{mol/s}) \tag{7.18}$$

则电堆内氧气的质量消耗率为

$$\dot{m}_{O_2} = W_{O_2}\left(\frac{P_s}{n_{O_2}FE}\right) \quad (\text{kg/s}) \tag{7.19}$$

式中，氧的分子量为 $W_{O_2} = 31.999$ g/mol 或 32 g/mol $= 32 \times 10^{-3}$ kg/mol。对于地面应用，通常使用空气而不是纯氧，并且每 4.773 mol 空气有 1 mol 氧气，如表 1.2 所示，对应式（7.18）的空气质量消耗率为

$$\dot{m}_{空气} = 4.773 W_{空气}\left(\frac{P_s}{n_{O_2}FE}\right) \quad (\text{kg/s}) \tag{7.20}$$

式中，$W_{空气} = 28.964$ g/mol $= 28.964 \times 10^{-3}$ kg/mol，如表 1.2 所示。如第 2 章所述，供给电池或电堆的氧气（或空气）比化学计量反应所需的氧气（或空气）多，以便将能斯特损失降至最低。气体过量程度用被定义为化学计量比 S_L 的参数来表示。因此，提供给电堆的实际气流速率为

$$\dot{m}_{空气,in} = 4.773 S_{t,O_2} W_{空气}\left(\frac{P_s}{n_{O_2}FE}\right) \quad (\text{kg/s}) \tag{7.21}$$

生成水速率以及向电池组供应氢气的速率如下。

$$\dot{m}_w = W_w\left(\frac{P_s}{n_wFE}\right) \quad (\text{kg/s}) \tag{7.22}$$

$$\dot{m}_{H_2,in} = S_{t,H_2} W_{H_2}\left(\frac{P_s}{n_{H_2}FE}\right) \quad (\text{kg/s}) \tag{7.23}$$

式（7.22）所示为阴极氧化还原反应，$n_w = 2$，式（7.23）所示为氢氧化反应，$n_{H_2} = 2$，水和氢的分子量分别为 $W_w = 18.02 \times 10^{-3}$（kg/mol）和 $W_{H_2} = 2.016 \times 10^{-3}$（kg/mol），式中 n_w 和 n_{H_2} 分别是 1 mol 产物水和 1 mol 氢消耗电子摩尔数，对于阴极氧化还原反应，$n_w = 2$，对于氢氧化反应，$n_{H_2} = 2$。氢化学计量比 S_{t,H_2} 通常为 1.2。

在稳态时，假定电堆外表面温度 T_0 及空气和氢气出口温度与电堆工作温度 T 相同，则传热能量平衡变为

$$Q_c + \dot{m}_{空气,in}C_{p,空气}(T - T_\infty) + \dot{m}_{H_2,in}C_{p,H_2}(T - T_\infty) = Q_s \tag{7.24}$$

式中，空气恒压比热 $C_{p,空气} = 1\,004$（J/(kg·℃)），氢气恒压比热 $C_{p,H_2} = 14\,320$（J/(kg·℃)）。

图 7.35 所示为根据式（7.24）计算的电堆额定功率和气流中各种氧气化

学计量比与电堆温度的函数。电堆平均电压 E 为 0. 65 V，式（7. 22）中的水蒸发为蒸气形式，热中性电压 E_{tn} = 1. 25 V。显然，图 7. 35 中显示的结果表明，实际氧化学计量为 2 ~ 6 时，电堆温度将变得比实际可行温度高得多，除非电堆的尺寸被限制在 100 W 以下，且电堆表面也暴露在外部环境中。只有在非常高的空气流速（氧气化学计量为 24）下，电堆温度才保持在实际合理水平，即使在电堆功率为 3 000 W 的情况下，其温度也仅约 84 ℃。对于如此高的空气流速，电堆出口处空气流严重不饱和，甚至所有的水都是蒸气形式，这表明除非采取适当措施来抑制，否则会发生严重的膜干燥。最简单的方法是将阴极反应空气流与冷却空气流分开，让它们在各自的流动通道中流动。也就是说，反应空气流被供应到阴极板另一侧的流道和阴极板提供的冷却通道，如本章前面所述。由于加湿器尺寸过大，所需水量过大，采用对整个反应加湿并冷却空气以保证阴极通道空气流动的替代措施已不再可行。

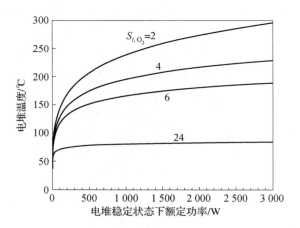

图 7. 35　根据式（7. 24）计算气流的不同氧气化学计量比，
电堆温度作为稳态下电堆额定功率的函数

从阴极分离冷却气流强制风冷：将气流分离为反应气流和冷却气流的必要性可以通过考虑电堆出口处气流相对湿度来理解。由于电堆出口处空气流量是式（7. 21）进气口空气流量与式（7. 19）电池组反应中消耗氧气质量之间的差值，因此有

$$\dot{m}_{空气,exit} = \dot{m}_{空气,in} - \dot{m}_{O_2} \tag{7.25}$$

基于式（1. 5）引入的湿度比，并考虑式（7. 22）进入气流中存在的水蒸气量 $m_{W,in}$ 和电堆反应产生的水量，气流在电堆出口处的湿度比为

$$\gamma = \frac{\dot{m}_w + \dot{m}_{w,\text{in}}}{\dot{m}_{\text{空气},\text{exit}}} = \frac{\dot{m}_w + \dot{m}_{w,\text{in}}}{\dot{m}_{\text{空气},\text{in}} - \dot{m}_{O_2}} = \gamma_r + \frac{\dot{m}_{w,\text{in}}}{\dot{m}_{\text{空气},\text{in}} - \dot{m}_{O_2}} = \gamma_r + \frac{\gamma_{\text{in}}}{1 - \frac{1}{4.773 S_{t,O_2}} \frac{W_{O_2}}{W_{\text{空气}}}}$$

$$(7.26)$$

式中，γ_r 和 γ_{in} 分别表示产物水和进入气流中的水蒸气造成的湿度比。如果相应的水蒸气分压分别由 $P_{w,r}$ 和 $P_{w,\text{in}}$ 表示，且考虑到湿度与水分压之间的关系，如式（1.7）和式（1.9）所示，也可以表示为

$$\gamma = \frac{W_w P_w}{W_{\text{air}} P_{\text{空气}}} = \frac{W_{\text{空气}}}{W_{\text{空气}}} \frac{P_w}{P - P_w}$$

式（7.26）经过运算后可以简化为以下表达式。

$$P_w = \frac{\dfrac{n_{O_2}}{n_w} + \dfrac{4.773 S_{t,O_2} P_{w,\text{in}}}{(P - P_{w,\text{in}})}}{\dfrac{4.773 S_{t,O_2} P}{(P - P_{w,\text{in}})} - \dfrac{W_{O_2}}{W_{\text{空气}}} + \dfrac{n_{O_2}}{n_w}} P \qquad (7.27)$$

式中，P 表示气流的总压力，忽略从电堆入口到出口的总压力损失。式（7.27）所示为水蒸气分压作为气流流量和总压的函数关系。由于入口气流中水蒸气的影响很小，除非这些操作温度足够接近环境温度，可以忽略 $P_{w,\text{in}}$，式（7.27）变为

$$P_w = \frac{n_{O_2}/n_w}{4.773 S_{t,O_2} - W_{O_2}/W_{\text{空气}} + n_{O_2}/n_w} P \qquad (7.28)$$

代入相关参数的已知值，式（7.28）简化为

$$P_w = \frac{0.419\,0}{S_{t,O_2} + 0.187\,6} P \qquad (7.29)$$

对应图 7.35 所示电堆温度，由于通过电堆阴极流道的气流冷却，电堆出口处相对湿度可确定为

$$RH_{\text{exit}} = \frac{P_w}{P_{w,\text{sat}}(T)} \qquad (7.30)$$

式中，水分压 P_w 是根据式（7.27）计算的，而进水分压如下。

$$P_{w,\text{in}} = RH_{\text{in}} P_{w,\text{sat}}(T_\infty) \qquad (7.31)$$

将空气入口温度取环境空气温度为 T_∞，在此温度下计算入口水饱和压力。水饱和压力取自附录一。假设进口空气的相对湿度 $RH_{\text{in}} = 70\%$，则得到电池组出口处气流相对湿度，如图 7.36 所示，不同空气流量表示氧化学计量比，图 7.36 中标注了各种曲线的氧气化学计量比。实心曲线表示 1 atm 总气流压力，虚线曲线表示 3 atm 总气流压力。计算超过 100% 相对湿度，假设所有的产物水都是水蒸气，这在物理上是不可能的。在现实中，液态水凝结成小液滴，如果"理论"相对湿度仅略高于 100%，这些液滴就可以被氧化剂

气流带出电堆。然而，如果理论相对湿度远高于 100%，如图 7.36 所示小电池组功率，则会发生阴极水淹。很明显，随着电池组额定功率增加，阴极出口处相对湿度会迅速下降。尽管电堆出口处相对湿度随总气流压力增加而增加，但由于电堆温度较高（如图 7.35 所示），在 2 ~ 6 实际合理过量比下，对于 $S_{t,O_2} = 24$ 的情况，由于空气流速过高，尽管电堆温度对质子交换膜电池组是合适的，可用的水蒸气仍不足以提供足够的湿度，如图 7.35 所示。因此，实际方法是仅向用于反应的阴极流动通道提供足量空气，保持其足够湿度，并向单独的冷却通道提供冷却气流。如图 7.35 所示，空气冷却足以满足至少几千瓦电堆。风机或鼓风机可提供大风量，风机或鼓风机的寄生功率仅占电堆输出功率 1%，这种低寄生功率是可接受的，尽管空气流速比较高。

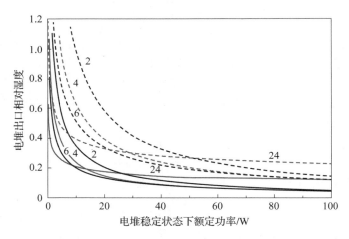

图 7.36 在图 7.35 气流冷却条件下，不同过量比阴极出口处相对湿度与稳态电堆功率额定值的函数（根据式（7.28）和式（7.30）计算得到结果，假设所有生成水均为蒸气形式；实线代表 **1 atm** 总压力，虚线代表 **3 atm** 总压力）

强制水冷：随着电堆尺寸进一步增加，冷却空气流量变得过高，由于空气密度比液体小一个数量级，因此空气所需泵功率比液体泵功率高出几个数量级，气体流道尺寸也必须比液体流道尺寸大得多。因此，对于 5 kW 左右电池组，通过更紧凑的电池组设计，液态水冷变得更节能，而对于 2 kW 左右电池组，空冷却更方便。空气冷却和水冷却都可以用于 2 ~ 5 kW 功率电池组。对于特定设计和应用，其他考虑因素可能最终决定冷却方法的选择，例如水冷在热电联产应用（如住宅或工业热电联产）中更受欢迎。

图 7.37 所示为大型质子交换膜燃料电池系统中冷却水的流动回路。由于冷却水中任何杂质都可能污染电解质膜，更详细的内容将在下一节中介绍，

因此必须使用高质量的水进行冷却。要求水的纯度不应低于典型工业锅炉中使用的水。在实际操作中，应使用去离子水或蒸馏水作为冷却水。此外，冷却水可能会被冷却回路中的杂质所污染，特别是由于流动管道组件腐蚀而带有正电荷的金属离子。因此，在冷却剂进入电池组之前，冷却循环系统中必须有一个去离子过滤器。

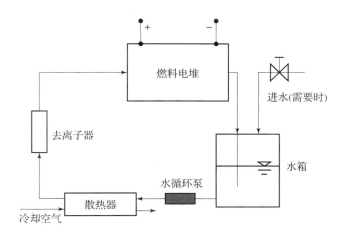

图 7.37　用于质子交换膜燃料电池系统的水冷回路

水管理系统：质子交换膜燃料电池在概念上非常简单和紧凑，但在实际情况下电池具有复杂的结构，一方面需要从阴极侧去除反应产物水以避免过多的水淹没多孔电极，另一方面提供足够的湿度以防止膜电解质（膜的阳极侧）脱水。在正确的地方适当管理水，对 PEM 燃料电池最佳性能至关重要。

水管理由两个相互关联的问题组成：产物水去除和电解质膜的完全湿润。产物水的去除通常使用虹吸芯、重力进料贮槽、防潮电极结构和氧化剂气流来实现。实际上，通过这些方法的组合能达到最佳效果。例如几乎所有 PEM 燃料电池都采用防湿电极。多孔电极由石墨粉和适量疏水剂制成，如聚四氟乙烯，以防止水因毛细管作用润湿电极表面。因此，水通过疏水电极结构，在邻近氧化剂流动通道电极外表面上形成珠状结构。这些珠状水可以通过纤维状毛细芯从电极表面分离，纤维状毛细芯围绕电极边缘延伸，并将水引导至多孔陶瓷块，或通过重力将水排至集水池。当两种方法使用纯氧作为氧化剂时，氧化剂流速较低，这是较常见的。前一种设计的 PEM 燃料电池组的每个电池单元都有一个纤维芯，所有电池单元都有共同的多孔陶瓷块来收集水。然而，在这种设计中，活性电池的边缘很难正确密封，因此电池边缘经常有反应物交窜，导致火灾和其他危险。重力排水相对容易实现，在某些应用

（如车辆应用）中，不可避免的系统振动甚至可以提高除水能力。然而，燃料电池系统的配置和方向过于敏感，且在任何情况下都不能精确控制地。

因此，利用氧化剂气流带走积聚在氧化剂流动通道相邻电极表面的水实际上更可行。在高电流密度下，水主要以蒸气形式存在，有些甚至可能以悬浮在氧化剂气流中的小液滴形式存在。通常该方法被用在以空气作为氧化剂的方式下，在相对较高的氧化剂流量下，需要结构良好的流场，因此前文所述的流场设计获得了多项专利。

通过产物水分蒸发提供加湿而不需要外部加湿是一个重要的问题。这种方法简化了水管理，从而简化了系统组成。但当空气流速较低时，可能会生成更多的水存在于阴极中，导致阴极水淹；如果气流流速过高，阴极中没有足够的水，则会导致膜干燥。如本节前面所述，实现气流和水之间的平衡，主要取决于气流速率和电堆工作温度。假设某些电堆实施了控制（冷却），以保持电堆温度在期望值范围内，那么考虑所有产物水处于蒸气状态，可以根据式（7.30）计算出电堆出口处的理论湿度。图 7.38 所示为总压力分别为 1 atm 和 3 atm 时计算的结果。虽然在计算中假定电堆进风口相对湿度为 70%，但除非电堆温度非常接近进风口温度，否则相对湿度对计算结果的影响可以忽略。

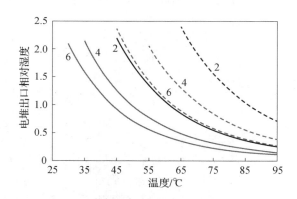

图 7.38　不同氧化学计量情况下阴极出口相对湿度与气流电堆工作温度函数关系

根据式（7.28）和式（7.30）计算的结果，假设所有产物水是蒸气形式。图 7.38 实线和虚线分别表示总压力为 1 atm 和 3 atm。

图 7.38 表明，在给定氧化剂流压力下，相对湿度随电堆工作温度和氧化剂流量增加而减小。如前所述，水淹通常发生在相对湿度远远超过 100% 情况下，如果湿度水平过低，膜就会脱水。只有在一个很小的湿度范围内，大约 100% 湿度 PEM 燃料电堆才能良好运行。总压力为 1 atm，氧化学计量值为 2、4 和 6 时，自身水量充足时电堆温度分别为 60 ℃、50 ℃和 43 ℃。对于总压

力为 3 atm，最优电堆温度分别为 85 ℃，70 ℃和 63 ℃。很明显，工作压力的增大提高了最佳电池组温度，以平衡氧化剂流中水的生成和蒸发。反之，如果工作温度固定，则氧化剂流含水量与总压力几乎呈线性增加，总压力越高水淹概率越高。这种效果与 PEM 燃料电堆的运行经验一致。

这个结果也表明，在总压力 3 atm 工作温度为 85 ℃时，电堆能够产生足够的水，以维持电堆出口附近氧化剂流适当加湿。由于实际大多数 PEM 燃料电池在该温度下工作，因此可能不需要外部加湿。然而，对于大尺寸活性面积的电堆，氧化剂流对电堆中大多数流道具有低相对湿度，因此，即使在电堆出口处膜也能完全湿润，但很大一部分膜仍会从电池组入口处开始变干。通常会导致局部干燥，由于脱水导致膜损耗增加，进而形成局部热点。需要特别注意空气被用作氧化剂时，因为空气中氧浓度低，往往需要高空气流速。因此，对于大规模电堆，氧化剂流和燃料流在进入电堆活性部分之前需要利用工艺水进行充分加湿。

燃料流和氧化剂流加湿通常是在电堆内或电堆外布置中实现的。前者已在前一节有所介绍。外部增湿可以采用鼓泡、反应物气体再循环，以及直接向阳极或阴极反应室或电堆外反应物气流中注水来实现。对于鼓泡技术，将工艺水存储在容器中，并在容器底部引入反应气体。气流在进入鼓泡发生器之前被一系列穿孔或多孔板分解成小气泡。饱和反应气流在容器顶部或顶部附近离开容器。因此，被气流带走并带入电堆的水数量取决于加湿温度。低温将导致水低分压，而高温导致反应物低分压。该技术适用于低反应物气体流速，如纯氢气流。对于高电流密度空气，容易携带小水滴进入阳极电极背衬层，造成电极水淹；而由于停留时间较短，气流本身可能是不饱和的，导致膜局部干燥。

反应气体再循环设计通常采用纯氢作为燃料，如图 7.32 所示。当来自氧化剂排气流的产物水用于燃料流和氧化剂流加湿时，可以实现电堆优良的运行效果，且在运行期间不需要添加外部工艺水。然而，这种方法需要一个外部设备，通常是压缩机，以使氢气完成再循环。循环压缩机通常由电堆电能供电，压缩机功耗代表了电池组寄生功率损失。这种功率损失取决于压缩比及循环所需氢气量，而循环所需氢气量是由电堆运行的氢气化学计量所确定的。因此，压缩功率会随电堆功率输出或氢气流量变化而变化。最方便的方法是将压缩功率表示为每个电池平均等效电压损失。

$$P_{H_2} = mI\Delta E_{H_2} \tag{7.32}$$

式中，m 表示电堆中电池单元数，I 表示电堆输出的总电流。另外，假设氢气是一种理想气体，氢气压缩过程是稳定绝热的，动能和重力势能变化可忽略不计，如果所有流入电堆的氢气都被再循环压缩，则氢气所需要的压缩功

率为

$$P_{\mathrm{H_2}} = \dot{m}_{\mathrm{H_2,\,in}} \frac{C_{P,\mathrm{H_2}} T_{\mathrm{out}}}{\eta_{\mathrm{comp}}} \left[\left(\frac{P_{\mathrm{in}}}{P_{\mathrm{out}}} \right)^{(k-1)/k} - 1 \right] \tag{7.33}$$

式中，$C_{P,\mathrm{H_2}}$ 表示氢气定压比热容（$\mathrm{J/(kg \cdot K)}$）；k 表示比热比；T_{out} 和 P_{out} 分别表示燃料电堆出口的温度和压力，作为氢气再循环压缩机进口的条件。同样地，P_{in} 表示电堆入口压力，与再循环压缩机出口压力相同，它有一个等熵效率 η_{comp}。将式（7.23）代入式（7.33），并将式（7.32）与式（7.33）结合，得到氢气再循环压缩等效单元电压损失的最终表达式为

$$\Delta E_{\mathrm{H_2}} = \frac{S_{t,\mathrm{H_2}} W_{\mathrm{H_2}} C_{P,\mathrm{H_2}} T_{\mathrm{out}}}{n_{\mathrm{H_2}} F \eta_{\mathrm{comp}}} \left[\left(\frac{P_{\mathrm{in}}}{P_{\mathrm{out}}} \right)^{(k-1)/k} - 1 \right] \tag{7.34}$$

例如对于质子交换膜燃料电池组典型运行工况，$T_{\mathrm{out}} = 80\ ℃$，$P_{\mathrm{in}} = 3\ \mathrm{atm}$，$P_{\mathrm{out}} = 2.5\ \mathrm{atm}$，$\eta_{\mathrm{comp}} = 0.55$，$C_{P,\mathrm{H_2}} = 14\,320\,(\mathrm{J/(kg \cdot K)})$，$k = 1.4$，$S_{t,\mathrm{H_2}} = 1.2$，则式（7.34）得出与氢气再循环压缩机相关的损耗仅约 6 mV，是很小的电压损失。为避免阴极水淹，阳极除水技术需要高氢气流量[28,29]。实际上，最佳氢气化学计量比可达 5~20 以上。在上述相同条件下，电压损失范围从 25 mV（$S_{t,\mathrm{H_2}} = 5$）到 102 mV（$S_{t,\mathrm{H_2}} = 20$）。显然，在高氢气流量下，氢循环的电压损失是不可忽略的。

考虑真实氢再循环如图 7.32 所示，需要再循环的氢量或氢流量实际上是燃料废气流中的氢量，或者

$$\dot{m}_{\mathrm{H_2,\,exhaust}} = \frac{S_{t,\mathrm{H_2}} - 1}{S_{t,\mathrm{H_2}}} \dot{m}_{\mathrm{H_2,\,in}} \tag{7.35}$$

将式（7.23）代入式（7.35），得出再循环废气流中氢气质量流率，并带入 $P_s = mJAE = mIE$，得到

$$\dot{m}_{\mathrm{H_2,\,exhaust}} = (S_{t,\mathrm{H_2}} - 1) W_{\mathrm{H_2}} \left(\frac{P_s}{n_{\mathrm{H_2}} FE} \right) = (S_{t,\mathrm{H_2}} - 1) W_{\mathrm{H_2}} \left(\frac{mI}{n_{\mathrm{H_2}} F} \right) \tag{7.36}$$

用式（7.36）代替式（7.33）中氢气流速，实际氢气再循环情况下的电压损失变为

$$\Delta E_{\mathrm{H_2}} = \frac{(S_{t,\mathrm{H_2}} - 1) W_{\mathrm{H_2}} C_{P,\mathrm{H_2}} T_{\mathrm{out}}}{n_{\mathrm{H_2}} F \eta_{\mathrm{comp}}} \left[\left(\frac{P_{\mathrm{in}}}{P_{\mathrm{out}}} \right)^{(k-1)/k} - 1 \right] \tag{7.37}$$

当 $T_{\mathrm{out}} = 80\ ℃$，$P_{\mathrm{in}} = 3\ \mathrm{atm}$，$P_{\mathrm{out}} = 2.5\ \mathrm{atm}$，$\eta_{\mathrm{comp}} = 0.55$，$C_{P,\mathrm{H_2}} = 14\,320\ \mathrm{J/(kg \cdot K)}$，$k = 1.4$，$S_{t,\mathrm{H_2}} = 1.2$，式（7.37）表明与氢气再循环相关的电压损失仅约为 1 mV，这种电压损失是足够小的。实际上，它可以完全避免，因为氢最有可能存储在高压中。可以用喷射泵机制将少量氢再循环回到电池组。根据阳极水去除技术[28,29]，对于 $S_{t,\mathrm{H_2}} = 5~20$，甚至更高氢气流量，压缩机似

乎是实现再循环的唯一方法。假设在相同条件下，电压从 $S_{t,H_2}=5$ 时损失 20 mV 升高至 $S_{t,H_2}=20$ 时损失 97 mV。同理，在这样高氢流量下，氢再循环的电压损失也不能忽略。

相比之下，如式（7.21）所示，进入电堆的压缩气流所需寄生功率会产生更大的电压损失。类似推导可以得到与气流增压相关的等效平均电池电压损失为

$$\Delta E_{O_2} = \frac{4.773 S_{t,O_2} W_{空气} C_{P,空气} T_\infty}{n_{O_2} F \eta_{comp}} \left[\left(\frac{P_{in}}{P_\infty} \right)^{(k-1)/k} - 1 \right] \tag{7.38}$$

以环境空气温度和压力为例，$T_\infty = 25\ ℃$，$P_\infty = 1\ atm$，电池组入口压力 $P_{in} = 3\ atm$，压缩机等熵效率 $\eta_{comp} = 0.55$，$C_{p,空气} = 1\ 004\ J/(kg \cdot K)$，比热比 $k = 1.4$，$S_{t,O_2} = 2$，根据式（7.38）计算，电压损失约为 144 mV，远高于氢气再循环电压损失。空气压缩功率随氧气流量化学计量比增加而迅速增加，不利于以空气为氧化剂的增压。

在直接注水设计中，水以蒸气或液体形式，直接注入阳极室和阴极室，或在燃料流和氧化剂流进入电堆之前注入。电堆外的蒸气注入很容易完成，而直接注入反应室需要复杂的电极设计，实现这一点所需的组件往往制造成本很高，很难整合到实际电堆中。采用喷雾技术可以方便地实现电堆外的注入液态水，操作和控制简单、高效，注水量可以精确控制。液态水也可以直接引入反应室，例如通过分布在相同流量分配板上的大反应物气体流动通道之间分隔的较小水分配通道[40]。对于直接液态水注射，可以向反应隔间引入更多水，以保持膜湿润，而不仅使进入的气流饱和。由于水从阳极到阴极的净传输（电渗减去反向扩散）会以蒸气形式从阳极气体中流失，液态水蒸发可以产生更多水蒸气，同时吸收电池废热，是一种非常有效的热管理系统。然而，由于 PEM 燃料电池允许的水含量范围非常小，在现实中很难实现液态水直接喷射。水太少会造成膜局部干燥，而水过多则会导致电极水淹。直接液态注水技术可以很好配合上一节所述的交错形流场设计。

将阴极产物水去除和阳极工艺水添加相结合的技术已经实现了。例如不透水的阴极板和阳极流分布板可以用 Koncar 和 Marianowski 多孔亲水板[23,24] 或它们的一些变体来代替[12]。适当匹配阳极电极、阳极流分配板、阴极和阴极流分配板的孔径，合理控制氧化剂流与相邻冷却水之间，以及冷却水与燃料流之间的压差，将阴极生成水转移到冷却水中，冷却水被输送到阳极用于燃料流加湿。因此，水的输送方向是从阴极流向冷却流，然后通过支流之间的压差流向阳极，并从阳极流向阴极，液态水的蒸发也有助于电池的冷却。这种用于管理水和电池冷却的方法是理想的，但难以在实践中实现的，因为对于各种电池组部件，需要严格的质量控制才能得到精细和更细尺寸的孔径，并

且不同尺寸孔径电池组部件制造成本较高。精确压差监测和控制也增加了系统成本及操作和维护成本。

另外一个优点是将液态水直接引入阳极，使其接触阳极膜界面，促进更高的膜湿润作用，从而提高电导率。这是因为浸没在液态水中的膜比与水蒸气接触的膜具有更高含水量，在下一节中将进一步讨论这方面内容。

如果在膜层中嵌入足够的催化剂颗粒，也可以保持膜电解质的湿润作用。因为大量的氢和氧溶解并扩散到膜内部，膜中催化剂颗粒催化氢氧反应生成水，用于保持膜湿度。这种设计可以完全避免反应物气流外部加湿。应注意避免催化剂颗粒相互连接和电池电短路。这意味着催化剂颗粒浓度应足够低且应嵌入靠近阳极表面薄层区域。氢和氧反应不会伴随水的生成而产生有用电能，即寄生功率损耗，这会降低燃料利用率和电池能量转换效率。因此，该技术尚未广泛应用于实际质子交换膜燃料电池。

质子交换膜燃料电池系统：从图 7.32、图 7.33 和图 7.37 所示的燃料、氧化剂和冷却水流程图可以看出，构建一个以纯氢为燃料、空气为氧化剂的 PEM 燃料电池系统，空气在鼓风机或风扇加压下进入 PEM 燃料电池工作。图 7.39 所示为西门子开发的质子交换膜燃料电池动力系统示意图。该燃料电池模块包括一个大约 70 个活性电池组成的 PEM 燃料电堆和辅助设备，如加湿器、水分离器及其他支持硬件。该模块额定输出功率为 34 kW（53 V），电池单元尺寸为 400 mm×400 mm。

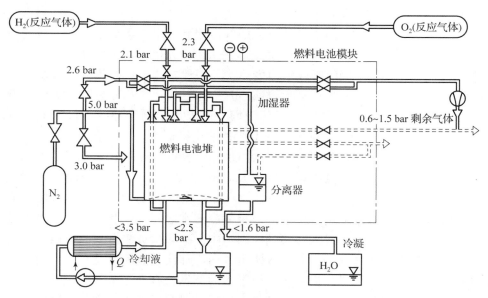

图 7.39 西门子燃料电池系统运行示意图（纯氢和氧气储存在加压容器中[45]）

　　图 7.40 所示为 1991 年 – 1993 年美国能源部为美国能源部开发的 10 kW PEM 燃料电池系统概念设计，该系统使用甲醇重整燃料和加压空气，目标应用于地面运输[46]。PEM 燃料电堆仅占使用蒸气重整甲醇系统总重量和体积的 25% 左右。图 7.40 中还显示了降低烟气中一氧化碳浓度的装置，将一氧化碳转化为气体混合物，称为转化剂和 PROX（优先氧化）。需要注意的是，系统实际上是混合燃料电池和电源系统，电池用于冷启动、峰值功率和通过再生制动进行能量储存。尽管 PEM 燃料电堆原则上具有提供峰值功率的能力，但它通常不能储存再生制动的能量。因此，电池需要用作此目的。

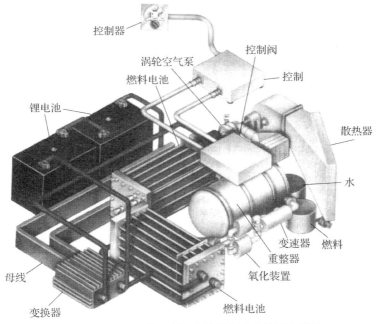

图 7.40　10 kW 质子交换膜燃料电池系统概念设计
使用甲醇重整燃料和压缩空气，用于地面运输[46]

　　然而，大多数正在研发的基于 PEM 燃料电池的动力系统交通应用都是使用存储在车辆上的纯氢燃料。氢气主要以高压气体形式存储在玻璃纤维缠绕的铝制圆柱形容器中。图 7.41 所示为一辆由 PEM 燃料电池组提供动力的小型赛车，显然电堆只占电力系统大小和重量的一小部分。图 7.42 所示为 Ballard 电力系统公司第一代城市公交示意图。120 kW 电源系统位于客车后部包含 24 个 5 kW PEM 燃料电堆，由 3 个电堆并联组成，每个电堆有 8 个电堆串联。压缩储氢钢瓶被放置在公交车的地板下。最先进的 Ballard 公交巴士由一个基于 Ballard Mark 900 系列技术的 300 kW PEM 燃料电池组提供动力，如图 7.42 所示。

图 7.41　2001 年 9 月伦敦举行第七届格罗夫燃料电池研讨会上展示的一辆小型赛车
（由 PEM 燃料电堆提供动力，以纯氢和空气为动力）

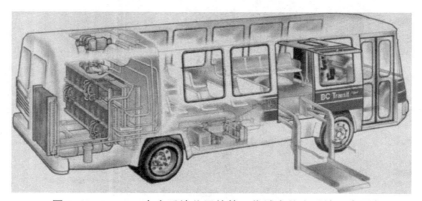

图 7.42　Ballard 电力系统公司的第一代城市公交系统示意图

120 kW 电力系统位于车后侧包含 24 个 5 kW PEM 燃料电池组，压缩储氢钢瓶被放置在公交车的地板下。

7.4　材料和制造技术

与前文所讨论的任何类型燃料电池一样，PEM 燃料电池动力系统的核心是 PEM 燃料电池组，它是由膜电极组件（MEA）、用于电池活性表面分布反应物的双极板和用于电池组热管理的冷却板组成。膜电极由两个催化电极和膜电解质组成。如第 7.3 节所述，冷却板设计基本上与双极板相同，通常使用相同材料和施工方法，几何配置非常相似（如果不是相同的话）。因此，本节将介绍构成 MEA 和广义双极板的组件，后者实际上也指常规双极板和冷却板。

7.4.1　电极

PEM 燃料电池电极结构是多孔的，以确保反应物气体传输到催化层，水能转移到膜阳极侧，同时去除阴极催化层中产物水。电极的功能是收集电池产生的电流，这里提到的电极是电极支撑层，通常由碳粉（为了良好的电子传导性和耐腐蚀性）与聚四氟乙烯（PTFE）等疏水剂混合而成，呈多孔碳布或碳纸形式。如前所述，电极结构疏水处理对于防止电极水淹是必要的，同理对于需要去除阴极液态水的大尺寸电池组来说也尤其重要。电极中聚四氟乙烯（以及后面讨论的催化层中的聚四氟乙烯）有两个功能：将高比表面积的碳颗粒结合到黏结层中；赋予该层一定的疏水性。聚四氟乙烯的存在对于电极孔区的结构完整性和产物去除是必不可少的。但是，PTFE 含量过高会降低碳含量，从而降低电极电导率。电极结构中聚四氟乙烯含量可以在15%～40%以上变化[47,48]，最佳值在这个范围的中间，尽管确切的最佳值还取决于许多其他因素，例如制造技术和操作条件。典型的电极，如 Vulcan X – 72，有成型的商业产品。

7.4.2　催化剂

由于膜电解质酸性和质子交换膜燃料电池低温运行等条件限制，铂金属仍是促进质子交换膜燃料电池氢氧化反应和氧气还原反应最有效的催化剂，可能是最好的催化剂，尽管其他材料，如钌、钯及非贵金属也可用作催化剂，但性能相对较差，稍后将分析反应物中杂质影响，特别是介绍一氧化碳的耐受性。PEM 燃料电池性能受限的主要原因是以纯氢为燃料所导致的氧还原反应（ORR）缓慢动力学，因此人们采取了各种措施来提高 ORR 动力学。最有效的措施是显著提高铂催化剂有效比表面积，可以通过在反应中使用分散的、较小的铂颗粒，最大限度提高铂颗粒的利用率。

在早期 PEM 燃料电池技术中，包括最近关于 PEM 燃料电池技术可行性的示范项目，纯铂（或铂黑）一直被用作催化剂。铂的光谱粒径最小约为 10 nm，导致单位质量铂的活性表面积有限。将颗粒大小分布状态设定为颗粒直径 D 的函数 $f(D)$，假设铂颗粒为球形计算单位质量上铂颗粒表面积为

$$A_s = \frac{铂颗粒的表面积}{颗粒内铂的质量} = \frac{\int f(D)\pi D^2 \mathrm{d}D}{\int f(D)\rho_{Pt}\left(\dfrac{\pi D^3}{6}\right)\mathrm{d}D} = \frac{6}{\rho_{Pt}D_{32}} \qquad (7.39)$$

式中，ρ_{Pt} 表示铂密度，取值为常数；D_{32} 表示所有颗粒体积和表面积的平均直径。单位质量活性表面积可以根据平均直径 D_{32} 和铂密度来确定。对于给定数量的铂催化剂，颗粒越小，活性表面积就越大。典型数值为 28 m^2/g Pt。有限的铂分散程度，加上早期 PEM 燃料电池技术中催化剂利用率较低，决定了 PEM 燃料电池性能、可靠性和耐用性必须采用高铂负载，通常为 4 mg Pt$/cm^2$，以便获得令人满意的阴极性能，特别是在使用空气作为氧化剂的情况下。为了便于制造，阳极催化剂负载量通常与阴极侧相同，尽管快速的氢氧化反应动力学允许使用较低的催化剂负载量。这是可以接受的，因为专业空间和军事应用及技术可行性证明了，与性能和可靠性等其他系统成功衡量标准相比，成本费用就显得微不足道了。

由于铂负载过高，催化剂成本对于商业应用来说过高。假设一个非常乐观的性能，即 PEM 燃料电池工作在 $E = 0.6$ V 和 $J = 500$ mA$/cm^2$ 工况下，以每个电极的表面积为基础，功率密度可以表示为

$$P_s''' = EJ = 0.6 \text{ V} \times 0.5 \text{ A}/cm^2 = 0.3 \text{ W}/cm^2$$

由于每个电池总的催化剂负载为 $m_{pt} = 8$ mg Pt$/cm^2$（阳极和阴极合计），汽车可能需要最小 $P_s = 50$ kW 电池组功率输出（回想一下，由于寄生功率损耗，系统净功率较低），铂价为 600 \$/oz. t[①]，那么铂的成本为

$$铂成本 = \frac{P_s}{P_s'''} \times m_{Pt} \times 价格$$

$$= \frac{50\ 000 \text{ W}}{0.3 \text{ W}/cm^2} \times 8 \text{ mgPt}/cm^2 \times 600 \text{ \$} / \text{ oz. t} \times \frac{1 \text{ oz. t}}{31\ 103 \text{ mg}}$$

$$= 25\ 721 \text{ \$}$$

对于单独的铂催化剂来说太贵了，应该至少降低一个数量级成本。与燃料电池动力系统在运输应用中竞争的传统汽油和柴油发动机成本非常低，通常报价为 30 \$/kW。因此，考虑到其他电池组件和制造成本，铂催化剂成本应以 5 \$/kW 为目标。因此，应该大大降低铂的担载量，但为了保持相同或相似性能，还需要保持发生电化学反应的铂表面积。到目前为止，成功的方法是使用大得多的碳颗粒支撑小得多的铂颗粒。

对于碳负载的铂催化剂，碳载体颗粒的尺寸范围为几微米，最大直径约为 20 μm，常规制备的铂颗粒直径为 2 nm，而铂的最小粒径约为 10 nm。根据式（7.39），碳载铂可以获得比铂多五倍的铂表面积。在实践中，不同数量的铂会沉积在较大的碳颗粒表面，导致碳颗粒质量不同。例如 10% 铂/碳催化剂意味着在铂－碳颗粒混合物中，铂占 10% 的质量，碳占 90% 的质量。图 7.43

---

① 1 \$/oz. t = 0.22 元/g。

所示为典型碳载体（Vulcan X-72）和碳（Vulcan 72）负载的铂催化剂透射电子显微镜（TEM）图像，表7.1所示为各种负载形式的单位质量铂实际获得的铂表面积[49]。因此，显著降低了铂担载量。

（a）　　　　　　　　　　　　　　　　（b）

图7.43　透射电子显微镜图像

（a）典型碳载体（Vulcan XC-72），（b）碳载体铂催化剂

（10% Pt/Vulcan XC-72）的透射电子显微镜图像（铂颗粒大小通常在1.5~2.5 nm的范围内[46]）

表7.1　不同类型铂催化剂的铂表面积[49]

催化剂类型	表面积（铂质量）/（$m^2 \cdot g^{-1}$）
10%铂	140
20%铂	112
30%铂	88
40%铂	72
60%铂	32
80%铂	11
铂	28

Raistrick[50]首次使用碳载铂将铂担载量降低到0.4 mg/cm[2]，同时获得了良好的PEM燃料电池性能[51]。然而，考虑到MEA实际制造工艺，为了保持MEA良好重复性和再现性，0.1~0.2 mg/cm[2]铂载量是较为合适的。

通常，MEA中的催化剂层由碳载铂和PTFE混合物组成，用于排水，且PTFE也可用作黏合剂。此外，还优化了催化剂层中的PTFE含量的研究[52]。通常，气体扩散层中最佳PTFE含量与催化剂层中最佳PTFE含量不同。使用负载铂作为催化剂和催化剂层疏水性的PTFE与碱性磷酸燃料电池中使用催化剂的PTFE非常相似。

值得一提的是，炭黑本身就是高度分散的材料，实际上是由纯炭组成的。单个颗粒结构以炭黑化区和无定形间区为特征。自 20 世纪 20 年代，炭黑的大规模工业制造一直是通过碳氢化合物（天然气）或芳香烃热分解来实现的，自古以来炭黑就被用来制备墨水。世界上约 95% 的炭黑，是通过电炉炭黑工艺生产的，[53] 所生产的炭黑表面积从几十 m^2/g 到 1 500 m^2/g 以上不等。目前，全球生产的炭黑有 90% 用于橡胶工业，大多用于增强轮胎性能。炭黑也可用作导电聚合物的填料，它在酸中腐蚀性可以忽略不计，而且相对便宜（每公斤[①] 几美元[②]到 10 美元，当然，具体价格取决于炭黑颗粒的比表面积）。

由于氧还原动力学比氢氧化动力学慢一个数量级，阴极催化剂的负载通常比阳极催化剂高得多。为了降低质子交换膜燃料电池总催化剂负载量成本，已经开发了替代的阴极催化剂体系，例如一些非贵重金属，即 FeTMPP（四甲基苯基卟啉铁）或 CotMPP[55]，过去已经成功地将这些金属开发用于碱性燃料电池阴极氧还原反应。然而，它们的催化活性低得多，且在质子交换膜燃料电池酸性环境中的化学稳定性有限，使得它们不适用于 PEMFC 应用，特别是考虑到质子交换膜燃料电池需要超低铂载量。另外，某些负载铂合金，如碳负载 Pt–Ni、Pt–Co 和 Pt–Cr，表现出较高的单位质量铂阴极活性[56,57]。铂–铬/碳合金具有最高的阴极活性（每毫克铂），当在 90 ℃下纯氧操作时，比铂/碳高五倍。这相当于在恒定电流密度下约 40 mV 电压增益。

7.4.2 固体聚合物膜：电解质

正如在燃料电池分类中所描述的，PEM 燃料电池结构、材料的选择和操作的特性，是由所使用电解质（即所谓的质子导电（交换）膜）来定义的。质子交换膜本质上是磺酸固化在聚合物基体主干中，因此又称固体聚合物膜。不同各类的聚合物膜可以作为燃料电池电解质使用，因为它们满足优良电子绝缘体和离子导体（通常是氢离子或质子）的一般要求，并且能够将反应物分离出来，这是通过膜的高质子导电性和低气体渗透性实现的。此外，它们在燃料电池环境中具有化学和物理稳定性，考虑到膜本身具有酸性及暴露在 PEMFC 阴极侧的氧化环境中，这对延长 PEM 燃料电池的寿命是必要的。

质子交换膜属于离聚体或聚电解质一类的材料，其聚合结构中含有许多可电离基团或官能团（例如磺酸、SO_3H 或 SO_3Li、SO_3Na、SO_3K、SO_3Rb 等碱性阳离子盐）在水中分解的物质。这种解离产生了这些基团的两个离子组

---

① 1 公斤 = 1 kg。

② 1 美元 = 6.76 元。

分：一个离子组分固定在聚合物结构上或由聚合物结构保持（所谓的固定离子，如 SO_3^-），另一个离子组分是可移动的、可替换的和简单的离子（也叫作反离子，如 H^+、Li^+、Na^+、K^+、Rb^+）。负离子与固定离子静电缔合，可以与溶液中相同符号的离子自由交换（在水中），因此称为离子交换膜。这些膜对简单负离子是可渗透的，但不允许相反电荷的液体、气体和离子的直接流动。这种相对于电荷符号的渗透选择性是离子在电场传输膜的一个最重要特性，对于膜的实际使用也是如此。

根据固定离子带负电荷或正电荷（或反离子带正电荷或负电荷），膜分别称为阳离子或阴离子交换膜。虽然阴离子交换膜可以为燃料电池应用带来许多优点，如第 1 章所述，但它们直到最近才被制造出来，几乎所有过去的和现在的膜都是阳离子交换型的。也就是说，目前可用的聚电解质以阳离子作为交换离子。在以氢为燃料的电池应用中，阳离子为质子（H^+）。因此，膜必须充分湿润才能有足够的离子导电性。燃料电池必须在这样条件下运行：产物水的蒸发速度慢于其生成速度，且需要加湿反应气体（氢和氧）。因此，膜中的水管理和热管理对于有效电池性能变得至关重要，且相当复杂，需要动态控制以匹配燃料电池不同运行条件。由于膜层的限制和水平衡问题，PEMFC 工作温度限制在 100 ℃左右，通常选择 80 ℃。这种相当低的工作温度要求在阳极和阴极侧使用贵金属作为催化剂，通常要比在 PAFCs 中使用的催化剂质量更高。由于酸性分子（SO_3^-）固定在聚合物上，不能被浸出，而且这些酸性基团的质子在充分湿润时可以自由地通过膜迁移，任何形式的外来阳离子都会阻碍这些活性位点，因此不允许金属与膜接触，使用不含金属离子的高纯度水作为加温剂，以避免膜质子传导性下降。

对高性能膜的要求： 如前所述，质子交换膜燃料电池性能、结构和制造关键取决于电解质膜。虽然很难定义选择和制造理想电解质膜的一般标准和程序，但定义良好性能电解质膜的基本条件是已知的，包括高离子导电性、无电子导电性、无反应性气体交穿、足够的化学和热稳定性，以及在操作条件下足够的物理强度。

这些条件是相互冲突的，目前使用的薄膜是相互平衡这些条件的结果。例如低欧姆极化（或低内阻）高质子电导率意味着膜结构是薄和多孔的，而从混合气中分离反应气体的能力要求膜具有低气体渗透性（即低孔隙率和小孔径）和高固定电荷浓度，足够的机械强度表明膜具有合理的厚度。由于较高电导率和较快反应动力学，PEM 燃料电池在高温下性能总体上有所改善，但这些膜在高温、腐蚀和氧化环境中通常是不稳定的。因此，通常膜是为特定应用量身定做的，针对电池性能和寿命[59]进行了优化，并且使用特定的制造方法和程序。

膜的发展历史与最新进展：离子交换膜用作电解液的想法是由 Grubb 首先提出的，20 世纪 60 年代早期，通用电气公司和其他公司取得了重大进展[60,62]。早期 PEMFC 使用的膜，如美国 Gemini 太空计划使用的膜是烃类聚合物，包括交联聚苯乙烯磺酸（PSSA）和磺化酚醛树脂。图 7.44 所示为它们的化学结构，由线性和交联结构组成。这种烃类聚合物膜的使用寿命非常有限，因为碳氢键断裂导致碳氢膜不稳定，特别是在官能团连接 $\alpha - H$ 原子位置[63,65]。

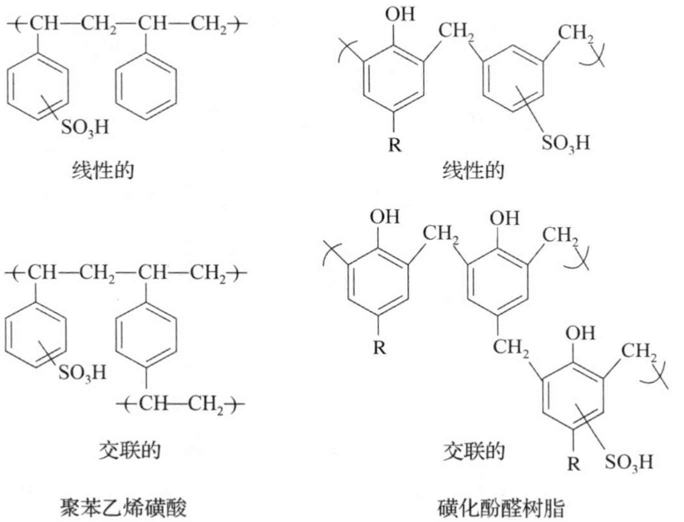

图 7.44　聚苯乙烯磺酸和磺化酚醛树脂（线性和交联结构）化学结构

使用氟原子取代氢原子（所谓的全氟化过程）可以显著延长寿命，因为碳氟键更强。至此，E. I. 杜邦内莫尔公司在"NafionTM"[66]的研制和合成方面取得了技术上的重大突破，在交联 PSSA 膜上表现出良好的稳定性。此后，人们对其抗过氧化物降解的化学稳定性进行了改进，并对碱性 Nafion 均相聚合物薄膜进行了特殊材料性能改性。例如开放式构造可以对聚合薄膜进行氨基化处理以提高其强度，多层不同当量质量的聚合薄膜可以对聚合薄膜进行氨基化处理，甚至可以进行表面处理以改变其表层特性。

通常，Nafion 膜由氟碳聚合物骨架组成，该聚合物主链终止于化学键合的磺酸基团。氟碳聚合物骨架基本上是 PTFE，其疏水性强，用于燃料电池电极除水和预防电极水淹。C—F 键确保了材料的热稳定性和化学稳定性。侧链末端磺酸基是高度亲水的，它们在膜结构中互相吸引保持水分，即所谓的膜的增湿或湿润。在水存在下，来自磺酸基的质子变得可移动，并且以湿润氢离子形式（$H^+(H_2O)_\xi$）通过膜结构，其中，ξ 表示通过膜传输每个质子的水分子数，取决于膜的热处理、膜湿润程度，以及增湿使用的是液体水还是蒸气水。这一点将在本节后面进行更详细地说明。

　　Nafion 和其他全氟磺酸（PFSA）膜在氯碱工业中实现了商业使用，代表了目前用于 PEMFC 最先进的膜，Nafion 膜作为行业标准与其他膜进行常规比较。其他 PFSA 膜还处于发展阶段，如美国陶氏化学公司的陶氏实验膜、日本朝日玻璃公司的 Flemion™（现为杜邦所有）、日本朝日化学工业株式会社的 Aciplex™、美国戈尔公司的 Gore – Select™ 等。所有用于 PEMFC 的 PFSA 膜都具有类似 PTFE 的聚合物主链，侧链以磺酸基结尾。不同之处在于侧链的长度，如图 7.45 所示。长侧链，如 Nafion™，Flemion™ 和 Aciplex™，在磺酸官能团和聚合物主链之间有两个氧原子，而短侧链只有一个氧原子，如 Dow 膜。Gore – Select™ 膜是一种微复合材料，具有较高的机械强度，可以被做得更薄，以减少 PEMFC 高电流工作时的欧姆损耗。

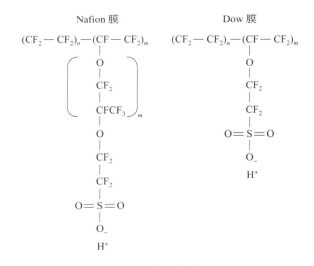

图 7.45　Nafion 膜和 Dow 膜化学结构（$m \geqslant 1$，$n = 6 \sim 10$）

　　这些 PFSA 膜具有许多特性来增强阴极氧还原动力学，这是 PEMFC 中能量损失的最大来源，包括氧在膜电解质中高溶解度（近 10 倍于氧在水中的溶解度），混合亲疏水性能，以及固定化（或固定）阴离子。由于氧还原反应速率通常与氧浓度成正比（一级反应），较高的氧溶解度降低了传质阻力，增加了反应位点氧浓度，从而降低阴极活化极化。亲水性和疏水性区域的布置有利于氧的还原反应，同时固定阴离子，消除了阴离子在铂催化剂表面产生的阻塞效应。

　　如前所述，这些聚合物膜在完全湿润时通常对质子具有很高的导电性（对于 PEMFC 工作环境，水含量通常为质量的 20% ~ 30%，但可能高达

50%）。由于酸分子固定在聚合物主干上，不能被滤出，所以 PFSA 膜的酸浓度也是固定的，不会被产物水或工艺水稀释，这是燃料电池应用电解质的一个显著优势，因为它极大简化了运行期间电解质管理，增强了电池单元寿命。因此，作为酸存在的直接结果，膜质子电导率在燃料电池生命周期内保持不变。

离子交换容量： 在燃料电池运行条件下，膜交换离子的能力取决于膜的酸浓度。膜的酸浓度与膜中离子基团的数量密切相关，通常由两个重要的性质表征：磺酸基团的当量（EW（或离子交换容量））和湿润程度。当量重量定义为

$$EW = \frac{\text{干燥聚合物质量(g)}}{\text{离子交换位点的摩尔数(如固定离子} - SO_3^-)}$$

$$= \frac{1\,000}{\text{离子交换容量}}$$

(7.40)

当量对膜的质子电导率、吸水量和热稳定性有显著影响。一般来说，当量越大，膜越稳定，当量越小，质子电导率和吸水率越高。事实上，在足够低的质量下，膜不再是固态的，而是变成了水。具有较低当量和较小厚度的膜可产生更好的电池性能。但是更薄的膜会增加寄生损失，这与反应物跨膜交窜有关。由于膜在湿润时体积膨胀，降低了膜电解质的酸浓度。更重要的是，膜的质子传导率高度依赖膜的湿润程度，而湿润程度又依赖预处理的热历史及本节后面要探讨的其他因素。

Nafion 和其他 PFSA 膜被选为 PEMFC 电解质，因为它们具有高氧溶解度、高质子传导率（湿润时）、高化学稳定性、高机械强度和低密度的理想特性。商用 Nafion 产品用数字表示，如 Nafion 117，其中前两位数字是当量质量除以100，最后一位数字是干膜的厚度，单位为 J（或千分之一英寸[①]）。多年来，膜型标准号是 Nafion 120（1200EW 和 10 密耳[②]），或 Nafion 117（1100EW 和 7密耳或厚约 175 μm），尽管 Nafion 115（125 μm）和 Nafion 112（50 μm）由于膜厚度的减小而产生了更高的电池性能，但 Nafion 120 和 Nafion 117 仍是实际质子交换膜燃料电池中电解质的工业标准。陶氏膜的当量为 800，因此它能够提供更好的电池性能，但由于不太稳定，寿命大大缩短。其他膜的质量一般在 Nafion 膜和 Dow 膜之间。总的来说，对于磺酸盐膜，实际电化学应用中最感兴趣的水当量范围为 1 100～1 350，相当于 0.741～0.909 meq/g[③]。离子交换容量。陶氏膜的当量为 800，因此它提供了更好的电池性能，但由于不太

---

① 千分之一英寸 = 0.000 025 4 m。

② 密耳即千分之一英寸。

③ 1 meq/g = 原子价×（mg/l）。

稳定，寿命大大缩短。其他膜的质量一般在 Nafion 膜和 Dow 膜之间。总的来说，对于磺酸盐膜，实际电化学应用中当量范围为 1 100 ~ 1 350，相当于 0.741 ~ 0.909 meq/g 离子交换容量。

全氟磺酸膜的结构：这些膜的结构特性直接影响运行特性，从而影响膜性能。对这些膜的三维结构进行了广泛的研究[67,68]。Mauritz 和 Hopfinger 给出了离子聚合物膜的简单结构示例[67]，如图 7.46 所示。膜的性能取决于侧链末端悬的（可电离的）官能团，侧链连接到有机聚合物主链上。燃料电池应用中常见的官能团是磺酸（SO_3H），其固定离子为 SO_3^-，SO_3^- 是亲水性的，其使疏水性聚合物基质暴露于水中会溶胀。传统离子交换膜基质通常通过大分子链之间化学交联变得不可溶，然而，对于全氟化膜来说，基质是不交联的。它是一种带侧基酸的热塑性聚合物，其每 mol 浓度小于 15%，超过这个浓度，全氟化膜就会溶解。

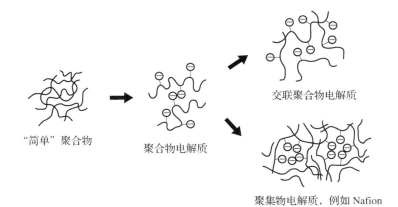

图 7.46　交联聚合物电解质凝胶和带阴离子侧链的亲水 - 疏水相分离离子体系的简单结构[67]

离子聚集体形成全氟化膜和大聚集体，称为簇，由非离子骨架材料和许多离子对组成。因此，膜的结构可以看作是由一个微相分离系统组成的，该系统具有分散的硫富集簇，如图 7.47 所示。如前所述，骨架基质是疏水的，离子簇是亲水的。离子聚集体是非常稳定的，可以将其作为交联位点。与离子基团相互作用的高极性溶剂不会使聚合物溶剂化。因此，一旦湿润，离子团簇就能保持完好。四氟乙烯（TFE）主干的晶区表现为交联点。因此，离子区和非离子区都起到了交联作用，使当量为 1 100 或更高的膜不溶于水。Nafion 膜在疏水有机相中嵌入亲水性团簇中，使其具有离子生成侧链聚集性，因此即使没有化学交联也是无法溶解的。另外，*EW* 值为 970 或更低的膜 TFE 含量较低，一旦湿润后期强度将变弱，甚至是可溶的。

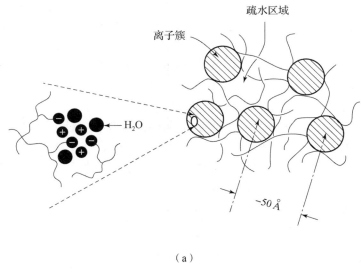

（a）

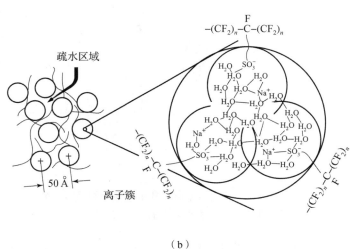

（b）

图 7.47　Nafion 分成疏水氟碳基质和亲水离子团簇区域

（a）负离子是固定离子（SO_3^-），阳离子是反离子，对于 PEMFC 67 来说，负离子应该是质子；

（b）对于 PEMFC，反离子 Na^+ 应该是质子

　　关于全氟磺酸膜微观结构已经提出了各种理论模型[67]。图 7.48 所示为 Nafion 膜干燥和湿润分子结构组织，导致离子团簇的形成，正如理论上假设。对用于质子交换膜燃料电池的 PFSA 膜，磺酸盐浓度较高，可能存在两个或更多微相分离区。事实上，有三个区域被认为是决定聚合物传输特性的重要区域，这种三区域结构模型与聚合物中不同水环境的各种离子扩散结果和光谱

结果一致，如图 7.49 所示[70]。区域 A 由碳氟化合物骨架材料组成，其中一些是微晶形式，区域 C 是离子簇（反胶束状），其中存在大多数极性基团（磺酸根交换位点、反离子和吸附水）。界面区域 B 是较低离子含量的无定形疏水区域。亲水性离子簇（C）和界面区域（B）负责离子传导。这些离子簇网络被认为是通过碳氟化合物主干网络中短而窄的通道相互连接的，如图 7.50 所示[73]。这种结构被描述为反胶束，其中极性磺酸交换位点围绕来自富含聚合物的全氟相球形水域，并且两个簇由通道或孔隙连接，根据水力渗透率和水扩散数据估算其直径为 1 nm。离子在电场中通过膜的传输被认为是通过相互连接的团簇间通道从一个团簇到另一个团簇发生的。

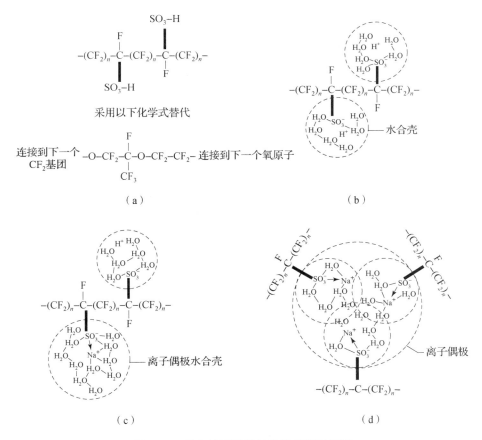

图 7.48　单个钠离子链结构的局部示意图

（a）干燥的磺酸形式；（b）湿磺酸形式；（c）湿离子偶极形成；
（d）湿离子偶极簇的形成

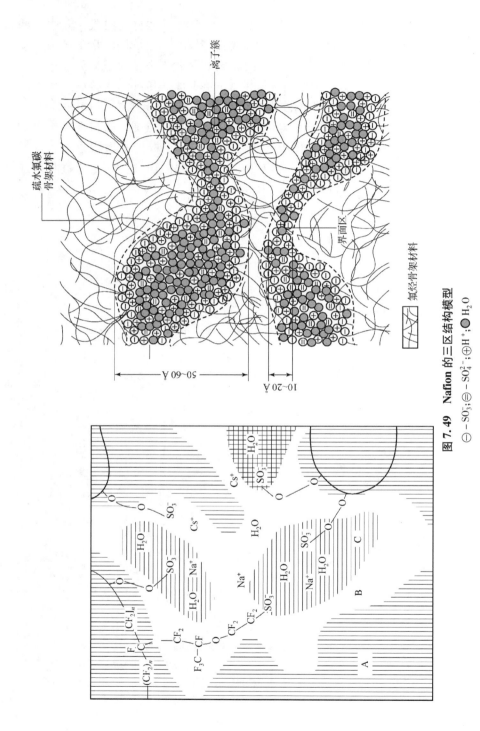

图 7.49　Nafion 的三区结构模型

⊖−SO₃; ⊜−SO₄²⁻; ⊕H⁺; ● H₂O

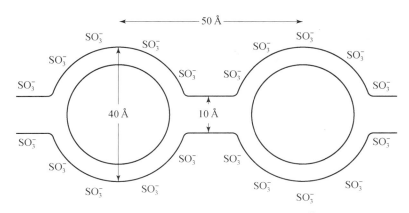

图 7.50 适用于 Nafion 的群集网络模型[73]

在实验数据支持下，开发出了更复杂的模型。最近研究表明[46]，Nafion 膜中离子簇最有可能是球形的，其大小分布和间距随时间变化不大。空间分布的纳米团簇可以足够接近，一旦湿润就会膨胀聚结，从而为离子传输提供渗流路径，而不是纳米团簇间通道。注意，一般认为离子簇存在于 PFSA 膜中，但微结构的细节仍在积极研究中。

有两个问题需要进一步关注。第一个问题是，膜的微观结构很大程度上取决于材料的热历史和湿润程度，在可以实现两相、三相区域或与之偏离的情况下，生成具有不同含水量、离子簇尺寸和集群的组合。因此，膜的传输特性也不同，例如膜的质子电导率。通常的做法是按照制造商要求对膜进行一些预热处理，如文献所述的在水/稀酸中煮沸。它不仅为膜功能制造所需的微观结构，还去除了可能污染膜的杂质。因此，在将膜制成膜电极组件之前，浸泡（煮沸）处理是必要的。为了正确描述膜或质子交换膜燃料电池性能，明确膜的准确预处理是很重要的。

第二个问题是，在 PEMFC 制造和操作过程中应该避免 PFSA 膜可溶解的各种条件。例如部分微晶氟碳骨架可以在高温下熔化。在 250 ℃下，当量为1 100和1 200 的 Nafions 可以溶解在丙醇与水比为 50∶50 和乙醇与水比为 50∶50 中。由于微晶消除而引起压力升高，离子膜还可以化学转化为非离子前体（磺酰氟）形式，在相对温和的条件下溶解。

吸水与膜湿润：PFSA 膜吸水量随水状态和膜预热处理以往的不同而有很大不同，而水的存在决定了膜传输特性。膜吸水量通常用式（7.5）中定义的膜中每个离子交换部位的水分子数之比 λ 来表示，这对表征膜的基本特性更为有用，干燥状态下吸收水的质量与膜在干燥状态下的质量之比来表示膜的吸水率，即

$$Y_w = \frac{\text{膜吸收的水的质量}}{\text{膜在干燥状态下的质量}} = \frac{m_w}{m_m} \qquad (7.41)$$

众所周知，当液体水或水蒸气被吸收时，吸水率（λ 或 Y_w）会有很大变化，这具有重要的意义，因为在质子交换膜燃料电池运行过程中可能会遇到液态水和水蒸气两种情况。影响吸水率的其他重要参数包括膜当量，它表示可用于水吸附亲水离子交换位点的数量；膜中存在的反离子类型，对污染的膜很重要；对伴随水吸附而来的膜体积膨胀的机械阻力。本节将先介绍各种PFSA膜在不同条件下的液相吸水率，再介绍不同条件下 PFSA 膜水蒸气吸水率。下节将讨论膜湿润对膜质子电导率、水扩散系数和水力渗透系数等传输特性的影响。

从液相吸水：如图 7.51 所示，制造商生产的膜最初可以吸收液态水的量随温度升高而显著增加，Nafion 的当量为 1 200。当 Nafion 120 与 180 ℃液态水接触时，Nafion 120 吸水率可达到干膜质量的 100%。所获得膜通常被称为普通（N 型）膜或标准膜。室温下，当反离子为质子时，N 型 Nafion 120 每个磺酸基团可吸附 16.5 个水分子。然而，当反离子为碱或碱金属离子时，根据反离子湿润能力，吸水率大大降低。对于碱性反离子形态，其吸水率随反离子粒径增大而减小，大小顺序为 $Li^+ > Na^+ > K^+ > Rb^+ > Cs^+$。例如 Li^+ 形式的 Nafion 膜在室温下 $\lambda = 14.3$ 个水分子（磺酸分子），而 Cs^+ 形式的膜只有 $\lambda = 6.6$ 个水分子（磺酸分子）。

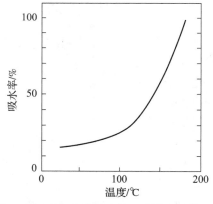

图 7.51　N 型 Nafion 吸水率与温度的函数关系图[68]（当量为 1 200）

吸水通常伴随着膜的体积膨胀。机械强度高的膜具有较高的抗机械变形能力，因此具有抗吸水能力。反离子价态增加能够（即 Ca^{2+} 代替 H^+）提高聚合物强度，减少吸水量和给定膜的膨胀。主要原因是第一，由于电中性要求，聚合物中反离子数量减少；第二，在膜内形成 SO_3^-、Ca^{2+} ……SO_3^- 等三重态，导致离子交联，降低了离子的湿润能力。最终，随着价态的增加，吸水率随反离子类型增加而变得更弱。已经确定 Ba^{2+} 形式膜的 $\lambda = 11.6$，Nafion 120 Zn^{2+} 形式膜的 $\lambda = 14.1$。

吸水性通常随着当量增加而降低（即亲水性官能团的浓度降低），Nafion 磺酸形式的影响结果如图 7.52 所示。虚线表示基于上一小节所描述的微结构离子团形成的理论预测曲线。虽然随着 EW 增大，理论值与实验值有一定的偏差，但在实际范围内（即 $EW = 1\ 000 \sim 1\ 200$），理论值与实验值的偏差在 $\pm 6\%$ 以内。

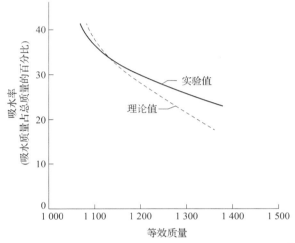

图 7.52 当量对磺酸形式标准钠离子吸水能力的影响[67]

PFSA 膜还可以吸附大量其他溶剂，包括酸性和碱性溶液及醇和其他质子性溶剂。图 7.53 所示为不同当量磺酸盐 PFSA 膜吸水率与 NaOH 浓度的函数关系，图 7.54 所示为三种不同酸性电解质磺酸膜的吸收率与酸浓度的关系。一般来说，溶剂吸收率随酸或碱浓度增加和当量增加而减少。如前所述，较高当量导致单位质量聚合物的离子基因浓度较低。

结果表明，PFSA 膜能在不同溶剂中以磺酸或碱性盐形式吸收大量不同吸收能力的溶剂，因此，保持膜的清洁和不受污染是非常重要的，现在将注意力集中在磺酸形式膜上，这是一种对 PEMFC 应用非常有用的特殊形式。

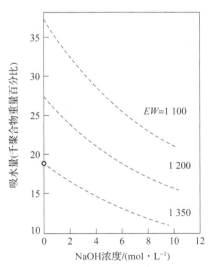

图 7.53 不同当量的全氟磺酸膜吸水率与 NaOH 浓度的函数关系[68]

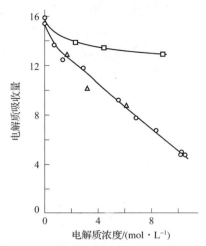

图 7.54　Nafion 电解质吸收量是三种酸性电解质（当量为 1 200）
的电解质浓度的函数（HCl（○）、HBr（△）和 H_3PO_4（□）[68]）

如前所述，预热处理可以改变微结构，从而改变 PFSA 膜吸水能力。如图 7.51 所示，在大约 100 ℃ 高温后，吸水量大幅增加。膜在较低温度下保留相同量的水，即使在室温下干燥，当与等于或低于预处理温度的液态水接触时，膜也将保持相同量的水含量。膜的这种状态通常被称为膨胀（或 E 形式），预处理的记忆效应可以通过在高温下干燥来破坏。另外，假设膜在高温下被加热至完全干燥，则可大大降低吸水率，这种膜处于收缩状态，通常被称为"S 型"。标准或 N 型膜吸水率低于 E 型膜，但比 S 型膜吸水率更高，据报道 E 型膜 $\lambda = 22.3$，N 型膜 $\lambda = 16.5$。表 7.2 所示为热处理历史对三种不同膜吸水量的影响。注意，如果这些膜是酸形式的，即质子交换膜燃料电池中使用的形式，那么它们对这些预热处理特别敏感。因此，必须特别注意实际质子交换膜燃料电池中使用的膜的热处理。

表 7.2　热处理历史对三种不同膜从液态水中吸水的影响 46

膜类型	当量	无热处理		105 ℃ 烘干①					
		湿润温度		再干燥温度					
		$27\ ℃ <$ $T < 94\ ℃$		27 ℃		65 ℃		80 ℃	
		λ	Y_w	λ	Y_w	λ	Y_w	λ	Y_w
Nafion 117	1 100	21	0.34	12	0.20	14	0.20	16	0.26

续表

膜类型	当量	无热处理		105 ℃烘干[①]					
		湿润温度		再干燥温度					
		27 ℃ < T < 94 ℃		27 ℃		65 ℃		80 ℃	
		λ	Y_w	λ	Y_w	λ	Y_w	λ	Y_w
C 膜[②]	900	21	0.42	11	0.22	15	0.30	15	0.30
Dow 膜	800	25	0.56	16	0.36	16	0.52	25	0.56
①膜在此温度下完全脱水；未完全干燥的膜表现为 "无热处理"									
②来自日本氯工程									

导致不同热处理下吸水率不同的物理机制可归结为温度和湿润作用对膜微观结构的综合作用，膜微观结构随温度升高逐渐变为橡胶状，大大降低了膜的机械强度。如果水或另一种极性膨胀溶剂在高温下由液体状态吸收到膜中，那么由于液体中大量水被吸收到离子团簇，膜会处于膨胀状态。即使随后膜在较低温度下冷却或干燥，一旦膜重新浸入液态水（或其他溶剂）中，仍会保持膨胀状态和高吸水率。另外，当膜在高温下完全干燥时，离子团簇坍塌或收缩到更小尺寸，冷却时保持收缩状态。因此，当收缩的膜再次浸入液态水中时，膜吸收的水将减少。

如表 7.2 所示，当量质量降低时，重量百分比 Y_w 表示的吸水率显著增加。由于较高的吸水率通常伴随较高的质子电导率，欧姆极化较小，因此低当量膜更适合于 PEMFC 应用，限制条件是结构稳定性的恶化。据报道，当量质量为 597 陶氏薄膜与薄膜干重相比，甚至可以吸收高达 550% 的水分，但在此条件下膜濒临溶解！

膜对水蒸气的吸附：在实际 PEMFC 中，水蒸气是膜水合的主要形式，特别是阳极侧。膜的湿润作用取决于水在气体混合物中的活度和温度。水蒸气活度定义为在混合气体温度下，水蒸气分压与水的饱和压力之比如下。

$$a_w = \frac{P_w}{P_{sat}(T)} \tag{7.42}$$

图 7.55 所示为 30 ℃下从气相吸收水分的典型吸水等温线。当气相活度 $a_w = 0.15 \sim 0.75$ 时，膜的吸水量随汽相活度增加而缓慢增加，吸收焓较大，约为 52 kJ/mol，高于相同温度下的冷凝焓，约为 44 kJ/mol。这种高吸收焓归因于水的吸收是由膜中离子吸收的。另外，在高水蒸气活度（0.75 ~ 1.0）时，随着活度 a_w 增加，吸水量大幅增加，但吸附焓却小得多，在 $a_w = 1$ 时，吸附焓

约为 21 kJ/mol，低于水的凝结焓。这种行为是由于吸收水填充亚微孔和膨胀膜，伴随较低的吸附焓，例如较弱的水离子相互作用，聚合物基质在膨胀时吸热变形，相对于纯液态水的状态，聚合物基质中氢键程度降低[46]。由图7.55（b）可知，三种不同膜 λ 吸水率几乎相同，因此，图 7.55（a）中三种膜 Y_w 值的差异完全可以归结为三种膜当量的差异。注意，式（7.42）中定义水活度与前文定义的相对湿度相同，这就是相对湿度在反应物气流中的重要性，在前文关于反应物气流加湿和反应物气体分布流场通道设计的章节中进行了广泛讨论。

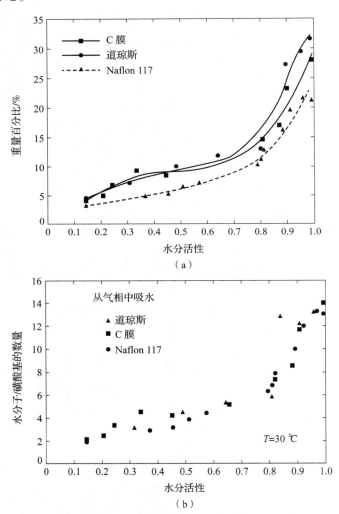

图 7.55　30 ℃下三种全氟辛烷磺酸膜汽相吸水率与水蒸气活度的函数关系

（a）重量百分比，Y_w；（b）水分子/磺酸基的数量，λ[46]

　　注意，图 7.55（b）所示 $\lambda = 14$（从汽相中吸水），而表 7.2 中给出从液体中吸水的 λ 大于 20。显然，对于类似的膜，即使水的活度相同，来自液体（$a_w = 1$）和饱和水蒸气状态（$a_w = 1$）的吸水量也不相同。类似的例子已经在几个聚合物（溶剂体系）中观察到，由施罗德在 1903 年首次报道，这种现象被称为施罗德悖论。有证据表明，膜表面在与水蒸气（无论是否饱和）接触时，表现为高度疏水聚四氟乙烯，当与液态水接触时则变得亲水，如图 7.56 所示。当液体水滴在膜表面推进时，润湿了更多表面区域，膜内最初亲水性磺酸部分（当与表面上水蒸气接触时）扩散到表面呈液态水喷出，从而使表面更亲水，当液态水润湿表面时发生更多的吸水。另外，从汽相吸收水涉及疏水表面上水的凝结，导致从汽相吸收较少的水。

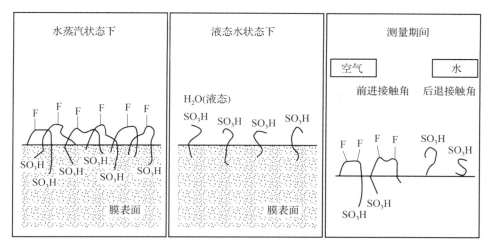

图 7.56　全氟辛烷磺酸膜与水蒸气和液态水接触时的表面形貌图
（解释了膜从液体和水蒸气吸收水的不同之处）

　　图 7.57 所示为 Nafion 117 在 30 ℃ 和 80 ℃ 时吸水率，后者对应质子交换膜燃料电池典型工作温度。虽然吸水量在水蒸气活度较低时，随温度升高略有增加，在 70 ℃ 以上高活度时，随温度升高而降低，尤其是饱和水蒸气的湿润作用。在其他全氟磺酸（PFSA）膜中也观察到了这种行为。

　　在 PEMFC 建模和分析中，基于 Nafion 117 吸附等温线的经验关联法经常被用于观测膜吸水量。如图 7.55（b）所示，提供了水活度最大值 $\lambda = 14$，这是由于从水蒸气相中吸收了水，在液态水[74]存在情况下，浸入 80 ℃ 水中 Nafion 117 的最大水活度 $\lambda = 16.8$ 是可能的。假设当水蒸气摩尔分数达到 $3x_w$ 饱和时，水含量 λ 在 14 ~ 16.8 线性变化，如下所示。

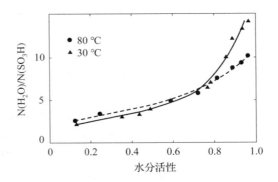

图 7.57 Nafion 117 在 30 ℃ 和 80 ℃温度下吸水率与水蒸气活度的关系

$$\lambda = \begin{cases} 0.043 + 17.81a - 39.85a^2 + 36.0a^3, & 0 < a = \dfrac{x_w P}{P_{w,\text{sat}}} \leqslant 1 \\[3mm] 14 + 1.4(a - 1), & 1 < a = \dfrac{x_w P}{P_{w,\text{sat}}} \leqslant 3 \end{cases} \tag{7.43}$$

尽管上述相关性已被广泛用于质子交换膜燃料电池建模，但必须注意的是，如图 7.57 所示，吸水率与温度是不存在关联式的。如前所述，在大约 80 ℃ PEMFC 操作温度下，从饱和水蒸气中吸收水分的最大湿润作用（$\lambda = 14$）被降低。

注意，水蒸气加湿膜是一个非常缓慢的过程，测量时应小心，以保证湿润完全，吸水也受膜的预热处理影响。因此，在参考文献实验结果时，应该谨慎。

水在膜结构中流动性取决于膜湿润程度。在高吸水情况下，它与自由水没有显著差异，类似膜中自由水的形态。但随着含水量减少，水的运动受到越来越大的阻碍。在较低水平的膜湿润作用下，膜中水被离子吸收，因此离子水和离子相互作用很大程度上限制了水运动，膜中液体表现为一种浓酸溶液。与图 7.56 类似，膜内亚微孔壁面亲水性侧链动态取向或翻转也会阻碍水运动。因此，质子电导率、水扩散系数和电渗透阻力系数等输运特性预计会随膜含水量和亚微甚至纳米结构变化而变化，这些将是下一节的主题。

膜的传输特性：质子导电性是质子交换膜燃料电池最重要的传输特性，因为它直接决定欧姆极化和能量转换效率。然而，PFSA 膜质子电导率与膜湿润程度密切相关，而湿润程度又取决于 PEMFC 动态工作下膜中传输水的各种机制，如第 7.2 节所述。膜内瞬时水分布由水扩散、水力渗透和电拖曳决定，因此水扩散系数、水力渗透系数和电拖曳系数是决定膜湿润的重要传输特性。此外，氢气和氧气透过膜的能力对催化剂表面电化学反应和分离混合反应气体是重要的。因此，膜中氢氧气体渗透性或扩散系数是决定膜是否适合的一个因素，这些特性都将在本小节中进行介绍。

质子电导率：PFSA 膜在干燥状态下为绝缘体，在湿润时呈导电性。Nafion 聚合物导电[68]暴露在潮湿大气中时，$\lambda = 6H_2O/SO_3^-$。与其他导电介质类似，薄膜质子电导率是由载流子（质子）密度和迁移率的乘积决定的。当膜的当量质量为 1 100 时，膜中质子密度与 1 M 硫酸水溶液中质子密度相当，完全湿润膜中质子迁移率比水溶液中要低一个数量级。因此，完全湿润膜电导率至少比无溶剂离子导电聚合物在相同温度下高 3 到 4 个数量级[46]。

图 7.58 所示为 30 ℃下 PFSA 膜质子电导率与湿润 λ 的函数关系。图 7.58（a）显示，随水含量降低，三种膜的质子电导率也会降低，下降几乎是线性的，直到 $\lambda \approx 6$，观察到电导率呈现更陡的下降。这可能是由于在水含量如此低的情况下，一些质子可能会因静电效应而与磺酸基结合（即一些磺酸基可能是未解离的），从而使质子迁移率大大降低。对于 λ 值处于 6 ~ 22，质子迁移率与膜中水迁移率密切相关，其行为类似自由水。而聚合物基体仅作为多孔结构，在体积上阻碍质子和水运动。这说明 PFSA 膜中质子电导率随膜湿润的变化可能遵循 Bruggeman 型关系如下。

$$\kappa_m = 0.54\kappa_e(1 - V_P)^{1.5} \tag{7.44}$$

式中，κ_m 表示膜的电导率，κ_e 表示与膜中磺酸浓度相同当量硫酸溶液的电导率，V_P 表示湿润膜中聚合物的体积分数。膜湿润后体积会膨胀，κ_e 会轻微减少。与此同时，V_P 也有所下降，对 V_P 值的强烈依赖使膜电导率 κ_m 会随湿润程度 λ 值增加而减小。关系式已得到验证，并很好地解释 λ 在 6 ~ 22 时质子电导率随湿润程度的变化。

实际上，质子在膜中运动与在酸性水溶液中运动不同，因为膜中质子在每一次从固定阴离子位置跳跃或跳跃前后到另一个固定阴离子位置的基团时都需要固定的磺酸基团来稳定。当 $\lambda = 22$ 时，高浓度磺酸基团和携带它们的侧链迁移能力似乎满足了质子运动过程中质子稳定的要求。当 λ 大于 22，膜体积膨胀降低了酸浓度，增加了侧链之间的分离距离，越来越不能满足质子稳定的要求，导致膜电导率逐渐降低，如图 7.58（b）所示。实际意义是，膜最大电导率是通过将膜浸泡在沸水中获得的（E 型），而对于燃料电池应用来说，其他吸收膜中水的外部方法被证明是不必要的。

考虑到 Nafion 117、Nafion C 膜和 Nafion Dow 膜当量分别为 1 100、900 和 800，如图 7.58（a）所示，在高含水量时，膜电导率随当量降低而增加。这是符合预期的，因为质子（酸基）浓度随当量降低而增加。但是，当 λ 部分湿润程度低于 10 时，Dow 膜电导率比 C 膜小，表明质子迁移率的影响超过了质子浓度变化，意味着质子跃迁过程更加复杂。质子在膜中传输的确切机制

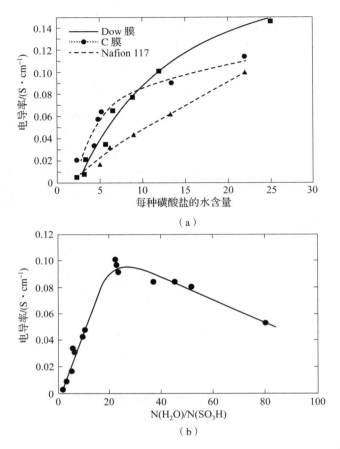

（a）

（b）

图 7.58　膜湿润对 30 ℃时质子电导率的影响
（包括在热甘油中预处理的膜的数据（λ > 22））
（a）未经热甘油预处理；（b）经过热甘油预处理

仍在积极研究中。Nafion 117 电导率与温度 T（单位为 K）和膜湿润程度之间建立经验关联式[74]为

$$\kappa_m = \exp\left[1\,268\left(\frac{1}{303} - \frac{1}{T}\right)\right] \times (0.005\,130\lambda - 0.003\,26) \quad (\text{S/cm}) \qquad (7.45)$$

式中，膜湿润程度可由式（7.43）确定，式（7.45）可用于 PEMFC 中常遇到的由水蒸气加湿 Nafion 117。

水自由扩散系数：水在膜中扩散系数是计算水从膜阴极侧到阳极侧扩散所必需的，即所谓的反向扩散，它与膜的湿润作用密切相关。在实验中，由于分子的随机运动，通过均匀湿润膜中的示踪剂，能够相对容易地测量自扩散系数。在 30 ℃和 80 ℃下，水自由扩散系数的测量结果如图 7.59 所示。一般而言，水自由扩散系数在相同湿润度范围内是相似的。在相同湿润水平下，水自由扩散系数随水含量和温度变化趋势也是相似的。对于高温甘油预处理 Nafion 117，其吸水量过高，例如 $\lambda = 80\ H_2O/SO_3^-$，假设将预处理温度提高至 225 ℃，随后浸入 30 ℃ 液态水中，相应的水自由扩散系数高达 $1.7 \times 10^{-5}\ cm^2/s$，仅略小于液态水中水自由扩散系数，其在 30 ℃ 时约为 $2.2 \times 10^{-5}\ cm^2/s$，而在 30 ℃ 温度下，Nafion 117 水自由扩散系数约为 $2.7 \times 10^{-5}\ cm^2/s$，仅略低于液态水的值（在 30 ℃ 时约为 $2.2 \times 10^{-5}\ cm^2/s$）。当 Nafion 膜被饱和水蒸气加湿时，水自由扩散系数仅比液态水的值低 4 倍左右。

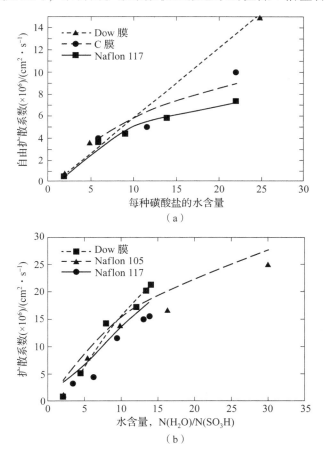

图 7.59　水在几种全氟辛烷磺酸膜中自由扩散系数与膜湿润的函数关系[46]

（a）30 ℃；（b）80 ℃

　　注意，由于仪器误差，图 7.59 中显示的自由扩散系数值可能过高，特别是在最低含水量处，该值可能比实际值高两倍[46]。自由扩散系数是在膜湿润均匀时测量的，整个膜通常称为扩散内系数，适用于 PEMFC 操作中完全湿润膜。在实际应用中，PEMFC膜在动态运行过程中可能会在阳极侧部分干燥，而在阴极侧仍然保持完全湿润。在这种水活梯度下，合适的膜中水自由扩散系数也就是相互扩散（或浮力扩散）系数，与图7.59中给出的自由扩散系数有关[46]。

建立了Nafion 117中水自由扩散系数经验关联式，该关联式表示温度和膜含水量的函数为

$$D_{w-m} = 10^{-6} \exp\left[2\,416\left(\frac{1}{303} - \frac{1}{T}\right)\right] \times (2.563 - 0.33\lambda + 0.026\,4\lambda^2 - 0.000\,671\lambda^3)$$

$$(7.46)$$

式中，水在膜中自由扩散系数 D_{w-m} 单位为 cm^2/s，温度 T 单位为K，膜湿润 λ 可由式（7.43）确定。

电渗阻力系数：电渗阻力系数 $\xi(\lambda)$ 和水自由扩散系数一样，也是膜的一种特性，它取决于均匀的膜含水量。换言之，电渗阻力系数定义为在无浓度梯度和无压力梯度的情况下，通过膜传输质子与水的摩尔之比。对于浸泡在液态水中Nafion膜，早期的测量表明，在 $15 \leq \lambda \leq 25$ 下，$\xi = (2-3)$ H_2O/H^+ 随水含量的降低而线性下降，且 ξ 值随当量质量减小而略有下降。[75]最近测量给出了当量为1 100完全湿润Nafion膜 $\xi = 2.5$ H_2O/H^+（$\lambda = 22$），以及 $\xi = 0.9$ H_2O/H^+（$\lambda = 11$）。[76]在同一研究中，对于完全湿润C膜，测得 ξ 值高达 $4H_2O/H^+$。

对于水蒸气增湿的膜，Fuller和Newman[77]指出，当 $5 \leq \lambda \leq 14$ 时，$\xi = 1.4H_2O/H^+$，而 λ（Nafion 117）从5逐渐降至0。Zawodzinski等人进行了类似测量，对于相同的Nafion 117膜，当 $1.4 \leq \lambda \leq 14$ 时，$\xi = 1.0$ H_2O/H^+。这种差异归因于采用相同测量技术的数据拟合过程。据报道，几种从水蒸气中吸水的PFSA膜在很大水含量范围内阻力系数接近 1.0 H_2O/H^+[79]。不同膜在明显不同水分含量下阻力系数的不变性可以解释为所有膜都有类似的质子传输机制，例如质子溶剂化和局部水结构[46]。

水力渗透率：如式（7.7）中定义水力渗透率 κ_{hyd} 与水通过膜的表面速度有关，通常表示为水力渗透率 κ_P 与孔区中水速度和膜中水体积分数 $\epsilon_{w,m}$ 的乘积，即

$$\kappa_{hyd} = \kappa_P \epsilon_{w,m}$$

$$(7.47)$$

式中，κ_P 值通常取 1.8×10^{-14} cm，而水体积分数取决于膜的湿润 λ。通常假定为以下线性关系。

$$\epsilon_{w,m} = \epsilon_{w,m,\max}\left(\frac{\lambda}{\lambda_{\max}}\right)$$

$$(7.48)$$

对于 Nafion 117，如前所述，对于存在液态水蒸气相的加湿，$\lambda_{\max}$ 可达到 16.8。最大水体积分数（$\varepsilon_{w,m,\max}$）发生在膜完全水化，且在不同膜上有很大差别[81]。基于 Wakizoe 等人的测量[81]，Nafion 117 最大水体积分数 $\varepsilon_{w,m,\max}$ 可取为 0.35。

氢气和氧气自由扩散系数：反应物气体通过膜的传输要求是矛盾的：一方面，为了避免电池性能降低和潜在危险发生，膜需要较低的扩散系数（因此反应气体传输速率低），将燃料和氧化剂气体从混合气中分离出来；另一方面，催化剂层中产生电能的电化学反应是多相的，发生在被膜电解质包围的催化剂表面，如图 7.9 所示。覆盖在催化剂表面的膜电解质对反应有序进行至关重要，因为它为质子转移提供介质，避免反应产物在阳极催化剂层堆积，并为阴极反应转移质子充当反应物。这对反应物气体（氢气和氧气）到达催化剂表面造成了巨大的挑战，为了尽量减少与传质阻力相关的电池性能损失（或反应部位的反应物损耗），优先选择高扩散系数的氢气和氧气。

实际 PEMFC 设计仍需要进行优化。对于催化剂层，膜过少会增加质子传递阻力，膜负载过多会增加反应物传递阻力，因此催化剂层存在最佳膜负载。文献中的实验和模型研究表明，确定各种操作和设计条件下最佳膜载荷[82]。对于具有固定扩散系数的膜，在反应物跨界和质子传输阻力引起的欧姆极化之间，可以优化膜电解质区域厚度。任何反应物交叉都代表燃料效率损失，除非反应物被氮气之类的惰性气体净化，否则在卸载期间这种转换将继续进行。惰性气体净化在固定式发电应用中很容易实现，但在城市道路驾驶条件下车辆需要频繁停车（卸载）时是不可行的。

了解氧和氢扩散系数的重要性，人们开始进行实验测量，建立了半经验关联式。对于完全湿润 Nafion 117，Srinivasan 等人给出了氧扩散系数[83]为

$$D_{O_2-m} = 2.88 \times 10^{-6} \exp\left[2\,933\left(\frac{1}{313} - \frac{1}{T}\right)\right] \quad (\text{cm}^2/\text{s}) \qquad (7.49)$$

类似地，氢在完全湿润的 Nafion 117 膜中扩散系数为[80]

$$D_{H_2-m} = 4.1 \times 10^{-3} \exp\left(-\frac{2\,602}{T}\right) \quad (\text{cm}^2/\text{s}) \qquad (7.50)$$

式（7.49）和式（7.50）中，温度单位为 K。

注意，氧气和氢气在湿润膜中溶解后，氧气和氢气通过膜自由扩散，溶解过程代表膜和反应气体界面的传质阻力。由于膜与水是湿润的，所以溶解过程类似气体在水中溶解，遵循亨利定律表示为

$$C_i = \frac{P_i}{H_i} \quad (\text{mol}/\text{cm}^3) \qquad (7.51)$$

式中，C_i 是膜（或液）侧气（或气液）界面上气体浓度，$P_i(\text{atm})$ 是气侧同一界面上 i 气体的分压，亨利常数 H_i 单位为 $\text{atm} \cdot \text{cm}^3/\text{mol}$。

氧在湿润 Nafion 117 膜中溶解，亨利常数为[80]

$$H_{O_2-m} = \exp\left(-\frac{666.0}{T} + 14.1\right) \tag{7.52}$$

典型质子交换膜燃料电池工作温度为 80 ℃，$H_{O_2-m} = 2.015 \times 10^5 (\text{atm} \cdot \text{cm}^3/\text{mol})$，比同一膜中氢气溶解亨利常数小约 50%；在相同温度下，$H_{H_2-m} = 4.5 \times 10^5 (\text{atm} \cdot \text{cm}^3/\text{mol})$。注意，与 H_{O_2-m} 相比，H_{H_2-m} 是一个弱得多的温度函数，因此可在较小温度范围内近似为一个常数。

在完全湿润膜中溶解氧气和氢气亨利常数比溶解在液态水中氧气和氢气的值小一个数量级，后者为[84,85]

$$H_{H_2-w} = 1.43 \times 10^6 (\text{atm} \cdot \text{cm}^3/\text{mol}), \quad H_{O_2-w} = 1.24 \times 10^6 (\text{atm} \cdot \text{cm}^3/\text{mol}) \tag{7.53}$$

因此，氧气和氢气在 Nafion 膜中溶解度比在液态水中溶解度高，在膜电解质中溶解度越高，传质阻力越小，电化学反应速度越快。

湿润膜中的体积膨胀和浓缩：众所周知，当水被吸收（或湿润）时，PFSA 膜体积会膨胀。作为体积变化的结果，电荷固定位置浓度也随之变化，因此，酸浓度也会发生变化，表现为与膜湿润程度 λ 的依赖关系。Zawodzinski 等人[74]测量了 Nafion 117 从干燥状态到完全湿润状态的膜膨胀。假设体积膨胀与膜湿润成线性关系，那么湿润膨胀膜中固定电荷位置浓度和水的浓度可以表示如下。

$$C_{fc} = \frac{\rho_m^{\text{dry}}}{EW} \frac{1}{(1+\delta\lambda)}, \quad C_w = \lambda C_{fc} = \lambda \frac{\rho_m^{\text{dry}}}{EW} \frac{1}{(1+\delta\lambda)} \tag{7.54}$$

式中，ρ_m^{dry} 表示干膜的密度，EW 表示膜的当量质量，通常体积膨胀系数 δ 是通过实验确定的。对于 Nafion 117[74]，δ 值确定为 0.012 6。

综上所述，应当关注的是 Nafion 的特性和传输特性，因为它是目前最好的标准膜，尽管它不是质子交换膜燃料电池电解质的理想膜。对更好的膜探索工作仍在继续，其他膜的特性，如 Flemion、Gore – Select 等，都可以在相关文献中找到[86]。

7.4.4　膜电极组件制作

膜电极组件（MEA）构成了单个质子交换膜燃料电池（PEM）燃料电池基本结构，也是 PEMFC 电池组核心部件，因为它是 PEMFC 电池组中产生电能的唯一部件，其他电池组件只是为了促进和实现获得持续稳定电能而设置的。电化学反应、欧姆损耗和质量传输现象的综合作用主要决定了电池组性能。为了解决氧还原动力学缓慢的问题，降低 PEMFC 系统成本，经常会使用高分散的铂催化剂，意味着可以使用超细纳米催化剂颗粒。在制造组件过程中，至关重要的是要使昂贵的催化剂在电化学反应中得到有效利用，许多设计和制造技术已经发展，以实现最高催化剂利用率。表 7.3 所示为 MEA 制造开发的两种通用技术，在 MEA 制造过程中，催化剂层的制备和应用是根据电极背层（由碳布/纸制成）或膜电解质进行分类的。必须强调的是，电极和膜之间良好的结合是至关重要的，因为电极和膜表面之间任何水膜和气体层都可能产生极高的接触电阻[46]。

表 7.3　催化剂层制备和应用技术（或方式）[46]

首先黏合到膜上		首先黏合到碳布/纸上	
模式	应用	模式	应用
1	热压铂黑/聚四氟乙烯层	4	离聚体浸渍 Pt/C//PTFE
2	膜上铂的化学沉积	5	B1 + 溅射铂层
3	热压 Pt/C//离聚体层	6	碳/离聚体界面电沉积铂催化剂

附着在膜上的铂黑催化剂：与表 7.3 所示的模式 1 对应，将铂黑催化剂直接黏合到离子交换膜上是制造 MEA 最古老的方法，例如最初美国的专利[87]，由于该技术生产的 MEA 具有很高的可靠性，目前仍在使用中。细碎的铂黑色粉末首先与黏合剂混合，通常是聚四氟乙烯（PTFE）。生成的 Pt/PTFE 混合物从乳液中形成膜，再直接施加到膜表面形成活性层。在适当温度和压力条件下（通常称为热压），实现活性层和膜之间的结合。导致与膜传输的两个主要问题：大部分远离膜电解质的催化剂颗粒没有被膜电解质包围，这是因为膜的热塑性和渗透性有限（催化层总厚度为 $20 \sim 25~\mu m$，渗透率小于 $4~\mu m$），因此向这些催化剂颗粒提供质子的有效手段不存在，并且由于缺乏质子，这些催化剂颗粒在电池运行过程中没有得到利用；另外，对于深埋在膜中的催化剂颗粒，由于气体溶解度有限，自由扩散系数低，反应气体很难到达。因此，这些催化剂颗粒在凝固过程中由于缺少反应物气体而再次未被利用，铂催化剂整体利用率低于 5%。铂的分散性和低利用率等综合效应导致铂催化剂的高负载，通常为 $4~mg~Pt/cm^2$。这类技术的进一步发展和改进可以参考文献[88]。

铂黑催化剂直接结合到膜表面的化学沉积技术也在不断发展，对应表 7.3 中模式 2。一种方法是将膜的一边暴露在金属阴离子盐（$PtCl_6^{2-}$）中，另一边暴露在还原剂（例如 N_2H_4）中。还原剂通过膜自由扩散，与金属盐溶液反应，在膜表面形成铂膜。[89]这项技术已被人们改进为两步过程：膜带 Pt 阳离子（$Pt(NH_3)_6^{4+}$），使膜的一个表面暴露在阴离子还原剂 $NaBH_4$ 中。膜内部的铂离子自由扩散到膜表面，与还原剂反应，在膜表面形成铂膜[90,91]。所形成的铂膜颗粒相对较大，直径在 10 ~ 50 nm，嵌在膜表面几微米内。在电池运行过程中，反应物气体、电子和质子很难到达所大部分嵌入铂催化剂粒子。

黏结在电极衬层上的碳载铂催化剂：该技术将碳载体铂催化剂颗粒与聚四氟乙烯（PTFE）、Nafion 溶液和一些有机溶剂混合，得到混合物涂抹在多孔碳纸（碳布）表面。在随后电极预热处理中，有机溶剂被灼烧（或蒸发）以形成疏水孔。浸渍 Nafion 溶液的电极经过预热处理后，热压到膜上，制成 MEA。催化剂层通过重铸离聚物浸渍 Nafion 溶液，保证了质子运输到活性位点的有效通道。催化剂层经过聚四氟乙烯处理的疏水孔供给活性位点反应物气体，高导电碳载体内良好的连接性保证了电子从活性位点到活性位点的传输。Nafion 溶液浸渍成功解决了缺乏有效质子进入活性中心的问题。Raistrick[50]首先认识到有效质子进入催化剂表面的重要性，并率先将这项技术用于 MEA 制造。

催化层在碳纸（布）上应用可通过刷漆、喷涂、丝网印刷等方式实现。每种方法都需要催化剂颗粒、聚四氟乙烯和离聚体混合物的不同配方。例如在刷漆前将混合物制成糊状，在喷涂前用催化剂颗粒悬浮液稀释溶液，在丝网印刷前将混合物制成墨水状溶液。显然，混合物准确配方通常是保密的。在质子交换膜燃料电池（PEMFC）技术可行性论证项目中，为了保证 MEAs 的重现性、耐久性和高性能，常采用铂黑作为催化剂。通常使用 10%（质量分数）Pt/C 和 20%（质量分数）Pt/C 等碳载体铂作为催化剂。负载型铂金属颗粒可以比铂黑颗粒小得多，碳负载形式很容易获得直径为 2 nm 铂黑颗粒，而铂黑颗粒直径通常为 10 ~ 50 nm。这种增加铂分散性及进入活性中心的有效质子、电子和反应物气体提供了提升 PEMFC 性能的途径，大大降低了铂载量（0.4 mg Pt/cm^2），比传统铂载量低一个数量级。10% Pt/C 催化层厚度通常为 100 μm，20% Pt/C 催化层厚度通常为 50 μm。这些催化层的厚度是相当大的，由于质量扩散速度限制，氧气只能穿透催化层的一小部分，因此催化剂利用率仍然相当低[82]。

显然，优化催化剂层组成和结构是获得良好电池性能与低催化剂负载的必要条件。例如 Nafion 溶液浸渍量[92,93]、催化剂类型（碳负载铂的百分比）[94]、离子浸渍前在碳电极表面溅射一层铂薄膜[56]、催化剂层中 PTFE 含量[52]。Johnson Matthey 和 Ballard Power system 研究团队最近的一项研究表明[2]，40% Pt/C 是最佳催化剂层，厚度为 20 ~ 25 μm，铂利用率超过 60%。与 10% 或 20% Pt/C

催化层相比，更薄的催化剂层允许更多有效质子和反应气体进入活性位点。结果表明，在氢气和空气环境中，功率密度大于 $0.4~W/cm^2$ 时，可实现 $0.11~mg~Pt/cm^2$ 低铂催化剂负载，符合轻型汽车应用目标。通过将铂直接电沉积到多孔碳电极上，可以实现超低铂催化剂负载[51]，催化剂负载低至 $0.05~mg~Pt/cm^2$。

与之相关的问题是，在将催化电极与膜黏结的热压过程中，应优化黏结温度、压接压力和持续时间等条件。通常采用热压技术使电极与膜之间形成良好束缚。然而，MEAs 组装到电池（电堆）结构后，在电池（电堆）操作过程中被加湿，膜随湿润显著膨胀，而碳载体和铂颗粒在暴露于水中时尺寸不会改变。因此，可能会产生局部裂纹和部分分层，从而提高电池内阻，影响所制备 MEAs 的重现性和可靠性。

黏结在膜上的碳载铂催化剂：该技术 95 采用重铸离聚物取代传统的聚四氟乙烯，将催化剂层结构黏结在一起，以保证有效质子进入活性位点，通过非常薄（厚度 < 10 μm）的催化剂层即可实现非常低的催化剂铂载量（$0.12\sim0.16~mg~Pt/cm^2$）。对于这种不含 PTFE 的薄膜催化剂层，即使在没有疏水组分的情况下，也可实现厚度为 5~7 μm 的气体穿透，从而获得良好催化剂利用率和电池性能。

制作过程通常包括三个步骤。首先，将催化剂（即 20% Pt/C）和适量 5% Nafion 溶液混合均匀（混合数小时）至涂料中。负极催化剂层的负载催化剂与 Nafion 溶液的相对比例为 5 : 2 到 3 : 1，负极催化剂层的相对比例稍低（低至 1 : 1）。可将甘油与 Nafion 溶液 1 : 1 的量添加到混合物中，以提高催化剂颗粒悬浮液的稳定性和生成油墨的可涂性。油墨中 Nafion 最初以质子形式存在，随后向油墨中加入 1 M TBAOH（四丁基铵），Nafion 转化为 TBA^+ 形式。膜结构中大 TBA^+ 反离子有效掩盖了阴离子位点，并减少了聚合物侧链之间离子相互作用，这是一种保护措施。然后，薄膜催化剂层通过复杂的贴花过程或简单地将油墨直接浇铸在薄膜上。最后，对催化膜再湿润，催化剂层中 TBA^+ 形式被转换为质子形式。通过将催化膜浸入在 0.5 M 硫酸中微沸数小时，再用去离子水冲洗来实现的。MEA 最终是通过将两个碳电极热压到清洁催化膜上而制成的。

图 7.60 所示为不同制造工艺制成的催化层结构，并比较了在空气中运行的阴极催化层的相应催化剂利用率（如图 7.61 所示）。显然，薄膜催化层黏结在膜上的技术可以产生更高催化剂利用率，特别是在更高电池功率密度（即更高电池电流密度或更低电池电压）下，这是因为质子和氧气更容易进入活性位置（或减少了质量传输过程阻力）。

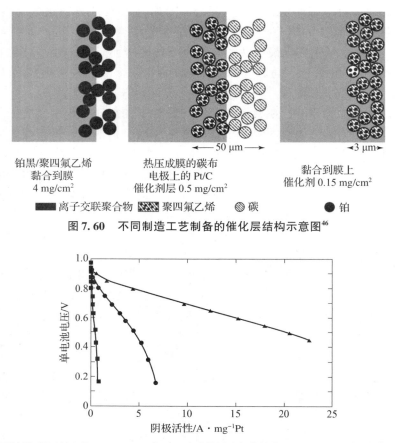

铂黑/聚四氟乙烯　　　　　　热压成膜的碳布　　　　　　黏合到膜上
黏合到膜　　　　　　　　电极上的 Pt/C　　　　　　催化剂 0.15 mg/cm²
4 mg/cm²　　　　　　催化剂层 0.5 mg/cm²

■ 离子交联聚合物　　▨ 聚四氟乙烯　　◎ 碳　　● 铂

图 7.60　不同制造工艺制备的催化层结构示意图[46]

■铂黑/聚四氟乙烯（4 mg Pt/cm²）；●离聚体浸渍气体扩散电极（0.45 mg Pt/cm²）；

▲Pt/C//离聚体复合薄膜（0.13 mg Pt/cm²）[46]

图 7.61　不同类型催化剂层的空气阴极催化剂利用率

7.4.5　双极板

在 PEM 燃料电池中，MEA 位于两个流体不渗透的导电板之间，通常分别称为阳极板和阴极板。这些极板作为集流器，为厚度薄和机械强度弱的 MEA 提供结构支持，极板分别为阳极和阴极提供燃料和氧化剂，并去除燃料电池运行期间产物水。当反应物在阳极和阴极板上形成流动通道时，通常称为流体场板。当流动通道在同一极板两侧形成时，一侧作为阳极板，另一侧作为相邻电池的阴极板，该极板通常称为双极（分隔）板。通常，一种反应物在平板的一侧流动，冷却液在同一平板的另一侧流动，这些平板必须保持燃料、氧化剂和冷却液分开。由于 MEA 厚度非常薄（小于 1 mm），双极板几乎占据了燃料电池组全部体积，约占电池组质量的 80%，占电池组成本的 60%。因此，双极板是提高 PEMFC 电池组功率密度和降低成本的主要挑战工程。

PEMFC 电池组中双极板最常用的材料是石墨，具有良好的导电性和耐腐蚀性，且密度低（质量轻）。然而，石墨相当易碎，很难机械处理，与金属相比，其导电性和导热性也相对较低。此外，石墨多孔性很好，几乎不可能制造出非常薄的不透气板，对于轻质、低体积、低内阻燃料电池组是很理想的。通常情况下，石墨被树脂浸渍以提高力学强度和流体防渗性。石墨板的组成和制造方法参考文献[12]。

流体流动通道在横截面上通常是矩形的，尽管已经探索了例如梯形、三角形、半圆形等其他构型。流道通道宽度和深度 1~2 mm，这是由于摩擦损失造成流体压力的损失。在双极板上构建流体流动通道最常见的方法是在坚硬浸渍树脂石墨板表面雕刻或铣削流动通道。由于工艺操作过程、板渗透率和力学性能，这些制造方法在可实现的最小厚度上有很大限制。例如双面流场板实际最小厚度约为 2 mm（实际约为 6 mm）。此外，树脂浸渍石墨板是昂贵的，无论是原材料成本还是机械加工成本。石墨板表面的流道和类似工艺会造成显著刀具磨损，需要大量加工时间。因此，石墨不是 PEMFC 电池组中双极板的理想材料。

已经探索了双极板的替代材料和制造方法，例如碳 – 碳复合材料注射成型后在 2 500 ℃ 热处理中实现石墨化；石墨注射填充聚合物树脂模型和压缩成型，以及石墨粉末类似油墨溶液的丝网印刷技术。然而，高温热处理不仅价格昂贵，而且热变形和扭曲难以精确控制板的尺寸；导电聚合物电子导电性低，丝网印刷板耐腐蚀性低。因此，金属被认为可能是用于轻质双极板的低成本材料[36,96]。

金属机械强度要高得多，而且是不透水的，因此双极板可以制造很薄厚度，便于搬运和电池组组装；更高的金属导热和电子传导性有可能改善电池组性能。双极板可由三块金属部件组装在一起或将金属板件整体冲压成形。金属片可以由耐腐蚀金属制成，也可以由易腐蚀金属制成，这些金属都被涂上耐腐蚀外层。钛、铬、不锈钢等都可以有效减少 PEMFC 运行过程中受到的腐蚀。金属在表面形成一层致密的、被动的氧化物阻挡层，以抵抗腐蚀并防止溶解到冷却液中。然而，氧化物层具有较低导电性，增加了燃料电池的内阻。此外，金属双极板不容易与流道一起制造，且具有足够的平整度，这是为了避免 MEA 在电池组中受到不均匀压缩。穿孔或泡沫金属已被用于流场和集流器，这是另一种低质量和低成本的替代方案，但可能仅适用于小型电池，对于大型电池，流体压力损失过大。事实上，20 世纪 70 年代，通用电气（General Electric）在 12 W 电源装置（商标为 "PORTA – POWER"）上使用了 Nb 金属屏蔽板作为集电器，在电极边缘进行了电接触，流场板不导电，由涂有塑料的铝板制成。需要取得更多突破，才能使金属双极板应用于实际燃料电池商用化中。

7.5　电池性能

PEMFC 性能取决于设计参数、操作条件和制造工艺。电极支撑层和催化剂层可以通过许多不同技术制成，例如丝网印刷、辊压、刷涂、过滤、喷涂等，且具有各种热处理程序。催化剂层制造还包括铂催化剂是否通过溅射、电化学沉积等方法制造。除了水含量和外来污染物，膜电解质性能可能取决于厚度、当量质量、预热处理历史。电极主要设计参数包括：

1. 催化剂载体类型（碳纸或碳布）。

2. 催化剂类型（铂黑、铂、铂合金、大环、铂载量或百分比、铂颗粒大小或分布等）。

3. 催化剂数量和分布（催化剂负载量和溅射铂膜）。

4. 聚四氟乙烯用量。

5. 用于浸渍的离聚物类型（Nafion、Dow、重铸等）。

6. 离聚物的量（离聚物负载量）。

7. 离聚物预热处理。

8. 层的厚度。

9. 层的孔隙度和弯曲度。

膜电解质主要设计参数包括：

1. 膜类型（例如，骨架基质的类型、当量重量等）。

2. 膜预热处理。

3. 湿润程度。

4. 层厚度。

此外，电池尺寸（有效面积）、流场通道尺寸和配置、流动板材料和表面条件（光滑度）都会影响电池性能。

主要运行条件包括操作温度和压力（包括燃料和氧化剂气流是否在相同压力或压差下操作；是否在相同温度或温差情况下加湿，等等），如果阳极在高于电池操作温度的情况下加湿，阳极一侧将获得更多的水以防止膜脱水，从而产生更好的电池性能。其他操作参数包括反应物浓度和流速（化学计量或利用率）、增湿程度、是否存在其他污染物等。由于几乎所有燃料电池性能都会随运行时间的推移而衰减，因此还需要设定测量性能的时间。除非特别说明，否则电池性能是指出厂全新 MEA 连续运行约 100 h 后的性能。

对电池性能有重大影响的相关参数列表中可以清楚看出，若所有参数都得到适当表征和控制，电池性能的确定实际上是非常耗时的。不幸的是，在文献中没有提供性能相关参数的全部数据，因此，这里提到的性能数据仅供参考，应适当参考原始资料以获得进一步信息。此外，20 世纪 90 年代早期，通常使用 Nafion 和 Dow 膜作为电解质，之后重点转移到降低成本（如降低铂载量和寻找替代膜）和实际设计问题（即流场设计和放大）。

电池性能与操作温度和压力的函数已经进行了广泛测量，例如 Kim 等人对在纯氧和空气中运行的电池进行了测量[99]。人们普遍认为，采用 Nafion 膜的质子交换膜燃料电池最佳工作温度为 80~85 ℃。工作压力变化很大，对于最佳压力尚未达成共识。一般来说，小型质子交换膜燃料电池组一般在大气压下工作，而大型电池组通常是加压的，经常使用压力为 3 atm。操作压力的选择主要是在性能增益（相对较小的加湿器和较好的电池电压）和反应物增压的寄生功率之间决定的，可查阅参考文献[100]。

图 7.62 所示为燃料电池单元在纯氧和空气中工作时的性能。显然，空气中较低的氧浓度降低了电池电压，氮对氧气传质的阻碍导致传质限制，在较小的电流密度下，例如电池电压超过 1 400 mA/cm² 电流密度时陡峭下降。因此，降低反应物浓度的效果不是简单地稀释反应物气体。

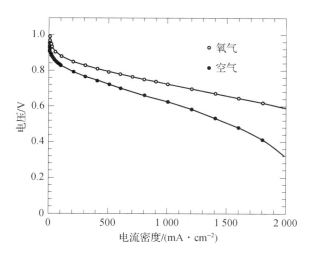

图 7.62　0.40 mg Pt/cm² 电极单电池性能（操作温度 95 ℃，压强为 5 atm）[92]

图 7.63 所示为膜电解质对电池性能的影响。活性电池面积为 1 180 cm²，与大多数正在研发的 PEMFC 相比，这是非常大的。反应物是氢气和氧气，压强约为 2 bar。显然，薄 Nafion 115 比厚 Nafion 117 性能更好，更低当量质量的 Dow 膜性能更好。在参考电压为 0.684 V 时，Dow 薄膜功率密度几乎是 Nafion 117 的

三倍。已经证明了质子交换膜燃料电池可以长期运行几千个小时，性能退化的因素可能是膜退化；催化剂团聚导致活性表面积损失，这对阴极氧还原反应有较大影响，例如长期阳极一氧化碳杂质中毒。从长远来看，已经证明最显著的性能损失可能来自阳极催化剂的杂质中毒，即使在使用"99.99％纯"瓶装氢气情况下也是如此，因为铂催化剂只能耐受一氧化碳浓度为百万分之几的操作条件。由于用于运输应用的 PEMFC 可能需要在含有少量一氧化碳的碳氢化合物转化燃料上运行，显著的性能损失和这种毒害效应成为 PEMFC 商业化所面临的技术挑战之一，这一问题将在下一节集中讨论。

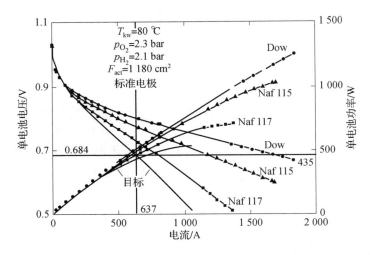

图 7.63　膜厚度和膜类型对电池性能的影响[101]

7.6　一氧化碳中毒和缓解方法

如前所述，当燃料气体中存在一氧化碳时，PEMFC 性能显著下降，这种现象被称为 CO 中毒。Gottesfeld 和 Pafford[102]首次记录了 CO 一系列浓度较低的情况，如图 7.64 所示，并且已经被一些作者验证[103]。尽管与阴极氧还原相关的极化是性能良好的质子交换膜燃料电池（PEMFC）在纯氢中运行的最大能量损失的单一来源，但由于两个与阳极相关的问题可能会导致电池性能显著下降，如第 7.4.3 节中讨论的膜电解质局部干燥和杂质（最明显的是一氧化碳）中毒。在实际质子交换膜燃料电池（PEMFC）系统中，通过适当加湿反应气体流或采用渗透性更高的薄膜（后者面临更高反应气体交叉的挑战），已成功解决膜电解质局部干燥问题。由于可能对电池性能产生主要影响的不利因素是 CO 浓度非常低，即使是标称为 99.99％的瓶装氢气，也可能由于阳极铂催化剂中毒效应而导致长期性能下降，特别是在燃料流再循环情况下。

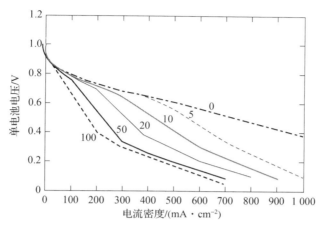

图 7.64　480 ℃温度下燃料流中一氧化碳浓度（单位为 10^{-6}）对电池性能的影响（两电极均采用离子浸渍 Pt/C 催化剂和薄溅射铂膜，总负载为 0.45 mg Pt/cm^2[102]）

　　不幸的是，在实际应用中，无论是移动还是静止，都不能避免燃料气流含有一氧化碳，这是因为目前使用纯氢作为唯一燃料来源还存在严重限制[104]。主要限制是高纯度氢气和车载储氢的可用性。氢燃料汽车燃料装载是缓慢的，且压缩氢、低温氢、压缩同时低温氢，以及金属氢化物吸附等主要储存方案都有显著缺点[105]。由于缺乏氢分配的基础设施，且氢在地球上的自然形态并不丰富，使机载储氢问题更加恶化。因此，具有吸引力和更实用的选择是通过重整液态烃或酒精燃料在船上生产氢气，最有可能的方案是用于移动甲醇应用和用于固定热电联产的天然气。甲醇重组大约为 74% 氢气、25% 二氧化碳和 1%~2% CO[106] 的气体混合物。使用选择性氧化过程，CO 浓度可以进一步降低到 $2 \times 10^{-6} \sim 1 \times 10^{-4}$。但即使在这个水平上，CO 中毒也会影响 PEM-FC 运行和性能，降低电池能量转换效率[107]。除了燃料原料流中初期存在的一氧化碳外，还原二氧化碳在铂催化剂表面原位产生少量 CO，将后文。目前，CO 中毒是 PEMFC 技术商业化实际应用的一个重大障碍。

　　阳极反应中 CO 中毒原理是 CO 分子在相对较低的温度（80 ℃）下对铂表面亲和力大大提高。与氢分子相比，CO 分子优先吸附在铂催化剂表面，阻碍氢氧化反应的活性。由于 CO 电氧化发生阳极电位比氢电氧化高得多，所以只要发生氢氧化，吸附 CO 分子就会一直停留在铂表面，且速度很快，保持了较低的阳极电位，增加积累铂表面 CO 覆盖率。即使是低至 10^{-6} atm CO 分压也能导致 CO 在铂表面高覆盖率。本节将介绍 CO 和 H$_2$ 混合物阳极反应动力学、中毒 PEMFC 性能特征，以及在燃料供给流中允许 CO 存在的可操作方法。

7.6.1 阳极催化剂表面一氧化碳和氢气反应动力学

为了了解 CO 存在下 PEMFC 性能，必须先了解 CO 和 H_2 在铂表面电化学特性，广泛研究酸性环境中 CO 电化学。在酸性电解液中[108]，CO 在铂表面（100）和（110）位点发生氧化和吸附，CO 在铂表面吸附是线性键合的，吸附等温线为 Tempkin 等温线，可记为[109]

$$\theta_{CO} = \frac{-\Delta G_{CO}^0}{r} - \frac{RT}{r}\ln H_{CO} + \frac{RT}{r}\ln\left(\frac{[CO]}{[H_2]}\right) \qquad (7.55)$$

式中，θ_{CO} 表示 CO 在铂催化剂上表面覆盖率，是一个无量纲参数，ΔG_{CO}^0 表示标准吸附自由能，单位为 kJ/mol；R 表示普适气体常数，T 表示温度，单位为 K；H_{CO} 表示 CO 溶解度亨利定律常数，单位为 atm·L/mol；方括号表示物质的浓度。相互作用参数 r（单位为 kJ/mol）和吸附自由能是温度的函数，相互作用参数高度依赖催化剂结构。式（7.55）仅适用温度高于 130 ℃ 的相对较高温度和低温（如质子交换膜燃料电池温度），覆盖率 θ_{CO} 除了与温度和催化剂结构有关，似乎还是阳极电位和浓度的函数。实验测得 CO 在磷酸溶液中吸附 – 脱附焓为 134 kJ/mol[110]，吸附自由能为 – 50.7 kJ/mol（190 ℃）和 – 60.3 kJ/mol（130 ℃）[109]。

CO 氧化发生电压为 0.6~0.9 V，取决于伏安实验中使用的电压扫描速率。[108]在低覆盖率下，CO 氧化速率很快，而在高覆盖率下，CO 氧化速率减弱了。如果 CO 电化学氧化涉及相邻表面位点，或 CO 氧化反应物对机制，则可以解释这种对覆盖度的依赖[111]为

$$\text{CO}_{dissolved} + M + H_2O \longrightarrow \overbrace{\begin{matrix}CO & H_2O\\ | & | \\ M & M\end{matrix}}^{相邻区域} \quad \begin{Bmatrix}线性的\\CO\end{Bmatrix}\begin{Bmatrix}吸收的\\H_2O\end{Bmatrix} \qquad (7.56)$$

$$\overbrace{\begin{matrix}CO & H_2O\\ | & | \\ M & M\end{matrix}}^{相邻区域} \rightarrow \overbrace{\begin{matrix}CO & --H_2O--e^-\\ | & | \\ M & M\end{matrix}}^{活性区域} \rightarrow \begin{matrix}CO & --OH\\ | & | \\ M & M\end{matrix} + e^- + H^+ \qquad (7.57)$$

$$\begin{matrix}CO & --OH\\ | & | \\ M & M\end{matrix} \rightarrow CO_2 + e^- + H^+ + 2M \qquad (7.58)$$

式中，M 表示金属吸附位。式（7.56）为吸附步骤，吸附过程非常迅速，在大多数实验情况下，CO 吸附速率是由 CO 向金属催化剂表面自由扩散所速率控制的。这决定了反应物初始表面浓度。式（7.57）为电子转移步骤，决定了任何已知浓度的反应物速率。式（7.58）为最终电子转移反应，被认为比式（7.57）更快速。这种 CO 氧化机理可以认为是 CO 降低了水解离活化能，类似氧气催化 CO 的气相氧化。

在酸性环境中，氢氧化和 CO 的影响也得到了广泛研究。在酸性电解液中，光滑铂表面上电化学氢氧化机理是吸附氢分子与氢原子的缓慢解离，称为塔菲尔反应（或所谓的解离化学吸附），吸附氢原子的快速电荷转移反应称为福尔默反应[112]，即

$$H_2 + 2M \Longleftrightarrow 2MH \tag{7.59}$$

$$2MH \Longleftrightarrow 2M + 2H^+ + 2e^- \tag{7.60}$$

氢在零覆盖铂上的吸附热为 $-87.9\ kJ/mol$ [113]，在 22 ℃ H_2SO_4 中，氢在铂上的吸附自由能为 $-54.4\ kcal/mol$[114]。氢在铂表面氧化发生在电压为 0 ~ 0.2 V [108]，远低于 CO 电氧化所需的电压 0.6 ~ 0.9 V。氢在铂上的解离化学吸附与表面几何形状和晶粒尺寸无关，因此氢反应的交流电流密度与催化剂结构无关[115]。

氢氧化反应中 CO 中毒过程遵循如下顺序[115]：CO 化学吸附在铂上，氢被排除在外。这是可能的，因为 CO 与铂黏合比与氢黏合更紧密，CO 氧化所需的电压比氢更大，CO 在铂上的黏附概率是氢在铂上的 15 倍。此外，比较氢和 CO 吉布斯自由能，假设 CO 吉布斯自由能随温度降低变得更小，可以看出 CO 优先或更强烈吸附在铂上，这是因为 CO 吉布斯自由能更小。即使是相对较小 CO 浓度也可以导致铂表面被完全覆盖，从而排除氢。尽管 CO 优先吸附在铂表面，但氢氧化速率很快，即使在少数剩余铂位点上也是如此，它控制催化剂表面电位或吉布斯自由能。不幸的是，该电位小于氧化 CO 所需的电位，氢在同一铂表面上被连续氧化，CO 覆盖率仍保持在 CO 吸附等温线所规定的水平。因此，氢氧化 CO 中毒的机制是线性键合 CO，阻塞了氢解离化学吸附位置，且在 CO 存在的情况下氢电流密度或反应速率降低，可以写为

$$J_{H_2/CO} = J_{H_2}(1 - \theta_{CO})^2 \tag{7.61}$$

式中，$J_{H_2/CO}$ 表示一氧化碳存在下氢氧化反应的电流密度，J_{H_2} 是一氧化碳不存在情况下氢氧化反应的电流密度。显然，铂表面 CO 高覆盖率会显著降低阳极反应速率。在前面所述的实验研究中，CO 覆盖率是电位和 CO 分压的函数。有趣的是，在低于 200℃下，CO 和氢在共吸附过程中不能相互作用。注意，氢氧化表观活化能随 CO 浓度增加而增加，这表明在 CO 存在情况下氢氧化难

度增加[109]。这可能是因为 CO 优先吸附在较好的活性中心，或氢参与了 CO 氧化过程。

7.6.2 一氧化碳中毒电池性能

通过对 CO 中毒机理的讨论，可以解释一氧化碳中毒的电池性能。图 7.64 所示为电池性能损失在某个阈值电流密度时非常小，阈值电流密度为 $100 \sim 300 \ mA/cm^2$，具体取决于燃料气流中 CO 含量。然而，当电流密度超过阈值时，电池电压显著降低至实际应用不能接受的程度。这种具有一氧化碳中毒效应的电池性能特征可以基于动力学角度来解释[46]。

如式（7.56）~ 式（7.60）所示，氢气和一氧化碳氧化反应的动力学可以通过假设反应是阳极铂催化剂表面的主要过程来进行简化为

$$M + CO \longrightarrow CO - M \tag{7.62}$$

$$H_2 + 2Pt \longrightarrow 2(H - M) \tag{7.63}$$

$$H - M \longrightarrow M + H^+ + e^- \tag{7.64}$$

$$CO - M + OH_{ads} \longrightarrow M + CO_2 + H^+ + e^- \tag{7.65}$$

假设式（7.62）中对一氧化碳的吸附和式（7.63）中对氢的解离化学吸附是平行发生的。在阳极过电位较小时，式（7.64）中反应是一个快速电位驱动过程；当 CO 在铂催化剂表面覆盖率增加时，式（7.63）中氢化学吸附可能会进一步成为决定速率因素，尽管式（7.64）中电极电流主要是由氢电氧化产生的。在极低的阳极过电位下，被吸附的一氧化碳与水驱动被吸附 OH（式（7.65））的电氧化过程非常缓慢，可以忽略不计，即使 CO 表面覆盖率可能很高。被吸附氢的表面覆盖变化率 θ_H 和阳极电流密度 J 变为

$$\frac{d\theta_H}{dt} = 2k_{ads}P_{H_2,cat}(1 - \theta_H - \theta_{CO})^2 - k_{e,H}\theta_H\left[\exp\left(\frac{\eta}{b}\right) - \exp\left(-\frac{\eta}{b}\right)\right] \tag{7.66}$$

$$J = Fk_{e,H}\theta_H\left[\exp\left(\frac{\eta}{b}\right) - \exp\left(-\frac{\eta}{b}\right)\right] \tag{7.67}$$

式中，k_{ads} 表示式（7.63）中氢的解离化学吸附反应速率常数，$P_{H_2,cat}$ 表示催化剂位点上氢的分压，$k_{e,H}$ 表示吸附氢的电氧化速率常数，b 表示塔菲尔斜率，η 表示 H_{ads}/H^+ 体系平衡电位的阳极过电位。

在低阳极过电位下，$\theta_H \ll 1$，$\theta_H \ll \theta_{CO}$，根据表面覆盖率的稳态假设 $d\theta_H/dt = 0$。现在将式（7.66）代入式（7.67），得到氢电氧化产生的阳极电流密度为

$$J = 2Fk_{ads}P_{H_2,cat}(1 - \theta_{CO})^2 \tag{7.68}$$

式中，CO 表面覆盖率由式（7.62）和式（7.65）决定，在低阳极过电位不变时，由吸附等温线决定，并由较大 η 值修正。对于无 CO 燃料流，$\theta_{CO} = 0$，

氢氧化电流密度只产生 $J = 2Fk_{ads}P_{H_2,cat}$，代入式（7.68）得到式（7.61）。式（7.68）表明，在低 η 值时，电流密度与阳极过电位无关，电流密度超过式（7.68）给出的值，电池电压不会偏离无 CO 时的值。需要一个显著的阳极过电位来增加 CO 电氧化速率（式（7.65）），以便释放足够的活性中心用于氢氧化并产生更高电流密度。当电流密度超过式（7.68）所设定的极限值时，会出现过多电池电压损失。要预测较大电流密度下电池电压，需要对阳极上的动力学进行更彻底的分析，可以查阅参考文献[116]。

7.6.3　阳极铂催化剂二氧化碳中毒机理研究

质子交换膜燃料电池本质上是酸电解质燃料电池，膜电解质可耐受二氧化碳。碳氢化合物重整气体混合物燃料中二氧化碳密度可能超过 25%，实验测量表明，阳极电压损失大于通过反应物稀释造成的电压损失，即所谓的能斯特损失，如图 7.65 所示[95]。超过二氧化碳反应物稀释效应的额外性能损失称为阳极催化剂二氧化碳中毒。有证据表明，这种效应是由于二氧化碳在铂表面生成了 CO，通过逆水气变换反应将 CO 吸附在活性铂上如下。

$$CO_2 + H_2 \rightleftharpoons CO + H_2O \tag{7.69}$$

或通过二氧化碳电还原为

$$CO_2 + 2H^+ + 2e^- \rightleftharpoons CO + H_2O \tag{7.70}$$

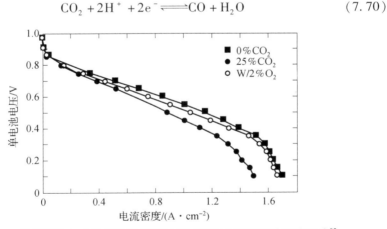

图 7.65　燃料气体中二氧化碳和氧气对 H_2/空气 PEMFC 性能的影响[95]

Wilson 等人[95]发现，如果所有阳极铂催化剂都固定在电活性结构中，CO_2 中毒程度就会降低。由于式（7.69）只需要一个与气相接触的催化剂位点，这表明式（7.69）比式（7.70）更普遍，因为式（7.70）需要一个良好的气体、离子和电子通道位点。由水气变换反应产生 CO 的平衡浓度可通过下式计算。

$$n_{CO_2, in} CO_2 + n_{H_2, in} H_2 + n_{H_2O, in} H_2O$$
$$\longrightarrow n_{CO_2, out} CO_2 + n_{H_2, out} H_2 + n_{H_2O, out} H_2O + n_{CO, out} CO \tag{7.71}$$

$$K_P = \frac{(P_{CO, out})(P_{H_2O, out})}{(P_{H_2, out})(P_{CO_2, out})} \tag{7.72}$$

式中 $n_{i, in}$ 表示燃料进料流中物质 i 初始摩尔数，$n_{i, out}$ 表示处于水-气变换反应最终平衡状态物质 i 的摩尔数，K_p 表示分压的平衡常数，P_i 表示物质 i 的分压。显然，若水蒸气浓度高，则平衡状态时 CO 浓度会降低，这对燃料进料流是有利的。

平衡成分 $n_{i, out}$ 由 C、O 和 H 原子物质能量守恒完成。也就是说

$$C: n_{CO_2, out} + n_{CO, out} = n_{CO_2, in} \tag{7.73}$$

$$O: 2n_{CO_2, out} + n_{H_2O, out} + n_{CO, out} = 2n_{CO_2, in} + n_{H_2O, in} \tag{7.74}$$

$$H: 2n_{H_2, out} + 2n_{H_2O, out} = 2n_{H_2, in} + 2n_{H_2O, in} \tag{7.75}$$

在 25~95 ℃、1~3 atm、0%~100% 相对湿度条件下，用 K_p 值[117]计算得到 CO 平衡浓度。计算结果如表 7.4 所示，CO 平衡浓度与表 7.4 中所示的值是一致的。如果初始相对湿度为零，温度升高会增加 CO 平衡浓度。在燃料气流中最初存在水蒸气的情况下，温度升高会降低 CO 平衡浓度。因为温度越高，水分压越高，使式（7.69）向左移动，导致 CO 浓度降低。总压增加会导致 CO 平衡浓度增加，因为 CO_2 和 H_2 初始分压较大，从而使式（7.69）向右移动。表 7.4 中计算的大多数 CO 平衡浓度远远超过 $2 \times 10^{-6} \sim 1 \times 10^{-5}$ CO，若水气变换反应达到平衡，使用 25% CO_2 操作条件将导致性能显著下降。CO_2 中毒效应远低于 CO 平衡浓度的预期，事实表明，在 PEMFC 操作温度下，水气变换反应不会迅速进行[104]。

表 7.4　CO 随温度、相对湿度和总压变化的平衡浓度

温度/℃	水的初始相对湿度			
	0	50	80	100
25	1 310(1 310)	106(308)	65.2(198)	51.5(159)
50	2 590(2 590)	98.0(315)	56.6(194)	42.9(153)
80	4 920(4 920)	62.2(269)	26.0(152)	15.0(113)
95	6 500(6 500)	35.7(233)	7.25(119)	1.44(82.0)
注：①括号中数字表示总压为 3 atm 时 CO 浓度，括号外的值表示总压为 1 atm 时 CO 浓度 ②干气初始浓度为 25% CO_2 和 75% H_2				

7.6.4　质子交换膜燃料电池一氧化碳中毒特点

PEMFC 在不同 CO 浓度下极化曲线如图 7.64 和图 7.66 所示。两种结果的相似之处在于，当电流密度低于 50 mA/cm² 时，CO 中毒效应较小；对较大电流密度，保持高反应速率所需相当大的阳极过电位会显著降低电池电位。Oetjen 等人[118]研究了 CO 对 PEMFC 性能的影响，如图 7.66 所示。电池工作温度为 80 ℃，燃料气体中 CO 浓度分别为 25 ppm①、50 ppm、100 ppm 和 250 ppm。可以看出，对于氢气和 25 ppm CO，极化曲线看起来更类似无 CO 中毒曲线，只是斜率更小。在阳极上，氢和 CO 吸附和氧化动力学解释了低斜率。在较高电流密度下，阳极电位增加可以将吸附 CO 氧化成 CO_2，从而导致更高氢吸附和氧化反应速率。中毒效应需要相当长的时间才能达到稳定状态，如图 7.67 所示。一氧化碳中毒可以通过在开路电压下使用纯氢操作 2~3 h 来逆转。因此，在交通运输应用中使用的质子交换膜燃料电池（PEMFC），必须将中毒效应视为一种瞬态现象，阳极气体中 CO 存在不影响开路电池电位。在燃料气中含有 CO 类似 PEMFC 性能数据可以在参考资料中找到[95,119,120]。

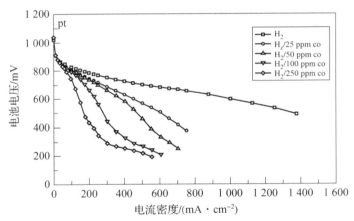

图 7.66　80 ℃下燃料流中 CO 对质子交换膜燃料电池性能的影响[118]

Zawodzinski 等人将他们研究的质子交换膜燃料电池中毒数据与其他人进行比较，发现可容许的 CO 量存在差异。[121]据推测，这些差异可能是由于流量不同造成的。低流量允许更高的 CO 量。这一猜想可以通过估计阴极跨越的氧气量来证实，详细的细节将在下一节中介绍，这与向燃料气流中引入少量氧气以提高 CO 耐受性有关。

---

① 　1 ppm = 0.000 1%。

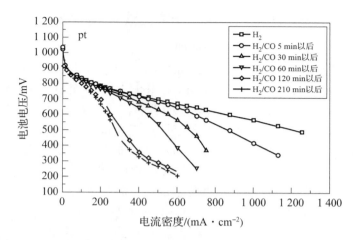

图 7.67　质子交换膜燃料电池一氧化碳中毒的暂时性（CO 浓度为 100 ppm）[118]

7.6.5　减轻一氧化碳中毒的有效方法

根据前面章节所述，在催化剂表面需要无显著 CO 电氧化率的低阳极过电位，以及在 CO 显著覆盖区域的电流密度范围内，缓解 CO 中毒效应。有三种方法可以减轻 PEMFC 中一氧化碳中毒的影响，包括使用铂合金催化剂，提高燃料电池工作温度，以及向燃料气体流中引入氧气，对吸附的 CO 进行化学氧化而不是电化学氧化。这些方法将在下面的章节中介绍。

CO 耐受催化剂：铂合金催化剂，本节讨论的第一个缓解 CO 中毒的方法是使用铂合金作为阳极 CO 耐受催化剂，其中 Pt – Ru 合金的效果最为明显[120]。实验表明，CO 在 Pt – Ru 合金电极上氧化电位比纯 Pt 电极低 170 ~ 200 mV，如图 7.68 所示[122]。在 Pt – Ru 合金上观察到 CO 氧化活性增加可以从 Ru 具有比 Pt 低的氧化电位角度来理解。这导致水优先吸附在 Ru 原子上，生成 Ru – OH，允许吸附在 Pt 原子上 CO 通过反应物对机制与相邻 Ru – OH 一起氧化，反应式如下。

$$Ru - OH + Pt - CO \longrightarrow Ru + Pt + CO_2 + H^+ + e^- \qquad (7.76)$$

因此，预计 Ru 和 Pt 原子总是相邻的电极性能最好。实验数据证实了这一预期，发现 $Pt_{0.5}Ru_{0.5}$ 合金表现出最好性能[120]。虽然 Pt – Ru 合金比纯 Pt 合金表现出更好的性能，但性能的改善主要是在较低电池电流密度（典型的 <300 mA/cm²）下实现的，在较高电流密度下仍然存在相当大的损耗。现有实验数据表明，不同 Pt – Ru 阳极催化剂对 CO 容许程度有相当大的差异，这意味着准确的 Pt – Ru 催化剂配方、制备和结构，以及测试条件都可能是确定耐 CO 水平和提高性能的重要因素，因此有必要进行更多研究。铂–钌合金的

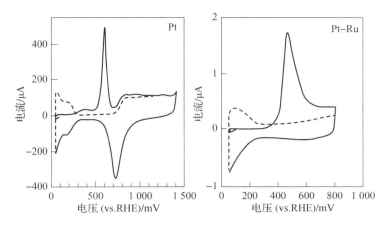

图 7.68　CO 在 Pt 和 Pt－Ru 催化剂上的氧化比较[122]

长期稳定性是一个悬而未决的问题，[106,118]尽管一些长期测试表明，在 3000 h 内，降解可以忽略不计[2]。

除了 Pt－Ru 之外，还对其他 Pt 合金进行了 CO 耐受性检测。在质子交换膜燃料电池（PEMFC）环境中，Pt－Mo 合金电催化剂比纯 Pt 具有更高的 CO 耐受性[123]。耐受 CO 机理与 Pt－Ru 相似，因为吸附在 Pt 位上的 CO 被相邻 Mo 原子上活化的含氧物质氧化。这被认为是在低阳极过电位下发生的，且 Pt－OH 氧化 CO 的反应发生在较高的过电位下。另一种可以减轻 CO 中毒的铂合金是 Pt－Sn 电极[124,125]。这个电极系统很有意义，因为 CO 不吸附在 Sn 上，CO 和 OH 不会像 Ru 那样竞争 Sn 上的吸附位点。然而，在极端阳极极化下，该电极的表面成分是不稳定的。Tseung 等人还研究了 Pt－W 合金电催化剂的 CO 耐受性[126]。Pt－W 合金催化剂在 PEMFC 阳极电位下，由于作为氧化还原催化剂（如钨青铜）活性而表现出协同催化活性。共催化活性是由于 W 氧化态快速变化，使钨位对水的解离吸附具有活性[127]。

Iwase 和 Kawatsu 对不同铂合金质子交换膜燃料电池（PEMFC）CO 耐受性的影响进行了详尽的研究。实验采用 119 个 0.15 MPa、80 ℃ 质子交换膜燃料电池（PEMFC）。实验研究了碳负载的 Pt－Ru、Pt－Ir、Pt－V、Pt－Rh、Pt－Cr、Pt－Co、Pt－Ni、Pt－Fe、Pt－Mn 和 Pt－Pd 合金作为阳极电催化剂，确定哪些合金更耐 CO。结果表明，只有 Pt－Ru 合金表现出比纯 Pt 更高的 CO 耐受性。事实上，研究发现在 100 ppm CO 中运行的 Pt－Ru 合金与在纯 H_2 环境中运行的纯 Pt 电极具有相同性能，如图 7.69 所示。Gotz 和 Wendt[127,128]还研究了 75 ℃ 下运行的质子交换膜燃料电池中铂合金催化剂。图 7.70 所示为 Pt－Ru、Pt－W、Pt－Sn 和 Pt－Mo 二元合金，以及 Pt－Ru－W、Pt－Ru－Mo 和 Pt－Ru－Sn 三元合金的结果，燃料气体中存在 150 ppm CO。结果表明，当电流密度小于 300 mA/cm² 时，Pt – Ru – W 阳极性能优于 Pt – Ru 电极，而当电流密度大于 300 mA/cm² 时，Pt – Ru – Sn 电极性能优于 Pt – Ru 电极。然而，在实际电流密度下（大于图 7.70（b）中 25 mA/cm²），无论是使用二元还是三元铂合金作为阳极催化剂，在燃料气体中存在 CO 情况下，所有性能都明显低于纯氢作为燃料的性能。因此，单独使用铂合金作为耐 CO 阳极催化剂对于烃类重整燃料混合物作为实际质子交换膜燃料电池燃料进料流是不够有效的。

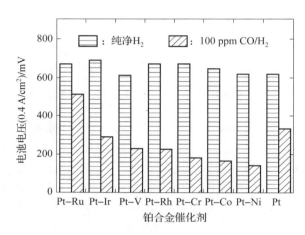

图 7.69　用于质子交换膜燃料电池的各种铂合金催化剂的 CO 耐受性比较[119]

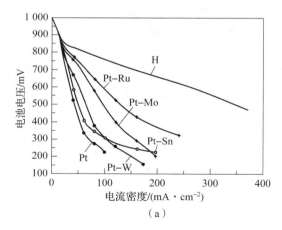

图 7.70　H₂/150 ppm CO 电池的性能[128]

（a）使用二元阳极催化剂[127]

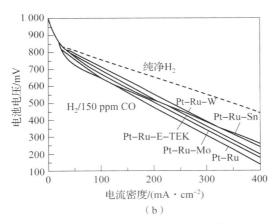

图 7.70　H_2/150 ppm CO 电池的性能[128]　（续）

（b）使用三元阳极催化剂

更高的工作温度：另一个缓解 CO 中毒的简单方法是提高电池温度。Zawodzinski 等人对质子交换膜燃料电池进行了测试[121]。实验中，使用质子交换膜燃料电池，在 80～120 ℃对 Pt – Ru 体系进行了测试，发现在较高 Pt – Ru 催化剂负载量和较高电池温度下 CO 耐受性更好。当 CO 浓度为 100 ppm 时，维持 CO 耐受性电池温度需要达到 100 ℃。CO 耐受性与电池温度的关系可以用 CO 在 Pt 上吸附平衡常数强烈的温度依赖性来解释。Pt 表面通过边缘热脱附或电化学氧化摆脱 CO 束缚，解释了随负载增加而耐受性增加的原因。结果表明，纯 Pt 电极在 100 ℃时 CO 耐受性与 80 ℃时 Pt – Ru 合金电极相同，表明温度的影响很大。不幸的是，质子交换膜燃料电池由于膜脱水，高温是不可行的，且使用高温来减轻 CO 中毒目前是不可行的，除非膜电解质在预期高温下能够显著改善长期稳定性。即使假设的高温膜是可用的，更高的温度操作也会带来其他不良影响，例如更高温度的磷酸燃料电池不能实现动力系统的启动。

氧气化学氧化脱除燃料中的一氧化碳：减轻 CO 中毒效应的最佳方法是在阳极气流中引入少量氧气，通过将 CO 氧化成 CO_2 来清除 CO。目前有两种技术可以实现。一种被称为 O_2 析出[102]，使用纯氧或空气都可以实现这一效果。图 7.71 所示为一个典型结果，向阳极气流中注入 2%～5% 氧气，可以在浓度高达 500 ppm 时产生 CO 耐受性。Wilson 等人发现，当使用薄膜电极时，O_2 渗出效果较差，这表明需要更多催化剂才能使 CO 与燃料气中 O_2 一起氧化；还发现 O_2 析出和薄膜催化剂的使用有利于减轻电极 CO_2 中毒。Zawodzinski 等[121]发现在 CO 浓度大于 100 ppm 时，O_2 析出是获得 CO 耐受性唯一的有效方法。注意，氢氧混合物的爆炸下限大约是氢气中含有 5% 氧气，出于安全考虑，阳极气体混合物中引入氧气量必须远远低于上限。因此，100 ppm CO 可能是燃料气体中 CO 的最大浓度，在 PEMFC 工作温度为 80 ℃ 的情况下，可以通过氧气析出技术有效净化。

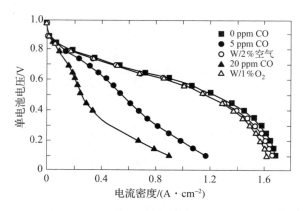

图 7.71 一氧化碳中毒和氧气泄漏对铂阳极催化剂 PEMFC 性能的影响[95]

另一种将氧气引入阳极气体流的技术是通过在阳极加湿器中使用过氧化氢（H_2O_2）[129]。H_2O_2 在阳极中分解成氢和氧，产生的氧用来氧化 CO，提高阳极催化剂 CO 耐受性。与 O_2 析出相比，使用 H_2O_2 的主要优点是 H_2O_2 没有任何与混合氢气和氧气有关的安全问题[106]。

如前所述，Zawodzinski 等人推测，来自阴极的氧交叉可能是文献中报道 CO 量不同的原因。在低电流密度下，从燃料电池阴极到阳极的氧气交叉量可以用下式近似表示。这些计算采用的是压力为 3 atm，温度为 80 ℃ 全加湿 H_2/O_2 燃料电池。如图 7.72 所示，氧气通过膜的通量可近似为

$$J_{O_2} \cong \frac{D_{O_2-m}}{\delta_m} \Delta C_{O_2} \tag{7.77}$$

当膜阳极侧氧浓度为零，而膜阴极侧氧浓度达到最大值时，对应近似开路操作。根据流道中氧的分压和湿润膜中氧的亨利溶解度定律确定阴极侧的最大浓度，使膜阳极和阴极侧的氧浓度差为

$$\Delta C_{O_2} = \frac{P_{O_2}}{H_{O_2}} \tag{7.78}$$

按照前面的假设，使用前文给出 Nafion 117 的 D_{O_2-m}、H_{O_2} 和膜厚度值 δ_m，通过膜的氧通量为 6.72×10^{-10} mol/(s·cm²)。假设电流密度为 100 A/m²，用法拉第定律计算出进入阳极催化层 H_2 通量为 5.18×10^{-8} mol/(s·cm²)。因此，阳极中氧通量与氢通量的比率约为 1%，接近减轻 O_2 排放引起 CO 中毒所需的氧流量。[102]因此，可以合理预测燃料电池 CO 耐受性会受到阴极到阳极侧氧

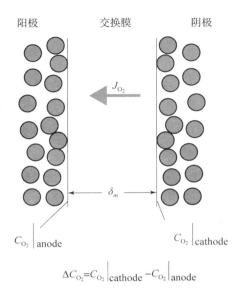

图 7.72　氧通过质子交换膜电池的膜电解液区域从阴极进入阳极的示意图

气交叉的影响，特别是在低电流密度下较薄的膜。

从描述中可以看出，实用的方法是将高温合金催化剂与引入燃气中氧气（空气）进行简单结合，以净化一氧化碳。图 7.73 所示为这种组合对二氧化碳中毒 PEMFC 性能的影响。在相同的操作条件下使用相同的电池，如图 7.65 所示，显然，使用 Pt – Ru 阳极催化剂降低了 CO_2 中毒的程度，也增强了放氧效果。然而，这种组合并不能完全恢复 PEMFC 在典型重整燃气混合物中 CO 含量的性能，且对实用 CO 容限技术的探索仍在继续。

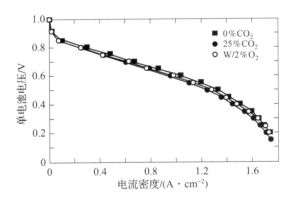

图 7.73　CO 和 O_2 放气对 Pt – Ru 阳极催化质子
交换膜燃料电池性能的影响[95]

7.7 未来研发

自 20 世纪 60 年代以来，太空计划首次使用 PEMFC，该领域已经取得了重大进展[130,131]。PEM 燃料电池商业化的主要阻碍是高昂的投资成本。此外，PEM 燃料电池性能的可靠性和寿命仍有待以令人信服的方式向潜在消费者展示。通过更好地了解 PEM 燃料电池中的各种传输现象，将促进整个 PEM 燃料电池组件和系统的设计、材料选择和制造，提高 PEM 燃料电池的性能，特别是电池组功率密度，从而降低给定功率要求下材料使用量和制造工作量。

从根本上讲，在使用纯氢和空气（或氧气）的 PEM 燃料电池中，缓慢的氧还原动力学导致了最大的过电位，因此寻找可替代的催化剂非常重要。这些催化剂比铂基贵金属催化剂更便宜，且在电催化方面更具活性。过电位产生是由于膜电解质中欧姆损失。有必要开发高离子导电性、足够机械强度和化学稳定性的替代膜，以使其尽可能薄。由于电池组体积绝大部分是被双极板占据的，双极板构成了电堆成本的主要部分（材料和制造），双极板轻量化材料可以减少电堆体积和重量，降低制造成本并实现批量生产。

从工程力学角度来看，电堆设计是极其重要的，PEM 燃料电池的两个关键问题是水管理和热管理，必须在电堆层面进行整体处理。目前通过双极板和冷却板上反应物和冷却剂流动通道的合理设计和布局来解决 PEM 燃料电堆水管理和热管理。膜电解质组件的设计和制造与电池性能和催化剂担载量的降低密切相关，因此同样至关重要。这种膜对水平衡的要求更低，且可以在不加湿的情况下运行，这势必会给 PEM 燃料电池带来一场革命。电场平衡也是 PEM 燃料电堆系统整体成本和性能的一个重要关注点。

对于实际应用，特别是运输行业，PEM 燃料电池能够在碳氢重整燃料气体上运行是很重要的，这样可以解决机载氢气储存的困难，并适应现有的燃料供应基础设施。那么燃料气体中 CO 容许度就成为一个关键问题。迫切需要开发有效缓解 CO 中毒对 PEM 燃料电池性能影响的方法和技术。现有的三种耐 CO Pt 合金催化剂、高温膜和燃料流中加入 O_2 的方法需要在技术上实现突破才能得到实际应用。

系统的优化和集成是必需的，这需要更好地理解 PEM 燃料电池中发生的各种物理和电化学过程。有些现象对小型电池组或电池单元来说可能是次要的，但对于大型电池组或许多电池单元组成的电池组却是重要的。理解尺度效应对 PEM 燃料电池的设计和控制都是必要的。

7.8 总结

本章中概述了燃料电池的优点和缺点，这些优点和缺点决定了燃料电池实际应用场景。本章描述了燃料电池的基本工作方式和基本原理。特别是通过水跨膜传输的各种机制概述了膜适当加湿的必要性，以保持足够的离子电导率，从而保持良好的电池性能。因此，需要强调水管理在质子交换膜燃料电池中的重要性和复杂性。

本章介绍了单个质子交换膜燃料电池、电堆和系统的组成及几何结构，电池单元包括用来夹在两个催化电极（阳极和阴极）之间的电解质膜，两个（阳极和阴极）流量分布板，两个集电板和两个端板。此外，在端板和集电器之间需要绝缘层，相邻电池组件之间需要良好的密封性。PEM 燃料电池电堆由一个基本电池单元重复组成，该单元可以包括散布在整个电堆中的单独冷却单元，用于热管理。反应物加湿单元可以作为电堆的组成部分，也可以是独立用于水管理。各种各样的电堆排列组合可能提供不同的电堆性能。合理的电堆设计和适当的水热管理是提高电堆性能、可靠性和寿命的关键，具有重要意义。水管理和热管理是通过对反应物流道和冷却剂流道进行适当设计来完成的。本章回顾和总结了流道的各种创新配置形式，并引用专利说明。本章介绍了 PEM 燃料电池系统，包括用于反应物供应的各子系统、用于热管理的冷却再循环，以及热管理和水管理之间的内在联系。此外，还分析了不同的电堆冷却方案，包括空气自然冷却、空气强制冷却和水强制冷却。

第 7.4 节介绍了各种电池叠层组件的材料和制造技术，包括电极和催化剂。从基本要求、历史发展到化学和微观结构，详细介绍了电解膜。并对膜的物理和传输特性进行了全面介绍，强调了膜对液态水和水蒸气有不同吸水能力。这些文献突出了水管理和热管理的根源和困难，水管理和热管理是 PEM 燃料电池系统的两个关键问题。本章讨论了膜电极组件（MEA）制备中的几种技术，并对这些不同技术的催化剂担载量进行了讨论。

在第 7.5 节中介绍纯氢作为燃料时，PEM 燃料电池在各种工况和设计条件下的典型性能。对含有一氧化碳的碳氢重整燃料，由于一氧化碳中毒现象，电池性能可能会严重降低，这在第 7.6 节中有介绍。通过对 CO 中毒现象的分析，表明电池性能下降，并介绍了三种缓解 CO 中毒的方法及对燃料电池性能影响。本章描述了二氧化碳中毒现象，并通过水 – 气变换反应产生 CO 来揭示其机理。本章描述了 PEM 燃料电池商业化所需的进一步研究和开发的未来方向。

7.9　习题

1. 简要描述质子交换膜燃料电池的优缺点和应用领域。

2. 描述用于质子交换膜燃料电池的主要燃料，半电池和全电池反应的工作原理。

3. 简要讨论 PEM 燃料电池典型操作条件，如电池电压、电池电流密度、温度、压力、燃料和氧化剂的利用率、化学能与电能的转换效率等。

4. 描述操作条件对电池性能的影响。

5. 描述电池单元和电堆的几何结构、典型材料，以及电池零部件的其他尺寸。

6. 描述水跨膜传输机制，以及如何在单电池、电池组和系统层面实施水管理。

7. 描述双极板上流动通道的各种设计，并总结各种设计的优缺点。

8. 描述电堆冷却注意事项，分析自然空气冷却、强制空气冷却和水冷却的机制。

9. 描述 Nafion 膜结构和特性。

10. 描述影响质子交换膜燃料电池寿命的主要因素。

11. 描述质子交换膜燃料电池商业化的关键技术障碍和可能的解决方案及其利弊。

参 考 文 献

[1] Warshay, M., P. Prokopius, M. Le and G. V oecks. 1997. The NASA fuel cell upgrade program for the space shuttle orbiter. Proc. of the Intersociety Energy Conversion Engineering Conf., 1: 228 – 231.

[2] Ralph, T. R., G. A. Hards, J. E. Keating, S. A. Campbell, D. P. Wilkinson, M. Davis, J. St – Pierre and M. C. Johnson. 1997. J. Electrochem. Soc., 144: 3845 – 3857.

[3] Haber, F. 1906. Z. Anorg. Allg. Chem., 51: 245 – 288, 289 – 314, 356 – 368.

[4] Grubb, W. T. 1957. Proc. of the 11th Annual Battery Research and Development Conf., Red Bank, NJ: PSC Publications Committee, 5.

[5] Grubb, W. T. 1959a. U. S. Patent No. 2, 913, 511.

［6］ Grubb, W. T. 1959b. J. Electrochem. Soc. , 106: 275.

［7］ Cohen, R. 1966. Gemini Fuel Cell System Proc. of 20th Power Sources Conf. , pp. 21 – 24.

［8］ St – Pierre, J. and D. P. Wilkinson. 2001. Fuel cells: a new, efficient and cleaner power source. AIChEJ. , 47: 1482 – 1486.

［9］ Stone C. and A. E. Morrison. 2002. From Curiosity to Power to Change the World, Sol. State Ionics 152 – 153: 1 – 13.

［10］ Baschuk, J. J. and X. Li. 2000. Modelling of polymer electrolyte membrane fuel cells with variable degrees of water flooding. J. Pow. Sour. , 86: 181 – 196.

［11］ Dodge, C. E. 1995. Tubular fuel cells with structural current collectors. U. S. Patent 5, 458, 989.

［12］ Koncar, G. J. and L. G. Marianowski. 1999. Proton exchange membrane fuel cell separator plate. U. S. Patent 5, 942, 347.

［13］ Chow, C. Y. and B. M. Wozniczka. 1995. U. S. Patent 5, 382, 478.

［14］ V anderborgh, N. E. and J. C. Hedstrom. 1990. Fuel cell water transport. U. S. Patent 4, 973, 530.

［15］ Fleck, W. and G. Hornburg. 1995. Process and apparatus for humidifying process gas for operating fuel cell systems. U. S. Patent 5, 432, 020.

［16］ Baschuk, J. J. and X. Li. 2004. Modeling of polymer electrolyte membrane fuel cell stacks based on a hydraulic network approach. Int. J. Energy Res. , 28: 697 – 724.

［17］ Gamburzev, S. , C. Boyer and A. J. vAppleby. 1998. Proc. of 1998 Fuel Cell Seminar, pp. 556 – 559.

［18］ Watkins, D. S. , K. W. Dircks and D. G. Epp. 1991. U. S. Patent 4, 988, 583.

［19］ Watkins, D. S. , K. W. Dircks and D. G. Epp. 1992. U. S. Patent 5, 108, 849.

［20］ Li, X. and I. Sabir 2004. Review of bipolar plates in PEM fuel cells: flow field designs. Int. J. Hydro. Energy, forthcoming.

［21］ Pollegri, A. and P. M. Spaziante. 1980. U. S. Patent 4, 197, 178.

［22］ Balko, E. N. and R. J. Lawrance. 1982. U. S. Patent 4, 339, 322.

［23］ Reiser, C. A. and R. D. Sawyer. 1988. Solid polymer electrolyte fuel cell stack water management system. U. S. Patent 4, 769, 297.

［24］ Reiser, C. A. 1989. Water and heat management in solid polymer fuel cell stack. U. S. Patent 4, 826, 742.

[25] Spurrier, F. R. , B. E. Pierce and M. K. Wright. 1986. U. S. Patent 4, 631, 239.

[26] Granata, Jr. , J. Samuel and B. M. Woodle. 1987. U. S. Patent 4, 684, 582.

[27] Wilkinson, D. P. , G. J. Lamont, H. H. V oss and C. Schwab. 1996. Embossed fluid flow field plate for electrochemical fuel cells. U. S. Patent 5, 521, 018.

[28] Voss, H. H. , D. P. Wilkinson and D. S. Watkins. 1993. Method and apparatus for removing water from electrochemical fuel cells. U. S. Patent 5, 260, 143. 29. Voss, H. , D. P. Wilkinson, P. G. Pickup, M. C. Johnson and V. Basura. 1995. Anode water removal: A water management and diagnostic technique for solid polymer fuel cells. Electrochimica Acta 40: 321 – 328.

[30] Fletcher, N. J. , C. Y. Chow, E. G. Pow, B. M. Wozniczka, H. H. V oss, G. Hornburg and D. P. Wilkinson. 1996. Canadian Patent 2, 192, 170.

[31] Cavalca, C. , S. T. Homeye and E. Walsworth. 1997. U. S. Patent 5, 686, 199.

[32] Wilkinson, D. P. , H. H. V oss and K. B. Prater. 1993. U. S. Patent 5, 252, 410.

[33] Washington, K. B. , D. P. Wilkinson and H. H. V oss. 1994. U. S. Patent 5, 300, 370.

[34] Chow, C. Y. , B. Wozniczka and J. K. K. Chan. 1999. Integrated reactant and coolant fluid flow field layer for a fuel cell with membrane electrode assembly. Canadian Patent 2, 274, 974.

[35] Ernst, W. D. and G. Mittleman. 1999. U. S. Patent 5, 945, 232.

[36] Neutzler, J. K. 1998. U. S. Patent 5, 776, 624.

[37] Vitale, N. G. 1999. U. S. Patent 5, 981, 098.

[38] Wood, D. L. , J. S. Yi and T. V. Nguyen. 1998. Effect of direct liquid water injection and interdigitated flow field on the performance of proton exchange membrane fuel cells, Electrochimica Acta, 43: 3795 – 3809.

[39] Oko, U. M. and J. H. Kralick. 2001. Fuel cell system having humidification membranes. U. S. Patent 6, 284, 399.

[40] Nelson, M. H. 2001. Fuel cell channeled distribution of hydration water.

U. S. Patent 6,303,245 B1.

[41] McElroy, J. F. 1989. High power density evaporatively cooled ion exchange membrane fuel cell. U. S. Patent 4,795,683.

[42] Sonai, A. and K. Murata. 1994. Solid polymer electrolyte fuel cell apparatus. U. S. Patent 5,344,721.

[43] Fletcher, N. J., G. J. Lamont, V. Basura, H. H. Voss and D. P. Wilkinson. 1995. Electrochemical fuel cell employing ambient air as the oxidant and coolant. U. S. Patent 5,470,671.

[44] Meyer, A. P., G. W. Schelffer and P. R. Margiott. 1996. Water management system for solid polymer electrolyte fuel cell power plants. U. S. Patent 5,503,944.

[45] Vellone, R. 1988. Program and Abstracts 1988 Fuel Cell Seminar, Long Beach, CA, p. 168.

[46] Gottesfeld, S. and T. A. Zawodzinski. 1997. Polymer electrolyte fuel cells. Advances in Electrochemical Science and Engineering, eds., R. C. Alkire, H. Gerischer, D. M. Kolb and C. W. Tobias, 5, Wiley – VCH, New York: pp. 195 – 301.

[47] Paganin, V. A., E. A. Ticianelli and E. R. Gonzalez. 1996. J. Appl. Electrochem. 26: 297.

[48] Giorgi, L., E. Antolini, A. Pozio and E. Passalacqua. 1998. Influence of the PTFE content in the diffusion layer of low – Pt loading electrodes for polymer electrolyte fuel cells. Electrochimica Acta, 43: 3675 – 3680.

[49] E – TEK. 1995. Gas Diffusion Electrodes and Catalyst Materials, 1995 Catalogue.

[50] Raistrick, I. D. 1986. Diaphragms, separators, and ion exchange membranes, eds., J. W. Van Zee, R. E. White, K. Kinoshita, and H. S. Burney The Electrochemical Society Softbound Proc. Series, PV8613, Pennington, NJ: p. 172.

[51] Taylor, E. J., E. B. Anderson, N. R. K. Vilambi. 1992. J. Electrochem. Soc. 139: 145.

[52] Rocco de Senna, D., E. A. Ticianelli and E. R. Gonzalez. 1990. Abstracts of the Fuel Cell, Seminar in Phoenix, AZ, Washington, DC: Courtesy Associates Inc., 391.

[53] Khner, G. and M. V oll. 1993. Manufacture of carbon black, Carbon Black, 2nd eds., J. – B. Donnet, R. C. Bansal, and M. – J. Wang New

York: Marcel Dekker, pp. 1 – 66.

[54] Collin, G. and M. Zander. 1991. Chem. – Ing. – Tech. 63: p. 539.

[55] Shukla, A. K. , P. Stevens, A. Hamnett and J. B. Goodenough. 1989. J. Appl. Electrochem. 19: 383.

[56] Mukerjee, S. and S. Srinivasan. 1993. J. Electroanal. Chem. 357: 201.

[57] Mukerjee, S. , S. Srinivasan, M. P. Soriaga and J. McBreen. 1995. J. Phys. Chem. , 99: 4577.

[58] Agel, E. , J. Bouet and J. F. Fauvarque. 2001. Characterization and use of anionic membranes for alkaline fuel cells. J. Pow. Sour. 101: 267 – 274.

[59] Kesting, R. E. 1971. Synthetic Polymeric Membranes, New York: McGraw – Hill.

[60] Grubb, W. T. and L. W. Niedrach. 1960. J. Electrochem. Soc. 107: 131.

[61] Cairns, E. J. , D. L. Douglas and L. W. Niedrach. 1961. AIChE J. 7: 551.

[62] Niedrach, L. W. and W. T. Grubb. 1963. Fuel Cells, ed. W. Mitchell, Jr. , New York: Academic Press, p. 253.

[63] Hodgdon, R. B. , J. R. Boyack and A. B. LaConti. 1966. The degradation of polystyrene sulfonic acid. TIS Report No. 65DE5.

[64] D'Agostino, V. , J. Lee and E. Cook. 1978a. U. S. Patent 4, 107, 005.

[65] D'Agostino, V. , J. Lee and E. Cook. 1978b. U. S. Patent 4, 012, 303.

[66] Connolly, D. J. and W. F. Gresham. 1966. U. S. Patent 3, 282, 875.

[67] Mauritz, K. A. and A. J. Hopfinger. 1982. Structural properties of membrane ionomers. Modern Aspects of Electrochemistry No. 14, eds. J. O'M Bockris, B. E. Conway, and R. E. White, New York: Plenum Press.

[68] Yeo, R. S. and H. L. Yeager. 1985. Structural and transport properties of perfluorinated ion – exchange membranes. Modern Aspects of Electrochemistry, No. 16, eds. B. E. Conway, White R. E. and J. O'M Bockris, New York: Plenum Press.

[69] Gierke, T. D. , G. E. Munn and F. C. Wilson. 1981. J. Polym Sci. Polym. Phys. 19: 1687.

[70] Yeager, H. L. and A. Steck. 1981. J. Electrochem. Soc. 128: 1880.

[71] Kreuer, K. D. , 2001. J. Membrane Sci. 185: 29 – 39.

[72] Fang, C. , B. Wu, and X. Zhou, 2004. Electrophoresis, 25: 375 – 380.

[73] Gierke, T. D. 1977. Ionic clustering in Nafion perfluorosulfonic acid mem-

branes and its relationship to hydroxyl rejection and chlor – alkali current efficiency. 152ndNational Meeting, The Electrochemical Society, Atlanta, October 1977.

[74] Zawodzinski, T. A., T. E. Springer and S. Gottesfeld. 1991. Polymer electrolyte fuel cell model. J. Electrochem. Soc. 138 (8): 2334 – 2342.

[75] LaConti, A. B., A. R. Fragala, J. R. Boyack. 1977. Electrode Materials and Processes for Energy Conversion and Storage, eds., J. D. E. McIntyre, S. Srinivasan, and F. G. Will. The Electrochemical Society Softbound Proc., Pennington, NJ, PV 77 – 6, p. 354.

[76] Zawodzinski, T. A., Jr., T. A. Springer, J. Davey, R. Jestel, C. Lopez, J. V alerio and S. Gottesfeld, 1993. A comparative study of water uptake and transport through ionomeric fuel cell membranes. J. Electrochem. Soc., 140: 1981 – 1985.

[77] Fuller, T. and J. Newman. 1992. J. Electrochem. Soc., 139: 1332.

[78] Zawodzinski, T. A., Jr., T. Springer, F. Uribe and S. Gottesfeld. 1993. Solid State Ionics, 60: 199.

[79] Zawodzinski, T. A., J. Davey, J. V alerio and S. Gottesfeld. 1995. Acta Electrochimica, 40: 297.

[80] Bernardi, D. M. and M. W. V erbrugge. 1992. A mathematical model of the solid – polymer – electrolyte fuel cell. J. Electrochem. Soc. 139: 2477 – 2491.

[81] Wakizoe, M., F. N. Buchi and S. Srinivasan. 1996. J. Electrochem. Soc., 143 (3): 927 – 932.

[82] Marr, C. and X. Li. 1999. J. Pow. Sour., 77: 17 – 27.

[83] Srinivasan, S., A. Parthasarathy and A. J. Appleby. 1992. Temperature dependence of the electrode kinetics of oxygen reduction at the platinum/Nafion interface – a microelectrode investigation. J. Electrochem. Soc. 139: 2530 – 2537.

[84] Denny, V. E., D. K. Edwards and A. P. Mills. 1973. Transfer Process. New York: Holt, Rinehart & Winston.

[85] Prausnitz, J. M., R. C. Reid and T. K. Sherwood. 1977. The Properties of Gases and Liquids. 3rd ed. New York: McGraw – Hill.

[86] Yoshida, N., T. Ishisaki, A. Watakabe and M. Yoshitake. 1998. Characterization of Flemion membranes for PEFC. Electrochimica Acta 43: 3749 – 3754.

［87］ Niedrach, L. W. 1967. U. S. Patent 3, 297, 484.

［88］ Lawrence, R. J. 1981. U. S. Patent 4, 272, 353.

［89］ Takenaka, H. and E. Torikai. 1980. Japanese Patent 55, 38943.

［90］ Fedkiw, P. S. and W. – H. Her. 1989. J. Electrochem. Soc. 136: 899.

［91］ Aldebert, P. F. Novel – Cattin, M. Pineri and R. Durand. 1989. Solid State Ionics 35: 3.

［92］ Ticianelli, E. A., C. R. Derouin, A. Redondo and S. Srinivasan. 1988. J. Electrochem. Soc. 135: 2209.

［93］ Lee, S. J., S. Mukerjee, J. McBreen, Y. W. Rho, Y. T. Kho and T. H. Lee. 1998. Effects of Nafion impregnation on performances of PEMFC electrodes. Electrochimica Acta, 43: 3693 – 3701.

［94］ Ticianelli, E. A., C. R. Derouin and S. Srinivasan. 1988. J. Electroanal. Chem. 251: 275.

［95］ Wilson, M. S. 1993. U. S. Patents 5, 211, 984 and 5, 234, 777.

［96］ Davies, D. P., P. L. Adcock, M. Turpin and S. J. Rowen. 2000. Bipolar plate materials for solid polymer fuel cells. J. Appl. Electrochem. 30: 101 – 105.

［97］ Murphy, O. J., A. Cisar and E. Clarke. 1998. Low cost light weight high power density PEM fuel cell stack. Electrochimica Acta 43: 3829 – 3840.

［98］ Kim, J., S. Lee and S. Srinivasan. 1995. Modeling of proton exchange membrane fuel cell performancewith an empirical equation. J. Electrochem. Soc. 142: 2670 – 2674.

［99］ Kordesch, K. and G. Simader. 1996. Fuel Cells and Their Applications. New York: VCH.

［100］ Larminie, J. and A. Dicks. 2003. Fuel Cell Systems Explained. 2nd ed. New York: Wile.

［101］ Strasser, K. 1991. PEM fuel cells for energy storage systems, IECEC'91, 26th Intersociety Energy Conversion Engineering Conference, Boston, August 4 – 9, 1991, p. 636.

［102］ Gottesfeld S. and J. Pafford. 1988. A new approach to the problem of carbon monoxide poisoning in fuel cells operating at low temperatures. J. Electrochem. Soc. 135 (10): 2651 – 2652.

［103］ Baschuk, J. J. and X. Li. 2001. Carbon monoxide poisoning of proton exchange membrane fuel cells. Int. J. Energy Res., 25: 695 – 713.

［104］ Bellows, R. J., E. P. Marucchi – Soos and D. Terence Buckley. 1996. Analysis of reaction kinetics for carbon monoxide and carbon dioxide on poly-crystalline platinum relative to fuel cell operation. Ind. Eng. Chem. Res. 35 (4): 1235 – 1242.

[105] Aceves, S. M. and G. D. Berry. 1998. Thermodynamics of insulated pressure vessels for vehicular hydrogen storage. J. Energy Res. Tech. 120: 137 – 142.

[106] Divisek, J., H. – F. Oetjen, V. Peinecke, V. M. Schmidt and U. Stimming. 1998. Components for PEM fuel cell systems using hydrogen and CO containing fuels. Electrochimica Acta, 43 (24): 3811 – 3815.

[107] Watkins, D. S. 1993. Research, development and demonstration of solid polymer fuel cell systems.

In Fuel Cell Systems, eds. L. Blomen and M. Mugerwa New York: Plenum Press pp. 493 – 530.

[108] de Becdelievre, A. M., J. de Becdelievre and J. Clavilier. 1990. Electrochemical oxidation of adsorbed carbon monoxide on platinum spherical single crystals: Effect of anion adsorption. J. Electroanal. Chem. 294(1 – 2): 97 – 110.

[109] Dhar, H. P., L. G. Christner and A. K. Kush. 1987. Nature of CO adsorption during H2oxidation in relation to modeling for CO poisoning of a fuel cell anode. J. Electrochem. Soc. 134 (12): 3021 – 3026.

[110] Kohlmayr, G. and P. Stonehart. 1973. Adsorption kinetics for carbon monoxide on platinum in hot phosphoric acid. Electrochimica Acta. 18 (2): 211 – 223.

[111] Gilman, S. 1964. The mechanism of electrochemical oxidation of carbon monoxide and methanol on platinum II: the "reactant pair" mechanism for electrochemical oxidation of carbon monoxide and methanol. J. Phys. Chem. 68 (1): 70 – 80.

[112] Stonehart, P. and P. Ross. 1975. The commonality of surface processes in electrocatalysis and gas – phase heterogeneous catalysis. Catalysis Reviews – Science and Engineering. 12 (1): 1 – 35.

[113] Sakellaropoulos, G., 1981. Surface reactions and selectivity in electrocatalysis. Advances in Catalysis, eds. D. Eley, H. Pines, P. Weisz, V olume 30. New York: Academic Press pp. 217 – 333.

[114] Dhar, H. P., L. G. Christner, A. K. Kush and H. C. Maru. 1986. Performance study of a fuel cell Pt – on – C anode in presence of CO and CO_2,

and calculations of adsorption parameters for CO poisoning. J. Electrochem. Soc. 133 (8): 1574 – 1582.

[115] V ogel, W. , J. Lundquist, P. Ross, and P. Stonehart. 1975. Reaction pathways and poisons – II. The rate controlling step for electrochemical oxidation of hydrogen on Pt in acid and poisoning of the reaction by CO. Electrochimica Acta. 20 (1): 79 – 93.

[116] Baschuk, J. J. and X. Li, 2003. Modeling CO poisoning and O_2 bleeding in a PEM fuel cell anode. Int. J. Energy Res. , 27: 1095 – 1116.

[117] Kuo, K. K. 1986. Principles of Combustion, New York: Wiley.

[118] Oetjen, H. – F. , V. M. Schmidt, U. Stimming and F. Trila. 1996. Performance data of a proton exchange membrane fuel cell using H_2/CO as fuel gas. J. Electrochem. Soc. 143 (12): 3838 – 3842.

[119] Iwase, M. and S. Kawatsu. 1995. Optimized CO tolerant electrocatalysts for polymer electrolyte fuel cells. In Proton Conducting Membrane Fuel Cells I. eds. S. Gottesfeld, G. Halpert, and A. Land – grebe, Electrochemical Society Proc. Volume 95 – 23. Pennington, NJ: pp. 12 – 23 The ElectrochemicalSociety.

[120] Schmidt, V. M. , R. Ianneillo, H. – F. Oetjen, H. Reger, U. Stimming and F. Trila. 1995. Oxidation of H_2/CO in a proton exchange membrane fuel cell. Proton Conducting Membrane Fuel Cells I, eds. S. Gottesfeld, G. Halpert, A. Landgrebe, Electrochemical Society Proc. Volume 95 – 23. Pennington, NJ: pp. 1 – 11. The Electrochemical Society.

[121] Zawodzinski, T. A. , C. Karuppaiah, F. Uribe and S. Gottesfeld. 1997. Aspects of CO tolerance in poly – mer electrolyte fuel cells: Some experimental findings. Electrode Materials and Processes for Energy Conversion and Storage IV, eds. S. Srinivasan, J. McBreen, A. C. Khandkar V. C. Tilak Proceedings of the Electrochemical Society Volume 97 – 13. Pennington, NJ: pp. 139 – 146. The Electrochemical Society.

[122] Ianniello, R. , V. M. Schmidt, U. Stimming, J. Stumper and A. Wallau. 1994. CO adsorption and oxi – dation on Pt and Pt – Ru alloys: dependence on substrate composition. Electrochimica Acta. 39 (11/12): 1863 – 1869.

[123] Mukerjee, S. , S. J. Lee, E. A. Ticianelli, J. McBreen, B. N. Grgur, N. M. Markovic, P. N. Ross, J. R. Giallombardo, and E. S. De Castro. 1999. Investigation of enhanced CO tolerance in proton exchange membrane fuel cells by carbon supported PtMo alloy catalyst. Electrochem. Solid –

State Let. , 2 (1)：12 – 15.

[124] Gasteiger, H. A. , N. M. Markovic and P. N. Ross. 1995. Electrooxidation of CO and H$_2$/CO mixtures on a well characterized Pt3Sn electrode surface. J. Phys. Chem. 99 (22)：8945 – 8949.

[125] Wang, K. , H. A. Gasteiger, N. M. Markovic, and P. N. Ross. 1996. On the reaction pathway for methanol and carbon monoxide electrooxidation on Pt – Sn alloy versus Pt – Ru alloy surfaces. Elec – trochimica Acta. 41 (16)：2587 – 2593.

[126] Tseung, A. C. C. , P. K. Shen, and K. Y. Chen. 1996. Precious metal/ hydrogen bronze anode catalysts for the oxidation of small organic molecules and impure hydrogen. J. Pow. Sour. , 61 (1 – 2)：223 – 225.

[127] Gotz, M. and H. Wendt. 1998a. Binary and ternary anode catalyst formulations including the elements W, Sn and Mo for PEMFCs operated on methanol or reformate gas. Electrochimica Acta, 43 (24)：3637 – 3644.

[128] Gotz, M. and H. Wendt. 1998b. Preparation and evaluation of cocatalyst systems for anodic oxidation of methanol in PEM fuel cells. 1998 Fuel Cell Seminar Abstracts：616 – 619.

[129] Schmidt, V. M. , H. – F. Oetjen, and J. Divisek. 1997. Performance improvement of a PEMFC usinguels with CO by addition of oxygen – evolving compounds. J. Electrochem. Soc. 144 (9)：L237 – L238.

[130] Paola, C. and S. Supramaniam. 2001. Quantum jumps in the PEMFC science and technology from 1960s to the year 2000. J. Pow. Sour. , 102：253 – 269.

[131] Viral, M. and C. J. Smith. 2003. Review and analysis of PEM fuel cell design and manufacturing. J. Pow. Sour. , 114：32 – 53.

第 8 章
熔融碳酸盐燃料电池

8.1 绪言

熔融碳酸盐燃料电池（MCFCs）最初是为了直接以煤为燃料运行而开发的，但尚未实现。现代 MCFCs 主要燃料是煤制气体或更常见的天然气。这与第 6 章讨论的磷酸燃料电池（PAFCs）形成了对比，后者多将天然气作为主要燃料。20 世纪 60 年代末至 70 年代初，最初学者预计随着 PAFCs 商业化，将在几年内实现 MCFCs 商业化（因此，有时被称为"第二代燃料电池"），但 MCFCs 仍处于开发阶段，尚未表现出技术成熟度和市场接受度。人们普遍认为，MCFCs 目前已进入商业化前的示范阶段。

熔融碳酸盐燃料电池（MCFCs）概念已经提出了将近一个世纪。大概是 1916 年 W. D. Treadwell 在瑞士专利号 78591 K1. 109 及 1917 年德国专利号 325783 和 325784 K1. 21b 的申请中，首次描述了熔融碳酸盐燃料电池的概念。尽管熔融碳酸盐燃料电池是在上世纪初研发的，人们普遍认为它是 1940 年代欧洲人在碳酸盐介质中将煤转化为电能的研发成果。现代熔融碳酸盐燃料电池（MCFCs）的想法源于 Davtyan，由 Broers 和 Ketelaar 进一步开创，他们完善了这个想法，因此目前的研究主要基于他们的成果。20 世纪 50 年代，Broers 和 Ketelaar 演示了第一批熔融碳酸盐燃料电池（MCFCs）。20 世纪 60 年代，欧洲和美国启动了熔融碳酸盐燃料电池（MCFCs）相关的各种研发活动（所开创 PAFCs TARGET 项目作为磷酸燃料电池的后备技术）。第一批加压熔融碳酸盐燃料电池堆在 80 年代初运行。基于密集、集中和可操控的研究工作，我们对熔融碳酸盐燃料电池性能的大部分认识是在 1975 年至 1985 年建立。

熔融碳酸盐燃料电池（MCFCs）工作温度高于前三章中描述的所有燃料电池，一般在 600~700 ℃，通常为 650 ℃。在如此高温下工作，熔融碳酸盐燃料电池不仅能耐受 CO_2，还能耐受 CO，解决了碱性燃料电池 CO_2 中毒、酸性电解质燃料电池 CO 中毒等低温燃料电池的问题，这也为碳燃料直接用于熔融碳酸盐燃料电池（MCFCs）提供理论支持。此外，热电联供系统运行温度高，产生的废热量多，适用于热电联产或联合循环运行，MCFCs 可以作为顶部循环，将废热送入底部循环的燃气轮机系统，从而提高电效率。

如此高温使直接利用含碳燃料成为可能，依靠所谓的内部重整来生产燃料电池电化学反应最终使用的燃料。这是因为熔融碳酸盐燃料电池（MCFCs）工作温度与天然气蒸气重整所需的温度非常匹配，如图 6.1 所示。这使熔融碳酸盐燃料电池（MCFCs）系统更简单（即没有烦琐的外部重整或燃料处理子系统），寄生负载和冷却功率需求更少，因此系统整体效率也更高。熔融碳酸盐燃料电池（MCFCs）的优点是在其工作温度下，活化极化已降低到不需要像低温燃料电池那样使用昂贵的催化剂的程度。

熔融碳酸盐燃料电池（MCFCs）工作温度（650 ℃）低于其他高温燃料电池 – 固体氧化物燃料电池（SOFC），其工作温度约为 1 000 ℃。尽管仍有待证实，但是这种相对较低的温度被认为允许更简单的构造方法和更容易的电池密封，这有望使熔融碳酸盐燃料电池（MCFCs）在商业化前景上比固体氧化物燃料电池（SOFC）更具优势。据估计，在内部重整和以天然气为主要燃料的情况下，MCFC 能量转换效率可达 52%～57%，有达到 60% 以上的潜力（从化学能转化为电能）。

熔融碳酸盐燃料电池（MCFCs）的发展是因为其作为基本能源用于生活的巨大潜力，以及具有热联产（热电联产）分散或分布式发电的应用方式。由于工作温度高，在移动应用中潜力非常有限，因为它具有相对较低的功率密度和较长的启动时间。然而，熔融碳酸盐燃料电池可能适合作为大型水面舰艇和火车的动力系统。

8.2　基本原理和工作过程

单个熔融碳酸盐燃料电池工作原理如图 8.1 所示。阳极氢气发生氧化反应后与碳酸根离子结合，产生水和 CO_2，并向外部电路释放电子。阴极氧气通过与 CO_2 和外部电路中电子结合而被还原为碳酸根离子。因此，阴极处发生的整体电化学反应为

发生在阴极的电化学反应为

$$\frac{1}{2}O_2 + CO_2 + 2e^- \longrightarrow CO_3^=　\tag{8.1}$$

发生在阳极的电化学反应为

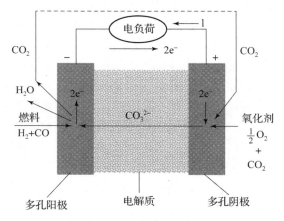

图8.1　MCFCs 工作原理示意图

$$H_2 + CO_3^{=} \longrightarrow H_2O + CO_2 + 2e^{-} \qquad (8.2)$$

因此，净电池反应为

$$H_2 + \frac{1}{2}O_2 \longrightarrow H_2O + 热量 + 电能 \qquad (8.3)$$

除了阳极氢气氧化反应外，其他燃料气体如一氧化碳、甲烷和高级碳氢化合物也被氧化转化为氢气。虽然一氧化碳可以直接电化学氧化，但与氢气直接电化学氧化相比，它发生得非常缓慢。因此，一氧化碳氧化主要是在MCFCs 运行温度下通过水煤气置换反应进行。

$$CO + H_2O \Longrightarrow CO_2 + H_2 \qquad (8.4)$$

该反应在催化剂（例如镍）作用下迅速平衡。可以看出，随着一氧化碳氧化，会产生更多的氢气，而氢气是阳极反应的燃料。因此，很明显一氧化碳不再是 MCFCs 有害物质；相反，在水蒸气存在的情况下，它通过水煤气置换反应间接成为一种燃料。然而，水是阳极氢气氧化反应的产物。当氢气被消耗时，就产生了水，推动水煤气置换反应向前进行，通过一氧化碳氧化产生更多的氢。

甲烷直接电化学反应通常可以忽略不计。因此，甲烷和其他碳氢化合物必须进行蒸气重整（通常称为甲烷化平衡）。

$$CH_4 + H_2O \Longrightarrow CO + 3H_2 \qquad (8.5)$$

反应既可以在单独重整器中完成（外部重整），也可以在 MCFCs 阳极室中完成（所谓的内部重整）。其次，通过阳极电化学反应式（8.2）产生的水有助于甲烷蒸气重整，产生更多的氢气用于式（8.2）。

很明显水和 CO_2 是 MCFCs 原料气的重要组成部分。主要由阳极反应式（8.2）产生的水，不仅有助于转移平衡式（8.4）和式（8.5），为阳极电化学反应产生更多的氢气，且也为进料气流需要，特别是在低热值（一氧化碳含量高）燃料气体混合物，以避免形成碳颗粒，这些颗粒会沉积在电池燃料气流通道中，甚至通过布多阿尔平衡在电池结构内部沉积为

$$2CO \rightleftharpoons CO_2 + C \qquad (8.6)$$

由式（8.1）和式（8.2）中给出的半电池反应，阳极产生 CO_2，在阴极被消耗（即 CO_2 是 MCFCs 的氧化剂之一）。为了在运转过程中保持 CO_2 自给自足，燃料废气中的 CO_2 通常被循环到阴极，如图 8.1 所示。在阴极形成碳酸根离子（CO_3^{2-}）通过电解质向阳极移动。CO_2 从阳极到阴极的循环利用通常可以通过以下两种方法实现：（1）阳极废气与过量空气一起燃烧，释放热量用于含碳燃料蒸气重整，在去除水蒸气后，燃烧产物与阴极进气混合。（2）CO_2 从阳极废气流中分离，例如通过 CO_2 选择性膜，甚至用变压吸附技术。这种方法可以向阴极提供高浓度的 CO_2 气体，从而获得更好电池性能。然而，阳极室和阴极室中 CO_2 浓度是不同的，电池性能也会受到相应的影响。

在阳极形成电子通过外部电子负载，从而产生电能输出，并到达阴极，完成电子电路。电路是由碳酸根离子通过电解质传输完成的。因此，MCFCs CO_2 回路本质上与离子 – 电子电流电路有关。

可以指出，熔融碳酸盐燃料电池通常在大约 650 ℃ 平均电池温度下运行，实际上，两种反应物流都吸收电池中产生的废热，因此电池温度和反应物气流将沿反应物流动方向增加。实际上，为了将电池温度控制在平均值附近，反应物流以更低温度进入电池，约 540 ℃，再以更高的温度离开电池，约 700 ℃。电解质和基体的温度可能在 600 ~ 700 ℃。因此，电池内和单片电池间方向上可能存在明显的温度梯度。

决定 MCFCs 运行条件的因素与其他类型燃料电池的因素相同，包括电池堆尺寸、传热速率、能量转换效率、电池电势水平、负载要求和成本等。MCFCs 通常在大气压力和 75% 燃料（氢气）利用率下以 100 ~ 200 mA/cm^2（通常为 160 mA/cm^2）电流密度和 0.75 ~ 0.95 V（通常为 0.75 V）电池电位运行。在加压条件下运行时电池性能会得到改善。根据布多阿尔反应式（8.6），高压操作有利于固体碳颗粒形成，这对电池性能和电池寿命有不利影响。因此，对于 MCFCs 而言，在大气压下运行更为常见。

MCFCs 设计目标是以低热值气体为主要燃料，在 160 mA/cm^2 电流密度下达到 0.85 V 电位，具有长达 40 000 小时（约 4 年半）电池运行寿命。当前的许多研发活动都用于将电池扩展到约 100 个电池单元的电池堆，每个电池尺寸增大至 1 m^2。

8.2.1 内部重整

前几章所述的低温燃料电池，碳氢燃料必须先在燃料处理器（或重整器）中转化为氢气、水蒸气、一氧化碳和 CO_2 的混合物，重整气体必须进一步净化，才能将富氢气体提供给燃料电池进行电化学反应并产生电能。净化过程取决于所涉及的燃料电池类型，例如碱性燃料电池必须去除 CO_2，酸性电解质燃料电池必须去除一氧化碳。这些燃料处理步骤发生在燃料电池之外，因此称为"外部重整"。如图 6.1 所示，MCFCs 工作温度足够高，可以使燃料重整步骤集成在燃料电池本身中。如第 8.2 节所述，一氧化碳通过水煤气置换反应式（8.4）作为氢气阳极氧化的间接燃料，二氧化碳可以循环至阴极进行还原反应。阳极电化学反应产生的水有效地维持了重整和水煤气置换反应。在这种方法中，碳氢燃料重整发生在燃料电池内部，因此称为内部重整，或 IR – MCFCs。与外部重整设计相比，IR – MCFCs 设计具有运行高效可靠、结构简单紧凑、成本低等优点。

天然气通常被认为是 IR – MCFCs 主要燃料，而甲烷是天然气主要成分。由于高温低压对甲烷蒸气重整反应有利，IR – MCFCs 更适合在接近大气压的低压条件下进行。

外部重整通常在 800 ℃ ~ 900 ℃ 下运行，蒸气与碳比例为 2.5 ~ 3.0，甲烷转化为氢气的转化率为 95% ~ 99%。对于 MCFCs 运行温度 650 ℃ 下的内部重整，催化剂（即镍负载在 MgO 或 γ – $LiAlO_2$ 上）需要加速重整动力学并实现足够快的转换，以避免任何额外的电池性能退化。在开放式电池条件下可实现在 650 ℃ 下平衡转化率接近 85%，当电池消耗氢气生成水产生电流时，在燃料利用率超过 50% 的情况下平衡转化率迅速接近 100%。虽然内部重整设计使电池拥有电能效率超过 60% 的潜力，但也面临着热管理方面的技术挑战，这将在下节中进一步描述。

8.3　电池组件和配置

8.3.1　单电池

类似前面章节中描述的其他类型燃料电池，熔融碳酸盐燃料电池由熔融碳酸盐电解质、阴极和阳极组成，电解质通过毛细作用固定在铝酸锂基体（或瓦片）中，两个电极都是多孔气体扩散电极，固定在电解质基体的每一侧。图 8.1 所示为熔融碳酸盐燃料电池基本电池结构。由于电解质呈液态，而熔融碳酸盐具有很强的腐蚀性，因此熔融碳酸盐电解质由多孔电解质基体固定在适当的位置，作为电池结构组成部分，而不是通过循环泵循环熔融碳酸盐电解质。如果采用电解质循环，可能需要适当绝缘（甚至某种加热）来防止熔融碳酸盐电解质在循环回路中凝固。显然，与目前讨论的低温燃料电池相比，需要一个更复杂的电解质循环回路。因此，循环流动电解质通常不用于这类燃料电池。

熔融碳酸盐燃料电池具有足够高的工作温度，使电化学反应在金属电极表面进行非常快。活化极化小的催化不需要单独的贵金属作催化剂。实际电化学反应发生在靠近电极与电解质基体界面的三相区域，类似图 6.3 中磷酸燃料电池的情况。

电极是多孔的，以便在反应进行位点更好地输送气体，包括供应反应物和去除产物。由于熔融碳酸盐电解质腐蚀性和电池氧化还原环境，电池中不存在类似低温燃料电池中使用的 PTFE（聚四氟乙烯）防潮材料。因此，建立电化学反应三相区，通过对电极和电解质基体的孔径分布进行精细控制，防止多孔电极结构被熔融碳酸盐电解质淹没，以及维持电解质室中液体电解质（避免电解质被刺穿）。孔径分布决定了电解质在这三种组分间的分布，决定了多孔电极内部气液接触的程度，从而影响电极的性能。

熔融碳酸盐燃料电池其他重要问题如下。

电池密封：除了阴极、阳极和电解质外，每个电池结构还包含一个电解质基体，用于固定液态电解质。基体结构由陶瓷粉末（通常是铝酸锂，$LiAlO_2$）和碳酸盐电解质的混合物组成。混合物为半固态（糊状），熔融碳酸盐电解质被毛细力固定。由此产生的基体结构对反应气体是不可渗透的，它是刚性的，但也可变形。气体密封是高温燃料电池的主要挑战，因此基体的这种塑性特性被用来在电池边缘（或外围）提供气密密封。这种封边技术通常被称为湿密封。湿密封的概念与质子交换膜燃料电池中使用的密封技术非常相似，两者都使用电解质本身作为密封材料提供气密密封，由于电解质本身就是不透气的，并与其他电池成分兼容。在熔融碳酸盐燃料电池中，电池外壳是由金属制成，电池湿密封实际上是唯一可行的密封技术。这是因为碳酸盐电解质具有很强腐蚀性，很少有其他材料能在 MCFCs 运行条件下保持稳定。虽然高密度氧化铝和其他致密陶瓷适合可作为密封材料，但它们不能承受热循环。

电流收集器：电流收集器通常用于加强电流收集和减少欧姆损耗，通常由不锈钢或镍金属网制成，位于电极和电池外壳之间，以实现两者间良好电接触。电池外壳通常由金属壳制成，其内表面上建有流体分配通道，以便将气体正确供应分配到相应的电极。

电解质管理：熔融碳酸盐燃料电池结构的独特之处在于其独特的电解质管理方法。在前面章节中讨论过 PAFCs（磷酸燃料电池）和 PEMFCs（质子交换膜燃料电池）中电解质管理，它们使用了疏水材料，例如聚四氟乙烯。分散在多孔电极上的聚四氟乙烯既可以作为电极结构完整性的黏合剂，也可以作为建立稳定气液界面的防湿剂。然而，这种方法不能用于 MCFCs，因为在氧化条件下熔融碳酸盐中不存在类似的去湿材料。所以毛细管平衡被用作控制多孔电极中电解质分布，以及 MCFCs 多孔电极中稳定电解质气体界面（所谓的三相区）的手段。

直径为 d 的圆管内液气界面，毛细管压力可以表示为

$$p_\sigma = \frac{4\sigma\cos\theta}{d} \tag{8.7}$$

式中，σ 表示表面张力，θ 表示电解质的接触角。很明显，毛细管压力与管道直径成反比，通常使用微米或亚微米电极孔以拥有足够的毛细管压力来保持电解质在适当的位置，即使在气流压力瞬变期间也能保持其位置。

在稳定运行时，两个电极和电解质基体中毛细管压力必须保持平衡，以防止电解质从一个电池组件流动到另一个电池组件。根据式（8.7），被电解质淹没或者填充的多孔电池组件最大孔径是相关联的。

$$\left(\frac{\sigma\cos\theta}{d}\right)_{\text{cathode}} = \left(\frac{\sigma\cos\theta}{d}\right)_{\text{electrolyte}} = \left(\frac{\sigma\cos\theta}{d}\right)_{\text{anode}} \tag{8.8}$$

因此，可以根据上述关系及不同电池组分的表面张力和接触角来设计合适的电极和基体孔径。电解质在电池组件中分布及其控制对电池高性能和耐久性至关重要。与任何液体电解质燃料电池一样，电池运行期间电解质损失也会导致性能逐渐下降。

气泡压力层：电解质的一个功能是保持燃料和氧化剂流分离，在 MCFCs 中电解质的这种能力取决于液态电解质填充基体的程度。如果局部电解质填充量过低，毛细压力低的大孔隙可能造成电解质流失，并可能发生反应气体穿越。因此，有必要维持液体电解质层连续，使燃料和氧化剂流在任何情况下都保持分离。这不仅对良好的电池性能很重要，而且对延长电池寿命和安全考虑也很重要。这种连续的液体电解质层是通过填充致密、细孔尺寸的金属（镍）或陶瓷（$LiAlO_2$）结构形成的，通常位于阳极和电解质基体之间。电解质层形成一个屏障，防止气体从一个电极穿越到另一个电极，通常称为气泡压力屏障。气泡压力屏障的电解质填充由电解质层中细孔尺寸和增强的毛细力来保证。

在实践中，气泡压力层通常是由细镍粉构成流延阳极的一个组成部分，其维持连续液体电解质层的能力取决于相对阳极和电解质基体的孔径。相对孔径的适当匹配可以防止电解质从电解质层排出，即使在长期电解质流失和

基体中出现裂纹的情况下也是如此。通常，若阳极中值孔径为 4 ~ 8 μm，电解质基体中值孔径为 0.5 ~ 0.8 μm，则气泡压力层适当中值孔径为 1.0 ~ 1.5 μm。

8.3.2　电池堆

与前面描述的任何低温燃料电池堆相似，MCFCs 电池堆由许多图 8.1 所示的基本电池单元组成。电池间电子接触由双极板（也称为分离板）提供。双极板通过在板两侧形成的气流通道，将相邻电池间的反应气体供应分开。金属隔板为电池堆提供主要结构支撑，因此具有较高机械强度。再加上电解质基体的可塑性，熔融碳酸盐燃料电池可以制成大尺寸，但仍然没有过大的机械应力，这是增大电池尺寸的主要限制因素。电池堆中一个标准电池尺寸可能超过 1 m^2，厚度小于 0.5 cm。在一个电池堆中可能有超过一百个这样的电池。

与任何其他类型实用燃料电池相比，这种异常大的电池尺寸给 MCFCs 电池堆设计带来了许多特殊的技术挑战。这是因为电流密度和温度在电池活性表面（电池内），以及电池横向上存在显著变化。因此，典型 MCFCs 电池堆在电池堆每个电池单元的表面都表现出很强的二维特性，电池堆整体表现出三维特性，导致电池堆热管理的重要性和难度。回顾第 2 章中指出了燃料电池在等温条件下工作效率最高。除了性能下降外，电流密度和温度不均匀分布也会导致较大热弹性应力，这可能导致电池堆组件出现机械故障。

电池内电流密度和温度分布不均匀很大程度上受电池内反应物气流分布的影响，例如燃料和氧化剂流的错流或共流布置。即使在电池活性表面上反应物气流分布均匀时，也会出现这种不均匀性。反应气体在电池堆中电池单元间分布很大程度上影响了温度和电流密度分布，从而影响了电池之间热交换。这是因为在 MCFCs 电池堆中，反应物气流分布不仅影响各种极化产生的局部热量，而且还影响通过对流排出热量的速率。最佳气流分布可以提供稳定的性能，并避免燃料气体中局部热点和水蒸气浓度过高导致快速性能衰减。因此，反应气体物气流分配和热管理是实用 MCFCs 电池堆设计和运行最重要的两个问题。

反应气体通过电池堆歧管分布在电池堆的电池单元间，电池内流量分布由双极管上的流道分配。因此，流道和歧管设计是反应物流量分配控制的关键。

歧管装置：对于磷酸燃料电池，电池堆歧管可以在电池堆内部或外部，或两种方式的组合（即一种反应气体在内部，另一种反应气体在外部），组合歧管在实际电池堆设计中很少见。电池堆歧管设计不仅影响电池内反应气体分布，而且决定了电池堆整体结构。

对于外部歧管，反应气体供应和废气排出位于电池堆有反应气体错流配置的一侧。这提供了一种简单且对称的电池设计，从而降低制造成本，并且可以使用最少的材料获得大歧管横截面，导致歧管的低压力——有利于电池之间气体均匀分布，是良好电池堆性能的理想选择。此外，这种设计为每个电池提供了很大的活性面积，所有的电池表面都具有活性，可以更好地利用材料和空间。因此，带有错流电池堆设计的外部歧管受到许多开发人员的青睐。

另外，外部歧管式电池堆会产生反应气体泄漏和电解质由电池堆正极端的电池流向靠近电池堆负极端的电池。反应气体泄漏和电解质迁移这两种现象是由改进后非弹性歧管气封和热循环引起的，这是因为在外部歧管和电池堆的侧面之间，使用了气封来防止电池堆边缘周围气体泄漏。气体密封必须电子绝缘，以避免电池通过金属歧管短路。无论电池堆如何设计，与电池活性表面垂直方向上的电池堆压缩对电池堆中每个电池边缘周围气密封和电池堆组件之间的接触电阻最小化是必要的，尤其是当电池堆在运行生命周期内老化时。在这种压缩载荷下，多孔电池组件厚度在电池堆运行的早期阶段明显减少，但在电池堆剩余寿命期间以较慢速度减小。金属歧管和相对较硬的垫圈无法适应这种电池堆厚度的连续减少，而电池堆与电池堆侧面，以及电池堆组件之间出现了间隙或不完全的接触。因此，随着电池堆组件之间接触电阻的增加，会发生气体泄漏。

实际电池堆气密封是由填充陶瓷和少量电解质（体积小于1%）的氧化锆黏制成的。增加电解质陶瓷糊的用量，可使气密封更加有弹性，以减少气体泄漏量。注意，气体泄漏可以减少，但不能完全消除。气密封中电解质在电池堆中所有电池之间形成离子通道，在电池堆电压产生的电场下，离子迁移导致电解质从电池堆一端运动到另一端；这不仅降低了电池堆性能，还缩短了电池堆寿命。如果在电池堆气密封中包含更多电解质，离子迁移效果就会增强，且必须在减少气体泄漏和电解质移位的需求之间做出妥协。

为避免这两个问题，开发了内部歧管设计。通常，燃料和氧化剂流歧管位于外部，而电池活性区域位于内部。气体密封可以通过两种不同的技术实现：（1）电解质基体以类似前文描述的湿密封布置延伸到歧管区域，从而使电池整个外围被湿密封。这通常被称为渗透电解质设计；（2）电解质基体仅覆盖电池区域活性部分，并在歧管区域使用单独垫圈（即干环型）密封电池外围，这种布置通常称为非渗透电解质设计。对于使用内部歧管的电池堆，可实现气密密封而不会发生电解质移位。

此外，内部歧管还允许在双极板上进行灵活流动，例如平行流动（顺流或逆流），错流或在前一章中针对质子交换膜燃料电池所述的任何复杂流动配置，以实现所需的电池内流动分布。电池堆容量也可以通过堆叠更多电池单元轻松扩大，若不为外部歧管式电池堆设计制作不同的外部歧管，则很难做到这一点。此外，电池堆压缩仅在垂直于电池的方向上，而不是在外部歧管式电池堆的三个方向上进行。另外，内部歧管使电池结构复杂化，导致较高的制造和运营成本。

流动配置：在活性电池表面上流动配置是由在双极板上的流道布局所决定的。对于外部歧管式电池堆，错流是迄今为止使用的唯一具有平行和直流两种通道的流动布置，以便每股气流通过电池一次。另外，如前所述，对于内部歧管设计，各种类型的流道布局都是可能的。由于电池尺寸大，如果每个反应气体流动都使用单个歧管，则歧管横截面也需要较大。更常见的情况是，电池多个歧管采用平行流排列成矩形，以便在电池表面提供均匀流动，同时使电池堆中压力损失最小。

如前所述，流动配置通过反应气体的分布，对电池电流密度和温度分布有显著影响。例如错流布置往往会导致温度分布变得复杂，从而使热控制和管理更加困难。平行流动导致在横向流动方向上电流和温度梯度较小，因此横向流动的电池长度可以最大化，或者可以采用大纵横比的矩形电池设计。对于这种流动布置，需要多个歧管。电池中最容易预测的温度分布是通过并流布置实现的，并流布置在横向流动方向上提供均匀的温度分布，最高温度位于出口处。因此，热控制和管理相对容易，因为温度分布是预先知道的，温度分布主要决定热应力在电池结构中的分布。

电池堆扩容：在燃料电池技术发展中，电池堆扩容是必要的，通常是基于实验室早期测试开发的小型电池堆模型。电池堆扩容可以通过增加电池活性面积或简单堆叠更多的电池来实现。这是因为电池堆输出功率与整个电池堆电压和从电池堆中得到的电流成正比。增加电池尺寸会增加从电池堆得到的总电流，但电池大小受限于气流入口到出口的最大允许温度和电流密度，以及在电池堆和电池堆组件组装和热循环过程中可能出现的最大机械和热应力。将更多电池单元放入电池堆会增加整个电池堆电压，只要能合理地应用电池堆压缩，内部歧管设计相对容易实现。主要限制是如何在电池堆所有电池之间提供均匀的气流，这通常需要大尺寸歧管，出于实用目的可能是不可行的。另外，外部歧管设计改变电池堆外部尺寸需要对外部歧管和气密封尺寸进行相应的改变，这意味着这些相关部件的设计和制造都要进行修改。

一种实际可行的电池堆扩容方法是制作一个由许多较小子电池堆组成的大电池堆，考虑对称原因，通常是四个子电池堆。子电池堆由数量更少、尺寸更小的电池单元组成,便于流量布置,电流和温度分布不均匀概率更小,整个电池堆可以有较大的功率输出。子电池堆既可以并联或串联连接,也可以通过电气和气流的组合方式连接。但这种设计增加了制造和装配的工作量,也增加了气体密封所需的外围。因此,这种方法通常被简单地替换为使用一些相同电池堆来满足。

分离板(或双极板):对于其他类型燃料电池,分离板成本包括材料和制造,对电池堆本身的总成本有极大影响。对于外部歧管设计,分离板结构更简单,布置为直通流道。因此,分离板可以是波纹金属板,或使用与前面章节中介绍的质子交换膜燃料电池类似的带有肋状电极的平板。平板分离板也可以与电极旁边的肋状集电器一起使用。波纹分离板也可以与可渗透平板集电器(即多孔平板)结合使用。

相比之下,内部歧管式电池堆的分离板具有更为复杂的结构,包括歧管孔和气密密封,甚至还采取了适应多孔电池组件随电池堆老化而收缩的措施,硬轨和软轨分离器如图 8.2 所示。对于硬轨设计,分离板上流道截面通常为矩形或正方形,决定电池间隔距离的板厚度是固定的。电堆在使用寿命期间可能会逐渐失去压缩能力,导致电池堆组件之间接触不良(导致更高的接触电阻),甚至严重的情况下,反应气体泄漏到环境中和电池堆的电池之间。软轨分离板具有梯形截面,让流道具有一定高度,因此板的厚度可变,以适应电池组件厚度的变化。因

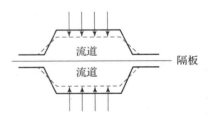

图 8.2　软轨设计的典型分离板配置的横截面图

此,软轨设计能够保持电池堆组件之间良好的接触,从而在电池堆寿命周期内保持低接触电阻。其他更复杂的分离板也被考虑过,例如根据不同用途,一个分离板可能由多达七层不同的结构和材料组成。

对于外部歧管式电池堆,为在整个电池堆寿命周期内与外部歧管保持良好的匹配,保持电池堆整体尺寸的分离板非常重要。因此,必须严格控制包括分离板在内电池堆组件的热膨胀,适当的电解质管理对于保持每个电池中有足够的电解质含量至关重要。

8.3.3　系统

除燃料电池堆外,MCFCs 系统还包括许多辅助部件和子系统,以满足目前其他类型燃料电池系统类似的发电需求。使用液态天然气作为主要燃料的发电厂中 MCFCs 一般性能目标是在燃料利用率为 80% 的情况下,以 150 mA/cm² 电流密度放电时平均电池电压为 0.8 V,长时间运行的电压衰减率为 8 mV/kh

或更低，基于加压运行中更高热值下的净设备效率为 45% 。为了达到目标性能，MCFCs 效率需要达到 60% 。也就是说，燃料中大约 40% 化学能转化为废热，需要有效去除废热才能稳定和连续运行。通常采用阳极或阴极气体循环作为冷却策略。还需要将阳极废气循环至阴极入口以完成 MCFCs 二氧化碳平衡闭环。这些再循环操作必须在加压条件下进行。其他系统问题对于所有类型的燃料电池都是常见的，本小节仅描述了 MCFCs 特有的两个问题。

电流密度和温度的分布： 由于工作温度高，MCFCs 电池堆冷通常是通过阳极或阴极气流或两者兼用来实现的。那么考虑两个因素就变得很重要了：（1）与液态水冷却相比，气流比热容较小，且沿气体流动方向和横向，或在电池内和跨电池方向可能存在明显的温度梯度；（2）由于活化、欧姆电阻和传质，引起电池电位损失随电池工作温度降低而减小。不可逆（欧姆）发热与电流密度 J 的平方成正比，因此局部发热与电流密度的关系比线性增加更快。如果热量没有传导或从高电流密度区域传导出去，电流密度会被放大，从而形成局部"热点"。这种自加速机制会对电池运行和寿命产生不利影响。因此，与前几章讨论的低温燃料电池相比，整个电池堆温度分布将非常不均匀，热管理是一个重要的问题。图 8.3 所示为使用外部重整燃料气体单电池的电流密度和温度分布。可以看出，对于单电池，阴极气体对电池组件（包括阳极气体和电解质）温度分布具有主要影响；而阳极氢气浓度则是决定电流密度分布的主要因素。对于电池堆而言，单电池模式温度和电流密度分布可能会出现显著偏差，图 8.4 所示为 12 个单电池简单堆叠。电池堆中温度分布受分离板的热导率，以及分离板与电极 – 电解质单元之间热传导的严重影响。

内部重整式电池堆： 在电池堆热管理中，一种简化方法是将重整过程集成到电池堆内部。在具有外部重整的传统 MCFCs 中，吸热重整反应所需热量通常由阳极废气燃烧和热交换提供。燃料电池在电池堆中反应产生的废热需要通过冷却介质去除。

另外，如果重整发生在电池堆内部，则电池堆反应产生的废热可用于吸热重整反应，因此有内部重整式电池堆。由于重整过程需要高温，以及换热过程中不可避免温度的下降，电池堆废热难以直接用于电池堆外的重整反应。当然，间接使用是可行的，例如对反应物气流进行预热。

对于内部重整式 MCFCSs（IR – MCFCs），重整反应的热量直接由燃料电池反应提供。在 650 ℃，1 atm 条件下，可逆燃料电池发生如下反应。

$$H_2 + \frac{1}{2}O_2 \longrightarrow H_2O + E_r + Q \tag{8.9}$$

$$E_r = 1.020(\text{V})$$
$$Q = -50.53(\text{kJ/mol})$$

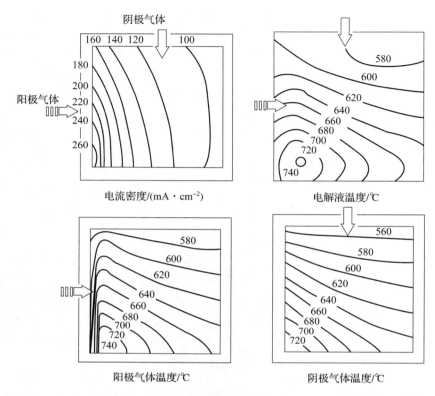

图 8.3　3 600 cm² 电池电流密度和温度分布的模型预测[1]（反应气体组成：燃料流为 $H_2/CO_2/H_2O = 77\%/18\%/10\%$，氧化剂流为 $O_2/CO_2/N_2 = 15\%/30\%/55\%$；燃料和氧化剂的利用率均为 60%；燃料和氧化剂流的进口温度均为 550 ℃。电池在大气压和 600 ℃的气体环境中运行，电池电压 0.8 V，平均电池电流密度 135 mA/cm²）

$$CH_4 + 2O_2 \longrightarrow CO_2 + 2H_2O + E_r + Q \tag{8.10}$$
$$E_r = 1.038(\text{V})$$
$$Q = 0.25(\text{kJ/mol})$$

因此，在 IR – MCFCs 中燃料电池反应产生的热量足以用于甲烷蒸气重整。由于电池反应产生的热量直接在电池内传递进行重整，冷却负荷可显著降低，对于运行中的电池堆可达 50%，因此可以显著减少热交换器的数量和尺寸，从而简化设备的平衡并降低总体投资成本。

对于 IR – MCFCs 电池堆，内部重整常采用两种配置方式。直接内部重整（DIR）设计使重整反应直接在阳极室中进行，从而为阳极电化学反应提供直接重整产物，电池反应产生的热量与蒸气重整所需的热量直接进行热交换，重整反应速度快，甲烷转化率高（接近平衡极限）。但促进重整反应的催化剂颗粒（及其载体）很容易被电解质蒸气侵蚀而导致性能下降。而且重整反应

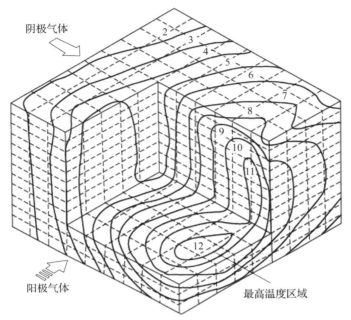

图 8.4 12 个 3 600 cm² 电池组成的电池堆的温度分布模型预测（反应气体组成：燃料流为 $H_2/CO_2/H_2O = 77\%/18\%/10\%$，氧化剂流为 $O_2/CO_2/N_2 = 15\%/30\%/55\%$；燃料利用率为 60%，氧气利用率为 20%；燃料和氧化剂流的入口温度 550 ℃。电池在大气压力和 600 ℃的气体环境中运行，电池电压为 0.74 V，平均电池电流密度为 150 mA/cm²。温度分布为：曲线 1 为 590.9 ℃；曲线 2 为 604.0 ℃；曲线 3 为 617.2 ℃；曲线 4 为 630.3 ℃；曲线 5 为 643.4 ℃；曲线 6 为 656.6 ℃；曲线 7 为 669.7 ℃；曲线 8 为 682.8 ℃；曲线 9 为 699.0 ℃；曲线 10 为 709.1 ℃；曲线 11 为 722.2 ℃；曲线 12 为 735.4 ℃)

吸热强烈，导致阳极入口处温度分布出现明显的最低值，因此需要优化温度分布或热管理。

间接内部重整（IIR）设计提供了一个单独的重整室，靠近阳极室，但通过隔板与阳极室隔开。因此，重整催化剂可以避免受到电解质侵蚀，从而大大延长使用寿命。IIR 电池堆的温度变化很大，通常每隔 5~6 个电池放置一个 IIR 室，吸热重整反应会造成温度梯度。

8.4 材料和制造

8.4.1 阴极

如前所述，熔融碳酸盐具有极强的腐蚀性，在阴极侧空气（或氧气）－CO_2 混合物氧化环境下，只有少数贵金属作为稳定的阴极材料。从成本的角度来看，半导体氧化物是唯一可行的阴极材料。目前阴极材料选择锂化镍氧化物。锂化镍氧化物是由多孔镍通过氧化和锂化而形成的，当镍在初始电池运行过程中，氧化环境下与含有碳酸锂的熔体接触，会自发进行氧化和锂化。氧化镍是微溶性的，这是限制电池寿命的因素。因此，人们正在探索替代阴极材料。

由锂化 NiO 组成的 MCFCs 阴极一开始是镍板或烧结梯，通常具有 70% ~ 80% 预氧化孔隙率。通过原位氧化将其降低至 55% ~ 65%。最初的平均孔径为 10 μm，但会发展为直径 5 ~ 7 μm 的双峰分布。较小的孔（或微孔）被液体电解质填充（或被淹没），形成电化学反应所需的三相区和离子传导路径的横截面。较大的孔（或大孔）保持开放，并为气体扩散到电极内部提供路径。原位形成的 NiO 电导率约为 $5/(\Omega \cdot cm)$。也可以使用 NiO 粉末异位制备 NiO。

阴极极化受阴极厚度影响。液体导体（电解质）和固体导体（NiO）欧姆损耗随厚度增加而增大，气相中气体扩散损失也随厚度增加而增加。然而，随着小孔隙面积的增加，液体扩散阻力和动力学活化所造成的损失减少。因此存在一个最佳阴极厚度，产生的阴极极化最小。最佳厚度还取决于气体成分、电流密度，以及其他操作条件。目前最佳厚度范围为 0.4 ~ 0.8 mm。

阴极电解质填充程度和大孔气体通道对阴极电位损失也有影响。最优填充量，即电解质填充阴极孔体积的比例为 15% ~ 30%。值得注意的是，锂化 NiO 被熔融碳酸盐电解质完全润湿。对于这种润湿表面，如果孔径分布不当，阴极很容易被电解质淹没。

8.4.2　阳极

阳极通常在低电位还原环境下运行，比阴极负电压高 0.7 ~ 1.0 V。在上述条件下，许多金属都适合作为氢气氧化电催化剂。镍、钴和铜通常以粉末合金和氧化物复合材料的形式作为阳极材料。这是一种多孔金属结构，在电池堆运行所必需的压缩力下会发生烧结和蠕变。铬或铝等添加剂形成分散的氧化物，从而提高阳极烧结和蠕变方面的长期稳定性。

目前，MCFCs 阳极是由多孔烧结镍制成的，其中含有少量铬或铝，这些铬或铝经原位氧化后，在烧结体的镍颗粒表面形成亚微米的 $LiCrO_2$ 或 $LiAlO_2$ 颗粒。氧化物的作用是防止镍颗粒烧结，并稳定烧结体，防止蠕变，蠕变往往发生在压缩电池堆中。烧结导致颗粒尺寸增大，因而降低阳极电解质的容量。蠕变是物理载荷下的微观变形，会导致孔隙率降低、接触电阻增加，以及阳极到阴极气体泄漏的风险。强化分散的氧化物，例如通过添加铬或铝，已被证明对烧结和蠕变均有效。

在还原反应中，镍不会被熔融碳酸盐电解质完全润湿，但镍的润湿很大程度上取决于可润湿的氧化物颗粒在孔壁上的分布。阳极比阴极需要更少的内表面积，这是因为镍阳极微孔中氢气氧化和质量传递电极动力学比阴极中要快。因此，阳极厚度会小于阴极厚度，在空气中运行的最小厚度可以达到 $0.4 \sim 0.5$ mm。由于阳极对过度填充的敏感性远低于阴极，因此阳极可以作为电解质存储库。因此，阳极通常做得更厚，并用电解质填充孔体积 $50\% \sim 60\%$ 以供存储。通常阳极厚度为 $0.8 \sim 1.0$ mm。

8.4.3　电解质

电解质选择碳酸锂（Li_2CO_3）和碳酸钾（K_2CO_3）的混合物，也可能是少量碳酸钠（Na_2CO_3）和碱土金属碳酸盐，熔点约 500 ℃。电解质成分和电池工作温度的优化非常重要，因为它们会影响电池欧姆电阻、电池极化（气体溶解度和氧还原动力学）和氧化镍的溶解度（限制电池寿命）。

电池性能（即在给定电流密度下的电池电位）取决于电池欧姆电阻和电极活化极化。富锂电解质具有更高离子电导率，因此具有更低的欧姆损耗，即 Li_2CO_3 电阻小于 Na_2CO_3 电阻和 K_2CO_3 电阻。但在富含 Li_2CO_3 的熔体中，H_2、O_2、H_2O 和 CO_2 等反应气体溶解度和扩散率较低。正极材料 NiO 在 Li – Na 碳酸盐熔体中的溶解度比 Li – K 碳酸盐熔体中的溶解度低。在共晶或非共晶组分中，Li – Na 在 NiO 阴极溶解、电解质蠕变和挥发，以及电导率和阴极极化方面都有较好的性能。尽管 1975 年以后大多数开发人员一直在使用 62% Li_2CO_3 和 38% K_2CO_3（以摩尔计）共晶的电解质成分，但仍然对电解质成分的优化感兴趣，特别是碳酸锂钠共晶物的优化。这种共晶混合物熔点为 488 ℃。

通常，多孔电解质基体通过毛细管效应将熔融碳酸盐固定在适当位置，这样，充满熔融碳酸盐的基体占据电解质室，防止反应物气体交叉到电极反面，离子是导电的，但电子绝缘。多孔基体通常由陶瓷粉末制成，例如铝酸锂（$LiAlO_2$）。在 Li_2CO_3 – K_2CO_3 电解质中，$LiAlO_2$ 的三种同素形态（α、β 和 γ）中，γ 态 $LiAlO_2$ 最稳定。电解质填充基体结构通常含有 40% $LiAlO_2$ 和 60% 碳酸盐（按重量计）。这是因为如果碳酸盐含量太低，结构就会太硬，如果碳酸盐含量太高，结构就会太软（类似流体）。为了使结构具有糊状可塑性，碳酸盐含量必须在一个合理范围内，这是由 $LiAlO_2$ 颗粒分布决定的。

事实上，电解质层的重要性能，如碳酸盐含量、物理性能和有效电导率，在制造和工作过程中对电池性能和完整性的影响取决于颗粒大小、形状和分布。细长的棒状或细纤维状亚微米颗粒是最佳组合，采用造纸技术作为制造方法，比如热压和流延等。

热压技术包括在高压（大约 5 000 psi[①] 或 3.4 MPa）和温度（刚好低于碳酸盐熔点）下压制 $LiAlO_2$ – 碳酸盐混合物。操作简单，但所得到的电解质结构过于多孔（>5%），微观结构差，导致尺寸受限（<1 m²），形成裂纹，并且太厚（1~2 mm）会产生高欧姆电阻（比电导率约为 0.3 S/cm）。

流延制造已被普遍认为是最适合制造熔融碳酸盐电解质的技术。这个过程包括几个步骤：先将 $LiAlO_2$ 颗粒分散在有机黏合剂、增塑剂和添加剂的混合溶剂中；再将所得混合物浇铸在光滑的基材上，使用刀口装置来控制厚度。如果将基材放在移动的带式输送机上，就可以轻松实现连续生产。铸带是干燥的，被组装到燃料电池结构中，有机黏合剂通过加热至 250~300 ℃ 被燃尽（蒸发）。流延成型也用于类似方式生产电极结构。流延成型可以产生更薄的电解质结构，因此欧姆电阻更小。

表 8.1 所示为最先进的熔融碳酸盐燃料电池组件特性，表 8.2 所示为过去半个世纪左右电池成分技术进展的概况。

表 8.1　最先进的熔融碳酸盐燃料电池组件特性

部件	特性	当前状态
阳极	材料	含有 2%~20% Cr/Ni – Al 的 Ni
	厚度	0.5~1.5 mm
	特性	50%~70%
	气孔尺寸	3~6 μm
	表面积（BET）	0.1~1 m²/g
阴极	材料	锂配合物 NiO（Li 的质量百分比为 1%~2%）
	厚度	0.4~0.75 mm
	特性	70%~80%
	气孔尺寸	7~15 μm
	表面积（BET）	0.15 m²/g（Ni 预试验） 0.5 m²/g（试验后）

---

① 1 psi = 0.006 895 MPa。

续表

部件	特性	当前状态
电解液	材料	碱碳酸盐混合物
	组分	62% Li_2CO_3 ~38% K_2CO_3（每 mol 含量） 50% Li_2CO_3 ~50% Na_2CO_3（每 mol 含量） 70% Li_2CO_3 ~30% K_2CO_3（每 mol 含量）
电解质载体	特性	γ – $LiAlO_2$
	厚度	1.8 mm（热压技术） 0.5 mm（流延制造）
	气孔尺寸	0.5 ~ 0.8 μm
	表面积	0.1 ~ 12 m^2/g
电解液填充基体	组分	40% ~ 50% $LiAlO_2$ 单位质量含量（34% ~ 42%（每体积含量））50% ~ 60% 碳酸盐
集流体	阳极	镍或镀镍钢（穿孔）I – mm 厚
	阴极	316 型（穿孔）I – mm 厚

表 8.2　熔融碳酸盐燃料电池成分进展概况

部件	约 1965	约 1975	当前状态
阳极	Pt、Pd 或 Ni	Ni 10 wt% Cr	Ni – 10 wt% Cr/Ni – Al 3 ~ 6 μm 孔隙大小 50% ~ 70% 初始孔隙度 0.5 ~ 1.5 mm 厚度 0.1 ~ 1 m^2/g
阴极	Ag_2O 或锂配合物 NiO	锂配合物 NiO	锂配合物 NiO 7 ~ 15 μm 孔隙大小 70% ~ 80% 初始孔隙度 60% ~ 65% 经过锂化和氧化 0.5 ~ 0.75 mm 厚度 0.5 m^2/g

部件	约 1965	约 1975	当前状态
电解质 支撑基体 （或瓷砖）	MgO	α（β、γ）$- LiAlO_2$ 混合物 $10 \sim 20$ m²/g	$\gamma - LiAlO_2$ $0.1 \sim 12$ m²/g 0.5 mm 厚度
电解质	52 Li – 48 Na 43.5 Li – 31.5 Na – 25 K "黏贴"（电解质填充）	62 Li – 38K ~60% ~65 wt% 热压 "瓷砖" 1.8 mm 厚度	62 Li – 38K 50 Li – 50 Na 50 Li – 50 K ~50 wt% 带铸法 0.5 mm 厚度

8.4.4 隔膜

通常在分离板一侧设有燃料气体流道，在另一侧设有氧化剂气体流道，因此流道暴露在还原和氧化环境中。另外，由于电解质可以通过蠕变、蒸发至板表面，在较冷的分离板表面凝结，所以分离板还会受到碳酸盐电解质腐蚀。因此，为板材寻找经济材料仍是一项持续工作。所选材料的经济性包括材料本身和板材制造（或易于制造）的成本。

确定分离板材料适用性的技术是在高风险（即极端暴露）条件下的双环境中测试。双环境测试是指在 MCFCs 工作温度和压力下，将待测分离板材料一侧暴露于燃料气体，另一侧暴露于氧化剂气体。同样，单环境测试是指暴露在单一反应气体环境中。极端暴露条件包括高氢燃料和贫氧化剂，特别是在燃料气体出口附近和湿密封区域，因此，在阳极侧的湿密封区域，板腐蚀最严重，特别是阳极气体出口处。

为了找到适合的分离板材料，已经对市面上所有铁和镍基合金进行了测试。根据单环境和双环境测试结果，ss 310S、Avesta 600（FE – 28Cr – 4Ni – 2Mo）和 Inconel 601（NiCr + Al）在两种环境下耐蚀性最好。高铬（>21%）奥氏体钢，如 ss 310，在阴极环境下寿命为 20 000 ~ 30 000 h。另外，ss 316L 和 ss 310 在暴露于阳极环境时会发生严重腐蚀，除非使用一层致密保护性表面涂层，如镀镍。氧化铝（Al_2O_3）涂层对于湿密封区域很有效，因为它会在原位转化为 $LiAlO_2$。目前正在研究各种表面处理技术的有效性，图 8.5 所示为分离板暴露在各种条件下时各种有效表面保护层。目前为止，大多数研究表明，只有铝扩散涂层和高铝不锈钢才能在湿密封区域提供足够的防腐蚀保护，特别是阳极侧。对于含铝钢，形成的表面保护铝酸盐层对电流流动有过大的接触电阻。铝扩散涂层是在还原反应下通过高温气相沉积实现的，因此过程缓慢且成本高。所以，寻找分离板合金材料的工作仍在积极进行中，尤其是在可以避免表面处理的情况下。

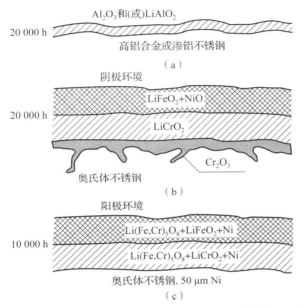

图 8.5　MCFCs 分离板上的奥氏体不锈钢表面有效保护层暴露于不同环境的情况

（a）湿密封　（b）阴极　（c）阳极环境

8.5　熔融碳酸盐燃料电池的性能

对于其他类型燃料电池，单个燃料电池或燃料电池堆的性能特征通过特定工作条件下电压与电流数据的关系来表征，即所谓的极化曲线。这些条件包括运行温度和压力，燃料和氧化剂气体入口组分，以及燃料和氧化剂气体的使用。

如果燃料电池处于热力学平衡，则燃料电池零电流或开路电压（OCV）与可逆电池电位相同。对于高温电池来说，这通常是一个很好的假设，除非腐蚀反应以非常快的速度发生，在这种情况下，主电极反应和腐蚀反应之间建立混合电位可能会大大偏离主反应的平衡值。

MCFCs 可逆电池电位取决于燃料电极（氢气、水蒸气和 CO_2 的分压）和阴极（氧气和 CO_2 的分压）的气体组成，对于式（8.1）~式（8.3）中反应，可以有如下计算公式。

$$E_r(T, P_i) = E_r(T, P) + \frac{RT}{nF}\ln\left\{\left[\frac{P_{H_2}P_{O_2}^{1/2}}{P_{H_2O}}\right]\left[\frac{P_{CO_2,c}}{P_{CO_2,a}}\right]\right\} \quad (8.11)$$

式中，下标"c"和"a"分别表示 CO_2 在阴极室和阳极室的分压。对于涉及氢气、甲烷（天然气）和一氧化碳的许多燃料电池反应，表 8.3 中给出了在 $P = 1$ atm 和 $T = 650\ ℃$ 时可逆电池电位 $E_r(T, P)$ 值，包括一氧化碳，因为它是甲烷重整反应的产物，水煤气置换反应在 MCFCs 中很重要。

表 8.3　在 1 atm 和 650 ℃下，MCFCs 反应中可逆和热中性电池电位

反应式	$\Delta G/$ (kJ · mol^{-1})	E_r/V	$\Delta H/$ (kJ · mol^{-1})	E_{tn}/V
$H_2 + \frac{1}{2}O_2 \longrightarrow H_2O$	-196.62	1.020	-247.45	1.282
$CH_4 + 2O_2 \longrightarrow CO_2 + 2H_2O$	-800.89	1.038	-800.64	1.037
$CH_4 + H_2O \longrightarrow CO + 3H_2$	-7.62	0.010	$+224.72$	-0.291
$CH_4 + CO_2 \longrightarrow 2CO + 2H_2$	-2.04	0.003	$+260.62$	-0.338
$CH_4 \longrightarrow C + 2H_2$	-16.66	0.043	$+89.26$	-0.231
$CO + \frac{1}{2}O_2 \longrightarrow CO_2$	-202.51	1.049	-283.01	1.467
$CO + H_2O \longrightarrow CO_2 + H_2$	-5.58	0.029	-35.56	$+0.184$
$2CO \longrightarrow C + CO_2$	-14.62	0.076	-171.36	$+0.888$

由于 MCFCs 主要燃料不是纯氢，而是碳氢化合物，因此重整燃料气体混合物包含不同量的氢气，具体取决于主要燃料和所使用的重整操作过程。由式（8.11）确定燃料气体成分对可逆电池电势的影响是极小的。在富 H_2（含量高达约80%）和贫 H_2（含量低于20%）成分中，可逆电池电位的差异可能仅在 70~80 mV，尽管在实际运行条件下存在其他损耗机制，实际电池电位的差异会更大。

实际电池性能受反应物气流配置的强烈影响，因为薄电极电解质的电极组件上局部电流密度取决于局部热力学驱动力（即可逆电池电压 E_r），以及局部电阻（欧姆和活化极化）。正如第 2 章所述，由于燃料和氧化剂气体浓度的变化，电池可逆电位 E_r 在电池中沿反应气体流动方向从入口到出口发生变化，这是由于电池中电化学消耗造成的。在入口和出口浓度对应 E_r 的下降对

大型电池可能很重要，在实践中需要考虑。

实际电池电位 E 等于局部可逆电池电位 E_r 减去局部欧姆和活化过电位造成的损失，或写为

$$E = E_r - JR_t - J(Z_a + Z_c) \tag{8.12}$$

式中，J 表示局部电流密度，R_t 表示局部欧姆电阻，Z_a 和 Z_c 分别表示阳极和阴极的局部电阻。这些电极电阻包括活化和传输过程的贡献，通常也取决于电流密度。尽管式（8.12）右侧每一项都在不同位点有不同值，但净效应或实际电池电位 E 必须是一个常数，与位置无关，电池外壳或分离板在设计上是一个良好的电子导体，因此是等电位平面。

局部电流密度可以通过反应物流速的变化来确定，例如

$$J = -nF \left(\frac{dN''_{H_2}}{dx} \right) b \tag{8.13}$$

式中，N''_{H_2} 表示氢气在燃气流道中沿流动方向的摩尔流量，b 表示燃气流道宽度（见第 4.6.3 节）。电极电阻可以通过模拟电极反应和传输过程来确定，这两个过程都受温度和浓度的影响。Yuh 和 Selman[5] 从反应物利用率可忽略不计的小型实验室电池性能测量结果中得出了经验相关性。

$$Z_a = 2.27 \times 10^{-5} \times (P_{H_2})^{-0.42} (P_{CO_2})^{+0.17} (P_{H_2O})^{+1.0} \exp \left(\frac{53\,500}{RT} \right) \tag{8.14}$$

$$Z_c = e^{-11.8} \times (P_{O_2})^{-0.43} (P_{CO_2})^{-0.09} \exp \left(\frac{77\,300}{RT} \right) \tag{8.15}$$

式中，Z 表示单位面积电阻，单位为 $\Omega \cdot cm^2$，分压单位为 atm，通用气体常数 R 的单位为 $J/(mol \cdot K)$，温度 T 的单位为 K。确定可逆电池电位所需反应物和产物的局部分压、式（8.11）以及单位面积电阻 Z_a 和 Z_c，均由各组分质量平衡得到。根据式（8.14）可以确定电池的性能。

在过去的几十年里，单电池性能有了显著的提高，功率密度从 10 mW/cm^2 增加到 150 mW/cm^2 以上。在 20 世纪 80 年代，MCFCs 电池堆的性能和耐久性都有了显著的改进。图 8.6 所示为低热值燃料（即约 17%（$H_2 + CO$））单电池工作性能的进展。

8.5.1　温度的影响

由式（8.12）可知，温度对 MCFCs 电池电位的影响是通过对可逆电池电位和不可逆电压损耗的影响来实现的。对于熔融碳酸盐燃料电池来说，温度对可逆电势 E_r 的影响非常复杂，且由于阳极上发生了转化和重整反应，使燃料气体的平衡组分更加复杂。

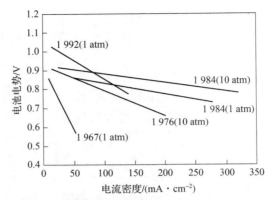

图 8.6　使用重整气和空气运行的 MCFC 性能的进展[4]

阳极除了发生式（8.2）电化学反应外，还会发生几种化学反应，包括式（8.4）的水气置换反应，式（8.5）的甲烷化反应（蒸气重整），式（8.6）的积碳或布多阿尔反应和甲烷分解反应。

$$CH_4 \Longleftrightarrow C + 2H_2 \tag{8.16}$$

图 8.7 所示为这四种反应平衡常数与温度的关系。当温度升高时，积碳反应会抑制碳的形成，而甲烷分解反应则有利于碳的形成。很明显，对于由 H_2、H_2O、CO、CO_2 和 CH_4 组成的固定气体组分，存在一个临界温度 T_{c_1}，低于该温度，布多阿尔放热反应在热力学上是有利的；存在另一个临界温度 T_{c_2}，高于该温度，CH_4 吸热分解形成碳在热力学上是有利的。因此，熔融碳酸盐燃料电池的工作温度在这两个临界温度所定义的区间内。

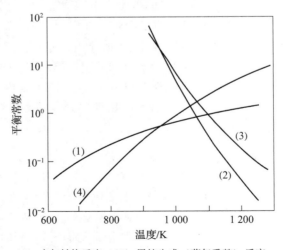

（1）水气转换反应；（2）甲烷生成（蒸气重整）反应；
（3）积碳（布多阿尔）反应；（4）甲烷分解反应

图 8.7　四种反应平衡常数与温度的关系

为了避免通过布多阿尔反应和甲烷分解反应形成碳，向阳极气流中加入足量的水以促进甲烷重整和水煤气置换反应。如第 8.2 节所述，水煤气置换反应在 MCFCs 阳极迅速达到平衡，因此 CO 是 H_2 的间接来源。分压的平衡常数定义为

$$K_P(T) = \frac{P_{CO}P_{H_2O}}{P_{CO_2}P_{H_2}} \tag{8.17}$$

如图 8.7 所示，随着温度升高，平衡成分随温度、利用率和压力而变化，从而影响电池可逆电位。

如上所述，温度通过平衡成分的变化对 E_r 影响，可以用以下例子来更好地说明：假设一个具有 30% O_2、60% CO_2、10% N_2 氧化剂气体混合物和 80% H_2、20% CO_2 干燃料气体混合物的电池。在 25 ℃ 的室温下燃料气体通过水蒸气饱和，之后被送入阳极，混合物成分变成 77.5% H_2、19.4% CO_2 和 3.1% H_2O。根据水煤气置换反应建立平衡条件，可以计算出在任意温度和压力下燃料气体中各组分的浓度。计算涉及使用分压平衡常数，得到的平衡浓度用于可逆电池电位方程（8.11），确定 E_r 作为电池工作温度和压力的函数。表 8.4 所示为在 1 atm 压力下的计算结果，结果表明 E_r 随温度升高而减小。因此

$$\left(\frac{\partial E_r}{\partial T}\right)_p = \frac{\Delta S}{nF} \quad \Delta S < 0$$

表 8.4 所示为可逆电池电位对温度的依赖性强弱。然而，由于各种极化随温度显著降低，实际电池电位是与温度相关性更强的函数。因此，净效应是 E 随 T 增加。对于以 200 mA/cm² 电流运行的小型电池（8.5 cm²），恒定流量（因此，利用率随电流密度的变化而变化）蒸气重整天然气作为燃料，30% CO_2、70% 空气为氧化剂，温度效应的相关性如下。

表 8.4　在 1 atm 和 25 ℃下温度对水蒸气初始饱和混合燃料气体平衡成分的影响

摩尔分数	温度/K			
	298	800	900	1 000
H_2	0.775	0.669	0.649	0.643
CO_2	0.194	0.088	0.068	0.053
CO		0.106	0.126	0.141
H_2O	0.031	0.137	0.157	0.172
E_r/V		1.155	1.143	1.133
K_P		0.247 4	0.453 8	0.727 3

$$\Delta E_T(mV) = K_T(T - T_1) \tag{8.18}$$

式中，在 575 ℃ ≤ T < 600 ℃时，温度系数 K_T 为 2.16 mV/K；在 600 ℃ ≤ T < 650 ℃时，温度系数 K_T 为 1.40 mV/K；在 650 ℃ ≤ T < 700 ℃时，温度系数 K_T 为 0.25 mV/K。由式（8.12）可知，在 575 ~ 600 ℃时，E 随 T 变化约有 1/3 是由于欧姆损耗的变化，其余 2/3 是阳极和阴极活化极化的变化。

经验数据表明，对于 MCFCs，800 ~ 900 ℃温度工作时可能是电池和系统性能的最佳选择，因为 MCFCs 与煤气化器匹配得很好。然而，电解液蒸发损失和部件腐蚀等材料问题变得突出，且超过 650 ℃时性能增益随温度升高而减小，如式（8.18）所示。因此，在 650 ℃时提供了良好的性能和增长寿命的优化。较低的工作温度可以实现更长的使用寿命。要注意的是，大多数碳酸盐在 520 ℃以下不会保持熔融状态。

8.5.2 压力的影响

压力对电池性能的影响也可以分为两部分：可逆电池电位和不可逆电位损失（极化）。压力对可逆电池电位 E_r 的影响由能斯特方程（8.11）确定。假设阳极和阴极气体总压力相同，且所有气体成分保持不变，则根据式（8.11），E_r 的变化为

$$\Delta E_{r,P} = E_r(T, P_2) - E_r(T, P_1) = -\frac{(\Delta N)RT}{nF} \ln\left(\frac{P_2}{P_1}\right) \tag{8.19}$$

压力从 P_1 变为 P_2。电池总反应式（8.3）如下。

$$H_2 + 0.5O_2 \Longleftrightarrow H_2O(g)$$

$$\Delta N = 1 - (1 + 0.5) = -0.5 \text{ mol/燃料}$$

由式（8.19）可知，由于压力效应引起的可逆电池电位变化为

$$\Delta E_{r,P} = \frac{RT}{2nF} \ln\left(\frac{P_2}{P_1}\right) \tag{8.20}$$

通常电池工作温度在 650 ℃时，压力对可逆电池电位的影响为

$$\Delta E_{r,P} = 20 \ln\left(\frac{P_2}{P_1}\right) = 46 \log\left(\frac{P_2}{P_1}\right) \text{ (mV)} \tag{8.21}$$

因此，在 650 ℃时，电池压力增加 10 倍，可逆电池电位增加至 46 mV，这表明电池工作压力对可逆电池电位的影响很小。

对于实际 MCFCs 来说，由于反应物分压（即反应物浓度）、电极动力学、气体溶解度和传质速率的增加，更高的工作压力会导致电池电位 E 增加。另外，较高压力会导致副作用，例如布多阿尔反应引起的碳沉积（$2CO \Longleftrightarrow C + CO_2$），甲烷化反应产生的甲烷（$CO + 3H_2 \Longleftrightarrow CH_4 + H_2O$），$CH_4$ 分解的碳和氢气（$CH_4 \Longleftrightarrow C + 2H_2$）。根据勒夏特列原理，压力增加将有利于反应向体

积减少的方向进行（摩尔数减少）。因此，较高的压力会增加碳沉积和甲烷的生成，抑制 CH_4 分解。水煤气置换反应（$CO_2 + H_2 \rightleftharpoons CO + H_2O$）受电池压力增加的影响不显著。

在 MCFCs 中应避免积碳，积碳会堵塞阳极多孔中气体通道。甲烷的生成对电池性能是有害的，因为生成 1 mol 甲烷消耗 3 mol 氢气，这代表了相当大的反应物损失，并将降低能量转换效率。

向燃料气体中加入水和 CO_2 改变了平衡气体的组成，从而使甲烷的生成最小化。通过增加气流中水蒸气分压可以避免积碳。在使用煤气燃料 MCFCs 时，甲烷生成和阳极处积碳是可以控制的。从热力学平衡计算理论上确定 C—H—O 体系的沉积边界。经验表明，碳沉积是可以完全避免的，即使在 10 atm 高压下使用富 CO 燃料气体运行 MCFCs，只要气体混合物充分加湿（例如使用 10 atm 高压 CO 气体，该气体应在 163 ℃ 或更高温度下才能被水蒸气湿润）。

图 8.8 所示为压力对实际电池电位 E 的影响。通常在工作条件下（160 mA/cm² 和 650 ℃），由于反应气体压力变化而导致 E 的电位增量可以类比式（8.21）。

$$\Delta E_P = k_P \log\left(\frac{P_2}{P_1}\right) \tag{8.22}$$

式中，$k_P = 104$、84、76.5（mV）。当 $k_P = 76.5$ mV，在 1～10 atm 时，取值为 104 mV 或更高似乎更适合式（8.12）～式（8.15）。另外，k_P 值取决于许多其他因素，如工作条件、电池设计和制造方法等。

还要注意的是，与可逆电池电位相比，压力对实际电位的显著影响在很大程度上是由于阴极电阻降低，而阳极电阻降低的贡献很小。因为在较高压力下，通过气相反应（如甲烷化和积碳反应）消耗反应物的不利影响抵消了提高压力运行的优势。

例 8.1　在 650 ℃ 下运行 MCFCs，燃料气体含有 28% H_2、28% CO_2 和 44% N_2（以摩尔干燥气体计），在 25 ℃ 和 1 atm 下被水蒸气湿润。氧化剂气体摩尔组成为 15% O_2、30% CO_2 和 55% N_2。假设电池在 160 mA/cm² 电流密度下工作，试确定由电池工作压力分别为 1、3、5 和 10 atm 变化而导致的电池电位增益 ΔE_P。

解答：

我们将尝试用两种不同的方法来解决这个问题。我们将使用式（8.22），再使用式（8.12）～式（8.15），并将两种方法的结果进行比较。

1. 使用经验相关方程（8.22），假设压力系数 k_P 是固定值，可以轻松确定电池电位增量。这里，我们选择 $k_P = 104$（mV），可得

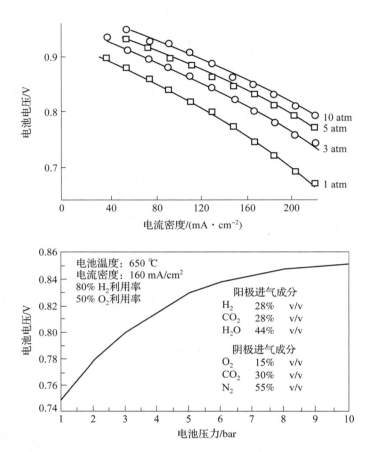

图 8.8 电池工作压力对 300 cm² 电池在 650 ℃ 性能的影响[7]（燃料气体摩尔成分：28% H_2、28% CO_2、44% N_2；氧化剂气体摩尔成分：15% O_2、30% CO_2、55% N_2。燃料利用率：80%；氧化剂利用率：50%）

$$\Delta E_P = 104 \log\left(\frac{P_2}{P_1}\right)（mV）$$

稍后比较第二种方法得到的结果时，选择压力系数的原因就很清楚了。应该记住，相关性是为在 650 ℃ 和 160 mA/cm² 条件下运行 MCFCs 而开发的，如果电流密度较低，压力系数会变小。

对于给定的条件，$P_1 = 1$ atm，$P_2 = 3$ atm、5 atm、10 atm。可以得到

$$\Delta E_P = 49.6（mV）、72.7（mV）、104（mV）$$

分别求对应的 P_2 值。

2. 使用式（8.12）～式（8.15），从式（8.12）中，我们得到

$$E = E_r - JR_t - JZ_c - JZ_a$$

由于压力增加而产生电池电位增量可以写为

$$\Delta E_P = \Delta E_{r,P} - \Delta E_{c,P} - \Delta E_{a,P}$$

假设总电池欧姆电阻随压力变化保持不变，这对 MCFCs 是一个合理的假设。

由压力变化引起的可逆电池电位变化由式（8.21）给出，即

$$\Delta E_{r,P} = 46 \log\left(\frac{P_2}{P_1}\right)（\text{mV}）$$

给定条件 $P_1 = 1$ atm，$P_2 = 3$ atm、5 atm、10 atm，分别有

$$\Delta E_{r,P} = 21.9（\text{mV}）、32.2（\text{mV}）、46（\text{mV}）$$

分别对应 P_2 的三个值。

由式（8.14）和式（8.15）给出的电极电阻，可以得到阳极和阴极电位变化。在给定温度和压力下，燃料和氧化剂气体混合物可以被视为理想气体混合物。

$$P_i = X_i P$$

其中 P_i 和 X_i 是混合物中组分 i 的分压和摩尔分数，P 是混合物的总压力。那么，在阴极我们得到

$$\Delta E_{c,P} = J(Z_{c,P_2} - Z_{c,P_1})$$

$$= \left[Je^{-11.8}(X_{O_2})^{-0.43}(X_{CO_2})^{-0.09}\exp\left(\frac{77\,300}{RT}\right)\right](P_2^{-0.52} - P_1^{-0.52})$$

代入电流密度 $J = 160$（mA/cm^2），标准气体常数为 $R = 8.314$（J/(mol·K)），温度为 $T = 650 + 273 = 923$（K），给定氧化剂气体摩尔组成为 $X_{O_2} = 0.15$，$X_{CO_2} = 0.3$，可简化上式为

$$\Delta E_{c,P} = 71.7(P_2^{-0.52} - P_1^{-0.52})（\text{mV}）$$

压强 P_1 和 P_2 的单位为 atm。因此，阴极电位损失为

$$\Delta E_{r,P} = -31.2（\text{mV}）、-40.7（\text{mV}）、-50.0（\text{mV}）$$

分别对应 $P_1 = 1$ atm，$P_2 = 3$ atm、5 atm、10 atm。阴极电位损失的负号表示当压力增加时，阴极电位增加。

对于阳极电位的变化，计算包括水蒸气含量在内的燃料气体成分。25 ℃时水的饱和压力为

$$P_{\text{sat}} = 3.169（\text{kPa}）$$

（见附录一）

因此，燃料气体中水蒸气的摩尔分数为

$$X_{H_2O} = \frac{3.169}{101.35} = 0.031$$

饱和过程发生在 1 atm（101.325 kPa）下。根据水蒸气含量和干燥燃料气

体组成，可确定燃料气体中 H_2 和 CO_2 摩尔分数为

$$X_{H_2} = 0.28 \times (1 - 0.031) = 0.271$$

$$X_{CO_2} = 0.28 \times (1 - 0.031) = 0.271$$

由式（8.14）可确定阳极电位变化为

$$\Delta E_{c,P} = J(Z_{a,P_2} - Z_{a,P_1})$$

$$= \left[J \times 2.27 \times 10^{-5} (X_{H_2})^{-0.42} (X_{CO_2})^{+0.17} (X_{H_2O})^{+1.0} \exp\left(\frac{53\,500}{RT}\right) \right] (P_2^{0.75} - P_1^{0.75})$$

将所有相关参数代入上式，得到压力相关性的简化表达式为

$$\Delta E_{a,P} = 0.212（mV）、0.389（mV）、0.767（mV）$$

式中，P_1 和 P_2 单位为 atm。当 $P_1 = 1$ atm，$P_2 = 3$ atm、5 atm、10 atm 时，我们得到阳极电位的变化

$$\Delta E_{a,P} = 0.166(P_2^{0.75} - P_1^{0.75})（mV）$$

显然，当工作压力增加时，阳极电极电阻增加，由此产生的阳极电位变化实际降低了电池电位。这与压力对阴极电位变化的影响相反。

总结上面所有电位变化，我们会得到由压力变化引起的电池电位增量，这是可逆电池电位增量的贡献，以及阴极和阳极电阻的变化。为了便于比较，将各种结果汇总如表 8.5 所示，其中下标"（i）"和"（ii）"分别表示采用第一种方法和第二种方法得到的结果。

表 8.5　压力变化引起的电池电位变化对应关系表

P/atm	$\Delta E_{r,P}$/mV	$-\Delta E_{c,P}$/mV	$-\Delta E_{a,P}$/mV	$\Delta E_{P(ii)}$/mV	$\Delta E_{P(i)}$/mV
3	21.9	31.2	−0.212	52.9	49.6
5	32.2	40.7	−0.389	72.5	72.7
10	46.0	50.0	−0.767	95.2	104

评论：

1. 注意，式（8.14）和式（8.15）是针对利用率可忽略不计的小型电池得出的。因此，在本计算中隐含利用率较小可忽略不计，则电池中反应物消耗和产物生成会改变燃料和氧化剂气体的实际组成，应当在实际情况下计算，尽管如果我们将当前计算与图 8.8 所示实验结果进行比较，式（8.14）和式（8.15）可能可以合理地使用低到中等利用率。

2. 当前计算表明，由于压力增加而产生电池电位增量与两种完全不同的经验相关性计算出的结果相当吻合（在一般误差范围内）。虽然一种相关性取决于压力的对数，另一种取决于压力的幂次方，但两者的起源都可以追溯到第 2 章，且只要压力变化不是过大，都可以表示电池电位与压力相关性。

3. 如前所述，与阴极和总电池电位变化相比，压力对阳极电位损失的影响是非常小的，可以简单地忽略而不会造成任何明显的误差。

4. 随着电池工作压力增加，出现阴极电位增量；相反，电位损耗实际上发生在阳极。如果我们检验式（8.1）和式（8.2）中给出阳极和阴极的半电池反应，这就可以理解了。

8.5.3　反应气体组成和利用率的影响

燃料气体利用率是指燃料气体在燃料电池中发生电化学反应的比例。由于在 Ni 等金属存在的情况下，水煤气置换反应非常迅速，阳极处燃气成分是水煤气反应建立的平衡成分。因此，在阳极发生电化学反应的氢气可以来自入口气体流中氢气，以及通过电池内水煤气置换反应从 CO 获得的氢气。因此，可用于电化学反应的总氢气等于进入阳极气室 H_2 和 CO 的摩尔数。对于 MCFCs，燃料的利用率通常被定义为

$$U_f = \frac{(N_{H_2} + N_{CO})_{in} - (N_{H_2} + N_{CO})_{out}}{(N_{H_2} + N_{CO})_{in}} \qquad (8.23)$$

式中，$N_{H_2,in}$ 和 $N_{H_2,out}$ 分别为电池入口和出口氢气的摩尔流量；$N_{CO,in}$ 和 $N_{CO,out}$ 的含义相似。

氧化剂利用率也有类似的定义。MCFCs 阴极有两种反应物，即 O_2 和 CO_2，因此有两种定义 U_{OX} 的方法。通常 U_{OX} 是基于限制性（不足的）反应物。如果 O_2 不足，则

$$U_{OX} = \frac{N_{O_2,in} - N_{O_2,out}}{N_{O_2,in}} \qquad (8.24)$$

在实践中，CO_2 很可能是限制反应物以最大限度减少 NiO 阴极溶解（稍后详细讨论），则

$$U_{OX} = \frac{N_{CO_2,in} - N_{CO_2,out}}{N_{CO_2,in}} \qquad (8.25)$$

如前所述，气体成分对可逆电池电位 E_r 的影响很小。对于富 H_2 和贫 H_2 燃料气体，E_r 值的差异可能仅为 70 ~ 80 mV。另外，流动通道中局部气体成分因电池内反应物的电化学消耗而变化，最低反应物浓度发生在电池出口处，这可以由反应物利用率决定。由式（8.11）可确定电池可逆电位 $E_{r,in}$ 和 $E_{r,out}$，分别对应入口和出口的气体组成。有时 $E_{r,in}$ 和 $E_{r,out}$ 之差被称为能斯特损失，是分析大型电池性能的一个重要参数。在一般燃料利用率大约80%或更高的情况下，如果氧化剂利用率也是相同水平，那么重整天然气的能斯特损失可能高达几百毫伏。实际上，氧化剂利用率远低于燃料利用率（约50%）。

通常，增加反应气体利用率会降低电池性能，因为在电池出口附近反应物浓度降低，从而降低电极动力学和传质速率。

氧化剂：如式（8.1）所示，每消耗 1 mol O_2 阴极处整体电化学反应就消耗 2 mol CO_2，当 CO_2 和氧气浓度比例为 2∶1 时，阴极性能最佳。另外，为了降低阴极 NiO 溶解度并延长电池寿命（见第 8.6 节），必须将 CO_2 浓度降至最低。如果 CO_2 浓度过低，例如在极限情况下，氧化剂原料气中根本没有 CO_2 存在，碳酸根离子的离解表示为

$$CO_3^= \longrightarrow CO_2 + O^=$$

由于电解质成分的变化，会出现显著的阴极极化。当然，在这种情况下，由于电解质损失，电池寿命是相当有限的。

式（8.12）和式（8.15）清楚地表示了氧化剂成分对实际电池电位的影响。考虑到氧化剂利用率，在电池入口处氧化剂成分对实际电池电位综合影响和电池利用率已经根据经验相关表示为

$$\Delta E_c = 250 \log \frac{(\bar{P}_{CO_2} \bar{P}_{O_2}^{1/2})_2}{(\bar{P}_{CO_2} \bar{P}_{O_2}^{1/2})_1} (\text{mV}) \quad 0.04 \leqslant (\bar{P}_{CO_2} \bar{P}_{O_2}^{1/2}) \leqslant 0.11 \quad (8.26)$$

$$\Delta E_c = 99 \log \frac{(\bar{P}_{CO_2} \bar{P}_{O_2}^{1/2})_2}{(\bar{P}_{CO_2} \bar{P}_{O_2}^{1/2})_1} (\text{mV}) \quad 0.11 \leqslant (\bar{P}_{CO_2} \bar{P}_{O_2}^{1/2}) \leqslant 0.38 \quad (8.27)$$

式中，$\bar{P}_{O_2}$ 和 $\bar{P}_{CO_2}$ 是氧气和 CO_2 在阴极的平均分压，取电池入口和出口处的平均值。由氧化剂气体组成和利用率变化引起的电池电位变化记为 ΔE_c。

燃料：如前所述，由于在阳极上同时发生许多其他化学反应，所以测定阳极电位是相当复杂的。两个最重要的化学反应是甲烷蒸气重整，产生的氢气和一氧化碳气体（假设使用天然气或甲烷作为主要燃料），以及快速水煤气置换反应，根据平衡将一氧化碳转换成氢气，可以足够快地参与阳极电氧化过程以产生电流。一旦根据上述反应确定了燃料气体的组分，对于给定氧气成分，可逆电池电势可由式（8.11）求得。如前一小节所述，当在阴极处 $P_{CO_2}/P_{O_2} = 2$ 时，可获得给定燃料气体成分的最大电池电位。

值得注意的是，在给定 P_{CO_2}/P_{O_2} 比值下，向氧化剂原料气体中加入惰性气体会降低可逆电池电位 E_r。但在给定的 $P_{H_2}/P_{H_2O}P_{CO_2}$ 比值下，向燃料气体中加入惰性气体会增加 E_r，因为 1 mol 反应物（H_2）会稀释 2 mol 产物（H_2O 和 CO_2）。由于惰性气体对反应气体的稀释，实际电池电位 E 降低了。

同理，由于燃料气体成分和利用率的变化而引起实际电池电位的变化已通过经验相关联，即

$$\Delta E_a = 173 \ \log \frac{\left[\bar{P}_{H_2}/(\bar{P}_{CO_2} \bar{P}_{H_2O}) \right]_2}{\left[\bar{P}_{H_2}/(\bar{P}_{CO_2} \bar{P}_{H_2O}) \right]_1} \ (mV) \qquad (8.28)$$

式中，$\bar{P}_i$ 表示燃料气体中各组分 i 的平均分压，取其在电池入口和出口处的平均值；ΔE_a 是由燃料气体成分和利用率变化而引起的电池电位变化。

这意味着 MCFCs 应以较低的燃料和氧化剂利用率（U_f 和 U_{ox}）运行，以获得更好的电池性能。另外，低利用率意味着燃料和氧化剂的低使用率。与其他类型燃料电池一样，必须做出妥协来优化整体性能。通常，实际 MCFC 选择 $U_f = 75\% \sim 85\%$ 和 $U_{ox} = 50\%$。

8.5.4　杂质的影响

天然气被视为 MCFCs 的主要燃料，从长远来看，气化煤（或煤气）有望成为 MCFCs 主要燃料气体来源。煤中含有多种不同浓度的污染物，当然，这取决于开采煤的位置和质量。因此，煤制燃料也含有大量污染物。这些污染物会对电池金属元件（如电极）产生强烈腐蚀，从而严重影响电极性能。最主要的污染物包括硫化合物（如燃料气体中 H_2S 和与 CO_2 一起循环到阴极的阳极废气中 SO_2）和卤化物（主要是燃料气体中 HCl）。一个重要的问题是确定这些污染物的临界浓度，使 MCFCs 可以在不显著降低电池性能和寿命的情况下运行。表 8.6 列出了煤制燃料气体中典型污染物及其可能产生的负面影响，表 8.7 给出了 MCFCs 所能承受的最大限值。

表 8.6　煤制燃料气中典型污染物及其对 MCFCs 可能产生的负面影响

分类	污染物	可能影响
微粒硫化合物	煤粉、灰 H_2S、COS、CS_2、C_4H_4S	气路堵塞 电压损失 通过 SO_2 与电解液反应（电解液硫酸化） 加剧腐蚀
卤化物	HCl、HF、HBr、$SnCl_2$	加剧腐蚀和性能下降（特别是阴极） 与电解液反应
氮化合物	NH_3、HCN、N_2	NO_x 生成 通过 NO_x 与电解质反应

分类	污染物	可能影响
微量金属	Zn As、AsH$_3$ Pb、Hg Sn（例如 SnCl$_2$） Se Cd、Te（例如 H$_2$Te）	ZnO 在电极上的沉淀/沉积 镍催化剂中毒 合金表面形成 锡在电极上沉淀/沉积 镍催化剂中毒 电极上的沉淀/沉积物
碳氢化合物	C$_6$H$_6$、C$_{10}$H$_8$、C$_{14}$H$_{10}$	碳沉积

表 8.7　MCFCs 允许的污染物最大含量

污染物	最大含量
微粒	最大颗粒 <0.1 g/l（>0.3 μm）
H$_2$S、COS	<1 ppm
HCl 和其他卤化物	<10 ppm
NH$_3$	<10 000 ppm
微量金属	
Zn	<20 ppm
As（例如 AsH$_3$）	<1 ppm
Pb	<1 ppm
Hg	<35 ppm
Sn	N/A
Cd	<30 ppm
C$_2^+$	<100 ppm
沥青	<2 000 ppm（苯）

　　硫：硫可能是对 MCFCs 最有害的污染物，因为它在天然气和煤制气体中都大量存在。燃料中低浓度硫化合物会降低阳极性能，但这种不利影响是可逆的，阳极性能可以通过在开路条件下运行电池或使用无硫燃料气体来恢复。当硫化合物浓度超过临界水平时，阳极 Ni 电极会被硫化作用破坏，形成

NiS – Ni 共晶，阳极性能会不可逆地降低。硫化合物临界浓度（耐受性），受到电池运行条件的强烈影响，包括电池温度、压力、气体浓度、电池组件和系统操作（例如阳极废气循环到阴极、阳极废气排放、阳极气体净化等）。

硫化氢（H_2S）是对电池性能产生不利影响的主要硫化合物，其他化合物（如 COS 和 CS_2）对 MCFCs 的影响相当于 H_2S。在大气压力和 75% 气体利用率下，阳极燃料高达 10 ppm H_2S，氧化剂中可接受高达 1 ppm 的 SO_2。通过在更高电解槽温度和更低电解槽压力下运行，可以提高这些耐受浓度限值。

H_2S 降低电池性能的机制主要有以下 3 种：

1. H_2S 在 Ni 表面化学吸附堵塞活性电化学位点，导致活化极化增加；

2. 水煤气置换反应催化反应位点中毒，阻碍 CO 转化为更多氢气用于阳极反应；

3. 在阳极废气燃烧反应中，H_2S 氧化为 SO_2，与 CO_2 一起循环到阴极，再与电解质中碳酸根离子反应。

第 1 种机制清楚地解释了 H_2S 不影响开路电压的原因，且在燃料气体相同 H_2S 浓度下，当电流密度增加时，电池性能下降会加剧。在 MCFCs 运行条件下，催化剂能够快速地建立阳极上水煤气置换反应平衡以增加氢气，第 2 种机制有效地降低了阳极反应可用的氢气量，从而导致性能恶化。在实际 MCFCs 中，这种对置换反应的不利影响很小，因为用于稳定 Ni 阳极以防止烧结和漏电的 Cr，也作为置换反应的耐硫催化剂。

在实际应用中，阳极废气往往在剩余氢气燃烧后回收到阴极，为阴极反应提供所需 CO_2。该过程还在燃烧过程中将硫化物转化为 SO_2，SO_2 被带到阴极，与碳酸盐离子反应生成碱金属硫酸盐。这些硫酸根离子通过电解质迁移到阳极，其中 $SO_4^=$ 降低为 $S^=$，增加了阳极 $S^=$ 浓度。显然，第 3 种机制在阳极上逐渐积累硫。对于长期运行的电池（40 000 h 左右），如果在运行期间不连续或定期去除硫，那么燃料气体中硫化合物（H_2S、COS、CS_2）必须 ≤ 0.01 ppm。如果定期清理硫或在燃烧器出口擦洗硫，硫的耐受水平可以提高到约 0.5 ppm，甚至更高。由此可见，低成本除硫技术对 MCFCs 非常重要，且这种技术仍在研究中。

卤化物：由于含卤素化合物的侵蚀，阴极会发生严重腐蚀，从而显著降低阴极性能。此外，熔融碳酸盐（Li_2CO_3 和 K_2CO_3）可与 HCl 和 HF 反应生成 CO_2、H_2O 和各自的碱金属卤化物，加速电解质流失。这两种效应不仅会降低电池性能，且会缩短电池寿命。此外，LiCl 和 KCl 高蒸气压（高挥发性）会使电解质基体无效，导致反应物穿越。煤制燃料气体中 Cl^- 类浓度通常在 1 ~ 500 ppm。MCFCs 阳极燃料气中 HCl 浓度应小于 0.5 ppm，需要更多的工作来确定长期运行的耐受水平。燃料气体中含卤素化合物总浓度也应该受到限制。

氮的化合物：像 NH_3 和 HCN 这类氮化物对 MCFCs 没有直接影响。在阳极废气烧尽中可能形成 NO_x，并与 CO_2 一起循环到阴极。电解质与 NO_x 反应形成硝酸盐，造成电解质的不可逆损失。显然，对氮化合物的耐受程度取决于燃烧过程中 NO_x 生成量，使用低 NO_x 燃烧器、催化燃烧器、催化转化器等去除 NO_x 可以显著提高电池对氮化合物的耐受程度。如果没有这些降低 NO_x 浓度的技术，一些研究甚至建议将氨（NH_3）浓度限制在 0.1 ~ 1 ppm。

固体颗粒：固体颗粒会黏附在电极表面，积聚堵塞电极的孔隙，从而阻塞气体通道，覆盖催化剂表面，以减缓水煤气置换反应和阳极电极反应。对直径大于 3 μm 颗粒物的限值为 0.1 g/l。

其他化合物：其他污染物，如煤中痕量金属和阳极气流中高级碳氢化合物，也会对 MCFCs 产生不利影响，如表 8.6 所示，表 8.7 给出了相应的耐受限度。

8.5.5　电流密度的影响

从电池极化曲线可以看出，在较高电流密度下工作会导致电池电位 E 降低，因为欧姆、活化和浓度损失会随电流密度增加而增加。实际 MCFCs 工作在欧姆极化主导区域，因此在实际应用电流密度范围内的主要损耗是线性欧姆电压损耗，根据经验发现，对于正确组装的 MCFCs，电池电位的变化与工作电流密度的变化相关。

$$\Delta E_J = -1.21\Delta J\ (mV) \quad 50\ mA/cm^2 \leqslant J \leqslant 150\ mA/cm^2 \quad (8.29)$$

$$\Delta E_J = -1.76\Delta J\ (mV) \quad 150\ mA/cm^2 \leqslant J \leqslant 200\ mA/cm^2 \quad (8.30)$$

式中，J 表示电流密度，单位为 mA/cm^2。根据上述相关性，对于低电流密度和高电流密度，面积比电阻分别为 $1.21\ \Omega\cdot cm^2$ 和 $1.76\ \Omega\cdot cm^2$。其他类型燃料电池，大部分电阻来自电解质中离子传输。

8.5.6　电池寿命的影响

与其他燃料电池一样，MCFCs 和电池堆性能随运行时间的推移而下降，影响这种长期性能下降的因素将在下节介绍。目前，只要说明 MCFCs 长期性能和寿命仍有待通过更多试验来确定就足够了，现有数据表明，在实验室试验中，小型电池电位小于 4 ~ 5 mV/1 000 h。当然，如果能降低性能衰减率，可以获得更长使用寿命。

8.6　熔融碳酸盐燃料电池的耐久性能和寿命

如前所述，关于电池耐久性能和寿命的数据是有限的，特别是在实际应用条件下规模提升的电池。已知最终限制 MCFCs 寿命耐久性能衰减主要是由于电解质损耗，接触电阻增加，电极漏电和烧结，以及镍颗粒沉淀导致电解质基体短路。

8.6.1　电解质损失

电解质损失，或电解质基体中电解质填充的减少，会增加碳酸盐离子通过电解质从阴极向阳极输送的欧姆电阻，并减小每个电极反应发生三相边界的尺寸，从而增加电极活化极化。大量电解质损失导致反应气体穿越，当损失量达到初始电解液负载 35% ~ 40% 时，可能会发生这种情况，尽管准确的数量取决于许多因素，如电解质在基体中的分布，以及基体孔径和孔径分布等。电解质损失是导致电池长期性能下降的最重要因素，电池元件腐蚀（溶解）过程、电位驱动电解质迁移和电解质蒸发是导致电解质消耗的原因。

电池堆组件的腐蚀/溶解：由于电解质强腐蚀性，电池堆组件在 MCFCs 工作环境中受到腐蚀，包括 NiO 阴极溶解和分离板等其他部件腐蚀。显然，电解质组成对腐蚀速率有很大的影响，其对电池性能的优化至关重要。

在 MCFCs 正常运行条件下，NiO 阴极溶解遵循反应如下。

$$NiO + CO_2 \longrightarrow Ni^{2+} + CO_3^{2-} \tag{8.31}$$

除了电解质成分和电池温度外，氧化镍在碳酸盐电解质中溶解度和溶解速度很大程度上取决于阴极中 CO_2 的分压。一般来说，溶解度和溶解速率随 CO_2 含量和温度增加而增加。如第 8.5.3 节所述，足够的 CO_2 含量对于保持良好的阴极性能是必要的。在约 0.01 atm CO_2 分压，650 ℃ 下，NiO 在 Li – K 碳酸盐共晶（62% Li_2CO_3 和 38% K_2CO_4）中最小溶解度约为 1 ppm。最小溶解度和相关 CO_2 分压都随温度升高而增大。

阴极溶解通过阴极电极结构变化对阴极性能的影响很小，尽管高达 1/4 ~ 1/3 质量的电极被溶解，但更显著的影响是第 8.6.4 节所述电解质基体中镍颗粒沉淀产生的电短路。

硬件（即分离板、集流器、电极等）的腐蚀现象在单电池或电堆寿命的初始阶段普遍存在。经验数据表明，腐蚀速率可能与下列涉及时间平方根的方程有关。

$$y = Ct^{1/2} \tag{8.32}$$

式中，y 单位为 μm，表示被腐蚀材料层厚度；t 表示时间，单位是 h。腐蚀层随时间平方根的增长可能表明腐蚀过程受扩散机制控制，尽管实际腐蚀过程可能比这更复杂。对于暴露在 650 ℃ 的 Li – K 碳酸盐共晶阴极环境中的不锈钢，式（8.32）中经验常数为 $C = 0.134\ \mu m/h^{1/2}$。在初始的 2 000 h 内，初始腐蚀速率约为 8 $\mu m/h$，在随后的 10 000 h 运行中，降低到平均 2 $\mu m/kh$。

分离板阳极侧腐蚀比阴极侧严重得多（高 2～5 倍），可以通过式（8.32）求得。经验常数 C 取决于水蒸气的分压。例如对于一般 MCFCs 运行，则

$$C(\mu m/h^{1/2}) = \begin{cases} 0.023 & P_{H_2O} = 16\% \\ 0.039 & P_{H_2O} = 28\% \\ 0.058 & P_{H_2O} = 43\% \end{cases} \qquad (8.33)$$

由于阳极电极反应产生水，由式（8.2）可知，水蒸气浓度在阳极侧下游方向剧烈增加，靠近燃料流出口区域腐的蚀速率最高。

图 8.9 所示为在 150 mA/cm^2 下运行电池，由于电池暴露在燃料和氧化剂气体下，316 型不锈钢集电器腐蚀导致电解质损失。结果表明，K_2CO_3 腐蚀损失几乎是一个常数（约为 2 $\mu mol/cm^2$），与时间无关。Li_2CO_3 损失显著升高，尤其是随着时间的推移，遵循式（8.32）描述与时间平方根的相关性，经验常数约为 $C = 0.38\ \mu mol/(cm^2 \cdot h^{1/2})$。因此，尽管腐蚀过程的机理更为复杂，但以 Li_2CO_3 损耗为主的总电解质损失仍大致遵循时间平方根的关系。

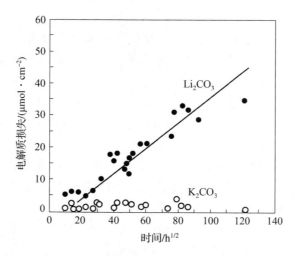

图 8.9　在 150 mA/cm^2 下运行电池中 316 型不锈钢集电极腐蚀导致的电解质损失

阳极电极腐蚀是最小的，因为阳极还原环境中在非常低的电位下运行（除非发生过大的阳极过电位）。

电解质迁移：电解质在电位差下运动是由不同离子迁移速率（或不同的迁移率）引起的。对于内部歧管设计，这种现象会导致电解质通过湿密封流出电池，到达包围电池的硬件外部（通常称为电解质漏电），因为在湿密封中电场钾离子比锂离子移动得更快。电解质漏电是一个缓慢而持续的过程，严重情况下会在电池硬件外表面形成一层薄膜，从而使相邻电池之间离子接触。然后电解质通过表面薄膜从一个电池移动到另一个电池，同时腐蚀电池硬件的外表面。

对于外部歧管设计，电解质在电场下的运动（或迁移）变得非常重要。这是因为电池堆中所有电池（通常是数百个电池）都是通过歧管垫圈进行离子连接的，歧管垫圈包含少量电解质，从而将电流从电池堆正极板传导至负极板。包含数百个具有高电阻值电解质层和两个电池堆端板之间的完整电池堆电压施加在歧管垫圈上，导致电解质缓慢但连续的单向运动。这种泵送效应会导致在电池堆中电池之间发生电解质置换，通常会导致电解质在负端板附近堆积（那里的电池水淹），而在正端板则会导致电解质耗竭。因此，导致电池堆中电解质分布不均匀的电解质迁移成为外部歧管式电池堆的一个重要问题。

电解质蒸发：电解质蒸发（通常是 Li_2CO_3 和/或 K_2CO_3）直接以碳酸盐形式发生，以氢氧化物形式间接发生。随着温度升高、压力降低和反应气体流速增加，蒸发造成的电解质损失增大。在稳态运行下，蒸发速率是恒定的。

考虑所有这些损失机制时，总电解质损失是由电池和电池堆组件在运行早期的腐蚀（大约 2 000 h），以及随后电解质蒸发所控制。因此，电解质早期损失可以用式（8.32）给出时间平方根相关性描述，而后期损失可以归结为电解质蒸发，以恒定速率来描述。由于湿密封通道很窄，导致电解质迁移量有限，因此迁移造成电解质损失相对较小。如果在湿密封区域发生严重腐蚀，接触松散会产生较大的流道，从而导致电解质漏电明显增多。

8.6.2　接触电阻增加

由于多种因素，接触电阻通常随电池或电池堆的老化而增加。例如电极蠕变和烧结导致电池结构厚度的收缩，使相邻表面之间表面接触恶化。电池或电池堆组件，特别是分离板腐蚀，导致表面形成导电性低的氧化层。如果分离板是用高铝合金制成的，这将变得更加显著。在隔板上形成致密的耐腐蚀表面保护层，导电性能也很差。分离板的软轨设计（第 8.3.2 节）具有弹簧状结构，能够适应电池厚度的变化，电池间接触良好，因此倾向于最小化接触电阻，特别是长期运行时。

8.6.3 电极蠕变、烧结

电极蠕变是指电极在压缩和烧结条件下颗粒结构的变形，即颗粒粗化。特别是阳极漏电和烧结，由于接触电阻增加，用于反应气体通过的电极空隙减少，以及用于催化电极反应的电极表面积减少而导致欧姆电阻和电极极化增加。添加 10% 左右 Cr 可以防止镍阳极严重烧结，其他合金如 Ni – Al 和 Ni – Cu 也有足够的耐烧结性。这些合金提供足够的阳极抗蠕变能力，特别是 Ni – Al 合金。NiO 阴极具有良好的耐烧结性和耐蠕变性。

8.6.4 电解质基体短路

如第 8.6.1 节所述，NiO 阴极溶解产生溶解的镍，镍扩散到电解质基体中，被溶解在电解质中的氢气还原并从阳极扩散进来。镍颗粒在电解质基体中以手指状结构析出。当这些析出的镍颗粒通过电解基体连接阳极和阴极时，就会发生短路，无法获得有用的电力输出，从而达到电池使用寿命的终止。由式（8.31）所示的 NiO 溶解反应可以清楚地看出，短路发生时间与 NiO 溶解度、CO_2 分压和电池温度有关。从镍颗粒析出的过程中我们知道，短路现象还与电解质基体结构有关，如孔隙率、孔径大小，更重要的是与基体的厚度有关。较厚的电解质基体会增加短路发生前的运行时间，还会增加基体的欧姆电阻。

8.7　未来研发

由于 MCFCs 处于预商用演示的早期阶段，它的性能包括功率密度和可靠性，以及足够的寿命尚未在实际运行条件下得到验证，启动程序和热循环等运行问题仍有待发展和完善。在 MCFCs 电力系统商业化之前，需要进一步研究和发展，下一步工作应该解决基础和实际问题。从根本上讲，要解决以下问题。

1. **通过改进对电极和电池中的传输和电化学动力学过程的理解，提高性能**。更好的性能包括更高的功率密度，而不牺牲任何效率，可靠性和长期性能，要求优化电池组件，如电极结构，电解质组成等。

2. **更好的材料和改进的制造工艺以实现低成本生产**。这需要更好的阳极来防止蠕变和烧结，更好的阴极来减少溶解，更好的分离板和其他电池或电池堆组件（如集电器）来防止腐蚀。优化电解质组成以降低电解质腐蚀性，或更好的电解质以获得更好的性能和更少的腐蚀。

3. **杂质对电池或电池堆组件性能和腐蚀的影响，以及杂质之间的相互作用和它们的综合影响。**这一点很重要，因为煤制气体中存在各种浓度不同的杂质，这取决于开采煤的等级和位置。此外，这将对从阳极到阴极 CO_2 循环产生重要影响，CO_2 循环策略对 MCFCs 系统整体设计和运行产生相当大的影响。

从实用的角度来看，需要寻求最优的电池或电池堆设计，包括电极与电解质基体之间多孔结构匹配，更重要的是电池与电池堆的适当密封。分离板设计也很重要，以适应电池堆运行期间的结构变化（收缩老化），对密封和长期性能都有影响。当然，启动程序和热循环也同样重要，例如电解质熔化和电池组件润湿。

8.8 总结

本章详细介绍了熔融碳酸盐燃料电池（MCFCs）。本章介绍了总体半电池和全电池反应，以及阳极中发生的其他化学反应，强调了水煤气置换反应在 MCFCs 中的重要性。由此，对 MCFCs（IR – MCFCs）内部重整的概念、优点和实践局限性有了一定的认识。本章详细介绍了熔融碳酸盐燃料电池和电池堆的组成、几何结构和结构特点，包括密封问题、毛细管作用下的电解质管理、气泡压力层的概念、电池堆歧管和流道的设计，以及双极（分离）板的考虑和各种设计，电池堆扩容问题。一般来说，读者应掌握 MCFCs 电池堆中电流密度和温度的分布，以及直接和间接 IR – MCFCs 电池堆的优缺点。此外，还应了解用于各种电池或电池堆组件的典型材料和制造技术、面临的问题、可能的影响，以及避免负面影响的方法。本章介绍了各种工作参数对 MCFCs 性能的影响，包括温度、压力、反应物浓度和利用率、各种杂质、电流密度和电池老化等。读者还应熟悉 MCFCs 中燃料和氧化剂使用的定义，以及各种杂质的容许限值。长期性能衰退和限制 MCFCs 寿命的因素，包括结构腐蚀造成的电解质损失、迁移和蒸发导致的电解质置换、电池或电池组老化导致的内阻增加、电极蠕变和烧结，概述了溶解镍沉淀导致电解质基体的短路。从这些内容中，我们可以了解到未来各种工作的需求，以便推进 MCFCs 技术的商业应用。

8.9 习题

1 简述熔融碳酸盐燃料电池的优点和缺点及应用领域。

2 描述电池工作原理，如半电池和全电池反应，以及预计用于熔融碳酸盐燃料电池的初级燃料。

3 简要讨论典型（或目标）操作条件，如电池电压、电池电流密度、温度、压力、燃料和氧化剂利用率，以及化学能量与电能的转换效率。

4 描述运行条件对电池性能的影响。

5 描述电池和电池堆的几何结构，用于电池组件的典型材料，以及电池组件的厚度和其他尺寸。

6 描述内部重整熔融碳酸盐燃料电池（IR－MCFCs）的概念及其两种实际应用（即直接和间接 IR－MCFCs）。

7 描述与其他液体电解质燃料电池相比，熔融碳酸盐燃料电池电解质管理有何独特之处。

8 描述影响熔融碳酸盐燃料电池短期和长期性能的因素。

9 描述熔融碳酸盐燃料电池商业化需要克服的关键技术障碍、可能的解决方案及其优缺点。

10 从第 2 章给出的一般能斯特方程推导出式（8.11）中熔融碳酸盐燃料电池的能斯特方程。

11 在 1 atm 和 650 ℃典型 MCFCs 工作条件下，确定以下反应的可逆和热中性电池电位。

$$H_2 + \frac{1}{2}O_2 \longrightarrow H_2O$$
$$CH_4 + 2O_2 \longrightarrow CO_2 + 2H_2O$$
$$CH_4 + H_2O \longrightarrow CO + 3H_2$$
$$CO + H_2O \longrightarrow CO_2 + H_2$$
$$2CO \longrightarrow C + CO_2$$

参 考 文 献

［1］Takashima, S., K. Ohtsuka, N. Kobayashi and H. Fujimura. 1990. Proc. Second Int. Symp. MCFCs Technology eds. R. R. Selman, H. C. Maru, D. A. Shores and I. Uchida, PV90－16, Pennington, NJ：The Electrochemical Society, 378.

［2］Dave, B. B., K. A. Murugesamoorthi, A. Parthasarathy and A. J. Appleby. 1993. Overview of fuel cell Technology. Fuel Cell Systems, eds. L. J. M. J. Blomen and M. N. Mugerwa, New York：Plenum Press.

［3］Selman, J. R. 1993. Research, development, and demonstration of molten carbonate fuel cell systems. Fuel Cell Systems, eds. L. J. M. J. Blomen and M. N. Mugerwa, New York：Plenum Press.

［4］Hirschenhofer, J. H., D. B. Stauffer and R. R. Engleman. 1994. Fuel Cells: A Handbook (Revision 3), U. S. Department of Energy.

［5］Yuh, C. Y. and J. R. Selman. 1990. J. Electrochem. Soc., 138: 3542.

［6］Rostrup - Nielsen, J. R. 1994. Catalysis Science and Technology, eds. J. R. Anderson and M. Boudart, Berlin: Springer - Verlag, 1.

［7］Baker, B. S. 1984. Proc. Symp. MCFCs Technology, eds. J. R. Selman and T. D. Claar, PV84 - 13, NJ: Pennington, The Electrochemical Society, 15.

［8］Mugerwa, M. N. and L. J. M. J. Blomen. 1993. System design and optimization. Fuel Cell Systems, eds. L. J. M. J. Blomen and M. N. Mugerwa, New York: Plenum Press.

［9］Appleby, A. J. and F. R. Foulkes. 1988. Fuel Cell Handbook, New York: Van Nostrand Reinhold.

［10］Urushibata H. and T. Murahashi. 1992. Proc. Intl. fuel Cell Conf., Makuhari, Japan. 223.

第 9 章
固体氧化物燃料电池

9.1　绪言

几乎所有正在开发的重要燃料电池中，固体氧化物燃料电池（SOFC）工作温度最高（约 1 000 ℃）。高温是必需的，因为它的开发目的是将煤炭作为主要燃料或作为"煤气燃料电池"，这意味着衍生自煤炭的燃料气体将被作为主要燃料。如今，煤气和天然气都被视为主要燃料。固体氧化物燃料电池有时被称为"第三代燃料电池技术"，因为人们预计在 PAFC（所谓的第一代）和 MCFC（第二代）商业化之后，将 SOFC 推入市场。

1899 年[1]能斯特意外发现了第一个固态氧离子导体（$(ZrO_2)_{0.85}(Y_2O_3)_{0.15}$）。因此，它通常被称为能斯特物质。第一个固体氧化物燃料电池由 Schottky（能斯特众多学生之一）提出[2]，它使用能斯特物质作为固体电解质，由 Baur 和 Preis 于 1937 年制造[3]。自 1958 年，西屋电气公司（Westinghouse Electric Corp）便开始进行实际应用，其管状电池方案是所有 SOFCs 最先进的技术[4]。通过等离子喷涂，采用先进的制造技术，具有革新意义的电池堆叠（连接）技术被开发出来。在 20 世纪 80 年代初期，研究人员开发了整体电池结构和平面电池结构，并在 20 世纪 80 年代后期证明了它们具有比管状设计更高的功率密度，但两者仍处于初期开发阶段。总之，固体氧化物燃料电池所有部分均由固体成分组成，包括电解质（该电解质是氧离子导体）。采用较高的工作温度（约 1 000 ℃），以确保电池组件具有足够的离子和电子传导性。目前 SOFCs 电解质是靠氧离子传导的。不过，电解质也可以靠质子传导进行工作。由于电解质主要由陶瓷材料制成，因此这种类型的燃料电池有时也称为陶瓷燃料电池[5,6]。

与其他类型燃料电池相比，SOFC 具有许多优势。首先，由于它所有部分均是由固体成分组成的，因此其概念、设计和构造较为简单，电极－电解质界面的反应区变为两相（气－固）接触，而不是液体电解质燃料电池（例如

PAFC 和 MCFC）的三相区。因此，不需要复杂的电解质管理，完全避免了电解质消耗影响电池性能和寿命的问题，完全避免了由腐蚀性液体电解质对电池/电池堆组件的严重腐蚀。其次，由于 SOFC 在非常高温度条件下运行，因此在电极上进行电化学动力学过程可以在不使用贵金属作为催化剂条件下足够快地进行，且活化极化较低。这完全避免了昂贵且通常需要专门制备的催化剂的使用。此外，如此高的操作温度还使甲烷和其他碳氢化合物内部重整产生氢气和一氧化碳成为可能，且内部重整过程比 MCFC 中相应过程效率更高。由于高温操作，SOFC 对反应气流中存在杂质具有更好的耐受能力。因此，燃料处理过程更加简单，无须进行低温燃料电池所需的大量蒸气重整和转换。最后，高温 SOFC 操作提供了与其他组件和过程（或设备的平衡）更好的系统匹配，例如用于初级燃料处理的煤气化过程；它利用常规的蒸气或燃气轮机提供额外的电能，为热电联产应用和底部循环提供高质量的废热。当使用煤或煤气作为主要燃料时，这种基于 SOFC 的集成式电源系统可提供非常高的能量转换效率，理论效率可达 70% 以上。

另外，固体氧化物燃料电池也具有许多缺点。较高的工作温度会导致可逆电池电势（$E_r \sim 0.9$ V）值降低，并且几乎没有适用于电池组件的合适材料，目前对它们仍在深入的研究与开发中。当前的趋势是将工作温度降低到 550～650 ℃（称为低温 SOFC）或 650～850 ℃（称为中温 SOFC），以降低温度对材料选择的限制，从而使其能够承受 SOFC 操作条件。目前，所有这些低温、中温和高温（约 1 000 ℃）SOFC 都在研究开发中，其中高温 SOFC 发展相对更加完善，因此在本章中进行介绍，第 9.6 节介绍了低温和中温 SOFC，作为未来研发工作的一个方向。总体而言，与前面章节中介绍的其他类型燃料电池相比，整个 SOFC 技术还未得到很好的研发。

由于 SOFC 具有较低的启动损耗和更好的系统匹配性，因此化学到电能转换总能量转换效率有望超过 50%，甚至可能达到 65%，即使不考虑常规底层汽轮机系统的集成，也相当于一个工作电压为 0.75 V 和适中电流密度的电池性能。固体氧化物燃料电池可主要用于电力应用，例如作为基载发电、分散式发电或分布式发电，甚至用于当地热电联产。尽管在汽车应用中受到限制，但它有望作为火车和大型舰船的动力系统，以及作为汽车辅助设备供电的动力源。

在本章中，首先介绍了固体氧化物燃料电池的工作原理，以及电池组件和前沿的分布结构。我们将介绍主要用于固体氧化物燃料电池的材料，以及相应所采用的制造技术。接着介绍了影响固体氧化物燃料电池长期性能稳定性和寿命的因素，最后简要概述未来的研发问题。

9.2　基本原理和工作过程

固体氧化物燃料电池基本工作原理如图 9.1 所示。阴极处氧气与来自外部电路的电子反应形成氧离子。氧离子通过电解质传输到达阳极。氢气在阳极与氧离子反应生成水并释放出电子，这些电子通过外部电路迁移到达阴极，从而完成了电子传输循环。电子在通过外部电路，到达阴极之前作用于外电路负载，从而产生电功率输出。因此，在每个电极上发生的电化学反应可以写为

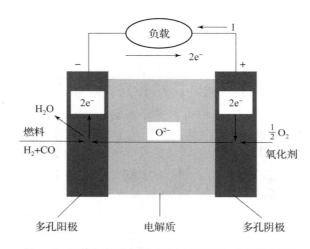

图 9.1　固体氧化物燃料电池（SOFC）的工作原理

在阴极：

$$\frac{1}{2}O_2 + 2e^- \longrightarrow O^{2=} \tag{9.1}$$

在阳极：

$$H_2 + O^{2=} \longrightarrow H_2O + 2e^- \tag{9.2}$$

总电极反应为

$$\frac{1}{2}O_2 + H_2 \longrightarrow H_2O + 废热 + 电能 \tag{9.3}$$

如果一氧化碳代替氢气供应到阳极，则阳极反应变为

$$CO + O^{2=} \longrightarrow CO_2 + 2e^- \tag{9.4}$$

阴极反应与式（9.1）相同。电池的总反应写为

$$CO + \frac{1}{2}O_2 \longrightarrow CO_2 + 废热 + 电能 \tag{9.5}$$

显然，在 SOFC 中一氧化碳直接作为电化学反应的燃料，而在熔融碳酸盐燃料电池中一氧化碳通过水气转换反应而间接用作燃料，同时它也是一种污染物，对低碳燃料电池（如 AFC，PAFC 和 PEMFC 等高温燃料电池）具有毒害作用。

通常，使用煤气或重整天然气作为燃料，燃料中既包含氢气，也包含一氧化碳。如果燃料由 a mol 氢气和 b mol 一氧化碳组成，则合并阳极反应变为

$$a\mathrm{H}_2 + b\mathrm{CO} + (a+b)\mathrm{O}^{2=} \longrightarrow a\mathrm{H}_2\mathrm{O} + b\mathrm{CO}_2 + 2(a+b)\mathrm{e}^- \qquad (9.6)$$

合并阴极反应变为

$$\frac{1}{2}(a+b)\mathrm{O}_2 + 2(a+b)\mathrm{e}^- \longrightarrow (a+b)\mathrm{O}^{2=} \qquad (9.7)$$

这样整个电池总反应可以表示为

$$\frac{1}{2}(a+b)\mathrm{O}_2 + a\mathrm{H}_2 + b\mathrm{CO} \longrightarrow a\mathrm{H}_2\mathrm{O} + b\mathrm{CO}_2 + 废热 + 电能 \qquad (9.8)$$

一氧化碳在阳极反应中被直接利用，这对于固体氧化物燃料电池特别有利。这是因为熔融碳酸盐燃料电池在较低温度下，碳氢化合物重整，例如天然气蒸气重整，需要使用催化剂来加速重整过程。尽管较高温度的重整有助于改善动力学，但同时使重整气体中会有更多的一氧化碳，如图 9.1 所示。为了避免产生一氧化碳并帮助水气转换反应产生更多氢气，在重整燃料气流中要保持足够的水含量。对于固体氧化物燃料电池，天然气蒸气重整不需要催化剂，这是内部重整装置的理想选择，且在将重整气送入阳极反应之前，无需对重整气进行进一步处理。

但实际上，在重整气流中必须要存在水蒸气，以避免通过第 8 章中所述布多阿尔反应和甲烷分解反应形成碳氧化物。在水蒸气存在的情况下，水气变换反应会非常迅速地进行。因此，燃料流中大部分一氧化碳在阳极处转化为氢气，阳极处氢气被消耗，并产生更多水蒸气，这更加有助于变换反应的进行。另外，一氧化碳在 SOFC 阳极上直接电化学氧化反应相对较慢，所以仍然期望大部分一氧化碳通过水气变换反应被消耗。

在固体氧化物燃料电池中，阴极和阳极电极反应发生在固气两相区，并且由于高温运行，避免了昂贵的电化学催化剂。如果仅使电极导电，则实际反应会在电极与电解质的界面发生。但如果使电极同时进行电子和离子导电（氧化物离子）导电，反应就会在整个多孔电极上发生，这种电极称为混合导电电极。两种类型电极电荷转移过程如图 9.2 所示。有关混合离子 – 电子导体作为电极材料和其电化学性能的最新进展，可参考现有文献，如文献[7, 8]。

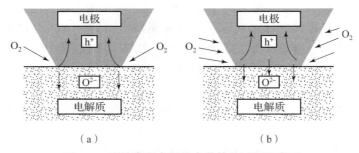

图 9.2　两种类型电极的电荷转移过程示意图

（a）电子导电阴极；（b）混合导电阴极

9.3　电池成分和配置

9.3.1　电池单体

固体氧化物燃料电池基本结构与前所述其他类型燃料电池相同，即由固体电解质和两个称为阳极和阴极的电极组成。由于所有的电池成分（包括电解质）都是固体，因此与其他类型的燃料电池相比，可以将固体氧化物燃料电池制成多种几何构型。目前，已研发出三种不同的构型：管状、单块式和平面式。管状设计是最先进的，而其他两个设计目前仍处于研发的初期阶段。下面将介绍这三种构型。

管状 SOFCs：固体氧化物燃料电池在高温下运行，严酷的热循环条件要求电池组件每一层（阳极，电解质和阴极）必须具有相似的热膨胀系数，以避免热裂和分层。电池单体的圆柱形状工艺简单，且具有更好的抵抗热应力对复合结构破坏的能力。图 9.3 所示为固体氧化物燃料电池可行的管状结构。电流收集既可以在管的底部进行，也可以沿弯曲圆柱面沿周向进行。对于底部集流设计，可以将管制成大直径，但是要限制管的长度（通常为 1 cm 左右），以避免过大的欧姆极化，同时，会导致功率密度较低。据报道，对于这种结构设计的小型电池，在氢气和氧气上运行时，最大功率密度为 0.3 W/cm^2；在以氢气和一氧化碳为燃料和空气的混合物中运行时（此时空气作为氧化剂），最大功率密度为 0.2 W/cm^2。对于如图 9.3（b）所示的周向集流设计方案，电流沿着圆柱曲面的路径运动，管道的直径要求必须很小，通常为 1.5 cm 左右，且电极层不能太薄。为了将欧姆损耗保持在可接受的范围内，管道可能会非常长，通常超过 1 m 或更多。该设计可以具有比底部集流设计更高的体积功率密度，尽管就活性电极表面积而言，功率密度可能不会显著增加。

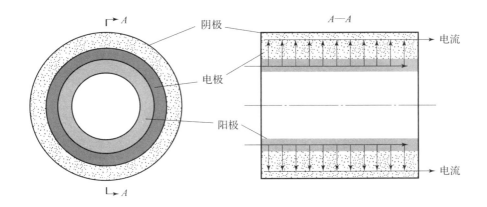

（a）

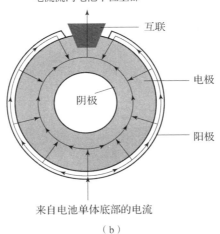

（b）

图 9.3　管状固体氧化物燃料电池的示意图

（a）在圆柱形底部的电流收集；（b）沿圆周圆柱形表面的电流收集

对于管状 SOFCs，电解质层形成中间管，而阳极或阴极管可以位于电解质管内侧。通常在内侧使用相对较厚的支撑管，以便为较薄电池单体复合管提供结构支撑。尽管以往电池的阳极布置在内侧，但出于方便堆叠考虑，近年来管状 SOFCs 阴极通常位于内侧而阳极则位于外侧。

较粗的支撑管非常重，会在重量或体积方面显著影响比功率密度。价格也很昂贵，占材料成本的 50%。目前的管状 SOFCs 中，支撑管通常被舍弃，取而代之的是内部较厚的阴极为整个电池结构提供了机械支撑。

单块式 SOFCs：图 9.3 所示为管状 SOFCs，无论采用何种方式收集电流，电流收集都属于第 4.9 节中所述的边缘收集形式。因此，管状 SOFCs 的性能受到限制。按照第 4.9 节的阐述，采用双极布置时可以实现更好的性能。图

9.4 所示为两种反应物流并流布置的整体式固体氧化物燃料电池设计方案。同样，图9.4中表示了氧化物离子和电子的流动路径。显然，电子可能沿电极流过很长的路径（边缘电流收集的特性），而不是像严格的双极排列那样流过电极的整个厚度。在这种设计中，不需要支撑材料或结构，陶瓷电池组件可以相互支撑。因此，与管状设计相比，单位有效表面积上电池性能可能不会得到显著改善，但基于体积的功率密度将非常高，实际上是三种 SOFCs 设计最高的，因为这种设计单位体积的有效表面积密度是三种中最高的。据估计，与管状 SOFCs 设计 0.1 kW/kg 和 140 kW/m³ 相比，单块式 SOFCs 功率密度可能高达 8.08 kW/kg 和 4 000 kW/m³。但要使这种设计的潜力完全发挥，需要付出巨大的努力。

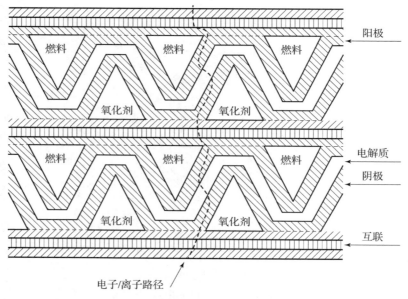

图 9.4　并流型整体式 SOFC 的示意图[9]

需要强调的是，尽管也可以在管外进行错流，但管状设计不可避免地需要对反应物进行平行流动布置，以便进行反应物的预热和换热器的布置。对于整体式设计，反应物流可以轻松地以并流或错流方式排列。

平面式 SOFC 电堆：如果单元结构是平坦的，或者所谓的平面设计，则可以实现真正的双极布置。从几何学上讲，平面式 SOFCs 看上去与前面章节中介绍的其他类型燃料电池相同。双极电流收集时氧化物离子和电子传输欧姆电阻最小，因此每个单体表面积的性能最佳。有研究表明，这种设计在氢气和空气下工作时，最大功率密度达 0.48 W/cm²，在氢气和氧气下工作时为 0.9 W/cm²，这比管状和单块式设计要好得多。但是，按体积计算，平面式电池的性能介于管状和单块式设计之间，单位体积活性表面积密度介于其他两种设计之间。然而，平面式SOFCs是具有吸引力的，因为它易于制造且使用较少的材料（这潜在地降低了成本）。

表9.1概述了三种不同SOFC电池设计的优缺点，表9.2总结了三种不同SOFC电池配置电池组件的典型尺寸。如表9.3所示，平面式SOFCs最新发展趋势是将支持电解质的结构用于高温SOFCs，将支持阳极或阴极电极结构用于低温和中温SOFCs。含有电解质的电池结构中，厚的电解质层由于对穿过电解质氧化物离子传输的高抵抗力，而导致大欧姆过电势。类似地，支撑电极的电池结构对通过多孔电极的质量传输具有高抵抗力，从而亦会导致较大的过电势。

表9.1 三种不同SOFC电池结构的比较

电池结构	优点	缺点
管式	易于制造 无须气密性电池密封 由于热膨胀不匹配而导致的 热裂纹更少 （寿命更长）	边缘电流收集 低功率密度 材料成本高
平面式	制造成本较低 易于流体布置 更高的功率密度	高温气密密封 高组装工作量和成本 对热膨胀匹配的要求更严格
单块式	最高功率密度潜力 相对容易组装 相对容易的流体布置	制作困难 高温气密密封 对热膨胀匹配的要求更严格

表9.2 三种固体氧化物燃料电池构型的电池组件典型尺寸汇总

电池	阳极	阴极	电解液	内部连接
管式[①]	$100~\mu m$	$1.4~mm$	$40~\mu m$	$40~\mu m$
单块式	$50 \sim 150~\mu m$	$50 \sim 150~\mu m$	$50 \sim 150~\mu m$	$50 \sim 150~\mu m$
平面式	$25 \sim 100~\mu m$	$25 \sim 100~\mu m$	$25 \sim 250~\mu m$	$200~\mu m \sim 1~mm$
				（$+2 \sim 6~mm$ 肋高）

[①]支撑管用于结构完整性（更多信息，请参见表9.4）。最新的管状SOFC设计没有支撑管，而是用一根较粗的阴极管（约2 mm）提供结构支撑

表 9.3　高温和低温 SOFC 的平面式 SOFC 电池配置比较

电池	高温 SOFCs （1 000 ℃）	较低温度 SOFCs （700 ~ 800 ℃）	
单体结构	电解质支撑 阴极 电解质 阳极	阳极支撑 阴极 电解质 阳极	阴极支撑 阴极 电解质 阳极
厚度 阴极 电解质 阳极	50 μm ≥150 μm 50 μm	50 μm <20 μm 300 ~ 1 500 μm	300 ~ 1 500 μm <150 μm 50 μm
主要问题	大欧姆过电位	大浓度过电位	

9.3.2　电堆

尽管 SOFC 堆也像其他所有燃料电池堆一样由许多电池单体组成，但电池之间导电连接却大不相同，这取决于前面所述的电池结构。将反应气体供应到每个电池的方式也不同。因此，以下各节概述与三种不同电池设计相对应的电池堆结构和布置。

管式 SOFC 电堆：最先进的管状 SOFC 使用了如图 9.3（b）所示的周向电流收集，而典型管状 SOFC 电堆如图 9.5（a）所示。电池与电池的电连接是通过使用互连触点实现的，该互连触点在某种程度上起到了其他类型燃料电池堆中双极板的作用。在阳极环境中，使用镍毡将同一行中所有电池并联连接在阳极之间，而在阳极排中，将不同排的电池使用镍毡串联连接在上一排电池的阳极与阳极之间。下排中另一个单元互连，这种并联与串联的连接提高了电池组的可靠性，防止由于电池组中电池单元故障而导致电池组的整体故障。图 9.5（b）所示为电池堆中一个单独管状电池的侧视图，包括燃料流和氧化剂流的流动情况。显然，燃料流和氧化剂流处于平行流动状态。氧化剂流通过插入管状电池内部的一根较小的管子供应，该管子的一端被密封。这种电池堆设计避免了在高温下采用气密封带来的材料成本和危险因素。氧化剂的预热是通过在紧邻入口的燃烧室中将废气流与多余氧化剂气流同时燃烧来实现。图 9.6 所示为带歧管布置的管状 SOFC 电堆，外部歧管用于燃料供应，氧化剂通过内部歧管供应每个单电池。

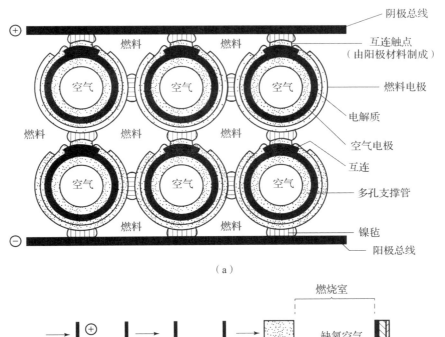

（a）

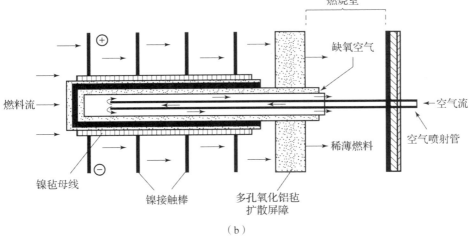

（b）

图9.5　涉及周向电流收集的管状 SOFC 的示意图

（a）电池堆的横截面图；（b）电池堆中的管状电池的侧视图[9]

单块式和平面式 SOFC 电堆：对于单块式 SOFCs 和平面式 SOFCs，反应物流都可以并流或错流安排。并流布置对于内部歧管堆叠相对容易，但是对于外部歧管则更加复杂。整个电池堆的配置将与前面各章中描述的其他类型燃料电池非常相似。图 9.7 所示为一个平面式 SOFCs 小电堆。

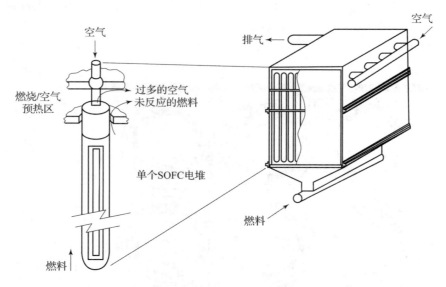

图 9.6　管状 SOFC 电堆示意图（显示燃料和氧化剂歧管布置）

图 9.7　平面式 SOFC 电池堆（照片由 Versa Power Systems 提供）

注意，全固态 SOFC 具有陶瓷支撑结构，而不是像 MCFC 的金属结构，因此易受热弹性应力的影响，特别是在其平面或单块结构中，这要求在超薄电池包中，电极和电解质之间的热膨胀精确匹配。因此，这类 SOFC 电堆的长度限制在 20 ~ 25 cm。

9.3.3　系统

SOFC 电力系统还包括许多子系统（称为单元平衡），就像前面章节中描述的其他类型燃料电池系统一样。它包括燃料处理、氧化剂调节、热管理和功率调节单元。如前所述，与低温燃料电池相比，燃料加工大大简化了，同时烃类燃料内部重整更容易达到平衡状态，且对各种杂质具有高耐受性。氧化剂调节主要涉及将空气从周围环境预热达到燃料电池进口温度，良好的热集成将提供更好的系统性能。热管理主要基于有效冷却电池单体的过程气流。废气中的废热与阳极废气燃烧产生的热量一起用于进料气流的预热。因此，高温换热器与燃烧器和燃料电池堆通常集成在一起。总之，与低温燃料电池相比，固态氧化物燃料电池系统复杂性大大降低，而实现良好系统性能的关键在于有效利用余热的各种系统组件的集成。

固体氧化物燃料电池系统与常规蒸气或燃气轮机发电系统的集成值得特别关注，因为该组合系统能源效率极高，学者们正在积极研究中。因此，请读者参考有关该重要发展领域的最新文献。

9.4　材料与制造

如前所述，SOFC 主要挑战是为电池组件开发合适的陶瓷材料，以使每一层都与其热膨胀系数和可烧结性相匹配。本节介绍了每个电池或堆叠组件的材料和制造过程。

9.4.1　阴极

阴极材料选择锶掺杂的镧锰矿（$La_{1-x}Sr_xMnO_3$，$x = 0.10 \sim 0.15$），一种 p 型半导体。它具有很高的电子传导性，这对于低欧姆极化是必不可少的，特别是当阴极变厚以提供结构支撑时（在管状设计这种情况下无须支撑管）。例如 $La_{0.5}Sr_{0.5}MnO_3$ 的体积电子电导率在 1 000 ℃时约为 294 S/cm，由于电极结构的多孔性，其有效电导率要低得多。典型 SOFC 工况为 1 000 ℃，锶掺杂的镧锰矿阴极有效电子电导率约为 100 S/cm。该材料在制造过程中，特别是在电解质的电化学气相沉积和用于管状构造的互连过程中，具有适当的催化性能和尺寸稳定性。锶掺杂的镧锰矿材料的热膨胀系数约为 1.2×10^{-5} cm/（cm·℃），大于相应电解质材料的热膨胀系数。为了减小热力循环期间的热应力和热裂纹，研究人员正在努力减小热膨胀系数的这种差异。

对于 SOFC 阴极，还考虑了其他材料，例如金属或许会是一种选择。然而，由于阴极高度氧化环境，仅贵金属可以用作金属阴极电极。但是由于在 SOFC 工作温度下熔化和烧结（对于金和银）或高蒸气压（对于钯），所以目前只有成本较高的铂是合适的金属材料。除此之外选择是将金属线嵌入氧化物材料的基质中，其中金属线充当集电器，而多孔氧化物材料提供氧气传输的路径并充当电催化剂。然而，金属线总是由贵金属制成，例如嵌入多孔氧化锆中的铂线。综合考虑成本后，排除了这种方法。

最具吸引力的阴极电极材料是具有混合导电性的氧化物（即它们可以同时传导氧氧化物和电子）。对于这样的电极，整个电极结构都成为用于电化学反应中电子转移的催化部位，从而显著增加了可用于反应的活性表面积，可能会显著降低电极的极化。从这个意义上讲，在阴极材料的选择上，锶掺杂的镧锰矿是 SOFC 阴极的最佳可用材料，因为它在阴极高极化条件下传导电子，并在部分还原以产生氧空位时也可以传导氧化物。由于与电解质材料的热膨胀失配，因此仍需要开发理想的阴极材料。

9.4.2　阳极

选择的阳极材料是镍－氧化锆金属陶瓷，或镍和氧化钇－稳定氧化锆 $ZrO_2 - Y_2O_3$ 的混合物。这样的阳极材料具有对燃料流中硫杂质的高耐受性。阳极结构具有 20% ~ 40% 孔隙度，用于反应物和产物气体的大量传输。镍充当阳极反应的电催化剂，并充当阳极的电子导体。另外，掺杂的氧化锆用作镍金属多孔载体和烧结抑制剂。但更重要的是，氧化钇－稳定氧化锆对氧化物的传导性，使整个阳极电极具有混合导电性，同时有效地增加了阳极有效表面积，使阳极极化最小化。混合物中镍的含量至少为 30%，以保持足够和一致的电子传导性，但是与其他 SOFC 组件材料相比，镍具有很高的热膨胀系数，高达 50%。实际上，最佳的镍含量为约 35%，以平衡对电子传导性的要求及与其他 SOFC 组分匹配的热膨胀。在 SOFC 工作温度为 1 000 ℃ 时，镍－锆金属陶瓷阳极电子电导率约为 1 000 S/cm。需要具有更好的混合导电性的阳极材料，以优化电子和氧化物的电导率及热膨胀匹配。尽管其他材料，例如贵金属（铂），可以用于 SOFC 阳极，但从经济角度考虑，它们并不实用。

9.4.3　电解质

氧化钇－稳定的氧化锆（掺有 8 ~ 10 mol% Y_2O_3 的 ZrO_2）适合用作 SOFC 电解质，因为它在很宽的 O_2 分压（1 ~ 10^{-20} atm）范围内对氧化物具有导电性，而没有电子导电性。换句话说，氧化物的传输数非常一致（对于 12% 的氧化钇－稳定的氧化锆而言），而电子传导的传输数几乎接近零。它还可以防止阳离子如锰离子和镧离子等相互扩散进入电解质结构。例如理论堆积密度为 92% ~ 93% 或更高的 $ZrO_2 - Y_2O_3$ 层氢渗透率小于 10^{-8} cm^2/s。此外，$ZrO_2 - Y_2O_3$ 在还原和氧化环境中都非常稳定，这是一个重要特性，因为电解质同时暴露在阳极和阴极环境中。

但是，氧化钇－稳定氧化锆电解质的离子电导率较低，在 800 ℃时约为 0.02 S/cm，在 1 000 ℃时约为 0.1 S/cm。显然，电解质具有所有 SOFC 组分中最低的电导率，比表 4.2 所示的适用于燃料电池应用的水性电解质电导率小至少一个数量级。因此，当与其他类型燃料电池相比时，SOFC 电解质必须尽可能薄，以将欧姆损耗保持在可接受的水平。通过电化学气相沉积（EVD），流延铸造以及其他陶瓷加工技术，可以将 SOFC 电解质结构制成厚度约 40 μm。

固体氧化物燃料电池在如此高温下运行的主要原因是电解质材料的离子电导率较低。较低的工作温度（600～800 ℃）可提供快速的电极动力学和烃类燃料内部重整的潜力，同时允许使用更便宜的材料并简化其他 SOFC 组件的制造工艺。因此，低温固体氧化物燃料电池是当前和未来的发展方向，这将在 9.6 节中进行描述。

9.4.4　关联

在前面章节中描述的其他类型燃料电池中，双极板用于燃料电池堆中电池的双极电流收集。对于管状 SOFC，不可能进行双极电流收集，而是通过所谓的互联（如图 9.3（b）所示）完成边缘电流的收集或电池到电池的电连接。尽管双极板为单块式和平面式 SOFC 仅提供了相邻电池之间的电连接，但"关联"一词仍被沿用下来，并且仍在这两种情况下使用。

用于电池关联的材料是掺 Mg 的亚铬酸镧 $LaCr_{1-x}Mg_xO_3$（$x = 0.02 \sim 0.10$）。对于亚铬酸镧，钙钛矿相在大约 1 000 ℃高温下和宽范围氧气浓度下稳定（对于氧气分压在 $1 \sim 10^{-29}$ bar 范围内[11]）。纯 $LaCrO_3$ 是 p 型导体，在空气中 1 000 ℃下具有约 0.6 S/cm 低电导率。掺杂少量的 Mg 会显著提高电子电导率，但是即便如此在 1 000 ℃ SOFC 工作条件下，关联件的电子传导率仅为 2 S/cm，是所有电池组件中导电性最低的一种，仅次于固体氧化物电解质。因此，更高电子传导性的材料亟待研发应用。尽管金属材料具有高电子传导性，但是贵金属过于昂贵而不能实际应用，而其他金属材料也仅限于用热膨胀系数比其他电池组件大得多的某些镍合金。

表 9.4 所示为管状 SOFC 组件典型材料的演变。这些材料中大多数也用于其他两种 SOFC 配置中。如前所述，由于 SOFC 在高温下运行，其材料是开发 SOFC 的最大问题。较低的温度大大放宽了对材料的限制，因此已成为固体氧化物燃料电池的研究热点。表 9.5 所示为用于高温和低温 SOFC 的常用材料的比较。

表 9.4　管状 SOFC 组件典型材料的演变

电池	约 1965 年	约 1975 年	当前状态
阴极支撑管[①]	氧化钇 – 稳定 ZrO_2	氧化钇 – 稳定的 ZrO_2	氧化钇 – 稳定 ZrO_2（15 mol% CaO）
阴极	多孔铂	稳定的 ZrO_2浸渍了氧化镨并覆盖有掺杂 SnO 的 Im_2O_3	掺锶的锰镧（10 mol% Sr）
电解质	氧化钇 – 稳定 ZrO_2（0.5 mm 厚）	氧化钇 – 稳定 ZrO_2	氧化钇 – 稳定 ZrO_2（8 mol% Y）
互联	铂	锰掺杂的亚铬酸钴	镁掺杂的亚铬酸镧（10 mol% Mg）
阳极	多孔铂	Ni/ZrO_2 金属陶瓷	Ni/Y_2O_3 稳定 ZrO_2金属陶瓷（35 vol.% Ni）

　①对于最新的管状 SOFC 设计，省去了支撑管，并挤出了一根较粗的阴极管（厚度约 2 mm）以提供结构支撑，以代替支撑管

表 9.5　用于高温和低温 SOFC 的常用材料

	电解液	阳极	阴极
高温 SOFCs	氧化锆掺杂8%~10% 氧化钇（YSZ）在还原和氧化环境中均高度稳定YSZ 的离子电导率0.02 S/cm（800 ℃）0.01 S/cm（1 000 ℃）	由 Ni/YSZ 制成的金属陶瓷良好的催化活性热膨胀系数与电解质相当	掺锶（掺 Sr）的镧锰矿
低温 SOFCs	LaSrGaMgO（LSGM）优异的离子电导率≥0.1 S/cm（800 ℃）	撒马利亚掺杂的氧化镍Ni/CeO_2 金属陶瓷铜／二氧化铈金属陶瓷	镧锶钴酸盐（LSCo）

9.4.5　制备技术

三种不同 SOFC 配置的制造过程都涉及为电极、电解质和电池互联制造薄层。在顶部镀一层薄层，并进行某种形式的烧结以形成最终的电池结构。然而，所采用的制造技术对于这三种配置都是不同的，且也因开发商而异。对于管状 SOFC 构造，首先通过氧化钙 – 稳定氧化锆将支撑管挤压成圆柱形，将其一端塞住以密封该端部进行烧结。在该支撑管上，通过使用浆料涂层沉积了掺 Sr LaMnO₃ 粉末的浆料。烧结所得的复合管，以产生具有所需厚度的阴极电极薄层。通过电化学气相沉积（EVD）将电池互联沉积在支撑管 – 阴极结构上。接下来，用期望的比例向阴极层外表面提供氯化锆和氯化钇蒸气，也通过 EVD 来制造电解质层。浆料涂覆在致密且均匀的电解质层外表面上沉积镍粉浆料。最后通过 EVD 浸渍氧化钇 – 稳定的氧化锆以形成镍 – 氧化锆金属陶瓷阳极层。按照惯例，对燃料电池的结构进行检查，以确保在任何燃料电池运行之前都不会发生气体泄漏。表 9.6 所示为管状固体氧化物燃料电池的组件、结构特征、所用材料和制造工艺。图 9.8 所示为管状固体氧化物燃料电池制造工艺的流程图。

表 9.6　管状 SOFC 的组成、结构特征、材料和制造工艺汇总

部件	性能	当前的状态
支撑管[①]	材料	氧化钙 – 稳定的氧化锆 （15mol% CaO）
	热膨胀系数	$\sim 10^{-5}$ cm/（cm · ℃）
	厚度	1 – 1.5 mm
	直径	12.8 mm 内径
	多孔性	34%~35%
	制造过程	挤压/烧结
阴极	材料	掺锶的镧锰矿（10 mol% Sr）
	热膨胀系数	1.2×10^{-5} cm/（cm · ℃）
	厚度	0.7~1 mm
	多孔性	20%~40%
	制造过程	浆料涂布/烧结

部件	性能	当前的状态
电解液	材料	氧化钇稳定的 ZrO_2（8 mol% Y）
	热膨胀系数	1.05×10^{-5} cm/（cm·℃）
	厚度	$0.03 \sim 0.04$ mm
	多孔性	接近零（稠密层）
	制造过程	电化学气相沉积
互联	材料	镁掺杂亚铬酸镧（10 mol% Mg）
	热膨胀系数	$\sim 10^{-5}$ cm/（cm·℃）
	厚度	$0.03 \sim 0.04$ mm
	多孔性	接近零（稠密层）
	制造过程	电化学气相沉积
阳极	材料	Ni/Y_2O_3 – 稳定的 ZrO_2 金属陶瓷（35% Ni）
	热膨胀系数	1.25×10^{-5} cm/（cm·℃）
	厚度	0.1 mm
	多孔性	20% $\sim$ 40%
	制造过程	浆料涂料/EVD

①对于更先进的管状 SOFC 设计方案，支撑管被取消，一个更厚的阴极管（约 2 mm）被挤出来提供结构支撑来代替支撑管。

对于整体式 SOFC 构造，阳极、阴极和电解质层被制成一体以相互支撑，无须单独的支撑层。制造过程涉及带 – 浇铸或带 – 压延成型制造过程。对于带 – 浇铸，通过将陶瓷粉末与有机黏合剂、增塑剂和一种或多种溶剂混合，制得每种电池组件的浆料。将每个单元组件的薄层浇铸在另一层上，并使用刮刀控制层的厚度。在带 – 浇铸过程中，每个电池组件的薄层带通过双辊轧机轧制而成，而产生的阳极、电解质和阴极三层带通过第二台双辊轧机轧制而成。复合带通过模制加工成波纹状，堆叠成所需的燃料电池堆构型，如图 9.4 所示。在所需温度下将叠层烧结成一个整体即可完成叠层的制造过程。

　　另外，对于平面 SOFC 结构，每个电池组件在相应的最佳温度下分别进行带式浇铸和烧结。然后，将电池组件根据需要组装到电池或堆叠单元中。因此，平面 SOFC 的制造过程容易得多，没有将所有电池组件共同烧制在一起所带来的风险。但组装过程变得较为耗时且复杂。图 9.9 所示为平面固体氧化物燃料电池的制造过程。有关三种不同 SOFC 结构制造过程的更多详细信息，请参见近期的文献[6]。

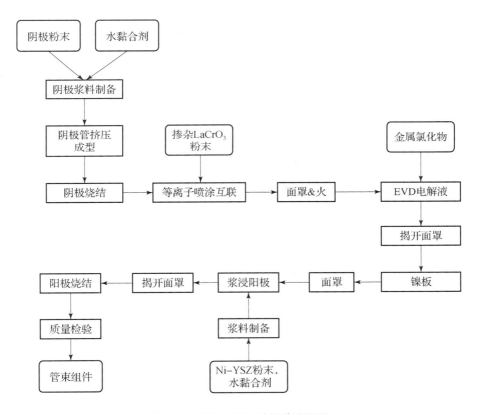

图 9.8　管状 SOFC 的制造流程图

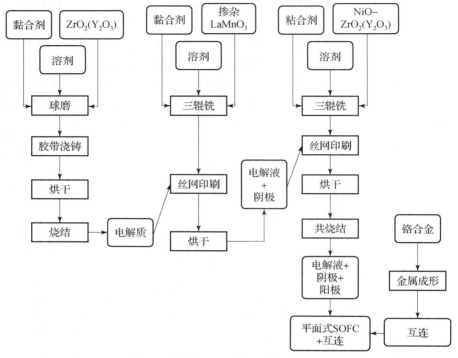

图 9.9 平面 SOFC 的制造过程流程图

9.5 固体氧化物燃料电池的性能

在讨论 SOFC 的性能前，我们必须强调，对于三种不同 SOFC 结构（即具有不同制造工艺的管状电池、整体式电池和平面式电池），其性能可能存在显著差异，适用由不同开发人员开发的单元，以及具有不同有效面积的单元。有关参数研究的详细实验数据非常少，因此我们将在本节中进行介绍。

SOFC 的性能也可以写为

$$E = E_r - \eta_{\text{act}} - \eta_{\text{ohm}} - \eta_{\text{conc}} \tag{9.9}$$

式中，可逆电池电势由能斯特方程式给出，对应式（9.3）中给出的电池反应。

$$E_r(T, P_i) = E_r(T, P) + \frac{RT}{nF} \ln\left(\frac{P_{\text{H}_2} P_{\text{O}_2}^{1/2}}{P_{\text{H}_2\text{O}}}\right) \tag{9.10}$$

式中，$n = 2$ 表示在电池反应过程中转移的电子数。但固体氧化物燃料电池有望最终在内部重整碳氢燃料上运行。因此，阳极流将包含一氧化碳，一氧化碳也可以在阳极处被电化学氧化，如式（9.4）所示；而可逆电池电势将由氢和一氧化碳在阳极发生电氧化而产生的混合电极电势，对应式 (9.8)。如前所述，一氧化碳电氧化作用相当缓慢，一氧化碳氧化主要是通过水煤气变换反应转化为氢气。因此，尽管阳极室中氢气和水蒸气的分压变得很复杂，仍可根据式 (9.10) 估算可逆电池电势。

SOFC 在 1 000 ℃工作温度下，通常可以忽略由电极活化和质量传输 (η_{act} 和 η_{conc}) 引起的极化作用，这是因为在 160 mA/cm^2 或更高的典型 SOFC 工作电流密度下，电极动力学快且质量扩散系数高，并且主电压损耗归因于欧姆极化 η_{ohm}。1 000 ℃时 SOFC 极化曲线对于电池电压 – 电流密度关系几乎是线性的，尤其是在电流密度相当大的情况下（例如对于 $J > 100$ mA/cm^2 左右时）。在阳极和阴极电化学反应都是由式 (3.70) 中给出的巴特勒 – 福尔默方程表示，对称因子约为 0.5。可以将阳极和阴极反应的活化极化分别写为

$$\eta_{act} \doteq \frac{2RT}{nF} \sin h^{-1} \left(\frac{J}{J_0} \right) \qquad (9.11)$$

总面积电阻率估计为 0.33 Ω · cm^2。

交换电流密度，包括第 3.4.4 节中讨论的电极粗糙度因子，可用以下公式估计[13]为

$$J_0 = \begin{cases} 0.53 \ \text{A/cm}^2 & \text{阳极} \\ 0.20 \ \text{A/cm}^2 & \text{阴极} \end{cases} \qquad (9.12)$$

当纯氢气用作燃料，空气用作氧化剂时。根据式 (9.12)，与欧姆极化相比，活化极化是相当大的。但交换电流密度通常是温度的强函数，在方程式中没有反映出来。因此，活化超电势随温度变化的能力可能受到阻碍，实际上，由于式 (9.12) 中给出交换电流密度的恒定性，由式 (9.11) 可知，活化过电位会随电池工作温度升高而升高，这与实验实际情况明显相反。

欧姆极化是由阴极、阳极、电解质和互联的电阻引起的。对于 1 000 ℃下工作的管状电池，对欧姆极化的相对影响已有报道，如表 9.7 所示。如前所述，阴极的巨大贡献（65%）来自沿弯曲管状表面的长电流路径（约 1.1 cm）。类似地，来自阳极的第二大贡献（25%）也归因于阳极中长电流路径（约 0.8 cm）。通过电解质和电池互联沿它们各自方向的电流密度被假定是均匀的，因此尽管它们的电阻率值很大，但它们对欧姆极化的贡献相对较小。

当然，如果考虑平面 SOFC 结构，则来自电池组件的相对贡献将有很大不同。对于平面几何形状，可以将电流密度沿每一层厚度方向均取为平均，如果每个组件厚度相同（以便于比较），则可以容易地计算出每个组件对总欧姆极化的相对贡献，如表 9.8 所示。在这种情况下，电解质大电阻率主

导了欧姆极化。但总面积比电阻从管状配置的 $0.33\ \Omega \cdot cm^2$ 显著降低到平面配置 $0.043\ \Omega \cdot cm^2$，降低了近一个数量级，这主要是由于电流路径长度的缩短。因此，我们注意到平面结构在减少欧姆极化或增强电池性能方面有较大优势。

表 9.7 管状 SOFCs 在 1 000 ℃时电池成分对总欧姆极化的相对贡献[12,14]

电池成分	电阻率/ ($\Omega \cdot cm^{-1}$)	厚度/cm	相对贡献/r
阴极	0.013	0.07	0.65
阳极	0.001	0.01	0.25
电解质	10	0.004	0.09
互联	0.5	0.004	0.01

表 9.8 平面 SOFCs 在 1 000 ℃时电池成分对总欧姆极化的相对贡献

电池成分	电阻率/($\Omega \cdot cm^{-1}$)	厚度/cm	相对贡献/r
阴极	0.013	0.07	0.021
阳极	0.001	0.01	0.0002
电解质	10	0.004	0.932
互联	0.5	0.004	0.047

组件厚度保持与表 9.7 相同，总面积电阻率估算值为 $0.043\ \Omega \cdot cm^2$。

9.5.1　温度的影响

如前针对其他类型燃料电池所讨论的，温度的影响是通过可逆电池电势和各种极化项（对应式（9.9））的变化来感知的。根据第 2 章中介绍的材料，可逆电池电位很容易受到温度影响，如表 9.9 所示。显然，可逆电池电势几乎随电池工作温度呈线性下降。对于 SOFC，当电池工作温度升高时，在小电流密度下电池电势会降低；实际上，由于各种极化条件的显著降低，具有重要应用意义的大电流密度下电池电势却增加了。结果是极化曲线将存在一个电流密度交点，且在这一点上将不会观察到温度的影响。实际电池工作时电流密度通常远大于此交点电流密度值，因此实际工作电流密度下温度的影响主要取决于各种不同极化方式的变化。

表 9.9　温度在 1 atm 运行 SOFC 可逆电池电位的影响

运行温度/K	可逆电池电位/V
1 000	0.998 3
1 100	0.969 6
1 200	0.940 5
1 300	0.911 3

从前面的讨论和式（9.9），我们可以得出电池电位随温度的变化关系为

$$\Delta E_T = -\Delta \eta_{act,T} - \Delta \eta_{ohm,T} \tag{9.13}$$

根据式（9.11）得出活化极化的变化公式为

$$\Delta \eta_{act,T} = \frac{\partial \eta_{act}}{\partial T} \Delta T = \frac{2R}{nF} \sinh^{-1}\left(\frac{J}{J_0}\right) \Delta T \tag{9.14}$$

式中，$\Delta T = T - T_1$。在实践中，电池通常以标称设计电流密度 J_1 运行，可能会有一个小的偏差，可以将其表示为 $J = J - J_1$，因此我们可以将式（9.14）中电流密度依赖性线性化为

$$\sinh^{-1}\left(\frac{J}{J_0}\right) = \sinh^{-1}\left(\frac{J_1}{J_0}\right) + \left[\sinh^{-1}\left(\frac{J_1}{J_0}\right)\right]' \frac{\Delta J}{J_0} \tag{9.15}$$

交换电流密度 J_0 通常随温度而变化，但是在上述分析中被忽略了，因为对于固体氧化物燃料电池而言，其对温度依赖性不存在。由于 $\left[\sinh^{-1}(x)\right]' = (x^2 + 1)^{-1/2}$，因此将式（9.15）代入式（9.14）并考虑式（9.12），对于 $J_1 = 0.16 \ A/cm^2$，我们获得阳极和阴极活化极化随温度变化而变化规律为

$$\Delta \eta_{act,a} = -(0.000\ 155\ 6J + 0.732\ 7 \times 10^{-6}) \approx -0.000\ 155\ 6J(T - T_1) \tag{9.16}$$

$$\Delta \eta_{act,c} = -(0.000\ 336\ 4J + 0.930\ 6 \times 10^{-5}) \approx -0.000\ 336\ 4J(T - T_1) \tag{9.17}$$

式中，电流密度的单位为 A/cm^2，温度的单位为 K，过电位的单位为 V。考虑到根据式（9.12）进行的讨论，我们认为当温度升高时，活化过电位会降低，因此上面两个方程中有负号。可以预期的是，阴极活化过电位的变化或许要比阳极活化过电位大得多，实际上是阳极活化过电位的两倍。因此，总活化过电位变为

$$\Delta \eta_{act,T} = -0.000\ 492\ 0J(T - T_1) \tag{9.18}$$

欧姆过电位的变化归因于电池组件中的电阻：阴极，阳极，电解质和互联（分别由下标 "c" "a" "e" 和 "i" 分别指定），因此可以表示为

$$\Delta \eta_{\text{ohm},T} = \Delta \eta_{\text{ohm},c} + \Delta \eta_{\text{ohm},a} + \Delta \eta_{\text{ohm},e} + \Delta \eta_{\text{ohm},i}$$

$$= \left(\frac{\partial \eta_{\text{ohm},c}}{\partial T} \frac{r_c}{\eta_{\text{ohm},c}} + \frac{\partial \eta_{\text{ohm},a}}{\partial T} \frac{r_a}{\eta_{\text{ohm},a}} + \frac{\partial \eta_{\text{ohm},e}}{\partial T} \frac{r_e}{\eta_{\text{ohm},e}} + \frac{\partial \eta_{\text{ohm},i}}{\partial T} \frac{r_i}{\eta_{\text{ohm},i}} \right) \eta_{\text{ohm}} \cdot \Delta T$$

$$= \left(\frac{\partial \rho_c}{\partial T} \frac{r_c}{\rho_c} + \frac{\partial \rho_a}{\partial T} \frac{r_a}{\rho_a} + \frac{\partial \rho_e}{\partial T} \frac{r_e}{\rho_e} + \frac{\partial \rho_i}{\partial T} \frac{r_i}{\rho_i} \right) \eta_{\text{ohm}} \cdot \Delta T \qquad (9.19)$$

式中，电池成分中欧姆损耗与电阻率相关，$\eta_{\text{ohm}} = \rho \delta J$，并在等式最后使用。对于管状和平面结构，电池成分对总欧姆过电位的相对贡献 r 分别在表9.7和表9.8中给出。

根据式（9.20）和文献[15]，电阻率随温度的变化与每个电池组件相关，如下所示[15]。

$$\rho = a \exp \left(\frac{b}{T} \right) \qquad (9.20)$$

表9.10列出了每个单元格组件的常数 a 和 b。将式（9.20）代入式（9.19）可得出

$$\Delta \eta_{\text{ohm},T} = -\left(b_c r_c + b_a r_a + b_e r_e + b_i r_i \right) \frac{R'' J}{T^2} \Delta T \qquad (9.21)$$

表9.10　SOFC 电池组件的电阻率与温度相关的常数 a 和 b

电池组件	$a/(\Omega \cdot \text{cm}^{-1})$	b/K
阳极	0.002 98	−1 392
阴极	0.008 11	600
电解质	0.002 94	10 350
互联	0.012 56	4 690

式中，R'' 是面积比电阻。分别使用表9.7和表9.8中给出的 r 值，以及表9.10中给出的 b 值，我们估计欧姆过电位变化为

$$\Delta \eta_{\text{ohm},T} = -0.000\,21 J \cdot (T - T_1) \quad \text{管状电池} \qquad (9.22)$$

$$\Delta \eta_{\text{ohm},T} = -0.000\,26 J \cdot (T - T_1) \quad \text{平面式电池} \qquad (9.23)$$

式中，电流密度 J 单位为 A/cm^2；T 单位为 K；$\eta_{\text{ohm},T}$ 的单位为 V。似乎欧姆过电位变化小于活化过电位变化的一半。

现在将以上结果代入式（9.13），我们得到了电池电势变化与温度的函数关系。

$$\Delta E_T = (0.000\,70 \sim 0.000\,75) J \cdot (T - T_1) \qquad (9.24)$$

式中，电流密度 J 单位为 A/cm^2；T 单位为 K；ΔE_T 单位为 V。与经验相关性

相比，这种温度依赖性似乎非常弱。系数 $0.000\,70 \sim 0.000\,75\ \Omega \cdot cm^2/K$ 似乎比文献中[12,14]给出的经验估计值 $0.008\ \Omega \cdot cm^2$ 小一个数量级。但经验证据表明，温度依赖性系数会随所用燃料的成分而显著变化，且在使用由 $67\%\ H_2$、$22\%\ CO$、$11\%\ H_2O$ 组成的燃料时，根据实验数据可得出 $0.008\ \Omega \cdot cm^2$ 的系数。因此我们可以得出结论，水煤气变换平衡反应和反应位点处的氢浓度（改变交换电流密度）都对实际电池电势的温度依赖性有重要影响。燃料气体中的氢含量越低，温度对电池电势的影响就越大。

9.5.2　压力的影响

与其他类型燃料电池一样，实际电池电位的压力影响通常以对数依赖性表示为

$$\Delta E_P = E(T,P) - E(T,P_1) = k_P \log\left(\frac{P}{P_1}\right) \tag{9.25}$$

对于式（9.3）中给出的整个电池反应，该反应的气态物中摩尔变化数 $\Delta N = -1/2$。然后，根据式（9.10）的能斯特方程，压力对可逆电池电势的影响系数在 SOFC 工作温度（$1\,000\ ℃$）下变为

$$k_P = \frac{\Delta NRT}{nF} = 0.063\,(V) \tag{9.26}$$

该值与有限的经验数据相当一致，这表明实际电池电势压力系数 k_P 约为 $0.059\ V$[12,14]。

尽管较高的压力操作有利于提高 SOFC 性能，但制造更坚固的 SOFC 组件（包括连接管）和气密性所涉及的成本和工作量，以及压缩反应气体所涉及的运行成本都非常高，这些削减了高压运行带来的好处。对于组合式 SOFC – 燃气轮机发电系统，尤其需要更高的压力工况；然而需要将热力学优化耦合特定的 SOFC 和燃气轮机的底部循环，以确定特定系统的最佳工作压力。

9.5.3　反应气体组成和利用的影响

与其他类型燃料电池一样，SOFC 性能也会随着阴极室和阳极室中反应物浓度变化而变化。由于对于给定的一组入口条件，反应物将影响阳极室和阴极室中局部反应物浓度，因此也将影响电池性能。

氧化剂：根据式（9.10）中 SOFC 的能斯特方程，氧化剂入口浓度和利用率的影响通常与阴极室中氧气分压对数相关，该氧气分压在入口值和出口值取平均值为

$$\Delta E_c = k_c \log \frac{(\bar{P}_{O_2})}{(\bar{P}_{O_2})_1} \tag{9.27}$$

式中，可逆电池电位系数 $k_P = RT/(2nF) = 0.063$（V）。在 1 000 ℃时，实际工作电流密度下实际电池电位，可能会更大，建议 $k_P = 0.092$ （V）[12,14]。

　　燃料：同样，氢浓度和利用率对电池电势的影响可以表示为式（9.10）中给出的能斯特方程。

$$\Delta E_a = k_a \log \frac{(\bar{P}_{H_2}/\bar{P}_{H_2O})}{(\bar{P}_{H_2}/\bar{P}_{H_2O})_1} \tag{9.28}$$

式中，可逆电池电位在 1 000 ℃下系数 $k_a = RT/(nF) = 0.126$（V）。有限的实验数据表明，当电池使用重整燃料运行时，在实际工作电流密度下，实际电池电位较大，$k_P = 0.172$ V [12,14]。

9.5.4 杂质的影响

　　与 8.5.4 节所述的熔融碳酸盐燃料电池相比，杂质对固体氧化物燃料电池性能和寿命的影响尚未探索。对于固体碳酸盐燃料电池，类似表 8.6 和表 8.7 中杂质可能产生的影响和最大容许公差水平不适用固体氧化物燃料电池。一些研究表明，固体氧化物燃料电池可能耐受高达 5 000 ppm NH_3，1 ppm HCl 和 0.1 ppm H_2S。其中，电池性能受 H_2S 影响很大，1 ppm H_2S 会立即导致电池电势下降，随着时间推移呈线性逐渐下降。通过向阳极提供不含 H_2S 的清洁燃料，可以逆转 H_2S 潜在的不利影响。详细的信息可参考文献[14]。

9.5.5 电流密度的影响

　　对于在 1 000 ℃下工作的固体氧化物燃料电池，通常认为欧姆损耗起主要作用，而在 160 mA/cm² 或更高工作电流密度下，活化和浓度过电位相对较小。在这种情况下，电池电位将随电流密度线性变化，因此有

$$\Delta E_J = -k_J \Delta J \tag{9.29}$$

式中，比例常数应等于整个电池组件的面积比电阻。对于表 9.7 和表 9.8 中给出的管状和平面 SOFC 例子，除接触电阻和来自电池电流的连接线外，面积比电阻对于管状 SOFC 主要由管状结构的阴极电阻决定，对于平面 SOFC，主要由电解质的电解液决定。对于管状和平面结构，估计值分别为 0.33 Ω·cm² 和 0.043 Ω·cm²；但这些值似乎小于文献中给出的 $k_J = 0.73$ Ω·cm² 经验值[12,14]。这种差距是因为用于生成经验数据的电池与表 9.7 和表 9.8 中电池在部件、厚度以及材料等方面都相同。

9.6　未来研发

　　对于商业应用，需要在实际条件下证明固体氧化物燃料电池系统耐用性

和可靠性，另外还需降低成本。传统固体氧化物燃料电池（有时称为高温 SOFC）的高工作温度（>1 000 ℃）为氧化锆基电解质提供了足够高的氧离子电导率，但由于材料问题，降低了电池可靠性和耐久性（寿命）。因此，先进材料的开发成为提高固体氧化物燃料电池系统性能和成本的关键问题。其他基本问题包括阳极和阴极电极的电动力学不够活跃，尤其是 CO 电化学氧化动力学及其与水煤气变换反应的竞争。正确的结构设计（包括薄复合材料层的应力分析）保证电池寿命而不会使复合电池结构发生热裂和分层非常重要。

低温固体氧化物燃料电池是当前 SOFC 发展的主力，其工作温度范围为 600～800 ℃，甚至低至 500 ℃，通常被称为中温固体氧化物燃料电池（或 IT - SOFC）。这种较低的工作温度允许使用更便宜的材料，以及更简单的电池组件和互联的制造工艺（即较低的成本），同时可显著改善可靠性和电池寿命。然而，随着温度的降低，氧化钇 - 稳定氧化锆电解质电导率显著降低，从 1 000 ℃ 0.1 S/cm 降至 800 ℃ 0.02 S/cm 和 700 ℃ 0.008 S/cm。因此，已经研究了许多替代的电解质，其中基于二氧化铈的电解质在较低工作温度下是基于氧化锆电解质有希望的替代物之一。这是因为它们在700 ℃ 时具有很高的氧化电导率[16]。基于二氧化铈的电解质表现出相当大的电子传导性，这不利于燃料电池长期性能。此外，它在阳极氢环境下也不稳定[17,18]。基于钙钛矿、镓酸镧的改良氧离子导体也被证明是低温 SOFC 潜在电解质候选[19,20]。

除了基于氧化物导体的低温 SOFC，还研究了基于阳离子导体的低温 SOFC[23]。基于 $SrCeO_3$ 的氧化物是第一类钙钛矿材料，在高温含氢氛围中表现出质子传导性[21]。随后，$BaCeO_3$、$SrZrO_3$ 和 $BaZrO_3$ 混合氧化物在较低温度下也显示出比纯氧化物导体电解质（如镓酸镧）高的质子传导性，成为中温固体氧化物燃料电池电解质的良好候选[22]；但是，这些较低温度 SOFC 的改进方案仍处于开发的早期阶段。作为任何燃料电池基本组成部分的电解质使用了一种全新材料，因此需要开发和匹配用于其他电池组件的新材料，随着这些研究的进行，一种全新的燃料电池即将出现。文献中提供了有关基于氧化物导体 IT - SOFC 的材料的综述[24]。几乎所有 IT - SOFC 都没有在常规意义上进行优化，并且大多电池性能表现很不理想。因此，在技术成熟之前，尚需进行大量工作。

如第 9.3.1 节所述，平面电池结构是一种具有吸引性的几何形状，可以集成到堆叠结构中。与其他具有平面结构的燃料电池一样，气体密封对于高温和中温 SOFC 仍然是一个挑战。除了先进的密封材料外，还需要创新电池和电池堆配置来实现密封目的。

9.7 总结

本章从各个方面介绍了固体氧化物燃料电池，描述了整个半电池和全电池反应，以及在阳极中发生的其他化学反应，人们已经认识到 SOFC 中水煤气变换反应的重要性。本章还描述了 SOFC 全固态结构的一些优点，以及高工作温度环境下的优缺点。第 9.3 节提供了三种不同 SOFC 的结构：管状、整体式和平面式，以及每种电池和电池堆相应组件和系统问题。通常应该理解为三种不同 SOFC 结构对应的电池和电池堆中电流密度分布不同。第 9.4 节对用于各种电池或电池组组件的代表性材料和制造技术、所面临的问题、可能带来的影响，以及避免不利影响的方式进行了较为概括的阐述。本章强调了使各种电池或电池组组件的热膨胀系数匹配，以获得良好的电池性能和电池寿命的。本章概述了各种操作参数对 SOFC 性能的影响，包括温度、压力、反应物浓度和利用率，杂质和电池电流密度的影响。本章还讨论了电池对各种未来工作条件的需求，以促进 SOFC 技术在商业上的应用。

9.8 习题

1　简要描述固体氧化物燃料电池的优缺点，以及应用领域。

2　描述操作原理，例如半电池和全电池反应，以及用于固体氧化物燃料电池的主要燃料。

3　简要讨论一般（或目标）运行条件，例如电池电压、电池电流密度、温度、压力、燃料和氧化剂利用率，以及化学 – 电能转换效率。

4　描述操作条件对电池性能的影响。

5　描述电池和电池堆几何结构，所使用的代表性材料，电池组件的厚度及其他尺寸。

6　描述如何对固体氧化物燃料电池实施内部重整。

7　讨论管状，整体式和平面式固体氧化物燃料电池的优缺点。

8　描述影响固体氧化物燃料电池寿命的主要因素。

9　描述固体氧化物燃料电池商业化要克服的关键技术障碍，可能的解决方案及优缺点。

10　从第 2 章中给出的能斯特方程式推导式（9.10）中给出的固体氧化物燃料电池的能斯特方程。

11　在 1 atm 和 1000 ℃ 操作条件下，确定 SOFC 中以下反应的可逆性以及热平衡电池的电势。

（1）$H_2 + \dfrac{1}{2}O_2 \longrightarrow H_2O$

（2）$CH_4 + 2O_2 \longrightarrow CO_2 + 2H_2O$

（3）$CH_4 + H_2O \longrightarrow CO + 3H_2$

（4）$CO + H_2O \longrightarrow CO_2 + H_2$

（5）$2CO \longrightarrow C + CO_2$

参 考 文 献

［1］Nernst, W. Z. 1900. Electrochemistry, 6：141.

［2］Schottky, W., Wiss. Veroff. Siemens Werke. 1935, 14（2）：1 − 19, Chem. Abstr., 1935, 20：p. 5358.

［3］Baur, E. and H. Z. Preis Z. Elecktrochem. 1937, 43：727 − 732, 1938, 44：695 − 698.

［4］Rohr, F. J. 1977. In Proc. Workshop on High Temperature Solic Oxide Fuel Cells（H. S. Isaacs, S. Srinivasan, and I. L. Harry, eds）p. 122.

［5］Minh, N. Q. 1993. Ceramic fuel cells. J. Am. Ceram. Soc., 76（3）：563 − 588.

［6］Minh, N. Q. and T. Takahashi. 1995. Science and Technology of Ceramic Fuel Cells, Elsevier, New York.

［7］Matsuzaki, Y. and I. Yasuda. 2002. Solid State Ionics, 152 − 153：463 − 468.

［8］Riess, I. 2003. Solid State Ionics, 157：1 − 17.

［9］Appleby, A. J. and F. R. Foulkes. 1988. Fuel Cell Handbook, Van Nostrand Reinhold, New York.

［10］Murugesamoorthi, K. A., S. Srinivasan, andA. J. Appleby. 1993. Research, Development, and Demonstration of Solid Oxide Fuel Cell Systems. In Fuel Cell Systems, ed. by L. J. M. J. Blomen and M. N. Mugerwa, Plenum Press, New York.

［11］Nakamura, T., G. Petzow, and L. J. Gauckler. 1979. Mater. Res. Bull., 14：649.

［12］Hirschenhofer, J. H., D. B. Stauffer, and R. R. Engleman. 1994. Fuel Cells：A Handbook（Revision 3）, U. S. Department of Energy.

［13］Chan, S. H., K. A. Khor, and Z. T. Xia. 2001. J. Pow. Sour., 93：130 − 140.

［14］U. S. Department of Energy. 2000. Fuel Cells：A Handbook（Revision 5）.

[15] Chan, S. H., C. F. Low, and O. L. Ding. 2002. J. Pow. Sour., 103: 188 – 200.

[16] Steele, B. C. H. 1989. In High Conductivity Solid Ionic Conductors, T. Takahashi, ed. World Scientific, Singapore.

[17] Tuller, H. and A. S. Nowick. 1975. J. Electrochem. Soc., 122: 255.

[18] Maffei, N. and A. K. Kuriakose. 1998. Solid State Ionics, 107: 67.

[19] Ishihara, T., H. Matsuda and Y. Takita. 1994. J. Am. Chem. Soc., 116: 3801.

[20] Ishihara, T., H. Matsuda and Y. Takita. 1994. Proc. Electrochem. Soc., 94 (12): 85.

[21] Iwahara, H., T. Esaka, H. Uchida, and N. Maeda. 1981. Solid State Ionics, 3 – 4: 359.

[22] Katahira, K., Y. Kohchi, T. Shimura and H. Iwahara. 2000. Solid State Ionics, 138: 91.

[23] Maffei, N., L. Pelletier and A. McFarlan, Performance characteristics of Gd – doped barium cerate – based fuel cells. J. Pow Sour., to appear.

[24] Ralph, J. M., A. C. Schoeler and M. Kumpelt. 2001. Materials for lower temperature SOFC. J. of Mat. Sci., 36: 1161 – 1172.

第 10 章
直接甲醇燃料电池

10.1 绪言

对于前文描述的所有燃料电池，氢都是用于阳极电极反应的直接燃料。由于氢气不能以纯净物形式广泛地存在地球上，因此通常将氢气视为由某些主要燃料（例如石油和天然气）产生的副产品（能量载体）。通常通过蒸气重整、自热重整或部分氧化重整来实现生产氢气[1,2]，重整气体混合物中主要成分是氢气和二氧化碳，以及少部分一氧化碳。如前文所述，碱性燃料电池必须除去二氧化碳，而酸性电解质燃料电池（包括 PAFC 和 PEMFC）必须除去一氧化碳。燃料流的处理和清洁过程并非易事，通常会极大地影响整个系统的成本、尺寸和性能。

此外，氢气作为一种缺乏分配基础设施的燃料，其单位体积能量密度最低，导致难以在车辆上使用车载氢气，这是当前深入研究的领域。目前存在至少三种可行技术将氢存储在车辆上：压缩氢气（CH_2）、金属氢化物吸附（MH）和低温液态氢（LH_2）。

对于普通汽车，加油两次之间的行驶里程一般需要车载约 5 kg H_2[3]。就氢气总的可用能量而言，相当于 19 L 汽油，可为传统汽车提供约 320 km 续航里程（17 km/L）。对于混合动力或燃料电池汽车，5 kg H_2 可以提供 640 km 续航里程（34 km/L，这是未来车辆的目标）。

要在 24.8 MPa 压力和环境温度下存储 5 kg H_2，压力容器的外部体积以 CH_2 体积计约为 320 L，明显大于汽油所需的储罐。如果将相同数量的氢存储在金属氢化物中，那么 5 kg H_2 就需要存储在约 300 kg 金属氢化物中。对于车辆应用而言，这种重型燃料存储设备当然是不希望的。如果氢气可以在低温（约 22 K 或更低）和低压（约 0.5 MPa）下冷却到液态，那么轻而紧凑的氢存储是极具潜力的。但氢液化会消耗大量电能，约占 H_2 低品位热值的 30%。如果无法通过复杂系统集成和优化来进行能量回收，则整个能量周期效率将大大降低。此外，为低压 LH$_2$ 储罐补氢时，LH$_2$ 的一部分会在冷却储罐和连接软管时蒸发，这种蒸发损失约占泵入储罐总量的 8%。由于从周围环境传热，在长时间不活动期间会发生另一种蒸发损失。氢蒸发损失不仅是安全隐患，还降低了燃油经济性和车辆行驶里程。此外，储氢罐本身也将非常昂贵。

因此，对于便携式和可移动应用，一种能在大气压和温度下安全稳定，以便分配和车载存储的液体燃料亟待研发。甲醇是一种可能性选项，实际上第 10.2 节将阐述这种最有前途的燃料。第 10.3 节专门讨论燃料电池中直接或间接燃料甲醇之间的区别。第 10.4 节介绍各种类型直接甲醇燃料电池，第 10.5 节介绍高分子电解质膜直接甲醇燃料电池（PEM DMFCs）。第 10.6 节中对蒸气进料和液体进料 PEM DMFCs 进行了描述和比较。在这一点上指出，当今普遍使用的 DMFCs 通常是液体进料 PEM DMFCs，其电池和电池组材料和配置与第 7 章中所述的 PEMFCs 几乎相同。因此，设计、构造和所使用的材料基本与 PEMFCs 相同，本章将不作进一步描述。但是，PEM DMFCs 操作和性能的独特特征在第 10.7 节中进行了描述，包括阳极和阴极反应，以及甲醇穿过电解质膜的原理及方式。与前几章相似，本章以对未来研发进行简要描述和总结作为结尾。

10.2　甲醇作为燃料

在现代社会经济和技术结构的情况下，通常期望碳氢化合物燃料对社会和经济的破坏最小化并平稳发展。此外，碳氢化合物燃料易于液态运输和转化，在众多燃料选择中甲醇是首选燃料。甲醇是一种大气压下沸点为 64.7 ℃的液体，它完全可以利用目前为汽油设计的供应基础设施（几乎不做任何改动）来实现燃料输运和分配。实际上，大多数在加油站出售的汽油都含有一些甲醇，例如 M 85 号汽油就含有 15% 甲醇。此外，甲醇具有较高的体积能量密度，约为 5 kW·h/L，而 LH$_2$ 约为 2.6 kW·h/L。因此，甲醇作为燃料为车辆应用提供了易于处理、输运和车载存储的特性。

目前，仅在美国，每年就生产超过十亿加仑[①]的甲醇。最经济的获取方式是采用天然气作为原材料进行合成（约占 78%）。还有一些其他合成方式，例如渣油（约 7%）、煤炭（约 1%）和生物质（约 14%）。生物质制取甲醇会消耗二氧化碳，故这种方法生产的甲醇是可再生的，从整个能源利用周期的角度来看，十分有利于二氧化碳的中和。未来的生产方法包括使用核能发

---

① 1 加仑 = 3.785 L。

电和从其他化石燃料发电系统中捕获二氧化碳，因此此法也可能被认为是封存二氧化碳的方法之一。

目前，甲醇主要用作防冻剂、化学溶剂和其他工业过程的化学原料。在过去的几十年中，甲醇的平均价格比汽油便宜。如果将甲醇用作燃料，则目前的甲醇产量远不足以满足消耗需求，且潜在的成本优势可能会在大幅增加产量的情况下消失。尽管许多人可能认为甲醇是比氢更安全的燃料，但甲醇具有轻度毒性，与氢同样存在安全性问题。

10.3　间接与直接甲醇燃料电池

将甲醇作为燃料直接提供给燃料电池，以进行甲醇外直接电氧化产生电流，通常被称为直接甲醇燃料电池（DMFC）。另外，甲醇可以通过机载重整器转化为富氢气体，将富氢重整气体混合物进料到燃料电池中，在阳极对氢进行电氧化，这与第 5~9 章中描述的燃料电池类似。后一种方法通常被称为间接甲醇燃料电池，因为氢是燃料电池直接燃料，而甲醇仅用作氢的来源。图 10.1 所示为间接甲醇燃料电池和直接甲醇燃料电池系统的比较。

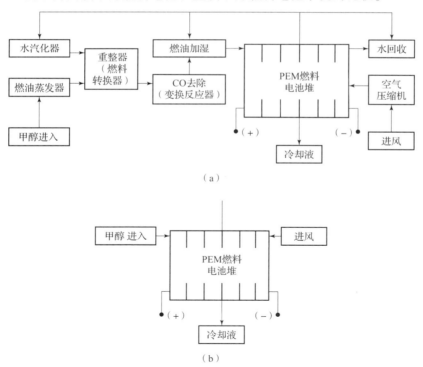

（a）

（b）

图 10.1　间接甲醇燃料电池和直接甲醇燃料电池系统的比较

（a）间接甲醇燃料电池系统布局；（b）直接甲醇燃料电池系统布局

甲醇重整过程对能量的要求很高，发生在 250 ~ 300 ℃温度下，比 PEM 燃料电池工作温度高得多。如第 6 章所述，一氧化碳的去除通常需要至少两个阶段的转化反应，再进行选择性部分氧化工艺，将一氧化碳浓度进一步降低至 100 ppm 以下。即使是这样低浓度的一氧化碳对 PEM 燃料电池来说仍然太多，如第 7 章所述。此外，包括重整和清洁阶段在内的燃料处理增加了燃料电池动力系统的尺寸和重量，增加了系统的复杂性。集成、监视和控制，减慢了系统响应时间，增加了额外的维护要求。粗略地说，燃料处理通常约占系统尺寸（重量）和成本的三分之一，燃料电池堆占三分之一，其余三分之一为发电机组中各单元间的平衡。显然，机载燃料处理是不可取的。

另外，从性能的角度来看，使用甲醇运行的燃料电池在标准温度和压力下具有 1.214 V 可逆电池电位，而在甲醇制得的氢气下运行的燃料电池可逆电池电位为 1.229 V（鼓励读者通过第 2 章中分析来验证这些电压值）。尽管基于热力学分析的最佳电池性能间接甲醇燃料电池与直接甲醇燃料电池可与氢燃料电池相媲美，但实际直接甲醇燃料电池只有氢作为直接燃料时三分之一的性能。例如对于实际应用所需的相同水平能量转换效率的燃料电池，最先进的 PEMFCs 功率密度高达 0.6 ~ 0.7 W/cm²，而直接甲醇燃料电池只有 0.18 ~ 0.3 W/cm²。DMFCs 的这种较低的性能是由在第 10.7 节中描述的多种原因引起的，从电池堆性能的角度来看，这显然是不利的。从系统层面来看，直接甲醇燃料电池不需要过于笨重的燃料处理单元，该单元大约占间接甲醇燃料电池的三分之一，如图 10.1 所示。作为平衡，直接甲醇燃料电池动力系统性能和成本与间接甲醇燃料电池动力系统相当。多年来，人们对直接甲醇燃料电池产生了极大的兴趣。

10.4　直接甲醇燃料电池的类型

自首个燃料电池发明以来，对直接碳氢燃料电池的探索，一直是许多科学家和工程师的梦想。例如直接煤炭燃料电池曾经是大规模发电的可期目标，这甚至在发展内燃机驱动的发电机之前。但是在 20 世纪 20—30 年代，各种结论表明，直接甲醇燃料电池将是最好的选择，因为与氢气燃料相比，碳氢化合物燃料电氧化动力学较慢，任何直接碳氢化合物燃料电池都具有预期的实际应用性能。也就是说，在所有研究的碳氢燃料中，燃料电池阳极处甲醇电氧化动力学相对最快，从而在所有直接碳氢燃料电池中达到了最高功率密度。直接甲醇燃料电池技术最初开发始于 20 世纪 60 年代。多年来，随着各种尺寸 DMFC 示范装置的开发，取得了缓慢但稳定的进展，并最终在 20 世纪

90 年代后期发展成大型 DMFC 动力装置，用于 30 英尺①长的公共汽车。且已经为 DMFC 选择了各种电解质，包括碱性和酸性电解质。我们在以下各节中简要介绍各种类型直接甲醇燃料电池，包括在碱性燃料电池、熔融碳酸盐燃料电池、水性碳酸盐燃料电池、硫酸电解质燃料电池、磷酸燃料电池和 PEM 燃料电池。

10.4.1　碱性燃料电池中的直接甲醇

原则上，可以将甲醇作为燃料提供给具有各种电解质的任何燃料电池。但不同的电解质将决定特定阳极和阴极反应。对于碱性燃料电池（碱性 DMFC）中直接运行甲醇，整个阳极反应为

$$CH_3OH + 6OH^- \longrightarrow CO_2 + 5H_2O + 6e^- \qquad (10.1)$$

由于甲醇电极氧化反应发生在电极与电解质的界面处，根据式（10.1）形成二氧化碳，二氧化碳与碱性电解质中氢氧根离子反应形成碳酸盐，从而导致众所周知的二氧化碳中毒，如第 5 章所述。因此，最初在 20 世纪 60 年代和 20 世纪 70 年代人类就考虑将甲醇（或任何其他碳氢燃料）直接运用于碱性燃料电池中，由于其不可行被放弃。

由于需要耐受甲醇电氧化过程中产生的二氧化碳，因此必须使用酸性电解质，尽管该酸性电解质会引起腐蚀问题，从根本上说，这也是造成阴极处空气氧还原反应缓慢的电极动力学原因。

10.4.2　熔融碳酸盐燃料电池中的直接甲醇

由于熔融碳酸盐燃料电池的工作温度高（约 650 ℃），甲醇可以很容易在内部重整为氢和一氧化碳的混合物，再将这种混合物作为 MCFCs 阳极电极反应的燃料。MCFC 阳极室中的甲醇蒸气重整反应为

$$CH_3OH + H_2O \longrightarrow 3H_2 + CO_2 \quad (\Delta H = 49.7 \text{ kJ/mol}) \qquad (10.2)$$

实际上，在如此高的温度下，一氧化碳的形成非常重要，但一氧化碳对 MCFCs 而言并不是难题，可以通过水煤气变换反应将其进一步转化为氢气。

甲醇重整反应所需的水很容易在 MCFC 阳极中获得，因为阳极反应会产生所需的水（反应式（10.3））。此外，甲醇蒸气重整只是温和的吸热，只需燃料电池废热散发的少量的热量即可满足需求，而不会在阳极上造成明显的局部温度下降。

$$H_2 + CO_3^{2-} \longrightarrow H_2O + CO_2 + 2e^- \qquad (10.3)$$

但 MCFC 由于较高的工作温度会导致较长的启动时间，因此不适用于运

---

① 　1 英尺 = 2.54 cm。

输机械应用。对于固定式机械应用，如第 8 章所述，MCFC 中最好使用天然气，因为与天然气相比，甲醇的生产和分配会增加成本并降低周期效率。

10.4.3　水性碳酸氢盐燃料电池中的直接甲醇

直接甲醇可有效地用于水性碳酸盐燃料电池中，并已获得相当好的性能。例如在 0.83 MPa 和 165 ℃下工作时，电池在 150 mA/cm² 电流密度或更高电流密度下可获得 0.55 ~ 0.6 V 电池电位。然而，需要大量贵金属催化剂负载以实现良好的性能，且需要解决水性电解质管理和电池部件腐蚀的问题。实际应用需要证明电池寿命和可靠性。

10.4.4　硫酸电解质燃料电池中的直接甲醇

如第 6 章所指出，硫酸电解质将提供良好的燃料电池性能，但由于其在燃料电池操作中的不稳定特性和高蒸气压而在实际使用中受到限制。将硫酸电解质燃料电池工作温度限制在 60 ℃或更低，电池性能实际表现仅限于低电流密度时的工作状态。因此，输出功率密度很低。这使得它们不适合实际应用，尤其是移动应用。

10.4.5　磷酸燃料电池中的直接甲醇

在磷酸燃料电池的一般工作温度下，甲醇电氧化阳极动力学很慢，导致电池性能低下，因此不适用于移动应用。此外，甲醇的大量穿透和阴极中毒是一个重要问题。

10.4.6　质子交换膜燃料电池中的直接甲醇

目前在 DMFC、PEMFCs 中直接甲醇工作正受到便携式和移动式应用的最大关注。早期电池采用 PEM 和硫酸（H_2SO_4）组合作为电解质以获得更好的性能。近期研究指出，单独的 PEM 可以有效地用作 DMFC 电解质。如今 DMFCs 基本上就是以甲醇为燃料的 PEMFCs，它们是直接被电氧化用于发电的（PEM DMFCs）。

10.5　质子交换膜直接甲醇燃料电池

由于 PEM 本质上是一种酸性电解质，因此阳极处的整个半电池反应为

$$CH_3OH + H_2O \longrightarrow 6H^+ + 6e^- + CO_2(g) \tag{10.4}$$

质子是通过电解质传输到阴极的载流离子，而电子则通过外部电路传输

到阴极。在阴极的整个半电池反应为

$$\frac{3}{2}O_2 + 6H^+ + 6e^- \longrightarrow 3H_2O \tag{10.5}$$

因此，整个电池反应为

$$CH_3OH + \frac{3}{2}O_2 \longrightarrow CO_2(g) + 2H_2O + 电功 + 废热 \tag{10.6}$$

图 10.2 所示为电池的运行情况。

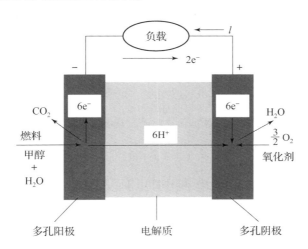

图 10.2　使用聚合物电解质膜作为电解质的 DMFCs 运行示意图

从上述半电池反应中，可以看出甲醇在阳极进行电氧化需要水，在阴极会产生水。理论看来阳极所需的水可由阴极产生的水提供。实际上，由于电渗阻力效应，水通过 PEM 从阳极输送到阴极，如第 7 章所述。最终，甲醇和水的混合物被供应到阳极。这种方法为 PEM 提供了充足的湿润作用条件。

但这种方法会产生问题。甲醇与酒精一样，可以与水充分混合。由于 PEM 结构中水可用于加湿，因此甲醇也会与水混合扩散到 PEM 中，从而也会与阴极中的水接触。这种现象称为甲醇的穿透，会对电池性能产生严重的负面影响。首先，甲醇穿透至阴极没有在阳极被电氧化产生电流，降低了电池能量效率。其次，在阴极处甲醇会被电氧化，同时氧气被还原。在阴极处产生混合电位，显著降低了阴极电位，因为燃料电氧化发生在比氧还原反应低得多的电极电位下，所以降低了电池电位差。此外，由于在阴极同时发生甲醇氧化和氧还原反应引起反应热，将导致阴极催化剂老化。DMFCs 中可以尽量减少甲醇穿透，但很难完全消除。这将在第 10.7 节中再次讨论。图 10.3 所示为甲醇穿过膜电解质的穿透机理。

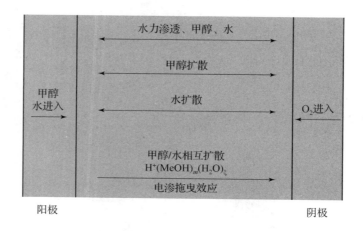

图 10.3　以聚合物电解质膜为电解质的 DMFC 中的甲醇穿透示意图

10.6　蒸气进料与液体进料的质子交换膜直接甲醇燃料电池

对于聚合物电解质膜作为电解质的 DMFCs，进料方式的两种变化是一个研究热点。一种是在高温下（通常为 110 ~130 ℃）以气态形式向阳极供给甲醇，称为蒸气进料 DMFCs，另一种是在低温下（通常在 80 ℃左右）以液态形式向阳极供给甲醇，称为液体进料 DMFCs。两种类型 DMFCs 都有各自的优缺点。

对于蒸气进料 DMFCs，随电池工作温度升高，甲醇电氧化过程进行得更快，更快的氧化过程有利于电池性能的提高。另外，维持足够的膜水化状态是比较困难的，特别是在高电流密度的情况下，就像第 7 章中描述的那样。这将不可避免地对膜寿命产生影响，尽管膜寿命在较高温度下已受到较大限制。最终，燃料和氧化剂在被送入电池之前都需要加湿，这是在设计和工作时的一个难题。另一个难题是阳极废气中二氧化碳的分离，因为残留的甲醇蒸气和二氧化碳处于气体混合物状态，并且残留的甲醇蒸气需要再循环回到阳极入口。此外，甲醇在大气条件下处于液态，必须要有大量热量的甲醇蒸发器，而电堆需要冷却，这会使整个系统的热管理复杂化。

相比之下，液体进料 DMFCs 不需要燃料蒸发器及相关的热源和控制装置，也不需要复杂的水和热管理来维持膜的湿润状态。同时，液体进料通常将液态甲醇–水混合物用作冷却剂，以进行有效的电堆热量排放控制，还可以预热混合物，使其在进入电堆发电之前先达到电堆温度。燃料流的这种双重用途消除了单独使用冷却液的麻烦，简化了系统设计。此外，由于气体形式的二氧化碳可以简单地从液态甲醇 – 水混合物中除去，因此在阳极排气口去除二氧化碳变得非常容易。所有这些因素结合在一起，往往会使得系统尺寸和质量大大降低，水和热管理更加容易，使用寿命也会更长。尽管液体进料 DMFCs 较低工作温度会产生较差的电池性能，但不一定会使系统总性能降低。因此，液体进料 DMFCs 非常受青睐。至此，直接甲醇燃料电池仅指使用聚合物膜作为电解质的液体进料直接甲醇燃料电池。

10.7　液体进料质子交换膜直接甲醇燃料电池

从前文描述中可以看出，当前关注的液体进料 PEM DMFCs 在电池和电池组组件材料和结构方面与 PEM 燃料电池相似，实质上是相同的。唯一的区别在于电池中用于发电的燃料类型：DMFCs 直接使用甲醇，而 PEM DMFCs 使用氢气（可以通过重整过程间接使用甲醇）进行阳极反应。如图 10.1 所示，液体进料 PEM DMFCs 具有最少系统组件，简化热管理和水管理，易于除去的二氧化碳以从阳极废气中回收残留的甲醇，无腐蚀性电解质及低温运行（70 ~ 90 ℃），可以快速启动。此外，与氢相比，甲醇基础设施已经十分成熟。因此，PEM DMFCs 正在开发用于小型便携式设备（例如手机和笔记本电脑）、交通运输和固定电源。

尽管有这些吸引人的特征，但如前所述，液体进料 PEM DMFCs 仅具有氢运行 PEMFC 三分之一的性能。这种较低的性能主要是由于阳极和阴极的动力学迟缓，以及明显的甲醇穿透所致，我们在以下各节中将注意力将转向这些问题。

10.7.1　阳极反应

整个阳极反应已由式（10.4）给出，表明每消耗 1 mol 甲醇产生 6 mol 电子和质子，相对于参比氢电极的相应可逆阳极电位约为 0.046 V，值很小。尽管这可能意味着当前消耗的 1 mol 燃料维持了不错的电池性能，但实际电氧化机理远不及整个半电池反应所表示的简单情况。实际上，甲醇氧化机理仍在被积极研究中。通常考虑以下机制来进行 DMFC 中甲醇的电氧化。

$$Pt + CH_3OH \longrightarrow Pt - (CH_3OH)_{ads} \qquad (10.7)$$

$$Pt - (CH_3OH)_{ads} \longrightarrow Pt - (CH_2OH)_{ads} + H^+ + e^- \qquad (10.8)$$

$$Pt - (CH_2OH)_{ads} \longrightarrow Pt - (CHOH)_{ads} + H^+ + e^- \qquad (10.9)$$

$$Pt - (CHOH)_{ads} \longrightarrow Pt - (COH)_{ads} + H^+ + e^- \qquad (10.10)$$

$$Pt - (COH)_{ads} \longrightarrow Pt - (CO)_{ads} + H^+ + e^- \qquad (10.11)$$

$$M + H_2O \longrightarrow M - (H_2O)_{ads} \qquad (10.12)$$

$$M - (H_2O)_{ads} \longrightarrow M - (OH)_{ads} + H^+ + e^- \qquad (10.13)$$

$$Pt - CO_{ads} + M - (H_2O)_{ads} \longrightarrow Pt + M + CO_2 + 2H^+ + 2e^- \qquad (10.14)$$

$$Pt - CO_{ads} + M - (OH)_{ads} \longrightarrow Pt + M + CO_2 + H^+ + e^- \qquad (10.15)$$

上述反应式中，括号内的物质表示所涉及分子团是否对机理有参与及贡献还不能确定。可以将该机制概括为氧化机理的四个关键步骤：

1. 甲醇在阳极催化剂上的物理吸附，目前铂被选用作为催化剂，是因为所用的膜电解质本质上是酸，贵金属（如铂）对于在所涉及的低工作温度下甲醇的氧化是必不可少的。该步骤由式（10.7）表示；

2. 式（10.8）~式（10.11）所示为甲醇的氧化吸附，其中电荷转移反应依次发生。在氧化过程的最后，一氧化碳正好在铂催化剂表面形成，如式（10.11）所示。因此，铂的催化能力将被削弱，如第 7 章中所述。实际上，杂质和更严重的反应中间体（如 CO， - COH 和 - CHO）都可能使铂催化能力减弱。作为一种补救措施，铂合金如 Pt - Ru 用作 DMFC 中阳极电催化剂，以提高耐 CO 性能；

3. 水的活化通常是在 Pt - Ru 催化剂中其他合金金属（如钌）上，如式（10.12）和式（10.13）所示；

4. 吸附的一氧化碳在铂催化剂表面上的表面氧化。

步骤 2 对合金的配体或电子效应敏感。步骤 2 和步骤 3 通常被称为双功能机理，即在步骤 2 和步骤 3 中描述了甲醇氧化吸附和水活化以进行甲醇氧化。

在铂表面，甲醇氧化在极高的阳极电位下发生，约 0.5 V（相对于参比氢电极）开始，并在约 0.6 V 时显著。这与 0.046 V 可逆阳极电位形成鲜明对比，并且对于典型氢气 PEM 燃料电池，电位为 0.1 V 或更低。水活化始终是铂表面上的限速步骤。DMFC 中显著的阳极过电位表明，铂对甲醇的直接氧化没有足够的催化活性。研究人员仍在寻找更好和更具活性、更耐受 CO 的甲醇氧化催化剂，以期能显著降低阳极过电位。

过去大量的研究表明，铂合金是甲醇氧化唯一有希望的催化剂，在所研究的二元、三元和四元铂合金中，铂 - 钌（Pt - Ru）合金是最好的催化剂（意味着活性最高），比铂单质更好。在 Pt - Ru 表面，甲醇氧化发生在约 0.25 V 处，并在约 0.3 V 处变得显著，远低铂表面上的氧化。Pt - Ru 表面限速过程主要是 C - H 活化，因为合金催化剂成功解决了水活化问题。但与氢 PEM 燃料电池中的阳极电位相比，Pt - Ru 催化剂对于甲醇氧化仍然没有足够的活性。因此，DMFC 的催化剂负载量（约 2 mg/cm²）远高于氢气

PEM 燃料电池中的相应负载量（约 0.2 mg/cm²）。催化剂负载量几乎提高了 10 倍，这有利于阳极中燃料的完全消耗，从而降低穿透至阴极侧的甲醇燃料。

总而言之，尽管使用了高催化剂负载量，但在 DMFCs 中阳极过电位仍然很重要，因为这体现了重要的能量损失机理。

10.7.2 甲醇渗透

如图 10.3 所示，多种原因都可能会导致甲醇穿透，这可能是影响 DMFC 性能和寿命最严重的问题。甲醇穿透降低了燃料的利用率（从而降低了燃料效率），阴极上穿透的甲醇与氧气反应为

$$CH_3OH + \frac{3}{2}O_2 \longrightarrow CO_2 + 2H_2O \qquad (10.16)$$

这将降低阴极上可用于电还原反应的氧浓度（因此，增加了对氧气的需求），并且反应热还引起膜局部加热和阴极催化剂的老化。由于高阴极电位，一部分穿透甲醇在催化剂表面被电氧化，从而产生混合电极电位，显著地降低了阴极电位。

经常通过两种不同的方法测量由于穿透反应而造成甲醇损失的影响。第一个也是最简单的方法是用甲醇穿透量与供应给电解池总甲醇的比例 U_{cr} 表示甲醇穿透量。该比率表示由于穿透现象而损失的供应给电池的甲醇部分。因此，甲醇的有效利用率降低至

$$U_{t,\text{eff}} = 1 - U_{cr} \qquad (10.17)$$

将这种有效利用率用于根据第 2 章中给出的电池或电池组的总自由能转换效率来计算总燃料效率。这种方法是实际中工程师最常使用的方法。对于典型 DMFC，$U_{cr} = 20\%$，因此有效甲醇利用率为 80%。

另一种替代方法是根据电流的等效损耗或简称为交叉电流 I_{cr} 转换甲醇穿透的量。该电流 I_{cr} 等于当在阳极处适当消耗穿透甲醇时所产生的电流。考虑第 2 章中的定义，我们可以将 DMFC 的当前效率写为

$$\eta_I = \frac{I}{I + I_{cr}} \qquad (10.18)$$

I 是电池中产生的实际电流。这种方法是电化学学者最常使用的方法。DMFC $\eta_I = 80\%$。

对于给定 DMFC，甲醇的转化率可以表示为电池电流 I 和提供给电池的甲醇浓度 C_0 的函数。考虑一个 DMFC 在阳极和阴极侧都以相同的压力运行，因此甲醇穿透的主要机理是稳态条件下甲醇的扩散和电渗阻抗，如图 10.4 所示。

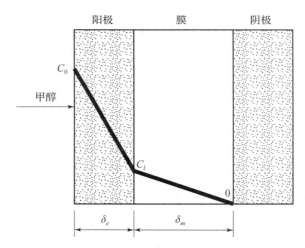

图 10.4 运行中的 DMFC 中阳极和膜电解质中甲醇浓度分布的示意图

在厚度为 δ_e 阳极电极和厚度为 δ_m 膜中，甲醇浓度线性降低。斜率的差异代表了这样一个事实，即由于电极 – 膜界面处的甲醇反应，甲醇通过电极扩散程度比通过膜的扩散程度大。换句话说，我们可以说甲醇流过电极的速率等于电流产生时电极 – 膜界面的甲醇反应速率和甲醇穿透速率，或者

$$nF\dot{N} = 1 + I_{cr} \tag{10.19}$$

式中，n 是 1 mol 在阳极反应的甲醇产生的摩尔电子数，如式（10.4）所示等于 6，F 是法拉第常数。

由于浓度梯度引起的扩散是电极中的主要机理，得到

$$\dot{N} = AD_e \frac{C_0 - C_I}{\delta_e} \tag{10.20}$$

式中，A 是电极活性区域，D_e 是阳极电极结构中的有效扩散系数，阳极电极 – 膜界面处的甲醇浓度表示为 C_I。另外，由于甲醇在阴极侧的快速氧化反应，阴极电极 – 膜界面处的甲醇浓度可以设为零。在膜中，甲醇的穿透是由扩散和电渗阻抗效应引起的，我们可以写为

$$I_{cr} = nFAD_m \frac{C_I}{\delta_m} + I\xi \frac{C_I}{C_T - C_I} \tag{10.21}$$

式中，D_m 是膜中的有效扩散系数，ξ 是水的电渗系数，C_T 是甲醇和水的总浓度。

将式（10.20）和式（10.21）代入式（10.19），并将涉及 C_I 的项组合，得出

$$nFAD_e \frac{C_0}{\delta_e} = I + nFAD_m \frac{C_I}{\delta_m} \left(1 + \frac{D_e}{D_m} \frac{\delta_m}{\delta_e}\right) + I\xi \frac{C_I}{C_T - C_I} \tag{10.22}$$

现在表示为

$$k = \frac{D_e}{D_m} \frac{\delta_m}{\delta_e}$$

将等式两边除以（1 + k），我们得到了穿透电流，考虑式（10.21），有

$$I_{cr} = nFAD_e \frac{C_0}{\delta_e}\left(\frac{1}{1+k}\right) - I\left(\frac{1}{1+k}\right)\left(1 - k\xi \frac{C_I}{C_T - C_I}\right) \quad (10.23)$$

式（10.23）表明，对于给定工作条件，如果 k 值很小，则表明甲醇穿透的扩散程度很大，甲醇穿透的速率随电池电流（或电流密度）的增加而降低。这是因为随着电流的增加，阳极电极 – 膜界面上甲醇的浓度 C_I 降低，从而导致跨膜的跨膜浓度差变小。另外，如果 k 值较大，则表明电渗阻力在甲醇穿透反应中占主导地位，则穿透率随电池电流的增加而增加。

对于给定的 DMFC 设计，k 值是固定的。现在，如果提供给电池的甲醇浓度 C_0 较低，相应的 C_I 也将变小，以使式（10.23）中的 I 系数为负，表明甲醇穿透速率将随着电池电流的增加而降低。另外，如果甲醇浓度 C_0 高，则 C_I 也将变大。式（10.23）中 I 系数变为正值，以使甲醇穿透电流随电池电流的增加而增加。如图 10.5 所示，已通过实验测量了甲醇穿透速率对电池电流密度的依赖性。通过研究确定，对于作为电解质的 Nafion 117 膜，甲醇进料浓度 C_0 应小于 1 M，相当于水溶液中甲醇重量的 3%，以使甲醇穿透的影响最小化。但即使在如此低的浓度下，甲醇的穿透率仍可观，约为 20%。

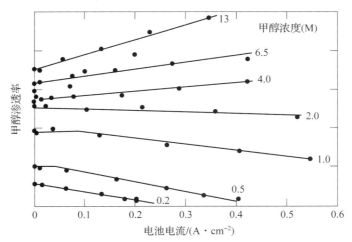

图 10.5　使用 Nafion（全氟磺酸）膜的 PEM DMFC 的甲醇穿透速率对电池电流密度和阳极进料流中甲醇浓度的依赖性[4]

因此，影响甲醇穿透的原因之一是限制进料流中甲醇浓度，加剧了阳极过电势。如前一节所述，活化过电势是对于 DMFC 阳极而言非常重要的一个参数，由于进料速率受限，低甲醇进料浓度会显著增加阳极过电势。

10.7.3　阴极反应

PEM DMFC 中阴极反应已由式（10.5）表示，氧气电还原与氢气 PEM 燃料电池相同。所以使用与 PEM 燃料电池或其他酸性电解质燃料电池相同的铂催化剂。氧还原动力学非常慢，因此，阴极过电位很大。实际上，如前所述的甲醇穿透现象，比 PEM 燃料电池中阴极过电位严重得多。目前以负载或未负载存在的铂催化剂活性都十分欠佳，因此人们正在努力开发或寻找更多阴极活性催化剂，或者不氧化穿透的那一部分甲醇以避免产生混合电位的催化剂。

因此，DMFC 阴极布置基本上与 PEM 燃料电池阴极布置相同。唯一不同的是阴极氧气流不需要加湿，因为阳极进料是甲醇–液态水的混合物，为维持膜的湿润状态提供足够的水。

10.8　未来研发

在直接甲醇燃料电池中，人们的研究活动不断增强，并取得了重大进展[5-13]。从根本上看，直接甲醇燃料电池的主要关注点是：

1. 改进膜电解质，以减少甲醇的渗透，同时又不降低其他性能参数（例如膜电导率）；

2. 快速的阳极动力学，以减少阳极过电位。这通常是针对开发或寻找更好（活性更高）的阳极催化剂以实现快速的甲醇反应和对 CO 的耐受性。

3. 快速的阴极动力学，以减少阴极过电位。这也旨在开发或寻找更好（活性更高）的阴极催化剂，以实现快速的氧还原反应和甲醇耐受性。

从实际系统的角度来看，阳极反应部位和阳极废气流中除去二氧化碳是十分必要的。从反应部位冒出的二氧化碳气体会阻止甲醇进料到反应部位，特别是在高电流密度工况下，还会从阳极废气流中带走甲醇蒸气，这将产生大量燃料浪费，并且可能引起安全隐患。一个重要的工程问题是双极板，包括材料选择（例如避开石墨）、制造工艺和流道设计等。尽管 DMFCs 确实有自己独特的功能和要求，但从许多方面来看，其问题与 PEM 燃料电池的问题相似。

10.9　总结

本章介绍了用于便携式和移动应用的甲醇燃料电池的优势，因为甲醇作为燃料的体积能量密度很高。本章研究了间接甲醇燃料电池和直接甲醇燃料电池的优缺点并比较。本章介绍了直接甲醇燃料电池的优势，过去已尝试或测试过的各种类型直接甲醇燃料电池，及如今 DMFC 的研究热点（PEM DM-FC）。本章强调了蒸气进料和液体进料 PEM DMFCs 的区别和相似之处。将注意力集中在液体进料 PEM DMFC 及其主要性能限制上，即阳极和阴极动力学缓慢以及甲醇穿透。这些问题是当前和未来研发的主要方向。认识到直接甲醇燃料电池仍处于开发初期，要使其进入商业阶段，还需要更多的技术进步和工程上的努力。

10.10　习题

1　简要说明与氢 PEM 燃料电池相比，甲醇燃料电池的优缺点及应用领域。

2　描述与氢相比，使用甲醇作为燃料电池燃料的优缺点。

3　描述直接和间接甲醇燃料电池，并比较它们的优缺点。

4　描述各种类型直接甲醇燃料电池及其优缺点。

5　描述使用聚合物膜电解质直接甲醇燃料电池的工作原理，例如半电池和全电池反应。

6　描述以蒸气或液体形式进料甲醇 PEM 直接甲醇燃料电池的优缺点。

7　确定液体进料 PEM 直接甲醇燃料电池的主要性能限制因素。

8　描述 PEM DMFC 中甲醇的电氧化动力学，所需的阳极催化剂类型及阳极过大电位的原因。

9　确定 PEM 直接甲醇燃料电池中甲醇从阳极侧穿透到阴极侧的机理。

10　描述设计和工况条件对甲醇穿透速率的影响。在液体进料的 PEM 直接甲醇燃料电池中，为什么将甲醇进料的浓度限制在一个较低的值？

11　识别并描述与甲醇穿透相关的主要问题。

12　描述两种表示甲醇穿透作用的方法。

13　描述阴极反应，所用阴极催化剂的类型，以及阴极过大电位的原因。

14　概述 PEM 直接甲醇燃料电池当前和未来发展的主要方向。

参　考　文　献

[1] Chan, S. H., O. L. Ding and D. L. Hoang. 2004. A thermodynamic view of partial oxidation, steam reforming and autothermal reforming on methane. Int. J. Green Energy, 1: 265 – 278.

[2] Larminie, J. and A. Dicks. 2003. Fuel Cell Systems Explained, 2nd ed.,

New York: Wiley.

[3] Aceves, S. M. and G. D. Berry. 1998. Thermodynamics of insulated pressure vessels for vehicular hydrogen storage. J. Energy Res. Tech. , 120: 137 – 142.

[4] Ren, X. , T. A. Zawodzinski, F. Uribe, H. Dai and S. Gottesfeld. 1995. In Proton Conducting Membrane Fuel Cells I, eds. S. Gottesfeld, G. Halpert and A. Landgrebe, The Electrochemical Society, Pennington, NJ: 284.

[5] Scott, K. , W. M. Taama and P. Argyropolous. 1998. Engineering aspects of the direct methanol fuel cell. J. Pow. Sour. , 79: 43 – 59.

[6] Scott, K. , W. M. Taama and P. Argyropoulos. 1998. Material aspects of the liquid feed direct methanol fuel cell. J. App. Electrochem. , 28: 1389 – 1397.

[7] Sun, Q. , et al. 1998. Iron (III) tetramethoxyphenylporphyrin (FeTMPP) as methanol tolerant electrocatalyst for oxygen reduction in direct methanol fuel cells. J. App. Electrochem. , 28: 1087 – 1093.

[8] Heinzel, A. and B. M. Barragan. 1999. A review of the state of the art of methanol crossover. J. Pow. Sour. , 84: 70 – 74.

[9] McNicol, B. D. , D. A. J. Rand and K. R. Willaims. 1999. Direct Methanol – Air Fuel Cells for Road Applications. J. Pow. Sour. , 83: 15 – 31.

[10] Argyropoulos, P. , K. Scott and W. M. Taama. 2000. The effect of operating conditions on the dynamic response of the direct methanol fuel cell. Electrochimica Acta, 45: 1983 – 1998.

[11] Carretta, N. , Tricoli, V. and F. Picchioni. 2000. Ionermeric membranes based on partially sulfonated poly (styrene): Synthesis, proton conduction and methanol permeation. J. Membrane Sci. , 166: 189 – 197.

[12] Andrian, S. V. and J. Meusinger. 2000. Process analysis of liquid – feed direct methanol fuel cell. J. Pow. Sour. , 91: 193 – 201.

[13] Ren, X. , P. Zelanay, S. Thomas, J. Davey and S. Gottesfeld. 2000. Recent advances in direct methanol fuel cells at Los Alamos National Laboratory. J. Pow. Sour. , 86: 111 – 116.

附　录

附录一　饱和水的性质

表 1.1　特定温度下饱和水的性质

$t/℃$	P/kPa	$h_{fg}/(\text{kJ} \cdot \text{kg}^{-1})$
5	0.872 1	2 489.5
10	1.228	2 477.7
15	1.705	2 465.9
20	2.338	2 454.2
25	3.169	2 442.3
30	4.246	2 430.4
35	5.628	2 418.6
40	7.383	2 406.8
45	9.593	2 394.8
50	12.35	2 382.8
55	15.76	2 370.7
60	19.94	2 358.5
65	25.03	2 346.2
70	31.39	2 333.8
75	38.58	2 321.4
80	47.39	2 308.8
85	57.83	2 296.0

$t/℃$	P/kPa	$h_{\mathrm{fg}}/(\mathrm{kJ \cdot kg}^{-1})$
90	70. 13	2 283. 2
95	84. 55	2 270. 2
100	101. 3	2 257. 0
110	143. 3	2 230. 2
120	198. 5	2 202. 6
130	270. 1	2 174. 2

式（1.1）用于确定水的饱和蒸气压，取自国际水和水蒸气性质协会提供的 1997 年工业用计算模型（简称 IAPWS – IF97）。

$$\frac{P_{\mathrm{sat}}}{P^*} = \left[\frac{2C}{-B + (B^2 - 4AC)^{1/2}}\right]^4 \tag{1.1}$$

其中

$$A = \theta^2 + n_1\theta + n_2$$
$$B = n_3\theta^2 + n_4\theta + n_5$$
$$C = n_6\theta^2 + n_7\theta + n_8$$
$$\theta = \frac{T_{\mathrm{sat}}}{T^*} + \frac{n_9}{(T_{\mathrm{sat}}/T^*) - n_{10}}$$

饱和温度 T_{sat} 的单位为 K，表 1.2 所示为系数 n_1 至 n_{10}，其有效范围为 273.15 K $\leqslant T \leqslant$ 647.096 K，准确度 $\pm 0.025\%$。当温度低于 100 ℃时，精度进一步提高。已知饱和压力，则饱和温度可确定为

$$\frac{T_{\mathrm{sat}}}{T^*} = \frac{n_{10} + D - [(n_{10} + D)^2 - 4(n_9 + n_{10}D)]^{1/2}}{2} \tag{1.2}$$

其中

$$D = \frac{2G}{-F - (F^2 - 4EG)^{1/2}}$$
$$E = \beta^2 + n_3\beta + n_6$$
$$F = n_1\beta^2 + n_4\beta + n_7$$
$$G = n_2\beta^2 + n_5\beta + n_8$$

其中

$$\beta = (P_{\mathrm{sat}}/P^*)^{1/4}$$

表1.2　式（1.1）和（1.2）中的系数

i	n_i	i	n_i
1	0. 116 705 214 527 67 $\times 10^4$	6	0. 149 151 086 135 30 $\times 10^2$
2	$-0.$ 724 213 167 032 06 $\times 10^6$	7	$-0.$ 482 326 573 615 91 $\times 10^4$
3	$-0.$ 170 738 469 400 92 $\times 10^2$	8	0. 405 113 405 420 57 $\times 10^6$
4	0. 120 208 247 024 70 $\times 10^5$	9	0. 238 555 575 678 49
5	0. 323 255 503 223 33 $\times 10^7$	10	0. 650 175 348 447 98 $\times 10^3$

表 1.2 给出了系数 n_i。式（1.2）的有效范围为 611.213 Pa $\leqslant P \leqslant$ 22.064 MPa，关联式的精度同式（1.1）。因此，饱和蒸气压和温度的关联式适用于从正常冰点（1 atm）到临界点的整个水液态饱和度曲线范围。

其他更简单的关联式也可用。例如式（1.3）很好地关联了水的饱和蒸气压与温度的函数关系，摘自 J. M. Prausnitz, R. C. Reid, and T. K. Sherwood, 1997. The Properties of Gases and Liquids—3, New York：McGraw – Hill.

$$\ln P_{\text{sat}} = -34.625 + 0.258T - 4.841\ 9 \times 10^{-4}T^2 + 3.328\ 2 \times 10^{-7}T^3$$

$$(1.3)$$

式中，T 的单位为 K，P_{sat} 的单位为 Pa。

附录二　特定物质在 25 ℃和 1 atm 时的生成焓、吉布斯函数和绝对熵

物质	化学式	h_f/ $[J \cdot (mol \cdot K)^{-1}]$	g_f/ $[J \cdot (mol \cdot K)^{-1}]$	s/ $[J \cdot (mol \cdot K)^{-1}]$
碳	C(s)	0	0	5.74
氢气	$H_2(g)$	0	0	130.68
氮气	$N_2(g)$	0	0	191.61
氧气	$O_2(g)$	0	0	205.14
一氧化碳	$CO(g)$	−110 530	−137 150	197.65
二氧化碳	$CO_2(g)$	−393 522	−394 360	213.80
水蒸气	$H_2O(g)$	−241 826	−228 590	188.83
液态水	$H_2O(a)$	−285 826	−237 180	69.92
过氧化氢	$H_2O_2(g)$	−136 310	−105 600	232.63
氨气	$NH_3(g)$	−46 190	−16 590	192.33
甲烷	$CH_4(g)$	−74 850	−50 790	186.16
乙炔	$C_2H_2(g)$	+226 730	+209 170	200.85
乙烯	$C_2H_4(g)$	+52 280	+68 120	219.83
乙烷	$C_2H_6(g)$	−84 680	−32 890	229.49
丙烯	$C_3H_6(g)$	+20 410	+62 720	266.94
丙烷	$C_3H_8(g)$	−130 850	−23 490	269.91
正丁烷	$C_4H_{10}(g)$	−126 150	−15 710	310.12
正辛烷(气态)	$C_8H_{18}(g)$	−208 450	+16 530	466.73
正辛烷(液态)	$C_8H_{18}(l)$	−249 950	+6 610	360.79
正十二烷	$C_{12}H_{26}(g)$	−291 010	+50 150	622.83
苯	$C_6H_6(g)$	+82 930	+129 660	269.20
甲醇(气态)	$CH_3OH(g)$	−200 670	−162 000	239.70

物质	化学式	$h_f/$ $[J \cdot (mol \cdot K)^{-1}]$	$g_f/$ $[J \cdot (mol \cdot K)^{-1}]$	$s/$ $[J \cdot (mol \cdot K)^{-1}]$
甲醇(液态)	$CH_3OH(l)$	$-238\ 660$	$-166\ 360$	126.80
乙醇(气态)	$C_2H_5OH(g)$	$-235\ 310$	$-168\ 570$	282.59
乙醇(液态)	$C_2H_5OH(l)$	$-277\ 690$	$-174\ 890$	160.70
氧原子	$O(g)$	$+249\ 170$	$+231\ 770$	161.06
氢原子	$H(g)$	$+217\ 999$	$+203\ 290$	114.72
氮原子	$N(g)$	$+472\ 680$	$+455\ 510$	153.30
羟基	$OH(g)$	$+38\ 987$	$+34\ 280$	183.70

摘自 W. Z. Black and J. G. Hartley, 1991. Thermodynamics—2, New York：HarperCollins.

附录三　特定物质在300 K 下理想气体
恒压比热、分子量和气体常数

气体	化学式	摩尔质量/ （kg·kmol^{-1}）	气体常数/ [kJ·(kg·K)$^{-1}$]	比热/ [kJ·(kg·K)$^{-1}$]
空气	—	28.97	0.287 0	1.005
氩气	Ar	39.948	0.208 1	0.520 3
丁烷	C_4H_{10}	58.124	0.1433	1.716 4
二氧化碳	CO_2	44.01	0.188 9	0.846
一氧化碳	CO	28.011	0.296 8	1.040
乙烷	C_2H_6	30.070	0.276 5	1.766 2
乙烯	C_2H_4	28.054	0.296 4	1.548 2
氦气	He	4.003	2.076 9	5.192 6
氢气	H_2	2.016	4.124 0	14.307
甲烷	CH_4	16.043	0.518 2	2.253 7
氖气	Ne	20.183	0.411 9	1.029 9
氮气	N_2	28.013	0.296 8	1.039
辛烷	C_8H_{18}	114.230	0.0729	1.711 3
氧气	O_2	31.999	0.259 8	0.918
丙烷	C_3H_8	44.097	0.188 5	1.679 4
蒸气	H_2O	18.015	0.461 5	1.872 3

摘自 Y. A. Cengel, 1997. Introduction to Thermodynamics and Heat Transfer, New York: McGraw - Hill.

附录四　不同温度下理想气体恒压比热

T/K	空气/ $[kJ \cdot (kg \cdot K)^{-1}]$	$CO_2/$ $[kJ \cdot (kg \cdot K)^{-1}]$	$CO/$ $[kJ \cdot (kg \cdot K)^{-1}]$	$H_2/$ $[kJ \cdot (kg \cdot K)^{-1}]$	$N_2/$ $[kJ \cdot (kg \cdot K)^{-1}]$	$O_2/$ $[kJ \cdot (kg \cdot K)^{-1}]$	$H_2O(g)$[①]$/$ $[kJ \cdot (kmol \cdot K)^{-1}]$
250	1.003	0.791	1.039	14.051	1.039	0.913	33.324
300	1.005	0.846	1.040	14.307	1.039	0.918	33.669
350	1.008	0.895	1.043	14.427	1.041	0.928	34.051
400	1.013	0.939	1.047	14.476	1.044	0.941	34.467
450	1.020	0.978	1.054	14.501	1.049	0.956	34.914
500	1.029	1.014	1.063	14.513	1.056	0.972	35.390
550	1.040	1.046	1.075	14.530	1.065	0.988	35.891
600	1.051	1.075	1.087	14.546	1.075	1.003	36.415
650	1.063	1.102	1.100	14.571	1.086	1.017	36.960
700	1.075	1.126	1.113	14.604	1.098	1.031	37.523
750	1.087	1.148	1.126	14.645	1.110	1.043	38.100
800	1.099	1.169	1.139	14.695	1.121	1.054	38.690
900	1.121	1.204	1.163	14.822	1.145	1.074	39.895
1 000	1.142	1.234	1.185	14.983	1.167	1.090	41.118

摘自 Y. A. Cengel, 1997. Introduction to Thermodynamics and Heat Transfer, New York: McGraw – Hill.

①按附录五中给出的三阶多项式拟合计算。

附录五 理想气体恒压比热随温度
变化的三次多项式拟合

$$c_P = a + bT + cT^2 + dT^3$$

式中，T 的单位为 K，c_P 的单位为 kJ/(kmol·K)。

物质	化学式	a	b ($\times 10^{-2}$)	c ($\times 10^{-5}$)	d ($\times 10^{-9}$)	温度范围	误差	
							最大	平均
氮气	N_2	28.90	$-0.157\ 1$	0.808 1	-2.873	273~1 800	0.59	0.34
氧气	O_2	25.48	1.520	-0.7155	1.312	273~1 800	1.19	0.28
空气		28.11	0.196 7	0.480 2	-1.966	273~1 800	0.72	0.33
氢气	H_2	29.11	$-0.191\ 6$	0.400 3	$-0.870\ 4$	273~1 800	1.01	0.26
一氧化碳	CO	28.16	0.167 5	0.537 2	-2.222	273~1 800	0.89	0.37
二氧化碳	CO_2	22.26	5.981	-3.501	7.469	273~1 800	0.67	0.22
水蒸气	$H_2O(g)$	32.24	0.1923	1.055	-3.595	273~1 800	0.53	0.24

摘自 Y. A. Cengel, 1997. Introduction to Thermodynamics and Heat Transfer, New York: McGraw – Hill, p. 845, Table A – 2 (c).

附录六　饱和液态水的恒压比热

温度/℃	比热/[kJ·(kg·K)$^{-1}$]
0	4.217 8
20	4.181 8
40	4.178 4
60	4.184 3
80	4.196 4
100	4.216 1
120	4.250
140	4.283
160	4.342
180	4.417

摘自 W. C. Reynolds and H. C. Perkins, 1977. Engineering Thermodynamics, New York: McGraw – Hill, p. 661, Table C. 3.

附录七　CO、CO₂、H₂、H₂O（g）、N₂、O₂ 的理想气体性质

恒压比热：c_p；

显焓：$h(T) - h_f(T_{ref} = 298 \text{ K})$；

标准摩尔生成焓：$h_f(T)$；

标准摩尔熵：$s(T)$；

标准摩尔生成吉布斯函数：$g_f(T)$。

理想气体的性质是在 1atm 下评估的。化合物的生成焓和生成吉布斯函数由元素物质计算为

$$h_{f,i}(T) = h_i(T) = \sum_{j \text{ elements}} \nu'_j h_j(T)$$

$$g_{f,i}(T) = g_i(T) = \sum_{j \text{ elements}} \nu'_j g_j(T)$$

$$= h_{f,i}(T) - Ts_i(T) - \sum_{j \text{ elements}} \nu'_j [-Ts_j(T)]$$

表 7.1 ～ 表 7.6 是根据 R. J. Kee, F. M. Rupley and J. A. Miller, 1991. "The Chemkin Thermodynamic Data Base," Sandia Report, SAND87 – 8215B, March 中给出的曲线拟合系数生成的，改编自 S. R. Turns, 2000. An Introduction to Combustion, Concepts and Applications—2. New York：McGraw – Hill。

注：表 7.1 ～ 表 7.6 中列出的特性如下。

T 的单位为 K；c_p 的单位为 kJ/kmol·K；$[h(T) - h_f(298)]$ 的单位为 kJ/kmol；$h_f(T)$ 的单位为 kJ/kmol；$s(T)$ 的单位为 kJ/kmol·K；$g_f(T)$ 的单位为 kJ/kmol。

表 7.1　$\Delta_f H_m^{\ominus}$（CO, 298 K）= $-110\ 541$（kJ/mol）

T/K	$c_p/$ [kJ·(kmol·K)$^{-1}$]	$[h(T) - h_f(298)]/$ (kJ·kmol^{-1})	$h_f(T)/$ (kJ·kmol^{-1})	$s(T)/$ [kJ·(kmol·K)$^{-1}$]	$g_f(T)/$ (kJ·kmol^{-1})
200	28.687	$-2\ 835$	$-111\ 308$	186.018	$-128\ 532$
298	29.072	0	$-110\ 541$	197.548	$-137\ 163$
300	29.078	54	$-110\ 530$	197.728	$-137\ 328$
400	29.433	2\ 979	$-110\ 121$	206.141	$-146\ 332$
500	29.857	5\ 943	$-110\ 017$	212.752	$-155\ 403$

续表

T/K	$c_p/$ $[kJ \cdot (kmol \cdot K)^{-1}]$	$[h(T)-h_f(298)]/$ $(kJ \cdot kmol^{-1})$	$h_f(T)/$ $(kJ \cdot kmol^{-1})$	$s(T)/$ $[kJ \cdot (kmol \cdot K)^{-1}]$	$g_f(T)/$ $(kJ \cdot kmol^{-1})$
600	30. 407	8 955	− 110 156	218. 242	− 164 470
700	31. 089	12 029	− 110 477	222. 979	− 173 499
800	31. 860	15 176	− 110 924	227. 180	− 182 473
900	32. 629	18 401	− 111 450	230. 978	− 191 386
1 000	33. 255	21 697	− 112 022	234. 450	− 200 238
1 100	33. 725	25 046	− 112 619	237. 642	− 209 030
1 200	34. 148	28 440	− 113 240	240. 595	− 217 768
1 300	34. 530	31 874	− 113 881	243. 344	− 226 453
1 400	34. 872	35 345	− 114 543	245. 915	− 235 087
1 500	35. 178	38 847	− 115 225	248. 332	− 243 674
1 600	35. 451	42 379	− 115 925	250. 611	− 252 214
1 700	35. 694	45 937	− 116 644	252. 768	− 260 711
1 800	35. 910	49 517	− 117 380	254. 814	− 269 164
1 900	36. 101	53 118	− 118 132	256. 761	− 277 576
2 000	36. 271	56 737	− 118 902	258. 617	− 285 948
2 100	36. 421	60 371	− 119 687	260. 391	− 294 281
2 200	36. 553	64 020	− 120 488	262. 088	− 302 576
2 300	36. 670	67 682	− 121 305	263. 715	− 310 835
2 400	36. 774	71 354	− 122 137	265. 278	− 319 057
2 500	36. 867	75 036	− 122 984	266. 781	− 327 245
2 600	36. 950	78 727	− 123 847	268. 229	− 335 399
2 700	37. 025	82 426	− 124 724	269. 625	− 343 519
2 800	37. 093	86 132	− 125 616	270. 973	− 351 606
2 900	37. 155	89 844	− 126 523	272. 275	− 359 661
3 000	37. 213	93 562	− 127 446	273. 536	− 367 684
3 100	37. 268	97 287	− 128 383	274. 757	− 375 677

T/K	$c_p/$ [kJ·(kmol·K)$^{-1}$]	$[h(T)-h_f(298)]/$ (kJ·kmol^{-1})	$h_f(T)/$ (kJ·kmol^{-1})	$s(T)/$ [kJ·(kmol·K)$^{-1}$]	$g_f(T)/$ (kJ·kmol^{-1})
3 200	37.321	101 016	−129 335	275.941	−383 639
3 300	37.372	104 751	−130 303	277.090	−391 571
3 400	37.422	108 490	−131 285	278.207	−399 474
3 500	37.471	112 235	−132 283	279.292	−407 347
3 600	37.521	115 985	−133 295	280.349	−415 192
3 700	37.570	119 739	−134 323	281.377	−423 008
3 800	37.619	123 499	−135 366	282.380	−430 796
3 900	37.667	127 263	−136 424	283.358	−438 557
4 000	37.716	131 032	−137 497	284.312	−446 291
4 100	37.764	134 806	−138 585	285.244	−453 997
4 200	37.810	138 585	−139 687	286.154	−461 677
4 300	37.855	142 368	−140 804	287.045	−469 330
4 400	37.897	146 156	−141 935	287.915	−476 957
4 500	37.936	149 948	−143 079	288.768	−484 558
4 600	37.970	153 743	−144 236	289.602	−492 134
4 700	37.998	157 541	−145 407	290.419	−499 684

表 7.2　$\Delta_f H_m^{\ominus}(CO_2, 298\ K) = -393\ 546(kJ/mol)$

T/K	$c_p/$ [kJ·(kmol·K)$^{-1}$]	$[h(T)-h_f(298)]/$ (kJ·kmol^{-1})	$h_f(T)/$ (kJ·kmol^{-1})	$s(T)/$ [kJ·(kmol·K)$^{-1}$]	$g_f(T)/$ (kJ·kmol^{-1})
200	32.387	−3 423	−393 483	199.876	−394 126
298	37.198	0	−393 546	213.736	−394 428
300	37.280	69	−393 547	213.966	−394 433
400	41.276	4 003	−393 617	225.257	−394 718

续表

T/K	$c_p/$ [kJ·(kmol·K)$^{-1}$]	$[h(T)-h_f(298)]/$ (kJ·kmol^{-1})	$h_f(T)/$ (kJ·kmol^{-1})	$s(T)/$ [kJ·(kmol·K)$^{-1}$]	$g_f(T)/$ (kJ·kmol^{-1})
500	44.569	8 301	−393 712	234.833	−394 983
600	47.313	12 899	−393 844	243.209	−395 226
700	49.617	17 749	−394 013	250.680	−395 443
800	51.550	22 810	−394 213	257.436	−395 635
900	53.136	28 047	−394 433	263 603	−395 799
1 000	54.360	33 425	−394 659	269.268	−395 939
1 100	55.333	38 911	−394 875	274.495	−396 056
1 200	56.205	44 488	−395 083	279.348	−396 155
1 300	56.984	50 149	−395 287	283.878	−396 236
1 400	57.677	55 882	−395 488	288.127	−396 301
1 500	58.292	61 681	−395 691	292.128	−396 352
1 600	58.836	67 538	−395 897	295.908	−396 389
1 700	59.316	73 446	−396 110	299.489	−396 414
1 800	59.738	79 399	−396 332	302.892	−396 425
1 900	60.108	85 392	−396 564	306.132	−396 424
2 000	60.433	91 420	−396 808	309.223	−396 410
2 100	60.717	97 477	−397 065	312.179	−396 384
2 200	60.966	103 562	−397 338	315.009	−396 346
2 300	61.185	109 670	−397 626	317.724	−396 294
2 400	61.378	115 798	−397 931	320.333	−396 230
2 500	61.548	121 944	−398 253	322.842	−396 152
2 600	61.701	128 107	−398 594	325.259	−396 061
2 700	61.839	134 284	−398 952	327.590	−395 957
2 800	61.965	140 474	−399 329	329.841	−395 840
2 900	62.083	146 677	−399 725	332.018	−395 708

T/K	$c_p/$ [kJ·(kmol· K)$^{-1}$]	$[h(T)-h_f(298)]/$ (kJ·kmol^{-1})	$h_f(T)/$ (kJ·kmol^{-1})	$s(T)/$ [kJ·(kmol· K)$^{-1}$]	$g_f(T)/$ (kJ·kmol^{-1})
3 000	62. 194	152 891	− 400 140	334. 124	− 395 562
3 100	62. 301	159 116	− 400 573	336. 165	− 395 403
3 200	62. 406	165 351	− 401 025	338. 145	− 395 229
3 300	62. 510	171 597	− 401 495	340. 067	− 395 041
3 400	62. 614	177 853	− 401 983	341. 935	− 394 838
3 500	62. 718	184 120	− 402 489	343. 751	− 394 620
3 600	62. 825	190 397	− 403 013	345. 519	− 394 388
3 700	62. 932	196 685	− 403 553	347. 242	− 394 141
3 800	63. 041	202 983	− 404 110	348. 922	− 393 879
3 900	63. 151	209 293	− 404 684	350. 561	− 393 602
4 000	63. 261	215 613	− 405 273	353. 161	− 393 311
4 100	63. 369	221 945	− 405 878	353. 725	− 393 004
4 200	63. 474	228 287	− 406 499	355. 253	− 392 683
4 300	63. 575	234 640	− 407 135	356. 748	− 392 346
4 400	63. 669	241 002	− 407 785	358. 210	− 391 995
4 500	63. 753	247 373	− 408 451	359. 642	− 391 629
4 600	63. 825	253 752	− 409 132	361. 044	− 391 247
4 700	63. 881	260 138	− 409 828	362. 417	− 390 851

表 7. 3　$\Delta_f H_m^{\ominus}(H_2, 298\ K) = 0(kJ/mol)$

T/K	$c_p/$ [kJ·(kmol· K)$^{-1}$]	$[h(T)-h_f(298)]/$ (kJ·kmol^{-1})	$h_f(T)/$ (kJ·kmol^{-1})	$s(T)/$ [kJ·(kmol· K)$^{-1}$]	$g_f(T)/$ (kJ·kmol^{-1})
200	28. 522	− 2 818	0	119. 137	0
298	28. 871	0	0	130. 595	0

T/K	$c_p/$ [kJ · (kmol · K)$^{-1}$]	$[h(T)-h_f(298)]/$ (kJ · kmol^{-1})	$h_f(T)/$ (kJ · kmol^{-1})	$s(T)/$ [kJ · (kmol · K)$^{-1}$]	$g_f(T)/$ (kJ · kmol^{-1})
300	28. 877	53	0	130. 773	0
400	29. 120	2 954	0	139. 116	0
500	29. 275	5 874	0	145. 632	0
600	29. 375	8 807	0	150. 979	0
700	29. 461	11 749	0	155. 514	0
800	29. 581	14 701	0	159. 455	0
900	29. 792	17 668	0	162. 950	0
1 000	30. 160	20 664	0	166. 106	0
1 100	30. 625	23 704	0	169. 003	0
1 200	31. 077	26 789	0	171. 687	0
1 300	31. 516	29 919	0	174. 192	0
1 400	31. 943	33 092	0	176. 543	0
1 500	32. 356	36 307	0	178. 761	0
1 600	32. 758	39 562	0	180. 862	0
1 700	33. 146	42 858	0	182. 860	0
1 800	33. 522	46 191	0	184. 765	0
1 900	33. 885	49 562	0	186. 587	0
2 000	34. 236	52 968	0	188. 334	0
2 100	34. 575	56 408	0	190. 013	0
2 200	34. 901	59 882	0	191. 629	0
2 300	35. 216	63 388	0	193. 187	0
2 400	35. 519	66 925	0	194. 692	0
2 500	35. 811	70 492	0	196. 148	0
2 600	36. 091	74 087	0	197. 558	0
2 700	36. 361	77 710	0	198. 926	0
2 800	36. 621	81 359	0	200. 253	0

T/K	$c_p/$ [kJ · (kmol · K)$^{-1}$]	$[h(T)-h_f(298)]/$ (kJ · kmol^{-1})	$h_f(T)/$ (kJ · kmol^{-1})	$s(T)/$ [kJ · (kmol · K)$^{-1}$]	$g_f(T)/$ (kJ · kmol^{-1})
2 900	36. 871	85 033	0	201. 542	0
3 000	37. 112	88 733	0	202. 796	0
3 100	37. 343	92 455	0	204. 017	0
3 200	37. 566	96 201	0	205. 206	0
3 300	37. 781	99 968	0	206. 365	0
3 400	37. 989	103 757	0	207. 496	0
3 500	38. 190	107 566	0	208. 600	0
3 600	38. 385	111 395	0	209. 679	0
3 700	38. 574	115 243	0	210. 733	0
3 800	38. 759	119 109	0	211. 764	0
3 900	38. 939	122 994	0	212. 774	0
4 000	39. 116	126 897	0	213. 762	0
4 100	39. 291	130 817	0	214. 730	0
4 200	39. 464	134 755	0	215. 679	0
4 300	39. 636	138 710	0	216. 609	0
4 400	39. 808	142 682	0	217. 522	0
4 500	39. 981	146 672	0	218. 419	0
4 600	40. 156	150 679	0	219. 300	0
4 700	40. 334	154 703	0	220. 165	0

表 7.4 $\Delta_f H_m^\ominus(H_2O, 298\ K) = 241\ 845(kJ/mol)$

$\Delta_r H_m^\ominus(H_2O, 298\ K) = 44\ 010(kJ/mol)$

T/K	$c_p/$ [kJ · (kmol · K)$^{-1}$]	$[h(T)-h_f(298)]/$ (kJ · kmol^{-1})	$h_f(T)/$ (kJ · kmol^{-1})	$s(T)/$ [kJ · (kmol · K)$^{-1}$]	$g_f(T)/$ (kJ · kmol^{-1})
200	32. 255	− 3 227	− 240 838	175. 602	− 232 779
298	33. 448	0	− 241 845	188. 715	− 228 608

T/K	$c_p/$ [kJ·(kmol·K)$^{-1}$]	[$h(T)-h_f(298)$]/ (kJ·kmol^{-1})	$h_f(T)/$ (kJ·kmol^{-1})	$s(T)/$ [kJ·(kmol·K)$^{-1}$]	$g_f(T)/$ (kJ·kmol^{-1})
300	33.468	62	−241 865	188.922	−228 526
400	34.437	3 458	−242 858	198.686	−223 929
500	35.337	6 947	−243 822	206.467	−219 085
600	36.288	10 528	−244 753	212.992	−214 049
700	37.364	14 209	−245 638	218.665	−208 861
800	38.587	18 005	−246 461	223.733	−203 550
900	39.930	21 930	−247 209	228.354	−198 141
1 000	41.315	25 993	−247 879	232.633	−192 652
1 100	42.638	30 191	−248 475	236.634	−187 100
1 200	43.874	34 518	−249 005	240.397	−181 497
1 300	45.027	38 963	−249 477	243.955	−175 852
1 400	46.102	43 520	−249 895	247.332	−170 172
1 500	47.103	48 181	−250 267	250.547	−164 464
1 600	48.035	52 939	−250 597	253.617	−158 733
1 700	48.901	57 786	−250 890	256.556	−152 983
1 800	49.705	62 717	−251 151	259.374	−147 216
1 900	50.451	67 725	−251 384	262.081	−141 435
2 000	51.143	72 805	−251 594	264.687	−135 643
2 100	51.784	77 952	−251 783	267.198	−129 841
2 200	52.378	83 160	−251 955	269.621	−124 030
2 300	52.927	88 426	−252 113	271.961	−118 211
2 400	53.435	93 744	−252 261	274.225	−112 386
2 500	53.905	99 112	−252 399	276.416	−106 555
2 600	54.340	104 524	−252 532	278.539	−100 719
2 700	54.742	109 979	−252 659	280.597	−94 878

T/K	$c_p/$ [kJ · (kmol · K)$^{-1}$]	$[h(T) - h_f(298)]/$ (kJ · kmol^{-1})	$h_f(T)/$ (kJ · kmol^{-1})	$s(T)/$ [kJ · (kmol · K)$^{-1}$]	$g_f(T)/$ (kJ · kmol^{-1})
2 800	55. 115	115 472	− 252 785	282. 595	− 89 031
2 900	55. 459	121 001	− 252 909	284. 535	− 83 181
3 000	55. 779	126 563	− 253 034	286. 420	− 77 326
3 100	56. 076	132 156	− 253 161	288. 254	− 71 467
3 200	56. 353	137 777	− 253 290	290. 039	− 65 604
3 300	56. 610	143 426	− 253 423	291. 777	− 59 737
3 400	56. 851	149 099	− 253 561	293. 471	− 53 865
3 500	57. 076	154 795	− 253 704	295. 122	− 47 990
3 600	57. 288	160 514	− 253 852	296. 733	− 42 110
3 700	57. 488	166 252	− 254 007	298. 305	− 36 226
3 800	57. 676	172 011	− 254 169	299. 841	− 30 338
3 900	57. 856	177 787	− 254 338	301. 341	− 24 446
4 000	58. 026	183 582	− 254 515	302. 808	− 18 549
4 100	58. 190	189 392	− 254 699	304. 243	− 12 648
4 200	58. 346	195 219	− 254 892	305. 647	− 6 742
4 300	58. 496	201 061	− 255 093	307. 022	− 831
4 400	58. 641	206 918	− 255 303	308. 368	5 085
4 500	58. 781	212 790	− 255 522	309. 688	11 005
4 600	58. 916	218 674	− 255 751	310. 981	16 930
4 700	59. 047	224 573	− 255 990	312. 250	22 861

表 7. 5　$\Delta_f H_m^{\ominus}(N_2, 298\ K) = 0(kJ/mol)$

T/K	$c_p/$ [kJ · (kmol · K)$^{-1}$]	$[h(T) - h_f(298)]/$ (kJ · kmol^{-1})	$h_f(T)/$ (kJ · kmol^{-1})	$s(T)/$ [kJ · (kmol · K)$^{-1}$]	$g_f(T)/$ (kJ · kmol^{-1})
200	28. 793	− 2 841	0	179. 959	0

T/K	$c_p/$ [kJ·(kmol·K)$^{-1}$]	$[h(T)-h_f(298)]/$ (kJ·kmol^{-1})	$h_f(T)/$ (kJ·kmol^{-1})	$s(T)/$ [kJ·(kmol·K)$^{-1}$]	$g_f(T)/$ (kJ·kmol^{-1})
298	29.071	0	0	191.511	0
300	29.075	54	0	191.691	0
400	29.319	2 973	0	200.088	0
500	29.636	5 920	0	206.662	0
600	30.086	8 905	0	212.103	0
700	30.684	11 942	0	216.784	0
800	31.394	15 046	0	220.927	0
900	32.131	18 222	0	224.667	0
1 000	32.762	21 468	0	228.087	0
1 100	33.258	24 770	0	231.233	0
1 200	33.707	28 118	0	234.146	0
1 300	34.113	31 510	0	236.861	0
1 400	34.477	34 939	0	239.402	0
1 500	34.805	38 404	0	241.792	0
1 600	35.099	41 899	0	244.048	0
1 700	35.361	45 423	0	246.184	0
1 800	35.595	48 971	0	248.212	0
1 900	35.803	52 541	0	250.142	0
2 000	35.988	56 130	0	251.983	0
2 100	36.152	59 738	0	253.743	0
2 200	36.298	63 360	0	255.429	0
2 300	36.428	66 997	0	257.045	0
2 400	36.543	70 645	0	258.598	0
2 500	36.645	74 305	0	260.092	0

T/K	$c_p/$ $[\text{kJ} \cdot (\text{kmol} \cdot \text{K})^{-1}]$	$[h(T) - h_f(298)]/$ $(\text{kJ} \cdot \text{kmol}^{-1})$	$h_f(T)/$ $(\text{kJ} \cdot \text{kmol}^{-1})$	$s(T)/$ $[\text{kJ} \cdot (\text{kmol} \cdot \text{K})^{-1}]$	$g_f(T)/$ $(\text{kJ} \cdot \text{kmol}^{-1})$
2 600	36. 737	77 974	0	261. 531	0
2 700	36. 820	81 652	0	262. 919	0
2 800	36. 895	85 338	0	264. 259	0
2 900	36. 964	89 031	0	265. 555	0
3 000	37. 028	92 730	0	266. 810	0
3 100	37. 088	96 436	0	268. 025	0
3 200	37. 144	100 148	0	269. 203	0
3 300	37. 198	103 865	0	270. 347	0
3 400	37. 251	107 587	0	271. 458	0
3 500	37. 302	111 315	0	272. 539	0
3 600	37. 352	115 048	0	2733. 590	0
3 700	37. 402	118 786	0	274. 614	0
3 800	37. 452	122 528	0	275. 612	0
3 900	37. 501	126 276	0	276. 586	0
4 000	37. 549	130 028	0	277. 536	0
4 100	36. 597	133 786	0	278. 464	0
4 200	37. 643	137 548	0	279. 370	0
4 300	37. 688	141 314	0	280. 257	0
4 400	37. 730	145 085	0	281. 123	0
4 500	37. 768	148 860	0	281. 972	0
4 600	37. 803	152 639	0	282. 802	0
4 700	37. 832	156 420	0	283. 616	0

表 7.6　$\Delta_f H_m^\ominus (O_2, 298 \text{ K}) = 0 (\text{kJ/mol})$

T/K	$c_p/$ [kJ·(kmol·K)$^{-1}$]	$[h(T) - h_f(298)]/$ (kJ·kmol^{-1})	$h_f(T)/$ (kJ·kmol^{-1})	$s(T)/$ [kJ·(kmol·K)$^{-1}$]	$g_f(T)/$ (kJ·kmol^{-1})
200	28.473	−2 836	0	193.518	0
298	29.315	0	0	205.043	0
300	29.331	54	0	205.224	0
400	30.210	3 031	0	213.782	0
500	31.114	6 097	0	220.620	0
600	32.030	9 254	0	226.374	0
700	32.927	12 503	0	231.379	0
800	33.757	15 838	0	235.831	0
900	34.454	19 250	0	239.849	0
1 000	34.936	22 721	0	243.507	0
1 100	35.270	26 232	0	246.852	0
1 200	35.593	29 775	0	249.935	0
1 300	35.903	33 350	0	252.796	0
1 400	36.202	36 955	0	255.468	0
1 500	36.490	40 590	0	257.976	0
1 600	36.768	44 253	0	260.339	0
1 700	37.036	47 943	0	262.577	0
1 800	37.296	51 660	0	264.701	0
1 900	37.546	55 402	0	266.724	0
2 000	37.788	59 169	0	268.656	0
2 100	38.023	62 959	0	270.506	0
2 200	38.250	66 773	0	272.280	0
2 300	38.470	70 609	0	273.985	0
2 400	38.684	74 467	0	275.627	0

T/K	$c_p/$ [kJ · (kmol · K)$^{-1}$]	$[h(T) - h_f(298)]/$ (kJ·kmol^{-1})	$h_f(T)/$ (kJ·kmol^{-1})	$s(T)/$ [kJ · (kmol · K)$^{-1}$]	$g_f(T)/$ (kJ·kmol^{-1})
2 500	38.891	78 346	0	277.210	0
2 600	39.093	82 245	0	278.739	0
2 700	39.289	86 164	0	280.218	0
2 800	39.480	90 103	0	281.651	0
2 900	39.665	94 060	0	283.039	0
3 000	39.846	98 036	0	284.387	0
3 100	40.023	102 029	0	285.697	0
3 200	40.195	106 040	0	286.970	0
3 300	40.362	110 068	0	288.209	0
3 400	40.526	114 112	0	289.417	0
3 500	40.686	118 173	0	290.594	0
3 600	40.842	122 249	0	291.742	0
3 700	40.994	126 341	0	292.863	0
3 800	41.143	130 448	0	293.959	0
3 900	41.287	134 570	0	295.029	0
4 000	41.429	138 705	0	296.076	0
4 100	41.566	142 855	0	297.101	0
4 200	41.700	147 019	0	298.104	0
4 300	41.830	151 195	0	299.087	0
4 400	41.957	155 384	0	300.050	0
4 500	42.079	159 586	0	300.994	0
4 600	42.197	163 800	0	301.921	0
4 700	42.312	168 026	0	302.829	0

表 7.7　热力学性质的曲线拟合系数

$$c_p/R = a_1 + \frac{a_2}{T} + a_3 T^2 + a_4 T^3 + a_5 T^4$$

$$h/RT = a_1 + \frac{a_2}{2}T + \frac{a_3}{3}T^2 + \frac{a_4}{4}T^3 + \frac{a_5}{5}T^4 + \frac{a_6}{T}$$

$$s/R = a_1 \ln T + a_2 T + \frac{a_3}{2}T^2 + \frac{a_4}{3}T^3 + \frac{a_5}{4}T^4 + a_7$$

物质	T/K	a_1	a_2	a_3	a_4	a_5	a_6	a_7
CO	1 000~5 000	0.03025078E+02	0.14426885E−02	−0.05630827E−05	0.10185813E−09	−0.06910951E−13	0.14268350E+05	0.06108217E+02
	300~1 000	0.03262451E+02	0.15119409E−02	0.03881755E−04	0.05581944E−07	0.02474951E−10	0.14310539E+05	0.04848897E+02
CO_2	1 000~5 000	0.04453623E+02	0.03140168E−01	0.12784105E−05	0.02393996E−08	−0.16690333E−13	−0.04896696E+06	−0.09553959E+01
	300~1 000	0.02275724E+02	0.09922072E−01	−0.10409113E−04	0.06866686E−07	0.02117280E−10	−0.04837314E+06	0.1018488E+02
H_2	1 000~5 000	0.02991423E+02	0.07000644E−02	−0.05633828E−06	−0.09231578E−10	0.15827519E−14	−0.08350340E+04	−0.13551101E+01
	300~1 000	0.03298124E+02	0.08249441E−02	−0.08143015E−05	−0.09475434E−09	0.04134872E−11	−0.10125209E+04	−0.03294094E+02
H_2O	1 000~5 000	0.02672145E+02	0.03056293E−01	−0.08730260E−05	0.12009964E−09	−0.06391618E−13	−0.02989921E+06	0.06862817E+02
	300~1 000	0.03386842E+02	0.03474982E−01	−0.06354696E−04	0.06968581E−07	0.02506588E−10	−0.03020811E+06	0.02590232E+02
N_2	1 000~5 000	0.02926640E+02	0.14879768E−02	−0.05684760E−05	0.10097038E−09	−0.06753351E−13	−0.09227977E+04	0.05980528E+02
	300~1 000	0.03298677E+02	0.14082404E−02	−0.03963222E−04	0.05641515E−07	0.02444854E−10	−0.10208999E+04	0.03950372E+02
O_2	1 000~5 000	0.03697578E+02	0.06135197E−02	−0.12588420E−06	0.01775281E−09	−0.11364354E−14	−0.12339301E+04	0.03189165E+02
	300~1 000	0.03212936E+02	0.11274864E−02	−0.05756150E−05	0.13138773E−08	−0.08768554E−11	−0.10052490E+04	0.06034737E+02

来源:Kee R. J., F. M. Rupley, and J. A. Miller, 1991. "The Chemkin Thermodynamic Data Base," Sandia Report, SAND87-8215B.

附录八　气体的热物理性质

T/K	$\rho/$ $(kg \cdot m^{-3})$	$c_p/$ $[kJ \cdot (kg \cdot K)^{-1}]$	$\mu \cdot 10^7/$ $(Pa \cdot s)$	$\nu \cdot 10^6/$ $(m^2 \cdot s^{-1})$	$k \cdot 10^6/$ $[W \cdot (m \cdot K)^{-1}]$	$\alpha \cdot 10^6/$ $(m^2 \cdot s^{-1})$	Pr
空气							
100	3.556 2	1.032	71.1	2.00	9.34	2.54	0.786
150	2.336 4	1.012	103.4	4.426	13.8	5.84	0.758
200	1.745 8	1.007	132.5	7.590	18.1	10.3	0.737
250	1.394 7	1.006	159.6	11.44	22.3	15.9	0.720
300	1.161 4	1.007	184.6	15.89	26.3	22.5	0.707
350	0.995 0	1.009	208.2	20.92	30.0	29.9	0.700
400	0.871 1	1.014	230.1	26.41	33.8	38.3	0.690
450	0.774 0	1.021	250.7	32.39	37.3	47.2	0.686
500	0.696 4	1.030	270.1	38.79	40.7	56.7	0.684
550	0.632 9	1.040	288.4	45.57	43.9	66.7	0.683
600	0.580 4	1.051	305.8	52.69	46.9	76.9	0.685
650	0.535 6	1.063	322.5	60.21	49.7	87.3	0.690
700	0.497 5	1.075	338.8	68.10	52.4	98.0	0.695
750	0.464 3	1.087	354.6	76.37	54.9	109	0.702
800	0.435 4	1.099	369.8	84.93	57.3	120	0.709
850	0.409 7	1.110	384.3	93.80	59.6	131	0.716
900	0.386 8	1.121	398.1	102.9	62.0	143	0.720
950	0.366 6	1.131	411.3	112.2	64.3	155	0.723
1 000	0.348 2	1.141	424.4	121.9	66.7	168	0.726
1 100	0.316 6	1.159	449.0	141.8	71.5	195	0.728
1 200	0.290 2	1.175	473.0	162.9	76.3	224	0.728
1 300	0.267 9	1.189	496.0	185.1	82	238	0.719

T/K	$\rho/$ $(kg \cdot m^{-3})$	$c_p/$ $[kJ \cdot (kg \cdot K)^{-1}]$	$\mu \cdot 10^7/$ $(Pa \cdot s)$	$\nu \cdot 10^6/$ $(m^2 \cdot s^{-1})$	$k \cdot 10^6/$ $[W \cdot (m \cdot K)^{-1}]$	$\alpha \cdot 10^6/$ $(m^2 \cdot s^{-1})$	Pr
空气							
1 400	0. 248 8	1. 207	530	213	91	303	0. 703
1 500	0. 232 2	1. 230	557	240	100	350	0. 685
1 600	0. 217 7	1. 248	584	268	106	390	0. 688
1 700	0. 204 9	1. 267	611	298	113	435	0. 685
1 800	0. 193 5	1. 286	637	329	120	482	0. 683
1 900	0. 183 3	1. 307	663	362	128	534	0. 677
2 000	0. 174 1	1. 337	689	396	137	589	0. 672
2 100	0. 165 8	1. 372	715	431	147	646	0. 667
2 200	0. 158 2	1. 417	740	468	160	714	0. 655
2 300	0. 151 3	1. 478	766	506	175	783	0. 647
2 400	0. 144 8	1. 558	792	547	196	869	0. 630
2 500	0. 138 9	1. 665	818	589	222	960	0. 613
3 000	0. 113 5	2. 726	955	841	486	1570	0. 536
NH_3							
300	0. 689 4	2. 158	101. 5	14. 7	24. 7	16. 6	0. 887
320	0. 644 8	2. 170	109	16. 9	27. 2	19. 4	0. 870
340	0. 605 9	2. 192	116. 5	19. 2	29. 3	22. 1	0. 872
360	0. 571 6	2. 221	124	21. 7	31. 6	24. 9	0. 872
380	0. 541 0	2. 254	131	24. 2	34. 0	27. 9	0. 869
400	0. 513 6	2. 287	138	26. 9	37. 0	31. 5	0. 853
420	0. 488 8	2. 322	145	29. 7	40. 4	35. 6	0. 833
440	0. 466 4	2. 357	152. 5	32. 7	43. 5	39. 6	0. 826
460	0. 446 0	2. 393	159	35. 7	46. 3	43. 4	0. 822
480	0. 427 3	2. 430	166. 5	39. 0	49. 2	47. 4	0. 822

T/K	$\rho/$ $(kg \cdot m^{-3})$	$c_p/$ $[kJ \cdot (kg \cdot K)^{-1}]$	$\mu \cdot 10^7/$ $(Pa \cdot s)$	$\nu \cdot 10^6/$ $(m^2 \cdot s^{-1})$	$k \cdot 10^6/$ $[W \cdot (m \cdot K)^{-1}]$	$\alpha \cdot 10^6/$ $(m^2 \cdot s^{-1})$	Pr
NH_3							
500	0.410 1	2.467	173	42.2	52.5	51.9	0.813
520	0.394 2	2.504	180	45.7	54.5	55.2	0.827
540	0.379 5	2.540	186.5	49.1	57.5	59.7	0.824
560	0.370 8	2.577	193	52.0	60.6	63.4	0.827
580	0.353 3	2.613	199.5	56.5	63.8	69.1	0.817
CO_2							
280	1.902 2	0.830	140	7.36	15.20	9.63	0.765
300	1.773 0	0.851	149	8.40	16.55	11.0	0.766
320	1.660 9	0.872	156	9.39	18.05	12.5	0.754
340	1.561 8	0.891	165	10.6	19.70	14.2	0.746
360	1.474 3	0.908	173	11.7	21.2	15.8	0.741
380	1.396 1	0.926	181	13.0	22.75	17.6	0.737
400	1.325 7	0.942	190	14.3	24.3	19.5	0.737
450	1.178 2	0.981	210	17.8	28.3	24.5	0.728
500	1.059 4	1.02	231	21.8	32.5	30.1	0.725
550	0.962 5	1.05	251	26.1	36.6	36.2	0.721
600	0.882 6	1.08	270	30.6	40.7	42.7	0.717
650	0.814 3	1.10	288	35.4	44.5	49.7	0.712
700	0.756 4	1.13	305	40.3	48.1	56.3	0.717
750	0.705 7	1.15	321	45.5	51.7	63.7	0.714
800	0.661 4	1.17	337	51.0	55.1	71.2	0.716
CO							
200	1.688 8	1.045	127	7.52	17.0	9.63	0.781
220	1.534 1	1.044	137	8.93	19.0	11.9	0.753

T/K	$\rho/$ $(kg \cdot m^{-3})$	$c_p/$ $[kJ \cdot (kg \cdot K)^{-1}]$	$\mu \cdot 10^7/$ $(Pa \cdot s)$	$\nu \cdot 10^6/$ $(m^2 \cdot s^{-1})$	$k \cdot 10^6/$ $[W \cdot (m \cdot K)^{-1}]$	$\alpha \cdot 10^6/$ $(m^2 \cdot s^{-1})$	Pr
CO							
240	1.405 5	1.043	147	10.5	20.6	14.1	0.744
260	1.296 7	1.043	157	12.1	22.1	16.3	0.741
280	1.203 8	1.042	166	13.8	23.6	18.8	0.733
300	1.123 3	1.043	175	15.6	25.0	21.3	0.730
320	1.052 9	1.043	184	175	26.3	23.9	0.730
340	0.990 9	1.044	193	19.5	27.8	26.9	0.725
360	0.935 7	1.045	202	21.6	29.1	29.8	0.725
380	0.886 4	1.047	210	23.7	30.5	32.9	0.729
400	0.842 1	1.049	218	25.9	31.8	36.0	0.719
450	0.748 3	1.055	237	31.7	35.0	44.3	0.714
500	0.673 52	1.065	254	37.7	38.1	53.1	0.710
550	0.612 26	1.076	271	44.3	41.1	62.4	0.710
600	0.561 26	1.088	286	51.0	44.0	72.1	0.707
650	0.518 06	1.101	301	58.1	47.0	82.4	0.705
700	0.481 02	1.114	315	65.5	50.0	93.3	0.702
750	0.448 99	1.127	329	73.3	52.8	104	0.702
800	0.420 95	1.140	343	81.5	55.5	116	0.705
H_2							
100	0.242 55	11.23	42.1	17.4	67.0	24.6	0.707
150	0.161 56	12.60	56.0	34.7	101	49.6	0.699
200	0.121 15	13.54	68.1	56.2	131	79.9	0.704
250	0.096 93	14.06	78.9	81.4	157	115	0.707
300	0.080 78	14.31	89.6	111	183	158	0.701
350	0.069 24	14.43	98.8	143	204	204	0.700

T/K	$\rho/$ $(kg \cdot m^{-3})$	$c_p/$ $[kJ \cdot (kg \cdot K)^{-1}]$	$\mu \cdot 10^7/$ $(Pa \cdot s)$	$\nu \cdot 10^6/$ $(m^2 \cdot s^{-1})$	$k \cdot 10^6/$ $[W \cdot (m \cdot K)^{-1}]$	$\alpha \cdot 10^6/$ $(m^2 \cdot s^{-1})$	Pr
H_2							
400	0.060 59	14.48	108.2	179	226	258	0.695
450	0.053 86	14.50	117.2	218	247	316	0.689
500	0.048 48	14.52	126.4	261	266	378	0.691
550	0.044 07	14.53	134.3	305	285	445	0.685
600	0.040 40	14.55	142.4	352	305	519	0.678
700	0.034 63	14.61	157.8	456	342	676	0.675
800	0.030 30	14.70	172.4	569	378	849	0.670
900	0.026 94	14.83	186.5	692	412	1030	0.671
1 000	0.024 24	14.99	201.3	830	448	1230	0.673
1 100	0.022 04	15.17	213.0	966	488	1460	0.662
1 200	0.020 20	15.37	226.2	1120	528	1700	0.659
1 300	0.018 65	15.59	238.5	1279	568	1955	0.655
1 400	0.017 32	15.81	250.7	1447	610	2230	0.650
1 500	0.016 16	16.02	262.7	1626	655	2530	0.643
1 600	0.015 2	16.28	273.7	1801	697	2815	0.639
1 700	0.014 3	16.58	284.9	1992	742	3130	0.637
1 800	0.013 5	16.96	296.1	2193	786	3435	0.639
1 900	0.012 8	17.49	307.2	2400	835	3730	0.643
2 000	0.012 1	18.25	318.2	2630	878	3975	0.661
N_2							
100	3.438 8	1.070	68.8	2.00	9.58	2.60	0.768
150	2.259 4	1.050	100.6	4.45	13.9	5.86	0.759
200	1.688 3	1.043	129.2	7.65	18.3	10.4	0.736
250	1.348 8	1.042	154.9	11.48	22.2	15.8	0.727

T/K	$\rho/$ $(\text{kg}\cdot\text{m}^{-3})$	$c_p/$ $[\text{kJ}\cdot(\text{kg}\cdot\text{K})^{-1}]$	$\mu\cdot10^7/$ $(\text{Pa}\cdot\text{s})$	$\nu\cdot10^6/$ $(\text{m}^2\cdot\text{s}^{-1})$	$k\cdot10^6/$ $[\text{W}\cdot(\text{m}\cdot\text{K})^{-1}]$	$\alpha\cdot10^6/$ $(\text{m}^2\cdot\text{s}^{-1})$	Pr
N_2							
300	1.123 3	1.041	178.2	15.86	25.9	22.1	0.716
350	0.962 5	1.042	200.0	20.78	29.3	29.2	0.711
400	0.842 5	1.045	220.4	26.16	32.7	37.1	0.704
450	0.748 5	1.050	239.6	32.01	35.8	45.6	0.703
500	0.673 9	1.056	257.7	38.24	38.9	54.7	0.700
550	0.612 4	1.065	274.7	44.86	41.7	63.9	0.702
600	0.561 5	1.075	290.8	51.79	44.6	73.9	0.701
700	0.481 2	1.098	321.0	66.71	49.9	94.4	0.706
800	0.421 1	1.22	349.1	82.90	54.8	116	0.715
900	0.374 3	1.146	375.3	100.3	59.7	139	0.721
1 000	0.336 8	1.167	399.9	118.7	64.7	165	0.721
1 100	0.306 2	1.187	423.2	138.2	70.0	193	0.718
1 200	0.280 7	1.204	445.3	158.6	75.8	224	0.707
1 300	0.259 1	1.219	466.2	179.9	81.0	256	0.701
O_2							
100	3.945	0.962	76.4	1.94	9.25	2.44	0.796
150	2.585	0.921	114.8	4.44	13.8	5.80	0.766
200	1.930	0.915	147.5	7.64	18.3	10.4	0.737
250	1.542	0.915	178.6	11.58	22.6	16.0	0.723
300	1.284	0.920	207.2	16.14	26.8	22.7	0.711
350	1.100	0.929	233.5	21.23	29.6	29.0	0.733
400	0.962 0	0.942	258.2	26.84	33.0	36.4	0.737
450	0.855 4	0.956	281.4	32.90	36.3	44.4	0.741
500	0.769 8	0.972	303.3	39.40	41.2	55.1	0.716

T/K	$\rho/$ $(kg \cdot m^{-3})$	$c_p/$ $[kJ \cdot (kg \cdot K)^{-1}]$	$\mu \cdot 10^7/$ $(Pa \cdot s)$	$\nu \cdot 10^6/$ $(m^2 \cdot s^{-1})$	$k \cdot 10^6/$ $[W \cdot (m \cdot K)^{-1}]$	$\alpha \cdot 10^6/$ $(m^2 \cdot s^{-1})$	Pr
O_2							
550	0.699 8	0.988	324.0	46.30	44.1	63.8	0.726
600	0.641 4	1.003	343.7	53.59	47.3	73.5	0.729
700	0.549 8	1.031	380.8	69.26	52.8	93.1	0.744
800	0.481 0	1.054	415.2	86.32	58.9	116	0.743
900	0.427 5	1.074	447.2	104.6	64.9	141	0.740
1 000	0.384 8	1.090	477.0	124.0	71.0	169	0.733
1 100	0.349 8	1.103	505.5	144.5	75.8	196	0.736
1 300	0.296 0	1.125	588.4	188.6	87.1	262	0.721
1 200	0.320 6	1.115	532.5	166.1	81.9	229	0.725
水蒸气							
380	0.586 3	2.060	127.1	21.68	24.6	20.4	1.06
400	0.554 2	2.014	134.4	24.25	26.1	23.4	1.04
450	0.490 2	1.980	152.5	31.11	29.9	30.8	1.01
500	0.440 5	1.985	170.4	38.68	33.9	38.8	0.998
550	0.400 5	1.997	188.4	47.04	37.9	47.4	0.993
600	0.365 2	2.026	206.7	56.60	42.2	57.0	0.993
650	0.338 0	2.056	224.7	66.48	46.4	66.8	0.996
700	0.314 0	2.085	242.6	77.26	50.5	77.1	1.00
750	0.293 1	2.119	260.4	88.84	54.9	88.4	1.00
800	0.273 9	2.152	278.6	101.7	59.2	100	1.01
850	0.257 9	2.186	296.9	115.1	63.7	113	1.02

附录九 饱和水的热物理性质

温度 $T(\text{K})$	压力 $P(\text{baMs})$	比体积		蒸发热 $h_{lg} \cdot (\text{kJ/kg})$	比热		黏度		导热系数		普朗特数		表面张力 $\sigma_f \cdot 10^3$ (N/m)	膨胀系数 $\beta_f \cdot 10^6$ (K^{-1})	温度 $T(\text{K})$
		$\nu_f \cdot 10^3$	ν_g		$c_{p,f}$	$c_{p,g}$	$\mu_f \cdot 10^6$	$\mu_g \cdot 10^6$	$k_f \cdot 10^3$	$k_g \cdot 10^3$	P_{rf}	P_{rg}			
273.15	0.006 11	1.000	206.3	2 502	4.217	1.854	1 750	8.02	569	18.2	12.99	0.815	75.5	-68.05	273.15
275	0.006 97	1.000	181.7	2 497	4.211	1.855	1 652	8.09	574	18.3	12.22	0.817	75.3	-32.74	275
280	0.009 90	1.000	130.4	2 485	4.198	1.858	1 422	8.29	582	18.6	10.26	0.825	74.8	46.04	280
285	0.013 87	1.000	99.4	2 473	4.189	1.861	1 225	8.49	590	18.9	8.81	0.833	74.3	114.1	285
290	0.019 17	1.001	69.7	2 461	4.184	1.864	1 080	8.69	598	19.3	7.56	0.841	73.7	174.0	290
295	0.026 17	1.002	51.94	2 449	4.181	1.868	959	8.89	606	19.5	6.62	0.849	72.7	227.5	295
300	0.035 31	1.003	39.13	2 438	4.179	1.872	855	9.09	613	19.6	5.83	0.857	71.7	276.1	300
305	0.047 12	1.005	29.74	2 426	4.178	1.877	769	9.29	620	20.1	5.20	0.865	70.9	320.6	305
310	0.062 21	1.007	22.93	2 414	4.178	1.882	695	9.49	628	20.4	4.62	0.873	70.0	361.9	310
315	0.081 32	1.009	17.82	2 402	4.179	1.888	631	9.69	634	20.7	4.16	0.883	69.2	400.4	315
320	0.105 3	1.011	13.98	2 390	4.180	1.895	577	9.89	640	21.0	3.77	0.894	68.3	436.7	320
325	0.135 1	1.013	11.06	2 378	4.182	1.903	528	10.09	645	21.3	3.42	0.901	67.5	471.2	325

续表

温度 $T(\text{K})$	压力 $P(\text{baMs})$	比体积 $\nu_f \cdot 10^3$	ν_g	蒸发热 h_{fg} (kJ/kg)	比热 $c_{p,f}$	$c_{p,g}$	黏度 $\mu_f \cdot 10^6$	$\mu_g \cdot 10^6$	导热系数 $k_f \cdot 10^3$	$k_g \cdot 10^3$	普朗特数 P_{rf}	P_{rg}	表面张力 $\sigma_f \cdot 10^3$ (N/m)	膨胀系数 $\beta_f \cdot 10^6$ (K^{-1})	温度 $T(\text{K})$
330	0.171 9	1.016	8.82	2 366	4.184	1.911	489	10.29	650	21.7	3.15	0.908	66.6	504.0	330
335	0.216 7	1.018	7.09	2 354	4.186	1.920	453	10.49	656	22.0	2.88	0.916	65.8	535.5	335
340	0.271 3	1.021	5.74	2 342	4.188	1.930	420	10.69	660	22.3	2.66	0.925	64.9	566.0	340
345	0.337 2	1.024	4.683	2 329	4.191	1.941	389	10.89	668	22.6	2.45	0.933	64.1	595.4	345
350	0.416 3	1.027	3.846	2 317	4.195	1.954	365	11.09	668	23.0	2.29	0.942	63.2	624.2	350
355	0.510 0	1.030	3.180	2 304	4.199	1.968	343	11.29	671	23.3	2.14	0.951	62.3	652.3	355
360	0.620 9	1.034	2.645	2 291	4.203	1.983	324	11.49	674	23.7	2.02	0.960	61.4	697.9	360
365	0.751 4	1.038	2.212	2 278	4.209	1.999	306	11.69	677	24.1	1.91	0.969	60.5	707.1	365
370	0.904 0	1.041	1.861	2 265	4.214	2.017	289	11.89	679	24.5	1.80	0.978	59.5	728.7	370
373.15	1.013 3	1.044	1.679	2 257	4.217	2.029	279	12.02	680	24.8	1.76	0.984	58.9	750.1	373.15
375	1.081 5	1.045	1.574	2 252	4.220	2.036	274	12.09	681	24.9	1.70	0.987	58.6	761	375
380	1.286 9	1.049	1.337	2 239	4.226	2.057	260	12.29	683	25.4	1.61	0.999	57.6	788	380
385	1.523 3	1.053	1.142	2 225	4.232	2.080	248	12.49	685	25.8	1.53	1.004	56.6	814	385
390	1.794	1.058	0.980	2 212	4.239	2.104	237	12.69	686	26.3	1.47	1.013	55.6	841	390

续表

温度 $T(\text{K})$	压力 $P(\text{baMs})$	比体积		蒸发热 $h_{lg} \cdot$ (kJ/kg)	比热		黏度		导热系数		普朗特数		表面张力 $\sigma_f \cdot 10^3$ (N/m)	膨胀系数 $\beta_f \cdot 10^6$ (K^{-1})	温度 $T(\text{K})$
		$\nu_f \cdot 10^3$	ν_g		$c_{p,f}$	$c_{p,g}$	$\mu_f \cdot 10^6$	$\mu_g \cdot 10^6$	$k_f \cdot 10^3$	$k_g \cdot 10^3$	P_{rf}	P_{rg}			
400	2.455	1.067	0.731	2 183	4.256	2.158	217	13.05	688	27.2	1.34	1.033	53.6	896	400
410	3.302	1.077	0.553	2 153	4.278	2.221	200	13.42	688	28.2	1.24	1.054	51.5	952	410
420	4.370	1.088	0.425	2 123	4.302	2.291	185	13.79	688	29.8	1.16	1.075	49.4	1 010	420
430	5.699	1.099	0.331	2 091	4.331	2.369	173	14.14	685	30.4	1.09	1.10	47.2	—	430
440	7.333	1.110	0.261	2 059	4.36	2.46	162	14.50	682	31.7	1.04	1.12	45.1	—	440
450	9.319	1.123	0.208	2 024	4.40	2.56	152	14.85	678	33.1	0.99	1.14	42.9	—	450
460	11.71	1.137	0.167	1 989	4.44	2.68	143	15.19	673	34.6	0.95	1.17	40.7	—	460
470	14.55	1.152	0.136	1 951	4.48	2.79	136	15.54	667	36.3	0.92	1.20	38.5	—	470
480	17.90	1.167	0.111	1 912	4.53	2.94	129	15.88	660	38.1	0.89	1.23	36.2	—	480
490	21.83	1.184	0.092 2	1 870	4.59	3.10	124	16.23	651	40.1	0.87	1.25	33.9	—	490
500	26.40	1.203	0.076 6	1 825	4.66	3.27	118	16.59	642	42.3	0.86	1.28	31.6	—	500
510	31.66	1.222	0.063 1	1 779	4.74	3.47	113	16.95	631	44.7	0.85	1.31	29.3	—	510
520	37.70	1.244	0.052 5	1 730	4.84	3.70	108	17.33	621	47.5	0.84	1.35	26.9	—	520
530	44.58	1.268	0.044 5	1 679	4.95	3.96	104	17.72	608	50.6	0.85	1.39	24.5	—	530

续表

温度 $T(\mathrm{K})$	压力 $P(\mathrm{baMs})$	比体积		蒸发热 h_{fg} $(\mathrm{kJ/kg})$	比热		黏度		导热系数		普朗特数		表面张力 $\sigma_f \cdot 10^3$ $(\mathrm{N/m})$	膨胀系数 $\beta_f \cdot 10^6$ (K^{-1})	温度 $T(\mathrm{K})$
		$\nu_f \cdot 10^3$	ν_g		$c_{p,f}$	$c_{p,g}$	$\mu_f \cdot 10^6$	$\mu_g \cdot 10^6$	$k_f \cdot 10^3$	$k_g \cdot 10^3$	P_{rf}	P_{rg}			
540	52.38	1.294	0.037 5	1 622	5.08	4.27	101	18.1	594	54.0	0.86	1.43	22.1	—	540
550	61.19	1.323	0.031 7	1 564	5.24	4.64	97	18.6	580	58.3	0.87	1.47	19.7	—	550
560	71.08	1.355	0.026 9	1 499	5.43	5.09	94	19.1	563	63.7	0.90	1.52	17.3	—	560
570	82.16	1.392	0.022 8	1 429	5.68	5.67	91	19.7	548	76.7	0.94	1.59	15.0	—	570
580	94.51	1.433	0.019 3	1 353	6.00	6.40	88	20.4	528	76.7	0.99	1.68	12.8	—	580
590	108.3	1.482	0.016 3	1 274	6.41	7.35	84	21.5	513	84.1	1.05	1.84	10.5	—	590
600	123.5	1.541	0.013 7	1 176	7.00	8.75	81	22.7	497	92.9	1.14	2.15	8.4	—	600
610	137.3	1.612	0.011 5	1 068	7.85	11.1	77	24.1	467	103	1.30	2.60	6.3	—	610
620	159.1	1.705	0.009 4	941	9.35	15.4	72	25.9	444	114	1.52	3.46	4.5	—	620
625	169.1	1.778	0.008 5	858	10.6	18.3	70	27.0	430	121	1.65	4.20	3.5	—	625
630	179.7	1.856	0.007 5	781	12.6	22.1	67	28.0	412	130	2.0	4.8	2.6	—	630
635	190.9	1.935	0.006 6	683	16.4	27.6	64	30.0	392	141	2.7	6.0	1.5	—	635
640	202.7	2.075	0.005 7	560	26	42	59	32.0	367	155	4.2	9.6	0.8	—	640
645	215.2	2.351	0.004 5	361	90	—	54	37.0	331	178	12	26	0.1	645	645
647.3①	221.2	3.170	0.003 2	0	∞	∞	45	45.0	238	238	∞	∞	0.0	—	647.3

①临界温度。

附录十　1 atm 下的二元扩散系数

物质 A	物质 B	T/K	$D_{AB}/(m^2 \cdot s^{-1})$
气体			
NH_3	空气	298	0.28×10^{-4}
H_2O	空气	298	0.26×10^{-4}
CO_2	空气	298	0.16×10^{-4}
H_2	空气	298	0.41×10^{-4}
O_2	空气	298	0.21×10^{-4}
丙酮	空气	273	0.11×10^{-4}
苯	空气	298	0.88×10^{-5}
萘	空气	300	0.62×10^{-5}
Ar	N_2	293	0.19×10^{-4}
H_2	O_2	273	0.70×10^{-4}
H_2	N_2	273	0.68×10^{-4}
H_2	CO_2	273	0.55×10^{-4}
CO_2	N_2	293	0.16×10^{-4}
CO_2	O_2	273	0.14×10^{-4}
O_2	N_2	273	0.18×10^{-4}
稀熔液			
咖啡因	H_2O	298	0.63×10^{-9}
乙醇	H_2O	298	0.12×10^{-8}
葡萄糖	H_2O	298	0.69×10^{-9}
甘油	H_2O	298	0.94×10^{-9}
丙酮	H_2O	298	0.13×10^{-8}
CO_2	H_2O	298	0.20×10^{-8}
O_2	H_2O	298	0.24×10^{-8}
H_2	H_2O	298	0.63×10^{-8}
N_2	H_2O	298	0.26×10^{-8}

注：考虑到理想气体假设，混合气体二次扩散系数与压力和温度的关系可根据下式进行估算。

$$D_A B \propto p^{-1} T^{3/2}$$

索 引

S